중학
수학
바로
보기

일러두기

- 주요 수학 용어는 대개 처음 쓸 때만 '집합(集合, set)'과 같이 한자와 영어를 병기했다. 우리나라에 미치는 한자와 영어의 중요성을 고려할 때 가능하면 어렸을 때부터 이를 모두 익혀두는 게 좋겠지만 여의치 않은 경우 당분간은 참고만 하기 바란다.
- 필요상 지은이가 새로 고안한 용어는 대개 처음 쓸 때만 '원조근행법(遠眺近行法)◇'처럼 '◇'를 덧붙여서 나타냈다.

The Right View of Middle School Mathematics

중학 수학 바로 보기

고중숙 지음

고등학교 입학 전에 반드시 알아야 할 수학의 모든 것!

궁리
KungRee

Contents

제3장 식과 연산

제5장 기하

제6장 통계와 확률

부록

머리말

나는 모든 공부의 첫째 원칙으로 "**숲을 본 후 나무를 보라**"는 말을 꼽고, 이어서 "**나무를 볼 때는 숲을 생각하라**"는 말을 둘째 원칙으로 꼽는다. 이 두 원칙을 결합하면 "**멀리 내다보되 가까운 곳부터 착실히 정복해가라**"라고 말할 수 있으며, 이러한 공부법을 일컬어 정식으로는 원조근행법(遠眺近行法)◇, 줄여서는 좀 더 친밀한 단어를 사용하여 원근법(遠近法)이라 부르고 있다.

이 공부법의 취지를 잘 살리기 위하여 나는 기회 있을 때마다 어떤 책이든 **'머리말'을 꼭 읽고 넘어가도록 강조**해왔다. 머리말에는 책의 구도와 내용, 지은이의 저술 배경과 철학 등이 압축되어 제시되어 있기 때문이다. 나아가 머리말에 앞서 **'표지'부터 유심히** 보고, 머리말을 본 뒤에는 **'차례'도 꼼꼼히** 짚어보도록 권해왔다. 실제로 **'차례'의 경우 처음 한 번뿐 아니라 책을 읽어가는 도중에도 필요할 때마다 몇 번이든 되풀이 읽어보면서 현재의 위치와 앞으로의 갈 길을 점검하고 전체적 체계를 더욱 치밀히 엮는 데에 적극 활용**해야 한다. 이것은 바로 '원조근행법'의 요체이기도 하다.

지금까지 나는 수학과 과학에 관한 교양 서적을 여러 권 펴냈는데, 내용은 대략 고교 수준 이상이므로 중학생들이 읽은 경우는 드물 것으로 여겨진다. 그런데 독자들 가운데 "책의 내용은 좋지만 중학생들에게 권하기가 곤란해서 아쉽다"는 의견을 제시하는 분들이 계셔서 '중학 수준에 맞춘 수학 책을 써보는 게 어떨까?'라는 생각을 품게 되었다.

그런데 중학 수준의 수학 책을 쓰자면 평소에 다루던 수준보다 한 단계 낮춰야 하므로 저술의 흥미는 줄어드는 반면, 똑같은 주제라도 더욱 쉽게 풀어써야 한다는 어려움이 닥칠 것으로 예상되어 선뜻 마음 내키지 않았다. 그러나 놀랍게도 이런 예상은 저술의 준비 단계서부터 크게 바뀌기 시작했다. 그 이유는 무엇보다도 중학 과정이라는 단계가 한 개인의 일생에서 매우 중요한 의의를 가진다는 점에 있는데, 아래에서는 이를 두 가지로 간추려보았다.

첫째, 중학수학은 수학이라는 학문을 정식으로 배우는 사실상의 첫 단계라는 점에서 중요하다. 초등수학은 일상생활에서 큰 곤란을 겪지 않고 살아가는 데에 필요한 '최소한의 계산 능력'을 함양하는 데에 일차적 목표가 있으므로 '수학'이라기보다 '산수'에 가깝다. 하지만 중학수학에서는 단순한 계산을 넘어 수학의 본령이라고 할 진지한 이론적 영역으로 접어든다. 그 후 이어지는 고교수학과 대학수학은 중학수학에서 처음 대했던 여러 주제들을 한 두 단계 높은 차원에서 반복한다. 이 때문에 **중학수학은 한 개인이 가질 수학적 사고 체계의 원형**(原型, prototype)이라는 의의를 가지며, 따라서 이를 처음 구축할 때 올바른 틀을 갖도록 체계적인 방법론에 따라 나아갈 필요가 있다.

둘째, 역사상 수많은 천재들이 이른 십대, 곧 중학생 또래의 나이에 그들의 천재성을 실질적이고도 구체적으로 표출해내기 시작했다는 점이다. 예를 들어 누구의 귀에도 쟁쟁한 파스칼, 뉴턴, 가우스, 아인슈타인 등이 그랬다. 그런데 여기서 더욱 중요한 것은 비록 천재는 아니지만 **대부분의 보통 사람들 또한 중학 시절부터 논리적, 추상적, 체계적인 사고 능력에 눈을 뜬다**는 사실이다. 실제로 교육학 이론에 따르면 진지한 수학 공부에 필수적인 추상적 논리들을 다루는 능력이 대체로 이때부터 싹튼다.

그런데 이 두 가지는 서로 긴밀하게 연관되어 있다. 곧 첫째는 중학수학을 제대로 배워야 할 '외적 요구'라 한다면 둘째는 이를 뒷받침할 '내적 동력'에 해당하여, 마치 '닭과 달걀의 관계'처럼 서로 이끈다. 따라서 이 시기에 수학을 제대로 배우면 가장 큰 효과를 거둘 수 있으며, 거꾸로 가장 정밀한 학문인 수학은 중학생의 정신적 발달 과정에 큰 도움을 준다. 그러므로 장차 훌륭한 건물을 세우기 위하여 면밀하고도 튼튼한 기초 공사를 하듯, 중학수학을 통하여 진정한 학문적 소양의 밑거름을 얻을 수 있도록 세심한 노력을 기울여 감이 바람직하다.

이런 이유들이 부각됨에 따라 정작 저술을 하는 동안에는 쓰기를 잘했다는 생각이 스며들었다. 그리고 끝날 즈음에는 처음에 우려했던 바와 달리 아주 기꺼운 마음으로 마무리짓게 되었다. 나아가 이 책은 이상과 같은 취지를 잘 살리기 위하여 중학수학의 전체적 내용을 한 세트로 엮었다. 이렇게 하면 원할 때는 언제라도 원근법을 적용하여 '숲'과 '나무'를 교대로 편리하게 점검할 수 있기 때문이다.

나는 학생들이 이 책을 세 번 정도 되새기기를 권하는데, 그 가장 중요한 이유는 **'내용의 난이도'가 아니라 '구성의 체계성'**에 있다. 수학뿐 아니라 모든 공부에서 **개별적 주제의 이해와 전반적 체계의 통찰은 구별**해야 한다. 개별적 주제도 때로는 그렇지만, **전반적 체계를 만족스럽게 구축하려면 여러 번의 정독과 깊은 사색이 필수적**이다. 실제로 우리 학생들은 주입식 · 암기식 · 기계적 학습의 영향으로 개별 문제들에 대한 '미시적(microscopic) 해결 능력'은 비교적 뛰어나지만 수학 전반에 대한 '거시적(macroscopic) 사고 능력'은 상당히 취약하다. 그러나 **공정한 입장에서 볼 때 수학을 잘하려면 '기능'과 '사고'를 겸비해야 하며, 그 총화가 바로 '진정한 수학 실력'**이다. 그런데 이를 위한 3회독을 중학 3년의 세월 중 정확히 어느 때 하는 게 좋다고 딱 꼬집어 말할 수는 없다. 각 개인의 능력과 사정에 따라 그 시기는 상당히 달라질 수 있기 때문이다.

별책의 문제집에는 중학수학의 전 분야에 걸쳐 중요하고도 필수적인 문제 400개를 실었다. 그런데 이 문제들은 "이것만 풀면 중학수학은 끝난다"가 아니라 "중학수학을 했다고 하려면 최소한 이 정도는 풀어봐야 한다"는 성격의 것으로 받아들여야 한다. 따라서 이 문제들은 몇 번 되풀이하더라도 완벽하게 이해하기 바란다. 그런 다음에는 남은 힘을 동원하여 다른 책들의 문제들도 두루 풀어보는 게 좋다. 하지만 어느 책을 보든 지나치게 복잡하고 어려운 문제들, 곧 '문제를 위한 문제'들은 피하는 게 좋으며, 그럴 시간에는 차라리 적절한 수준의 주제와 문제를 골라 다시 생각해보든지, 또는 보다 높은 다음 단계로 옮아가는 과정을 통하여 수학의 깊은 세계를 계속 탐구해나가는 것이 훨씬 바람직하다.

이 책의 구성을 고려할 때 **첫 번째 볼 때는 별책의 문제집을 제외한 본편**만 보도록 권한다. 여기에도 다양한 예제들이 있으므로 기본적인 문제 풀이 능력의 배양에 별 부족함은 없으며, 이처럼 큰 부담 없이 일독하는 게 전체적 맥락을 파악하는 데에는 더 효과적이기 때문이다. 그러나 다음으로 **두 번째 볼 때는 별책의 문제집까지 포함해서 치밀하게 정독**하도록 한다. 그리하여 단 하나의 의심스러운 곳도 없이 완벽하게 이해하도록 노력하면서 중요한 것은 동그라미나 별표 또는 체크(✓) 기호 등으로 표시를 해둔다. 그리고 마지막 **세 번째 볼 때는 앞서 표시해두었던 부분을 중심으로 모든 주제를 다시금 좀 더 깊이 생각해보면서 완전히 소화**하도록 한다. 이와 같은 3회독을 통하여 중학수학의 모든 숲과 나무를 동시에 꿰뚫음으로써 이 단계에서 얻을 수 있는 최선의 참된 수학관을 갖추기 바라는 바, 『중학수학 바로 보기』라는 제목도 이런 뜻을 나타낸다.

나는 여러 가지 주제의 역사와 배경에 대해서도 지면이 허락하는 한 많은 이야기를 실었다. 흔히 "수학은 엄밀한 논리적 학문"이란 생각에 가려 이런 이야기들의 중요성을 잘 깨닫지 못한다. 그러나 **참으로 강조하건대 인간이 영위하는 학문으로 '인간적 학문'이 아닌 것은 없다.** 미국의 저명한 수학 저술가 이브스(Howard Whitley Eves, 1911~2004)도 **"수학적 개념의 진정한 이해를 역사적 연원의 분석 없이 얻을 수는 없다"**라고 썼는 바, **"수학은 수많은 선현들의 고뇌와 분투 그리고 좌절과 영광이 얽히고설켜 정교하고도 영롱하게 빚어진 지극히 인간적인 학문"**이란 점을 잘 헤아리면 수학 자체에 대해서도 더욱 깊은 이해에 이를 수 있음을 절감하게 될 것이다.

이제 책을 펴냄에 즈음하여 과연 처음의 목표를 얼마나 달성했는지 의구심이 앞선다. 하지만 어쨌든 이제는 겸손한 마음으로 독자들의 메아리에 귀를 기울이고자 한다. 아울러 아무쪼록 부족하나마 이 책을 통하여 인생의 꽃망울이라 할 중학 시절을 열어 가는 독자 여러분들 모두 올바른 수학관을 형성하고, 그 토대 위에 진정한 수학 실력이 구축되기를 진심으로 기원한다.

2016년 12월

고중숙

제1부

Mathematics

이 책은 중학수학을 크게 2부로 나누어 제1부를 '기초 다지기' 그리고 제2부를 '건물 올리기'라고 이름 붙였다. 이런 이름으로부터 우리는 **"수학은 건물이다"**라는 비유가 배경에 자리잡고 있음을 곧 알아차릴 수 있다. 실제로 이 비유는 아주 흥미롭고도 중요한데, 우선은 마음에 대략 새겨두고 나중에 386쪽을 공부하면서 더욱 깊이 생각해보기 바란다.

제1부는 '제0장 예비사항', '제1장 집합론', '제2장 수와 연산', '제3장 식과 연산'으로 구성했다.

맨 처음의 '제0장 예비사항'에 나오는 내용은 엄밀히 말하자면 나중에 다른 장들에서 배울 것들이다. 하지만 이런 순서를 곧이곧대로 지키자면 그 전에 설명할 내용을 명확히 전달할 수 없다는 어려움이 있다. 따라서 우선 필요한 최소한의 지식을 미리 당겨쓴다는 취지에서 이 장을 마련했다. 여기서는 수학의 가장 중요한 관념의 하나인 **정의**(定義, definition)와 수학을 매우 편하게 해주는 **문자의 사용**이라는 두 주제를 소개한다.

다른 셋 가운데 '제2장 수와 연산'이 수학을 배우는 데에 기초의 역할을 한다는 점은 쉽게 수긍된다. 초등학교 때 수학을 배우면서 줄곧 익혀왔던 '사칙연산'이 여기에 속하고, 아닌 게 아니라 이를 빠르고도 정확하게 해낼 능력을 갖춘다는 것은 수학뿐 아니라 일상생활에서도 매우 중요하기 때문이다. 이제 중학수학에서는 단순한 사칙연산을 넘어 한 단계 높은 차원에서 새롭게 살펴본다. 이 주제는 나중에 대학 과정의 수론(number theory)이란 분야로 이어지는데, 이 분야는 수

기초 다지기

학 전체를 떠받드는 주춧돌의 하나로 작용한다. 이런 뜻에서 독일의 위대한 수학자 가우스(Karl Friedrich Gauss, 1777~1855)가 남긴 **"수학은 과학의 여왕이고 수론은 수학의 여왕이다"**는 말은 수학이 계속되는 한 언제까지나 그 의의를 잃지 않을 것이다.

'제3장 식과 연산'에서는 '숫자와 문자를 결합한 수식'을 배우는데, 이에 대한 예비적 내용은 제0장에서 미리 소개하므로 여기서는 그에 이어지는 내용들을 다룬다. 이와 같은 '수식의 발명'은 수학 역사상 기념비적인 사건의 하나이며, 수식을 통하여 비로소 수학은 그 가장 특징적인 모습을 갖게 되었다. '수식의 연산'은 종래 '말과 숫자'로 했던 계산을 수식으로 하는 것을 뜻하는 바, 이런 점에서 **"수식은 수학의 언어"**라고 말할 수 있다.

순서는 뒤바뀌었지만 제1장의 '집합론'은 수학에서 '수'와 '수식'보다 더욱 기초적인 역할을 한다. 그런데 수학사를 둘러봐도 집합론은 아주 늦은 19세기 후반에야 독일 수학자 칸토어(Georg Cantor, 1845~1918)에 의하여 구축되었다. 그리고 20세기가 가까워질 무렵부터 차츰 널리 호응을 얻었으며, 마침내 수학의 전 분야에 걸쳐 가장 근본적인 토대를 이루게 되었고, 이후 **"인간 정신의 가장 위대한 산물 가운데 하나"**로 꼽히고 있다. 이에 따라 오늘날 수학에 관한 거의 모든 교재는 집합론부터 소개함이 통례이고, 여기서도 이를 좇아 (제0장에서 간단한 예비사항을 둘러본 후) 집합론으로부터 시작한다.

제0장
예비사항

1 정의의 의의

과학은 일상 용어를 정련(精鍊)하는 작업이다.

— 아인슈타인(Albert Einstein)

사람은 높은 수준의 언어를 통해서 의사소통을 한다. 동물들도 손짓, 발짓, 괴상한 소리 등을 통하여 의사소통을 하지만, 이런 것들은 매우 원시적인 언어라고 말할 수밖에 없다. 그래서 고도로 발달된 언어의 사용은 인간과 동물의 가장 큰 차이점 중의 하나로 널리 받아들여진다. 그런데 이토록 중요한 언어도 만일 그 뜻이 모호하다면 '원활한 의사소통'이라는 제1차적 목표를 제대로 달성할 수 없으며, 실제로 이와 같은 경우는 일상생활에서 많이 마주친다. 예를 들어 우리 학생들이 부모님이나 선생님들로부터 가장 많이 듣는 말은 "열심히 공부해라"는 것일 텐데, 과연 어느 정도 해야 '열심히' 하는 것인지 명확한 판단을 내리기 어렵다. 그리고 "깨끗이 청소해라", "용돈을 아껴 써라" 등도 마찬가지이며, 특히 "적당히 놀아라"라는 말에서의 '적당히'는 참으로 서로간에 알다가도 모를 정도로 애매한 표현이다.

하지만 일상생활에서 이런 표현들이 생각보다 큰 지장을 초래하지는 않는다. 그 이유는 무엇보다도 서로 오랫동안 부대끼면서 살다 보니 어느 정도의 암묵적인 이해가 이루어지기 때문이다. 그런데 아쉽게도 인간 생활의 모든 국면이 이처럼 '무난하게' 처리되지는 못한다. 예를 들어 다른 사람에게 옷이나 신발을 선물할 경우 치수를 정확히 알지 못하면 낭패를 겪을 가능성이 많다. 곧 이런 때는 통상적인 일상생활의 경우보다 더 엄격한 정확성이 요구된다. 그리고 이보다 더 엄격한 경우는 여러 가지 '법'이 개입되는 상황에서 찾을 수 있다. 우리가 학교의 교칙이나 교통법규 및 기타 여러 가지 법률들이 요구하는 사항을 제대로 지키지 않는다면 이 사회는 큰 혼란에 빠지게 될 것이다.

그런데 이 모두보다 가장 까다로운 분야가 바로 수학이다. 누구나 겪어보았을 테지만, 수학에서는 문제를 풀다가 숫자 하나, 소수점 하나, 부호 하나를 잘못 써서 전혀 엉뚱한 답을 얻는 경우가 많다. 그래서 수학을 공부할 때는 다른 과목에 비하여 훨씬 긴장된 자세로 임한다. 나아가 수학에서는 수나 수식의 계산뿐 아니라 여러 가지 용어들에 대해서도 가장 엄밀한 주의를 기울여야 한다. 예를 들어 '마름모'라고 할 경우 이를 명확히 정해놓지 않는다면, 사각형은 분명 사각형인데 '평행사변형', '직사각형', '정사각형' 등과 어떤 점이 같고 어떤 점이 다른지에 대하여 많은 논쟁과 혼란이 초래될 것이다. 따라서 **"마름모는 네 변의 길이가 같은 사각형"**이라고 명확히 규정한 후 사용한다.

예제

'평행사변형', '직사각형', '정사각형'의 세 용어를 혼란의 우려가 없도록 명확히 규정해보라.

풀이 평행사변형 : 마주 보는 변들이 서로 평행인 사각형.

직사각형 : 네 각이 직각인 사각형.

정사각형 : 네 각이 직각이고 네 변의 길이가 같은 사각형.

이처럼 **어떤 용어의 뜻을 명확히 규정하는 것**을 가리켜 **정의**(定義, definition)라고 부른다. 다른 예로 **"약수**(約數, divisor)**는 어떤 수를 나머지 없이 나눌 수 있는 수"**란 정의를 생각해보면 이로부터 우리는 12의 약수가 1, 2, 3, 4, 6, 12임을 알 수 있다. 그리고 여기서 한 단계 나아가 **"소수**(素數, prime number)**는 약수가 1과 자신뿐인 1이 아닌**

자연수"라고 정의하는데, 이로부터 우리는 2, 3, 5, 7, 11, ⋯ 등이 소수임을 알 수 있다. 특히 여기서 소수에는 1이 빠진다는 점을 유의해야 하며, 그 이유는 나중에 배우지만 어쨌든 소수의 정의에서 1을 제외했기 때문에 1이 소수가 아니라는 점을 분명히 새겨야 한다.

이상에서는 '용어의 정의'와 관련해서 이야기했다. 그런데 수학에서는 이 밖에도 '논리의 전개'와 '이론의 구성' 등 다른 여러 측면에서도 마찬가지의 주의를 기울여야 한다. 물론 이런 과정은 귀찮고 힘든 일이며 이에 따라 많은 사람들이 수학을 싫어하는 한 이유가 되기도 한다. 그러나 우리가 우선 조금 편하고자 각자 멋대로 교통규칙을 무시한다면 그로 인한 무질서와 혼란 때문에 훨씬 많은 대가를 지불하게 된다. 따라서 엄밀성과 정확성에 수반되는 수고는 겉보기로서의 단점일 뿐, 사실 이런 성질들은 수학의 가장 큰 특징이자 장점이라고 봐야 한다. 나아가 알고 보면 수학 이외의 분야에서도 가능한 한 이런 방식을 따르는 것이 바람직하다. 그리고 바로 이 점 때문에 **수학은 모든 학문의 가장 근본적인 원형**으로 여겨진다.

정의에 내포된 이상의 내용에 따라 앞으로 이 책에서는 새로운 용어가 나올 때마다 될 수 있는 한 가장 간명한 정의를 소개하므로 이를 잘 이해하고 숙지하면서 나아가도록 한다. 그리고 정의에 대해서는 이 밖에도 더 이야기할 것들이 있는 바, 이에 대해서는 맨 마지막 장에 수록했으므로 그곳을 참조하기 바란다.

2 문자의 사용

수식은 인류가 가진 유일한 보편언어이다.

— 콘즈(Alain Connes)

수식은 수학의 언어

우선 아주 간단한 예로 삼각형의 넓이를 구하는 절차를 생각해보자. 이는 '밑변'과 '높이'를 곱하고 2로 나누면 된다. 그런데 넓이를 S, 밑변을 a, 높이를 b라는 문자로 나타내면

$$S = a \times b \div 2$$

라는 **수식**(數式, formula. 줄여서 그냥 식이라고도 부른다)이 되어 수학적 의사소통이 아주 간편해진다. 나아가 곱셈기호 '×'는 생략하고 나눗셈기호 '÷' 대신 '/'을 쓰기로 약속하면

$$S = ab/2$$

로 더욱 줄어든다. 그리고 이미 다 알고 있겠지만 '='는 "같다"는 뜻을 나타내는 기호로 **등호**(等號, equality sign)라고 부른다.

이처럼 **수학의 어떤 절차를 수식으로 표현한 것**을 보통 **공식**(公式, formula)이라고 부른다(공식은 수식의 일종이지만 영어로는 모두 formula라고 한다). 그리고 이렇게 삼각

형의 넓이 구하는 공식을 한 번 만들어놓으면 어떤 삼각형의 넓이든 앞의 a와 b에 적당한 숫자를 **대입**(代入, substitution)해서 구할 수 있다. 여기서 **대입은 수식의 문자에 어떤 구체적인 값을 넣어주는 것**을 말한다. 따라서 예를 들어 밑변이 5cm이고 높이가 10cm인 삼각형의 넓이를 구한다면

$$S = ab/2 = 5 \times 10 \div 2 = 25\ (\mathrm{cm}^2)$$

와 같이 대입 및 계산하면 된다.

그런데 여기 삼각형의 예는 본래 단순한 것이라서 이와 같은 문자 사용의 장점이 크게 부각되지 않는다. 하지만 식이 점점 복잡해짐에 따라 이는 더욱 뚜렷해진다. 예를 들어 구(球)의 부피는 "반지름을 세 번 연속 곱하고, 거기에 4와 원주율 π를 곱한 다음, 이 전체 값을 3으로 나눈다"는 절차로 구해진다. 여기서 부피를 V, 반지름을 r로 나타내고, r을 연속 세 번 곱한 것, 곧 $r \times r \times r$은 r^3과 같이 쓰기로 약속하면 수식으로는

$$V = 4\pi r^3/3$$

와 같이 아주 압축된 모습으로 나타내진다.

하지만 나중에 자세히 배우면 알게 되듯 구의 부피를 구하는 절차도 수학에서 아주 단순한 예에 지나지 않는다. 실제로는 이보다 훨씬 복잡한 문제들이 많으며, 마침내 어느 정도를 넘어서면 문자를 사용하지 않을 경우 사실상 원활한 수학적 의사소통이 거의 불가능해지고 만다.

그런데 수학사를 돌이켜보면 놀랍게도 수와 문자를 본격적으로 자유롭게 섞어서 쓰기 시작한 것은 불과 몇백 년밖에 되지 않는다. 그 전의 사람들은 거의 대부분의 수학 문제를 일일이 말로 풀어서 할 수밖에 없었고, 따라서 일상생활에 필요한 계산마저도 오랫동안 힘든 훈련을 거쳐야 했다. 이 때문에 옛날 유럽의 상인들은 자식들을 큰 도시로 유학을 보내 상업에 필요한 계산법을 배워오도록 하기도 했다.

그러나 일단 한 번 이 편리한 방법이 개발되자 이후 눈부신 발전이 이루어졌다. 그리하여 이전에는 귀족, 성직자, 상인 등 특수 계층의 전유물처럼 여겨졌던 수학이 보

통 사람들의 일상생활에서도 아주 유용한 삶의 도구가 되었다. 이런 뜻에서 **"수식은 수학의 언어"**라고 말할 수 있다. 이를 통하여 거의 모든 사람들이 수학적 의사소통을 아주 편리하게 할 수 있게 되었기 때문이다. 오늘날 많은 사람들은 이 점을 높이 평가하여 '문자의 활용'을 수학사상 가장 획기적인 전환점의 하나로 여긴다.

중학수학에서는 집합론과 간단한 수론을 배운 다음에 문자가 섞인 수식을 본격적으로 다룬다. 그런데 사실상 집합론에서부터 문자가 사용되며 수론에서도 마찬가지이다. 그러므로 실제로는 **문자의 사용에 대한 만국 공통의 규약**(rule)을 미리 배우고 시작하는 게 편리하다. 이에 따라 다음에 이들 원칙을 소개하고 간단한 예제를 풀어보기로 한다.

수식표기의 규약

1 · 문자와 문자 또는 숫자와 문자 사이의 곱셈을 표시할 때는 곱셈 기호를 생략한다. 그리고 '1'을 곱할 때도 '1'은 생략한다.

예 $2\times a$는 $2a$로 쓴다. $a\times b$는 물론 $1\times a\times b$도 ab로 쓴다.

참고 덧셈과 뺄셈 기호는 생략할 수 없다는 점에 유의해야 한다. 예를 들어 100원짜리 연필 2자루와 200원짜리 지우개 3개를 샀다면 총액은

$$100\times 2+200\times 3 = 200+600 = 800 \text{ (원)}$$

이 된다. 이것을 a원짜리 연필 m자루와 b원짜리 지우개 n개를 산 경우의 총액이란 문제로 바꿔놓고 보면 그 답은

$$a\times m+b\times n = am+bn \text{ (원)}$$

이 된다. 숫자의 경우에는 200원과 600원을 더해서 최종적으로 800원이란 답을 얻을 수 있지만, 문자를 쓴 수식에서는 $am+bn$을 직접 계산할 수 없으므로 이것이 바로 답이다. 만일 $am+bn$의 덧셈기호를 생략해서 $ambn$으로 쓰면 이것은 $a\times m\times b\times n$을 나타내므로 전혀 다른 수식이 된다.

2 · 숫자와 문자를 섞어 쓸 때는 숫자를 먼저, 문자와 문자를 섞어 쓸 때는 알파벳(alphabet) 순서로 쓴다.

예 $2 \times p \times x \times a \times m \times r$은 $2amprx$로 쓴다.

3 · 같은 숫자나 문자를 여러 번 곱할 때는(이를 **거듭제곱**이라 부른다) 다음과 같이 쓴다.

예 $2 \times 2 \times 2$는 2^3으로 쓴다. 여기서 '제곱되는 수'를 가리켜 **밑**(base) 그리고 위첨자로 쓰인 '제곱하는 횟수'를 가리켜 **지수**(指數, exponent)라고 부른다. 이 식에서 밑은 2이고 지수는 3이다.

예 $2 \times 2 \times 2 \times a \times a \times b \times b \times c$는 $8a^2b^2c$로 쓴다. 여기서 $2 \times 2 \times 2$는 2^3으로 써도 되지만 숫자는 대개 계산 결과를 바로 알 수 있으므로 그것을 쓰면 되며, 이에 따라 이 예에서도 8로 썼다.

4 · 숫자나 문자 사이의 곱셈을 그대로 보여주고자 할 경우에는 곱셈 기호 대신 '·'으로 쓴다.

예 $2 \times 2 \times 2 \times 3 \times 3 \times 5 \times 7 \times c \times c \times a$는 $2^3 \cdot 3^2 \cdot 5 \cdot 7 \cdot a \cdot c^2$으로 쓴다.

5 · 나눗셈은 분수로 쓴다.

예 $a \times b \div 2$는 $\frac{1}{2}ab$, $\frac{ab}{2}$, $ab/2$는 등으로 쓰고, $4 \times \pi \times r \div 3 \times r \times r$은 $\frac{4}{3}\pi r^3$, $\frac{4\pi r^3}{3}$, $4\pi r^3/3$은 등으로 쓴다. 여기서 원주율을 나타내는 π(파이)는('perimeter'의 첫 글자 p에 상응하는) 그리스 문자인데, 이것과 영어 알파벳 중 어느 것을 먼저 써야 한다는 원칙은 정해져 있지 않다. 이 경우는 대개 관습적으로 내려오는 순서를 따른다.

6 · 문자의 계산에서도 괄호로 묶인 것은 하나의 단위로 취급한다. 그리고 하나의 단위로 생각할 때의 순위도 "소괄호 → 중괄호 → 대괄호"의 순서에 따른다.

예 $(a+b)\div c$는 $a+\frac{b}{c}$가 아니라 $\frac{(a+b)}{c}$ 또는 $\frac{a+b}{c}$로 쓴다.

참고 수식표기의 **관습**(convention) : 앞에 제시된 $1\sim6$의 수식표기 규약들은 모두 지켜야 할 원칙이다. 그런데 이처럼 원칙이라고는 할 수 없지만 오랜 세월에 걸쳐 관습적으로 성립된 표기법들이 있으며 특별한 사정이 없는 한 이를 따르는 것이 편리하다. 그 예로는 도형의 넓이는 S, 부피는 V, 변의 길이는 $a, b, c, \cdots$, 높이는 h, 반지름은 r, 지름은 d로 나타내는 것 등이 있다. 여기서 S는 size의 첫 글자에서 따왔다는 말이 있으나 정확한 유래는 불명이며, 변의 길이를 $a, b, c, \cdots$, 로 쓰는 것은 특별한 이유 없이 전해져 내려온다. 그러나 부피 V는 volume, 높이 h는 height, 반지름 r은 radius, 지름 d는 diameter의 첫 글자에서 따왔다. 한편 삼각형의 경우 편의상 $S=ab/2$로 씀이 보통이다. 관습적 표기는 이 밖에도 상당히 많지만 앞으로 나올 때마다 익혀두면 큰 어려움 없이 편리하게 활용할 수 있다.

예제

다음 식들을 수식표기의 원칙에 맞추어 써라.

① $c\times x\times c\times 5-x\div 7$

② $a\div b\div c\times d\times e\div f$

③ $k\div\{(a-c)\times 5\}\div a\times b$

④ $w\div x\div y\div z\div x\times(3+a)-7\div(y\times x)$

풀이

① 숫자를 먼저 쓰고 문자는 알파벳 순서로 쓴다. 그리고 뺄셈 기호는 생략하지 않는다.

$$c\times x\times c\times 5-x\div 7=5\times c\times c\times x-x\div 7=5c^2x-\frac{x}{7}$$

② 나누기가 잇달아 나와서 좀 이상하게 보이지만 다음과 같이 차분히 생각하면 쉽게 해결된다.

$$a \div b \div c \times d \times e \div f = a \times \frac{1}{b} \times \frac{1}{c} \times d \times e \times \frac{1}{f}$$

$$= a \times d \times e \times \frac{1}{b} \times \frac{1}{c} \times \frac{1}{f} = \frac{ade}{bcf}$$

혹시 위의 식이 잘 이해가 되지 않을 경우에는 구체적 수치를 대입한 다음의 식과 비교하면서 생각해보면 도움이 될 것이다.

$$100 \div 4 \div 5 \times 2 \times 3 \div 10 = 100 \times 2 \times 3 \div 4 \div 5 \div 10$$

$$= \frac{100 \times 2 \times 3}{4 \times 5 \times 10} = \frac{600}{200} = 3$$

③ 괄호로 묶인 것은 하나의 단위로 취급하고 순위도 "소괄호 → 중괄호 → 대괄호"의 순서에 따른다.

$$k \div \{(a-c) \times 5\} \div a \times b = k \times \frac{1}{\{(a-c) \times 5\}} \times \frac{1}{a} \times b$$

$$= b \times k \times \frac{1}{5} \times \frac{1}{a} \times \frac{1}{(a-c)} = \frac{bk}{5a(a-c)}$$

이것도 잘 이해가 되지 않으면 ②번의 풀이처럼 구체적 수치를 대입해서 비교해본다.

④ 이상에서 익힌 원칙들을 종합적으로 적용한다.

$$w \div x \div y \div z \div x \times (3+a) - 7 \div (y \times x) = \frac{(3+a)w}{x^2yz} - \frac{7}{xy}$$

예제

다음 내용을 식으로 표현하라.

① 사다리꼴의 넓이

② 하나에 a원인 지우개 b개를 사고 5000원을 냈을 때 받을 거스름돈

③ 백, 십, 일의 자리 숫자가 각각 p, q, r인 자연수

풀이

① 사다리꼴의 넓이는 윗변과 아랫변을 더한 값에 높이를 곱하고 2로 나누면 구해진다. 윗변을 a, 아랫변을 b, 높이를 h, 넓이를 S라 하면 다음 식으로 표현된다.

$$S = (a+b)\times h \div 2 = \frac{(a+b)h}{2}$$

② 거스름돈 $= 5000-ab$ (원)

③ **자연수는 1, 2, 3, ⋯으로 무한히 이어지는 수들**을 말한다(67쪽 참조). 이 가운데 예를 들어 234라는 자연수를 보자. 그러면 여기의 2는 실제로는 200, 곧 2×100이며, 3은 실제로는 3×10이고, 4는 그냥 4×1이다. 다시 말해서 자연수의 각 자리수가 갖는 실제 값은 각 자리수에 '자리값'을 곱한 값이다. 그러므로 'pqr'로 쓰인 자연수의 실제 값, 곧 이 문제의 답은 다음과 같다.

$$\text{'}pqr\text{'의 실제 값} = p\times100+q\times10+r = 100p+10q+r$$

제1장
집합론

집합론(集合論, set theory)은 독일의 전설적인 천재 수학자 칸토어(Georg Cantor, 1845~1918)가 제창했다. 그는 1874년부터 1897년까지 펴낸 일련의 논문을 통하여 거의 혼자만의 힘으로 집합론의 뼈대를 완성했다. 그 이유는 여기에 내포된 아이디어가 당시로서는 매우 파격적인 것이어서 다른 수학자들이 선뜻 받아들이기가 어려웠기 때문이었다. 그러나 20세기가 가까워질 무렵부터 그 위에 수학이라는 웅대한 체계를 세울 수 있다는 점이 널리 인식되었다. 그리하여 마침내 **수학의 전 분야를 아우르는 가장 근본적인 토대**가 되었고, 오늘날에는 앞서 말했다시피 **"인간 정신의 가장 위대한 산물 가운데 하나"**로 꼽히고 있다.

그러나 고등학교까지의 교육과정에서는 집합론을 깊이 다루지 않는다. 따라서 그 내용은 비교적 쉽고 배우는 데 별 어려움도 없다. 다만 그런 가운데 집합론의 개념들이 수학의 다른 분야에서 자주 언급됨으로써 집합론이 광범위한 기초를 이룬다는 사실은 잘 이해할 수 있도록 구성되어 있다. 그러므로 학생들은 "집합론은 쉽다"는 겉모습에 현혹되지 말고, 쉬운 가운데 깊고도 넓은 포괄성이 있음을 잘 음미하면서 배워가도록 한다.

1 집합의 의의

칸토어가 애초 어떤 생각으로부터 힌트를 얻어 집합론을 만들게 되었는지는 확실히 알 수 없다. 하지만 대략 추측컨대 **"대부분의 경우 우리가 어떤 이야기를 할 때는 의식적으로든 무의식적으로든 뭔가 어떤 '범위'를 정해놓고 한다"**는 데에 착안한 것으로 여겨진다. 예를 들어 "우리의 앞날에는 무한한 가능성이 있다"라고 말하면 여기의 '우리'는 보통 '청소년'을 뜻하는 것으로 이해한다. 그리고 일상생활에서는 대략 이 정도로만 이해해도 통상적인 의사소통에 별 어려움이 없다.

그러나 가장 엄밀한 학문인 수학에서 이렇게 하다가는 큰 혼란이 초래되고 결국 수학의 전 체계가 무너지고 말 것이다. 그러므로 수학도 어차피 대부분의 경우 '어떤 대상'을 놓고 이야기하는 학문인 이상, 그 대상을 다른 어떤 학문들에서보다 엄격하게 선정하도록 해야 할 것이다.

오늘날 **집합**(集合, set)은 대개 **"잘 규정된 대상들의 모임"**이라고 말한다. 이는 칸토어가 1895년에 펴낸 논문에서 처음 제시한 표현을 좀 더 간명하게 가다듬은 것이다. 그런데 이를 읽은 후 우선적으로 떠오르는 느낌은 '가장 엄밀한 학문'이라는 수학적 관점에서 볼 때 상당히 엉성한 표현으로 여겨진다는 것이다. 그래서 이로부터 곧 **"어**

떻게 규정된 것이 잘 규정된 것인가?"라는 의문이 뒤따른다.

이에 대해서는 **다음 두 가지로 이해**하는 것이 보통이다.

1 · 소속성 : 어떤 대상을 주어진 집합에 넣을 것인가 뺄 것인가, 곧 **'소속 여부'의 판가름을 명확히 할 수 있을 정도로 규정**된 것을 가리킨다.

2 · 유일성 : 집합에 속한 임의의 대상 2개를 비교할 때 서로 같은가 다른가, 곧 **'중복 여부'의 판가름을 명확히 할 수 있을 정도로 규정**된 것을 가리킨다.

그리고 1과 2를 하나로 엮어서 말하자면 **"집합에는 조건에 맞는 대상을 넣되 한 번씩만 넣는다"**라고 간추릴 수 있다.

예제

다음 중 집합으로 볼 수 있는 것을 골라라.

① 우리 반의 키 큰 학생들의 모임

② 우리 반의 예쁜 여학생들의 모임

③ 우리 반 출석부에 적힌 이름들의 모임

④ 국가대표 축구선수단

⑤ 짝수의 모임

풀이 '키가 큰', '예쁜'이라는 기준으로는 '소속성'을 명확히 가릴 수 없다. 따라서 집합으로 볼 수 있는 것은 ③, ④, ⑤이다.

참고 수학에서는 '그러므로(therefore)'와 '왜냐하면(because)'이란 말이 아주 많이 쓰이고 각각 '∴'와 '∵'로 나타내는데, 앞으로 이 책도 이를 쓴다.

예제

어떤 분단을 만들다 보니 김영희, 김철수, 김철수, 이경애, 박소희, 송혜인, 오현철, 한승현의 8명으로 짜여서 김철수라는 이름의 학생이 두 사람 들어가게 되었다.

① 이 분단에서 '김씨 성을 가진 이름들'이란 집합을 만들면 '김철수'는 몇 번 들어가야 할까?

② 이 분단에서 '김씨 성을 가진 학생들'이란 집합을 만들면 '김철수'는 몇 번 들어가야 할까?

풀이

①과 ②의 모임 모두 '소속성'은 충족한다. 그런데 ①에 들어갈(소속될) 대상은 '이름'이므로 '김철수'라는 '이름'이 두 번 들어가면 '유일성'에 위배되고, 따라서 한 번만 들어가야 한다. 반면 ②에 들어갈 대상은 '이름'이 아니라 '사람'이다. 따라서 '사람으로서의 김철수'는 두 번, 곧 김철수란 이름을 가진 두 학생이 모두 들어가야 한다. 곧 이어 배울 '원소나열법'을 이용해서 구체적으로 쓰면 ①은 {김영희, 김철수}, ②는 {김영희, 김철수, 김철수}이다.

2 집합론의 용어와 표현

수학의 본질은 자유에 있다.

— 칸토어(Georg Cantor)

집합의 의의를 알아보았으므로 이제 집합론에서 사용되는 용어와 표현을 살펴보자.

원소나열법과 조건제시법

집합에 소속된 대상들을 원소(元素, element)라고 부른다. 집합은 대개 영어의 대문자를 써서 $A, B, C, \cdots$, 원소는 소문자를 써서 $a, b, c, \cdots$ 등으로 쓴다. 집합의 원소를 구체적으로 나타낼 때는 중괄호 '{ }' 안에 원소를 넣어서 보여주는데, 여기에는 다음 두 가지 방법이 있는데, 어느 방법으로 표시하든 상관없으나 일반적으로 원소가 적으면 원소나열법, 원소가 많으면 조건제시법이 편리하다.

1 · 원소나열법 : 집합의 구성 원소를 모두 보여준다.

예 $A = \{1, 3, 5, 7, 9\}$ → 원소는 소속성과 유일성만 충족하면 되므로 순서대로 나열하지 않아도 상관없다. 다만 대개의 경우 편의상 일정한 순서대로 나열한다.

예 $A = \{a, b, \cdots, y, z\}$ → 이것은 영어의 알파벳 집합을 원소나열법으로 표시한 것이다. 이처럼 제시된 몇 개의 원소만으로도 일정한 규칙성을 쉽게 알 수 있는 경우에는 중간에 있는 원소들을 생략기호인 '…'로 대신 나타내면 편하다.

2 · 조건제시법 : 대표원소와 각 원소들이 충족해야 할 조건을 보여준다.

예 $A = \{x | x$는 10 이하의 홀수$\}$ → '|' 앞에는 대표원소를 나타내는 x, '|' 뒤에는 "x는 10 이하의 홀수" 등으로 표현되는 조건을 쓴다.

예제

다음 집합을 원소나열법으로 써라.

① 36의 약수의 집합 ② 4의 배수의 집합

풀이

약수(約數, divisor)**는 어떤 수를 나머지 없이 나눌 수 있는 수**로서 20쪽에서 이미 이야기했다. 또 나중에 73쪽에서 배우지만 **배수**(倍數, multiple)**는 어떤 수를 1, 2, 3, … 배한 수**를 가리킨다. 따라서 답은 아래와 같다.

① $\{1, 2, 3, 4, 6, 9, 12, 18, 36\}$ ② $\{4, 8, 12, 16, \cdots\}$

예제

다음 집합을 조건제시법으로 써라.

① $\{1, 2, 3, 4, 6, 12\}$ ② $\{3, 5, 7, 9, 11, 13\}$

풀이

① $\{x | x$는 12의 약수$\}$ ② $\{x | x$는 3부터 13까지의 홀수$\}$

조건제시법은 생각하는 방법에 따라 여러 가지로 나타낼 수 있음에 유의해야 한다. 다음 예제를 보자.

예제

$\{3, 5, 7\}$을 조건제시법으로 나타낸 것 가운데 잘못된 것은? 단 **소수**(素數, prime number)는 20쪽에서도 말했지만 **"약수가 1과 자신뿐인 수로서 1이 아닌 수"**를 뜻한다.

① $\{x \mid x$는 1과 8 사이의 짝수가 아닌 수$\}$

② $\{x \mid x$는 3 이상 9 미만의 홀수$\}$

③ $\{x \mid x$는 10 미만의 홀수인 소수$\}$

④ $\{x \mid x$는 2보다 큰 한 자리의 소수$\}$

⑤ $\{x \mid x$는 9보다 작은 소수$\}$

풀이 답은 ⑤이다. 소수의 예로는 2, 3, ⋯, 11, 13, 17, ⋯, 101, 103, ⋯, 991, 997, ⋯ 등이 있는데, 그 수는 무한히 많지만 짝수인 소수는 2 하나뿐이다.

참고 "3 **이상**"이나 "3 **이하**"라고 할 경우 3도 포함된다. "3**보다 크다**", "3**보다 작다**", "3 **미만**"이라고 할 경우 3은 포함되지 않는다. "3을 **초과**한다"는 말은 "3보다 크다"는 말과 같다. 기호로는 다음과 같이 나타내며, 여기에 쓰인 "$\geqq$, $\leqq$, $>$, $<$"를 통틀어 **부등호**(不等號, inequality sign)라고 부른다.

x가 3 이상이다, 3보다 크거나 같다 : $x \geqq 3$

x가 3 이하이다, 3보다 작거나 같다 : $x \leqq 3$

x가 3보다 크다, 3을 초과한다 : $x > 3$

x가 3보다 작다, 3 미만이다 : $x < 3$

부등호는 다음과 같이 섞어서 쓰기도 한다.

$1 < x \leqq 3$: x는 1보다 크고 3 이하이다.

소속관계와 포함관계

집합론에서 **'소속관계'는 '원소와 집합 사이의 관계'** 그리고 **'포함관계'**는 **'집합과 집합 사이의 관계'**를 가리키는 것으로 구별해서 사용한다. 예를 들어 원소 a가 집합 A에 '속하면' 이를 '소속관계'라고 말하고 "$a \in A$" 또는 "$A \ni a$"로 쓴다. 그런데 '서울 시민'이란 집합 S와 '대한민국 국민'이란 집합 K의 경우처럼 S가 K에 '포함되면' 이를 '포함관계'라고 말하고 "$S \subset K$" 또는 "$K \supset S$"로 쓴다.

소속관계의 기호 **'$\in$'는 '원소'를 뜻하는 'element'의 첫 글자를 딴 것**인데, 수리논리학의 대가로서 영국의 수학자이자 철학자인 러셀(Bertrand Russell, 1872~1970)이 1903년에 처음 사용했다(**수리논리학은 집합론과 더불어 수학 전체를 떠받드는 2대 기둥** 가운데 하나이며, 고교 과정에서부터 그 기초적인 내용을 배운다). 그리고 포함관계의 기호 '$\subset$'는 독일 수학자 슈뢰더(Friedrich Wilhelm Karl Ernst Schröder, 1841~1902)가 1890년에 처음 사용했다.

흔히 '$\subset$'는 '포함'을 뜻하는 영어 'contain'의 첫 글자를 딴 것으로 설명한다. 그러나 슈뢰더는 독일인이므로 이런 설명은 오류이다. 다만 우연이기는 하지만 이렇게 생각하면 암기에 편하다는 장점은 있다.

한편 원소 a가 집합 A에 속하지 않으면 "$a \notin A$" 또는 "$A \not\ni a$"로 쓰고, 집합 S가 집합 K에 포함되지 않으면 "$S \not\subset K$" 또는 "$K \not\supset S$"로 쓴다.

그런데 여기서 한 가지 유의할 것은 **때로 집합도 원소처럼 취급할 수 있다**는 점이다(**집합원소**◇). 예를 들어 '학교라는 집합'은 '학년이란 원소'로 이루어져 있지만, '학년이란 집합'은 다시 '학급이란 원소'로 이루어져 있다. 그러므로 학년은 학교에 '속한다'고 말할 수도 있고, '포함된다'고 말할 수도 있다. 이에 따라 표기도 "학교 $\ni$ 학년"으로 쓰거나(학년을 원소로 본 경우) "학교 $\supset$ 학년"으로 쓸 수도 있다(학년을 집합으로 본 경우).

부분집합과 진부분집합

어떤 집합을 구성하는 원소들의 일부 또는 전부로 구성된 집합을 **부분집합**(subset)이라고 말하며, 특히 일부로 구성된 집합을 **진부분집합**(proper subset)이라고 말한다. 곧 진부분집합도 부분집합의 일종이다.

예를 들어 $A = \{1, 2, 3, 4, 5\}$, $B = \{x \mid x\text{는 }5\text{ 이하의 자연수}\}$, $C = \{1, 2, 3\}$이라는 세 가지의 집합을 보자. 그러면 C는 A와 B 모두에 대하여 진부분집합이다. 부분집합은 본래 집합에 대한 포함관계에 해당하므로 '$\subset$, $\supset$'를 써서 나타낸다. 그러므로 여기 예의 경우 "$C \subset A$"와 "$C \subset B$"로 쓰면 된다.

한편 여기서 A와 B는 사실상 같은 집합이므로 이들은 서로 부분집합의 관계에 있다. 다시 말해서 **"모든 집합은 자신의 부분집합"**이기도 하다. 이처럼 서로 부분집합의 관계에 있는 두 집합을 일컬어 **상등**(上等) 또는 **'서로 같다'**라고 말한다. 이를 식으로는 간단히 "$A = B$"로 쓰고, 상등이 아니면 "$A \neq B$"로 쓴다. 상등관계는 **"$A \subset B$이고 $B \subset A$이면 $A = B$이다"**라고 쓰기도 하며, 이렇게 하면 이해와 암기에 모두 편하다.

예제

$A = \{5, \{6, 7\}, 7, 8\}$일 때 다음 중 옳은 것을 모두 골라라.

① $6 \in A$ ② $6 \subset A$ ③ $\{6, 7\} \subset A$

④ $\{6, 7\} \in A$ ⑤ $\{5, \{6, 7\}\} \subset A$

풀이 $\{6, 7\}$이란 집합은 A에 대하여 하나의 원소와 같다. 곧 집합 A의 원소는 5, $\{6, 7\}$, 7, 8의 4개이다(여기서 7은 중복이 아님에 유의하자). 그러므로 소속관계와 포함관계를 고려하면 답은 ④와 ⑤이다. 이때 특히 ③도 정답이라고 생각할 우려가 있는데, 이것이 정답이 되려면 $\{\{6, 7\}\} \subset A$로 써야 한다. 여기의 $\{\{6, 7\}\}$은 $\{6, 7\}$이라는 '집합원소'를 다시 하나의 부분집합으로 생각했을 때의 표기법이다.

앞 예제에서 보듯 집합도 더 큰 집합에 대한 원소로 생각할 수 있으므로 "집합은 영어의 대문자, 원소는 소문자를 써서 나타낸다"는 원칙은 대개의 경우 이렇게 하면 혼동의 우려를 막을 수 있다는 점에서 바람직하다는 것일 뿐, 언제나 반드시 지켜야 한다는 철칙(鐵則)은 아니다. 이처럼 가장 엄밀한 학문이라는 수학에서도 융통성 있는 원칙들이 많이 있으며, 반대로 비교적 느슨한 다른 분야의 법칙 가운데서도 아주 엄격하게 지켜야 할 법칙들이 많다. 요컨대 어떤 분야에 대한 일반적 관점을 너무 고집하면 좋지 못한 편견이나 선입관이 될 수 있으므로 항상 각 주제의 고유한 내용에 가장 충실한 관점을 갖도록 노력해야 한다.

공집합

예를 들어 "2의 배수인 홀수"란 집합을 생각해보자. 그런데 홀수는 모두 2의 배수가 아니므로 이런 집합에 들어갈 원소는 하나도 없다. 이처럼 "원소가 없는 집합"을 **공집합**(empty set)이라고 부르며, 기호로는 '∅' 또는 '{ }'로 나타낸다.

그런데 여기서 한 가지, "과연 이런 것도 집합으로 인정해야 할까?"라는 의문이 떠오른다. 앞서 배웠듯 "집합은 잘 규정된 대상들의 모임"인데, 대상이 없다면 모임이란 것도 없을 것이므로 이에 대하여 '집합'이란 용어를 붙이기가 어쩐지 망설여진다. 따라서 이 의문은 충분히 검토해볼 필요가 있다.

수학에서는 **공집합도 집합의 일종**으로 받아들인다. 그 이유는 무엇보다도 이를 집합의 일종으로 받아들여야 이후의 여러 가지 논리적 전개가 수월해지기 때문이다. 따라서 이를 처음 배우는 독자들의 경우 우선은 그냥 받아들이고, 이후 공집합에 관련된 이야기가 나올 때마다 이렇게 정한 이유를 곰곰이 되새겨보기 바란다.

공집합도 집합의 일종으로 받아들이는 것을 쉽게 이해할 수 있는 좋은 비유로 집합을 가방으로 생각하는 **'가방의 비유'**가 있다. 곧 **빈 가방 안에는 아무것도 없지만 그렇더라도 가방 자체는 존재**한다.

공집합에는 "2의 배수인 홀수"처럼 애초부터 논리적으로 불가능하기 때문에 생기는 것도 있지만 "달나라 토끼"처럼 논리적으로는 불가능하지 않지만 현실적으로 불가능하기 때문에 생기는 것도 있다. 곧 **"공집합 = 논리적 공집합 + 현실적 공집합"**으로 정리할 수 있다.

원소의 개수

집합 A에 속하는 원소의 개수는 '$n(A)$'로 나타내며, n은 number의 첫 글자를 딴 것이다. 예를 들어 $A = \{1, 2, 3\}$이라면

$$n(A) = n(\{1, 2, 3\}) = 3$$

이 되는데, 만일 A가 공집합이라면 다음과 같다.

$$n(A) = n(\varnothing) = n(\{\ \}) = 0$$

유한집합과 무한집합

유한집합은 원소의 개수가 유한인 집합, 무한집합은 유한집합이 아닌 집합을 가리킨다. "8의 약수의 집합"은 $\{1, 2, 4, 8\}$이므로 유한집합이지만, "8의 배수의 집합"은 $\{8, 16, 24, \cdots\}$이므로 무한집합이다. 공집합의 경우 원소가 없으므로 유한집합이라 하기도 곤란하고 무한집합이라 하기도 곤란한 점이 있다. 그러나 수학에서는 **공집합을 유한집합의 일종**으로 취급한다.

흔히 "공집합은 원소의 개수가 0이므로 유한집합이다"라고 설명하는 경향이 있다. 하지만 기본적으로 '유한'이니 '무한'이니 하는 말은 뭔가가 '있을 때' 비로소 이야기되는 것일 뿐, 아무것도 없는 상태에서는 그런 말을 쓸 필요가 없으므로 이런 설명은 옳지 않다. 옳은 설명은 "수학에서 여러 가지 논리적 필요성 때문에 공집합도 유한집합의 일종으로 취급하도록 정했기 때문"이란 것이다. 이는 마치 앞에서 "공집합도 집합의 일종으로 받아들인 이유는 그렇게 해야 이후의 여러 가지 논리적 전개가 수월해지기 때문"이라고 한 것과 비슷하다.

언뜻 생각하면 아무것도 없으므로 가장 단순할 것으로 보이는 공집합에는 뜻밖에도 많은 문제점이 도사리고 있다. 중학 과정에서는 이런 내용을 우선 그대로 받아들이고 수학을 계속 배워가면서 더욱 깊이 있는 이해를 얻기 바란다.

부분집합의 개수

공집합과 관련하여 또 하나 중요한 것은 **공집합은 모든 집합의 부분집합**이라는 사실이다. 그러므로 예를 들어 $C = \{1, 2, 3\}$이란 집합의 부분집합을 모두 열거해보면 $\{\ \}$, $\{1\}, \{2\}, \{3\}, \{1, 2\}, \{1, 3\}, \{2, 3\}, \{1, 2, 3\}$의 8가지가 나온다.

여기서 $8 = 2\times2\times2 = 2^3$이므로 일반적으로 원소의 n개수가 개인 집합이 갖는 **부분집합의 개수**는 2^n이라 예상되는데, 이는 다음과 같은 설명으로 쉽게 이해할 수 있다.

먼저 **"부분집합은 본래 집합에 있는 각각의 원소를 '넣거나' '빼거나'의 두 가지 선택을 통해서 만든다"**는 데에 착안한다. 위의 예에서 보면 $\{1\}$이란 부분집합은 "1은 넣고, 2는 빼고, 3은 빼고" 해서 만들었고, $\{1, 2\}$라는 부분집합은 "1은 넣고, 2는 넣고, 3은 빼고" 해서 만들었으며, 다른 것들도 모두 "1을 넣거나 빼고, 2를 넣거나 빼고, 3을 넣거나 빼고" 해서 만들었다.

다시 말해서 부분집합을 만들 때 본래 집합에 있는 각각의 원소는 두 가지 가능성을 가지며, 이런 가능성을 가진 원소들이 n개가 있으면 모든 가능성의 수는 2를 n번 곱한 것이다. 따라서 부분집합의 총 개수는 2^n이 된다.

부분집합의 개수 문제를 약간 변형한 것으로 **"n개의 원소를 가진 집합에서 특정한 m개의 원소는 반드시 포함하는 부분집합의 개수"**라는 문제를 생각해보자. 예를 들어 $A = \{1, 2, 3, 4, 5\}$라는 집합에서 1과 2를 반드시 포함하는 부분집합은

$$\{1, 2\}, \{1, 2, 3\}, \{1, 2, 4\}, \{1, 2, 5\},$$
$$\{1, 2, 3, 4\}, \{1, 2, 3, 5\}, \{1, 2, 4, 5\}, \{1, 2, 3, 4, 5\}$$

의 8가지이다. 그런데 이 8가지 부분집합에서 1과 2를 제외하고 나열하면

$$\{\ \}, \{3\}, \{4\}, \{5\}, \{3, 4\}, \{3, 5\}, \{4, 5\}, \{3, 4, 5\}$$

의 8가지가 되므로, 이 문제는 마치 처음부터 1과 2는 아예 제쳐놓고 3, 4, 5의 세 원소로만 이루어진 집합의 부분집합을 구하는 것과 같은 문제가 됨을 알 수 있다. 곧 여기 예의 해답은 $2^{5-2} = 2^3 = 8$이며, 일반적인 공식은 2^{n-m}으로 주어진다(이 거듭제곱의 표기에 대해서는 70쪽의 '지수법칙' 참조).

또 다른 변형 문제로 **"n개의 원소를 가진 집합에서 특정한 m개의 원소는 반드시 포함하고 특정한 l개의 원소는 반드시 포함하지 않는 부분집합의 개수"**라는 문제를 생각해보자. 언뜻 복잡한 듯하지만 이 문제도 차분히 생각해보면 아주 간단하다.

먼저 이 문제의 뒷부분인 "특정한 l개의 원소는 반드시 포함하지 않는 부분집합의 개수"부터 생각해보자. 이 말은 원래 집합의 원소가 n개인데 이 가운데 l개의 원소는 아예 제쳐놓고 생각하자는 것과 같다. 예를 들어 $A = \{1, 2, 3, 4, 5\}$라는 집합에서 1과 2를 반드시 포함하지 않는 부분집합은

$$\{\ \}, \{3\}, \{4\}, \{5\}, \{3, 4\}, \{3, 5\}, \{4, 5\}, \{3, 4, 5\}$$

이기 때문이다.

이로부터 생각해보면 "특정한 m개의 원소는 반드시 포함하든", "특정한 l개의 원소는 반드시 포함하지 않든", 이런 조건 아래에서 부분집합의 개수를 구할 때는 이 원소들을 모두 제쳐놓고 생각하면 된다는 사실을 알 수 있다. 다시 말해서 n개의 원소 가운

데 m개와 l개를 모두 뺀 나머지 원소들로 구성되는 부분집합을 구하면 된다. 따라서 이런 문제에 대한 일반적인 공식은 2^{n-m-l}로 주어진다.

예제

A = {1, 2, 3, 4, 5, 6, 7}라는 집합에서 1과 2와 3은 포함하지 않고 4와 5는 포함하는 부분집합의 수는 얼마인가?

풀이 공식에 따라 구해보면 $2^{7-3-2} = 2^2 = 4$개다. 그리고 이를 구체적으로 열거해보면 {4, 5}, {4, 5, 6}, {4, 5, 7}, {4, 5, 6, 7}로서, 공식으로 구한 결과가 옳음을 알 수 있다.

벤 다이어그램

집합론의 소속관계와 포함관계는 그림으로 나타내면 이해하기가 아주 편리하다. 예를 들어 아래 그림은 부분집합과 관련된 세 가지 경우를 보여주는데, 이런 그림은 이를 창안한 영국의 수학자 벤(John Venn, 1834~1923)의 이름을 따서 **벤 다이어그램**(Venn diagram)이라고 부른다.

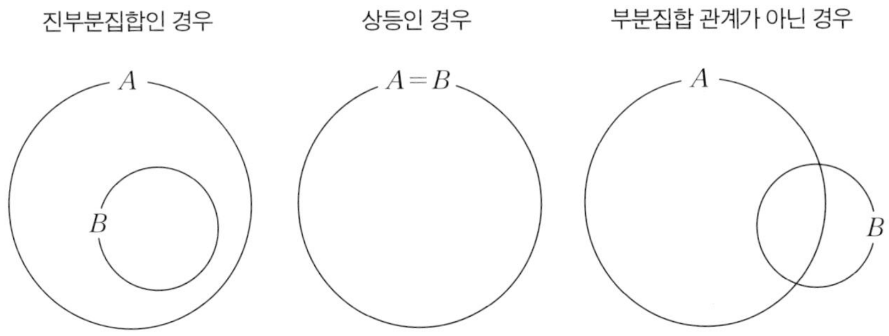

벤 다이어그램

3 집합의 연산

연산의 의의

수학은 수학적 대상을 여러 가지 방법으로 다룬다. 그중 가장 대표적인 것으로는 초등학교 때부터 배우는 사칙연산이 있고, 이는 수학적 대상인 '수'에 대하여 '더하기, 빼기, 곱하기, 나누기'를 하는 일이다. 수학에는 이 밖에도 사실상 무한한 종류의 대상들에 대해 사실상 무한히 다양한 '다루기'들이 있으며, 이런 '다루기'들을 통틀어 **연산**(演算, operation)이라고 부른다

집합론은 수학의 이러한 본질적 측면에 주목하여 '대상들의 모임'이라는 아이디어에서 출발했다. 그런데 일단 이렇게 시작하고 보니 **'집합'이란 것 자체도 수학적 대상의 하나**라는 사실이 눈에 띈다. **그렇다면 집합들에 대해서도 어떤 연산을 할 수 있다는 뜻**인 바, 여기서는 '집합의 연산'에 대해 살펴본다.

한 가지 유의할 것은 **수학적 대상이 달라지면 다루는 법도 달라지므로 연산도 달라진다**는 사실이다. 예를 들어 농구공, 축구공, 탁구공··· 등은 모두 '운동의 대상'이기는 하지만 서로 다른 경기에 사용되는 서로 다른 대상들이다. 따라서 그 다루는 법도 달

라지며, 각 운동의 고유한 특성에 따라 적절한 방법을 고안해서 다루어야 한다.

중학 과정에서는 집합론의 연산들 가운데 가장 기본적인 합집합, 교집합, 차집합, 여집합이라는 네 가지를 주로 이야기한다. 이것들을 다룰 때 벤 다이어그램이 아주 유용하며 그리기도 쉬우므로 이를 잘 활용하도록 한다.

합집합과 교집합

두 집합 A, B가 있을 때 **집합 A 또는 B에 속하는 모든 원소로 이루어진 집합**을 집합 A와 B의 **합집합**(合集合, union)이라 부르고 "$A \cup B$"로 쓴다. 읽을 때는 "A 합집합 B"라 읽기도 하지만, 합집합의 기호 ∪가 컵(cup) 모양이란 점을 이용하여 "A 컵 B"로 읽는 경우가 많다.

합집합을 조건제시법으로 나타내면 다음과 같다.

$$A \cup B = \{x \mid x \in \mathrm{A} \text{ 또는 } x \in B\}$$

두 집합 A, B가 있을 때 **집합 A와 B에 속하는 모든 원소로 이루어진 집합**을 집합 A와 B의 **교집합**(交集合, intersection)이라 부르고 "$A \cap B$"로 쓴다. 읽을 때는 "A 교집합 B"라 읽기도 하지만, 교집합의 기호 ∩가 모자, 곧 캡(cap) 모양이란 점을 이용하여 "A 캡 B"로 읽는 경우가 많다.

교집합을 조건제시법으로 나타내면 다음과 같다.

$$\mathrm{A} \cap \mathrm{B} = \{x \mid x \in \mathrm{A} \text{ 그리고 } x \in B\}$$

만일 $\mathrm{A} \cap \mathrm{B} = \varnothing$, 곧 두 집합이 서로 교차하지 않는다면 "두 집합은 **서로 소**(서로素, disjoint)의 관계에 있다"라고 말한다.

합집합과 교집합의 설명을 비교해보면 알 듯, **두 집합의 차이를 한마디로 말하면 'A or B'와 'A and B'로 요약할 수 있다.** 'or'와 'and'는 매우 단순한 일상 용어이지만 이를 바꿔 말하면 매우 중요하고도 근본적인 용어란 뜻이기도 하고, 이 점은 수학에서도 그대로 드러난다. 곧 여기 **집합론에서 처음으로 중요하게 도입된 or와 and**

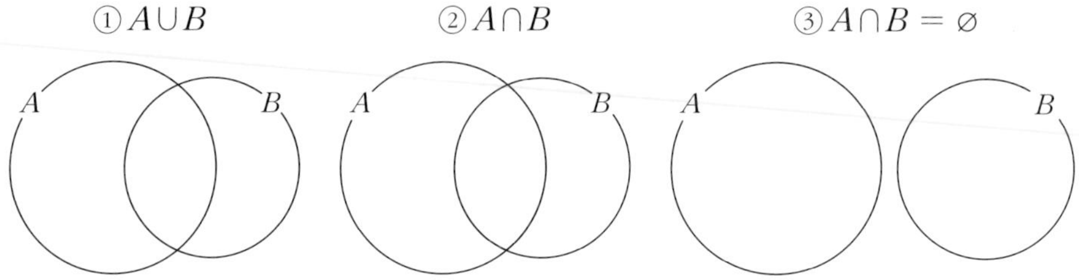

합집합과 교집합 및 서로 소의 벤 다이어그램

는 앞으로 수학의 다른 여러 분야에서도 마찬가지로 중요하게 사용된다는 점을 기억해두도록 한다. 다만 그 의미는 누구나 알 수 있는 쉬운 것이므로 다음에 어디서 마주치든 기본 의미로 돌아가서 차분히 생각해보면 관련된 문제를 큰 어려움 없이 극복할 수 있다.

여기에서 "과학은 일상 용어를 정련(精鍊)하는 작업이다"라는 아인슈타인의 말을 되새겨볼 필요가 있다.

먼저 일상적 의미를 살펴보면, 'A or B'의 경우 **"㉮ 'A가 아니면 B라도 된다'는 뜻"**을 갖고 있으며, 이에 따르면 '$A \cup B$'는 위 그림 중 ①이 아니라 ②가 되어야 타당하다. 하지만 'A or B'는 또한 **"㉯ '최소한 A와 B 둘 중 하나이기는 하다'라는 뜻"**도 갖고 있으며, 이에 따르면 위 그림 중 ②가 아니라 ①이 되어야 타당하다.

다음으로 'A and B'의 경우 **"㉮ 'A 그리고 B', 'A와 B'라는 뜻"**을 갖고 있으며, 이에 따르면 '$A \cap B$'는 위 그림 중 ②가 아니라 ①이 되어야 타당하다. 하지만 'A and B'는 또한 **"㉯ 'A도 되고 B도 되는', 다시 말해서 'A임과 동시에 B', 'A와 B의 공통 부분'이란 뜻"**도 갖고 있으며, 이에 따르면 위 그림 중 ①이 아니라 ②가 되어야 타당하다.

중요한 것은, 일상적으로는 'or'와 'and'를 ㉮나 ㉯의 뜻으로 혼용하면서 주어진 상황이나 문맥에 따라 그때그때 구별하지만, 엄밀한 수학적 용어로 사용하고자 할 때에는 이처럼 모호한 태도를 버리고 정확한 하나의 의미로 통일해야 한다는 점이다. 이에 수학자들은 집합론을 비롯한 여러 수학 분야에서의 다양한 용도를 검토했으며, 그 결과 'A or/and B'의 수학적 의미로는 모두 ㉯를 택하기로 합의했다.

합집합과 교집합의 기호는 러셀처럼 수리논리학을 깊이 연구했던 이탈리아의 수학자 페아노(Giuseppe Peano, 1858~1932)가 1888년부터 사용하기 시작했다. ∪과 ∩이 혹시 서로 혼동될 때는 합집합의 영어 이름인 'union'의 첫 글자를 떠올리면 된다(다만 이것도 우연일 뿐 직접적인 유래는 아니다).

예제

$A=\{3, 5, 7, 9\}$, $B=\{5, 6, 7, 8\}$, $C=\{18$의 약수$\}$일 때, 다음을 구하라.

① $A \cup B$ ② $B \cap C$ ③ $A \cap (B \cap C)$

풀이

① $A \cup B = \{3, 5, 6, 7, 8, 9\}$ → 두 집합의 원소를 모두 쓰되 중복시키지 않는다.

② $C = \{1, 2, 3, 6, 9, 18\}$ $\therefore B \cap C = \{6\}$

③ $A = \{3, 5, 7, 9\}$이고 $B \cap C = \{6\}$인데, 공통인 원소가 없다.
$\therefore A \cap (B \cap C) = \varnothing$

합집합과 교집합의 원소수

합집합의 원소수는 다음 식으로 주어진다.

$$n(A \cup B) = n(A) + n(B) - n(A \cap B)$$

이 식은 다음 그림으로 쉽게 이해할 수 있다. 곧 합집합의 원소수를 구할 때 각 집합의 원소수를 더하면 교집합의 원소는 두 번 헤아려진다(그림에서 교집합 부분에 음영이 겹친다). 따라서 이것을 한 번 빼주면 올바른 답이 나온다.

$$n(A\cup B) = n(A)+n(B)-n(A\cap B)$$

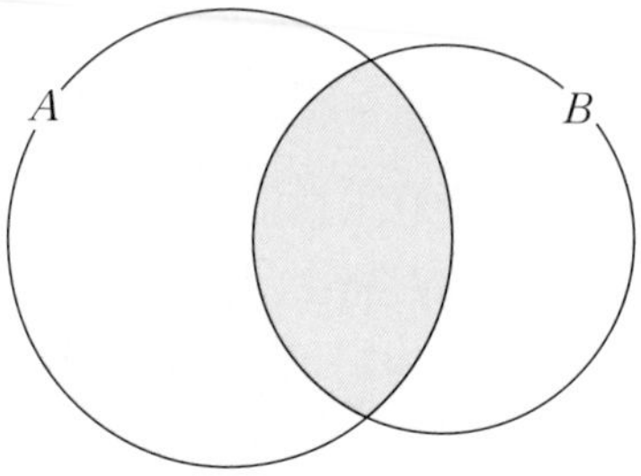

한편 합집합의 원소수를 구하는 식을 고쳐 쓰면 바로 **교집합의 원소수**를 구하는 식이 나온다.

$$n(A\cap B) = n(A)+n(B)-n(A\cup B)$$

예제

한 아파트에 A신문과 B신문을 보는 가구수가 각각 20과 30이다. 그리고 두 신문을 모두 보는 가구수는 7이다. 두 신문 가운데 적어도 하나를 보는 가구수는 모두 얼마인가?

풀이 '두 신문 가운데 적어도 하나를 보는 가구수'라 함은 'A신문 또는(or) B신문을 보는 가구수'란 뜻이므로 합집합의 원소수를 구하라는 문제이다. 그런데 A신문을 보는 가구에는 '두 신문을 모두(and) 보는 가구'가 포함된다. 마찬가지로 B신문을 보는 가구에도 '두 신문을 모두 보는 가구'가 포함된다. 따라서 만일 이 두 가구수를 바로 더하면 '두 신문을 모두 보는 가구수'는 두 번 헤아려진다. 그러므로 '두 신문 가운데 적어도 하나를 보는 가구수'를 구할 때는 '각 신문을 보는 가구수'를 더한 다음 '두 신문을 모두 보는 가구수'를 한 번 빼주면 된다. 곧, $n(A\cup B) = n(A)+n(B)-n(A\cap B) = 20+30-7 = 43$이므로 구하는 답은 43가구이다.

차집합과 여집합

집합 A에서 집합 B에 속하는 모든 원소들을 제외한 나머지 원소들로 만들어진 집합을 집합 A에서 B를 뺀 **차집합**(差集合, difference)이라 부르고 "$A-B$"로 쓴다. 한편 어떤 **전체집합**(universal set) U가 있고 여기에 집합 A가 포함되어 있을 때 $U-A$를 A의 **여집합**(餘集合, complement)이라 부르고 A' 또는 A^c로 나타낸다. **차집합과 여집합은 비슷한 개념인데, 차집합의 경우 두 집합이 포함관계에 있을 필요가 없다는 점에서 여집합의 상황과 차이가 있을 뿐**이다. 이런 뜻에서 차집합이 더 넓은 개념이며, 여집합은 '전체집합에서의 차집합'이라고 말할 수 있다.

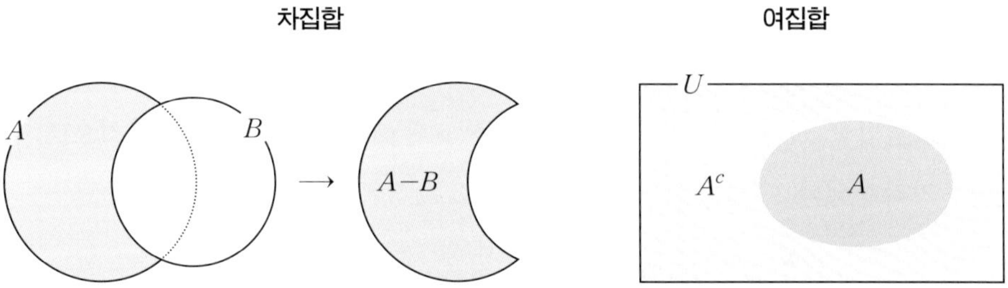

위 그림을 참조하여 조건제시법으로 쓰면 다음과 같다.

차집합 : $A-B=\{x|x\in A \text{ and } x\notin B\}$
여집합 : $A^c=\{x|x\in U \text{ and } x\notin A\}$

'칭찬(하다)'이란 뜻의 영어 compliment는 '보충, 보완, 여집합'이란 뜻의 complement와 철자 하나만 다르고 발음은 같음에 유의하기 바란다. 그리고 여집합의 기호 중 하나인 A'은 'A 프라임(prime)'이라고 읽는데, 어찌된 일인지 우리나라에서는 많은 사람들이 이것을 'A 다시(dash)'로 잘못 말한다. 그런데 dash는 발음도 '대쉬'이며 문장 기호 가운데 하이픈(hyphen-)보다 2배가량 길게 쓰는 '—'를 가리킨다. 이와 비슷한 예로는 자동차의 운전대를 가리키는 handle(steering wheel이 옳다), 시험부정행위를 뜻하는 cunning(cheating이 옳다), 서양식 화투라고 할 수 있는 trump(card가 옳다) 등이 있다. 한편 prime은 '소수'의 영어인 prime number에도 쓰임에 유의하기 바란다.

집합론의 주요 법칙

집합론에는 사용되는 연산들과 관련하여 여러 가지 법칙들이 도출되는데 중학수학에서부터 중요하다고 볼 수 있는 것으로는 '교환법칙', '결합법칙', '분배법칙'이라는 **'3대 기본법칙◇'**과 **'차여법칙◇'**, 그리고 인도 출생의 영국 수학자 드 모르간(Augustus De Morgan, 1806~1871)이 얻은 **'드 모르간의 법칙**(De Morgan's law)**'**이 있다. 이 다섯 가지 법칙은 각자 벤 다이어그램을 그려보면 곧 확인된다(**각자 반드시 확인하고 깊이 숙지해둘 것**).

1 · 교환법칙(commutative law) : "두 대상을 '교환'해도 결과는 같다"는 법칙으로, 다음 두 가지가 있다. 이 법칙은 산수에서의 "$2\times3 = 3\times2$"와 같다.

$$A\cup B = B\cup A,\ \ A\cap B = B\cap A$$

교환법칙은 언뜻 너무 단순하고 당연해 보이므로 "이런 것도 '법칙'이라고 부를 가치가 있나?"라는 생각을 할 수 있다. 그러나 107쪽에서 보듯 정수의 사칙연산에서 중요하게 사용되며, 나중에 대학 과정에서 높은 수준의 수학을 구성할 때도 특별한 역할을 한다. 따라서 지금은 좀 미진한 느낌이 들겠지만 후일을 대비하며 새겨두도록 한다.

2 · 결합법칙(associative law) : "세 대상 중 어느 두 대상부터 먼저 '결합'해도 결과는 같다"는 법칙으로 다음 두 가지가 있다. 아래 식에서 괄호로 묶어진 것이 먼저 결합된 것이다. 이 법칙은 산수에서의 "$(2\times3)\times4 = 2\times(3\times4)$"와 같다.

$$(A\cup B)\cup C = A\cup(B\cup C),\ \ (A\cap B)\cap C = A\cap(B\cap C)$$

아래의 식들은 모습이 결합법칙과 비슷하지만

$$(A\cup B)\cap C \neq A\cup(B\cap C),\quad (A\cap B)\cup C \neq A\cap(B\cup C)$$

임에 유의해야 한다. 곧 **결합법칙은 cup과 cap이 섞이면 성립하지 않는다**.

3 · 분배법칙(distributive law) : 분배법칙은 아래의 네 가지가 있는데, 교환법칙이나 결합법칙에 비해 말로 풀어쓰기가 좀 곤란하다. 하지만 산수에서의 간단한 예, 곧 "$2\times(3+4) = (2\times3)+(2\times4)$"와 비교하며 살펴보면 쉽게 이해 및 암기할 수 있다. 여기서 **'분배'라 함은 괄호 밖의 대상을 괄호 안의 대상들에게 '골고루 연산해준다'는 것을 뜻한**다고 풀이하면 된다.

$$A\cup(B\cup C) = (A\cup B)\cup(A\cup C)$$
$$A\cap(B\cap C) = (A\cap B)\cap(A\cap C)$$
$$A\cup(B\cap C) = (A\cup B)\cap(A\cup C)$$
$$A\cap(B\cup C) = (A\cap B)\cup(A\cap C)$$

결합법칙과 달리 **분배법칙은 cup과 cap이 섞여도 성립한다**.

4 · 차여법칙◇

$$A-B = A\cap B^c$$

5 · 드 모르간의 법칙 : 다음 두 가지가 있다.

$$(A\cap B)^c = A^c\cup B^c,\quad (A\cup B)^c = A^c\cap B^c$$

드 모르간의 법칙은 괄호를 벗길 때 **여집합기호가 분배**되면서 **cup과 cap이 변환**된다는 점에 착안하면 쉽게 기억된다.

이 법칙들이 중요하다는 것은 어려워서가 아니라 오히려 단순하면서도 활용 범위가 넓기 때문이다. '3대 기본법칙'에 쓰인 **'교환', '결합', '분배'라는 용어는 앞으로도**

수학의 여러 분야에서 계속 되풀이되어 나오므로 특히 이 세 법칙들을 묶어서 '3대 기본법칙◇'이라고 이름지었다. '차여법칙'은 **차집합과 여집합이 전혀 별개의 개념이 아니라 실질적으로 같은 상황에 함께 적용할 수 있는 개념**임을 보여준다는 점에서도 흥미롭다. 이에 따라 이것에 대해서도 특별히 '차여법칙◇'이라는 이름을 붙였다.

예제

$A = \{1, 2, 3, 4, 5\}$, $B = \{3, 5, 6, 7\}$일 때 다음을 구하라.

① $A-B$ ② A^c ③ $A \cap B^c$

풀이

① 차집합의 정의에 따라 생각해보면 $A-B = \{1, 2, 4\}$이다.

② 문제가 고려하는 집합이 A와 B의 둘뿐이므로 $A \cup B$를 전체집합 U로 본다. 그러면 $U = \{1, 2, 3, 4, 5, 6, 7\}$이고 여기에서 A에 속한 원소를 제외하면 $A^c = \{6, 7\}$이다.

③ 마찬가지로 $A \cup B$를 전체집합 U로 보면 $B^c = \{1, 2, 4\}$이다. 그러면 $A \cap B^c = \{1, 2, 4\}$이다. 이 결과는 ①의 답과 일치하며, 따라서 차여법칙 $A-B = A \cap B^c$이 성립함을 알 수 있다.

예제

전체집합 $U = \{x \mid x \leqq 7$ 인 자연수$\}$, $A = \{y \mid 0 < y \leqq 7$인 홀수$\}$, $B = \{2, 3, 4, 5\}$일 때, $(A^c \cup B^c)-B$의 부분집합의 개수는?

풀이

$U = \{1, 2, 3, 4, 5, 6, 7\}$, $A = \{1, 3, 5, 7\}$, $B = \{2, 3, 4, 5\}$이다. 그리고 드 모르간의 법칙에 따르면 $A^c \cup B^c = (A \cap B)^c$이므로

$$A^c \cup B^c = (A \cap B)^c = U-(A \cap B)$$

$= \{1, 2, 3, 4, 5, 6, 7\} - \{3, 5\} = \{1, 2, 4, 6, 7\}$

따라서 $(A^c \cup B^c) - B = \{1, 6, 7\}$이고, 구하는 답은 $2^3 = 8$(개)이다.

예제

아래 그림의 음영 부분을 옳게 나타낸 것은?

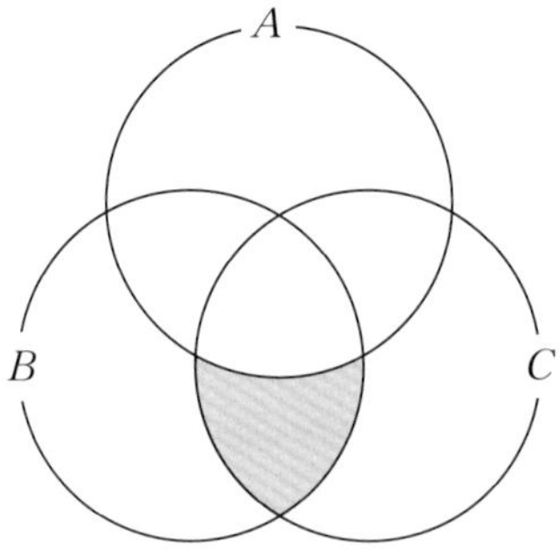

① $A-(B \cup C)$ ② $(C-A) \cap (B-A)$

③ $(B-C) \cap (A-C)$ ④ $(C-A) \cap (A-B)$

⑤ $(C-A) \cap (A-B)$

풀이

실제로 이 문제를 풀 때는 ①~⑤를 벤 다이어그램으로 그려보면 빠르게 답을 찾을 수 있다. 그러나 여기서는 집합론의 법칙을 익혀보기 위하여 논리적으로 차분히 풀어보기로 한다. 그런데 음영 부분은 우선 $(B \cap C)-A$로 쓸 수 있으므로 이로부터 시작한다.

$(B \cap C) - A$ → 차여법칙을 적용하면,

$= (B \cap C) \cap A^c$ → 분배법칙을 적용하면,

$= (B \cap A^c) \cap (C \cap A^c)$ → 다시 차여법칙을 적용하면,

$= (B-A) \cap (C-A)$ → 교환법칙을 적용하면,

$= (C-A) \cap (B-A)$ → ∴ 답은 ②

자유의 천재, 칸토어

다음 이야기에는 칸토어의 업적을 소개하다 보니 불가피하게 중학수학은 물론 고교수학의 수준도 뛰어넘는 내용들이 포함되어 있다. 물론 이런 점에 유의하여 최대한 쉽게 풀어쓰기는 했지만, 어쨌든 읽어가면서 제대로 이해하지 못하더라도 크게 신경 쓰지 말고 전체적 맥락을 파악하는 데에 주력하도록 한다. 그럼으로써 수학의 전 체계에서 중학수학이 대략 어느 단계에 있는지에 대한 '감(感)'을 얻을 수 있으며, 이와 같은 느낌을 잘 갈무리하는 것만으로도 나름대로 충분한 의의가 있다.

이른바 '집합론의 창시자'로 알려진 **칸토어**(Georg Ferdinand Ludwig Philipp Cantor, 1845~1918)는 독특한 생애와 수학의 명언 가운데 가장 널리 회자(膾炙)되는 **"수학의 본질은 자유에 있다"**(Das Wesen der Mathematik liegt in ihrer Freiheit. 영어로는 보통 "The essence of mathematics lies in its freedom"으로 옮긴다)는 말을 남긴 수학자로 유명하다.

칸토어는 1845년 3월 3일 러시아의 상트페테르부르크(St. Petersburg)에서 태어났다. 아버지는 덴마크인이고 어머니는 러시아인이었는데 1856년 가족 모두 독일로 이사했다. 칸토어는 이후 독일에서 교육을 받았고 삶의 뿌리를 내렸기에 태생과 달리 독일의 수학자로 불린다. 하지만 그는 평생 러시아에서의 어린 시절을 동경했고 그 때문이었던지 오랜 세월에도 불구하고 독일의 생활에는 잘 적응하지 못했다.

칸토어

아버지는 처음에 칸토어가 기술자가 되기를 원했다. 그러나 칸토어는 수학에 매력을 느껴 아버지를 설득했고 마침내 베를린대학교에서 당대의 가장 뛰어난 교수들로부터 최고 수준의 수학을 배우게 되었다. 그는 22세에 박사학위를 받았으며, 24세에 할레(Halle)라는 소도시의 대학교에 교수로 취임한 후 죽을 때까지 그곳에서 지냈다.

수학에 남긴 칸토어의 업적은 크게 '집합론'과 '초한수론'의 두 가지로 나누는데, 모두 탁월한 독창성이 가장 큰 특징이다. 다른 분야도 마찬가지지만 특히 수학의 경우 앞서간 선현들의 업적을 토대로 새로운 이론을 세우는 경우가 대부분이다. 하지만 **칸토어의 이론은 너무나 혁신적이어서 수학 역사를 통틀어서도 둘째가라면 서러울 정도의 창의적 업적**으로 꼽힌다.

먼저 집합론에 대해서 보면 칸토어는 이 아이디어를 '수의 모임'을 연구하면서 떠올렸다. 그런데 여기서 매우 중요한 것은 칸토어는 집합의 아이디어를 통하여 '무한히 많은 수의 모임', 곧 '무한집합'도 집합의 일종으로 포함시켰다는 점이다. 이에 대해서는 언뜻 "그게 뭐 얼마나 중요하단 말일까?"라는 의문이 떠오를 수 있는데, 이 궁금증을 해소하기 위해서는 다음과 같은 아주 기초적인 사실을 상기해보면 좋다.

초등학교 시절, 여러 숫자를 처음 배우던 때의 추억을 되살려보자. 많은 사람들이 그때쯤 "만, 억, 조, 경, …" 등의 새로운 숫자를 배우게 되며, 이를 토대로 누가 더 큰 숫자를 말할 수 있는지에 대하여 다툼을 벌인다. 그런 경쟁에서 한 학생이 예를 들어 "1000억"이라고 말하면 다른 학생은 "1000억의 1000억 배"라고 대꾸한다. 그러면 상대방은 다시 "그것의 1000억 배"라고 말하며, 이런 과정이 얼마 동안 되풀이된다. 그러다가 마침내 누군가 "숫자 끝"이라고 말함으로써 최후의 승리를 거두는 식으로 마무리되곤 한다.

하지만 누구나 잘 알 듯 이른바 '숫자 끝이란 수'는 있을 수 없다. 예를 들어 그런 수를 '끝수◇'라고 부를 때 '끝수+1'도 분명 '수'에 속하며, '끝수+1+1'도 그렇다. 그리고 이런 과정은 무한히 되풀이될 수 있으며, 따라서 진짜 '끝수'는 존재하지 않는다. 수학에서는 이런 상황을 가리켜 '무한대(infinity)'라고 부르고 기호로는 '∞'를 쓴다. 여기서 특히 유의할 것은 이런 식으로 생각했을 때의 무한대는 결코 '수'가 아니며, 단지 "어떤 수보다 더 큰 수가 항상 있을 수 있다"는 사실을 가리키는 추상적 개념일 뿐이라는 점이다. 그리고 이른바 '무한'이라고 하면 바로 이런 종류의 무한밖에 없다고 보는 것이 당시까지의 수학에 널리 인정되었던 논리였다.

그러나 칸토어는 이와 같은 전통적 사고방식을 일거에 타파했다. 그는 예를 들어 '자연수집합'이란 집합을 생각할 경우 '무한개의 원소'가 이미 완전히 갖춰진 상태로 그 집합 안에 꾸려져 들어갈 수밖에 없다는 사실을 깨닫고 수학계에 이를 공표했다. 누구나 예상할 수 있듯, 칸토어의 이런 주장은 곧장 커다란 반향을 불러일으켰는데 애석하게도 오랜 전통에 얽매여 있던 대다수의 수학자들은 선뜻 이를 받아들이지 않았다. 그리하여 이로부터 칸토어는 기나긴 고난의 길을 가게 되었고, 궁극적으로 이는 그가 정신병에 걸려 비참한 최후를 맞는 운명의 먼 원인이 되었다. 하지만 오늘날 칸토이의 주장은 수학계의 정설로 확립되어 있다. 이에 따라 현대 수학에서는 무한을 두 가지로 분류하여, "어떤 수보다 더 큰 수가 항상 있을 수 있다"는 사실을 가리키는 개념으로서의 무한대는 완성된 무한이 아니라는 뜻에서 **가무한**(假無限, virtual infinity), 그리고 무한집합처럼 '무한개의 원소'가 이미 완전히 갖춰진 상태를 가리키는 개념으로서의 무한은 완성된 무한이란 뜻에서 **실무한**(實無限, actual infinity)이라고 부른다.

다음으로 칸토어의 둘째 업적인 초한수론을 보자. **초한수**(超限數, transfinite number)는 말 그대로 풀이하면 '한계를 뛰어넘은 수'란 뜻인데, 수학에서는 과연 어떤 수를 가리키는 것일까? 칸토어는 자신의 연구를 계속하는 과정에서 이 세상에는 '자연수집합'에 들어 있는 무한개의 자연수보다 더 많은 수가 존재한다는 경이로운 사실을 발견하게 되었다. 말하자면 이런 수는 '무한을 초월한 무한'인데, 당연하게도 이에 대한 이름이 없었으므로 칸토어는 이를 가리켜 새로이 '초한수'라고 불렀다. 나아가 칸토어는 "어떤 초한수에도 항상 그보다 더 큰 초한수가 존재한다"는 사실도 발견했다. 다시 말해서 이제껏 인류는 막연히 가무한이라는 한 가지의 무한만 생각해왔는데, 칸토어는 이에 대하여 실무한으로서의 무한도 있으며, 나아가 실무한으로서의 무한도 '작은 무한', '큰 무한', '더 큰 무한' 등이 존재하므로 이와 같은 **무한의 계단은 무한히 이어진다**는 사실을 최초로 밝혀냈던 것이다.

이상의 이야기에서 충분히 느낄 수 있다시피 칸토어의 두 가지 업적은 전혀 별개의 것이 아니라 실제로는 긴밀히 연결되어 있다. 그리고 전체적으로 파격이라 할 정도로 창의적인 것이어서 엄격한 성향이 지배적이었던 당시의 독일 수학계와 충돌하지 않을 수 없었다. 그 가운데서도 칸토어를 가장 맹렬하게 공격한 사람은 베를린대학교의 교수인 **크로네커**(Leopold Kronecker, 1823~1891)였다. 그런데 칸토어는 베를린대학교에 다닐 때 크로네커의 강의도 들었으므로 이를테면 그는 칸토어의 스승이라고 말할 수도 있다. 하지만 크로네커는 "인간의 능력은 유한하므로 수학에서도 무한집합이나 초한수는 다룰 수 없다"는 신념을 피력하면서 칸토어의 앞길을 정면으로 가로막았다. 칸토어는 이전부터 할레를 떠나 베를린대학교에 자리잡기를 원했는데, 이와 같은 크로네커의 방해 때문에 희망을 이루기는커녕 극심한 정신적 고통에 빠져들게 되었다. 그도 그럴 것이 당시 크로네커는 위명 높은 베를린대학교와 칸토어의 스승 격이라는 유리한 위치에 있었기에 객관적으로 도저히 맞설 처지가 되지 못했기 때문이었다.

이처럼 힘든 나날을 보내면서 칸토어는 서서히 정신병에 빠져들었으며, 교수직과 정신병원을 여러 차례 오가게 되었다. 물론 정신병의 원인은 복잡하므로 반드시 크로네커와의 갈등이 직접적 또는 가장 큰 원인이라고 단정지을 수는 없다. 다만 적어도 칸토어의 병세가 악화되는 쪽으로 영향을 미쳤을 것임은 분명하다. 하지만 진정으로 가치 있는 이론이 모든 사람들로부터 영원히 배척되기란 어려운 일이다. 그래서 세월이 지남에 따라 외로운 싸움을 벌이던 칸토어에게도 차츰 후원자가 늘어났고, 20세기에 들어서면서부터는 전세가 역전되어 오히려 칸토어의 이론이 훨씬 높은 평가를 받게 되었다. 그러나 이미 칸토어의 정신병은 회복 불능의 단계에 접어들었다. 그리하여 생애의 마지막 일곱 달을 할레의 한 정신병원에서 보내다가 1918년 1월 6일 심장마비로 최후를 맞았다.

칸토어는 그의 이론이 한창 거센 공격을 받는 1883년 무렵, 거기에 담긴 놀라운 창의성과 가치를 옹호하기 위하여 **"수학의 본질은 자유에 있다"**는 말을 남겼다. 그런데 이는 수학에서도 **사고의 자유야말로 진리의 가장 소중한 원천**임을 간결한 표현 속에 강한 설득력으로 잘 일깨워주며, 칸토어는 자신의 삶을 통해 이를 직접 시현해 보였다는 점에서 그를 **자유의 천재**(genius of freedom)라고 불러도 좋을 것이다. 이 말은 이후 수많은 수학자들의 마음을 사로잡았고, 마침내 고대 그리스의 위대한 수학자 유클리드(Euclid, BC 300년경)의 **"기하에는 왕도가 없다"**는 말과 함께 **수학자가 남긴 말 가운데 가장 유명하고도 널리 인용되는 말**이 되었다.

한편 칸토어의 집합론은 이전의 모든 수학에 대한 기초를 제공했을 뿐 아니라, 이후 현대 수학이 싹틀 터전을 마련해주었다는 데에서도 커다란 의의를 찾을 수 있다. 오늘날의 **현대 수학은 칸토어의 집합론 및 이와 비슷한 시기에 발전한 수리논리학의 양대 기둥 위에 구축**되었으며, 앞으로 또 다른 천재의 혁명적 업적이 나타나기 전까지는 이런 체제가 한동안 유지될 것으로 예상된다. 이런 배경을 고려할 때 칸토어의 강력한 후원자였던 독일 수학자 **힐베르트**(David Hilbert, 1862~1943)의 말은 참으로 시사적이다. 그는 실무한의 관념을 토대로 구축된 집합론을 '수학적 낙원'에 비유하면서 **"칸토어가 우리를 위하여 창조한 낙원에서 아무도 우리를 몰아내지 못한다"**라고 강조했다.

노벨상과 필즈상과 아벨상

세계적으로 모든 분야를 통틀어 가장 권위 있는 상은 **노벨상**(Nobel Prize)으로 보는 게 일반적이다. 이 상은 스웨덴의 발명가 **노벨**(Alfred Bernhard Nobel, 1833~1896)이 남긴 재산과 유언을 토대로 제정되었다. 1901년부터 해마다 물리, 화학, 의학, 문학, 평화의 다섯 부문에 시상해왔는데, 1969년에 경제학상이 추가되어 여섯 부문이 되었다.

한 가지 누구나 궁금하게 여기는 것은 노벨상에 수학 부문이 빠진 배경이다. 이에 대해서는 몇 가지 설이 있는데 그중 하나는 **미타그레플러**(Magnus Gösta Mittag-Leffler, 1846~1927)라는 스웨덴의 수학자와 노벨의 사이가 좋지 않았기 때문이라고 한다. 곧 만일 '노벨 수학상'이 제정된다면 미타그레플러도 가장 유력한 후보자 가운데 하나로 꼽힐 텐데, 노벨이 이를 탐탁지 않게 여겼다는 주장이다. 그러나 각종 사료의 조사에 따르면 두 사람은 생전에 거의 아무런 관계를 맺은 적이 없다. 따라서 "인류의 복지 증진에 가장 큰 기여를 한 사람들에게 수여하기 바란다"는 노벨의 유언에 비춰볼 때 수학은 실용성이 떨어진다는 이유로 노벨이 이를 간과했다는 설이 가장 유력해 보인다.

미타그레플러는 **에르미트**(Charles Hermite, 1822~1901), **데데킨트**(Richard Dedekind, 1831~1916), 힐베르트 등과 함께 당시 유럽에서 칸토어의 입장을 지지했던 몇 안 되는 수학자들 가운데 한 사람이다. 크로네커는 칸토어의 논문들이 주요 수학잡지에 실리지 못하도록 방해했는데 미타그레플러는 자신이 창간한 《악타 마테마티카(Acta Mathematica)》에 게재하여 칸토어를 도왔다.

한편 수학 분야에서 가장 권위 있는 상으로는 캐나다의 수학자 **필즈**(John Charles

노벨

필즈

아벨

Fields Jr., 1863~1932)의 제안에 따라 1936년부터 시상하고 있는 **필즈상**(Fields Medal)이 있다. 필즈는 수학 자체에 기여한 업적보다 넓은 인간적 교분을 잘 이용하여 필즈상을 제정한 공로로 높이 평가된다. 필즈는 1892년부터 1900년까지 유럽에서 연구생활을 하는 동안 미타그레플러를 비롯한 유력한 수학자들과 깊은 친교를 쌓았고, 이런 관계는 그 뒤로도 평생 이어져 나중에 필즈상을 제정하는 데 커다란 도움이 되었다. 이런 점에서 미타그레플러는 노벨상보다 오히려 필즈상과 더 관련이 깊다고 말할 수 있다.

원래 세계적인 수학회의는 1897년 취리히 모임 때부터 시작되어 4년마다 한 번씩 개최되어 왔는데 1차대전 때문에 중지되고 말았다. 그리고 이후 1920년에 다시 계속되었지만 독일 등 몇몇 나라가 전쟁을 일으켰다는 이유로 배제되었으며, 많은 사람들은 수학이 정치적 영향을 받지 말아야 한다는 점을 들어 이런 상황을 개탄했다. 이 때문에 1924년의 회의는 무산될 위기에 빠졌으나 필즈는 갖은 노력을 기울여 캐나다의 토론토에서 제7차 **국제수학자대회**(ICM, International Congress of Mathematicians)가 열리도록 하는 데에 성공했다. 그런데 필즈의 노력이 예상보다 큰 성과를 거두어 이 때 모은 기금의 상당액이 남게 되었다. 필즈는 여기에서 용기를 얻어 이를 토대로 수학계의 가장 영예로운 상을 제정할 꿈을 키우게 되었다.

1931년 필즈는 토론토 회의에서 남은 기금을 이용하여 이런 상을 제정하자는 정식 제안서를 작성했다. 그리고 1932년 취리히의 제9차 국제수학자대회에서 이를 인준받고자 했다. 그런데 애석하게도 모든 절차를 치밀하게 준비했던 필즈는 회의 개최를 불과 몇 주 앞두고 심장병으로 세상을 떠났으며, 자신의 유산을 기금에 포함시키라는 유언을 남겼다. 한편 필즈의 제안서에는 이 상의 이름에 어떤 개인이나 단체 또는 나라의 이름이 들어가지 않기를 바란다고 쓰여 있다. 하지만 이후 구체적 제정 과정에서 그의 이름이 붙게 되었고 오늘날까지 이어져 내려온다.

필즈상은 국제수학자대회의 개회식에서 수여하는 바, 이 회의가 4년마다 열리고 한 번에 4명 이하에게만 수여하므로 매년 부문마다 3명 이하에게 수여하는 노벨상보다 희소성이 높다. 이에 따라 필즈상을 노벨상 못지 않게 또는 그보다 더 높이 평가하는 사람이 많다.

필즈상에서 또 하나 특이한 것은 수상자의 나이가 수여할 해의 1월 1일을 기준으로 40세 미만이어야 한다는 규정이다. 이는 수상 당시는 물론 그 뒤로도 수학 발전에 이바지할 가능성이 많은 사람에게 수여하기를 바란다는 필즈의 뜻을 따른 것이다. 다만 필즈의 원래 제안서에는 40세란 나이가 명시되지 않았다. 따라서 이후 줄곧 이 제한의 타당성에 대한 논란이 끊이지 않고 있다. 역사를 돌이켜볼 때 위대한 수학자들 대부분이 20대의 젊은 나이에 생애의 주요 업적을 이룬 것으로 보이기는 하지만 40세가 넘어서도 훌륭한 업적을 남긴 사람들이 있기 때문이다. 이에 대한 최근의 예로는 근세 프랑스의 수학자 **페르마**(Pierre de Fermat, 1601~1665)가 1637년에 제시했던 유명한 '페르마의 마지막 정리(Fermat's last theorem)'를 무려 357년 만인 1994년에 증명한 영국의 수학자 **와일즈**(Andrew Wiles, 1953~)가 있다. 그는 이 업적으로 수학의 발전에 충분한 기여를 했다고 인정될 뿐 아니라 이후로도 상당한 기여를 할 것으로 예상되기는 하지만 이 제한 때문에 간발의 차이로 수상의 영예를 놓치고 말았다. 그러자 많은 사람들이 애석하게 여겼고, 1998년 국제수학자대회는 그에게 특별히 만든 은접시를 기념으로 수여했는데, 이후 그는 아래에 쓴 아벨상을 2016년에 수상하여 아쉬움을 더욱 덜 수 있게 되었다.

2002년 노르웨이는 26세로 요절했던 자국 출신의 천재 수학자 **아벨**(Niels Henrik Abel, 1802~1829)의 탄생 200주년을 기념하며 **아벨상**(Abel Prize)을 제정했고 2003년부터 수여해왔다(아벨의 삶에 대해서는 3장의 '수학 이야기' 참조). 상금을 보면 노벨상은 부문별로 약 100만 달러, 아벨상은 약 87만 5,000달러이고 공동 수상자가 있으면 상금을 나누지만, 필즈상은 몇 명이든 각각 약 1만 3,000달러를 준다. 아벨상은 처음부터 '수학의 노벨상'을 겨냥하고 제정되었기에 필즈상과 달리 매년 수여하고 나이 제한도 없고 상금도 노벨상에 버금간다. 게다가 이름의 끝 글자도 같아 더욱 비슷하게 보인다. 그러나 현재는 필즈상이 비공식적인 '수학의 노벨상'으로 여겨지고 있으므로 장차 아벨상이 노벨상과 겨룰 명성을 얻을지는 미지수이다.

1936~2014년의 통계를 보면 필즈상은 지금껏 56명이 받았는데, 동양에서는 일본이 3, 중국과 베트남이 각각 1인의 수상자를 배출했을 뿐이다. 아벨상은 2004, 2008, 2015년에 2인 다른 연도에는 1인이 수상했는데, 2007년의 인도인 한 사람 외에는 모두 서양인이다. 한편 노벨상에 수학이 없다고 해서 수학자들이 수상할 수 없다는 뜻은 아니며, 수학자이면서도 다른 분야의 노벨상을 수상한 사람이 여럿 있다. 우리나라에서는 지금껏 필즈상, 아벨상은 물론 과학 분야의 노벨상 수상자도 나오지 않았는데(노벨 평화상을 김대중 전 대통령이 수상했을 뿐이다), 많은 사람들의 노력과 사회적 지원이 잘 어우러져 빠른 시일 안에 좋은 소식이 있기를 기대해본다.

• 2006년의 필즈상은 4명에게 수여되었지만 러시아의 페렐만(Grigori Perelman, 1966~)은 이유를 분명히 밝히지 않은 채 역사상 최초로 필즈상의 수상을 거부하여 실제 수상자는 2014년까지 55명이다. 2006년 공동수상자의 한 사람인 타오(Terence Tao, 陶哲軒, 1975~)는 국적은 호주이지만 부모는 중국계이며, 현재 미국 캘리포니아 대학교에 재직 중이다. 2010년에도 4명이 수상했는데, 그중 응오바우쩌우(Ngo Bao Chau, 吳寶珠, 1972~)는 베트남 출생의 프랑스 수학자이다.

• **정리**(定理, theorem)는 **'옳다고 증명된 명제'**를 말한다. 예를 들어 "삼각형의 세 내각의 합은 180°이다"는 것은 나중에 기하에서 배울 내용들을 이용하면 간단하게 증명되므로 정리에 속한다. 더 자세한 내용은 383쪽을 참조하기 바란다. 페르마의 마지막 정리는 다음 식을 만족할 정수값의 x, y, z는 존재하지 않는다는 정리를 가리킨다.

$$x^n + y^n = z^n \quad (\text{단, } n\text{은 3 이상의 정수})$$

이 정리는 내용이 이토록 단순함에도 불구하고 증명은 너무나 어려워 수많은 수학자를 괴롭혀왔다. 페르마는 이 정리를 쓴 곳에 “나는 이에 대한 경이로운 증명법을 알아냈지만 여백이 부족해서 기록하지 못한다”는 글을 남겼다. 물론 이에 대한 그 어떤 경이로운 증명법이 없으란 법은 없다. 그러나 오늘날 대부분의 수학자들은 지난 357년 동안 펼쳐진 수많은 수학자들의 노력을 고려해 볼 때 페르마의 이 말은 그다지 신빙성이 없다고 여긴다.

제2장
수와 연산

수학은 과학의 여왕이고 수론은 수학의 여왕이다.

— 가우스(Karl Friedrich Gauss)

1 자연수

1 : 자연수의 의의

자연수의 본질은 계수성

자연수(natural number)는 무한히 이어지는 $\{1, 2, 3, \cdots\}$**의 집합**을 말한다. 그런데 아쉽게도 많은 책들이 "왜 이 수들을 '자연수'라고 부르는가?" 그리고 "왜 자연수는 0이 아니라 1부터 시작하는가?"에 대하여 아무런 설명도 하지 않는다. 그러나 자연수는 우리가 수학을 배우면서 가장 먼저 마주치는 수이므로 이와 같은 질문을 통하여 그 의의를 충분히 이해하고 넘어가는 것이 좋다.

두말할 것도 없이 자연수는 인류가 맨 처음 만든 수이다. 현재까지는 1970년대 초 아프리카 스와질랜드(Swaziland)의 레봄보산맥에서 발굴되어 **레봄보뼈**(Lebombo Bone)라고 명명된 원숭이뼈의 화석이 인류가 자연수를 사용한 최초의 흔적을 보여준다. 연대측정에 따르면 35,000~37,000년 정도 된 것으로 보이는 이 화석에는 29개의 눈금이 선명하게 새겨져서 달의 주기를 나타내는 도구, 곧 음력(陰曆, lunar calendar)을 나타낸 것으로 추측된다. 그러나 이 화석과 상관없이 인류는 그보다 훨씬 이전부터 자연수를 사용해왔을 것임이 분명하다.

여기서 **자연수를 만든 이유는 뭔가를 '셀(헤아릴)' 필요가 있었기 때문**이란 점을 명확히 이해하는 것이 중요하다. 이를 위하여 자연수를 떠올린 최초의 원시인을 상상해 보자. 우선 그는 자기 식구들부터 헤아려야 한다. 그래야 밖에 나가서 그에 맞는 먹거리를 구해올 수 있다. 그 밖에도 동료, 가축, 나무, 날짜 등등 세기(헤아리기, counting)가 필요한 다른 경우들이 매우 많다. 그리하여 이와 같은 수많은 필요성 때문에 결국 **자연수라는 '삶의 도구'**를 만들었다.

그런데 우선 **'세야 할 필요성'은 뭔가 세야 할 대상이 하나라도 있어야 제기된다**는 점에 주목해야 한다. 곧 눈앞에 셀 대상이 아무것도 없으면 셀 필요가 없으며, 따라서 '세기'를 위하여 어떤 수도 만들 필요가 없다. 이처럼 **세야 할 필요성 때문에 자연수는 0이 아니라 1부터 시작**한다. 어쩌면 이는 오늘날 우리가 보기에 사뭇 이상하게 여겨질 수도 있다. 우리는 초등학교 때부터 '0'이란 수에 매우 익숙해져 있고, 따라서 은연중에 최초의 수는 0일 것이라는 생각이 스며있기 때문이다. 그러나 놀랍게도 '0'이란 수는 이로부터 아득한 세월이 흐른 뒤, 7세기 무렵에야 비로소 인도에서 탄생했다.

다음으로 **세야 할 필요성은 하나의 대상에 그치지 않는다**는 점에 주목해야 한다. 곧 하나의 대상 옆에 다른 하나의 대상을 놓으면 그때는 1이 아닌 다른 수로 표시해야 한다. 그리고 거기에 또 다른 대상을 추가하면 또 다른 수로 표시해야 한다. 누구나 공감할 수 있듯, 이런 표시로는 '금긋기'가 가장 먼저 떠오를 것으로 보이며 실제로 최초의 숫자 화석인 레봄보뼈는 물론 다른 많은 화석들에도 금긋기가 숫자의 원형으로 쓰였다. 하지만 여기서 중요한 것은 숫자 표기를 어떻게 했든 최초로 1을 떠올린 다음에는 2, 3, 4, … 등의 헤아리기가 '자연스럽게' 이어졌다는 사실이다. **이처럼 1, 2, 3, … 이라는 수의 창출 과정은 아주 자연스러운 것이었고, 이 때문에 이 수들의 집합을 '자연수'라고 부른다.**

이상의 내용을 "수학의 본질은 자유에 있다"는 칸토어의 명언과 대위(代位)시켜 표현한다면 **"자연수의 본질은 계수성**(計數性)◇ **에 있다"**라고 말할 수 있다. 여기의 '계수성'은 '헤아림성'을 가리킨다. 앞으로 자세히 배우게 될 유리수나 무리수 등의 다른 수에는 계수성이 없고 이는 오직 자연수만 가지는 고유의 속성이다. **자연수가 1부터 시작한다는 점과 자연수가 자연수라고 불리는 까닭이 모두 계수성에서 유래**한다.

자연수의 연산법칙

자연수는 인류가 최초로 마주친 수학적 대상이므로 44쪽에서 이야기했던 수학적 '연산'의 첫 대상이기도 하다. 자연수의 연산 중에는 익숙한 덧셈, 뺄셈, 곱셈, 나눗셈의 사칙연산이 가장 널리 알려져 있다. 그리고 이 가운데 몇 가지 연산에 대해서는 집합론에서와 마찬가지로 교환법칙, 결합법칙, 분배법칙이라는 **'3대 기본법칙'**이 성립한다(50쪽 참조). 이 법칙들 또한 계수성에서 유래하는데 이에 대한 검토는 각자에게 맡기고 아래에는 내용만 실어둔다.

교환법칙 : 자연수의 덧셈과 곱셈에서는 두 대상을 교환해도 결과는 같다.

$a+b = b+a,\ ab = ba$

결합법칙 : 자연수의 덧셈과 곱셈에서는 세 대상 중 어느 두 대상부터 먼저 결합해도 결과는 같다.

$(a+b)+c = a+(b+c),\ (ab)c = a(bc)$

분배법칙 : 이는 말로 표현하기보다 직접 식으로 익히는 게 편하다.

$a(b+c) = ab+ac$

2 ⋮ 소인수분해

거듭제곱

"사람은 모두 제 잘난 맛에 산다"는 말이 있다. 이는 누구에게나 남들보다 낫다고 여기는 장점이 있음을 뜻하며, 이런 장점은 긍지와 자부심의 원천이므로 이를 잘 키워

나가는 일은 매우 중요하다. 그런데 여기서의 '제'는 '자기(자신)의'라는 뜻이다. 따라서 수학에서 나오는 '제곱'이라 함은 "자기 자신을 곱한다"는 뜻이고, **'거듭제곱'은 "자기 자신을 거듭해서 곱한다"는 뜻**이다. 그리고 그 표기는 다음과 같이 나타낸다.

3의 제곱 $= 3\cdot3 = 3^2$

3의 세제곱 $= 3\cdot3\cdot3 = 3^3$

3의 네제곱 $= 3\cdot3\cdot3\cdot3 = 3^4$

……

위의 표기에서 **'제곱되는 수'를 가리켜 밑**(base) 그리고 위첨자로 쓰인 **'제곱하는 횟수'를 가리켜 지수**(指數, exponent)라고 부른다(25쪽 참조). 예를 들어 3^4에서 밑은 3이고 지수는 4이다.

지수법칙

위에서 설명한 거듭제곱은 한마디로 a를 n번 연속 곱하는 것을 a^n으로 나타내는 것이라고 요약된다. 그런데 이 식을 이용하면 다음과 같은 결과를 얻을 수 있다.

$$a^4 \times a^2 = (a\cdot a\cdot a\cdot a)\cdot(a\cdot a) = a^6$$

$$a^4 \div a^2 = (a\cdot a\cdot a\cdot a)\div(a\cdot a) = \frac{a\cdot a\cdot a\cdot a}{a\cdot a} = a^2$$

다시 말해서 일반적으로

㉮ $\boldsymbol{a^m \times a^n = a^{m+n}}$

㉯ $\boldsymbol{a^m \div a^n = a^{m-n}}$ ($m \geqq n$, $n > m$의 경우는 다음 예제 참조.)

이라는 관계가 성립하며, 이를 **지수법칙**(law of exponent)이라고 부른다. 이 가운데 ㉯를 이용하면 다음과 같은 흥미로운 결과가 나온다.

㉰ $a^m \div a^m = a^{m-m} = a^0 = 1$

이를 말로는 **"모든 수의 0제곱은 1"**이라고 옮길 수 있다(**단 0의 0제곱은 제외**. 아래 참고사항 참조). 또한 다음과 같은 식도 얻어지며,

㉣ $a^4 \div a^3 = a^{4-3} = a^1 = a$

이것은 **"모든 수의 1제곱은 그 자신"**이라고 옮겨진다. 여기 ㉢와 ㉣의 결론은 단순하면서도 매우 유용하므로 잘 새겨두도록 한다.

㉢를 사용할 때 특히 유의할 게 있다. 그것은 이 식으로부터 "모든 수의 0제곱은 1"이란 결론이 나오기는 하지만 유일한 예외로 "0^0은 1이라고 할 수 없다"는 점이다. 아쉽게도 이에 대한 정확한 설명을 하자면 대학 수준의 지식이 필요하다(다만 기초적인 설명은 중학 수준에서도 가능하며 이에 대해서는 210쪽을 참조). 따라서 중학 수준에서는 **"0을 제외한 모든 수의 0제곱은 1"**이란 사실을 우선 그냥 이대로 새겨두기 바란다.

한편 지수법칙 ㉮㉯를 확장하면 다음의 결론들도 얻어지며 이것들도 널리 지수법칙에 포함시킨다. 이 식들은 비록 쉽게 유도할 수 있기는 하지만 즉각적 활용을 위하여 그 자체를 잘 새겨두도록 한다.

$$(a^m)^n = a^{mn}$$

예 $(2^2)^3 = 2^2 \cdot 2^2 \cdot 2^2 = 2^{2+2+2} = 2^6 = 2^{2\cdot 3}$

$$(ab)^n = a^n b^n$$

예 $(2\cdot 3)^2 = (2\cdot 3)\cdot(2\cdot 3) = 2\cdot 2\cdot 3\cdot 3 = 2^2\cdot 3^2$

$$\left(\frac{a}{b}\right)^n = \frac{a^n}{b^n}$$

예 $\left(\frac{2}{3}\right)^2 = \left(\frac{2}{3}\right)\cdot\left(\frac{2}{3}\right) = \frac{2\cdot 2}{3\cdot 3} = \frac{2^2}{3^2}$

예제

다음 식에 대한 예를 들고 지수법칙을 이용하여 옳음을 확인하라.

① $((a^l)^m)^n = a^{lmn}$ ② $n > m$이면 $a^n \div a^m = \dfrac{1}{a^{n-m}}$

풀이

① $((2^3)^4)^5 = (2^{12})^5 = 2^{12} \cdot 2^{12} \cdot 2^{12} \cdot 2^{12} \cdot 2^{12} = 2^{60} = 2^{3 \cdot 4 \cdot 5}$

② $2^3 \div 2^5 = \dfrac{2 \cdot 2 \cdot 2}{2 \cdot 2 \cdot 2 \cdot 2 \cdot 2} = \dfrac{1}{2^2} = \dfrac{1}{2^{5-3}}$

소수

자연수에는 다른 자연수를 곱해서 만들 수 있는 수들이 많다. 예를 들어

$$6 = 2 \cdot 3$$
$$18 = 2 \cdot 3 \cdot 3 = 6 \cdot 3 = 2 \cdot 9$$
$$100 = 2 \cdot 2 \cdot 5 \cdot 5 = 2 \cdot 50 = 4 \cdot 25 = 5 \cdot 20 = 10 \cdot 10$$

등이다. 그리고 이처럼 **"다른 자연수들의 곱으로 만들어지는 수"**를 가리켜 **합성수**(composite number 또는 compound number)라고 부른다. 한편 반대로 **"합성수를 만드는 데에 쓰이는 수"**, 곧 곱해서 다른 자연수를 만드는 데 쓰이는 수를 가리켜 **인수**(因數) 또는 **약수**(約數)라고 부른다. 위에서 2, 3, 6, 9는 18의 인수이자 약수이다. 그리고 편의상 **1과 어떤 수 자신도 인수와 약수로 포함**시킨다. 따라서 18의 인수 또는 약수는 1, 2, 3, 6, 9, 18의 6개가 있다.

인수와 약수에 대한 영어는 factor, divisor, measure 등이 있다. 그런데 20쪽에 썼듯 **약수**는 흔히 **"어떤 수를 나머지 없이 나눌 수 있는 수"**라고 정의한다. 그러나 이 정의는 표현만 다를 뿐 위 본문의 정의와 내용상으로는 완전히 일치한다. 이처럼 어떤 용어의 정의는 서로 동등한 여러 가지 표현으로 나타날 수 있다는 점을 유의하고, 각 상

황에 따라 가장 적합한 것을 사용하도록 한다.

그런데 자연수 가운데는 1, 2, 3, 5, 7, 11, …과 같이 "약수가 1과 자신뿐인 수"들도 있다. 그리고 모든 합성수는 이것들을 이용해서 만들어낼 수 있다. 다만 이 가운데 1은 굳이 사용하지 않더라도 합성수를 만드는 데에 아무런 문제가 없다. 다시 말하면 이것들 가운데 1을 제외한 나머지는 합성수를 만드는 기본 요소로 볼 수 있다. 그래서 수학에서는 **"약수가 1과 자신뿐인 수로서 1이 아닌 수"**를 가리켜 **소수**(素數, prime number)라고 부른다.

에라토스테네스의 체

예를 들어 2를 1배, 2배, 3배, …하면 2, 4, 6, …을 얻는데, 이처럼 **어떤 수를 '…배'하여 얻는 수를 배수**(multiple)라고 부른다. 그리고 특히 **2의 배수인 자연수를 짝수**(even number), **짝수가 아닌 자연수는 홀수**(odd number)라고 부른다(나중에 '정수'를 배운 뒤에는 '2의 배수인 정수'를 짝수, '짝수가 아닌 정수'를 홀수로 부르는데, 0은 2의 0배이므로 **0도 짝수**이다). 배수는 2개의 자연수가 곱해진 것이므로 합성수이며, 따라서 소수는 모든 자연수의 배수를 차례로 제거함으로써 찾아낼 수 있다. 이런 방법을 일컬어 **에라토스테네스의 체**(Eratosthenes' sieve)라고 부르는데, 이는 이 방법을 처음 고안한 사람으로 여겨지는 그리스의 수학자 에라토스테네스(Eratosthenes, BC273?~192?)의 이름을 딴 것이다.

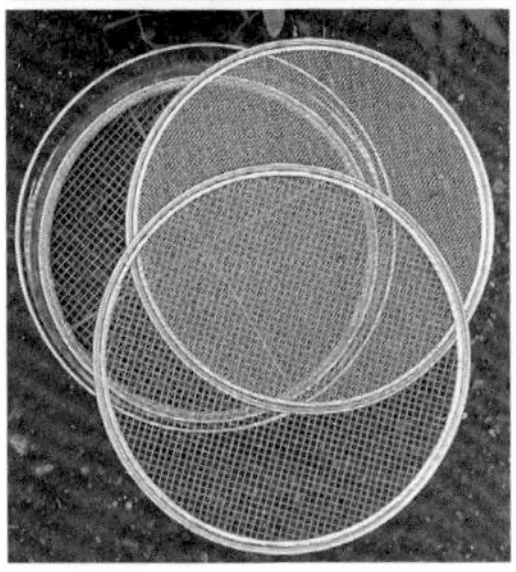

한편 '체'는 오른쪽 그림에서 보듯, 통의 바닥을 그물 구조로 만들어서 원하는 크기의 알갱이를 골라내는 도구이다. 비유적으로 설명하면 '에라토스테네스의 체'는 '2의 배수를 걸러내는 체', '3의 배수를 걸러내는 체', '5의 배수를 걸러내는 체', … 등이 계속 겹쳐진 것이고, 소수는 이 모든 체를 통과하는 수라고 말할 수 있다.

예제

에라토스테네스의 체를 이용해서 50 이하의 소수를 모두 찾아라.

풀이 50 이하의 자연수를 차례로 쓰고, 2 이외의 2의 배수를 모두 제거한다. 다음으로 3 이외의 3의 배수를 제거한다. 그다음에는 4의 배수를 제거할 차례인데, 이것은 2의 배수를 제거할 때 이미 모두 제거되었다. 따라서 3 다음으로는 5 이외의 5의 배수를 제거하면 된다. 이 과정에서 보듯 에라토스테네스의 체는 사실상 소수들의 배수만 계속해서 걸러내는 식으로 구성되어 있다. 구하는 답은 2, 3, 5, 7, 11, 13, 17, 19, 23, 29, 31, 37, 41, 43, 47이다.

소수의 무한성

에라토스테네스의 체를 사용하면 자연수에서 무수히 많은 수가 제거된다. 따라서 우리의 마음속에는 은연중에 "그렇다면 큰 수로 올라갈수록 더욱 많은 수들이 제거되므로 결국 어느 범위 이상에서는 더 이상 소수가 없는 것 아닐까?"라는 의문, 바꿔 말하면 "소수의 개수는 유한하지 않을까?"라는 의문이 떠오른다.

그런데 이에 대해서는 고대 그리스의 위대한 수학자 유클리드(Euclid, BC300년경)가 **"소수의 개수는 무한하다"**는 사실을 증명했다. 그리고 그 증명은 너무나 간결하고도 아름다워서 많은 사람들이 **수학적 우아함의 전형**(a model of mathematical elegance)으로 여긴다. 한편 그 증명에는 한 가지 특히 유의할 점도 있다. 따라서 이 장의 끝에 수록했으므로 관심 있는 사람들은 참조하기 바란다.

소인수분해

소인수분해(prime factorization)는 **합성수를 소수의 곱으로 표시하는 것**을 말한다. 예

를 들어 합성수들은 소수를 이용해서 쓰면

$$30 = 2 \cdot 3 \cdot 5$$
$$36 = 2^2 \cdot 3^2$$
$$60 = 2^2 \cdot 3 \cdot 5$$

등으로 분해된다. 구체적으로는 다음과 같이 에라토스테네스의 체를 이용할 때와 비슷하게 작은 소수들로부터 차례로 나누어감으로써 구할 수 있다.

$$\begin{array}{r|l} 2 & 60 \\ \hline 2 & 30 \\ \hline 3 & 15 \\ \hline & 5 \end{array} \quad \longrightarrow \quad 60 = 2 \cdot 2 \cdot 3 \cdot 5 = 2^2 \cdot 3 \cdot 5$$

물론 나누는 순서를 반드시 작은 소수로부터 해야 한다는 법은 없다. 따라서 예를 들어

$$60 = 2 \cdot 3 \cdot 5 \cdot 2 = 3 \cdot 5 \cdot 2^2 = 5 \cdot 2^2 \cdot 3 = \cdots$$

등의 여러 가지 형태로 쓸 수 있다. 그러나 어차피 결과는 같은데 이렇게 여러 가지로 쓰면 혼란스러우므로 특별한 사정이 없는 한 작은 소수부터 거듭제곱의 형식으로 쓰는 것이 일반적이다.

아무튼 **어떤 수의 소인수분해는 소인수의 순서는 상관없이 소인수의 종류와 지수만 따진다면 오직 하나의 형태로 표현**된다. 이 결론을 가리켜 **산술의 기본 정리**(fundamental theorem of arithmetic) 또는 **수론의 기본 정리**(fundamental theorem of number theory), 그리고 소인수분해의 이런 성질을 가리켜 **소인수분해의 유일성**(uniqueness of prime factorization)이라고 부른다.

62쪽에 썼듯 **정리**(定理, theorem)는 **'옳다고 증명된 명제'**를 말한다(자세한 설명은 383쪽 참조). 그런데 중학 수준에서는 '산술의 기본 정리', '수론의 기본 정리', '소인수분해의 유일성' 등의 용어 자체부터 좀 부담스러울 것이다. 그러나 위에서 본 것처럼 거기에 담긴 내용은 아주 쉬운 편이므로 용어 때문에 위축될 필요는 없다. 이처럼 앞

으로도 가끔씩 등장할 부담스런 수학 용어들은 나중에 고등학교 또는 대학교에서 높은 수준의 수학을 할 때 가능한 한 모든 것을 엄밀하게 규정할 필요에서 만들어졌는데, 이 책에서는 웬만하면 수학의 본래 면모를 그대로 보여주고자 하는 취지에서 수록했을 뿐이다. 따라서 내용은 잘 이해하되 그런 용어들까지 낱낱이 암기하도록 권하지는 않으며, 나중을 위하여 대략 참조만 한다는 기분으로 익혀두면 된다.

약수의 개수

소인수분해를 이용하면 어떤 수가 갖는 약수의 개수를 구할 수 있다. 예를 들어 $18 = 2\cdot 3^2 = 2^1\cdot 3^2$인데 약수는 1, 2, 3, 6, 9, 18로서 모두 6개이다. 그리고 이것들을 다음 표와 같이 배열하면 약수의 개수를 구하는 데에 소인수분해가 어떻게 이용되는지 쉽게 이해할 수 있다.

3^2의 약수 / 2^1의 약수	$3^0(=1)$	$3^1(=3)$	$3^2(=9)$
$2^0(=1)$	$1\cdot 1 = 1$	$1\cdot 3 = 3$	$1\cdot 3^2 = 9$
$2^1(=2)$	$2\cdot 1 = 2$	$2\cdot 3 = 6$	$2\cdot 3^2 = 18$

위의 표를 보면 맨 왼쪽 세로에는 18의 한 인수인 2^1의 약수, 그리고 맨 위쪽 가로에는 다른 인수인 3^2의 약수를 차례로 배열했다. 그러면 18의 6개 약수는 이것들을 각각 곱한 모든 곳에서 만들어짐을 알 수 있다. 이 결과를 토대로 생각해보면 약수의 개수를 구하는 일반적인 방법은 다음과 같이 구해진다. 예를 들어 어떤 합성수 x가

$$x = a^m b^n$$

으로 소인수분해되었다고 하자. 그러면 a^m의 약수는 $a^0(=1)$, a^1, a^2, $\cdots$, a^m까지 $(m+1)$개가 나오며, b^n의 약수는 $b^0(=1)$, b^1, b^2, $\cdots$, b^n까지 $(n+1)$개가 나온다. 따라서 이것들을 위 표와 같이 배열한다고 생각하면 x의 **약수의 개수는 $(m+1)(n+1)$**

개임을 알 수 있다.

예제

360의 약수는 모두 몇 개인가?

풀이

$360 = 2^3 \cdot 3^2 \cdot 5 = 2^3 \cdot 3^2 \cdot 5^1$이다. 이 경우는 소인수가 3개이지만 풀이하는 방법은 본문의 설명과 마찬가지이다. 곧 2^3의 약수는 $(3+1)$개, 3^2의 약수는 $(2+1)$개, 5^1의 약수는 $(1+1)$개이므로 360의 약수는 모두 $4 \cdot 3 \cdot 2 = 24$개이다.

예제

360의 약수 가운데 넷째로 큰 것은 어느 것인가?

풀이

$360 = 2^3 \cdot 3^2 \cdot 5$인데, 360의 약수 가운데 가장 큰 것은 그 자신인 360이다. 다음으로 여기 소인수분해를 보면 360을 나눌 수 있는 1이 아닌 가장 작은 수는 2이다. 따라서 둘째로 큰 약수는 180이다. 그리고 360을 나눌 수 있는 그다음으로 작은 수는 3이며, 그다음으로 작은 수는 $2^2 = 4$이다. 그러므로 구하는 답은 90이다.

예제

75에 가능한 한 가장 작은 자연수를 곱해서 어떤 수의 제곱이 되는 수를 만들려고 한다. 그 자연수는 얼마인가?

풀이

예를 들어 $36 = 6 \cdot 6 = (2 \cdot 3) \cdot (2 \cdot 3) = (2 \cdot 2) \cdot (3 \cdot 3) = 2^2 \cdot 3^2$과 같이 어떤 수의 제곱이 되려면 소인수분해에 나오는 소인수들의 지

수가 모두 짝수여야 한다. 그런데 $75 = 3\cdot5^2$이어서 소인수 3의 지수는 짝수가 아니다. 하지만 여기에 3을 하나 곱해주면 $3^2\cdot5^2 = (3\cdot3)\cdot(5\cdot5) = (3\cdot5)\cdot(3\cdot5) = 15^2$을 만들 수 있으며, 따라서 구하는 답은 3이다.

3 ⋮ 공약수와 공배수

공약수와 최대공약수

둘 이상의 자연수에 공통된 약수를 '공약수', 그리고 **공약수 가운데 가장 큰 것을 '최대공약수'**라고 부른다. 예를 들어 8의 약수는 1, 2, 4, 8이고 12의 약수는 1, 2, 3, 4, 6, 12이므로, 8과 12의 공약수는 1, 2, 4이고 최대공약수는 4이다. 한편 예를 들어 3과 7처럼 **공약수가 1뿐이면 '서로 소'**라고 부른다.

'서로 소'란 용어는 집합론에서도 나온 적이 있다(45쪽 참조). 그런데 집합론의 서로 소는 영어로 disjoint라 하지만 여기의 서로 소는 coprime이라고 함에 유의해야 한다. 공약수는 영어로 common measure(또는 divisor 또는 factor)라고 부른다. 이에 따라 최대공약수는 greatest common measure(또는 divisor 또는 factor)로 부르며, 약자로는 GCM(또는 GCD 또는 GCF)으로 쓴다.

최대공약수를 구할 때 위와 같이 모든 약수를 구해놓고 찾는 것은 비능률적이다. 그러므로 보다 나은 방법이 있으면 좋겠는데, 여기서 주목할 것은 **둘 이상의 자연수를 최대공약수로 나누면 몫이 서로 소가 된다**는 점이다. 위 예에서 보듯 8과 12를 최대공약수인 4로 나누면 몫이 각각 2와 3이 되며 이는 서로 소의 관계에 있다. 이 성질을 이용하는 방법으로는 **'소인수분해법◇'**과 **'공약수나누기법◇'**의 두 가지가 있으며, 예제를 통하여 차례로 살펴보자.

예제

소인수분해법으로 48과 180의 최대공약수를 구하라.

풀이 두 수를 소인수분해하면 다음과 같다.

$$48 = 2^4 \cdot 3$$
$$180 = 2^2 \cdot 3^2 \cdot 5$$

이 소인수분해에서 우선 소인수 2에 대해서만 주목할 때, 두 수의 공약수가 될 수 있는 것으로 가장 큰 것은 2^2이며, 소인수 3에 대해서만 주목하자면 두 수의 공약수가 될 수 있는 것으로 가장 큰 것은 3이다. 그리고 소인수 5는 공약수가 아니므로 고려할 필요가 없다. 따라서 구하는 최대공약수는 공통소인수들의 최대공약수를 모두 곱한 수, 곧 $2^2 \cdot 3 = 12$이다.

참고 1 48과 180을 12로 나누면 몫이 4와 15로 서로 소이다. 따라서 12가 최대공약수임이 확인된다. 요컨대 **소인수분해법으로 최대공약수를 구할 때는 공통소인수들의 최대공약수를 모두 곱하면 된다.**

참고 2 참고 1의 결론에 따르면 **공약수는 최대공약수의 약수**가 된다는 점도 특기해야 한다. 공약수는 어차피 공통소인수들로 만들어지는데, 이것들은 모두 최대공약수에 내포되어 있기 때문이다.

예제

공약수나누기법으로 ① 48과 180, ② 12와 36과 42의 최대공약수를 구하라.

풀이 이 방법에서는 다음과 같이 문제의 수를 나란히 쓰고 몫이 서로 소가 될 때까지 공약수로 계속 나누어간다. 이때 반드시 소수로 나눠

갈 필요는 없다. 여기의 목표는 소인수분해가 아니라 최대공약수를 구하는 것이므로, 빨리 끝내려면 계산력이 뒷받침되는 한 큰 공약수들로 나눠 가는 게 좋다. 그런 다음 왼쪽의 음영으로 표시한 공약수를 모두 곱한 값이 최대공약수가 된다. 따라서 ①의 최대공약수는 12, ②의 최대공약수는 6이다.

① $$\begin{array}{r|rr} 6 & 48 & 180 \\ \hline 2 & 8 & 30 \\ \hline & 4 & 15 \end{array}$$

② $$\begin{array}{r|rrr} 2 & 12 & 36 & 42 \\ \hline 3 & 6 & 18 & 21 \\ \hline & 2 & 6 & 7 \end{array}$$

참고 ②번의 마지막 단계의 몫인 2, 6, 7을 보면 2와 6은 서로 소가 아니다. 하지만 최대공약수는 반드시 주어진 모든 수를 나눌 수 있는 수, 곧 모두의 공약수 중에서 골라야 한다는 점을 잊어서는 안 된다. 따라서 2, 6, 7의 세 수 모두에 대한 공약수가 없는 이 단계에서 멈추고, 이때까지 세 수 모두에 대한 공약수인 2와 3을 곱해서 얻는 6이 최대공약수가 된다.

이런 뜻에 비춰볼 때 소인수분해법과 공약수나누기법은 겉보기로는 별개의 방법처럼 보이지만 실제로는 같은 방법이란 점이 드러난다. 곧 **최대공약수는 공통소인수들의 최대공약수를 모두 곱해서 구한다**는 점은 두 방법에 공통된 내용이다.

예제

어떤 자연수로 100을 나누면 4가 남고 63을 나누면 3이 남는다. 이 자연수를 구하라.

풀이 구하는 수는 96(=100−4)과 60(=63−3)의 공약수이다. 그리고 96과 60의 최대공약수는 12이다. 그런데 **공약수는 최대공약수의 약수**이므로 두 수의 공약수에는 1, 2, 3, 4, 6, 12가 있다. 답은 이 가운데 나머지로 4를 남길 수 있는 것이어야 하므로 6과 12이다.

공배수와 최소공배수

둘 이상의 자연수에 공통된 배수들을 '공배수', 공배수 가운데 가장 작은 것을 '최소공배수'라고 부른다. 예를 들어 2의 배수는 2, 4, 6, 8, 10, 12, …이고 3의 배수는 3, 6, 9, 12, 15, …이므로, 2와 3의 공배수는 6, 12, 18, …이고 최소공배수는 6이다. 공배수는 영어로 common multiple이라 부르며, 이에 따라 최소공배수는 least common multiple로 부르고, 약자로는 LCM으로 쓴다.

최소공배수를 구할 때 위와 같이 배수를 일일이 나열하면서 찾는 것은 비능률적이다. 그러므로 여기서도 보다 나은 방법이 있으면 좋겠는데, 다행히 최대공약수를 구할 때 사용했던 '**소인수분해법**◇'과 '**공약수나누기법**◇'의 두 가지를 그대로 응용할 수 있다. 다음 예제를 통하여 차례로 살펴보자.

예제

소인수분해법으로 48과 180의 최소공배수를 구하라.

풀이 두 수를 소인수분해하면 다음과 같다.

$$48 = 2^4 \cdot 3$$
$$180 = 2^2 \cdot 3^2 \cdot 5$$

이 소인수분해에서 우선 소인수 2에 대해서만 주목할 때, 두 수의 공배수가 될 수 있는 것으로 가장 작은 것은 2^4이며, 소인수 3에 대해서만 주목하자면 두 수의 공배수가 될 수 있는 것으로 가장 작은 것은 3^2이다. 그리고 끝으로 소인수 5에 대해서만 주목하면 두 수의 공배수가 될 수 있는 것으로 가장 작은 것은 5이다. 따라서 구하는 최소공배수는 각 소인수의 최소공배수를 모두 곱한 수,

곧 $2^4 \cdot 3^2 \cdot 5 = 720$이다.

참고 1 요컨대 **소인수분해법으로 최소공배수를 구할 때는 각 소인수의 최소공배수를 모두 곱하면 된다.**

참고 2 참고 1의 결론에 따르면 **공배수는 최소공배수의 배수**라는 관계가 성립한다. 공배수는 어차피 모든 소인수들의 곱으로 만들어지는데, 그것들을 가장 최소로 집약한 것이 바로 최소공배수이기 때문이다.

예제

공약수나누기법으로 ① 48과 180, ② 12와 36과 42, ③ 36과 54와 81의 최소공배수를 구하라.

풀이 이 방법에서는 아래와 같이 문제의 수를 나란히 쓰고 몫이 서로 소가 될 때까지 공약수로 계속 나누어간다. 그런 다음 음영으로 표시한 수들을 모두 곱한 값이 최소공배수가 된다. 따라서 ①의 최소공배수는 720이 된다.

①
$$\begin{array}{r|rr} 6 & 48 & 180 \\ \hline 2 & 8 & 30 \\ \hline & 4 & 15 \end{array}$$

②
$$\begin{array}{r|rrrl} 2 & 12 & 36 & 42 & \\ \hline 3 & 6 & 18 & 21 & \\ \hline 2 & 2 & 6 & 7 & \cdots\cdots ㉠ \\ \hline & 1 & 3 & 7 & \cdots\cdots ㉡ \end{array}$$

③
$$\begin{array}{r|rrrl} 9 & 36 & 54 & 81 & \\ \hline 2 & 4 & 6 & 9 & \cdots\cdots ㉠ \\ \hline 3 & 2 & 3 & 9 & \cdots\cdots ㉡ \\ \hline & 2 & 1 & 3 & \cdots\cdots ㉢ \end{array}$$

그런데 **②의 경우에는 한 가지 주의할 점이 있다**. 위의 ㉠단계에서 2, 6, 7의 세 수를 두고 보면 공약수가 없지만, 2와 6의 두 수에는 2라는 공약수가 있어서 서로 소가 아니다. 최대공약수를 구할 때는 '공약수'라는 특성상 반드시 '공통소인수'들의 최대공약수들을 곱해야 하므로 이 단계에서 멈춰야 한다. 그러나 최소공배수를 구할 때는 '각 소인수'의 최소공배수들을 곱해야 하므로 어느 두 수에라도 공약수가 있으면 이것들마저 서로 소가 될 때까지 계속 진행한다. 단 ㉠단계에서 7은 이미 다른 두 몫과 서로 소가 되었으므로 다음의 ㉠단계에는 그대로 내려쓰면 된다. 그러므로 ②의 답은 $2^2 \cdot 3^2 \cdot 7 = 252$이다.

끝으로 ③을 보면 ㉠단계에서 4, 6, 9 모두에 대한 공약수는 없다. 그러나 4와 6에는 2, 6과 9에는 3이라는 공약수가 있다. 따라서 ㉠단계와 ㉡단계에서 이것들로 마저 나누어 최종적으로는 ㉢단계의 몫 2, 1, 3과 같이 모두 서로 소가 되도록 한다. 그러면 구하는 답은 $2^2 \cdot 3^4 = 324$가 된다.

예제

서로 맞물려 돌아가는 두 톱니바퀴 A와 B가 있는데, 톱니의 수가 각각 56개와 32개이다. 어느 순간 맞물렸던 두 톱니가 다시 맞물리게 되려면 A는 몇 바퀴 돌아야 할까?

풀이 톱니 수의 최소공배수를 구하면 224이다. 곧 어느 톱니바퀴든 224개의 톱니가 지나야 본래 맞물렸던 톱니가 다시 맞물리게 된다. 따라서 그동안 A는 4바퀴를 돌아야 한다.

예제

4, 5, 6의 어느 수로 나누어도 1이 남는 자연수 가운데 세 자리 수로 가장 작은 수는 무엇인가?

풀이 구하는 수는 4, 5, 6의 공배수보다 1 큰 수들 가운데 하나이다. 그런데 **공배수는 최소공배수의 배수**이므로 먼저 4, 5, 6의 최소공배수를 구하면 이는 60이다. 그리고 이것을 2배 하면 120이 되므로 구하는 답은 121이다.

최대공약수와 최소공배수의 관계

두 자연수 A와 B의 최대공약수와 최소공배수를 각각 G와 L이라 하자. 그러면 이를 구할 때 사용하는 공약수나누기법을 압축해서 쓸 경우 다음과 같은 형태가 된다.

$$G\,\underline{)\,A \quad B\,}$$
$$\quad a \quad b$$

그리고 이로부터 아래와 같은 관계식들이 성립함을 쉽게 이해할 수 있다.

$$A = aG, \qquad B = bG,$$
$$L = abG, \qquad AB = GL = abG^2$$

예제

두 자연수를 최대공약수 14로 나누었더니 몫이 각각 4와 7이었다. 두 자연수의 곱은 얼마인가?

풀이 두 자연수를 A와 B라 하고 문제의 상황을 공약수나누기법으로 나타내면 다음과 같다.

$$14\,\underline{)\,A \quad B\,}$$
$$\quad 4 \quad 7$$

여기에서 보면 $A = 14 \cdot 4 = 56$이고 $B = 14 \cdot 7 = 98$이다. 따라서 구하는 답은 $56 \cdot 98 = 5488$이다.

다른 방법으로 본문의 공식을 적용해보면 다음과 같은 답을 얻는다.

$$AB = abG^2 = 4 \cdot 7 \cdot 14^2 = 5488$$

예제

서로 다른 세 자연수 A, 104, 56의 최대공약수가 8일 때 세 자리 수로서 가장 작은 A를 구하라.

풀이 문제의 세 수에 공약수나누기법을 적용해보면 다음과 같다.

$$\begin{array}{r|ccc} 8 & A & 104 & 56 \\ \hline & a & 13 & 7 \end{array}$$

여기서 $A = 8a$이며, a는 13 및 7과 다른 수여야 한다. 이런 조건을 만족하는 a는 1, 2, 3, 4, …인데, A를 104가 아닌 세 자리 수로 만들 수 있는 가장 작은 a는 14이다.
따라서 구하는 답인 A는 112이다.

4 ⋮ 십진법과 이진법

십진법의 의의

현재 전 세계적으로 통용되고 있는 **기수법**(記數法, numeration system)은 이른바 **인도아라비아숫자**(Hindu-Arabic numeral)를 토대로 한 **십진법**(十進法, decimal system)을 사용한다. 그리고 여기에 채용된 **십진법은 기본단위의 10배가 될 때마다 한 단계 높은 자리로 옮겨가는 기수법**을 말한다.

여기서 특히 주목할 점은 이처럼 **기본단위의 10배가 될 때마다 '새 자리'로 옮겨가면 이 10배를 나타낼 '새 숫자'가 필요 없다**는 사실이다. 곧 똑같은 숫자라도 놓인 자리에 따라 고유의 값을 가지며, 이를 가리켜 **자리수법**(place value system 또는 positional value system)◇이라고 부른다. 이 때문에 우리가 흔히 사용하는 모든 수를 나타내는 데에 0, 1, 2, 3, 4, 5, 6, 7, 8, 9이라는 10개의 숫자만 사용하는 **인도아라비아숫자는 인**

류 역사상 가장 탁월한 발명 가운데 하나로 받아들여진다.

요컨대 인도아라비아숫자를 토대로 한 **십진법의 본질적 핵심**은 ㉮0~9까지의 10개 숫자와 ㉯자리수법을 사용한다는 두 가지이다.

인도아라비아숫자는 인도에서 처음 만들어졌는데 아라비아를 거쳐 유럽에 전해졌다. 그래서 유럽에서는 한동안 아라비아숫자로 불렸지만 나중에 기원이 밝혀져서 인도아라비아숫자로 부르게 되었다.

중국의 한자숫자와 로마의 로마숫자도 기본적으로는 십진법이라고 봐야 한다. 그러나 자리수법을 사용하지 않으므로 기본단위의 여러 가지 배수를 나타낼 때마다 계속 새로운 숫자를 만들어야 한다. 예를 들어 한자는 10을 十, 100을 百, 1000을 千, … 으로 나타낸다. 이 때문에 큰 수의 표기와 계산에서 많은 어려움을 겪어야 했으며, 결과적으로 고대 동서양의 가장 강대했던 두 문화의 숫자는 오늘날 일상생활에서 자취를 감추고 말았다.

십진법의 이해

십진법은 두말할 필요도 없이 사람의 손가락이 10개라는 점에서 유래했다. 곧 어떤 대상을 헤아릴 때 손가락을 하나씩 꼽으며 헤아리다가 10개를 넘어서면 '한 단계를 높여서 되풀이'해야 한다. 이로부터 기본단위의 10배가 되면 자리수를 높이는 방법이 고안되었고, 이에 따라 십진법의 숫자는 자리마다 고유의 **자리값**을 가진다. 이 자리값을 토대로 예를 들어 234라는 숫자의 값이 어떻게 주어지는지 구체적으로 살펴보면 다음과 같다.

$$\begin{aligned} 234 &= 2\cdot 100+3\cdot 10+4\cdot 1 \\ &= 2\cdot 10^2+3\cdot 10^1+4\cdot 10^0 \end{aligned}$$

위와 같이 어떤 **십진수**(십진법으로 나타낸 수)**를 10의 거듭제곱을 이용해서 나타낸 식을 '십진법의 전개식' 또는 '십진전개식**◇**'**이라고 부른다(70쪽의 지수법칙에서 배웠던

"어떤 수의 1제곱은 그 수 자신"이고 "0을 제외한 모든 수의 0제곱은 1"이란 점을 상기하기 바란다). 그리고 이 전개식으로부터 십진수의 맨 아래 자리의 자리값은 1, 그 위 자리의 자리값은 10, 그 위는 100, …으로 한 자리 올라갈 때마다 자리값이 10배씩 증가함을 명확히 알 수 있다.

이진법의 의의

십진법의 유래는 사람의 손가락이 10개라는 것인데, 만일 사람의 손가락이 2개뿐이었다면 어떻게 될까? 그러면 숫자는 0과 1의 2개만 필요하고 기본단위의 2배가 될 때마다 윗자리로 올라가는 **이진법**(binary system)이 개발되었을 것이다. 물론 10배가 아니라 2배가 될 때마다 자리수를 올린다면 조금만 큰 수를 나타내려 해도 많은 자리수를 사용해야 하므로(또는 손가락 꼽기를 여러 번 되풀이해야 하므로) 상당히 불편하다는 단점이 따른다.

그런데 사람과 달리 이런 수고를 조금도 귀찮아하지 않는 게 있으니 그것은 바로 컴퓨터이다. 나아가 컴퓨터에는 이진법이 오히려 가장 제격이다. 이진법은 0과 1이라는 두 가지 '신호'만 있으면 표현할 수 있는데, 이런 신호는 전기를 흘려주거나 끊거나, 자기를 띠게 하거나 없애거나, 빛을 비추거나 끄거나 등의 매우 간단한 방법으로 만들 수 있고, 컴퓨터와 같은 기계에는 이렇게 단순하고도 확실한 방법을 사용하는 것이 좋기 때문이다. 그리고 이런 신호들은 오늘날 컴퓨터와 관련해서 실제로 아주 널리 사용되고 있다.

이처럼 사람의 입장에서는 불편하지만 컴퓨터의 입장에서는 가장 편한 게 이진법이기 때문에 컴퓨터가 생활의 곳곳에서 중요한 역할을 하는 오늘날 그 이해와 활용을 잘 익혀둘 필요가 있다.

이진수의 덧셈과 뺄셈

준비 단계로 우리가 잘 아는 십진수 몇 가지를 이진수로 나타냄으로써 이진법에서의 자리 옮김을 알아보자. 이에 대해서는 아래의 표를 차분히 살펴보면 쉽게 이해할 수 있다.

십진수	0	1	2	3	4	5	6	7	8	9
이진수	0	1	10	11	100	101	110	111	1000	1001

그런데 아무런 표시가 없다면 혼동의 우려가 있으므로 **특히 이진수임을 밝히고자 한다면 $1001_{(2)}$와 같은 방식으로 나타낸다.**

위 표로부터 이진수의 자리 옮김을 이해했다면 이진수의 덧셈과 뺄셈도 별 어려움 없이 해낼 수 있다.

먼저 십진수의 덧셈을 생각해보면 어느 자리에서 더한 수가 10을 넘으면 10 이상의 부분은 윗자리로 옮기고 10 미만의 부분만 그 자리에 쓴다. 이와 마찬가지로 이진수 덧셈에서도 어느 자리에서 더한 수가 2를 넘으면 2 이상의 부분은 윗자리로 옮기고 2 미만의 부분만 그 자리에 쓴다.

다음으로 뺄셈의 경우도 십진법의 뺄셈을 상기하여 생각해본다. 그래서 어느 자리에서 바로 뺄 수 있으면 뺀 수를 쓰고, 뺄 수 없으면 윗자리에서 1을 빌려오는데, (십진수의 윗자리에서 빌려오는 1이 아랫자리에서는 10이듯) 이진수의 윗자리에서 빌려오는 1은 아랫자리에서는 2란 점을 유의하면 된다.

예제

다음을 계산하라.

① 이진수 1101과 1011의 덧셈 결과를 이진수로 써라.

② 이진수 10101에서 1011을 뺀 결과를 이진수로 써라.

풀이 ① 맨 아래의 첫째 자리에서 올림이 발생하는데, 이것이 둘째 자리의 1과 더해져서 둘째 자리는 0이 되고 다시 올림이 발생한다. 이 올림이 셋째 자리의 1과 더해져서 셋째 자리는 0이 되고 또 올림이 발생한다. 결국 넷째 자리에서는 1+1+1이란 셈이 이뤄지고 이것이 이진수로는 11이므로 최종 결과는 아래와 같다.

$$\begin{array}{r} {\scriptstyle 1\,1\,1\;\;} \\ 1101 \\ +)\; 1011 \\ \hline 11000 \end{array}$$

② 맨 아래의 첫째 자리는 1−1이어서 0을 쓰면 된다. 둘째 자리는 0−1이므로 셋째 자리에서 1을 빌려오는데, 이 1은 둘째 자리에서 2로 작용하므로 둘째 자리는 2−1이어서 1이 된다. 셋째 자리는 1을 빌려주었으므로 0−0으로 0이 되고, 넷째 자리는 0−1이므로 다섯째 자리에서 1을 빌려와 2−1로 계산하면 1이 된다. 따라서 최종 결과는 아래와 같다.

$$\begin{array}{r} {\scriptstyle 2\;\;\;2\;\;\;} \\ 10101 \\ -)\;\; 1011 \\ \hline 1010 \end{array}$$

예제

이진수를 작은 것에서 큰 것으로 나열할 때 110011보다 아홉 번째 앞에 있는 수와 아홉 번째 뒤에 있는 수를 구하라.

풀이 $110011_{(2)}$부터 1씩 차례로 더하거나 빼며 자리 옮김을 해서 구할 수도 있다. 그러나 9를 이진수로 고친 뒤 덧셈과 뺄셈으로 하는 게 편하다. $9_{(10)} = 1001_{(2)}$이므로 $110011_{(2)} - 1001_{(2)}$과 $110011_{(2)} + 1001_{(2)}$을 계산하면 답은 $101010_{(2)}$와 $111100_{(2)}$이다.

이진수를 십진수로 고치기

다음으로 이진수도 십진수처럼 자리마다 고유의 자리값이 있다는 점을 이용하여 이진수를 십진수로 고치는 법을 알아보자. 예를 들어 $1001_{(2)}$을 '이진법의 전개식', 곧 '이진전개식◇'으로 쓰면 아래와 같으며 그 계산 결과로부터 $1001_{(2)}$에 대한 십진수 9가 얻어진다.

$$1001_{(2)} = 1\cdot2^3+0\cdot2^2+0\cdot2^1+1\cdot2^0 = 8+0+0+1 = 9$$

예제

$101101_{(2)}$을 십진수로 고쳐라.

풀이 본문의 방식대로 하되 자리수만 조정하면 된다.

$$\begin{aligned}101101_{(2)} &= 1\cdot2^5+0\cdot2^4+1\cdot2^3+1\cdot2^2+0\cdot2^1+1\cdot2^0\\ &= 32+0+8+4+0+1 = 45\end{aligned}$$

예제

다섯 자리의 이진수에 속하는 수는 모두 몇 개인가?

풀이 다섯 자리의 이진수로 가장 작은 것은 $10000_{(2)}$이고 가장 큰 것은 $11111_{(2)}$이다. 이 두 수를 십진수로 고쳐보면 16과 31이다. 따라서 16부터 31까지에 있는 수의 개수를 구하면 $31-16+1 = 16$개다.

참고 여기서 섣불리 $31-16$으로만 해서는 틀린다는 점에 유의해야 한다. 16**'부터'** 헤아려야 하기 때문이다. 또한 만일 16과 31 **'사이'**에 있는 수의 개수를 구하는 경우라면 $31-16-$

1 = 14개란 점도 새겨두기 바란다. 이때는 16과 31은 헤아리지 말아야 하기 때문이다.

십진수를 이진수로 고치기

십진수를 이진수로 고칠 때는 74쪽에 나오는 소인수분해와 비슷한 방법을 쓴다. 단 이때는 소인수로 나누는 게 아니라 2로 계속 나누어 가면 된다. 예를 들어 십진수 11을 이진수로 나타내려면 다음과 같이 2로 계속 나누어 가면서 각 단계마다의 나머지를 오른쪽에 써둔다. 그리고 이 절차가 다 끝난 뒤 오른쪽에 써두었던 나머지들을 역순으로 모으면 1011이 되는데, 이것이 바로 $11_{(10)}$에 대한 이진수 $1011_{(2)}$이다.

```
2)11
2) 5  ···1  ↑
2) 2  ···1  │  역순으로 모은다
2) 1  ···0  │
   0  ···1  │
```

예제

십진수 17, 23, 77을 이진수로 고쳐라.

풀이 아래에 17을 본문의 방식대로 풀었으며, 답은 $10001_{(2)}$이다.

$23_{(10)} = 10111_{(2)}$과 $77_{(10)} = 1001101_{(2)}$은 각자 확인해보기 바란다.

```
2)17
2) 8  ···1  ↑
2) 4  ···0  │
2) 2  ···0  │  역순으로 모은다
2) 1  ···0  │
   0  ···1  │
```

대부분의 교재에는 위 방법이 그냥 소개되어 있을 뿐 “왜 이렇게 하면 십진수가 이진수로 되는가?"에 대한 설명은 없다. 그러나 수학은 단순한 기능이 아니라 사고이므로 그 이유를 생각해보는 것이 바람직하다. 단 아래의 설명을 맨 처음 읽을 때는 이해가 안 되더라도 너무 얽매이지 말고 넘어간 후, 다음에 여유를 찾아 다시 읽으면서 생각해보도록 한다.

이 방법의 배경을 이해하려면 먼저 십진수를 예로 들어 생각해보는 게 좋으며, 그 예로 123을 보자. 그런데 아래 내용을 읽다 보면 알겠지만 **십진법이나 이진법의 핵심은 헤아릴 대상을 10개씩 또는 2개씩의 묶음으로 분류한다는 데에 있다**. 그러므로 예를 들어 123개의 대상을 십진수로 나타내면 왜 123이 되는지 보기 위하여 10개씩 묶는 과정을 먼저 살펴보기로 하자.

이에 따라 123개의 대상을 10개짜리 묶음으로 묶다 보면 12묶음과 낱개짜리 3개가 자투리로 남는다. 그리고 이것을 식으로 써보면 다음과 같다.

$$123 = 12 \cdot 10^1(\text{묶음}) + 3 \cdot 10^0(\text{자투리}) \quad — ❶$$

다음으로 위 첫 단계에서 얻은 10개짜리 12묶음을 다시 10개씩 묶으면 이번에는 100개짜리 1묶음과 10개짜리 2묶음이 자투리로 남으며, 이를 식으로 쓰면 다음과 같다.

$$12 \cdot 10^1 = 1 \cdot 10^2(\text{묶음}) + 1 \cdot 10^1(\text{자투리}) \quad — ❷$$

여기서 잠시 ❶과 ❷의 의미를 생각해보자. ❶에서 10개씩 묶으면 10개짜리 묶음 12개가 만들어지고 이때 남는 낱개짜리 3개는 1의 자리 수를 나타낸다. 그리고 ❷에서 10개짜리 묶음을 다시 10개씩 묶으면 100개짜리 묶음 1개가 만들어지고 이때 남는 10개짜리 묶음 2개는 10의 자리 수를 나타낸다.

이제 이 과정을 다시 반복하면 다음 단계에서는 1000개짜리 묶음 0개가 만들어지고 이때 남는 100개짜리 자투리 묶음 1개는 100의 자리 수를 나타내게 될 것이다. 그리고 이를 식으로 쓰면 다음과 같다.

$$1 \cdot 10^2 = 0 \cdot 10^3(\text{묶음}) + 1 \cdot 10^2(\text{자투리})$$

이상의 내용을 요약하면, 어떤 대상을 10개씩의 묶음으로 묶는 과정을 되풀이할 때마다 남는 나머지가 십진수의 10^0의 자리, 10^1의 자리, 10^2의 자리, …를 나타내는 수가 된다는 뜻이며, 이를 그림으로 나타내면 다음과 같다.

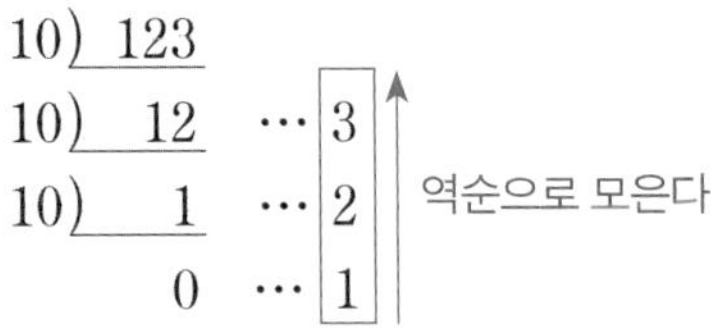

그리고 사실 이는 123의 십진전개식에서 각 지리의 수를 모은 것과 같다.

$$123 = 1\cdot10^2+2\cdot10^1+3\cdot10^0 \ \rightarrow \ \text{“123”}$$

따라서 어떤 대상을 2개씩의 묶음으로 묶는 과정을 되풀이한다면 묶을 때마다 남는 나머지가 이진수의 2^0자리, 2^1자리, 2^2자리, …를 나타내는 수가 된다는 점을 알 수 있으며, 이것이 바로 십진수를 이진수로 고치는 방법의 이론적 배경이다. 다시 123을 예로 들어보면 이는 123을 이진전개식으로 나타낸다는 것과 같은 말이기도 하며, 아래의 전개식으로부터 $123_{(10)} = 1111011_{(2)}$임을 확인할 수 있다.

$$123 = 1\cdot2^6+1\cdot2^5+1\cdot2^4+1\cdot2^3+0\cdot2^2+1\cdot2^1+1\cdot2^0$$

독자들은 본문에 설명한 방식으로 123을 이진수로 고친 뒤 위의 값과 비교해보기 바란다.

다른 진법들

지금까지 십진법과 이진법 및 그 상호관계를 배웠다. 그런데 이 둘뿐 아니라 원한다면 수학적으로는 삼진법, 사진법, 오진법 등 어떤 진법이라도 만들고 사용할 수 있다. 단 이와 같이 무한히 만들 수 있는 진법들 가운데 십진법과 이진법이 가장 널리 쓰이므로 이 두 가지를 살펴보았을 뿐이다.

그런데 우리의 일상생활을 둘러보면 다른 진법들도 심심찮게 눈에 띈다.

우선 시계를 보면 10시가 아니라 12시까지 쓰여 있다. 이는 시계가 12진법을 토대로 만들어졌다는 뜻이며, 오전 12시가 지나면 다시 처음부터 시작해서 오후 시간이 진행한다. 그런데 1시간은 60분이고 1분은 60초로 되어 있다. 따라서 이 점을 생각해 보면 시간은 60진법을 사용하는 셈이다. 또한 하루는 24시간으로 되어 있고, 24시간이 지나면 또 다른 하루가 시작된다. 그러므로 하루 단위로 보면 시간은 24진법에 해당한다. 그런데 이것뿐만이 아니다. 1년은 12개월로 되어 있고, 12개월이 지나면 새로운 1년이 시작된다. 따라서 한달 단위로 보면 시간은 다시 12진법이다. 이처럼 평소에 너무 익숙하게 지내다 보니 잘 의식하지 못했을 뿐 시간은 상당히 다양한 진법들로 구성되어 있다.

이 가운데 60진법은 각도의 표기에도 쓰인다. 곧 각도의 단위를 보면 1°(도) = 60′(분)이며, 1′(분) = 60″(초)이다. 각도의 단위인 분과 초는 시간의 단위에서도 보이는데, 이 때문에 시간의 단위인 분과 초를 나타낼 때도 ′과 ″을 쓰기도 한다. 한편 각도에서는 360°가 모이면 한 바퀴가 되며, 이런 점에서는 각도가 360진법을 사용한다고 볼 수 있다.

한 가지 흥미로운 것은 **12, 24, 60, 360진법은 모두 12의 배수를 이용한 진법**이란 사실이다. 그리고 그 이유로는 무엇보다도 12에는 1, 2, 3, 4, 6, 12라는 많은 약수가 있다는 점을 들 수 있다. 다시 말해서 **12진법을 사용하면 2등분, 3등분, 4등분, 6등분으로 나누기가 쉬우며, 여러 가지 계산에서 매우 편리하다는 게 가장 큰 장점**이다. 우리는 10진법에 너무 익숙한 나머지 10진법이 편하게 느껴지지만 10은 약수가 1, 2, 5, 10의 넷뿐이어서 실제로는 12진법보다 불편한 때가 많다.

이 밖에 다른 진법으로는 1주일이 7일로서 특이하게도 7진법이란 것이 있다. 그리고 사람이 만든 것은 아니지만 1년은 약 365일이므로 지구는 평년에는 365진법, 윤년에는 366진법을 사용한다고 말할 수 있다.

한편 현대에 들어 컴퓨터가 발달함에 따라 이진법에서 도출되는 팔진법과 십육진법도 상당히 중요하게 쓰인다. 물론 이런 진법은 일상생활이 아니라 컴퓨터와 관련되는 분야에서 주로 쓰이므로 다른 분야의 사람들은 별로 의식하지 못한다. 그러나 '8비트 컬러(8-bit color)'나 '16비트 사운드(16-bit sound)' 등 틈틈이 듣는 컴퓨터 용어에도 반영되어 있으므로 평소에 관심을 갖고 탐구해보는 것도 좋은 공부라고 하겠다.

컴퓨터의 발달에 따라 수학과 일상생활에서 2의 거듭제곱수들이 매우 널리 쓰인다. 따라서 적어도 $2^0=1$, $2^1=2$, $2^2=4$, $2^3=8$, $2^4=16$, $2^5=32$, $2^6=64$, $2^7=128$, $2^8=256$, $2^9=512$, $2^{10}=1024$ 정도는 바로 떠오를 수 있도록 암기하는 것이 좋다.

그리고 $2^{10}=1024 \fallingdotseq 1000$과 지수법칙을 이용하면 더 큰 2의 거듭제곱수들도 대략이나마 빠르게 암산할 수 있다는 점도 함께 알아두면 편리하다. 예를 들어,

$$2^{14} = 2^{10} \cdot 2^4 \fallingdotseq 1000 \cdot 16 = 16{,}000$$
$$2^{20} = 2^{10} \cdot 2^{10} \fallingdotseq 1000 \cdot 1000 = 1{,}000{,}000$$

등으로 간편하게 어림잡을 수 있다.

2 정수

1 ⋮ 정수의 의의

음수의 본질, 정수의 기본 아이디어

겨울이 되어 날씨가 추워지면 텔레비전에서는 "오늘 최저기온은 영하 5℃ 정도가 되겠습니다"라는 식의 일기예보를 내보낸다. 그런데 여기의 **'영하'를 문자 그대로 풀이하면 '영**(零, zero)**의 아래**(下)**'란 말로 '영'이라는 기준점을 중심으로 아래쪽을 가리키는 말**이다. 그리고 '영하 5℃'를 다른 말로는 '마이너스(minus) 5℃'라고도 말하며 쓸 때는 '−5℃'로 쓴다. 이처럼 앞에 '−'를 붙여서 나타내는 수를 **음수**(陰數, negative number)라고 부르며, 반대로 지금껏 그냥 써왔던 보통의 수들은 **양수**(陽數, positive number)라고 부른다. 다만 어떤 수가 양수라는 사실을 분명히 나타내고자 할 때는 '플러스(+ plus)'기호를 덧붙여서 '+5'와 같이 쓰기도 한다.

여기서 특별히 주목할 점은 기본적으로 **"음수는 0을 중심으로 양수와 반대쪽에 있는 수"**를 가리킨다는 사실이다. 이것을 이토록 강조하는 이유는 이것이 음수의 개념을 올바로 파악하는 데에 핵심으로 작용하기 때문이다. 다시 말해서 **음수의 본질은 양수의 반대쪽이라는 '방향성'에 있다**는 뜻이다. 그리고 이 점은 잠시 후에 '0의 3대 의미'를 이야기하면서 다시 생각해보기로 한다.

이제 우리가 흔히 사용하는 온도계를 옆으로 눕혀놓았다고 생각해보자. 이때 영상은 오른쪽, 영하는 왼쪽이 되도록 놓는다. 그러면 온도계 위의 눈금이 아래 그림처럼 나타날 것이다.

$$-4 \quad -3 \quad -2 \quad -1 \quad 0 \quad 1 \quad 2 \quad 3 \quad 4$$

이처럼 **직선 위의 점에 수를 대응시킨 것을 수직선**(數直線, number line)이라 하고, 0으로 표시된 기준점을 **원점**(原點, origin)이라 부른다. 그리고 수직선을 따라 만들어지는 **{···, −3, −2, −1, 0, 1, 2, 3, ···}라는 수의 집합을 정수**(整數, integer)라고 부른다.

數直線과 垂直線(vertical line)**을 구별**해야 한다. 뒤의 수직선은 수면과 같이 평평하게 가로로 눕힌 수평선(水平線, horizontal line)에 직각으로 그은 선을 말한다. 數直線은 발음은 垂直線과 같지만 배치는 대개 水平線과 같게 한다.

0의 역사, 0의 3대 의미

위에서 보듯 **정수는 0이라는 기준점을 토대로 성립하는 개념**이다. 따라서 정수의 본질을 명확히 이해하려면 먼저 0의 개념을 명확히 이해해야 한다.

우리는 초등학교 때부터 0을 너무나 자연스럽게 배우므로 마치 자연수의 일부처럼 여긴다. 그러나 68쪽에서 본 것처럼 0은 자연수가 만들어진 이후 까마득한 세월이 지난 다음에야 탄생했다. 사료에 따르면 0이 가장 먼저 쓰인 곳은 고대 바빌로니아(Babilonia)인데, 거기서는 처음에 '빈칸'을 이용했다. 예를 들어 202는 '2 2'처럼 0을 쓰는 대신 1칸을 비웠고, 2002는 '2 2'처럼 2칸을 비워서 썼다. 그러나 이런 표기법은 빈칸의 개수가 많아질수록 혼란이 커진다. 그리하여 마침내 기원전 4세기 무렵 0

을 나타내는 독특한 기호를 고안해서 이 문제를 해결했다.

하지만 여기서 특기할 것은 **고대 바빌로니아에서 쓰인 0은 오직 자리수를 채우기 위한 수단이었을 뿐** "3－3 ＝ 0"에서와 같은 '없음'이란 뜻을 나타낸 것은 아니었다는 점이다. 그들은 이런 경우에 계산 자체를 하지 않았다. 당시 사람들의 입장에서는 계산을 한 결과 아무것도 남지 않는다면 표기할 필요도 없다는 게 당연한 생각이었던 것이다.

그렇다면 "3－3 ＝ 0"에서와 같은 '없음', 곧 **무**(無, nothing)의 뜻을 나타내는 0은 언제 나타났을까? 이런 뜻으로서의 0은 서기 7세기 무렵 인도에서 탄생했다. 인도는 잘 알다시피 힌두교나 불교를 통해 이미 무의 관념에 익숙해져 있었다. 그들에게 무는 단순한 없음이 아니라 우주를 탄생시키는 궁극적 원천으로 여겨졌다. 그러므로 무도 그들에게는 다른 존재들과 사실상 다를 게 없었으며, 결국 **'무로서의 영'과 이를 나타내는 '0'이라는 기호가 모두 7세기의 인도에서 완성**되었다.

이렇게 만들어진 0은 인도를 중심으로 동으로는 중국, 서로는 아라비아를 거쳐 유럽으로 퍼져 결국 전 세계로 전파되었다. 하지만 이처럼 자연수에 0이 더해진 뒤에도 음수는 한참 동안 제대로 받아들여지지 않았다. 음수를 사용한 최초의 흔적은 중국에서 보인다. 대략 기원전 2~3세기에 쓰인 것으로 보이는 『구장산술(九章算術)』은 중국 고대의 가장 유명한 수학책인데, 거기의 계산 과정에서 음수를 사용하는 대목이 나온다. 그러나 음수를 정식의 수로 인정하지는 않았다. 그리고 인도도 0을 만들 무렵 음수를 다룬 기록이 있기는 하지만 역시 정확한 개념 정립에는 이르지 못했다.

음수가 이처럼 제대로 확립되지 못한 데에는 무엇보다도 '무로서의 0'이란 개념이 가장 큰 장애가 되었다는 점을 지적하지 않을 수 없다. 예를 들어 18세기에 이르도록 유럽의 저명한 수학자들까지도 "음수는 '0보다 작은 수' 또는 '0에서 뭔가를 뺀 수'인데, 도대체 크기가 없는 0보다 더 작은 것은 무엇이며, 아무것도 없는 것에서 또 무엇을 뺄 수 있단 말인가?"라는 생각 때문에 선뜻 음수의 개념을 받아들이지 못했다. 그리고 이런 의문은 바로 오늘날 음수를 처음 배우는 중학생들이 음수의 개념을 어렵게 여기는 가장 큰 이유이기도 하다.

그렇다면 이를 해결할 길은 무엇일까? 이 난관을 타파하려면 이 난관을 만든 원인,

곧 0의 의미 자체에 새로운 해석을 덧붙여야 한다. 그리고 이 새로운 해석이 바로 **'기준점으로서의 0'**이다. 예를 들어 다시 기온을 생각해보자. 우리가 "현재 기온은 0℃이다"라고 말한다고 해서 공기에 '온도(溫度)'라는 것, 곧 '따뜻한 정도'라는 것이 전혀 없다는 뜻은 전혀 아니다. 분명 0℃의 공기는 −5℃의 공기보다 '온기(溫氣)', 곧 '따뜻한 기운'을 더 많이 갖고 있으며, 따라서 0℃라는 것은 온도를 나타내기 위한 어떤 기준점의 의미를 가질 뿐, '온도 없음'이란 뜻을 갖는 것은 아니다.

이처럼 0은 역사를 통하여 **'자리수로서의 0', '무로서의 0', '기준점으로서의 0'이라는 3대 의미**를 지니게 되었다. 그리고 **음수의 관념은 '기준점으로서의 0'을 토대로 확립**되었고, 결국 이로부터 **음수와 0과 자연수를 합친 정수의 집합**이 완성되었다.

예제

일상생활에서 양수와 음수의 관념을 짝지어 쓰거나 쓸 수 있는 예를 찾아보라.

풀이

양수와 음수의 관념을 직접 사용하는 것으로는 본문에서 예로 든 온도 외에 전지의 양극과 음극이란 말을 들 수 있다. 또한 정전기가 양전하와 음전하로 대전된다고 말하는 경우도 그 예이다. 그리고 비록 수량화하기는 곤란하지만 태극기의 중앙에 그려진 태극(太極) 문양은 동양사상에서 우주 생성의 근본 원리로 여기는 '음양의 조화'를 상징하는 것으로서 양수와 음수라는 관념의 철학적 원형이라고 말할 수 있다.

한편 양수와 음수의 관념을 간접적으로 사용하는 예는 아주 많다. 건물의 경우 지상과 지하로 나누어서 층수를 부르는 것, 산의 높이와 바다의 깊이를 말할 때 해수면을 기준으로 삼는 것, 가정에서 수입과 지출을 나누는 것, 상거래에서 이익과 손해를 나누는 것, 개인간에 빌려준 돈과 빌린 돈을 계산하는 것, 그리고 자석의 극을 N극과 S극으로 부르는 것 등이 우선 대략적으로 떠오르는 것들이다.

그리고 가장 흔히 쓰면서도 중요한 것으로는 동서남북이라는 방위(方

位)의 개념이 있다. 방위는 일정하게 정해져 있는 게 아니라 누구나 자신이 있는 바로 그곳을 원점으로 삼아 나누는 개념이다. 그래서 예를 들어 동쪽을 +방향으로 한다면 서쪽은 −방향이 되고, 마찬가지로 북쪽을 +방향으로 한다면 남쪽은 −방향이 된다. 나중에 여러 가지 도형이나 수식을 그래프(graph)로 나타내는 것을 배우는데, 이때 사용하는 좌표계(座標系, coordinate system)는 방위의 개념을 직접 응용한 것이라고 볼 수 있다.

방위 개념은 지도를 만드는 데에 중요하게 사용된다. 동경과 서경은 영국의 그리니치(Greenwich)를 통과하는 본초자오선(本初子午線, prime meridian), 곧 경도 0°의 자오선을 기준으로 나누고, 북위와 남위는 적도(赤道, equator), 곧 위도 0°를 기준으로 나눈다.

또한 '앞뒤'라는 방위 개념도 '+\−'에 관련시킬 수 있는데, 다시 이것과 관련하여 '전진'과 '후진'이란 말도 그렇다. 조금 뒤에 '정수의 사칙연산', 곧 양수와 음수를 섞어서 사칙연산을 하는 것을 배울 때 수직선을 따라 전진과 후진을 하는 관념이 중요하게 사용된다.

이 밖에도 '기준'을 토대로 생각할 수 있는 상황에서는 언제나 양수와 음수의 관념을 적용할 수 있다. 그리고 양수와 음수에 관한 수학은 바로 이와 같은 다양한 상황들을 체계적으로 다루기 위하여 만들어졌다.

2 ⋮ 정수의 크기

크기의 3대 의미

여기서는 다음에 배울 '정수의 사칙연산'의 준비 단계로 정수의 크기에 대해서 알아본다. 그런데 다른 자료들에는 없고 이 책에서 처음 제시하지만 **정수에는 세 가지의 크기가 있다는 점을 특히 유의해서 새겨두어야 한다**. 곧 정수의 크기에는 **'수량크기◇'**

와 **'방향크기◇'**와 **'거리크기◇'**가 있으며 다음에서 차례로 살펴본다.

수량크기

수량크기는 정수 가운데 0과 양수에 관련된 크기이다. 우리는 일상적으로 "저 사람은 덩치가 크다"라든지 "저기 사람이 많다"라는 말을 많이 쓴다. 그리고 여기서 보듯 엄밀히 따지자면 '많다', '적다'와 '크다', '작다'는 서로 약간 다른 개념이며, 한자로도 다소(多少)와 대소(大小)로 구별해서 사용한다. 그러나 수학에서 수치로 나타낼 때는 모두 0 이상의 양수로 나타내므로 수학적으로는 '많기', '적기', '크기', '작기'를 통틀어 '크기'라는 하나의 말로 부르는 것이 편하다. 그래서 이런 크기를 가리켜 **'수량크기◇'**라고 이름지었다.

그런데 여기서 주목할 것은 **수량크기에서 가장 작은 크기는 0이며, 그보다 작은 크기란 것은 있을 수 없다**는 점이다. 이때의 0은 '무'를 나타내기 때문이다. 예를 들어 그릇에 들어 있는 물의 부피가 100cc나 10cc라고 말하는 것, 그리고 빈 그릇의 경우에는 0cc라고 말하는 것에는 아무런 문제가 없다. 그러나 물의 부피가 −100cc라는 것은 있을 수 없는 일로서, 전혀 무의미한 말에 지나지 않는다. 다른 예로 밥을 지을 때마다 쌀통에서 조금씩 쌀을 퍼내는 경우를 보자. 이때 쌀이 다 떨어지면 쌀통은 텅 빈다. 이는 쌀의 양이 0인 경우이며, 이런 상태로부터는 "쌀을 퍼낸다"는 것이 불가능하다.

이처럼 수량크기는 우리가 일상적으로 사용하는 크기이며, 가장 기본적인 크기 관념이다. 이것은 0 이상의 수로만 나타낼 수 있으므로 음수까지 포함하는 정수를 생각할 때는 이와 다른 '새로운 크기 관념'을 만들어야 한다.

방향크기

이 크기를 설명하기 위한 좋은 예로는 역시 음수를 처음 소개할 때 들었던 온도가 제격이다. 거기서도 이미 말했지만 온도에서의 0℃라는 것은 '온기 없음'이란 상태를 뜻하는 게 아니며, −10℃나 −5℃보다 더 '높은' 온도이다. 그리고 '높낮이'도 '다소'와

'대소'의 경우처럼 수학에서 다룰 때는 어차피 수치로 표시되는 이상 '크기'라는 개념으로 포괄하는 게 편하다. 그런 다음 온도계를 영하가 왼쪽, 영상이 오른쪽이 되도록 눕혀서 만든 수직선에서 생각해보면 **정수는 수직선의 오른쪽으로 갈수록 커진**다고 말할 수 있고, 이것이 바로 **'방향크기◇'**이다. 곧 −5는 −10보다 오른쪽, 그리고 0은 −5보다 오른쪽에 있으므로, "$-10 < -5 < 0$"으로 쓸 수 있다.

여기서 특기할 것은 이렇게 정의한 정수집합에서의 방향크기는 본래 자연수집합에서의 수량크기가 수직선에서 보여주는 특성과도 일치한다는 점이다. 곧 앞의 수직선에서 자연수만 생각할 때도 오른쪽으로 진행할수록 수량크기는 커지며, 따라서 수량크기의 이런 특성을 정수집합에 확장해서 적용한 것이 바로 방향크기라고 이해할 수도 있다.

앞으로 우리는 자연수와 정수를 넘어 유리수와 무리수도 배울 예정이다. 그런데 이런 수들도 모두 수직선 위의 점들로 표시할 수 있으므로, 방향크기는 이 모든 수들의 크기를 이야기할 때 공통으로 적용할 수 있는 편리한 관념이다. 따라서 **이후 특별히 다른 언급이 없는 한 그냥 '크기'라고 말하면 '방향크기'를 뜻하는 것으로 이해**한다.

방향크기의 관념에 익숙해지기 위하여 잠시 다음 사항들을 짚어보고 넘어가기로 한다.

1 · 양수는 '숫자 자체'가 커지면 크기도 커진다. 수직선의 오른쪽으로 진행하기 때문이다. 예를 들어 +10은 +5보다 크다.
2 · 음수는 '숫자 자체'가 커지면 크기가 작아진다. 수직선의 왼쪽으로 진행하기 때문이다. 예를 들어 −10은 −5보다 작다.
3 · 0은 모든 음수보다 크다. 특히 이는 '수량크기에서의 0'이 '크기 없음'을 나타낸다는 점과 근본적으로 다른 점임을 다시금 새겨두기 바란다. '방향크기에서의 0'은 크기가 분명히 있으며, 오직 '기준점(원점)으로서의 0'을 뜻할 뿐이다.

거리크기

일상생활에서 방향(direction)의 관념도 중요하지만 때로는 방향과 상관없이 **거리**(distance)만 중요시하는 경우도 많다. 예를 들어 서울의 어떤 사람이 춘천과 강화도 중에서 가까운 곳으로 주말여행을 가려고 한다. 그러면 이 사람의 입장에서는 두 지점이 어느 방향에 있는지는 중요하지 않으며 단지 서울로부터의 거리만 따지면 된다. 수직선에서도 이와 비슷하게 '+\−'의 부호에 상관없이 **'기준점**(원점)**으로부터의 거리'**만 따지는 경우가 많이 있다. 수학에서는 이 값을 **절대값**(absolute value)이라고 부르는데, 이 관념이 나타내는 크기가 바로 **'거리크기**◇**'**이다. 절대값은 '| |'으로 나타내는 바, 예를 들어 "$|+10| = |-10| = 10$"과 같이 쓴다.

이처럼 거리는 절대값을 이용한 관념이므로 어떤 두 수 a와 b 사이의 거리를 d라고 하면 이는 아래처럼 정의된다.

$$\textbf{거리}(\text{distance}) : d = |a-b|$$

이와 같은 거리크기, 곧 절대값의 관념으로 방향크기에서 이야기했던 사항들을 고쳐 쓰면 다음과 같으며, 이를 통하여 절대값의 의미를 명확히 이해하도록 한다. 한편 아래의 여러 표현들을 익힐 때 "특별히 다른 언급이 없는 한 그냥 '크기'라고 말하면 '방향크기'를 뜻하는 것으로 이해한다"는 점을 다시금 되새기기 바란다.

1 · 양수는 '숫자 자체'가 커지면 크기도 커진다. → 양수는 절대값이 커지면 크기도 커진다. → 양수는 절대값이 클수록 크다. 예를 들어 +10의 절대값은 10이며 절대값이 5인 +5보다 크다.

2 · 음수는 '숫자 자체'가 커지면 크기가 작아진다. → 음수는 절대값이 커지면 크기가 작아진다. → 음수는 절대값이 클수록 작다. 예를 들어 −10의 절대값은 10이지만 절대값이 5인 −5보다 작다.

3 · 0의 절대값은 0으로서, 다른 어떤 수의 절대값보다 작다. → 0을 절대값으로 이야기하면 '수량크기에서의 0', 곧 '무로서의 0'이 된다.

3 ⋮ 정수의 사칙연산

44쪽에서 '연산'의 의의를 설명하면서 **"수학적 대상이 달라지면 다루는 법도 달라지므로 연산도 달라진다"**라고 말했다. 이제 우리는 자연수집합을 포함하는 정수집합을 다루게 되었으므로 자연수에서의 사칙연산도 새 대상에 맞도록 새롭게 가다듬어야 한다. 여기에는 앞서 설명한 '크기'의 개념이 중요하게 사용되는데, **전반적인 배경은 좀 깊지만 결론은 매우 단순해서 차분히 나아가면 쉽게 정복할 수 있으므로 중간에 조금 지루하더라도 잘 극복하기 바란다**. 다만 이를 위해서는 아직 **두 가지의 사전 준비**를 더 거쳐야 하며, 그것은 **'+\−의 2대 의미'**와 **'기호결합의 규약'**에 대한 이해이다.

+\−의 2대 의미

양수와 음수를 이야기하면서 양수는(굳이 양수임을 밝히고자 한다면) +, 음수는 −를 숫자 앞에 덧붙여서 나타낸다고 말했다. 그런데 이런 뜻으로서의 +\−는 이른바 '덧셈\뺄셈'이라는 연산을 나타내는 뜻으로서의 +\−와 다르다는 점을 분명히 인식해야 한다. 이 두 가지에 내포된 의미가 바로 **'+\−의 2대 의미'**이며, 이 기호를 연산기호로 쓸 때는 **'연산용법◇'**, 그리고 '양\음'을 나타낼 때는 **'부호용법◇'**이라고 부르기로 한다.

그렇다면 똑같은 기호에 대한 이 두 가지 용법을 구체적으로 어떻게 구별할 수 있을까? 여기에는 아래와 같은 아주 단순한 방법이 있고 이해하기도 쉽다.

먼저 **연산용법의 경우** '5+3' 또는 '5−3'과 같이 **이 기호의 앞뒤에 2개의 대상이 반드시 있어야 한다.** 덧셈과 뺄셈은 '어떤 것에 다른 어떤 것을 더하는 것'과 '어떤 것에서 다른 어떤 것을 빼는 것'을 가리키므로 연산용법에서는 당연히 2개의 대상이 필요하다.

반면 **부호용법의 경우** '+5'나 '−3'와 같이 **이 기호의 뒤에 하나의 대상만 있으면 된다**. 이것은 어떤 하나의 수가 양수인지 음수인지 표시하는 데 쓰일 뿐이므로 당연히 하나의 대상만 필요하다. '부호'의 한자는 符號로서 '붙여서 쓰는 기호'란 뜻을 가진 단어라는 점을 생각하면 이 용법은 덧붙여 쓸 하나의 대상만 필요로 한다는 점이 자연스럽게 이해된다.

앞서 우리는 **'0의 3대 의미'**와 **'크기의 3대 의미'**를 배웠다. 따라서 만일 +\−에도 세 가지의 의미가 있어서 **'+\−의 3대 의미'**라고 부른다면 전체적으로 **"세 가지 모두 3대 의미를 가진다"**라고 간명하게 새길 수 있어서 좋을 것이다. 실제로 +\−에는 이 밖에 한 가지의 의미가 더 있고 이를 **'방향용법◇'**이라고 부른다. 다만 이 용법은 대학 과정에서 배우는 '열역학'이라는 분야에서 나오므로 여기서는 포함시키지 않았다. 참고로 '0'과 '크기'와 '+\−'의 3대 의미에 대한 내용은 다른 자료들에는 없고 이 책에서 독창적으로 제시하는 것으로서, 정수 사칙연산의 논리적인 근본 배경임을 밝혀 둔다.

기호결합의 규약과 정수의 덧셈, 뺄셈

정수의 덧셈과 뺄셈은 자연수의 경우를 분석해서 그대로 적용하면 된다. 예를 들어 "5+3 = 8"이란 자연수의 덧셈을 보자. 이는 수직선의 5에서 양의 방향(오른쪽)으로 3을 전진해서 도착하는 곳의 값을 읽는 것으로 풀이할 수 있다. 반대로 "5−3 = 2"라는 뺄셈은 수직선의 5에서 음의 방향(왼쪽)으로 3만큼 후진해서 도착하는 곳의 값을 읽는 것으로 풀이된다. 곧 **덧셈의 본질은 수직선에서의 전진이며 뺄셈의 본질은 후진**이다. 여기서 덧셈이든 뺄셈이든 **앞수는 출발점** 그리고 **뒷수는 이동거리**를 나타낸다.

한편 자연수의 덧셈, 뺄셈에서는 오직 '양수+ 양수' 또는 '양수− 양수'만 다룬다. 그런데 정수에서는 음수가 추가되므로 덧셈에서는 '①양수+ 양수', '②양수+ 음수', '③음수+ 양수', '④음수+ 음수'의 네 가지, 뺄셈에서는 '⑤양수− 양수', '⑥양수− 음수', '⑦음수− 양수', '⑧음수− 음수'의 네 가지 경우 등 통틀어서 여덟 가지 경우를 다루어야 한다. 이 경우들을 다룰 때 다음과 같은 **'기호결합의 규약◇'**이 사용되는데, 이해의 편의상 결론부터 소개하고 내용의 설명은 이어서 한다('규약'이란 용어는 24쪽의 '수식표기의 규약'에서 이야기한 적이 있으므로 그곳과 비교하면서 잘 새겨두도록 한다).

㉮ $+(+) = +$: '연산용법 $+$'와 '부호용법 $+$'가 결합되면 절대값에 대한 '연산용법 $+$'로 한다 → **양수 덧셈은 절대값 덧셈**.

㉯ $-(+) = -$: '연산용법 $-$'와 '부호용법 $+$'가 결합되면 절대값에 대한 '연산용법 $-$'로 한다 → **양수 뺄셈은 절대값 뺄셈**.

㉰ $+(-) = -$: '연산용법 $+$'와 '부호용법 $-$'가 결합되면 절대값에 대한 '연산용법 $-$'로 한다 → **음수 덧셈은 절대값 뺄셈**.

㉱ $-(-) = +$: '연산용법 $-$'와 '부호용법 $-$'가 결합되면 절대값에 대한 '연산용법 $+$'로 한다 → **음수 뺄셈은 절대값 덧셈**.

그런데 이 가운데 ①③⑤⑦은 자연수의 경우를 유추해보면 쉽게 해결된다.

①의 예 : $(+5)+(+3) = 5+3 = 8$: 이것은 초등학교 때부터 익혔던 자연수끼리의 덧셈과 같다. 이 식으로부터 우리는 **'양수+양수'의 계산은 앞수에서 출발하여 뒷수만큼 전진하면 된다**는 것을 알 수 있다. 그런데 여기 ('+'5)와 ('+'3)의 +는 '부호용법 +'이고, (+5)와 (+3) 사이의 +, 곧 (+5)'+'(+3)의 +는 덧셈을 나타내는 '연산용법 +'이다. 그리고 "(+5)+(+3)"의 괄호를 없애고 "5+3"으로 쓰면서 가운데에 연속으로 나오는 '2개의 +'를 '하나의 +'로 고쳤음을 알 수 있다.

$$(+5)+(+3) \rightarrow 5+3$$

그런데 "5+3"의 +는 두 수 사이의 +이므로 '연산용법 +'이다. 곧 **기호규약 ㉮는 이로부터 유래**했다.

③의 예 : $(-5)+(+3) = -5+3 = -2$: 이것은 초등학교 때는 배우지 못한 계산이다. 그러나 ①의 방법을 적용하면 자연스럽게 해결된다. 곧 -5에서 출발하여 3만큼 전진하면 되며, 따라서 답은 -2이다.

⑤의 예 : $(+5)-(+3) = 5-3 = 2$: 이것은 초등학교 때부터 익혔던 자연수

끼리의 뺄셈과 같다. 이 식으로부터 우리는 **'양수－양수'의 계산은 앞수에서 출발하여 뒷수만큼 후진하면 된다**는 것을 알 수 있다. 그런데 여기 ('＋'5)와 ('＋'3)의 ＋는 '부호용법 ＋'이고, (＋5)'－'(＋3)의 －는 뺄셈을 나타내는 '연산용법 －'이다. 그리고 "(＋5)－(＋3)"의 괄호를 없애고 5－3으로 쓰면서 가운데에 연속으로 나오는 '－와 ＋'를 '하나의 －'로 고쳤음을 알 수 있다.

$$(+5)-(+3) \quad \rightarrow \quad 5-3$$

그런데 "5－3"의 －는 두 수 사이의 －이므로 '연산용법 －'이다. 곧 **기호규약 ㉯는 이로부터 유래**했다.

⑦의 예 : $(-5)-(+3) = -5-3 = -8$: 이것은 초등학교 때는 배우지 못한 계산이다. 그러나 ⑤의 방법을 적용하면 자연스럽게 해결된다. 곧 －5에서 출발하여 3만큼 후진하면 되며, 따라서 답은 －8이다.

다음으로 ②④⑥⑧의 경우를 살펴보자.

②의 예 : $(+5)+(-3) = ?$: 이것을 말로 나타내면 "5에서 출발하여 (－3)만큼 전진하라"는 뜻이다. 그런데 이는 앞의 ①③처럼 초등학교 때부터 익혔던 계산도 아니고, ⑤⑦처럼 ①③의 방법에 따라 자연스럽게 해결될 성질의 것도 아니다. 따라서 다른 해결책을 찾아야 하는데 **여기에서 자연수의 덧셈에 대한 교환법칙이 중요한 역할을 한다**. 지금껏 보았듯 정수는 자연수를 확장한 집합이다. 따라서 특별한 이유가 없는 한 자연수에서 성립했던 교환법칙 $a+b = b+a$가 정수에서도 그대로 성립되도록 하는 것이 바람직하다. 그렇다면 $(+5)+(-3) = (-3)+(+5)$가 되어야 하는데, $(-3)+(+5)$는 ③에 따르면 －3을 출발점으로 5만큼 전진하면 된다. 그 답은 2이므로 원래 문제는 $(+5)+(-3) = 5-3 = 2$로 풀이하는 게 타당하다. 곧 **'양수＋음수'의 계산은 '양수－양수'처럼 계산**하면 되며, **기호규약 ㉰는 이로부터 유래**했다.

④의 예 : $(-5)+(-3)=-5-3=-8$: 이것을 말로 나타내면 "5에서 출발하여 (−3)만큼 전진하라"는 뜻인데, ②와 비교할 때 출발점만 다를 뿐 다른 내용은 같다. 따라서 ②의 방법을 그대로 적용하면 된다.

⑥의 예 : $(+5)-(-3)=?$: 이것을 말로 나타내면 "5에서 출발하여 (−3)만큼 후진하라"는 뜻이다. 그리고 여기서의 문제는 '연산용법 −'와 '부호용법 −'를 결합할 때는 '연산용법의 무엇'으로 할 것인가 하는 점이다. 이 경우에는 교환법칙도 이용할 수 없다. 자연수의 교환법칙은 뺄셈에서는 성립하지 않기 때문이다. 따라서 이 경우는 또 다른 해결책을 찾아야 하는데, 이를 위해서는 **자연수의 뺄셈이 큰 수와 작은 수의 '차**(差, difference)**'를 구한다는 점에 주목**하면 된다. 예를 들어 "$5-1=4$"는 5와 1의 차가 4임을 보여주며, "$4-0=4$"는 4와 0의 차가 4임을 보여준다. 그렇다면 $(+3)-(-1)$은 $+3$과 -1의 차를 나타내는 식이어야 하고 답은 4여야 한다. 다시 말해서 $(+3)-(-1)=3+1=4$, 곧 **'양수−음수'의 계산은 '양수+양수'처럼 계산**하면 되며, **기호규약 ㉣는 이로부터 유래**했다. 따라서 $(+5)-(-3)=5+3=8$이다.

⑧의 예 : $(-5)-(-3)=-5+3=-2$: 이것은 -5와 -3의 차를 구하라는 뜻이며, 출발점만 -5일 뿐 다른 내용은 ⑥과 같다. 따라서 ⑥의 방법을 그대로 적용하면 된다. 한편 자연수의 경우에는 큰 수에서 작은 수를 빼는 것만 가능했지만, **정수에서는 새로운 연산규약에 힘입어 여기의 예처럼 작은 수에서 큰 수를 빼는 것도 자유롭게 할 수 있다**.

참고 1 기호결합규약을 직관적으로 이해하는 좋은 방법은 '긍정(肯定)'을 +, '부정(否定)'을 '−'로 해서 대입하는 것이다. 그러면 ㉮는 "긍정의 긍정은 긍정", ㉯는 "부정의 긍정은 부정", ㉰는 "긍정의 부정은 부정", ㉣는 "부정의 부정은 긍정"이라고 옮겨진다. 이 가운데 ㉣는 흔히 "이중부정(二重否定)은 긍정"이라고 표현되기도 한다.

참고 2 '차(差)'와 '차이(差異)'는 일상적으로는 비슷한 말이지만 **수학용어로는 '차'만 사용**한다는 점에 유의해야 한다. 그리고 앞 본문의 취지에 따라 어떤 두 수 a와 b의 차를 d라고 하면

차(差, difference) : $D = a-b$

의 식으로 주어진다. 한편 이것을 103쪽에 나오는 거리의 식과 비교하면

거리(distance) : $d = |a-b| = |D|$

임을 알 수 있다. 곧 **"거리는 차의 절대값"**이라고 새기면 편하다.

지금껏 정수의 덧셈, 뺄셈에서 나올 수 있는 여덟 가지 경우를 모두 검토했다. 그런데 여기서는 그 논리적 배경을 정확히 설명하느라 좀 장황하게 되었지만 **실제로 익히는 것은 아주 쉽다**. 곧 몇 개의 문제만 풀어보면 금세 요령이 숙달되어 쉽고도 빠르게 계산할 수 있다.

예제

다음을 계산하라.

① $(+12)+(+45)$　② $(+12)+(-45)$

③ $(-12)+(+45)$　④ $(-12)+(-45)$

⑤ $(+12)-(+45)$　⑥ $(+12)-(-45)$

⑦ $(-12)-(+45)$　⑧ $(-12)-(-45)$

풀이 기호결합규약으로 괄호를 풀고, 앞수를 출발점으로 삼아, 덧셈은 뒷수만큼 전진하고 뺄셈은 후진해서 계산한다.

① $12+45 = 57$　② $12-45 = -33$

③ $-12+45 = 33$　④ $-12-45 = -57$

⑤ $12-45 = -33$　⑥ $12+45 = 57$

⑦ $-12-45 = -57$　⑧ $-12+45 = 33$

예제

지표면에서 가장 높은 곳은 히말라야산맥(Himalaya Mountains)의 에베레스트산(Mount Everest)으로 높이가 8848m이고 가장 깊은 곳은 마리아나해구(Mariana Trench 海溝)의 챌린저해연(Challenger Deep 海淵)으로 깊이가 10924m이다. 그 차를 구하라.

풀이 보통 해면을 기준으로 위는 $+$, 아래는 $-$로 쓴다. 한편 수학적으로 차는 양수 또는 음수가 될 수 있지만, 일상적으로는 대개 양수로 말하므로 해발의 높이에서 해저의 깊이를 빼면 다음과 같이 계산된다.

$$(+8848)-(-10924) = 8848+10924 = 19772 \text{ (m)}$$

참고 에베레스트산의 높이와 챌린저해연의 깊이에 대한 정확한 수치는 관측자료에 따라 조금씩 다르며, 바다의 깊이는 측정하기가 어려워서 오차가 더 크다. 위에 쓴 수치는 현재 가장 정확한 자료로 인정되는 값을 취한 것이다. 한편 가장 깊은 곳을 챌린저해연 이외의 다른 곳으로 소개한 자료도 있으나 이는 오류로 보인다.

예제

다음을 계산하라.

① $(+4)-(+17)+(-23)-(-15)+(+12)-(+11)$

② $(-27)+12-34+(-23)+36-(-44)$

풀이 앞의 본문에서는 정수의 덧셈, 뺄셈을 기본 원리에 입각해서 설명하느라 좀 복잡한 과정을 거쳤다. 물론 이런 과정은 논리적으로 확실히 이해하는 데에는 가치가 크다. 하지만 **실용적으로는 절대값의 개념을 사용하는 것이 좀 더 간편하며, 이에 따르면 정수의 덧셈, 뺄셈**

은 다음과 같이 간단히 요약된다. 곧 양수와 음수가 아무리 많이 섞여 있더라도 다음의 순서로 하면 된다.

첫째, 기호결합규약을 이용해서 괄호를 모두 없앤다. 이는 연산용법과 부호용법을 합쳐서 모두 연산용법으로만 표시하는 절차이다.

둘째, 더할 것들은 절대값을 모두 더해서 $+$부호를 붙이고, 뺄 것들은 절대값을 모두 더해서 $-$부호를 붙인다. 어차피 더할 것들은 모두 전진만 하고, 뺄 것들은 모두 후진만 하기 때문이다.

셋째, 이 두 가지 절대값의 차에 절대값이 큰 것의 부호를 붙인다.

① $4-17-23+15+12-11$
$= (4+15+12)-(17+23+11)$
$= 31-51 = -20$

② $-27+12-34-23+36+44$
$= -(27+34+23)+(12+36+44)$
$= -84+92 = 8$

곱셈의 부호규약과 정수의 곱셈, 나눗셈

정수의 곱셈에는 '①양수×양수', '②양수×음수'. '③음수×양수', '④음수×음수'의 네 경우가 있으며, 다음에서 차례로 검토한다.

①의 예 : $(+5)\times(+3) = 5\times3 = 15$: 이것은 초등학교 때부터 잘 알고 있는 계산이다. 곧 **"양수×양수 = 양수"**이다.

②의 예 : $(+5)\times(-3) = ?$: 이것은 처음 나오는 계산이므로 해결책을 생각해

봐야 하는데, 자연수에서 분배법칙이 성립한다는 사실을 이용하면 된다. 곧 정수는 자연수를 확장한 집합이므로 기왕이면 자연수에서 성립했던 법칙이 정수에서도 그대로 성립하도록 하는 게 바람직하다. 이를 위해 이미 배운 정수의 덧셈을 이용하여 "$0 = (+3)+(-3)$"으로 풀어쓰고 분배법칙을 적용한다.

$$(+5)\times 0 = 0$$
$$(+5)\times\{(+3)+(-3)\} = (+5)\times(+3)+(+5)\times(-3)$$

여기서 앞의 $(+5)\times(+3)$은 ①에서 15로 계산되었다. 그러므로 뒤의 $(+5)\times(-3)$은 당연히 -15가 되어야 한다. 이로부터 **"양수×음수 = 음수"**임을 알 수 있다.

③의 예 : $(-3)\times(+5) = ?$: 여기의 예는 ②의 예에 쓰인 두 수의 위치만 바꾼 것이다. 따라서 교환법칙을 적용하면 된다. 곧 자연수에서 $ab = ba$라는 곱셈의 교환법칙이 성립하므로 정수에서도 성립하도록 하는 것이 바람직하다. 그러므로 **"음수×양수 = 음수"**임을 알 수 있다.

④의 예 : $(-5)\times(-3) = ?$: 이것도 ②처럼 "$0 = (+3)+(-3)$"으로 풀어쓰고 분배법칙을 적용한다.

$$(-5)\times 0 = 0$$
$$(-5)\times\{(+3)+(-3)\} = (-5)\times(+3)+(-5)\times(-3)$$

여기서 앞의 $(-5)\times(+3)$은 ③의 방법을 적용하면 -15로 계산된다. 그러므로 뒤의 $(-5)\times(-3)$은 당연히 $+15$가 되어야 한다. 이로부터 **"음수×음수 = 양수"**임을 알 수 있다.

이상의 ①~④를 요약하면 다음과 같으며, 이를 일컬어 **'곱셈의 부호규약**◇**'**이라고 부를 수 있다.

㉮ $+\cdot+ = +$ ㉯ $+\cdot- = -$

㉰ $- \cdot + = -$ ㉱ $- \cdot - = +$

그리고 이것은 105쪽에 쓴 '기호결합의 규약'과 겉모습은 비슷하다. 이처럼 **'기호결합의 규약'과 '곱셈의 부호규약'은 내용과 유래는 다르지만 형태는 비슷하다**는 점에서 우리의 이해와 암기에 다행이라고 말할 수 있다(기호결합규약에는 연산기호와 부호가 섞여 있지만, 곱셈부호규약에는 부호만 나온다는 점을 특기할 것).

한편 정수의 **나눗셈은 곱셈의 역산**(逆算)으로 풀이하면 된다(역산은 역연산의 준말이고 영어로는 inverse operation이라고 한다). 24쪽에 쓴 **'수식표기의 규약' 가운데 "나눗셈은 분수로 쓴다"는 규약도 이로부터 나온 것**이다. 예를 들어 10을 5로 나눈다고 할 경우를 보자.

$$10 \div 5 = 10 \times \frac{1}{5} = \frac{10}{5} = 2$$

여기서 10을 5로 나누는 것은 10에 1/5를 곱하는 것과 같음을 알 수 있다. 그런데 한 가지 더 주목할 것은 여기의 5와 1/5을 곱하면 1이 된다는 점이다. 이처럼 **곱해서 1이 되는 두 수를 서로의 역수**(逆數, inverse)라고 부른다. 그리고 이를 이용해서 말하면 **나눗셈은 역수를 곱하는 곱셈**이고, 이런 뜻에서 나눗셈은 곱셈의 역산이라고 말한다. 따라서 나눗셈에 대한 부호규약은 따로 만들 필요가 없다.

예제

다음을 계산하라.

① $(-24) \div (+4)$ ② $(-24) \div (-4)$

풀이 나눗셈은 곱셈의 역산, 곧 나누는 수의 역수를 곱하는 계산으로 풀이한다.

① 4의 역수는 $\frac{1}{4}$이다. 그러므로 이 문제는 다음과 같이 계산하면 된다.

$$(-24)\div(+4) = -\left(24\cdot\frac{1}{4}\right) = -6$$

② -4의 역수는 $-\frac{1}{4}$이다. $(-4)\times\left(-\frac{1}{4}\right)=1$이기 때문이다. 그러므로 이 문제는 다음과 같이 계산하면 된다.

$$(-24)\div(-4) = (-24)\times\left(-\frac{1}{4}\right) = 6$$

참고 나눗셈의 부호규약은 곱셈의 부호규약과 같다는 점을 이용하면 $-\frac{1}{4}$은 다음과 같이 여러 가지로 쓸 수 있다는 점을 특기하기 바란다.

$$-\frac{1}{4} = (-1)\div 4 = \frac{-1}{4} = 1\div(-4) = \frac{1}{-4}$$

곱셈과 나눗셈이 여러 번 들어 있는 문제는 절대값을 이용해서 곱셈과 나눗셈을 한 후, **$-$부호 수가 짝수이면 결과의 부호를** $+$로 하고, **$-$부호 수가 홀수이면 결과의 부호**를 $-$로 하면 된다.

예제

다음을 계산하라.

① $(-24)\div(-4)\times 7\div(-21)\div 3\div 33\times 63\times 16$

② $\left(-\frac{2}{3}\right)^3\div\left(-\frac{5}{4}\right)^4\times(-7)\div 5$

풀이 $-$부호를 미리 헤아려 최종 답의 부호를 결정하고 시작한다.

① $-$부호가 모두 3개이므로 최종 답의 부호는 $-$임을 새겨둔다.

$$\begin{aligned}&(-24)\div(-4)\times 7\div(-21)\div 3\div 33\times 63\times 16\\&=(-24)\times\left(-\frac{1}{4}\right)\times 7\times\left(-\frac{1}{21}\right)\times\frac{1}{3}\times\frac{1}{33}\times 63\times 16\\&=-\frac{24\cdot 7\cdot 63\cdot 16}{4\cdot 21\cdot 3\cdot 33} = -\frac{224}{11}\end{aligned}$$

② 거듭제곱을 고려하면 −부호가 모두 8개이므로 최종 답의 부호는 +임을 미리 새겨둔다.

$$\left(-\frac{2}{3}\right)^3 \div \left(-\frac{5}{4}\right)^4 \times (-7) \div 5$$

$$= \frac{2\cdot2\cdot2\cdot4\cdot4\cdot4\cdot4\cdot7}{3\cdot3\cdot3\cdot5\cdot5\cdot5\cdot5\cdot5} = \frac{2^3\cdot4^4\cdot7}{3^3\cdot5^5}$$

$$= \frac{2^3\cdot2^8\cdot7}{3^3\cdot5^5} = \frac{2^{11}\cdot7}{3^3\cdot5^5} = \frac{14336}{84375}$$

계산순서의 규약과 혼합계산

이제껏 배운 사칙연산의 관련 규약과 아래와 같은 **'계산순서의 규약'**을 이용하면 정수의 덧셈, 뺄셈, 곱셈, 나눗셈, 거듭제곱, 괄호 등이 혼합된 계산도 쉽게 처리할 수 있다. 단 이때 구체적 계산 과정에서 실수가 나오지 않도록 유의해야 한다.

1 · 거듭제곱

2 · 괄호 : 소괄호 → 중괄호 → 대괄호의 순

3 · 곱셈, 나눗셈

4 · 덧셈, 뺄셈

예제

다음을 계산하라.

① $5-\left[\left\{(-3)^3-(6+3)\div\frac{3}{4}\right\}+7\right]$

② $10-3\times\left[5-\left\{\left(-\frac{3}{4}\right)^3-\left(\frac{7}{3}-\frac{5}{6}\right)\right\}\right]-(-3)^2$

풀이 혼합계산에서는 최종 답의 부호를 미리 결정하기가 곤란하다. 따라서 계산순서의 규약에 따라 일단 계산을 진행하고, 도중에 가장 편리한 곳에서 부호를 결정한다.

① $5-\left[\left\{(-3)^3-(6+3)\div\frac{3}{4}\right\}+7\right]$

$=5-\left[\left\{-27-9\cdot\frac{4}{3}\right\}+7\right]=5-[-27-12+7]$

$=5+27+12-7=37$

② $10-3\times\left[5-\left\{\left(-\frac{3}{4}\right)^3-\left(\frac{7}{3}-\frac{5}{6}\right)\right\}\right]-(-3)^2$

$=10-3\times\left[5-\left\{\left(-\frac{27}{64}\right)-\frac{3}{2}\right\}\right]-9$

$=1-3\times\left[\frac{320}{64}-\left\{\frac{-27-96}{64}\right\}\right]$

$=1-3\cdot\frac{443}{64}=-\frac{1265}{64}$

계산규약의 확장

지금까지 음수와 관련된 사칙연산을 정수 집합에 한정해서 설명했다. 그러나 **기호결합규약, 곱셈부호규약◇, 계산순서규약◇ 등은 앞으로 배울 유리수와 무리수에도 그대로 적용된다**. 그러므로 앞으로 유리수와 무리수를 배울 때 이에 대한 설명은 따로 하지 않고 그대로 사용하기로 한다.

3 유리수

1 ⋮ 유리수의 의의

유리수(有理數, rational number)는 **분모가 0이 아닌 정수 분수로 나타낼 수** 있는 수를 말한다. 이 정의로부터 알 수 있듯이 유리수는 대상들을 일정하게 나눌 필요에 따라 만들어졌다. 그런데 예를 들어 피자(pizza) 한 판을 8조각으로 나눈 경우 한 조각은 한 판의 $\frac{1}{8}$이고, 이를 달리 말하면 "한 조각 : 한 판 = 1 : 8"이란 데서 보는 것처럼 **'분수'와 '비율(또는 줄여서 비)'은 사실상 같은 뜻**을 나타낸다.

분수에서 분모가 0인 것은 수로 생각하지 않는다. 반면 분자는 0이어도 아무 문제가 없다. 이에 대해서는 나중에 209쪽에서 정확히 배우므로 우선은 이대로 새겨두도록 한다.

유리수의 영어 rational number에서 **'rational'의 어간**(語幹)**인 'ratio'가 바로 비율이란 뜻**이다. 따라서 여기에 '-al'이라는 형용사형 어미(語尾)를 붙이면 '비율의, 비율을 나타내는'이란 뜻을 나타낸다. 그러므로 엄밀히 말하자면 '유리수'는 '비율수'라고 부르는 편이 본래의 뜻에 더 충실하며, 이렇게 이해할 때 유리수의 정의는 자연스럽게 새겨진다. 한편 'rational'에는 이와 달리 '이성적인, 합리적인'이란 뜻이 있는데, 따지고 보면 이것들도 비, 비율이란 뜻에서 파생되어 나온 2차적 의미들이다. 그러므로 유리수라는 말은 본연의 뜻이 아닌 2차적 의미를 따라 지은 이름으로 여겨진다.

나중에 배우는 **무리수**(無理數, irrational number)는 유리수가 아닌 수를 말하므로 **분수나 비율로 나타낼 수 없는 수**를 가리킨다. 따라서 무리수 또한 본래의 뜻에 충실한 용어는 아니다. 사실 유리수나 무리수는 무생물적 대상이므로 거기에 이성적이니 합리적이니 하는 특성을 결부시킨다는 것이야말로 비합리적인 일이라고 말할 수 있다.

이런 배경에 따라 어떤 사람은 유리수, 무리수라는 용어 대신 유비수(有比數), 무비수(無比數)로 고쳐 부르자고 주장하기도 한다. 그러나 이미 아주 오랫동안 써왔으므로 이제 와서 다른 이름으로 고쳐 부른다는 것 또한 비합리적인 일이다. 그러므로 용어는 그냥 '유리수', '무리수'를 사용하되 본래 개념은 '비, 비율'을 토대로 나뉘는 것이라고 이해하도록 한다.

2 ⋮ 유리수의 소수 표현

유한소수와 무한소수

유리수는 분모가 0이 아닌 정수 분수이므로 두 정수의 나눗셈을 통해 **소수**로 고쳐 쓸 수 있다. 여기의 소수(小數, decimal)는 **1보다 작은 부분을 소수점 아래의 숫자로 나열해서 쓴 수**로서, 소수(素數, prime number)와는 구별해야 한다. 그런데 나눗셈에는 나머지 없이 나누어 떨어지는 경우와 나누어 떨어지지 않는 경우가 있다. 따라서 **소수는 소수점 아래에 0이 아닌 숫자가 유한개인 유한소수**(finite decimal)와 **무한개인 무한소수**(infinite decimal)의 두 가지로 나뉜다.

소수(小數)를 한자 그대로 풀이하면 '작은 수'란 뜻이지만 이런 뜻에 미혹되어서는 안 된다. 예를 들어 1000.33…은 반드시 '작은 수'라고 볼 수 없지만 소수에 속한다. **소수는 소수점 윗자리에 어떤 값이 있든 1보다 작은 부분을 분수가 아니라 소수점 이하에 숫자로 표시한 수**를 뜻한다. 그러므로 0.001이나 999.1234 등은 소수이지만, $\frac{1}{1000}$이나 $999\frac{1234}{10000}$ 등은 분수이다. 곧 (무리수를 제외한) **소수와 분수는 내용상으로는 같되 형식상으로만 다른 개념**이라고 보면 된다.

한편 **소수(小數)를 영어로는 decimal 또는 decimal fraction**이라고 하며, **분수(分數)는 fraction 또는 common fraction**이라고 부른다. **小數는 또한 少數와도 구별**해야 한다. "오늘 집회에는 소수의 사람들이 모였다"에서의 소수는 少數로서, '적은 수'란 뜻이다.

어떤 유리수, 곧 분수로 나타낼 수 있는 수가 유한소수일지 무한소수일지 구분하는 것은 의외로 쉽다. 예를 들어 0.3이나 0.49나 0.347과 같은 유한소수가 있다고 하자. 그러면 이것들은 모두 $\frac{3}{10}$, $\frac{49}{100}$, $\frac{347}{1000}$과 같이 분모가 10의 거듭제곱인 분수로 나타낼 수 있다. 그런데 10의 거듭제곱인 수들은

$$10 = 2 \cdot 5,\ 100 = 2^2 \cdot 5^2,\ 1000 = 2^3 \cdot 5^3, \cdots$$

에서 보는 것처럼 소인수분해를 했을 때 2와 5만의 거듭제곱으로 표현된다. 이로부터 우리는 어떤 분수를 **더 이상 약분되지 않는 분수**인 **기약분수**(旣約分數, irreducible fraction)로 고친 다음, **기약분수의 분모를 소인수분해했을 때 소인수의 종류가 2와 5뿐이면 유한소수**, 그 밖의 **다른 소인수가 포함되어 있으면 무한소수**가 됨을 알 수 있다.

"유한소수는 기약분수의 분모를 소인수분해했을 때 소인수의 종류가 2와 5일 때만 나온다"는 사실에 대한 정확한 증명은 중학 수준에서도 충분히 이해할 수 있지만 약간 번잡하다. 따라서 여기서는 그냥 인정하면서 넘어가기로 한다.

예제

다음에서 유한소수가 되는 것을 모두 골라라.

① $\frac{13}{60}$ ② $\frac{23}{56}$ ③ $\frac{54}{900}$ ④ $\frac{8}{30}$ ⑤ $\frac{162}{300}$

풀이 기약분수로 고친 후, 분모를 소인수분해해서 2와 5만 포함된 것을 고른다. 아래의 결과에 따르면 답은 ③과 ⑤이다.

① $\frac{13}{2^2 \cdot 3 \cdot 5}$: 분모의 소인수분해에 3이 있으므로 무한소수.

② $\frac{23}{2^3 \cdot 7}$: 분모의 소인수분해에 7이 있으므로 무한소수.

③ $\frac{54}{900} = \frac{2 \cdot 3^3}{2^2 \cdot 3^2 \cdot 5^2} = \frac{3}{2 \cdot 5^2}$: 유한소수.

④ $\frac{2^3}{2 \cdot 3 \cdot 5}$: 분모의 소인수분해에 3이 있으므로 무한소수.

⑤ $\frac{162}{300} = \frac{2 \cdot 3^4}{2^2 \cdot 3 \cdot 5^2} = \frac{3^3}{2 \cdot 5^2}$: 유한소수.

순환소수와 유리수

앞에서 보았듯 **유한소수는 10의 거듭제곱으로 나누면 언제나 분수로 표현된다**. 따라서 "유리수는 분모가 0이 아닌 정수 분수"라는 정의에 부합하므로 유리수임에 틀림없다. 그런데 예를 들어 0.313131…처럼 무한히 계속되는 무한소수의 경우 이것이 유리수인지 아닌지, 유리수라면 어떻게 분수로 고칠 수 있을 것인지 궁금하다.

우선 더 간단한 예로 0.333…을 보자. 우리는 경험상 이것이 1/3이란 분수라는 점을 이미 알고 있다. 곧 0.333…이란 무한소수는 1/3로 표현되므로 유리수의 일종이다. 그렇다면 위에 예로 든 0.313131…은 어떻게 하면 유리수인지 아닌지 가늠할 수 있을까?

유리수인 무한소수를 분수로 표현하는 데에 쓰이는 **핵심적 실마리는 어떤 숫자들**

이 규칙적으로 순환된다는 점에 있다. 그 예로 먼저 0.333…이 왜 1/3이 되는지 살펴보기로 하는데, 여기서 편의상 $x = 0.333\cdots$으로 놓는다. 그러면 이것을 10배한 것은 $10x = 3.333\cdots$이 되고, 둘 사이의 차는 아래와 같다.

$$\begin{array}{rrcl} & 10x & = & 3.333\cdots \\ -) & x & = & 0.333\cdots \\ \hline & 9x & = & 3 \end{array}$$

그리고 이를 이용하여 $x=\frac{3}{9}=\frac{1}{3}$이라는 분수로 고칠 수 있다. 여기서 주목할 것은 10배를 한 것에서 본래의 소수를 빼면 무한소수 부분이 3이란 숫자 하나만 남기고 사라져버린다는 점이다.

엄밀히 말하면 $9x = 3$과 같은 식은 1차방정식이므로 제3장에서 배울 주제이다. 그러나 이런 정도는 직관적으로도 충분히 풀 수 있으므로 자세한 논의는 뒤로 미루고 위에서는 바로 답을 제시했다.

다음으로 조금 더 복잡한 0.313131…이란 무한소수를 보자. 이것은 소수점 아래에서 '31'이란 부분이 규칙적으로 순환되므로 100배를 한 것에서 본래의 소수를 빼면 무한소수 부분이 '31'이라는 2개의 숫자만 남기고 사라져버릴 것으로 예상할 수 있고, 이는 아래의 계산을 통해서 확인된다.

$$\begin{array}{rrcl} & 100x & = & 31.3131\cdots \\ -) & x & = & 0.3131\cdots \\ \hline & 99x & = & 31 \end{array}$$

그리고 이에 따라 $x=\frac{31}{99}$라는 분수로 고쳐짐을 알 수 있으며, 결론적으로 0.313131…이란 무한소수도 유리수의 일종이다.

이 과정을 확장해서 생각해보자. 만일 소수점 아래의 규칙적인 순환부분이 3자리라면 $1000(=10^3)$배, 4자리라면 $10000(=10^4)$배, …를 한 것에서 본래의 소수를 뺌으로써 분수로 고칠 수 있을 것으로 예상할 수 있고, 이는 실제로 그렇다. 따라서 예를 들어 0.345345345…라는 소수는 즉각적으로 $\frac{345}{999}=\frac{115}{333}$라는 분수로 고쳐 쓸 수 있다.

그렇다면 이런 과정은 어떤 무한소수에도 모두 적용될 수 있을까? 다시 말해서 과연 분수로 고칠 수 없는 소수는 없는 것일까? 이에 대한 대답은 "아니오"이며, 그 이유는 무한소수 가운데는 소수점 아래로 아무리 내려가도 규칙적 순환이 나타나지 않는 소수가 있다는 데에 있다. 이런 소수가 바로 무리수이며, 이런 점에서 **무한소수인 유리수는 순환소수**(periodic decimal), 무리수는 **비순환소수**(nonperiodic decimal)◇라고 말할 수 있다.

이상의 내용을 요약해보자. 유리수를 소수로 나타내면 유한소수와 무한소수의 두 가지가 되는데, 순환소수의 경우에서 보듯 무한소수인 유리수의 본질은 일정한 자리수의 '순환성'에 있다. 이와 같은 중요성과 표기의 편리성을 고려하여 순환소수에서는 순환부분의 첫 숫자와 마지막 숫자 위에 점을 찍어 나타내며, 이러한 순환부분을 **순환마디**(period)라고 부른다.

$0.222222\cdots = 0.\dot{2}$: 순환마디는 '2'

$0.313131\cdots = 0.\dot{3}\dot{1}$: 순환마디는 '31'

$0.345345\cdots = 0.\dot{3}4\dot{5}$: 순환마디는 '345'

그리고 **순환소수를 분수로 고치는 요령은 '순환마디의 자리수'를 지수로 하는 10의 거듭제곱을 곱한 후 본래의 소수를 빼서 순환부분을 없애는 것**이다.

순순환소수와 혼순환소수

한편 순환소수에서도 순환하지 않는 부분이 섞여 있는 소수도 있다. 예를 들어 2.343434…의 경우 순환마디는 '34'이며, 소수점 위의 '2'는 순환하지 않는다. 또한 2.5334334…의 경우 순환마디는 '334'이며, '2.5'는 순환하지 않는다. 앞서 본 소수들처럼 **순환부분만으로 이루어진 소수를 순순환소수**(purely periodic decimal) 그리고 여기의 예처럼 **비순환부분이 있는 소수를 혼순환소수**(mixed periodic decimal)라고 부르는데, 혼순환소수를 분수로 고치려면 어떻게 해야 할까? 이에 대한 방법도 기본적으로는 같으며, 다음에서 여기의 두 가지 예를 풀어보기로 한다.

먼저 2.343434…의 경우 $x = 2.343434\cdots$로 놓고 $100x - x$를 계산한다.

$$\begin{array}{rrl} & 100x = & 234.3434\cdots \\ -) & x = & 2.3434\cdots \\ \hline & 99x = & 232 \end{array}$$

따라서 $x = \frac{232}{99} = 2\frac{34}{99}$로 고쳐진다. 또는 처음부터 2는 따로 떼어놓고, 0.3434…를 $100x - x$로 계산해서 $\frac{34}{99}$를 얻은 다음, 다시 2를 덧붙여 $2\frac{34}{99}$로 해도 좋다.

다음으로 2.5334334…의 경우 $x = 2.5334334\cdots$로 놓고 $10000x - 10x$를 계산한다. 이때는 **소수점 아래에 1자리의 비순환부분이 있으므로 곱하는 수가 10배만큼 커진다**는 점을 특기하기 바란다(따라서 소수점 아래에 비순환부분이 2자리, 3자리, …로 되어 있으면, 10^2, 10^3, …배만큼 더 곱해주면서 계산한다).

$$\begin{array}{rrl} & 10000x = & 25334.334334\cdots \\ -) & 10x = & 25.334334\cdots \\ \hline & 9990x = & 25309 \end{array}$$

따라서 $x = \frac{25309}{9990} = 2\frac{5329}{9990}$로 고쳐진다. 이것도 처음부터 2는 따로 떼어놓고, 0.5334334…를 $10000x - 10x$로 계산해서 $\frac{5329}{9990}$를 얻은 다음, 다시 2를 덧붙여 $2\frac{5329}{9990}$로 해도 좋다.

$$9990x = 25309$$

순환소수를 분수로 고치는 위의 방법을 사용하면 다음과 같은 흥미로운 결론이 얻어진다.

$$0.\dot{9} = 0.999\cdots = \frac{9}{9} = 1$$

$$1.\dot{9} = 1.999\cdots = \frac{18}{9} = 2$$

$$0.0\dot{9} = 0.0999\cdots = \frac{9}{90} = 0.1$$

다시 말해서 **9가 순환마디인 순환소수의 경우 바로 윗자리로 1을 올려 쓴 수와 같다**는 뜻이다. 여기에는 중학 수준에서 다루기 어려운 내용들이 있고 그에 따라 결론이 달라지기도 한다. 그러나 구체적 논의야 어떻든 현대 수학은 대체로 앞의 결론을 받아들인다. 따라서 우선은 앞의 결론을 그대로 새겨두고, 나중에 대학 과정에서 다시 공부할 기회를 맞으면 좀 더 깊이 생각해보도록 한다.

지금까지의 내용을 종합해서 소수를 분류하면 다음과 같다.

- 소수
  - 유한소수
  - 무한소수
    - 순환소수 (유리수)
      - 순순환소수
      - 혼순환소수
    - 비순환소수◇: 무리수

예제

다음 순환소수를 분수로 고쳐라.

① 0.191919⋯　　② 0.00676767⋯

③ 0.00307307307⋯　　④ 2.25409409409⋯

풀이

① 순환마디가 2자리이므로 $10^2x-x = 100x-x$로 계산한다. 그러면 답은 $\frac{19}{99}$가 된다.

② 소수점 아래에 2자리의 비순환부분이 있고 순환마디가 2자리이므로 $10^{2+2}x-10^2x = 10000x-100x$로 계산하면 답은 $\frac{67}{9900}$이다.

③ 소수점 아래에 2자리의 비순환부분이 있고 순환마디가 3자리이므로 $10^{2+3}x-10^2x = 100000x-100x$로 계산하면 답은 $\frac{307}{99900}$이다.

④ 소수점 위의 2는 우선 따로 떼어놓는다. 그리고 남은 0.25409409

…에는 소수점 아래에 2자리의 비순환부분이 있고 순환마디가 3 자리이므로 $10^{2+3}x - 10^2x = 100000x - 100x$로 계산하면 답은 $\frac{25384}{99900} = \frac{6346}{24975}$이며, 여기에 다시 2를 덧붙이면 최종 답은 $2\frac{6346}{24975}$이다. 물론 $\frac{56296}{24975}$로 써도 좋다.

예제

고대 그리스의 위대한 수학자 아르키메데스(Archimedes, BC287?~211 또는 212)는 원주율 π의 값이 $3\frac{10}{71}$보다 크고 $3\frac{1}{7}$보다 작다는 사실을 밝혀냈다. 이 값을 소수로 표현하라.

풀이 $3\frac{1}{7}$은 $3.\dot{1}4285\dot{7}$로서 필산으로도 간단히 얻어낼 수 있다. 반면 $3\frac{10}{71}$은 순환마디가 아주 길어서 흔히 사용하는 보통 계산기로도 자리수를 모두 나타내기 어려운데, 수학 전문 프로그램을 이용하면 구할 수 있다. 그 결과에 따르면 정확한 답은 아래와 같다.

$$3.\dot{1}40845070422535211267605633802816\dot{9}\dot{0} < \pi < 3.\dot{1}4285\dot{7}$$

한편 원주율 π는 무리수이므로 그 값은 순환마디 없이 3.141592… 이하 끝없이 이어지는데, 이것과 위의 값들을 비교하면 소수 셋째 자리에서 차이가 나타난다. 이 때문에 혹시 아르키메데스의 계산을 대수롭지 않게 볼 수도 있겠으나, 이후 1000년 이상이 흐르도록 2자리 정도만 더 개선되는 데에 그쳤다는 점을 생각하면 이는 섣부른 판단이다. 어쨌든 π의 값을 비교적 정확히 알고 있는 우리의 입장에서는 답을 $3.140\cdots < \pi < 3.142\cdots$ 정도로 쓰면 되겠다.

4 무리수

1 : 무리수의 의의

예를 들어 어떤 숲에 여러 동물들이 살고 있다고 하자. 그 가운데 우리는 사자, 표범, 치타라는 세 종류의 동물밖에 모른다고 하자. 그러면 나머지 동물들에 대해서는 '기타'라는 이름으로 뭉뚱그려서 부를 수밖에 없을 것이다. 물론 이 '기타'를 자세히 알게 되면 분명 수많은 종류의 동물을 더 분류해낼 수 있으리라 여겨진다. 하지만 애석하게도 아직 그런 정도에 이르지 못했다면 이들은 여전히 모호하고도 신비로운 대상들로 비쳐질 것이다.

우리가 지금껏 **배운 자연수, 정수, 유리수라는 세 종류의 수는 대상이 명확히 규정되어 있다**. 곧 자연수는 $\{1, 2, 3, \cdots\}$의 집합, 정수는 $\{\cdots, -3, -2, -1, 0, 1, 2, 3, \cdots\}$의 집합, 유리수는 분모가 0이 아닌 정수 분수로 나타낼 수 있는 수이다. 그런데 이제 배우는 **무리수**(無理數, irrational number)**는 유리수가 아닌 수**라고 정의될 뿐, 구체적으로 명확하게 규정하지 못하고 있다는 점이 맨 먼저 부각되는 특징이다. 그래서 마치 위에 비유한 '기타'라는 동물들처럼, 그 안에 얼마나 많은 종류의 수들이 있는지,

그리고 어떤 성질을 가진 것들인지 등 정체가 불분명한 신비의 수집합이라고 말할 수 있다.

무리수는 고대 그리스의 수학자 피타고라스(Pythagoras, BC569?~475?)가 이끈 피타고라스 학파의 사람들에 의하여 처음 발견되었다고 보는 것이 일반적이다. 따라서 뜻밖에도 역사적으로는 0이나 음수보다 훨씬 선배 격이다. 그러나 0과 음수가 정수라는 체계로 쉽게 포섭되었던 반면, 무리수는 길들여지지 않은 야생마처럼 아직도 그 본질에 대하여 탐구의 여지가 많다.

이와 같은 무리수들 가운데 중학수학에서는 '원주율 π'와 '제곱해서 유리수가 되는 무리수' 정도가 나온다. 말하자면 이것들은 미지의 동물들 가운데서도 그런 대로 많은 관찰과 연구가 이루어진 대상이라고 할 수 있다. 그런데 π는 나중에 배울 기하(幾何, geometry)에서 주로 쓰이므로 여기서는 후자에 대해 공부한다. 그 내용은 중학 과정에서 다루는 것이라 어려움은 별로 없지만 기본적이고도 중요한 것들로서 폭넓게 응용되므로 잘 익혀두도록 한다.

2 ⋮ 제곱근과 그 성질

제곱근과 근호

어떤 수 x를 제곱해서 a가 되면 x를 a의 제곱근(square root)이라 부른다. 예를 들어 $(+2)^2=4$이고 $(-2)^2=4$이므로 $+2$와 -2는 모두 4의 제곱근이다. 그리고 0의 제곱근은 0이다. 이처럼 0을 제외한 어떤 수의 제곱근은 2개가 있다.

제곱은 같은 수를 두 번 곱하는 것이므로 "양수×양수"와 "음수×음수"의 두 경우밖에 없다. 그리고 이 결과는 모두 양수이다. 따라서 **원칙적으로 0과 양수만 제곱근을 갖고, 음수는 제곱근을 가질 수 없다.** 그러나 고교 과정에서 배우듯, 음수도 제곱근을 가질 수 있다고 보는 것이 수학의 체계를 올바로 세우는 데 유리하다. 다만 중학 과정에서는 양수의 제곱근만 다루므로 지금 당장은 음수의 제곱근에 대하여 신경 쓸 필요가 없다.

어떤 양수가 갖는 2개의 제곱근은 '$\sqrt{\ }$'라는 **근호**(根號, radical sign)로 나타내는데, 이 기호는 root의 첫 글자 r을 변형시켜 만들었다. 예를 들어 3의 제곱근 가운데 양수인 제곱근은 $\sqrt{3}$, 음수인 제곱근은 $-\sqrt{3}$으로 쓰며, 각각 '루트 3'과 '마이너스 루트 3'이라고 읽는다. 때로 2개의 제곱근을 $\pm\sqrt{3}$처럼 한꺼번에 쓰기도 하며, 이는 '플러스 마이너스 루트 3'이라고 읽는다.

예제

다음 식의 값을 구하라.

① $(\sqrt{6})^2$ ② $(-\sqrt{6})^2$ ③ $\sqrt{6^2}$ ④ $\sqrt{(-6)^2}$

풀이 중학 과정에서는 '양수의 제곱근', 곧 근호 안의 수가 양수인 경우만 다룬다는 점을 새겨두도록 한다.

① $(\sqrt{6})^2 = \sqrt{6}\cdot\sqrt{6} = 6$

② $(-\sqrt{6})^2 = (-\sqrt{6})(-\sqrt{6}) = 6$

③ $\sqrt{6^2} = \sqrt{6\cdot6} = \sqrt{36} = 6$

④ $\sqrt{(-6)^2} = \sqrt{(-6)(-6)} = \sqrt{36} = 6$

절대값과 제곱근

위의 예제에서 $\sqrt{6^2}$과 $\sqrt{(-6)^2}$의 답이 모두 6으로 나온다는 점을 다시 검토해보자. 여기서

$$\sqrt{6^2} = 6$$

과 같이 근호 안의 숫자가 0 이상인 경우에는 근호를 벗을 때 그대로 나옴에 비하여,

$$\sqrt{(-6)^2} = -(-6) = 6$$

과 같이 근호 안의 숫자가 0 미만인 경우에는 앞에 '$-$'를 달고 나오며, 이를 일반식으로 쓰면 다음과 같다.

$$\sqrt{a^2} = \begin{cases} a & (a \geqq 0) \\ -a & (a < 0) \end{cases}$$

그런데 이는 절대값에 관한 다음 식과 실질적으로 동일하다는 점을 특기해야 한다.

$$|a| = \begin{cases} a & (a \geqq 0) \\ -a & (a < 0) \end{cases}$$

따라서 이 두 식은 **"절대값은 제곱의 제곱근"**이란 말과 함께 아래와 같이 새겨두도록 한다.

$$|a| = \sqrt{a^2} = \begin{cases} a & (a \geqq 0) \\ -a & (a < 0) \end{cases}$$

예제

$0 < a < 4$일 때 $\sqrt{a^2} + \sqrt{(a-4)^2}$의 값을 구하라.

풀이 일단 $0 < a$이므로 $\sqrt{a^2} = a$이다. 다음으로 $\sqrt{(a-4)^2}$를 해결해야 하는데, $0 < a < 4$의 범위에서 $a-4$는 음수이다. 따라서

$$\sqrt{(a-4)^2} = -(a-4) = 4-a$$

이며, 구하는 답은 아래와 같다.

$$\sqrt{a^2} + \sqrt{(a-4)^2} = a + 4 - a = 4$$

참고 문제가 "$0 < a < 4$일 때 $|a| + |a-4|$의 값을 구하라"로 주어진 경우는 다음과 같이 풀면 된다.

$0 < a$이므로 $|a| = a$

$0 < a < 4$이므로 $|a-4| = -(a-4) = 4-a$

$\therefore |a|+|a-4| = a+4-a = 4$

제곱근의 연산

제곱근에 대해서는 다음과 같은 식들이 성립하는데, 구체적인 수들을 대입해서 살펴보면 쉽게 이해할 수 있으므로 자세한 설명은 생략한다. 단 여기서 $a \geqq 0$, $b \geqq 0$이고, m과 n은 유리수이다.

$$m\sqrt{a} \pm n\sqrt{a} = (m \pm n)\sqrt{a} \quad \text{(복호동순. 아래 참조.)}$$

$$\sqrt{a}\sqrt{b} = \sqrt{ab}$$

$$\frac{\sqrt{a}}{\sqrt{b}} = \sqrt{\frac{a}{b}} \quad (b \neq 0\text{. 아래 참조.})$$

$$\sqrt{a}(\sqrt{b} \pm \sqrt{c}) = \sqrt{a}\sqrt{b} \pm \sqrt{a}\sqrt{c} = \sqrt{ab} \pm \sqrt{ac} \quad \text{(분배법칙. 복호동순.)}$$

복호동순(複號同順)이라 함은 **복호**(±처럼 둘 이상의 기호를 겹쳐 쓴 것)**를 풀어 쓸 때 등호의 좌우에 쓰인 순서대로 나열하면 된다는 뜻**이다. 예를 들어

$$m\sqrt{a} \pm n\sqrt{a} = (m \pm n)\sqrt{a} \quad \text{(복호동순)}$$

라는 식은

$$m\sqrt{a} + n\sqrt{a} = (m+n)\sqrt{a}, \quad m\sqrt{a} - n\sqrt{a} = (m-n)\sqrt{a}$$

의 두 식으로 나누어 생각하면 된다는 뜻이다.

셋째 식의 $b \neq 0$이라는 조건은 이른바 '0으로 나누기'를 피하기 위한 것이다. **수학에서는 가끔씩 특별한 이유 때문에 정의할 수 없는 연산이 나오는데, '0으로 나누기'는 그 대표적인 예의 하나**이다. 이에 대해서는 나중에 209쪽에서 자세히 이야기하므로 그곳을 참조하기 바란다.

3 : 제곱근표의 이용법

예전에 계산기가 없던 시절에는 어떤 수의 제곱근을 구할 때 **제곱근표**(table of square roots)를 주로 이용했으며, 이것이 가까이 없을 경우에는 특별히 고안된 필산법을 이용했다. 그런데 오늘날에는 컴퓨터와 계산기가 생활필수품처럼 보급되어 있으므로 제곱근표나 필산법을 사용할 경우는 거의 없다고 말할 수 있다. 하지만 만일의 경우를 위하여 보조적인 방법을 익혀둘 필요가 있는 바, 현재의 교과과정에는 제곱근표를 이용하는 방법이 나와 있다.

1～99.9까지의 제곱근

제곱근표에는 1부터 99.9까지의 수에 대한 제곱근이 실려 있다. 이 책의 부록에 포함된 제곱근표에는 이 수들이 **1부터 99.9까지는 0.01 간격**으로, **10부터 99.9까지는 0.1 간격**으로 나열되어 있으며, 이 수들에 대한 양의 제곱근을 소수 4째 자리에서 반올림한 **소수 3째 자리까지의 값**이 나와 있다.

따라서 1부터 99.9까지의 수에 대한 제곱근은 표로부터 직접 읽어내면 된다. 아래에는 표의 일부를 옮겨놓았는데, 맨 왼쪽 칸의 세로에는 1부터 99까지의 수가 나열되어 있고, 맨 윗줄의 가로에는 맨 왼쪽 칸에 적힌 수들의 소수점 끝자리 수가 나열되어 있다. 예를 들어 1.38의 제곱근에 대한 어림값은 맨 왼쪽 칸에서 1.3까지 내려간 다음, 그로부터 오른쪽으로 진행하여 8이 적힌 칸에 있는 숫자로부터 ±1.175임을 알 수 있다. 그리고 $\sqrt{97.3}$의 어림값을 같은 방법으로 구하면 9.864이다. 계산기로 정확도를 점검해보면 $(\pm 1.175)^2 = 1.380625$이고 $9.864^2 = 97.298426$이므로 특별히 정밀한 계산이 아닌 한 어림값으로 활용하는 데에 별 문제가 없음을 알 수 있다.

수	0	1	2	3	4	5	6	7	8	9
1.0	1.000	1.005	1.010	1.015	1.020	1.025	1.030	1.034	1.039	1.044
1.1	1.049	1.054	1.058	1.063	1.068	1.072	1.077	1.082	1.086	1.091
1.2	1.095	1.100	1.105	1.109	1.114	1.118	1.122	1.127	1.131	1.136

1.3	1.140	1.145	1.149	1.153	1.158	1.162	1.166	1.170	1.175	1.179
1.4	1.183	1.187	1.192	1.196	1.200	1.204	1.208	1.212	1.217	1.221
⋮	⋮	⋮	⋮	⋮	⋮	⋮	⋮	⋮	⋮	⋮
95	9.747	9.752	9.757	9.762	9.767	9.772	9.778	9.783	9.788	9.793
96	9.798	9.803	9.808	9.813	9.818	9.823	9.829	9.834	9.839	9.844
97	9.849	9.854	9.859	9.864	9.869	9.874	9.879	9.884	9.889	9.894
98	9.899	9.905	9.910	9.915	9.920	9.925	9.930	9.935	9.940	9.945
99	9.950	9.955	9.960	9.965	9.970	9.975	9.980	9.985	9.990	9.995

표에 없는 수의 제곱근

제곱근표에는 1～99.9까지의 숫자만 나와 있으므로 "0과 1 사이, 그리고 100 이상의 수에 대한 제곱근은 어떻게 구하나?"라는 의문이 떠오른다. 이런 경우에는

$$\sqrt{a^2b} = a\sqrt{b} \quad (a \geqq 0, \quad b \geqq 0)$$

이라는 공식의 a에 10이나 $\frac{1}{10}$의 거듭제곱을 대입하는 방법을 이용한다.

먼저 100 이상의 수에 대한 제곱근은 근호 안의 수를 10^2, 10^4, 10^6, …과의 곱으로 고쳐 써서 10, 10^2, 10^3, …을 근호 밖으로 꺼낸 다음 근호 안에 남은 수의 제곱근을 표에서 읽어 구하면 된다. 곧 괄호 안의 수를 고쳐서 $\sqrt{100b} = 10\sqrt{b}$, $\sqrt{10000b} = 100\sqrt{b}$,…의 형태로 만들고 표에서 $\sqrt{b}$를 구하여 곱하면 되는데, 물론 이때 b는 1～99.9까지의 숫자가 되도록 해야 한다. 한 예를 보면 다음과 같다.

$$\sqrt{447} = \sqrt{100 \cdot 4.47} = 10\sqrt{4.47} \fallingdotseq 10 \cdot 2.114 = 21.14$$

다음으로 0과 1 사이의 수에 대한 제곱근은 근호 안의 수를 $\frac{1}{10^2}$, $\frac{1}{10^4}$, $\frac{1}{10^6}$ …과의 곱으로 고쳐 써서 $\frac{1}{10}$, $\frac{1}{10^2}$, $\frac{1}{10^3}$, …을 근호 밖으로 꺼낸 다음 근호 안에 남은 수의 제곱근을 표에서 읽어 구하면 된다. 곧 괄호 안의 수를 고쳐서 $\sqrt{\frac{b}{100}} = \frac{1}{10}\sqrt{b}$, $\sqrt{\frac{b}{10000}} = \frac{1}{100}\sqrt{b}$, …의 형태로 만들고 표에서 $\sqrt{b}$를 구하여 곱하면 되는데, 물론 이때 b는 1～99.9까지의 숫자가 되도록 해야 한다. 한 예를 보면

다음과 같다.

$$\sqrt{0.00447} = \sqrt{\frac{44.7}{10000}} = \frac{1}{100}\sqrt{44.7}$$

$$\fallingdotseq \frac{1}{100} \cdot 6.686 = 0.06686$$

4 ⋮ 분모의 유리화

분모에 어떤 수의 제곱근인 무리수가 있는 상황을 생각해보자. 예를 들어 $3/\sqrt{2}$가 그런 경우이며 그 값을 구하려면

$$3 \div 1.414213562\cdots = ? \quad — ❶$$

라는 계산을 해야 하는데, 한눈에 이는 상당히 귀찮은 일이란 느낌이 든다. 그래도 귀찮음을 마다하지 않고 계산을 하다 보면 처음 몇 자리는 그런 대로 얻어낼 수 있다. 그러나 소수점 아래 더 많은 자리수로 내려갈수록 더욱 힘들어진다. 물론 이런 때도 계산기를 사용해버리면 만족할 만한 값을 얻을 수 있다. 하지만 계산기가 없던 예전 사람들은 다른 방법을 찾아 해결했다. 그리고 오늘날의 우리도 계산기가 없을 경우를 대비해서 그런 방법을 알아두는 편이 좋을 것이다.

이때 사용하는 방법이 **분모의 유리화**(有理化, rationalization)이며, **어떤 수의 제곱근인 무리수가 분모에 있을 때 이것을 분모와 분자에 같이 곱해서 분모를 유리수로 만드는 것**을 말한다. 이미 말했듯 그 **목적은 계산의 편의**이고, 이는 위의 예에 적용해봄으로써 쉽게 이해할 수 있다.

$$\frac{3}{\sqrt{2}} = \frac{3}{\sqrt{2}} \cdot \frac{\sqrt{2}}{\sqrt{2}} = \frac{3\sqrt{2}}{2} \quad — ❷$$

❷의 경우 "$\sqrt{2} \div 2$"를 계산하고 다시 3을 곱해야 하므로 ❶보다 절차는 1단계 더 늘어난다. 그러나

$$\sqrt{2} \div 2 = 1.414213562\cdots \div 2$$

의 계산은 암산으로도 0.707106781…과 같이 쉽게 해낼 수 있으므로 전체적으로는 ❷가 ❶보다 훨씬 간편하다.

예제

다음 식을 유리화하여 정리하라.

① $\dfrac{\sqrt{2}+\sqrt{3}}{\sqrt{5}}$ ② $\dfrac{9}{\sqrt{8}}+\dfrac{5}{\sqrt{2}}$

풀이

① $\dfrac{\sqrt{2}+\sqrt{3}}{\sqrt{5}} = \dfrac{(\sqrt{2}+\sqrt{3})\sqrt{5}}{\sqrt{5}\sqrt{5}} = \dfrac{\sqrt{10}+\sqrt{15}}{\sqrt{5}}$

② 미리 정리할 것은 정리한 다음에 유리화한다.

$$\frac{9}{\sqrt{8}}+\frac{5}{\sqrt{2}} = \frac{9}{\sqrt{2^2\cdot 2}}+\frac{5}{\sqrt{2}} = \frac{9}{2\sqrt{2}}+\frac{2\cdot 5}{2\sqrt{2}}$$

$$= \frac{19}{2\sqrt{2}} = \frac{19}{2\sqrt{2}}\cdot\frac{\sqrt{2}}{\sqrt{2}} = \frac{19\sqrt{2}}{4}$$

참고 대다수의 수학책들은 분모의 유리화의 목적이 계산의 편의에 있다는 점을 지적하지 않고 그저 기계적으로 유리화의 요령만 설명한다. 그러나 계산의 편의를 고려하지 않는다면 유리화하지 않은 $1\sqrt{2}$가 유리화한 $\sqrt{2}/2$보다 오히려 간결한 표현이라고 할 수 있음을 특기하기 바란다. 위 예제의 ①에서도 $(\sqrt{2}+\sqrt{3})/\sqrt{5}$가 $(\sqrt{10}+\sqrt{15})/5$보다 더 간결하며, ②에서도 $19/2\sqrt{2}$가 $19\sqrt{2}/4$ 못지 않게 간결하다. 곧 유리화의 목적을 이해하지 못한다면 유리화를 통하여 괜히 복잡한 식을 만든 것에 지나지 않는다.

우리는 이로부터 **수학의 여러 주제들을 배울 때 목적을 분명히 이해하고 배우는 것이 중요하다**는 점을 다시금 깨닫게 된다. 그렇지 않다면 '왜 이것을 배우나?'라는 생각이 떠올라 효율적 학습이 저해되기 때문이다. 이 점에 대하여 유리화는 아주 간단한 예이지만 그러기에 오히려 매우 가치 있는 예라고 말할 수 있다.

5 : 실수의 분류

지금까지 여러 가지 수에 대하여 배웠는데 이들을 통틀어서 **실수**(實數, real number)라고 부른다. 실수는 말 그대로 풀이하면 '진짜(로 존재하는) 수'란 뜻이며, 고교수학 이상에서 다루는 **허수**(虛數, imaginary number)에 대응하는 말이다. 허수는 127쪽에서 잠깐 말했던 '음수의 제곱근'에서 유래된 수들을 가리키는 바, 일상생활에서는 거의 쓰이지 않는다. 따라서 **우리가 보통 '수'라고 하면 실수를 가리키는 것으로 이해한다.** 아래에는 실수를 지금까지 배운 내용을 토대로 여러 가지 수로 분류해놓았다.

- 실수
  - 유리수
    - 정수
      - 양의 정수(자연수)
        - 1
        - 소수
        - 합성수
      - 0
      - 음의 정수
    - 기약분수
  - 무리수

위의 분류에서 한 가지 눈에 띄는 점은 자연수를 1, 소수, 합성수의 세 가지로 분명히 나누어놓았다는 점이다. 대다수의 수학책들은 이렇게까지 분류하지 않는데, 이는 아주 애석한 일이다.

여기서 특히 주목할 대상은 바로 1이다. 1은 자연수 가운데 소수도 아니고 합성수도 아닌 유일한 수이다. 그리고 68쪽에서 자연수의 의의를 설명할 때 이야기한 것처럼 1은 자연수의 근원으로서 인류가 최초로 떠올린 수이다. 1로부터 시작해서 2, 3, 4, …라는 자연수가 나왔고, 0을 기준 삼아 자연수를 반대쪽으로 확장함으로써 정수를 얻었고, 유리수와 무리수는 정수의 틈새를 메우기 위한 수들이며, 이렇게 해서 최종적으로 수직선과 실수의 대응관계가 완성된다. 이런 점들에서 볼 때 **1은 자연수체계에서 소수보다 더 근본적인 요소**이며, **모든 수의 어머니**로서, 실로 **"천상천하 유아독존**(天上天下 唯我獨尊)**" 격의 독보적 존재**라고 하지 않을 수 없다. 이와 같은 1의 의미를 제대로 이해할 때 위에 제시한 수 체계의 이해가 올바로 완성되는 바, 이런 점에서 **1은 수 체계 분류의 이해에 대한 시작점이자 끝점**이라고도 말할 수 있다.

한편 **정수를 제외한 실수는 모두 소수**(小數)이다. 따라서 소수의 종류를 통해서도 수 체계를 분류하고 새로운 이해를 얻을 수 있다. 이런 뜻에서 아래에는 124쪽에 실었던 소수의 분류를 조금 확장해서 수록했다.

- 실수
  - 정수
  - 소수
    - 유한소수
    - 무한소수
      - 순환소수
        - 순순환소수
        - 혼순환소수
      - 비순환소수◇ : 무리수

(정수, 유한소수, 순순환소수, 혼순환소수 } 유리수)

5 어림값

현재 교과서나 참고서에는 '어림값' 대신 '근사값'이란 용어를 쓰고 있다. 그런데 국어사전에 보면 '근삿값'이 옳은 말이라고 한다. 또한 '근사'는 한자어인데 '값'은 우리말이란 점에서도 '근사값'은 어딘지 부자연스럽다. 하지만 그렇다고 해서 '근삿값'이 좋다고 보기도 어렵다. 한글 맞춤법에서 가장 말썽 많은 것 가운데 하나가 '사이시옷'인데, 이 원칙을 따르다 보면 '자릿수(자리+수)', '꼭짓점(← 꼭지+점)', '최댓값(← 최대+값)', '최솟값(← 최소+값)', '등굣길(등교+길)', '장맛비(← 장마+비)', '존댓말(← 존대+말)', '매맷값(← 매매+값)' 등의 어색한 말들이 나오며, '근삿값'도 이 가운데 하나이다.

한편 **근사값의 반대말인 '참값'은 순우리말로서 아주 좋은 용어**라고 여겨진다. 따라서 기왕이면 **근사값도 순우리말인 '어림값'을 쓰는 게 자연스럽다**. 나아가 '어림값'은 국어사전에도 나와 있는 정식 우리말이란 점을 고려하면 이를 물리칠 이유는 찾기 어렵다. 이런 점들을 종합하여 이 책에서는 '근사값'을 '어림값'으로 쓰며, 언젠가는 정식 수학용어로 채택되기를 기대한다.

1 : 참값과 어림값

참값과 어림값의 의의

수학은 기본적으로 인간의 머릿속에서 이끌어져 나온 수를 다루는 학문으로 출발했다. 그런데 이러한 수는 본래 현실 생활의 문제들을 해결하기 위하여 고안되었다. 따라서 현실 문제를 이런 의미의 수학으로 다루려면 그것을 수량화하는 단계를 거쳐야 한다. 이때 **수량화의 대상이 갖는 고유의 값을 참값**(true value)이라고 부른다.

그런데 수량화를 할 때 참값을 정확히 알 수 있는 경우와 알 수 없는 경우가 있다.

예를 들어 컴퓨터 모니터가 24비트 컬러(24-bit color)로 표현된다고 하면 나타날 수 있는 색깔의 가짓수는 이라는 '논리적 계산'을 통해 16,777,216가지로 정확히 얻어진다. 또한 지금 호주머니에 있는 돈의 금액은 헤아림이라는 '현실적 계산'을 통해서 정확히 알 수 있다. 이런 뜻에서 **"참값 = 논리적 참값+현실적 참값"**으로 정리할 수 있다(40쪽의 "공집합 = 논리적 공집합+현실적 공집합"과 비교, 음미할 것).

반면에 예를 들어 $\sqrt{3}$은 분명 고유의 값을 가진 실수이지만 소수점 이하의 숫자가 아무런 규칙성 없이 무한히 계속되므로 그 참값은 어떤 논리적 계산을 통해서도 정확히 알 수 없다. 또한 우리나라의 현재 인구는 이론적으로는 정확히 헤아릴 수 있지만 현실적으로 극히 곤란하기 때문에 그 참값을 알 수 없다. 그러므로 이와 같은 두 경우에는 참값을 포기하고 어느 정도의 **어림값**(approximate value)에 만족할 수밖에 없으며, 이런 뜻에서 **"어림값 = 논리적 어림값+현실적 어림값"**으로 정리할 수 있다.

어림값의 3대 원천

우리가 현실 문제를 해결하려고 할 때, 언제나 참값을 얻고, 이것으로 계산을 하고, 그 결과도 참값으로 적용한다면, 현실적으로야 어떻든 적어도 수학적으로는 이에 대하여 더 이상 할 말이 없다. 시작과 과정과 결과가 모두 깨끗하기 때문이다. 곧 문제는 어림값을 다룰 때 나타나며, 따라서 이제부터는 어림값에 대하여 이야기한다.

이와 같은 **어림값의 3대 원천은 헤아림과 계산과 측정**이다. 먼저 헤아림(counting)의 예로는 앞에서 우리나라의 인구와 호주머니에 있는 돈의 금액을 알고자 할 때 헤아리기를 한다고 말한 것을 들 수 있다. 이때 대상이 너무 많거나 나타낼 숫자가 너무 복잡하면 어림값을 사용한다. 다음으로 계산(calculation)의 예로는

$$12.34567 \fallingdotseq 12.3$$
$$1/3 = 0.3333\cdots \fallingdotseq 0.333$$
$$\sqrt{3} \fallingdotseq 1.732$$

등으로 어림잡아서 계산에 투입하는 것을 들 수 있다. 그리고 끝으로 측정(measurement)은 자, 저울, 온도계 등의 도구를 사용하여 어림값을 얻는 일이다.

그런데 **어림값의 3대 원천에는 본질적 차이가 있다**는 점을 특기해야 한다. 먼저 헤아림의 경우 귀찮다거나 힘들다거나 등의 현실적 어려움을 극복한다면 정확한 참값을 얻어낼 수 있다. 다음으로 계산의 경우 최종적으로 어떤 값을 대입할 때 비록 완전한 참값은 아니더라도 우리가 원하는 만큼의 정밀도를 항상 얻어낼 수 있다. 하지만 측정의 경우에는 우선 도구 자체의 정확성이 문제가 되고, 또 도구는 충분히 정확하다 하더라도 측정하는 사람의 감각에 문제가 있는 등, 아무리 노력하더라도 본질적으로 정확한 참값을 얻어낼 수는 없다. 다시 말해서 **헤아림값과 계산값은 참값 또는 현실적 어림값**임에 비하여, **측정값은 언제나 논리적 어림값**일 수밖에 없다.

이 가운데서도 **측정값이 언제나 어림값일 수밖에 없다는 사실은 수많은 과학적 연구가 측정을 통해서 이뤄진다는 점을 생각할 때 그 의의가 크다**. 오늘날 세계는 이른바 과학문명의 혜택을 누리며 살고 있는데, 이를 뒷받침하는 과학이 대부분의 경우 어림값에 의존한다면 우리는 **"㉮참값에 얼마나 가까운 어림값을 얻을 수 있는가?"**에 못지 않게 **"㉯어림값의 성질은 무엇이고 이를 어떻게 다룰 것인가?"**에도 많은 관심을 기울여야 하기 때문이다. 그런데 이 중에서 ㉮는 과학의 발전으로 개선해가야 할 문제이다. 그러므로 **여기서 주로 배울 것은 바로 ㉯에 관한 것**이다.

2 ⋮ 오차와 오차의 한계

오차

어림값의 원천이 무엇이든 어림값과 참값의 차를 **오차**(誤差, error)라고 부른다. 이때 선택하기에 따라 "오차 = 참값−어림값"으로 정의할 수도 있겠지만, 수학에서는 **"오차 = 어림값-참값"**으로 정의해서 사용한다. 여기에 어떤 특별한 이유는 없으며, 마치 동쪽과 서쪽, 오른손과 왼손, 우측통행과 좌측통행 등의 경우처럼 관습적으로 정한 규약일 따름이다. 어쨌든 오차를 이와 같이 정의함에 따라 **어림값이 참값보다 크면 오차는 양수**가 되고, 반대로 **참값보다 작으면 오차는 음수**가 된다. 오차를 e, 어림값을 a, 참값을 t라고 쓰면 오차의 정의는 다음과 같다.

$$\textbf{오차}(e) : e = a - t$$

야구에서 error는 mistake와 동의어로 쓰이며 일상적으로도 대개 그렇다. 하지만 **오차란 뜻으로서의 error는 mistake와는 상관이 없음에 유의해야 한다. 특히 헤아림이나 계산과 달리 측정오차는 온갖 주의를 기울여 실수가 전혀 없더라도 필연적으로 나올 수밖에 없다**. 예를 들어 시계의 경우 아주 옛날의 해시계와 물시계로부터 중세의 흔들이나 태엽을 이용한 시계 그리고 현대의 전자시계나 원자시계로 발전하면서 오차가 크게 줄어들었다. 하지만 과학의 발전에 따라 더욱 정확하고도 정밀한 자료가 요구되기 때문에 지금도 보다 정교한 시계를 만들려고 계속 노력 중이다.

반올림과 오차의 한계

위에서 본 오차의 개념은 우리가 참값을 알고 있을 경우에 적용된다. 그러나 $\sqrt{3}$이나 π 그리고 각종 측정값들의 경우에는 참값을 알 수 없으므로 정확한 오차도 모른다. 하지만 아무리 그렇더라도 엉터리의 어림값을 사용하는 것은 아니므로, 최소한 이 어림값이 어느 정도 이상은 틀리지 않을 것이라는 말을 할 수 있고, 이것이 바로 **오차의 한**

계(limit of error)라는 개념이다. 그런데 우리가 일상적으로 어림값을 얻을 때 **반올림**(rounding)을 가장 많이 사용하므로 이와 관련된 오차의 한계를 살펴보기로 한다.

먼저 측정의 경우, 최소눈금이 1mm 간격으로 새겨져 있는 자로 연필의 길이를 재는데, 한 끝을 0에 정확히 맞췄을 때 다른 끝이 9.7cm와 9.8cm의 사이에 있다고 하자. 그러면 반올림에서는 끝이 9.7에 가까우면 9.7cm, 9.8에 가까우면 9.8cm을 측정값으로 삼는다. 한편 좀 더 정확히 말하면 **'반올림'은 "반이면 올린다"는 말에서 나온 것**임을 주목할 필요가 있다. 다시 말해서 눈으로 보기에 거의 한 가운데 있어서 판별하기가 아주 어렵다면 작은 쪽이 아니라 큰 쪽을 택해서 9.8cm로 하자는 게 반올림에서의 약속이다(만일 작은 쪽을 택하기로 했다면 '반내림'이라고 불렀을 것이다). 어쨌든 이와 같은 반올림 과정에 비춰볼 때 **"반올림 측정의 오차한계는 최소눈금 크기의 반"**이라고 요약할 수 있다.

다음으로 헤아림과 계산의 경우에는 '눈금과 바늘'이 아니라 '어떤 숫자'가 주어지며, 이것을 어느 자리에서 반올림할 것인지가 문제이다. 예를 들어 축구장의 관중 수를 만 단위, 천 단위, 백 단위 등 가운데 어느 정도까지 정확하게 이야기할 것인지, 그리고 계산에 쓸 원주율의 값은 소수 몇째 자리까지 취할 것인지 등을 결정해야 한다. 그리하여 어떤 자리가 정해지면 그 아랫자리에서 반올림하며, 따라서 **"헤아림과 계산의 오차한계는 선택한 최소자리값의 반"**이라고 요약할 수 있다.

이상의 내용을 **"'측정반올림◇'의 오차한계는 최소눈금값의 반이고, '숫자반올림◇'의 오차한계는 최소자리값의 반"**이라고 간추리면 새기기에 편하다. 그리고 A는 참값, a는 어림값, d는 최소눈금값 또는 최소자리값, l은 오차의 한계라고 하면 수식으로는 다음과 같이 정리된다.

반올림에서의 오차의 한계 : $l \leqq \frac{d}{2}$

반올림에서의 참값의 범위 : $a-\frac{d}{2} \leqq A < a+\frac{d}{2}$

그리고 **오차는 어림값이 참값보다 큰가 작은가에 따라 양수 또는 음수**가 되지만, **반올림의 오차한계는 최소눈금값 또는 최소자리값의 반이므로 언제나 양수**라는 점도 특기해두기 바란다.

오늘날 많은 측정도구들이 '눈금과 바늘' 대신에 '계기판'을 사용한다. 이 경우는 기계가 알아서 반올림하도록 제작되어 있기 때문에 우리로서는 반올림의 수고를 하지 않아도 된다. 하지만 이때도 역시 오차의 한계와 참값의 범위에 대한 앞의 식은 그대로 적용된다.

한편 측정의 경우 오차의 한계와 참값의 범위에 대한 앞의 이야기는 측정도구가 정확하게 만들어졌다는 전제가 바탕이 된다는 점도 새겨둘 필요가 있다. 예를 들어 저울 자체가 엉터리라면 5kg의 수박이 7kg 언저리의 값을 나타낼 수도 있고, 이때는 앞의 내용이 성립하지 않는다.

올림과 버림의 경우

일상적으로 대부분의 경우 반올림을 사용하지만 때로는 '올림(rounding up)'과 '버림(내림, cut off)'을 사용하는 경우도 있다. 여기서 **올림은 기준으로 삼은 '최소눈금값' 또는 '최소자리값'보다 크면(초과하면) 무조건 그 값에 1을 더한 값으로 읽는 것**이고, **버림은 기준으로 삼은 '최소눈금값+1' 또는 '최소자리값+1'보다 작으면(미만이면) 무조건 그 값대로 읽는 것**을 말한다. 그러므로 올림과 버림의 경우 참값의 범위는 다음과 같다.

올림에서의 참값의 범위 : $a-d < A \leqq a$

버림에서의 참값의 범위 : $a \leqq A < a+d$

이와 같이 올림과 버림의 경우에는 참값의 범위가 어림값을 중심으로 대칭이 아니므로 '오차의 한계'란 개념을 설정하기가 좀 애매한 면이 있다. 그러나 **"오차의 한계는 '오차의 절대값'의 한계"라고 풀이한다면, 올림과 버림의 오차한계는 반올림 오차한계의 2배**임을 알 수 있다.

아래에는 반올림, 올림, 버림에 대한 참값의 범위와 오차의 한계를 표로 요약했는데, A는 참값, a는 어림값, d는 최소눈금값 또는 최소자리값, l은 오차의 한계를 나타낸다.

	참값의 범위	오차의 한계
반올림	$a-\frac{d}{2} \leqq A < a+\frac{d}{2}$	$l \leqq \frac{d}{2}$
올림	$a-d < A \leqq a$	$l \leqq d$
버림(내림)	$a < A \leqq a+d$	$l \leqq d$

단 **앞으로 별도의 언급이 없으면 모든 어림값은 반올림한 값으로 생각**한다.

3 : 어림셈

지금까지 참값과 어림값의 본질과 특성에 대하여 살펴보았다. 그리하여 우리는 참값도 다루기는 하지만 불가피하게 어림값을 다룰 경우도 매우 많다는 점을 알게 되었다. 이에 따라 다음에서는 어림값의 표기법과 사칙연산에 관한 내용을 알아본다.

유효숫자

어느 박물관에서 관람객이 직원에게 "저 돌도끼는 얼마나 오래되었습니까?"라고 묻자 직원은 "25003년 되었습니다"라고 대답했다. 관람객은 깜짝 놀라며 "아니, 어떻게 그토록 정확히 알 수 있습니까?"라고 되물었고 직원은 "제가 근무한 지 3년 되었는데, 처음 왔을 때 관장님께서 저 돌도끼가 25000년 되었다고 했거든요"라고 답했다.

이 이야기는 물론 우스갯소리이다. 그런데 이것이 우습게 들리는 이유는 무엇일까? 우리는 서로 비교의 대상이 될 수 없는 엉뚱한 것을 함께 비교할 경우 부자연스럽고 때로 우습게 느끼는데, 여기서는 25000년이란 시간과 3년이란 시간이 그런 대조를 이루기 때문이다.

이 상황을 좀 더 정확히 따져보면 25000년이라는 시간에서 몇 년 또는 몇십 년은 더 많든 적든 별 문제가 되지 않는다. 그러므로 25003년은 다시 그냥 25000년으로 말하는 게 옳다. 하지만 몇백 년 정도는 문제가 될 수 있다. 특히 500년이 넘는 시간이 더해지거나 빼질 경우 반올림에 의하여 숫자 자체가 26000 또는 24000년으로 바뀔 수 있으므로 더욱 그렇다. 곧 여기의 25000이란 숫자는 백의 자리에서 반올림한 어림값으로 풀이된다. 그렇다면 실질적으로 의미 있는 숫자는 2와 5이고, 뒤의 '000'은 단지 자리수를 맞추기 위한 것일 뿐이라고 볼 수 있다.

이와 같이 어떤 **어림값에서 실질적 의미를 가진 숫자를 유효숫자**(significant figure)라고 부른다. 그리고 앞에서 설명한 것처럼 반올림했을 경우 빈올림한 자리는 0이 되므로 이 0은 자리수를 맞추기 위한 것일 뿐 어림값에 더 이상 별다른 영향을 미치지 못한다. 따라서 **반올림한 어림값의 유효숫자는 맨 윗자리부터 반올림한 자리의 바로 윗자리까지의 숫자**를 말한다.

예제

어떤 저울로 두꺼운 사전의 무게를 달아 반올림을 한 후 2056g이라는 어림값을 얻었다. 유효숫자는 몇 개인가? 또 2056.7g이란 어림값을 얻었다면 어떤가?

풀이 반올림해서 2056g이란 값을 얻었다면 반올림한 자리는 0.1g이다. 곧 소수 첫째 자리에서 반올림이 이루어져 1의 자리에 반영되었다는 뜻이므로 소수 첫째 자리는 이제 무의미하고 이것이 반영된 1의 자리 숫자부터 실질적인 의미를 가진다. 그러므로 유효숫자는 2, 0, 5, 6의 4개이다.

그리고 반올림해서 2056.7g이란 값을 얻었다면 반올림한 자리는 소수 둘째 자리이고, 실질적 의미를 가진 숫자는 소수 첫째 자리 이상의 것들이다. 따라서 이때의 유효숫자는 5개이다.

예제

최소눈금이 10g 단위로 매겨진 저울에서 반올림으로 어떤 책의 무게를 달았는데 2500g이란 값이 얻어졌다. 유효숫자는 몇 개인가? 만일 최소눈금이 100g 단위였다면 유효숫자는 몇 개인가?

풀이 최소눈금이 10g 간격으로 매겨져 있다면 반올림은 1의 자리에서 이루어지므로 실질적 의미를 갖는 숫자는 10의 자리 이상의 것들이다. 곧 천의 자리 2, 백의 자리 5, 십의 자리 0의 세 숫자가 유효숫자이고, 따라서 답은 3개이다.

그런데 같은 2500g이지만 최소눈금이 100g 간격으로 매겨진 저울에서 얻어진 값이라면 이것은 10의 자리에서 반올림이 이루어졌다는 뜻이다. 그렇다면 이 경우의 유효숫자는 2와 5의 2개이다.

유효숫자 표기법

144쪽 예제에서 보듯 어떤 어림값의 마지막 자리수가 0이 아닌 숫자라면 유효숫자의 개수는 어림값에 있는 모든 숫자들의 개수와 같으므로 별 문제가 없다. 그러나 바로 위 예제에서 보듯 어느 자리수 아래부터 모두 0이라면 반올림한 자리를 알아야 유효숫자의 개수가 구해진다. 그러므로 이런 혼란을 막으려면 표기만 보고도 유효숫자의 개수를 한눈에 알 수 있는 방법이 필요하다. 이런 배경에서 만들어진 방법이 **유효숫자 표기법**이며 다음과 같은 방식으로 표기한다.

유효숫자 표기법 : 0~10 사이의 소수로 쓴 유효숫자 × 10의 거듭제곱

유효숫자 표기법을 영어로는 scientific notation이라고 부른다. 과학에서는 빛의 속

도, 지구의 무게, 지구와 태양 사이의 거리, 세포의 크기, 분자나 원자의 개수와 무게 등 매우 크거나 매우 작은 수를 다루는 경우가 많다. 이때 일일이 그 숫자를 모두 쓴다는 것은 아주 귀찮은 일이기 때문에 이와 같은 방법을 개발했고, 과학의 여러 분야에서 두루 쓰이기 때문에 scientific notation이라고 이름지었다. 그러나 이 표기법이 과학뿐 아니라 수학에서도 쓰이므로 우리말로는 '유효숫자 표기법'으로 옮겼다.

예를 들어 진공 중에서의 빛의 속도를 생각해보자. 그 값은 299792458m/s인데 이것을 유효숫자 표기법으로 고쳐 쓰면 2.99792458×10^8m/s가 된다(m/s는 meter/second, 곧 "초당 몇 미터를 간다"는 뜻의 '초속'을 나타내는 단위이다). 그런데 보통의 계산에서 이렇게 정밀한 값을 사용한다는 것은 번잡스런 일이므로 유효숫자를 3개로 줄이고자 한다면 맨 앞에서 넷째에 있는 7을 반올림하면 된다. 그런데 그 윗자리가 9이고 또 그 윗자리가 9이므로 결국 이때의 값은 300000000m/s이 된다. 하지만 어쨌든 유효숫자는 3개이므로 이것을 유효숫자 표기법으로 쓰면 3.00×10^9m/s가 된다. 이와 같은 요령으로 유효숫자의 개수를 달리하면서 빛의 속도를 나타내면 다음과 같다.

유효숫자 1개 : 3×10^8m/s : 10^7자리에서 반올림한 어림값.
유효숫자 2개 : 3.0×10^8m/s : 10^6자리에서 반올림한 어림값.
유효숫자 3개 : 3.00×10^8m/s : 10^5자리에서 반올림한 어림값.
유효숫자 4개 : 2.998×10^8m/s : 10^4자리에서 반올림한 어림값.
유효숫자 5개 : 2.9979×10^8m/s : 10^3자리에서 반올림한 어림값.
……

한편 작은 수의 경우에는 10의 거듭제곱을 분수로 쓰면 된다. 예를 들어 자동차의 엔진이 1분에 3000번 회전한다면 1번 회전하는 데에 0.02초 걸리는 셈이다. 이때 끝자리가 $\frac{1}{100} = \frac{1}{10^2}$이므로 이는 다음과 같이 표기된다.

$$0.02 = 2 \times \frac{1}{10^2}$$

이를 이용하면 0.000678이라든지 먼지 1개의 무게가 약 0.000000001kg 정도라는 것도 아래처럼 표기된다.

$$0.000678 = 6.78 \times \frac{1}{10^4}, \quad 0.000000001 = 1 \times \frac{1}{10^9}$$

예제

다음 어림값의 유효숫자와 오차의 한계를 말하라.

① 1.123×10^6　　② $5.9800 \times \frac{1}{10^4}$

풀이

① $1.123 \times 10^6 = 1123000$이고 유효숫자는 1, 1, 2, 3이므로 반올림 자리는 백의 자리이다. 그러므로 오차의 한계는 500이다.

② $5.9800 \times \frac{1}{10^4} = 0.00059800$이고 유효숫자는 5, 9, 8, 0, 0이므로 반올림 자리는 소수 9째 자리이다. 그러므로 오차의 한계는 $0.5 \times \frac{1}{10^8}$이다. 그런데 이것도 기왕 유효숫자 표기법으로 쓴 이상 원칙에 맞게 써야 하며, 따라서 오차의 한계에 대한 올바른 답은 $5 \times \frac{1}{10^9}$이다.

어림값의 덧셈과 뺄셈

앞에서 박물관의 직원에 대한 이야기를 할 때 "$25000 + 3 \fallingdotseq 25000$"으로 하는 게 옳다고 말했다. 그런데 만일 초등학생한테 이 계산을 보여주면 틀렸다고 말할 것이다. 초등학교부터 지금까지는 참값만 다루었기 때문이다. 곧 이 예로부터 우리는 **어림값의 연산**(어림셈, approximation)**과 참값의 연산은 다르다**는 점을 깨닫게 된다.

이제 설명의 편의상 예를 바꾸어 $\sqrt{2}$의 어림값 1.4142136과 π의 어림값 3.14를 더한다고 생각해보자. 이 둘은 모두 무리수의 어림값인데 유효숫자의 개수가 다르고 따라서 오차의 한계도 1.4142136은 0.00000005임에 비하여 3.14는 0.005로 서로 다르다. 그런데 만일 이것을 참값처럼 다루어 4.5542136이라는 답을 구했다면 이 답의 오차한계는 0.00000005가 된다. 하지만 애초에 그다지 정밀하지 않은 수를 가지고 계산했는데 답이 그보다 정밀해진다면 이는 불합리하다. 그러므로 답이 비록 겉보기로는 정밀한 수로 보이지만 적당한 자리에서 반올림하여 애초의 그다지 정밀하지 않은 수와 오차의 한계를 맞추는 것이 타당하다. 이에 따라 4.5542136을 소수 셋째 자리에서 반올림하여 4.55를 택한다면 π의 어림값 3.14와 오차의 한계가 일치하므로 전체적으로 문제가 없다. 곧 이 어림셈의 옳은 답은 4.55이다.

여기에 설명한 내용은 뺄셈에서도 마찬가지이다. 그러므로 **"어림값의 덧셈과 뺄셈에서는 ㉮주어진 수들을 더하거나 뺀 다음 ㉯오차의 한계가 큰 수의 끝자리에 맞추어 반올림한다"**라고 요약된다. 그리고 이를 충분히 이해했다는 전제 아래 암기에 편하도록 더 간추린다면 **"어림값의 덧셈, 뺄셈에서는 자리수를 맞춘다"**라고 말할 수 있다.

예제

다음의 어림셈을 하라.

① $1.732+2.4$ ② $137+3.14$ ③ $3.14-1.718$ ④ $1.414-3.14$

풀이

① $1.732+2.4 = 4.132$이지만 2.4에 맞춰 반올림한 4.1이 답.

② $137+3.14 = 140.14$이지만 137에 맞춰 반올림한 140이 답.

③ $3.14-1.718 = 1.422$이지만 3.14에 맞춰 반올림한 1.42가 답.

④ $1.414-3.14 = -1.726$이지만 3.14에 맞춰 반올림한 -1.73이 답.

예제

다음의 어림셈을 하라.

① $2.5 \times 10^4 + 3$ ② $3.3 \times 10^3 + 1.7 \times 10^2$ ③ $0.0025 + 1.732 \times \frac{1}{10^2}$

풀이

① $25000 + 3 = 25003$이지만 앞수가 백의 자리에서 반올림된 수이므로 결과도 백의 자리에서 반올림하여 25000으로 해야 한다. 곧 이는 본문에서 예로 들었던 돌도끼에 관한 올바른 어림셈이다. 단 이렇게 쓰면 유효숫자의 개수가 불분명하므로 2.5×10^4으로 써야 하고 이것이 답이다.

② $3300 + 170 = 3470$인데 앞수의 유효숫자가 100의 자리까지이므로 이에 맞춰 10의 자리에서 반올림하면 답은 3.5×10^3이다.

③ $0.0025 + 0.01732 = 0.01982$인데 앞수에 맞추면 답은 0.0198 또는 $1.98 \times \frac{1}{10^2}$이다.

참고 여기서 우리는 "계산의 순서를 바꾸어 ㉠먼저 각 수를 반올림하여 오차의 한계가 큰 수의 끝자리에 맞추고 ㉡더하거나 빼면 되지 않는가?"라는 의문을 품을 수도 있다. 예를 들어 $3.14 + 1.718$의 경우 본문대로 하면 4.858을 반올림해서 4.86을 얻는데, 순서를 바꾸면 $3.14 + 1.72$로부터 똑같은 4.86을 얻는다. 그리고 계산이 좀 더 간편해진다는 점에서 뒤의 방법이 더 좋다. 그러나 이 방법에 따르면 더하는 수가 많을 경우 각 수를 반올림하는 ㉠의 단계에서 오차가 누적되므로 최종적으로는 잘못된 답을 얻을 수 있다. 간단한 예로 $3.14 + 1.718 + 1.535$의 경우 본문의 방법에 의하면 답이 6.393을 반올림한 6.39이지만 순서를 바꾸면 $3.14 + 1.72 + 1.54 = 6.40$이 된다. 본문의 방법이 계산은 복잡하지만 오차를 줄여주므로 이를 따라야 한다.

어림값의 곱셈과 나눗셈

현행의 **중학 과정에서는 어림값의 덧셈, 뺄셈만 다루고 곱셈, 나눗셈은 나오지 않는**다. 따라서 **이 부분은 건너뛰어도 상관없다.** 그러나 요령이 간단하므로 관심 있는 학생들을 위하여 잠시 소개하고 넘어가기로 한다.

예를 들어 $25 \times 5 = 125$라는 어림값의 곱셈을 보자. 본래의 25와 5의 유효숫자는 2개와 1개인데 곱셈을 한 결과 유효숫자가 3개로 늘어났다는 것은 불합리하다. 반면 $(2.500 \times 10^3) \div 125 = 20$의 경우에는 유효숫자가 4개와 3개에서 2개로 줄어들어 또한 불합리하다. 그리고 $10 \div 3 = 3.333\cdots$을 그대로 인정하면 유효숫자가 무한히 불어나므로 분명 어디선가 끊어야 할 필요성을 느낀다. 이처럼 어림셈의 덧셈, 뺄셈과 마찬가지로 곱셈, 나눗셈도 참값의 곱셈, 나눗셈과 다르며, 따라서 어떤 합리적인 방법을 찾아야 한다.

이를 위하여 주목할 것은 **어림값의 불확실성이 덧셈, 뺄셈에서는 자리수에 반영**되지만 **곱셈, 나눗셈에서는 유효숫자의 개수에 반영**된다는 점이다. 다시 위에 제시된 숫자를 예로 들어 길다란 직사각형 모양의 땅의 넓이를 구하는데 가로는 25m이고 세로는 5m라고 하자. 이 두 수를 그대로 곱하면 125m^2란 값을 얻으며 문제의 수와 답의 수들이 모두 끝자리가 일치하므로 이것을 그대로 답으로 삼고 싶은 충동을 느낀다.

하지만 가로 25의 1의 자리에는 소수 첫째 자리에서의 반올림으로 인한 오차가 반영되어 있는데, 여기에 세로 5를 곱하면 이 오차가 5배로 증폭된다. 그리고 거꾸로 세로 5의 1의 자리에는 소수 첫째 자리에서의 반올림으로 인한 오차가 반영되어 있는데, 여기에 가로 25를 곱하면 이 오차가 25배로 증폭된다. 이때 소수 첫째 자리의 범위가 $0 < x < 1$임을 고려하면 이것이 25배로 증폭될 경우 십의 자리까지 영향을 미치게 됨을 알 수 있다. 그러므로 우리는 이 영향을 피하기 위하여 125를 십의 자리에서 반올림해야 하며, 결국 답은 100으로 해야 한다는 결론이 나온다. 그리고 이런 논리는 '증폭'만 '축소'로 바뀔 뿐 나눗셈에도 마찬가지로 적용된다.

위의 결론을 바꿔 말하면 **"어림값의 곱셈과 나눗셈에서는 ㉮주어진 수들을 곱하거나 나눈 다음 ㉯오차의 한계가 큰 수의 유효숫자 개수에 맞추어 반올림한다"**라고 요약된다. 그리고 이를 충분히 이해했다는 전제 아래 암기에 편하도록 더 간추린다면 **"어림값의 곱셈, 나눗셈에서는 개수를 맞춘다"**라고 말할 수 있다. 나아가 최종적으로 어림셈을 종합적으로 간추리면 **"어림값의 덧셈, 뺄셈은 자리수, 곱셈, 나눗셈은 개수에 맞춘다"**라고 정리된다.

예제

다음의 어림셈을 하라.

① $4^2 \times 3.1415$ ② $137 \div 0.025$

③ $(1.141 \times 10^3) \div 1.732 \times \left(8.66 \times \frac{1}{10^4}\right)$

풀이

① $4^2 \times 3.1415 = 16 \times 3.1415 = 50.264$인데, 16에 유효숫자 개수를 맞추면 답은 50이다. 물론 엄밀히 할 필요가 있을 경우에는 5.0×10^1 또는 5.0×10으로 써야 한다.

② $137 \div 0.025 = 5480$인데, 0.025에 유효숫자 개수를 맞춰야 하므로 답은 5.5×10^3이다.

③ $(1.141 \times 10^3) \div 1.732 \times \left(8.66 \times \frac{1}{10^4}\right)$

$= 1141 \div 1.732 \times 0.000866 = 0.5705$

인데 유효숫자 개수를 3개로 맞춰야 하므로 답은 0.571이다. 혼란의 우려가 없다면 굳이 유효숫자 표기법으로 쓰지 않아도 된다.

수학자의 왕자, 가우스

독일의 10마르크 지폐에 실린 가우스의 초상. 중앙에 그려진 곡선이 가우스가 발견한 이래 통계학에서 가장 널리 쓰이는 정규분포곡선이다.

독일의 브룬스비크(Brunswick)에서 태어난 **가우스**(Karl Friedrich Gauss, 1777~1855)는 흔히 고대 그리스의 **아르키메데스**(Archimedes, BC287?~211 또는 212) 및 영국의 **뉴턴**(Isaac Newton, 1642~1727)과 함께 역사상 가장 위대한 **3대 수학자**로 꼽힌다(단 이런 평가는 다분히 주관적이고 실제로 반론도 많으므로 너무 절대시할 필요는 없다). 이 가운데 아르키메데스는 고대의 사람이라 어린 시절의 이야기는 거의 알려진 게 없다. 한편 뉴턴은 어린 시절에는 오히려 다소 처진 듯했지만 중학교 시절부터 천재성을 발휘했다. 그런데 가우스는 아주 어렸을 때부터 신동으로 이름을 떨쳤으며, 실로 모든 수학자 가운데 가장 조숙한 천재였던 것으로 보인다.

좀 믿기 어려운 이야기이기는 하지만 가우스가 3세 때 다음과 같은 일이 있었다고 한다. 가우스의 아버지는 여러 노동자들을 감독하는 지위에 있었는데, 어느 날 그들의 임금을 계산하고 있을 때 가우스도 옆에서 지켜보고 있었다. 한참 동안 계산을 하고 일을 마무리지으려 할 때 가우스는 "아빠, 그 계산이 잘못되었는데요. 바른 답은 …예요"라고 말했다. 깜짝 놀란 아버지는 다시 검산을 했으며, 결국 가우스의 암산 결과가 옳다는 것이 밝혀졌다. 후년에 가우스는 "말보다 계산을 먼저 배웠다"라는 농담을 하곤 했는데, 반드시 농담만도 아닌 듯하다.

아무튼 자식이 이 정도의 천재성을 보인다면 거의 모든 부모는 이를 활짝 꽃피워주기 위하여 열성적으로 교육에 매달렸을 것이다. 그런데 가우스의 아버지는 거친 성격의 노동자로서 교육에 열성을 보이기는커녕 가우스에게는 어울리지 않을 자신의 직업을 잇게 하기 위하여 갖은 방법으로 앞길을 가로막았다. 하지만 어머니는 달랐다. 그녀는 난폭한 남편으로부터 가우스를 보호했으며, 아들의 천재성을 살려주기 위하여 헌신적으로 노력했다. 가우스에게 또 하나의 행운은 어머니의 남동생 또한 보기 드문 천재로서 가우스에게 많은 정신적 자극을 주었다는 점이다. 나중에 애석하게도 이 외삼촌이 일찍 죽자 가우스는 "내재된 천재성이 죽음으로 사라졌다"라고 말하며 크게 슬퍼했다.

가우스가 10세 때 남긴 일화는 더욱 유명하여 수학계의 전설처럼 내려온다. 당시 독일의 교육제도는 매우 엄격했으며, 덩달아 선생님들 중에도 그런 사람들이 많았다. 이때 가우스를 맡았던 선생님도 그런 사람이었고 학생들에게 혹독한 벌을 가하기로 악명이 높았다. 그런데 은연중에 뽐내기도 좋아했던 이 선생님은 어느 날 수업시간에 "1부터 100까지 모두 더해라"는 문제를 주었다. 그리고는 아이들이 쩔쩔매면서 고생하는 모습을 은근히 즐기고자 했다. 하지만 놀랍게도 가우스는 순식간에 답을 내놓았을 뿐 아니라 정답이었다. 게다가 가우스는 그 반에서 가장 어린 학생이었는데, 한 시간이 지나도록 가우스 외에는 아무도 정답을 내놓지 못했다.

이때 가우스는 처음부터 더하지 않았다. 그는 $1+100=101$, $2+99=101$, $3+98=101$, …처럼, 앞쪽의 수와 뒤쪽의 수를 차례로 짝지으면 항상 101이 된다는 점을 즉각적으로 간파했다. 그리고 이것들은 모두 50개가 나온다. 왜냐하면 1~100까지 100개의 수를 2개씩 짝지었기 때문이다. 따라서 언뜻 아주 어렵게 보이는 문제가 암산으로도 가능한 간단한 문제로 바뀌고 그 답은 바로 5050이다(이 문제의 정확한 본래 형태에 대해서는 별책의 문제집을 참조할 것). 이후 이 무서운 선생님은 적어도 가우스에게만은 따뜻하고 자상한 선생님이 되었다. 그리하여 좋은 수학책을 사주기도 했는데, 가우스는 혼자 공부하면서도 빠르게 마쳐버림으로써 주위를 놀라게 했다.

가우스는 이처럼 어렸을 때부터 수를 다루는 데 탁월한 능력을 보였다. 그는 나중에 수학의 다른 분야도 두루 섭렵하면서 누구도 따라올 수 없는 많은 업적을 남겼지만, 어렸을 때부터 즐겼던 분야, 곧 수론(number theory)을 평생 사랑했다. **수론은 말 그대로 풀이하면 수에 관한 이론이지만 특히 정수를 주로 다룬다.** 예를 들어 "소수의 개수는 무한하다", "소인수분해는 유일하다", 그리고 62쪽에서 이야기했던 페르마의 마지막 정리 등이 수론의 영역에 속한다. 따라서 사실 말하자면 이는 수학에서 가장 오래된 분야인데, 어쩐 일인지 산만한 결론들만 나열될 뿐 제대로 된 체계를 이루지 못한 채 가우스 때까지 이르렀다. 그런데 **가우스는 18세에 구상하기 시작하여 24세에 펴낸 『정수론 연구』를 통하여 수론의 면모를 일신했으며, 이로부터 수론은 대수학, 기하학, 해석학 등 수학의 쟁쟁한 다른 분야와 어깨를 나란히 하게 되었다.** 어쩌면 수론은 너무나 심오하고 근본적인 세계였던 탓에 그 모습을 제대로 갖추어 드러나게 하는 데에는 그에 걸맞은 천재가 필요했기 때문인지도 모른다. 이와 같은 수론의 의의와 이에 대한 가우스의 애착 및 업적을 고려할 때 "**수학은 과학의 여왕이고 수론은 수학의 여왕이다**"라는 그의 말은 충분히 수긍된다고 하겠다.

가우스는 『정수론 연구』를 완성한 다음 서서히 다른 분야로 연구 영역을 넓혀갔다. 그런데 수론 이외의 분야는 처음부터 상당히 전문적이어서 중학수학의 수준에서는 설명하기가 어렵다. 그래서 그가 특히 중요하게 기여한 주제들의 제목들만 대략 간추린다면 오늘날 통계와 분석의 기초가 되는 **정규분포**(normal distribution)와 **최소제곱법**(least square method), 실수와 허수를 포괄하는 **복소수**(complex number)의 개념, "n차방정식은 복소수의 범위 내에서 n개의 근을 가진다"는 **대수학의 기본 정리**(fundamental theorem of algebra), 복소수를 변수로 취하는 **복소함수**(function of complex variable)에 관한 이론, 천문학에서의 **행성의 궤도 계산법** 등을 들 수 있다. 또한 그는 **미분기하학**(differential geometry)에도 커다란 공헌을 했는데 이는 특출한 제자 리만(Bernhard Riemann, 1826～1866)이 계승하고 나중에 다시 아인슈타인(Albert Einstein, 1879～1955)에게까지 이어져서 일반상대성이론(general theory of relativity)을 세우는 데에 많은 도움을 주었다.

이러한 가우스의 업적을 자세히 열거하고자 한다면 헤아리기도 어려울 정도이다. 그리하여 이쯤에서 우리는 '어떻게 한 인간이 이토록 다양하고도 높은 수준의 업적을 성취할 수 있단 말일까?'라는 의문이 솟구침을 느낀다. 이에 대하여 가우스 자신은 특유의 겸손함을 잃지 않은 채 **"누구라도 수학에 나만큼 깊이 몰두했다면 마찬가지의 성과를 거두었을 것이다"**라고 말했다. 그러나 이 말이 쉽게 수긍되지는 않으며, 오히려 그에게는 역시 보기 드문 걸출한 능력들이 내재해 있었다고 봄이 옳을 것도 같다. 그런데 이 가운데 가장 중요한 것으로는 그 자신이 지적한 바와 같이 **고도의 집중력**을 꼽을 수 있을 것으로 보인다. 가우스는 청년 시절 물밀 듯이 밀려오는 수학적 아이디어에 사로잡혀 사람들과의 대화 중에도 갑자기 말을 잃고 허공을 멍하니 쳐다보곤 했다. 그리고 나이가 들어서도 한 번 붙든 문제는 정신력을 총동원하여 끝장을 볼 때까지 놓아주지 않았고, 여러 개의 문제가 동시에 떠오를 때도 차분히 대응하면서 차례차례 극복해갔다고 한다.

어쨌든 가우스 자신의 말에서 충분히 감지할 수 있듯 그는 **인간적 풍모에서도 진정한 위인** 가운데 한 사람이었다. 그는 평생 검소하게 살았고, 명예나 부귀를 탐내지 않았다. 한 친구는 이에 대하여 "그는 청년기에 그랬던 것처럼 늙어 죽을 때까지도 단순하고도 검소하여 아무런 변함이 없었으며, 이게 그에게 가장 어울리는 모습이었다"라고 말했다. 그리고 가우스는 자신이 미리 연구했던 것을 다른 사람이 나중에 먼저 발표하는 일이 많았지만 한 번도 자신의 연구가 최초임을 인정해달라는 우선권〔또는 선취권(先取權), right of priority〕 주장을 제기하지 않았다. 그는 언젠가 **"나의 과학적 연구는 마음속 깊은 곳의 부름에 따르는 것일 뿐이므로 세상에 널리 알리는 것은 부차적인 일에 지나지 않는다"**라고 말하기도 했다.

이러한 생애를 살다간 가우스에게 후세 사람들은 **수학자의 왕자**(Prince of Mathematicians)라는 칭호를 붙였다. 그를 왕자라고 부른 이유는 가우스가 역사적으로 비교적 늦은 18~19세기 사람이었기에 그에 앞서 살다간 위대한 선현들, 특히 '수학자의 왕(King of Mathematicians)'이라고 일컬어지는 아르키메데스를 배려했기 때문인 것으로 보인다(528쪽 참조). 하지만 어떤 사람은 가우스를 더욱 드높여 **수학의 신**(Mathematical God)이라고도 불렀는데, 어떻게 부르든 가우스의 이름은 수학이 있는 한 언제까지나 뚜렷이 기억될 것이다.

소수의 무한성

유클리드는 자신이 지은 『원론(原論, Elements)』에 **"소수는 무한히 많다"**는 사실의 증명을 실었다. 그런데 이 증명의 간명한 아름다움에 감동한 후세 사람들은 이를 가리켜 **수학적 우아함의 전형**(a model of mathematical elegance)이라고 부르는 바(74쪽 참조), 그 요체를 한마디로 나타내면 다음과 같다.

"소수의 개수가 유한이라 하고 이 모두의 곱에 1을 더한 수를 생각해보면 이는 새로운 소수이므로 소수의 개수는 유한일 수 없다."

단 이대로는 이해하기가 좀 곤란하므로 아래처럼 풀어보면 좋다.

소수의 개수가 유한이라 하면 이 모두를 나열하여, 2, 3, 5, …, p로 쓸 수 있다. 그리고 이것들을 모두 곱한 것에 1을 더한 수를 p'이라 하면 "$p' = 2\cdot3\cdot5\cdots p+1$"이다. 그런데 p'은 알려진 어느 소수로 나누어도 언제나 1이 남는다. 따라서 p'의 약수는 1과 자신뿐이므로 새로운 소수이다. 이처럼 소수가 아무리 많더라도 그 개수가 유한하다면 이를 토대로 항상 새로운 소수를 찾을 수 있으므로 결국 소수의 개수는 무한하다.

그런데 **이 증명을 오해하여 "연속한 소수들을 곱한 다음 1을 더함으로써 실제로 언제나 새로운 소수를 얻을 수 있다"고 여기는 경우가 많다**(심지어 어떤 교사용 지도서에

도 이런 오류가 실려 있다). 그러나

$$2\cdot3\cdot5\cdot7\cdot11\cdot13+1 = 30031 = 59\cdot509$$

에서 보듯, 이 방법이 항상 새로운 소수를 만들어 내는 것은 아니다. 이 증명이 말하는 바는 "예를 들어 존재하는 **모든 소수가 2, 3, 5, 7, 11, 13뿐이라고 가정할 때는 '2·3·5·7·11·13+1'이 '새로운 소수'**가 된다는 모순을 낳는다"는 것이다. 그러나 알다시피 소수는 이 밖에도 더 많이 있으며, 그래서 30031은 59와 509라는 다른 소수들의 곱으로 소인수분해가 된다. 다시 말해서 **30031이 '새로운 소수'라는 말은 "소수가 2, 3, 5, 7, 11, 13뿐"이라는 잘못된 가정에서 나오는 '가상적 결론'일 따름**이다.

수학 이야기

과녁의 비유 : 정확도와 정밀도

139쪽에서 "**어림값의 3대 원천은 헤아림과 계산과 측정**이다"라고 썼는데, 이 가운데 실질적으로 중요한 것은 측정이다. 이 측정에서 나오는 오차인 '**측정오차**'를 분류하는 방법은 여러 가지가 있지만, 여기서는 가장 대표적인 분류법, 곧 '**편향오차**(偏向誤差, systematic error)◇'와 '**임의오차**(任意誤差, random error)◇'로 분류하는 방법을 살펴본다.

먼저 편향오차는 오차가 어느 한쪽으로 쏠려서 나타나는 것을 말한다. 예를 들어 어떤 저울에 들어 있는 용수철이 너무 오래되어 탄성을 조금 잃었다고 하자. 그러면 이 저울로 측정한 값들은 참값보다 자꾸 더 큰 값을 나타낼 것이다. 다른 예로 줄자로 길이를 측정하는 경우를 생각해보자. 여름에는 온도가 높아 줄자가 아무래도 조금 늘어날 것이므로 측정값이 참값보다 더 작은 값을 나타내는 때가 많을 것이고, 겨울에는 반대로 줄자가 조금 줄어들 것이므로 측정값이 참값보다 더 큰 값을 나타내는 때가 많을 것이다. 또 다른 예로 측정하는 사람의 습관도 들 수 있다. 어떤 사람이 자의 눈금을 읽을 때 수직 방향에서 읽지 않고 묘하게도 왼쪽에서 오른쪽, 또는 오른쪽에서 왼쪽으로 기울어진 방향에서 읽는 습관이 있다면 그에 따라 측정값은 어느 한쪽으로 쏠리는 경향을 보일 것이다. 이와 같이 측정값을 한쪽으로 쏠리게 하는 원인 때문에 나타나는 오차를 편향오차라고 말한다.

특기할 것은 편향오차는 최선의 주의를 기울여 원인을 밝혀내면 상당히 개선할 수 있다는 점이다. 위의 예들에서 저울의 용수철을 새 것으로 교환하거나, 줄자를 온도 변화에 민감하지 않은 재료로 만들거나, 눈금 읽는 습관을 바로잡거나 하면 이로 인한 편향오차를 많이 줄일 수 있다.

한편 편향오차와 달리 무질서하게 나타나는 오차가 있으며, 이를 임의오차라고 부른다. 임의오차는 대체적으로 편향오차보다 원인을 밝히기도 어렵고, 없애기도 어렵다. 사실 140쪽에서 **"헤아림이나 계산과 달리 측정오차는 온갖 주의를 기울여 실수가 전혀 없더라도 필연적으로 나올 수밖에 없다"**라고 쓰면서 가리킨 오차는 바로 이 오차라고 할 수 있다.

예를 들어 저울을 이루는 여러 부품들 사이의 마찰을 생각해보자. 이 마찰은 부품들 표면의 미세한 굴곡 때문에 생기며, 측정할 때마다 그 영향이 다르게 나타난다. 마찰을 줄이기 위해 기름칠을 하면 어느 정도의 효과는 있겠지만 그렇더라도 마찰을 완전히 없앨 수는 없다. 이런 마찰은 효과가 임의적이므로 이로 인한 오차도 무질서하게 나타난다. 줄자의 경우에도 임의오차가 있다. 줄자로 길이를 잴 때는 어느 정도 팽팽히 당겨야 하는데, 한 사람이 측정하더라도 매번 이 힘을 정확히 같도록 할 수는 없기 때문이다. 한편 사람의 습관을 교정하는 것도 한계가 있다. 일단 자의 눈금을 비스듬히 내려다보면서 읽는 습관을 고쳤다 하더라도 읽을 때마다 미세하게나마 좌우로 흔들리는 것을 완전히 방지할 수는 없다. 이러한 원인들 때문에 발생하는 임의오차는 편향오차와 달리 '쏠림 현상'이 없으며, 어떤 평균값을 사이에 두고 대칭적으로 분포하는 것이 그 특징이다.

이와 같은 편향오차와 임의오차를 시각적으로 잘 이해할 수 있도록 하는 것이 '과녁의 비유'이다. 먼저 예를 들어 총알 다섯 발이 과녁에 남긴 다음 두 가지의 경우를 생각해보자.

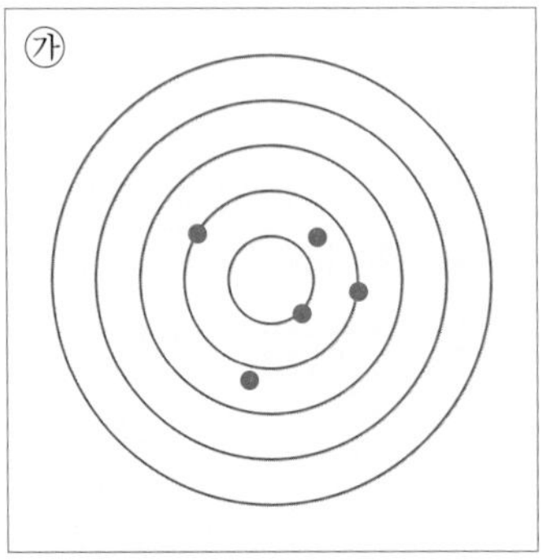

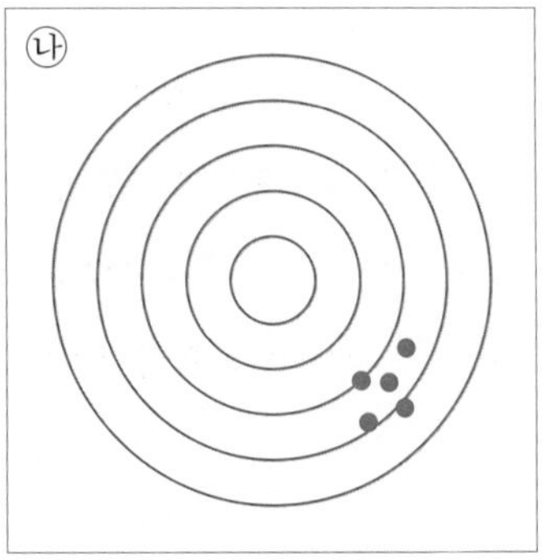

㉮는 탄흔이 과녁의 중앙 부근에 있지만 넓게 분포해 있음에 비하여 ㉯는 한쪽에 쏠려 있지만 좁게 분포해 있다. 이런 상황을 '오차'의 개념으로 파악해보면 "㉮는 편향오차는 작되 임의오차가 크며, ㉯는 편향오차는 크되 임의오차는 작다"고 말할 수 있다. 한편 이것을 '**정확도**(accuracy)'와 '**정밀도**(precision)'라는 개념으로 이야기하기도 한다. 이에 따르면 "㉮는 정확도는 높되 정밀도는 낮으며, ㉯는 정확도는 낮되 정밀도는 높다"고 말할 수 있다. **정확도는 '측정값과 참값과의 차이'**가 얼마나 작은지를 가리키며, **정밀도는 '측정값들 사이의 차이'**가 얼마나 작은지를 가리키는 것으로 구별하기 때문이다. 일상적으로 우리는 '정확도'와 '정밀도'를 거의 같은 뜻으로 혼용하지만 수학적으로는 이처럼 엄밀히 구별해서 사용한다("과학은 일상 용어를 정련하는 작업이다"라는 아인슈타인의 말을 다시 되새길 것).

여기에서 ㉮와 ㉯가 같은 종류의 총에 의한 것이라고 하자. 그러면 두 총의 성능은 같을 텐데 왜 이런 차이가 나타났을까? 먼저 ㉮의 경우 탄흔이 넓게 분포해 있지만 대체로 과녁의 중앙 부근이란 점에서 볼 때 총신은 똑바로 조준되어 있음을 알 수 있다. 따라서 총 자체에는 문제가 없으며 사수의 솜씨가 좋지 않기 때문에 이런 결과가 나왔다고 분석할 수 있다. 반면 ㉯의 경우 탄흔이 좁게 분포해 있지만 과녁의 한쪽으로 치우쳤다는 것은 사수의 솜씨는 좋으나 총신 자체가 비뚤어지게 조준되었기 때문이라고 분석할 수 있다. 물론 이 밖에 ㉮와 ㉯의 총 모두 아무 문제가 없지만, ㉮의 사수는 솜씨는 좀 떨어지되 사격 자세에 별 문제가 없는 반면, ㉯의 사수는 솜씨는 좋지만 사격 자세에 뭔가 문제가 있어서 탄환이 자꾸 오른쪽 아래로 향한다고 분석할 수도 있다.

요컨대, 구체적 원인과 분석이야 어떻든, 좋은 사격 결과를 얻으려면 정확도와 정밀도를 모두 높일 것이 필요하며, 바꿔 말하면 편향오차와 임의오차를 모두 줄일 것이 필요하다(다음 그림의 ㉰는 정확도와 정밀도가 모두 낮은 경우이고, ㉱는 이상적으로 정확도와 정밀도가 모두 좋은 경우이다). 측정에서도 여기 과녁의 비유에서와 같이 주어진 측정과 관련된 여러 가지의 편향적 요소와 임의적 요소를 잘 분석하여 최적의 결과를 얻도록 노력해야 한다.

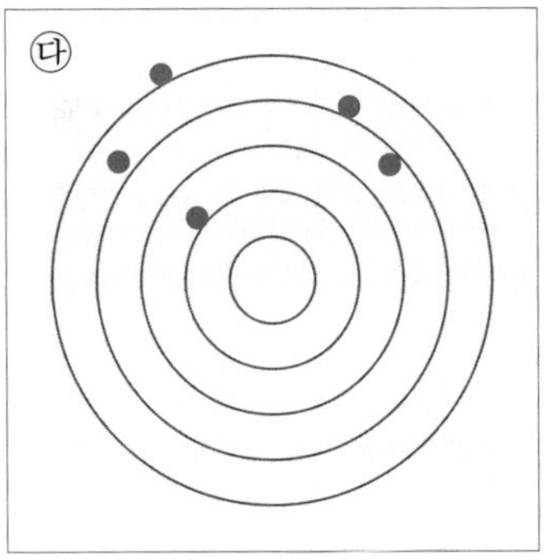

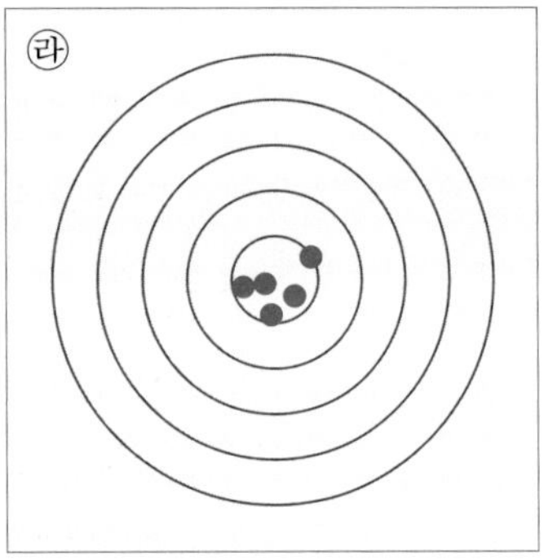

제3장
식과 연산

우리의 눈앞에 끝없이 펼쳐지는 이 광대한 책, 곧 우주의 진리는 수학의 언어로 쓰여 있다.

그 언어를 모르는 한 우리는 그 신비의 단 한 구절도 이해할 수 없다.

— 갈릴레오(Galileo Galilei)

1 수식의 의의

수식의 약사(略史)

식(式, formula)**은 수와 문자를 섞어서 나열한 것**을 가리키며, **수식**(數式)이라고도 부른다. 수식에 관한 기본적 사항에 대해서는 제0장의 '2. 문자의 사용'에서 처음 제시했고 이후의 주제들에서 다양한 형태로 응용해왔다. 따라서 그 유용성 및 **"수식은 수학의 언어"**라는 말에 대해서도 이미 충분한 이해가 이루어졌을 것으로 보인다. 그리고 이제부터는 이보다 더 나아가 수식의 여러 측면들을 본격적으로 다루어간다.

수식이 이처럼 쓸모 있는 수학적 도구가 된 데에는 숫자뿐 아니라 문자를 함께 사용한다는 점이 결정적 요인으로 작용했다. 만일 우리가 숫자만 사용해서 곱셈의 교환법칙을 설명한다면 구구단에 나오는 $2\times3=3\times2$, $4\times7=7\times4$, $6\times8=8\times6$, …과 같이 일일이 각각의 예를 들어야 한다. 그러나 이것을 $a\times b=b\times a$ 또는 $ab=ba$와 같이 문자를 사용해서 나타내면 무수히 많은 예가 하나의 식으로 포괄된다. 여기의 a와 b에 어떤 수를 **대입**(代入, substitution)해도 항상 같은 결과가 나오기 때문이다.

이처럼 유용한 수식을 수학에 처음 도입한 때는 아주 오래될 것으로 추측된다. 그러나 문헌에 드러난 것으로는 고대 그리스의 수학자 **디오판토스**(Diophantos, 246?~330?)가 몇 가지의 원시적인 기호를 사용한 것이 처음이다. 이를 통하여 그는 여러 업적을 남겼고 어떤 문제는 현대 수학에서도 중요한 의의를 갖고 있는 바, 이 때문에 그를 일컬어 **대수학의 아버지**(the father of algebra)라고 부른다.

그런데 디오판토스 이후 1000여 년이 넘도록 수식의 발전은 지지부진했다. 오늘날 이토록 수학의 필수적 도구가 된 것에 비춰보면 이는 사실 매우 뜻밖의 현상이라고 말할 수 있을 정도이다. 물론 이 사이에도 **파치올리**(Luca Pacioli, 1445?~1517?), **비트만**(Johannes Widman, 1462~1498) 등에 의하여 조금씩의 발전은 이루어졌지만 큰 진전은 이루지 못했다. 그러던 차에 1591년 프랑스의 수학자 **비에트**(François Viéte, 1540~1603)가 『해석학입문(In artem analyticam isagoge)』이란 책을 펴냄으로써 획기적인 전환점을 이룬다. 비에트는 이 책에서 그때까지 축적된 여러 표기법들을 집대성하고 보편화하여 수식을 수학의 언어로 확립하는 데에 커다란 기여를 했다. 그리하여 오늘날 비에트는 **현대 대수학의 아버지**(the father of modern algebra)라고 불린다.

비에트에 이어 중요한 기여를 한 사람은 **해리어트**(Thomas Harriot, 1560~1621)와 **오트레드**(William Oughtred, 1574~1660)를 들 수 있다. 해리어트는 비에트의 업적을 이어받아 더욱 정비했으며, '>'와 '<'는 그가 창안했다. 오트레드는 수학적 기호의 중요성을 특히 역설하면서 150여 개의 기호를 손수 만들었다. 그러나 오늘날까지 전해지는 것은 ×, ~, π 등 몇 개에 지나지 않는다. 끝으로 프랑스의 수학자이자 철학자인 **데카르트**(René Descartes, 1596~1650)도 중요하다. 데카르트는 알파벳 가운데 a, b, c, …와 같은 앞부분의 문자는 **계수**(係數, coefficient)나 **상수**(常數, constant)와 같은 **기지수**(旣知數, known), 그리고 x, y, z와 같은 뒷부분의 문자는 **미지수**(未知數, unknown)에 사용하는 관습을 확립했다(계수, 상수, 기지수, 미지수 등에 대해서는 나중에 자세히 배운다). 그리고 x^2, x^3, …처럼 거듭제곱을 위첨자로 나타내는 것도 데카르트가 제안했다. 그리하여 대략 17세기에 수식의 주요 뼈대가 완성되었다고 말할 수 있게 되었다.

수식의 2대 의의

오늘날 수학에서 사용되는 기호는 수백 가지에 이른다. 곧 데카르트 이후에도 많은 사람들이 수학적 표기법에 기여해왔으며, 이런 과정을 통해 수학은 예전보다 간편해지고 빠르게 진보했다.

그런데 수식의 발전이 반드시 수학의 외형적 진보에만 기여한다고 보아서는 안 된다는 점을 주목해야 한다. 잘 고안된 훌륭한 기호는 우리의 사고 작용 자체에도 영향을 끼침으로써 수학을 질적으로도 높은 수준으로 이끌기 때문이다. 이와 관련하여 독일 수학자 **라이프니츠**(Gottfried Wilhelm von Leibniz, 1646~1716)의 **"좋은 표기법은 자연의 본질을 정확하고 간결하게 보여줄 뿐 아니라 사고의 수고도 극적으로 절감해준다"**라는 말, 뉴턴과 라이프니츠의 후계자라고 할 프랑스의 수학자 **라플라스**(Pierre-Simon de Laplace, 1749~1827)의 **"잘 고안된 표기법은 때로 풍부한 사고의 원천이 된다"**라는 말, 그리고 영국의 현대 수학자이자 철학자인 **러셀**(Bertrand Russell, 1872~1970)의 **"훌륭한 표기법은 마치 살아 있는 선생님을 대하는 듯한 미묘한 감흥을 전해준다"**라는 말들을 잘 음미해볼 필요가 있다.

이상의 내용을 종합해볼 때 **수식의 2대 의의는 (외적) 간명성과 (내적) 포괄성**이라고 말할 수 있다.

먼저 (외적) 간명성은 수식을 일상 언어로 표현할 경우 복잡하고도 모호하게 보일 내용들을 간결하고도 명확하게 나타내준다는 점을 뜻한다. 그리고 (내적) 포괄성은 수식을 사용하면 구체적으로 일일이 열거해야 할 사례들을 하나로 뭉뚱그려 나타낼 수 있다는 점을 뜻한다. 이제부터 수식은 수학의 모든 분야에서 중심적 언어로 사용되는 바, 수식이 갖는 이러한 의의를 잘 유념하면서 간명한 형식 속에 깊고도 풍부한 내용을 잘 담아낼 수 있도록 꾸준히 노력해야 한다.

본문에서 간명성과 포괄성이 수식의 2대 의의라고 했지만 "수식은 수학의 언어"라는 말과 연관시켜 넓게 생각해보면 이는 사실 일상 언어가 갖는 의의이기도 하다. 예를 들어 영어를 모른 채 미국을 여행하는 사람이 감기에 걸렸다고 하자. 그러면 "약국

가는 길 좀 알려주세요?"라는 뜻을 미국인에게 전달해야 하는데, 이때 얼마나 복잡한 손짓, 발짓, 몸짓, 표정 등을 동원해야 할 것인지 상상해 보라. 하지만 영어를 잘 안다면 "Will you show me the way to a drugstore?"라는 간결한 표현으로 원하는 것을 쉽게 얻을 수 있다.

흔히 우리가 수학을 어렵고 힘들고 귀찮고 골치 아프게 여기는 이유 가운데 중요한 것 하나가 끊임없이 등장하는 수식이다. 그러나 수식을 능수능란하고 자유롭게 구사할 수 있는 능력을 키우는 것이 바로 수학을 잘 하는 주요 요소이며, 이는 곧 우리가 일상생활을 원활하게 이끌기 위하여 일상 언어의 표현능력을 열심히 연마하는 것과 본질적으로 다를 게 없다. 따라서 이런 점을 깊이 되새기면서 수학을 괜히 멀리하는 어리석음을 물리치도록 해야 한다.

2 수식의 분류

동류항 정리하기

수식에는 수와 문자가 다양하게 섞여 있는데, 이를 간략한 형태로 정리할 때는 ㉮24쪽에서 이야기한 '수식표기의 규약'에 따라 관련 내용을 수식으로 옮긴 다음, ㉯내용적으로 같은 **동류항**(同類項, similar term)들을 한데 묶는 **2단계의 과정**을 밟는다. 이 가운데 수식표기의 규약은 이미 설명했으므로 다음에서는 동류항에 대하여 알아본다.

예를 들어 어떤 사람이 서울과 지방에 각각 $1000m^2$와 $5000m^2$의 땅을 소유하고 있다고 하자. 그러면 이 사람은 모두 $1000m^2 + 5000m^2 = 6000m^2$의 땅을 가졌다고 말한다. 그런데 이와 달리 길이가 1000m인 밧줄과 넓이가 $5000m^2$의 땅을 소유하고 있을 경우 이 두 가지를 합쳐서 6000m 또는 $6000m^2$라고 이야기할 수는 없다. 이로부터 우리는 숫자와 문자가 합쳐진 수식을 다룰 때, 더해도 되는 경우와 더해서는 안 되는 경우가 있음을 알 수 있다. 여기의 예에서 $1000m^2$나 $5000m^2$처럼 **숫자와 문자의 곱으로 된 한 덩어리의 묶음을 항**(項, term)이라고 부르며, 이것들 가운데 **서로 더할 수 있는 항들을 가리켜 동류항**이라고 부른다.

그런데 좀 더 정확히 말하면 **동류항은 문자의 종류와 차수가 같은 항**을 말한다. 그리고 **차수**(次數, order)**는 어떤 항에 속한 문자들이 거듭제곱된 총 횟수, 곧 지수**(指數, exponent)**의 총합**을 말한다. 예를 들어 $2x^3+3x^2-4x+5$라는 식은 4개의 항으로 구성되어 있고, $2x^3$이란 항의 차수는 3, $3x^2$이란 항의 차수는 2, $-4x$란 항의 차수는 1, 그리고 5란 항의 차수는 0이며, 이들 모두는 서로 동류항이 아니다. 한편 예를 들어 $3xy^2$이란 항이 있을 경우 x의 지수가 1이고 y의 지수는 2이므로 이는 3차식이다. 하지만 특히 x와 y의 각각에 대해서 이야기할 필요가 있을 경우에는 "x에 대해서는 1차", "y에 대해서는 2차", 그리고 "전체적으로는 3차"라고 말한다.

한편 $3xy^2$처럼 하나의 항만 있는 식을 **단항식**(monomial), $2x^3-4x+5$처럼 여러 항이 있는 식을 **다항식**(polynomial)이라고 부른다. 그런데 **다항식의 경우 식 전체의 차수는 언제나 항들 가운데 최고 차수의 항을 기준으로 말한다**는 점을 유의해야 한다. 따라서 예를 들어 $2x^3+3x^2-4x+5$는 3차식에 속한다.

그리고 예를 들어 $2x^3+3x^2-4x+5$의 경우에서 $2x^3$의 2, $3x^2$의 3, $-4x$의 -4처럼 문자와 곱해진 숫자들을 가리켜 **계수**(係數, coefficient)라고 부르며, 마지막의 5처럼 문자와 곱해지지 않은 숫자만으로 된 항을 **상수**(常數, constant) 또는 **상수항**(常數項)이라 부르고 영어로는 constant라고 한다.

동류항에서 문자의 종류가 같아야 한다는 점에 대해서는, 1L의 물과 1m의 끈을 서로 더하거나 뺄 수 없지만, 1L의 물과 3L의 물을 더하면 4L의 물이 되고, 4m의 끈에서 1m의 끈을 빼면 3m의 끈이 된다는 점으로부터 쉽게 이해할 수 있다. 그리고 문자의 종류가 같더라도 1000m인 밧줄과 넓이가 5000m^2의 땅을 더하거나 뺄 수 없지만, 1000m^2인 땅과 5000m^2의 땅을 더하거나 뺄 수 있는 데에서 보듯 차수까지도 같아야 동류항이 된다.

다항식을 쓸 때는 혼란의 우려를 방지하기 위하여 대개 가장 높은 차수의 항부터 쓰며, 이를 **내림차순**(descending order)이라고 말한다. 하지만 때로는 가장 낮은 차수의 항부터 쓸 때도 있고, 이는 **오름차순**(ascending order)이라고 말한다.

예제

다음 물음에 답하라.

① $5x^3-4x+5$는 몇 차식인가?

② $5xy^3-4x^2y+5$는 몇 차식인가?

③ $5x^3-4x+5-2x^3-4x^3+2x^2+10x-8$을 간단히 정리하라.

④ $5xy^3-4x^2y+5-11xy^3+2x^2y+3y^2-17$을 간단히 정리하라.

풀이 식의 차수는 최고차항을 기준으로 말하며, 동류항별로 정리한 다음에는 대개 내림차순으로 쓴다.

① x^3의 차수가 가장 높으므로 3차식이다.

② xy^3의 차수가 가장 높으므로 4차식이다.

③ 동류항 부분은 괄호로 나타냈다.

$$\begin{aligned}&5x^3-4x+5-2x^3-4x^3+2x^2+10x-8\\&=(5x^3-4x^3)-2x^3+2x^2+(-4x+10x)+(5-8)\\&=x^3-2x^3+2x^2+(+6x)+(-3)\\&=-x^3+2x^2+6x-3\end{aligned}$$

④ 숙달되면 동류항들도 괄호로 묶을 필요 없이 바로 써서 내려가면 된다.

$$\begin{aligned}&5xy^3-4x^2y+5-11xy^3+2x^2y+3y^2-17\\&=5xy^3-11xy^3-4x^2y+2x^2y+3y^2+5-17\\&=-6xy^3-2x^2y+3y^2-12\end{aligned}$$

기지수와 미지수

예를 들어 "100원짜리 연필 x개와 200원짜리 지우개 y개를 샀다면 총 금액은 얼마인가?"라는 문제를 생각해보자. 이것을 식으로 나타내면 $100x+200y$가 되며, 문제에 미리 주어졌기 때문에 우리가 수치를 알고 있는 100과 200을 가리켜 **기지수**(旣知數, known), 그리고 x와 y처럼 문자로만 주어졌기 때문에 수치를 아직 모르는 것들을 **미지수**(未知數, unknown)라고 부른다. 그런데 여기서 100을 a 그리고 200을 b로 나타내서 문제의 식을 $ax+by$와 같이 쓴다면 나중에 a와 b의 수치를 여러 가지로 바꿔가면서 다양한 문제를 꾸밀 수 있다. 다시 말해서 기지수라고 해서 반드시 숫자로만 써야 한다는 법은 없고 문자로도 얼마든지 나타낼 수 있다. 그런데 166쪽에서 말했듯 데카르트 이래 **기지수를 나타내는 문자는 알파벳의 앞부분에 나오는 $a, b, c, \cdots$ 등을 쓰고 미지수를 나타내는 문자는 뒷부분에 나오는 x, y, z 등을 쓰는 것이 보편적 관습**으로 굳어졌다.

한편 **기지수와 미지수는 문제의 상황에 따라 얼마든지 뒤바뀔 수 있음에 유의**해야 한다. 예를 들어 위 문제를 "x원짜리 연필 5개와 y원짜리 지우개 7개를 샀다면 총 금액을 얼마인가?"로 바꾸면 답을 구하는 식은 $5x+7y$가 되어 위의 예와 비교할 때 기지수와 미지수가 뒤바뀐다. 그리고 여기서의 기지수도 문자로 바꾸면 문제의 식은 처음의 예와 똑같은 $ax+by$가 된다. 그러나 그 내용은 다르므로 이를 유념하면서 문제를 풀어가면 된다.

예제

다음 문제의 답을 식으로 꾸며라.

① 미터당 10000원짜리의 밧줄 x미터와 제곱미터당 100000원짜리의 땅 y제곱미터의 총 금액

② 한 변의 길이가 a인 정육면체와 세 변의 길이가 a, b, c인 직육면체와 반지름이 d인 구에 들어 있는 물의 총량

③ 미터당 x원짜리의 밧줄 a미터와 제곱미터당 b원짜리의 땅 y제곱미터의 총 금액

④ 한 변의 길이가 a인 정육면체 x개와 세 변의 길이가 a, b, c인 직육면체 y개와 반지름이 d인 구 z개에 들어 있는 물의 총량

풀이

① $10000x+100000y$ (원)

② $a^3+abc+\frac{4}{3}\pi d^3$: 여기서 π는 문자로 쓰기는 했지만 3.141592…라는 값을 갖는 '상수'로서 '기지수'라는 점을 유의할 것.

③ $ax+by$ (원)

④ $a^3x+abcy+\frac{4}{3}\pi d^3z$

수식의 분류

이상의 내용을 토대로 수학에 나오는 모든 식을 형태별로 분류하면 다음과 같다.

- 식 (수식)
  - 단순식◇ : 등호나 부등호가 없는 식
  - 등식
    - 항등식 : 모든 값에 성립하는 등식
    - 방정식 : 특정 값에 성립하는 등식
  - 부등식
    - 절대부등식 : 모든 값에 성립하는 부등식
    - 상대부등식◇ : 특정 값에 성립하는 부등식

앞에서 우리가 배웠던 단항식과 다항식은 등호나 부등호가 없으므로 이 분류 가운데 **'단순식◇'**에 해당한다.

다음으로 **등식**(等式, equation)**은 등호**(等號, equality sign)**가 들어간 식**을 말하며 등식

의 왼쪽을 **좌변**(左邊, left-hand side), 오른쪽을 **우변**(右邊, right-hand side)이라고 부른다. 등식에는 항등식과 방정식이 있는데, 먼저 **항등식**(恒等式, identity)의 예로는

㉮ $a(b+c) = ab+ac$

㉯ $(x+y)^2 = x^2+2xy+y^2$

과 같은 것들을 들 수 있다. ㉮는 분배법칙을 나타내며 여기의 a, b, c에 어떤 값을 대입하더라도 항상 성립하는 등식, 곧 항등식의 일종이다(a, b, c에 각각 2, 3, 4를 대입해서 확인해보라). 사실 수학이나 과학에서 **법칙은 항상 성립하는 관계**를 말하는 바, 이를 식으로 나타내면 항등식의 형태를 띠게 될 것은 당연한 일이다. 그리고 ㉯는 나중에 배울 '인수분해'에서 쓰이는 공식인데, 이 또한 x와 y에 어떤 값을 대입해도 항상 성립하므로 항등식에 속한다(x와 y에 2와 3을 대입해서 확인해보라). **공식은 법칙처럼 항상 성립하는 관계를 나타내는 식**이므로 당연히 항등식의 형태를 띠게 된다. 다시 말해서 **항등식은 법칙과 공식을 나타내는 데에 많이 쓰인다**.

$a(b+c) = ab+ac$와 $(x+y)^2 = x^2+2xy+y^2$이 옳다는 점은 수를 직접 대입해보는 **'대수적 방법'**으로도 확인할 수 있지만 다음처럼 도형을 이용하는 **'기하적 방법'**으로도 확인할 수 있다.

먼저 $a(b+c) = ab+ac$의 경우, 좌변은 세로가 a이고 가로가 $(b+c)$인 직사각형의 넓이로 생각할 수 있고, 우변은 세로가 a이고 가로가 b인 직사각형과 세로가 a이고 가로가 c인 직사각형의 넓이를 합친 것으로 생각할 수 있다. 그런데 이렇게 해석한 좌변과 우변의 넓이는 175쪽 왼쪽 그림에서 보듯 서로 일치한다.

다음으로 $(x+y)^2 = x^2+2xy+y^2$의 경우도 175쪽 오른쪽 그림을 토대로 비슷한 해석을 하면 양변이 서로 일치함을 곧 이해할 수 있다.

그런데 여기서 한 가지 주목할 점이 있다. 곧 이 식을

$$(x+y)^2 = ⓐ\,(x+y)(x+y) = ⓑ\,x(x+y)+y(x+y)$$
$$= ⓒ\,x^2+xy+xy+y^2 = x^2+2xy+y^2$$

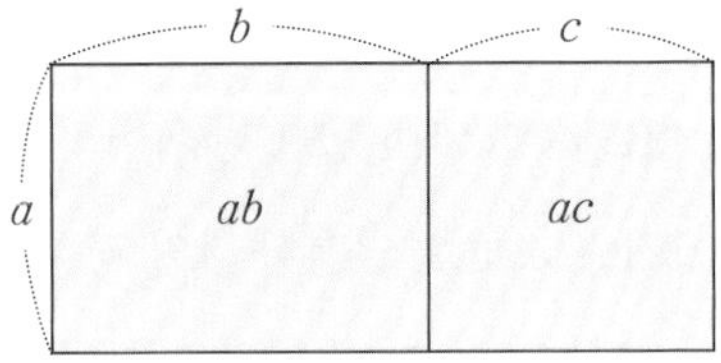

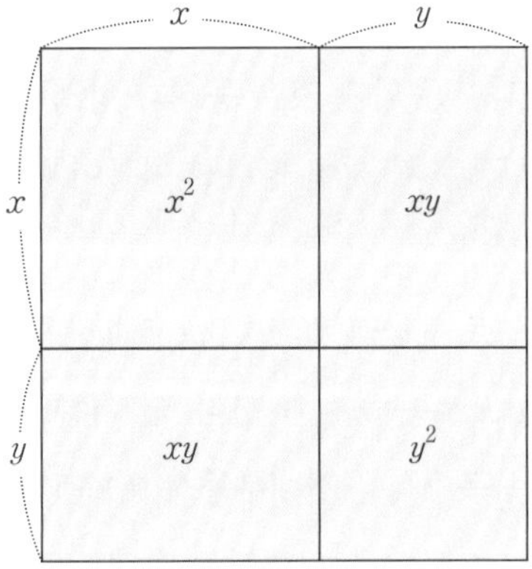

과 같이 풀어갈 때, ⓐ에서 ⓑ로 가면서 분배법칙이 한 번 쓰이고, ⓑ에서 ⓒ로 가면서 또 한 번 쓰여서, 전체적으로 분배법칙이 두 번 쓰인다는 점이다. 여기서는 분배법칙만 이야기했지만 필요에 따라 교환법칙과 결합법칙까지 3대 기본법칙을 적절히 함께 이용하면 괄호가 복잡하게 사용된 식도 (좀 귀찮기는 하지만) 이론적으로는 아무 어려움 없이 전개할 수 있다.

대수적 방법과 기하적 방법 가운데 대수적 방법이 더 일반적이기는 하다. 그러나 기하적 방법은 우리의 시각을 통해 직관적으로 이해할 수 있게 해준다는 점에서 가치가 높다. 수학에는 이 밖에도 기하적 방법을 이용하는 예가 아주 많으며, 이런 경우 대수적 방법과 함께 기하적 방법을 병행하면 큰 도움을 얻을 수 있다.

다음으로 **방정식**(方程式, equation)의 예로는

㉰ $2x+4 = 10$

㉱ $2x^2+3x-14 = 0$

과 같은 것들이 있다. ㉰는 $x=3$의 경우에만 성립하며 ㉱는 $x=2$와 $x=-3.5$인 경우에만 성립한다. 여기서 ㉰는 포함된 문자의 최고차수가 1차이므로 '1차방정식', ㉱는 2차이므로 '2차방정식'이라고 부르는데, 앞으로 나올 단원들에서 이런 답들을 구

하는 방법에 대하여 배우게 된다.

한 가지 유의할 것은 **등식과 방정식 모두 영어로는 equation으로 부른다**는 사실이다. 이 경우 각 식에 명확한 이름이 부여된다는 점에서 우리말 이름들이 더 우월하다고 하겠다.

끝으로 **부등식**(不等式, inequality)은 등호 대신 부등호가 들어간다는 점만 다를 뿐 내용상으로는 등식과 같다. 단 이름만 조금씩 달라서 문자의 값에 상관없이 항상 성립하는 부등식은 **절대부등식**(絶對不等式, absolute inequality), 일정한 값일 경우에만 성립하는 부등식은 **상대부등식**(相對不等式, conditional inequality)◇이라고 부른다. 절대부등식은 항등식처럼 법칙이나 공식을 나타내는 데 많이 쓰이고, 상대부등식은 방정식처럼 여러 가지 문제에 적용된다. 중학 과정에서는 상대부등식만 배우는데, 자세한 것은 부등식 단원에서 이야기하기로 한다.

'방정식'이란 이름을 처음 들으면 뭔가 특별한 것처럼 들린다. 하지만 위에서 보듯 등식의 일종에 지나지 않는다. 방정식이란 이름은 중국 고대의 대표적 수학 책으로 BC250년 무렵에 쓰인 『구장산술(九章算術)』이란 책에서 유래한다. 이 책은 제목에 나타난 대로 9개의 장(章)으로 이루어져 있다. 그 가운데 제8장의 제목이 '방정(方程)'이며 몇 가지 1차연립방정식에 대한 풀이법이 나온다(1차연립방정식에 대해서는 나중에 배운다). 특이하게도 거기서는 1차연립방정식을 푸는 데에 우리의 윷놀이에 쓰이는 나무들과 비슷한 산목(算木)이란 도구를 사용한다. 그리하여 이를 정사각형 모양의 일정한 방식에 따라 배열하면서 풀어간다. 여기서 정사각형 모양을 '방' 그리고 배열하는 과정을 '정'이라 부르며 방정식이란 이름은 이로부터 유래했다. 오늘날 우리가 사용하는 용어로서의 방정식은 이 어원보다 확장되어 항등식을 제외한 모든 종류의 등식을 일컫는다.

3 등식의 성질

등식의 성질은 항등식과 방정식이라는 두 가지 등식을 다루는 데 필요한 근본 원리로서 다음의 다섯 가지를 말한다.

1 · 등식의 양변에 같은 수를 더해도 등식은 성립한다.

2 · 등식의 양변에서 같은 수를 빼도 등식은 성립한다.

3 · 등식의 양변에 같은 수를 곱해도 등식은 성립한다.

4 · 등식의 양변을 0이 아닌 같은 수로 나누어도 등식은 성립한다.

5 · 등식의 양변을 맞바꾸어도 등식은 성립한다.

그리고 이것을 식으로 쓰면 다음과 같다.

1 · $A = B$이면 $A+C = B+C$이다.

2 · $A = B$이면 $A-C = B-C$이다.

3 · $A = B$이면 $AC = BC$이다.

4 · $A = B$이면 $A/C = B/C$이다. (단 $C \neq 0$)

(여기의 "$C \neq 0$"이라는 단서는 나중에 방정식을 배우면 정확히 이해하게 된다.)

5 · $A = B$이면 $B = A$이다.

등식의 성질은 흔히 **'저울의 비유'**로 설명한다. 곧 **등식은 아래 그림과 같은 저울이 균형을 이룬 상태**를 뜻하며, **이런 상태에서 앞의 1~5번 행위를 해도 균형은 그대로 유지된다는 점이 등식의 성질**에 해당한다.

이와 같은 다섯 가지 성질을 보고 느끼는 소감은 어떤가? 아마도 "소개는 거창하게 '근본 원리'라는 이름으로 했지만 내용은 뜻밖에도 아주 단순하구나!"라는 생각이 들 것으로 여겨진다. 그러나 앞으로 이 원리들을 사용해서 수많은 등식을 다룰 때는 그 단순함 속에 감춰진 커다란 위력을 실감하게 될 것이다.

한편 이런 점과 관련하여 여기서 참으로 강조하고 싶은 것은 **등식의 성질뿐 아니라 수학의 여러 분야에서 쓰이는 대부분의 '근본 원리'들은 매우 단순하다**는 사실이다. 그리고 이 사실을 마음속에 새겨두면 겉보기로 복잡하고 어려운 문제들을 대할 때 정신적으로 많은 도움을 받을 수 있다.

중학수학의 단계에서 이런 점들을 가장 절실히 느낄 수 있는 분야는 기하이다. 나중에 제6장에서 기하를 배울 때 여기 등식의 성질을 잠시 언급하게 되는데, 그때 다시 이를 되새기면서 수학의 본질에 대한 이해가 한층 깊어지기를 기대한다.

4 항등식

앞에서 **항등식은 법칙과 공식을 나타내는 데에 주로 쓰인다**고 했다. 예를 들어 교환, 결합, 분배의 3대 기본법칙, 삼각형, 사각형, 원의 넓이 등을 구하는 공식 등이 항등식에 속하며, 앞으로 수학과 과학을 깊이 공부함에 따라 더욱 많은 예를 만나게 된다.

한편 **'식과 연산'이라는 이 장의 제목과 관련하여 볼 때 항등식의 중요한 예는 다항식의 곱셈공식과 인수분해**이다. 여기에는 **이론적으로 중요한 내용은 없지만 수학에 등장하는 수많은 식들을 다룰 때 능숙하게 사용해야 할 기본 도구**들이므로 잘 익혀야 한다. 요컨대 **수학은 본질적으로 '사고의 학문'이지만 이를 원활히 하려면 '수식 다루기'와 같은 기능적 측면에도 능통해야 함을 깨달아, 이 두 측면이 훌륭한 조화를 이루도록 노력**해야 한다.

다음에서는 먼저 항등식의 단순하고도 중요한 성질부터 알아보고 넘어가도록 한다.

1 ⋮ 항등식의 성질

합의 'and 성격'과 곱의 'or 성격'

항등식의 성질을 보기 전에 예비적인 사항 한 가지를 짚고 넘어간다.

예를 들어 '3+4', '3+0', '0+4', '0+0'의 네 가지 가운데 0이 되는 것은 둘 다 0인 '0+0'뿐이며, 둘 중 하나라도 0이 아니면 0이 되지 않는다. 다시 말해서

$$p+q=0 \quad — ❶$$

이라는 식이 성립하려면 p와 q는 '동시에' 0이어야 하며, 따라서

$$p=0 \text{ and } q=0$$

의 관계를 가져야 한다. 그런데 이는 항이 여러 개 있을 때도 마찬가지이다. 곧

$$p+q+r+\cdots=0$$

이라는 식의 경우에는

$$p=0 \text{ and } q=0 \text{ and } r=0 \text{ and } \cdots$$

이어야 한다.

한편 곱셈의 경우에는 다르다. 예를 들어 '3·4', '3·0', '0·4', '0·0'의 네 가지 가운데 0이 되는 것은 둘 중 하나가 0인 세 가지이며, 둘 다 0이 아닌 때만 0이 되지 않는다. 다시 말해서

$$pq=0 \quad — ❷$$

이라는 식이 성립하려면 p와 q의 둘 중 하나만 0이면 되며, 따라서

$$p=0 \text{ or } q=0$$

의 관계를 가지면 된다. 그런데 이는 인수가 여러 개 있을 때도 마찬가지이다. 곧

$$pqr\cdots = 0$$

이라는 식의 경우에는

$$p = 0 \text{ or } q = 0 \text{ or } r = 0 \text{ or } \cdots$$

이면 된다.

이상 두 가지의 경우는 45쪽에서 이야기한 합집합 및 교집합의 경우와 비교하면서 숙지해두도록 한다.

항등식의 성질

앞서 살펴본 등식의 다섯 성질은 항등식과 방정식 모두에 대해서 성립한다. 그런데 등식 가운데 **항등식에만 성립하는 고유의 성질**이 있으며, 그것은 **"항등식은 양변의 동류항의 계수가 서로 같다"**는 것이다. 예를 들어

$$ax+b = a'x+b' \quad \text{—③}$$

이라는 1차의 항등식이 있다고 하자. 이것을 정리하면

$$(a-a')x+(b-b') = 0 \quad \text{—④}$$

가 되는데, 이는 앞에서 본 ①의 경우에 해당한다. 따라서

$$(a-a')x = 0 \text{ and } b-b' = 0 \quad \text{—⑤}$$

이 되어야 한다. 바꿔 말하면 이는

$$a = a' \text{ and } b = b' \quad \text{—⑥}$$

이란 뜻이고, 이것이 바로 항등식의 성질이다.

위 ⑤식의 $(a-a')x = 0$에서 x는 본래 ③식이 항등식이라고 했으므로 어떤 값이라도 될 수 있다. 따라서 $(a-a')x = 0$이 성립하려면 $a = a'$이어야 한다.

만일 양변의 동류항의 계수가 다르면 어찌될까? 예를 들어

$$2x+5 = 3x+3$$

이 있다고 하자. 그러면 이것은 $x=2$일 때만 성립하는 방정식일 뿐 항등식이 아니다.

항등식의 성질은 당연히 2차 이상의 항등식에서도 모두 성립한다. 이 가운데 2차만 예를 들어 써보면 다음과 같다.

$$ax^2+bx+c = a'x^2+b'x+c' \quad \rightarrow \quad a = a' \text{ and } b = b' \text{ and } c = c'$$

지금까지의 내용은 "항등식의 모든 항들을 좌변으로 옮겼을 경우 각 항의 계수가 모두 0이 된다"는 말과 같다. 예를 들어 1차식의 경우 ❻식 때문에 ❹식은

$$0x+0 = 0$$

이 되고, 결국

$$0 = 0 \quad —❼$$

로 쓰인다. 다시 말해서 **궁극적으로 모든 항등식은 ❼의 꼴이 된다**.

2 ⁝ 곱셈공식

곱셈공식의 숙달

곱셈공식은 여러 가지 수식을 서로 곱할 때 유용하게 쓰이는 몇 가지 공식을 말한다. 특히 **괄호로 묶인 수식들을 서로 곱해서 괄호를 없애고 일일이 나열하는 것**을 가리켜 **전개**(展開, expansion)라고 부르는데, 이는 곧이어 배울 **인수분해의 역과정**이다. 중학 과정에서는 다음의 다섯 가지 정도가 중요하게 쓰이며, 그중 세 가지에는 나름의 이름이 주어져 있다.

㉮ 완전제곱식(perfect square expression) : $(x+y)^2 = x^2+2xy+y^2$

예 $(x+3)^2 = x^2+2\cdot 3x+3^2 = x^2+6x+9$

㉯ 완전제곱식(perfect square expression) : $(x-y)^2 = x^2-2xy+y^2$

예 $(x-3)^2 = x^2-2\cdot 3x+3^2 = x^2-6x+9$

완전제곱식은 $(x+y)^2$이나 $(x-y)^2$ 외에도 **어떤 수나 다항식의 제곱**을 통틀어 가리킨다. 실제로는 그냥 '제곱식'이라고만 해도 되는데, 관습적으로 '완전'이란 말이 덧붙여져 전해 내려온다.

㉰ 합차공식 : $(x+y)(x-y) = x^2-y^2$: '합차공식'은 관용명(慣用名)일 뿐 정식 용어는 아니다.

예 $(x+3)(x-3) = x^2-3^2 = x^2-9$

㉱ $(x+a)(x+b) = x^2+(a+b)x+ab$

예 $(x+2)(x+3) = x^2+(2+3)x+2\cdot 3 = x^2+5x+6$

예 $(x+2)(x-3) = x^2+(2-3)x+2\cdot(-3) = x^2-x-6$

㉲ $(ax+b)(cx+d) = acx^2+(ad+bc)x+bd$

예 $(2x+3)(4x+5) = 2\cdot 4x^2+(2\cdot 5+3\cdot 4)x+3\cdot 5$
$= 8x^2+22x+15$

예 $(2x-3)(4x-5)$
$= 2\cdot 4x^2+\{2\cdot(-5)+(-3)\cdot 4)x\}+(-3)\cdot(-5)$
$= 8x^2-22x+15$

예제

다음 식을 전개하라.

① $(x+3y)^2$ ② $(3a+4b)^2$ ③ $(3a-7b)^2$

④ $(-3x+2y)^2$ ⑤ $(0.1x+0.2y)^2$ ⑥ $\left(\frac{1}{2}x-\frac{2}{3}y\right)^2$

⑦ $(2x+3y)(-3x-4y)$ ⑧ $(x+\sqrt{3})(x-\sqrt{3})$

⑨ $(x+\sqrt{3}y)(x-\sqrt{5}y)$

풀이 이 문제들을 풀다 보면 느끼겠지만 ㉮~㉲**의 다섯 가지 곱셈공식들은 사실상 ㉲ 하나로 모두 포괄**된다. 곧 ㉲의 a, b, c, d에 적당한 값을 대입하면 ㉮~㉱가 모두 얻어진다. 따라서 문제에 따라 가장 편리한 것을 택하면 될 뿐 반드시 어느 것을 사용해야 한다는 법은 없다. 어차피 곱셈공식은 (깊은 이해가 아니라) 숙달을 목표로 하는 것이므로 ㉮~㉲의 여러 공식을 이용해서 충분히 숙달되었다고 느껴질 때까지 번갈아 풀어보기 바란다.

① $(x+3y)^2=x^2+2\cdot3xy+(3y)^2=x^2+6xy+9y^2$

② $(3a+4b)^2=(3a)^2+2(3a)(4b)+(4b)^2=9a^2+24ab+16b^2$

③ $(3a-7b)^2=(3a)^2+2(3a)(-7b)+(-7b)^2$
$=9a^2-42ab+49b^2$

④ $(-3x+2y)^2=(-3x)^2+2(-3x)(2y)+(2y)^2$
$=9x^2-12xy+4y^2$

⑤ $(0.1x+0.2y)^2=(0.1x)^2+2(0.1x)(0.2y)+(0.2y)^2$
$=0.01x^2+0.04xy+0.04y^2$

⑥ $\left(\frac{1}{2}x-\frac{2}{3}y\right)^2=\left(\frac{1}{2}x\right)^2+2\left(\frac{1}{2}x\right)\left(-\frac{2}{3}y\right)+\left(-\frac{2}{3}y\right)^2$

$=\frac{1}{4}x^2-\frac{2}{3}xy+\frac{4}{9}y^2$

⑦ $(2x+3y)(-3x-4y)$

$=2(-3)x^2+\{2(-4)+3(-3)\}xy+3(-4)y^2$

$=-6x^2-17xy-12y^2$

⑧ $(x+\sqrt{3})(x-\sqrt{3})=x^2+\sqrt{3}x-\sqrt{3}x-\sqrt{3}\sqrt{3}=x^2-3$

⑨ $(x+\sqrt{3}y)(x+\sqrt{5}y)=x^2+\sqrt{3}xy-\sqrt{5}xy-\sqrt{3}\sqrt{5}y^2$

$=x^2+(\sqrt{3}-\sqrt{5})xy-\sqrt{15}y^2$

언뜻 보면 복잡한 다항식의 곱셈도 곱셈공식을 이용해서 간단히 처리할 수 있는 경우도 많다. 예를 들어

$$(x+2y-4)(x+2y+4) \quad \text{—❶}$$

의 경우 곧이곧대로 전개한다면 모두 9개의 항이 나온다. 그러나 $x+2y$를 z라는 새로운 문자로 놓으면 이는

$$(x+2y-4)(x+2y+4)=(z-4)(z+4)=z^2-16 \quad \text{—❷}$$

이 된다. 이처럼 어떤 수식을 **다른 문자로 놓는 것을 치환**(置換) 또는 **대입**(代入)이라 부르며 영어로는 substitution으로 쓴다. 그런데 $z=x+2y$이므로 $z^2=x^2+4xy+4y^2$이다. 이것을 ❷에 대입하면 최종 답은 아래와 같다.

$$(x+2y-4)(x+2y+4)=x^2+4xy+4y^2-16$$

치환(대입)은 수식을 다룰 때 매우 많이 사용하는 기법이므로 잘 새겨둘 필요가 있다.

치환은 어떤 수식이나 문자를 다른 수식이나 문자로 놓는 것, 대입은 어떤 수식이

나 문자에 수를 넣는 것을 가리키는 데에 쓰는 게 일반적이다. 하지만 그 본질에서는 다를 게 없으므로 혼용해도 무방하고 실제로도 혼용하는 경우가 많다.

예제

$(\sqrt{3}+\sqrt{5}-3)(\sqrt{3}+\sqrt{5}+3)$을 전개하라.

풀이 $z = \sqrt{3}+\sqrt{5}$로 치환하면

$$(\sqrt{3}+\sqrt{5}-3)(\sqrt{3}+\sqrt{5}+3) = z^2-3^2$$

$z^2 = 8+2\sqrt{15}$이므로

$$(\sqrt{3}+\sqrt{5}-3)(\sqrt{3}+\sqrt{5}+3) = 8+2\sqrt{15}-3^2 = 2\sqrt{15}-1$$

예제

$(a+b+c)^2$을 전개하라.

풀이 $z=a+b$로 치환하면

$$(a+b+c)^2 = (z+c)^2=z^2+2cz+c^2$$

여기에 $z = a+b$와 $z^2 = a^2+2ab+b^2$을 대입한다.

$$(a+b+c)^2 = a^2+\mathrm{b}^2+\mathrm{c}^2+2ab+2bc+2ac \quad \text{—(※)}$$

(※)식은 사실상 또 하나의 곱셈공식으로 암기해둘 필요가 있다.

예제

$(2x-3y+4)^2$을 전개하라.

풀이 앞의 예제처럼 치환해서 풀 수도 있지만, (※)식을 곱셈공식으로 삼아 바로 전개해보도록 한다.

$$
\begin{aligned}
&(2x-3y+4)^2 \\
&= (2x)^2+(-3y)^2+4^2+2\cdot 2x(-3y)+2\cdot(-3y)\cdot 4+2\cdot 2x\cdot 4 \\
&= 4x^2+9y^2+16-12xy-24y+16x \\
&= 4x^2+9y^2-12xy+16x-24y+16
\end{aligned}
$$

곱셈공식의 활용

곱셈공식은 몇 가지 **특수한 경우의 계산**과 **분모의 유리화** 및 어떤 **식의 값 구하기** 등에서 아주 유용한데, 예제를 통하여 차례로 살펴본다.

예제

다음을 계산하라.

① 103^2 ② 98^2 ③ 102×98

풀이 위 계산을 곧이곧대로 하면 상당히 귀찮지만 곱셈공식을 이용하면 암산으로도 빠르게 답을 구할 수 있다.

① $(x+y)^2 = x^2+2xy+y^2$을 활용한다.

$$103^2 = (100+3)^2 = 100^2+2\cdot 100\cdot 3+3^2 = 10609$$

② $(x-y)^2 = x^2-2xy+y^2$을 활용한다.

$98^2 = (100-2)^2 = 100^2-2\cdot100\cdot2+2^2 = 9604$

③ $(x+y)(x-y) = x^2-y^2$을 활용한다.

$102\times98 = (100+2)(100-2) = 100^2-2^2 = 9996$

예제

다음 무리식의 분모를 유리화하라.

① $\dfrac{2}{\sqrt{3}+1}$ ② $\dfrac{\sqrt{2}+\sqrt{3}}{\sqrt{2}-\sqrt{3}}$ ③ $\dfrac{\sqrt{6}-3\sqrt{2}}{\sqrt{3}-1}$

풀이 분모의 유리화에는 $(x+y)(x-y) = x^2-y^2$이 아주 유용하다. 아래의 풀이에서 보듯 분모가 $x+y$의 꼴이면 분모와 분자에 $x-y$, 분모가 $x-y$의 꼴이면 분모와 분자에 $x+y$를 곱하고 정리하면 된다.

① $\dfrac{2}{\sqrt{3}+1} = \dfrac{2(\sqrt{3}-1)}{(\sqrt{3}+1)(\sqrt{3}-1)} = \dfrac{2(\sqrt{3}-1)}{3-1} = \sqrt{3}-1$

② $\dfrac{\sqrt{2}+\sqrt{3}}{\sqrt{2}-\sqrt{3}} = \dfrac{(\sqrt{2}+\sqrt{3})^2}{(\sqrt{2}-\sqrt{3})(\sqrt{2}+\sqrt{3})} = \dfrac{5+2\sqrt{6}}{2-3} = -5-2\sqrt{6}$

③ $\dfrac{\sqrt{6}-3\sqrt{2}}{\sqrt{3}-1} = \dfrac{(\sqrt{6}-3\sqrt{2})(\sqrt{3}+1)}{(\sqrt{3}-1)(\sqrt{3}+1)}$

$= \dfrac{\sqrt{18}+\sqrt{6}-3\sqrt{6}-3\sqrt{2}}{3-1} = \dfrac{3\sqrt{2}-2\sqrt{6}-3\sqrt{2}}{2} = -\sqrt{6}$

예제

다음 물음에 답하라.

① $x = 3\sqrt{6}$이고 $y = 2\sqrt{5}$일 때,

$(x+y+3)(x-y+3)-3(2x+3)$의 값을 구하라.

② $(3-1)(3+1)(3^2+1)(3^4+1)(3^8+1) = 3^x+y$일 때 $x+y$의 값을 구하라.

③ $x+\frac{1}{x} = 3$일 때, $x-\frac{1}{x}$의 값을 구하라.

④ $x = \frac{1}{4-2\sqrt{3}}$일 때, x^2-2x+1의 값을 구하라.

풀이 ① 식을 최대한 단순화한 후 수를 대입하고 계산한다.

$$(x+y+3)(x-y+3)-3(2x+3)$$
$$= (x+3)^2-y^2-6x-9 = x^2-y^2$$

따라서 답은 34이다.

② 합차공식과 지수법칙을 반복적용하면 된다.

$$(3-1)(3+1)(3^2+1)(3^4+1)(3^8+1)$$
$$= (3^2-1)(3^2+1)(3^4+1)(3^8+1)$$
$$= (3^4-1)(3^4+1)(3^8+1) = (3^8-1)(3^8+1)$$
$$= 3^{16}-1 = 3^x+y$$

그러므로 $x+y = 16+(-1) = 15$이다.

③ $\left(x+\frac{1}{3}\right)^2 = x^2+2+\frac{1}{x^2}$의 양변에서 4를 빼면

$$\left(x+\frac{1}{x}\right)^2-4 = x^2-2+\frac{1}{x^2} = \left(x-\frac{1}{x}\right)^2$$

이다. 그런데 $x+\frac{1}{x} = 3$이므로 $\left(x-\frac{1}{x}\right)^2 = 5$이다.
그러므로 구하는 답은 $x-\frac{1}{x} = \pm\sqrt{5}$이다.

④ 먼저 유리화를 한다.

$$x = \frac{1}{4-2\sqrt{3}} = \frac{4+2\sqrt{3}}{(4-2\sqrt{3})(4+2\sqrt{3})}$$
$$= \frac{4+2\sqrt{3}}{4} = \frac{2+\sqrt{3}}{2}$$

다음으로 이 값을 대입할 식은 x^2-2x+1인데 이는 $(x-1)^2$이다. 따라서

$$(x-1)^2 = \left(\frac{2+\sqrt{3}}{2}-1\right)^2 = \left(\frac{2+\sqrt{3}}{2}-\frac{2}{2}\right)^2$$
$$= \left(\frac{2+\sqrt{3}-2}{2}\right)^2 = \left(\frac{\sqrt{3}}{2}\right)^2 = \frac{3}{4}$$

3 ⋮ 인수분해

인수분해(因數分解, factorization)는 **다항식을 더 이상 간단히 할 수 없는 수식들의 곱으로 나타내는 것**으로, 예를 들어 x^2-2x-8을 $(x-4)(x+2)$로 쓰는 것을 말한다. 여기서 보듯 이는 수식 **전개의 역과정**이며, $x-4$나 $x+2$처럼 **더 이상 간단히 할 수 없는 요소들을 인수**(因數, factor)라고 부른다. 우리는 74쪽에서 소인수분해는 합성수를 소수의 곱으로 표시하는 것이라고 배웠는데, 이상의 내용에서 보는 바와 같이 **소인수분해와 인수분해는 대상이 수와 식이란 점만 다를 뿐 본질적으로 동일한 개념**이다.

인수분해를 처음 대할 때는 "곱셈공식을 배우면서 일껏 힘들게 전개해놓았던 수식들을 이제 다시 곱으로 묶는 건 또 뭐하는 짓인가?"라는 생각에 젖기도 한다. 그러나 합성수를 소인수분해하여 여러 가지로 유익하게 활용한 것과 마찬가지로 다항식의 인수분해도 매우 다양하게 응용된다. 나아가 실제로는 **수식이 수학에서 차지하는 비중에 걸맞게 인수분해의 중요성은 소인수분해의 그것을 훨씬 능가**하며, 따라서 이 또한 **식의 전개처럼 주로 기능적 측면이기는 하지만 충분히 숙달함으로써 수학 본연의 사고 활동에 큰 힘이 되도록 노력**해야 한다.

인수분해의 기본공식

인수분해에 주로 쓰이는 기본공식은 곱셈공식을 순서만 바꿔 쓴 것들이다.

㉮ 완전제곱식 : $x^2+2xy+y^2 = (x+y)^2$

예 $x^2+6x+9 = (x+3)^2$

㉯ 완전제곱식 : $x^2-2xy+y^2 = (x-y)^2$

예 $x^2-6x+9 = (x-3)^2$

㉰ 합차공식 : $x^2-y^2 = (x+y)(x-y)$

예 $x^2-9 = (x+3)(x-3)$

㉱ $x^2+(a+b)x+ab = (x+a)(x+b)$

예 $x^2-x-6 = (x+2)(x-3)$

㉲ $acx^2+(ad+bc)x+bd = (ax+b)(cx+d)$

예 $8x^2-22x+15 = (2x-3)(4x-5)$

인수분해의 4대 요령

인수분해는 전개의 역과정이기는 하지만 이 둘 사이에는 아주 중요한 차이점이 있다. 곧 전개의 경우 아무리 복잡한 식이라도 결국에는 모조리 전개됨에 비하여 인수분해의 경우 어떤 수식이 반드시 인수분해된다는 보장은 어디에도 없다는 사실이 그것이다. 이 때문에 인수분해 문제를 처음 대하는 학생들은 어디서부터 시작해야 할지 몰라 다소 당황하게 된다. 그러나 적어도 중고교에서 "…을 인수분해하라"라고 나오는 문제는 분명 답이 있다는 뜻이며, 또한 아무리 방향이 모호하다 하더라도 아무런 대책이 없는 것은 아니므로, 예로부터 전해 내려오는 몇 가지 기본 요령을 토대로 차분히 실마리를 찾아가면 대부분의 경우 큰 어려움 없이 해결할 수 있다.

이러한 요령들 가운데 가장 중요한 **4대 요령**으로는 ①**공통인수**(common factor) **추출**, ②**기본공식 적용**, ③**치환**, ④**'2차만능법◇' 적용**을 들 수 있다. 그리고 이 순서는 이 요령들 사이의 **상대적 중요성의 순서**이기도 하고 문제에 닥쳤을 때 **실제로 적용할 순서**이기도 하다. 다음에서는 예제를 통하여 이 요령들을 숙달하기로 한다.

예제

다음 식들을 인수분해하라.

① $x^2y+2xy-3xy^2$ ② $a(x+3)-y(x+3)$

③ $(a+b)(a-b)+2(a-b)$

풀이 **공통인수는 다항식을 구성하는 각 단항식들에 공통으로 들어 있는 인수**를 말한다. 이 **공통인수를 추출하여 묶는 것은 인수분해에서 언제나 가장 먼저 해야 할 일**이다. 여기의 문제들은 이것만으로 인수분해가 끝나지만, 공통인수를 추출하고 난 후 다른 절차를 계속해야 하는 경우도 많다.

① $x^2y+2xy-3xy^2 = xy(x-3y+2)$

② $a(x+3)-y(x+3) = (a-y)(x+3)$

③ $(a+b)(a-b)+2(a-b) = (a-b)(a+b+2)$

예제

다음 식들을 인수분해하라.

① $4x^2+12xy+9y^2$ ② $50a^2-8b^2$

③ x^2+2x-8 ④ $3x^2+x-10$

풀이 이 문제들은 기본공식을 적용해서 해결한다.

① $4x^2+12xy+9y^2 = (2x+3y)^2$

② $50a^2-8b^2 = 2(25a^2-4b^2) = 2(5a+2b)(5a-2b)$

③ $x^2+2x-8 = (x+4)(x-2)$

이 문제는 $x^2+(a+b)x+ab = (x+a)(x+b)$를 이용한다. 그런데 이 공식에서 **1차항의 계수 $a+b$와 상수항 ab는 '덧셈'과 '곱셈'의 형태**란 점을 유의하면 이런 유형의 문제를 해결하는 데에 아주 편리하다. **곧 x^2+2x-8의 경우 우리는 "더해서 2, 곱해서 -8이 되는 한 쌍의 수"를 찾고 있으며, 그것이 바로 4와 -2이므로, 답은 결국** $(x+4)(x-2)$가 된다.

④ $3x^2+x-10 = (x+2)(3x-5)$

이 문제는 $(ax+b)(cx+d) = acx^2+(ad+bc)x+bd$를 이용한다. 그런데 이 공식에서 **2차항의 계수와 상수항은 곱셈, 1차항의 계수는 덧셈의 형태**란 점을 유의하면 이런 유형의 문제를 해결하는 데에 아주 편리하다. **곧 $3x^2+x-10$의 경우 우리는 "곱해서 3과 -10, '교차곱◇'의 합이 1이 되는 두 쌍의 수"를 찾고 있으며, 그것이 (1, 3)과 (2, -5)이므로 답은 결국** $(x+2)(3x-5)$이 된다.

그런데 이 문제는 ③보다 약간 복잡하므로 다음과 같은 그림을 그리면서 생각하면 편하다.

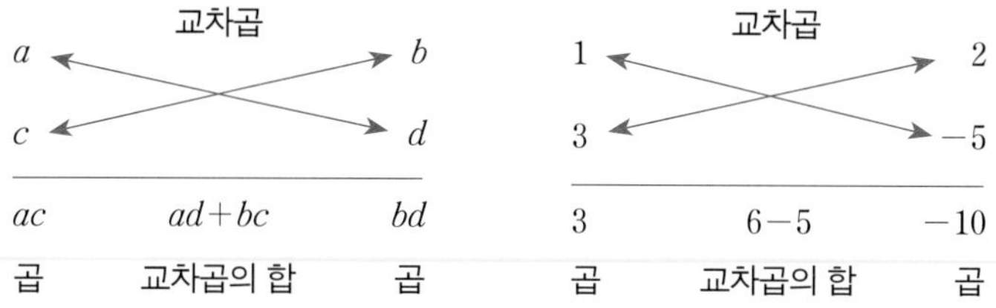

문제 ③의 형태도 문제 ④의 일종이란 점을 깨달으면 전체적으로 일관된 이해를 얻을 수 있다.

예제

다음 식들을 인수분해하라.

① $(3x-1)^2-4(y+1)^2$　　② $(2x+y)^2-(2x+y)-30$

풀이 이 두 문제는 치환을 이용해서 푼다.

① $a = 3x-1$, $b = 2(y+1)$로 치환한다.

$$(3x-1)^2-4(y+1)^2 = a^2-b^2 = (a+b)(a-b)$$
$$= (3x-1+2y+2)(3x-1-2y-2)$$
$$= (3x+2y+1)(3x-2y-3)$$

② $z = 2x+y$로 치환한다.

$$(2x+y)^2-(2x+y)-30 = z^2-z-30$$
$$= (z-6)(z+5) = (2x+y-6)(2x+y+5)$$

예제

다음 식들을 인수분해하라.

① $2a^2-b^2-ab+bc+2ac$　　② $2x^2-2y^2+3x+9y-9$

풀이 이처럼 공통인수 추출, 기본공식 적용, 치환 등을 시도해도 잘 해결되지 않는 때는 일단 **최고 2차의 어느 문자에 대하여 내림차순으로 정리한 다음, 다른 문자들을 계수나 상수처럼 취급하면서**(미지수의 기지수화) **기본공식들을 적용**해본다. 나는 이것을 **'2차만능법**◇**'**이라고 이름지었는데, **인수분해가 되는 2차식이라면 어느 것이든 이 방법으로 반드시 풀린다**는 게 그 이유이다. 다만 이것이 만능이라고 해서 가장 먼저 적용할 방법이란 뜻은 아니며, 오히려 순서는 맨 나중으로 돌리는 것이 타당하다. 곧 보다 간단한 방법으로 해결되면 그렇게 하는 편이 낫고, 정 여의치 않을 경우에만 이 방법을 쓰는 게 전체적으로 효율적이기 때문이다.

① a와 b 모두에 대하여 2차식이므로 어느 것에 대해서 내림차순으로 정리하든 상관없는데, a에 대하여 내림차순으로 정리하면,

$$2a^2-b^2-ab+bc+2ac = 2a^2-(b-2c)a-b(b-c)$$

이 결과에 대해서는 b와 c가 들어간 부분을 계수나 상수처럼 취급하면서 (미지수의 기지수화) 기본공식 ㉮의 적용을 시도해볼 수 있으며, 이 경우는 다음과 같이 해결된다.

	교차곱	
a	↖↗	$-(b-c)$
$2a$	↙↘	b
$2a^2$	$-ab+2ac$	$-b(b-c)$
곱	교차곱의 합	곱

따라서 답은 $2a^2-b^2-ab+bc+2ac = (2a+b)(a-b+c)$이다.

② x와 y의 어느 것에 대해서든 상관없지만 x를 택하여 내림차순으로 정리한 다음, y가 들어간 부분을 계수나 상수처럼 취급하면서 기본공식 ㉤의 적용을 시도해보면 다음과 같이 해결된다.

$$2x^2-2y^2+3x+9y-9 = 2x^2+3x-(y-3)(2y-3)$$

교차곱

x ⟶ $-(y-3)$

$2x$ ⟶ $2y-3$

$2x^2$	$3x$	$-(y-3)(2y-3)$
곱	교차곱의 합	곱

따라서 답은 $2x^2-2y^2+3x+9y-9 = (x-y+3)(2x+2y-3)$

예제

다음 식들을 인수분해하라.

① $x^2+xy-xz-yz$

② $9a^2-6a+1-b^2$

③ $(2x-3)^2-(x+2)^2$

④ $2x^2-4xy-6y^2$

⑤ $(x+2y)^2-(x+2y)-30$

⑥ $(a-b)(a-b+1)-2$

⑦ $xy-yz+xz-y^2$

⑧ z^2-z^4

⑨ $4a^2+2ab-b-1$

⑩ $(a+2b)(a-2b)-3ab$

⑪ $\frac{4}{3}x^2+6x-12$

⑫ $2(x+5)^2-5(x+5)(x-3)+3(x-3)^2$

풀이 이 문제들은 특별한 순서 없이 임의로 나열했으므로 4대 요령을 적절히 적용하여 해결해간다.

① $x^2+xy-xz-yz = x(x+y)-z(x+y) = (x+y)(x-z)$

참고 이것을 2차만능법으로 풀어보자.

먼저 x에 대한 내림차순으로 정리하여 $x^2+(y-z)x-yz$로 놓은 후 살펴보면

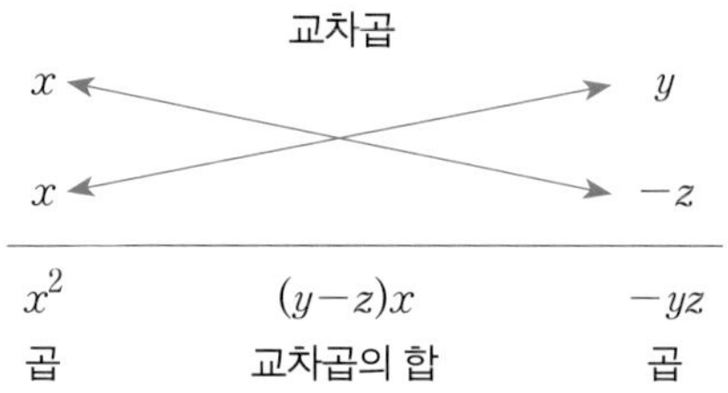

의 관계가 성립하므로, 답은 $(x+y)(x-z)$가 된다. 아래 다른 문제들에 대해서도 이를 적용해보도록 한다.

② $9a^2-6a+1-b^2 = (3a-1)^2-b^2 = (3a+b-1)(3a-b-1)$

③ $(2x-3)^2-(x+2)^2 = (2x-3+x+2)(2x-3-x-2)$

$= (3x-1)(x-5)$

④ $2x^2-4xy-6y^2 = 2(x^2-2xy-3y^2) = 2(x+y)(x-3y)$

⑤ $(x+2y)^2-(x+2y)-30 = (x+2y-6)(x+2y+5)$

⑥ $z = a-b$로 치환한다.

$(a-b)(a-b+1)-2 = z(z+1)-2 = z^2+z-2$

$= (z+2)(z-1) = (a-b+2)(a-b-1)$

⑦ $xy-yz+xz-y^2 = x(y+z)-y(y+z) = (x-y)(y+z)$

⑧ $z^2-z^4 = z^2(1-z^2) = z^2(1+z)(1-z)$

⑨ 항을 재배열하면서 살펴본다.

$$4a^2+2ab-b-1 = 4a^2-1+2ab-b$$
$$= (2a+1)(2a-1)+b(2a-1) = (2a-1)(2a+b+1)$$

⑩ $(a+2b)(a-2b)-3ab = a^2-3ab-4b^2 = (a+b)(a-4b)$

⑪ 직접 인수분해할 대상의 계수를 정수화해서 생각한다.

$$\frac{4}{3}x^2+6x-12 = \frac{4}{3}\left(x^2+\frac{9}{2}x-9\right)$$
$$= \frac{2}{3}(2x^2+9x-18) = \frac{2}{3}(2x-3)(x+6)$$

⑫ $a = x+5$, $b = x-3$으로 치환해서 생각한다.

$$2(x+5)^2-5(x+5)(x-3)+3(x-3)^2 = 2a^2-5ab+3b^2$$
$$= (a-b)(2a-3b) = (x+5-x+3)(2x+10-3x+9)$$
$$= -8(x-19)$$

이 마지막 문제는 결과가 허무할 정도로 단순하며, 때로는 더 단순할 수도 있다. 그러므로 식의 전개나 인수분해를 막연히 복잡하고 귀찮은 계산이라고만 여길 필요는 없다.

인수분해 범위의 확장

지금까지의 인수분해는 답으로 나오는 인수가 유리수인 경우만 다루었다. 그러나 인수분해의 범위를 실수까지 확장해서 생각할 수도 있다. 예를 들어

$$9x^2-16y^2 = (3x+4y)(3x-4y) \quad \text{— ❶}$$

는 유리수 범위의 인수분해이지만

$$9x^2-8y^2 = (3x+2\sqrt{2}y)(3x-2\sqrt{2}y) \quad \text{— ❷}$$

는 실수 범위의 인수분해이다. 그러나 **통상 "…을(를) 인수분해하라"라고 말하면 유리수의 범위에서 하라는 뜻**으로 받아들이며, 따라서 ❷와 같은 경우 "실수 범위에서 인수분해하라"는 말이 없는 한 "인수분해되지 않는다"라고 말하면 된다.

예제

다음 식들을 실수 범위에서 인수분해하라.

① $\frac{4}{3}x^2-2$ ② $3x^2-5y^2z^2$

풀이 ① 먼저 직접 인수분해할 대상의 계수를 정수화해서 생각한다.

$$\frac{4}{3}x^2-2 = \frac{1}{3}(4x^2-6) = \frac{1}{3}(2x+\sqrt{6})(2x-\sqrt{6})$$

② $3x^2-5y^2z^2 = (\sqrt{3}x+\sqrt{5}yz)(\sqrt{3}x-\sqrt{5}yz)$

나중에 2차방정식을 배우면 알겠지만 2차방정식에는 '근의 공식'이란 게 있어서 어떤 2차방정식이라도 원하는 답을 구할 수 있다. 그러므로 **원칙적으로 모든 2차식은 인수분해가 된다**고 말할 수 있다. 다만 그렇게 하기 위해서는 실수는 물론 135쪽에서 잠깐 이야기했던 허수도 이용해야 하며, 이처럼 **허수의 범위까지 확장하는 인수분해**

는 고등학교에서 다룬다.

완전제곱식 꾸미기

인수분해의 기본공식 가운데 **완전제곱식은 나중에 배울 2차방정식 및 2차함수와 관련하여 중요**한 의의를 가진다. 그러므로 어떤 2차식이 완전제곱식이 될 조건을 잘 알아둘 필요가 있다. 이를 위하여 일반적인 2차식과 2차의 완전제곱식을 비교하면 다음과 같다.

$$ax^2 \pm bx + c \quad \leftrightarrow \quad ax^2 \pm 2\sqrt{ac}\,x + c = (\sqrt{ax} \pm \sqrt{c})^2$$

곧 **임의의 2차식 $ax^2 \pm bx + c$는 a와 c가 제곱수이고 $b = 2\sqrt{ac}$가 되도록 꾸미면 $(\sqrt{ax} \pm \sqrt{c})^2$라는 완전제곱식이 된다**는 뜻이다. 그런데 이 문제는 이와 같은 이론적 관계를 따지는 것보다 예제를 통하여 직접 숙달하는 게 더 바람직하다.

예제

다음 식들이 완전제곱식이 되도록 □ 안에 알맞은 값을 써라.

① $9x^2 - 12x + \square$　　② $4x^2 - 20xy + \square$

③ $16x^2 + \square xy + 36y^2$　　④ $\frac{1}{9}c^2 + \square + \frac{9}{16}d^2$

풀이

① $9x^2 - 12x + \square = (3x-2)^2$이면 되므로 $\square = 4$이다.

② $4x^2 - 20xy + \square = (2x-5)^2$이면 되므로 $\square = 25$이다.

③ $16x^2 + \square xy + 36y^2 = (4x+6y)^2$이면 되므로 $\square = 48$이다.

④ $\frac{1}{9}c^2 + \square + \frac{9}{16}d^2 = \left(\frac{1}{3}c + \frac{3}{4}d\right)^2$이면 되므로 $\square = \frac{1}{2}cd$ 이다.

인수분해의 활용

인수분해는 식의 전개와 마찬가지로 몇 가지 **특수한 경우의 계산**과 어떤 **식의 값 구하기**에서 유용하다.

예제

인수분해 공식을 이용하여 다음 계산을 하라.

① 44^2-41^2　　② $\sqrt{55^2-45^2}$

③ $3.14(7.5^2-2.5^2)$　　④ $2^2-4^2+6^2-8^2+10^2-12^2+14^2-16^2$

풀이

① $44^2-41^2=(44+41)(44-41)=85\cdot 3=255$

② $\sqrt{55^2-45^2}=\sqrt{(55+45)(55-45)}=\sqrt{100\cdot 10}=10\sqrt{10}$

③ $3.14(7.5^2-2.5^2)=3.14(7.5+2.5)(7.5-2.5)$

$=3.14\cdot 10\cdot 5=157$

④ 두 항씩 묶어서 생각한다.

$$\begin{aligned}&2^2-4^2+6^2-8^2+10^2-12^2+14^2-16^2\\&=(2+4)(2-4)+(6+8)(6-8)\\&\quad+(10+12)(10-12)+(14+16)(14-16)\\&=-2\cdot(6+14+22+30)=-2\cdot 72=-144\end{aligned}$$

예제

다음 물음에 답하라.

① $x = \sqrt{3}+\sqrt{2},\ y = \sqrt{3}-\sqrt{2}$일 때 $\frac{x}{y}+\frac{y}{x}$의 값은?

② $x = \sqrt{3}+2,\ y = \sqrt{3}-2$일 때 $x^2+x-y-y^2$의 값은?

풀이

주어진 식을 검토하여 숫자를 대입했을 때 계산이 가장 편한 꼴이 되도록 만든 다음 대입하고 계산한다.

① $\frac{x}{y}+\frac{y}{x} = \frac{x^2+y^2}{xy} = \frac{(x+y)^2-2xy}{xy}$

여기에 $x = \sqrt{3}+\sqrt{2},\ x = \sqrt{3}-\sqrt{2}$을 대입한다.

$$\frac{(x+y)^2-2xy}{xy} = \frac{(2\sqrt{3})^2-2(\sqrt{3}+\sqrt{2})(\sqrt{3}-\sqrt{2})}{(\sqrt{3}+\sqrt{2})(\sqrt{3}-\sqrt{2})} = 10$$

② $x^2+x-y-y^2 = (x+y)(x-y)+(x-y) = (x+y+1)(x-y)$

여기에 $x = \sqrt{3}+2,\ y = \sqrt{3}-2$을 대입한다.

$$(x+y+1)(x-y)$$
$$= (\sqrt{3}+2+\sqrt{3}-2+1)(\sqrt{3}+2-\sqrt{3}+2)$$
$$= 8\sqrt{3}+4$$

5 방정식

"**수식은 수학의 언어**"라고 말했는데, 비유하자면 수식 가운데 **단순식은 명령문, 항등식은 긍정문**이라고 말할 수 있다. 예를 들어

"$4x+5$"라는 단순식은 "x의 4배에 5를 더하라"는 뜻,
"$(x+y)^2 = x^2+2xy+y^2$"이란 항등식은 "좌우변이 동등하다"는 뜻

을 나타낸다고 해석할 수 있기 때문이다. 한편 **방정식과 부등식은 아직 풀지 않은 것은 의문문, 다 푼 것은 긍정문**이라고 말할 수 있다. 예를 들어

"$4x+5 = 13$"이란 방정식은 "이를 만족하는 x는 얼마인가?"라는 뜻,
"$4x+5 < 13$"이란 부등식은 "이를 만족하는 x는 얼마인가?"라는 뜻

이지만, 이것을 해결해서 얻은

"$x = 2$"라는 식은 "x는 2이다"는 뜻,

"$x < 2$"라는 식은 "x는 2보다 작다"는 뜻

을 나타낸다고 해석할 수 있기 때문이다. 요컨대 우리는 방정식과 부등식에서 본격적으로 수식과 관련된 '문제'들을 만나게 되며, 이런 점에서 볼 때 **단순식과 항등식에 대한 공부는 방정식과 부등식을 해결하기 위한 사전 준비 작업**에 해당한다.

수학에서는 방정식을 식의 차수에 따라 1차방정식(linear equation), 2차방정식(quadratic equation), 3차방정식(cubic equation), …으로 분류하고, **3차방정식 이상은 대개 '고차방정식'이라고 부른다**. 방정식은 차수가 올라갈수록 점점 복잡해지고 어려워지는데, 중학교에서는 이 가운데 1차방정식과 2차방정식을 배운다.

1 ⋮ 1차방정식

1차방정식의 해

앞에서 예로 들었던 $4x+5 = 13$이라는 1차방정식을 보자. 등식의 성질에 따라 양변에서 5를 빼면

$$4x+5-5 = 13-5 \quad \rightarrow \quad 4x = 8$$

로 바뀐다. 다음에 다시 또 등식의 성질에 따라 양변을 4로 나누면

$$\frac{4x}{4} = \frac{8}{4} \quad \rightarrow \quad x = 2$$

로 되어 구하는 답으로서의 $x = 2$가 얻어지며, 이것을 방정식의 **해**(解, solution) 또는 **근**(根, root)이라고 부른다.

이상 간단한 예를 보았지만, 따져보면 모든 1차방정식은

$$ax+b = 0 \ (\text{단 } a \neq 0) \quad —❶$$

과 같이 나타낼 수 있고, 이것을 1차방정식의 **일반형**(general form)이라고 부른다. 여기서 $a \neq 0$이란 조건은 만일 $a = 0$이면 x가 무슨 값이든 $0 + b = 0$가 되어 아예 1차방정식이라고 부를 수도 없기 때문에 붙여진 것이다. 이제 등식의 성질에 따라 ❶식의 양변에서 b를 빼고 이어서 양변을 a로 나누면

$$x = -\frac{b}{a} \quad \text{— ❷}$$

가 얻어지고, 이것이 바로 1차방정식의 해이며, 이와 같이 1차방정식의 해를 구하는 과정을 가리켜 **"1차방정식을 푼다"**라고 말한다. 그리고 이처럼 등식의 좌변에 어떤 특정 문자만 남기고 나머지는 모두 우변으로 옮기는 것을 **"어떤 문자에 '대하여' 푼다"**라고 말한다.

예제

다음 1차방정식을 풀어라.

① $2x+3 = 17$　　② $\frac{x}{3} = -5$

③ $0.5x+4.5 = 12.5$　　④ $-\frac{1}{5}x - 3.5 = 7\frac{1}{2}$

풀이 식이 아무리 복잡해도 등식의 성질을 잘 활용하면 모두 해결된다.

① $2x+3 = 17$, 양변에서 3을 빼면 $2x = 14$,
양변을 2로 나누면 $x = 7$

② $\frac{x}{3} = -5$, 양변에 3을 곱하면 $x = -15$

③ $0.5x+4.5 = 12.5$, 양변에서 4.5를 빼면 $0.5x = 8$,
양변을 2로 곱하면 $x = 16$

④ $-\frac{1}{5}x - 3.5 = 7\frac{1}{2}$, 양변에 3.5를 더하면 $-\frac{1}{5}x = 11$,

양변에 -5를 곱하면 $x = -55$

예제

우리나라는 온도를 나타낼 때 ℃를 단위로 하는 섭씨온도(攝氏溫度, Celsius temperature)를 사용하는데 비하여 미국에서는 °F를 단위로 하는 화씨온도(華氏溫度, Fahrenheit temperature)를 많이 쓴다. 섭씨온도계의 수치를 c, 화씨온도계의 수치를 f라고 하면 둘 사이에는

$$c = \frac{5}{9}(f-32)$$

라는 관계가 성립한다. 사람의 정상 체온이 36.5℃라고 할 때 화씨로는 몇 도인가?

풀이 $c = \frac{5}{9}(f-32)$의 c에 36.5를 대입하고, f에 대하여 풀면 된다.

$36.5 = \frac{5}{9}(f-32)$, 양변에 9를 곱하면

$328.5 = 5(f-32)$, 양변을 5로 나누면

$65.7 = f-32$, 양변에 32를 더하고, 양변을 맞바꾸면

$f = 97.7$ (°F)

섭씨로 100℃는 보통의 평지에서 물이 끓는 온도이지만, 화씨로 100°F는 사람의 정상 체온보다 약간 높은 온도이다.

참고 화씨온도는 독일의 물리학자 파렌하이트(Gabriel Fahrenheit, 1686~1736)가 1724년, 섭씨온도는 스웨덴의 천문학자 셀시우스(Anders Celsius, 1701~1744)가 1742년에 처음 제안했다. '화씨'와 '섭씨'는 이들의 성(姓)을 한자로 나타낸 것이다.

예제

$c = \frac{5}{9}(f-32)$의 등식을 f에 대하여 풀어라.

풀이 $c = \frac{5}{9}(f-32)$의 양변에 $\frac{9}{5}$를 곱하면,

$\frac{9}{5}c = f-32$, 양변에 32를 더하고, 양변을 맞바꾸면,

$f = \frac{9}{5}c+32$

참고 섭씨 36.5도를 화씨로 고칠 때는 앞의 예제처럼 $c = \frac{5}{9}(f-32)$에 $c = 36.5$를 대입한 후 f를 구해도 되지만, 여기의 예제처럼 $f = \frac{9}{5}c+32$로 고친 다음에 $c = 36.5$를 대입해도 된다. 이 가운데 **일반적으로는 "대입 후 정리"라는 앞의 방법보다 "정리 후 대입"이라는 뒤의 방법이 더 좋다**. 하지만 **항상 그런 것은 아니며, 주어진 문제에 따라 계산이 보다 편한 쪽을 택**하면 된다.

이항의 이해

$4x+5 = 13$의 풀이 과정을 다시 살펴보자. 이 방정식의 양변에서 5를 빼면

$$4x+5-5 = 13-5 \quad \rightarrow \quad 4x = 13-5$$

로 되어, 마치 본래 좌변의 '더하기 5'가 우변으로 이사(移徙)가면서 '빼기 5'로 바뀐 것처럼 보인다.

다음에 다시 또 등식의 성질에 따라 양변을 4로 나누면

$$\frac{4x}{4} = \frac{8}{4} \quad \rightarrow \quad x = \frac{8}{4}$$

로 되어, 마치 본래 좌변의 '곱하기 4'가 우변으로 이사가면서 '나누기 4'로 바뀐 것처럼 보인다.

이처럼 등식의 성질에 따라 항등식을 정리하거나 방정식을 풀 때 **항이 역산의 꼴로**

다른 변으로 이사하는 것을 가리켜 **이항**(移項, transposition)이라고 부른다. 그리고 "x를 양변에 더하면(양변에서 빼면)"이나 "x로 양변을 곱하면(나누면)"이란 말보다 "x를 이항하면"이란 말이 조금 더 간편하다는 이유 때문에 이항이란 말은 아주 널리 쓰인다.

하지만 한 가지 유의할 것은 이항은 어디까지나 겉보기 현상일 뿐 그 배경에는 등식의 성질이 자리잡고 있음을 잊어서는 안 된다는 점이다. 가끔 **어떤 학생들은 등식의 성질과 같은 근본 원리의 이해는 제쳐둔 채 "더하기를 이항하면 빼기, 곱하기를 이항하면 나누기"와 같이 기계적으로 암기하기도 하는데, 이는 아주 잘못된 일로서 여기뿐 아니라 다른 데에서도 결코 갖지 말아야 할 태도**이다.

불능형과 부정형

중학수학에서 "이 방정식은 **불능형**(不能形)이다" 또는 "이 방정식은 **부정형**(不定形)이다"라는 표현은 사용하지 않도록 되어 있다. 그러나 이 표현들이 편리할 뿐 아니라 이를 배움으로써 방정식에 대한 수학적 이해를 깊게 할 수 있으므로 여기서는 이에 대하여 설명하고 넘어가기로 한다.

앞서 1차방정식의 일반형 $ax+b=0$을 소개하면서 $a \neq 0$이란 조건을 붙인 이유는 $a=0$이면 x가 무슨 값이든 $0+b=0$가 되어 아예 1차방정식이라고 부를 수도 없기 때문이라고 했다. 그러나 이런 문제점을 잠시 접어두고 $a=0$을 허용하여

$$0x = 5 \quad — ❶$$

라는 가상적인 1차방정식을 생각해보자. 그러면 x에 어떤 값을 대입하더라도 이 방정식은 성립할 수 없으며, 이 때문에 이런 형태를 **불능형**이라고 부른다.

위 불능형의 경우 $a=0$이었지만 $b \neq 0$이었다. 그런데 만일 a와 b가 모두 0이라면 이번에는

$$0x = 0 \quad — ❷$$

라는 가상적인 1차방정식이 만들어질 것이다. 그런데 여기의 ❷는 ❶과 달리 x에 어떤 값을 대입하더라도 항상 성립한다. 다시 말해서 ❷의 경우 x의 값으로 어느 하나를

딱 꼬집어 정할 수 없으며, 이 때문에 ❷의 형태를 **부정형**이라고 부른다.

예제

다음 1차방정식은 어떤 형인가?

① $2x+5 = 5x-3x+7$ ② $4x+8 = 2(2x+4)$

풀이 양변을 간단히 정리한 후 살펴본다.

① $2x+5 = 5x-3x+7$

$0x = 2$

위의 등식을 만족하는 x는 없으므로 이는 불능형이다.

② $4x+8 = 2(2x+4)$

$0x = 0$

위의 등식을 만족하는 x는 무수히 많고 따라서 어느 하나로 정할 수 없으므로 이는 부정형이다.

참고1 불능형과 부정형은 어디까지나 '가상적인 1차방정식'을 놓고 이야기하는 것이란 점을 유의해야 한다. 곧 이런 등식은 실제로는 1차방정식이라고 부를 수 없다. 한편 부정형은 바꿔 말한다면 "미지수 x에 어떤 값을 대입하더라도 항상 성립한다"라는 뜻이므로, 사실 부정형은 방정식이 아니라 항등식에 속한다. $0x=0$은 결국 $0=0$이란 점에서도 이를 확인할 수 있다. **중학수학에서는 불능형, 부정형이란 용어를 쓰지 않으므로, 불능형의 경우에는 "해가 없다", 부정형의 경우에는 "해를 정할 수 없다" 또는 "해가 무수히 많다"라고 말한다.**

참고2 여기서 한 단계 더 나아가보자. 곧

$$0x = c \quad (c \neq 0) \quad —❸$$

은 불능형이어서 해가 없기는 하지만, 또다시 가상적으로 이 등식의 근을

$$x = \frac{c}{0} \quad — ❹$$

이라고 써보자. 그러면 ❹의 우변은 "$c \div 0$"이라는 뜻을 나타내지만 이는 수학적으로 불가능한 연산이다. 그리고 이 때문에 이른바 **'0으로 나누기**(division by zero)**'는 수학에서 '정의하지 않은 연산' 또는 '없는 연산'**이라고 말한다. 아마도 **'0으로 나누기'는 수학 최대의 금기사항**이라고 말할 수 있는 바, 나눗셈을 할 때는 무의식적 반사적으로 '분모가 0이 되는지' 점검하는 습관을 들여놓는 것이 좋다.

참고3 다음으로 부정형을 이용하면 71쪽에서 이야기했던 "0^0은 1이라고 할 수 없다"라는 점을 대략 이해할 수 있다. 예를 들어

$$0^2 \div 0^2 \quad — ❺$$

이라는 나눗셈을 한다고 하자. 물론 이것은 '0으로 나누기'에 해당하므로 할 수 없는 연산이지만 여기서는 가상적으로 하는 것이다. 여기에 지수법칙을 그대로 적용하면

$$0^2 \div 0^2 - 0^{2-2} = 0^0 \quad — ❻$$

이 된다. 한편 $0^2 = 0 \cdot 0 = 0$이므로 ❺는 결국 $\frac{0}{0}$과 같은데, 이것의 값을 x라고 놓으면

$$\frac{0}{0} = x \xrightarrow{\text{양변에 0을 곱하면}} 0x = 0 \quad — ❼$$

이라는 부정형이 된다. 다시 말해서 ❺~❼까지의 과정에 따라 0^0은 부정형과 같다는 결론이 나온다. 물론 이는 가상적 계산이어서 명확한 설명은 아니다. 하지만 적어도 "0^0은 1이라고 할 수 없다"라는 점을 어렴풋하게나마 수긍하게 해준다.

참고4 위에서 0^0은 사실상 $0/0$과 같은데, 이 값을 1로 볼 수 없다고 했다. 이 점을 좀 더 분명히 보여주는 예를 살펴보자.

$$x^2 - x^2 = x^2 - x^2 \quad — ❽$$

❽의 양변을 다음과 같이 서로 다른 방식으로 인수분해한다.

$$x(x-x) = (x+x)(x-x) \quad — ❾$$

❾의 양변을 $(x-x)$로 나누고 정리한다.

$$x\frac{(x-x)}{(x-x)} = (x+x)\frac{(x-x)}{(x-x)} \quad — ❿$$

$$x = (x+x) \ \rightarrow \ x = 2x \ \rightarrow \ 1 = 2 \quad —⓫$$

❽처럼 자명한 식에서 ⓫처럼 터무니없는 결론이 나온 것은 ❾에서 양변을 $(x-x)$, 곧 '0'으로 나누었기 때문이다. 한 가지 더 특기할 것은 ❿에서 $(x-x)/(x-x) = 1$, 곧 $0/0=1$로 생각했기 때문에 이런 모순이 나왔다. 이로부터 우리는 '0으로 나누기'도 해서는 안 될 뿐 아니라, $0/0$의 값을 1로 보아서도 안 된다는 점을 잘 알 수 있다.

예제

다음 식이 x에 대하여 부정형이라면 $a+b+c$의 값은 얼마인가?

$$4x^2-2x+5 = a(x^2+3x-1)+b(2x+3)+c+7$$

풀이 부정형이면 방정식이 아니라 항등식이란 뜻이다. 따라서 양변을 정리한 다음 **"양변의 동류항의 계수가 같다"는 항등식의 성질**을 적용한다.

$$4x^2-2x+5 = ax^2+(3a+2b)x-a+3b+c+7$$

양변의 2차항을 비교하면 $a=4$이다. 이것을 우변의 1차항에 대입하고 좌변의 1차항과 비교하면

$$-2 = 3\cdot4+2b$$

이므로 $b=-7$이다. 끝으로 a와 b의 값을 우변의 상수항에 대입하고 좌변의 상수항과 비교하면

$$5 = -4+3(-7)+c+7$$

이므로 $c=23$이다. 그러므로 구하는 $a+b+c$의 값은 20이다.

예제

상수 a의 값을 정한 다음 x에 관한 방정식

$$-5-ax = (4+a)x+7$$

을 만들고 풀어보니 해가 없다고 한다. a의 값은 얼마인가?

풀이 불능형인 1차방정식은 $0x = c\ (\neq 0)$의 꼴이므로 문제의 식을 아래와 같이 정리해서 살펴본다.

$$-5-ax = (4+a)x+7$$
$$(-2a-4)x = 12$$

해가 없으려면 x의 계수가 0이어야 한다. 따라서 $-2a-4 = 0$으로부터 $a = -2$ 이다.

1차방정식의 응용

1차방정식은 수학적 문제는 물론 일상생활에서 볼 수 있는 수많은 문제들에 적용된다. 이 가운데 중학 과정에서 흔히 보는 문제는 크게 **속도**와 **농도** 그리고 **기타** 문제로 나누어볼 수 있으며, 이하 차례로 살펴본다. 그런데 이에 앞서 한 가지 짚어둘 것은 앞으로 어떤 응용 문제를 풀든 이른바 **문제해결기법**(problem solving technique)을 잘 운용하는 능력을 길러야 한다는 점이다. 이는 일반적으로

문제파악 → 전략수립 → 문제해결 → 사후분석

의 단계로 나누어볼 수 있는데, 이를 방정식의 응용 문제와 관련시켜 생각해보면

문제파악 → 미지수 정하기 → 방정식 세우기 → 방정식 풀기 → 검산

으로 나눌 수 있다. 그리고 이 가운데 핵심은 **'전략수립단계'에 해당하는 '미지수 정하기 → 방정식 세우기'**인 바, 구체적인 문제를 통하여 이 능력을 함양하는 데에 많은 노력을 기울여야 한다.

· 속도 문제 ·

속도(速度)와 거리와 시간 사이에는 "거리 = 속도×시간", "속도 = 거리÷시간", "시간 = 거리÷속도"의 관계가 있다. 이를 이용하여 다음의 문제를 풀어보자.

예제

심부름을 갈 때는 시속 6km로 빠르게 걸었지만 집으로 돌아올 때는 시속 4km로 천천히 걸어 왕복하는 데에 모두 5시간이 걸렸다. 집과 목적지 사이의 거리는 얼마인가?

풀이 문제가 묻는 게 집과 목적지 사이의 거리이므로 이를 x로 놓고 생각해보자. 그러면 가는 데는 $\frac{x}{6}$시간, 오는 데는 $\frac{x}{4}$시간이 걸리며 이 둘을 합하면 모두 5시간이 된다. 이를 이용하여 아래의 방정식을 세우고 풀면 답을 얻을 수 있다.

$\frac{x}{6}+\frac{x}{4}=5$ → 분모의 최소공배수 12를 양변에 곱한다.

$2x+3x=60,\ \ 5x=60,\ \ \therefore x=12$ (km)

검산해보면, 가는 데에 2시간, 오는 데에 3시간, 합쳐서 5시간이어서, 정답임을 알 수 있다.

예제

동생이 준비물을 잊고 학교에 갔다. 10분 후 이를 발견한 형이 자전거를 타고 시속 15km로 쫓아갔는데 동생은 시속 5km로 걷고 있었다. 형은 동생을 얼마 만에 따라잡을 수 있을까?

풀이

형이 출발해서 따라잡는 데 걸리는 시간을 x라 하자. 그러면 이 시간 동안 형은 $15x$km를 가고, 동생은 $5\left(x+\frac{1}{6}\right)$km를 간다. 10분은 시간으로 치면 1/6시간이기 때문이다.

$$15x = 5\left(x+\frac{1}{6}\right) \rightarrow \text{우변의 괄호를 전개한다.}$$

$$15x = 5x+\frac{5}{6} \rightarrow \text{양변에서 } 5x\text{를 뺀다.}$$

$$10x = \frac{5}{6} \rightarrow \text{양변을 10으로 나눈다.}$$

$$\therefore x = \frac{5}{60} \text{ (시간)}$$

곧 5분 만에 따라잡아 준비물을 전해줄 수 있다.

예제

아빠가 회사로 출근할 때 시속 80km로 차를 몰면 시속 60km로 몰 때보다 10분이 절약된다고 한다. 집에서 회사까지의 거리는 얼마인가?

풀이

집에서 회사까지의 거리를 $x$km라고 하면, 시속 80km로 갈 때는 $\frac{x}{80}$시간, 시속 60km로 갈 때는 $\frac{x}{60}$시간이 걸리고, 10분은 $\frac{1}{6}$시간이므로 다음 방정식을 풀면 된다.

$$\frac{x}{60}-\frac{x}{80}=\frac{1}{6}$$ → 양변에 분모의 최소공배수 240을 곱한다.

$$4x-3x=40,\quad \therefore x=40\ (\text{km})$$

속도 문제는 이 정도로 마치는데, '속도'라는 용어와 관련하여 한 가지 이야기할 게 있다. 그러나 이는 여기 본문에서 할 성격의 것은 아니므로 이 장의 끝에 〈속도와 속력〉이란 제목의 '수학 이야기'에 실었다. 나중에 참조하기 바란다.

· 농도 문제 ·

예를 들어 물에 소금을 넣어 소금물을 만드는 경우, 물을 **용매**(溶媒, solvent), 소금을 **용질**(溶質, solute), 소금이 들어간 물, 곧 소금물을 **용액**(溶液, solution)이라고 부른다(방정식의 '해'와 '용액'의 영어가 모두 solution이다). 그리고 **농도**(濃度, concentration)는 **용액에 용질이 녹아 있는 정도를 가리키는 척도**이다.

농도를 나타내는 방법에는 여러 가지가 있는데, 중학 과정에서는 **퍼센트 농도**(percent concentration, %농도)를 사용한다. 단 **여기서는 '퍼센트 농도'를 그냥 '농도'라고 부르기로 한다**.

농도 = (소금의 양 ÷ 소금물의 양) × 100

예제

10%의 소금물 500g이 있다. 여기에 물을 얼마나 넣으면 8%의 소금물이 될까?

풀이 10%의 소금물 500g에는 소금이 50g 들어 있다. 여기에 넣을 물의 양을 xg이라고 하면 다음 방정식이 성립한다.

$$\frac{50}{500+x}\times100=8$$ → 양변에 $(500+x)$를 곱한다.

$5000 = 4000 + 8x$ → 양변에서 4000을 뺀다.

$1000 = 8x$ → 양변을 맞바꾸고 8로 나눈다.

$\therefore\ x = 125$ (g)

예제

5%의 설탕물과 15%의 설탕물을 섞어서 9%의 설탕물 300g을 만들려고 한다. 5%의 설탕물은 얼마나 필요한가?

풀이 9%의 설탕물 300g에는 설탕이 27g 들어 있다. 5%의 설탕물을 xg이라고 하면 15%의 설탕물은 $(300-x)$g이므로 다음 방정식이 성립한다.

$0.05x + 0.15(300-x) = 27$ → 양변에 100을 곱한다.

$5x + 15(300-x) = 2700$ → 괄호를 푼다.

$5x + 4500 - 15x = 2700$ → 양변을 정리하고 x를 구한다.

$\therefore\ x = 180$ (g)

예제

5%의 소금물 150g에 15%의 소금물 몇 g을 섞으면 9%의 소금물이 되는가?

풀이 5%의 소금물 150g에는 소금이 7.5g 들어 있다. 여기에 섞어야 할 15% 소금물의 양을 xg이라고 하면 다음 방정식이 성립한다.

$7.5 + 0.15x = 0.09(150 + x)$ → 괄호를 풀고 100을 곱한다.

$750 + 15x = 1350 + 9x,\ 6x = 600$

$\therefore x = 100$ (g)

· 기타 문제 ·

앞에서 속도와 농도 문제를 풀어봄으로써 알 수 있는 중요한 점은 "거리 = 속도×시간" 등과 같이 **문제에 나오는 양들 사이의 관계를 잘 파악해야 한다**는 것이다. 이러한 경험을 토대로 이제 일반적인 응용 문제를 풀어보기로 한다.

예제

어떤 상품판매원의 월급은 기본급과 수당을 합한 것인데, 기본급은 50만 원이고 수당은 판매한 금액의 5%이다. 상품의 가격이 160만 원이라고 할 때 어느 판매원이 300만 원 이상의 월급을 받으려면 한 달 동안 상품을 몇 개나 팔아야 할까?

풀이 **"월급 = 기본급+수당"**으로 쓸 수 있으며, 판매할 상품의 수를 x로 놓으면 다음 방정식이 성립한다.

$$300 = 50 + 0.05 \cdot 160 \cdot x$$

$$250 = 0.05 \cdot 160 \cdot x$$

$$\therefore x = \frac{250}{0.05 \cdot 160} = 31.25(\text{개})$$

그런데 상품은 일반적으로 쪼개서 팔 수 없다. 따라서 이 판매원은 한 달 동안 적어도 32개 이상을 팔아야 한다.

예제

어떤 상품을 정가의 20%만큼 할인 판매하더라도 이익은 원가의 10%를 얻고자 한다. 정가를 원가의 몇 %로 정해야 할까?

풀이 **"정가 = 원가(1+이익률)"**로 쓸 수 있으며, 원가를 a, 이익률을 x

라 하면 다음 방정식이 성립한다.

$a(1+x)(1-0.2) = a(1+0.1)$ → 양변을 a로 나눈다.

$(1+x)(1-0.2) = (1+0.1)$ → 괄호를 풀고 정리한다.

$0.8+0.8x = 1.1$

$\therefore x = (1.1-0.8)/0.8 = 0.375$

곧 정가를 원가의 137.5%로 정하면 된다.

예제

'대수학의 아버지'라고 불리는 고대 그리스의 수학자 디오판토스(Diophantos, 246?~330?)의 묘비에는 다음과 같은 내용의 글이 새겨져 있다. 디오판토스는 몇 살까지 살았는가?

"여기에 디오판토스가 잠들다. 그는 일생의 1/6을 소년기로 보낸 후, 일생의 1/12이 지나 성인이 되었지만, 다시 일생의 1/7이 지나서야 결혼을 했고, 결혼 후 5년 만에 아이를 낳았으나, 아이는 아버지 생애의 절반밖에 살지 못했는데, 그는 이 슬픔을 견디며 4년을 더 산 후 삶을 마쳤다."

풀이 여기서는 **"일생 = 각 시기의 합"**이라는 관계를 이용한다. 따라서 디오판토스가 x세까지 살았다고 하면 다음 방정식이 성립한다.

$$x = \frac{1}{6}x + \frac{1}{12}x + \frac{1}{7}x + 5 + \frac{1}{2}x + 4$$

$$x = \frac{14+7+12+42}{84}x + 9$$

$$84x = 75x + 756$$

$$\therefore x = 84 \text{ (세)}$$

예제

현재 시간은 4시이다. 시계의 큰 바늘과 작은 바늘이 겹칠 때까지 약 몇 분 몇 초 정도의 시간이 걸릴까?

풀이

여기서는 **1분당 시계의 작은 바늘은 $360 \div 60 = 6°$, 큰 바늘은 $360 \div 12 \div 60 = 0.5°$ 움직인다는 관계를 이용**한다. 현재 시간이 4시이므로 큰 바늘이 작은 바늘보다 120° 앞서 있다. 따라서 이 문제는 사실상 '속도 문제'의 일종으로, 앞서 풀었던 '준비물을 잊고 등교한 동생을 쫓는 형'의 문제와 같은 상황이다. 그러므로 문제의 시간을 x분이라고 하면 다음 방정식이 성립한다.

$$120 + 0.5x = 6x$$
$$\therefore x = 120 \div 5.5 = 21.8181\cdots$$

곧 지금으로부터 약 21분 49초 후에 두 바늘이 서로 겹친다.

예제

어떤 독에 큰 호스(hose)로 물을 가득 채우는 데는 3시간, 작은 호스로 가득 채우는 데는 4시간이 걸린다. 그런데 밑이 깨져서 이른바 '밑 빠진 독'이 되었고, 가득 찬 물이 빠지는 데는 6시간이 걸린다. 현재 비어 있는 이 밑 빠진 독에 큰 호스와 작은 호스를 함께 사용하여 물을 넣는다면 가득 차는 데에 몇 시간이 걸릴까?

풀이

'밑 빠진 독'이라도 빠져나가는 물의 양보다 투입되는 물의 양이 더 많다면 언젠가는 가득 찰 것이며, 문제의 상황이 이런 경우이다. 그리고 이런 경우 **"시간당 채워지는 양 = 시간당 투입되는 양 − 시간당 빠져나가는 양"**의 관계가 있다.

독의 부피를 1이라고 하면 큰 호스로는 시간당 1/3, 작은 호스로는 시간당 1/4이 투입되고, 깨진 밑으로 시간당 1/6이 빠져나가므로, 가득 차는 데에 걸리는 시간을 x라 하면 다음 방정식이 성립한다.

$$\left(\frac{1}{3}+\frac{1}{4}-\frac{1}{6}\right)x = 1, \quad \frac{20+15-10}{60}x = 1$$

$$25x = 60, \quad \therefore x = 2.4$$

곧 2시간 24분 만에 가득 채워진다.

예제

고속열차가 시속 300km의 속도로 10km의 터널을 완전히 빠져나가는 데에 124.656초가 걸린다. 고속열차의 길이는 얼마인가?

풀이 열차가 터널을 완전히 빠져나가는 데에 124.656초가 걸렸다는 것은 '터널 길이+열차 길이'를 통과하는 데에 그만큼 걸렸다는 뜻이다. 곧 **"통과 길이 = 터널 길이+열차 길이"**라는 관계를 이용한다. 그러므로 열차의 길이를 x미터라고 하면 다음 방정식이 성립한다.

$$300000\times\frac{124.656}{3600} = 10000+x$$

$$\therefore x = 388 \text{ (m)}$$

참고로 우리의 고속열차 KTX(the Korea Train Express)는 20량으로 구성되어 있고, 총 길이는 388미터이다.

2 ⋮ 1차연립방정식

연립방정식의 의의

연립방정식(聯立方程式, simultaneous equation)은 **2개 이상의 방정식을 함께 나열한 것**을 가리킨다. 중학 과정에서는 그중 1차식 2개를 쌍으로 묶은 것을 다루며, 따라서 이는 '1차연립방정식'이라고 부를 수 있다. 예를 들어 다음의 1차연립방정식을 보자.

$$\begin{cases} x+2y=7 & —❶ \\ x+y=4 & —❷ \end{cases}$$

❶과 ❷는 각각 등식이므로 '균형이 잡힌 양팔저울'로 생각할 수 있으며, 따라서 ❶식의 좌변과 ❷식의 좌변을 더한 것은 ❶식의 우변과 ❷식의 우변을 더한 것과 같을 게 당연하다(빼기도 마찬가지). 다시 말해서 **연립방정식에도 등식의 성질이 적용**되며, 따라서 **연립방정식을 푸는 데에 새로운 원리는 필요하지 않다**.

그러므로 이제 등식의 성질을 적용하여 ❶−❷를 해보자. 그러면

$$\begin{array}{rr} & x+2y=7 \\ -) & x+\ \ y=4 \\ \hline & y=3 \end{array}$$

이 되어 $y=3$이라는 답이 나오며, 이것을 ❶식이나 ❷식에 대입하면 $x=1$이라는 답도 구해진다.

이와 같이 중학 과정에서는 식의 수가 2개이고 미지수도 2개인 1차연립방정식을 다루며, 이를 일컬어 **2원1차연립방정식**이라고 부르는데, 여기의 **원**(元)은 미지수를 가리킨다. **앞으로는 편의상 '2원1차연립방정식'을 그냥 '연립방정식'이라 부르기로 한다**.

'연립'이란 말에서 보듯 '연립방정식'이라고 부르려면 기본적으로 2개 이상의 방정

식이 있어야 한다. 그러나 이런 제한을 잠시 무시한다면 지금까지 배웠던 보통의 1차 방정식, **곧 $ax+b=0$는 '1원1차연립방정식'이라 말할 수 있고, 연립방정식 가운데 가장 간단한 형태의 것**이다.

여기서 굳이 이런 말을 하는 이유는 **연립방정식은 완전히 새로운 개념이 아니라 기존의 방정식 개념을 조금 확장한 것**이라는 점을 강조하기 위해서이다. 이에 따라 연립방정식을 푸는 데는 새로운 원리가 필요 없고 이미 알고 있는 해법들을 약간만 고쳐서 적용하면 된다는 점도 자연스럽게 이해할 수 있다.

한편 너무 당연한 말이지만 여기서 **'연립'의 의미는 수학적으로 'and'**이다. 곧 2개 이상의 방정식을 '모두 만족시키는 공통의 해'가 연립방정식의 근이다. 그리고 이 의미는 나중에 연립부등식에서도 같다.

연립방정식의 해법

앞에서 풀었던 연립방정식을 다시 생각해보자.

$$
㉮\begin{cases} x+2y=7 & \text{— ❶} \\ x+y=4 & \text{— ❷} \end{cases}
$$

❶식을 보면 2개의 미지수가 있는데, 만일 둘 중 하나의 값을 알면 다른 것의 값도 곧 구해진다. 그리고 이 점은 ❷식의 경우에도 마찬가지이다. 요컨대 **연립방정식의 풀이에서는 2개의 미지수 중 하나를 없애는 과정이 필수적**이란 점을 알 수 있으며, 이를 **소거**(消去, elimination)라고 부른다.

이처럼 연립방정식을 풀기 위한 **소거법에는 가감법과 대입법**(치환법)**의 두 가지**가 있다. 이 가운데 가감법은 두 개의 식을 서로 더하거나 빼는 방법으로서 이미 위의 예를 통하여 살펴보았다. 한편 대입법은 다음과 같은 형태의 경우에 편리하다.

$$
㉯\begin{cases} x=2y+3 & \text{— ❸} \\ x+y=6 & \text{— ❹} \end{cases}
$$

여기 ❸식은 x가 $2y+3$과 같음을 뚜렷이 보여주므로, 이것을 그대로 ❹에 대입하면

$$x+y=6 \quad\rightarrow\quad (2y+3)+y=6 \quad\rightarrow\quad 3y=3 \quad\rightarrow\quad y=1$$

이 쉽게 구해지기 때문이다. 그리고 이렇게 얻은 $y=1$을 ❸ 또는 ❹에 대입하면 $x=5$가 얻어진다.

그런데 여기서 중요한 것은 **가감법과 대입법은 본질적으로 소거법의 일종이란 점은 마찬가지이므로 어떤 연립방정식에나 이 두 가지 방법을 모두 적용할 수 있다**는 점이다. **하지만 문제에 따라 편리함에서 차이가 나므로 어느 정도의 경험이 쌓이면 미리 문제의 형태를 살펴서 효과적인 방법을 적용**하도록 한다.

예제

다음 연립방정식을 풀어라.

① $\begin{cases} 3x+2y=15 \\ 7x+y=2 \end{cases}$　② $\begin{cases} 2y=7x-3 \\ 4y=2x+6 \end{cases}$

③ $\begin{cases} \frac{1}{2}x+\frac{1}{3}y=4 \\ 0.2x-0.3y=1 \end{cases}$　④ $\dfrac{2x+5}{3}=\dfrac{5y-4x}{2}=2y-\dfrac{7x}{5}$

풀이 각 문제의 위 식을 ㉠, 아래 식을 ㉡으로 부르자. 그리고 예를 들어 "㉠의 양변을 2로 곱하고 이것을 ㉡에 더한다"는 과정을 "2×㉠+㉡"과 같이 쓰기로 한다(이는 "㉠의 2배를 ㉡에 더한다"라고 표현할 수도 있다).

① 이 문제는 가감법이 좋다.

y를 소거하기 위하여 ㉠에서 ㉡의 2배를 뺀다(곧 "㉠−2×㉡"을 한다).

$$\begin{array}{rl} 3x+2y &= 15 \\ -\underline{)\,14x+2y} &\underline{= 4} \\ -11x \quad\;\; &= 11 \end{array}$$

이로부터 $x=-1$이 나오고 이것을 ㉠이나 ㉡에 대입하면
$y=9$가 나온다.

② 이 문제는 대입법이 좋다.

㉡$\div 2$를 하면 $2y = x+3$를 얻으며, 이것을 ㉠에 대입하면

$$x+3 = 7x-3$$

가 된다. 이것을 풀면 $x=1$이고, 이 값을 ㉠이나 ㉡에 대입하면
$y=2$가 나온다.

③ 우선 계수를 정수로 만든 후 살펴본다.

$$\begin{cases} \frac{1}{2}x+\frac{1}{3}y = 4 \\ 0.2x-0.3y = -1 \end{cases} \quad \rightarrow \quad \begin{cases} 3x+2y = 24 \\ 2x-3y = -10 \end{cases}$$

이런 경우 가감법이 좋으며, 고친 식의 ㉠$\times 3+$㉡$\times 2$를 하면
$13x = 52$에서 $x = 4$를 얻는다.
이것을 ㉠이나 ㉡에 대입하면 $y = 6$이 나온다.

④ 이런 경우 첫 식을 ㉠, 가운데 식을 ㉡, 끝 식을 ㉢이라고 하면,

ⓐ $\begin{cases} ㉠ = ㉡ \\ ㉡ = ㉢ \end{cases}$ ⓑ $\begin{cases} ㉠ = ㉡ \\ ㉠ = ㉢ \end{cases}$ ⓒ $\begin{cases} ㉠ = ㉢ \\ ㉡ = ㉢ \end{cases}$

의 3쌍의 연립방정식을 꾸밀 수 있으며, 어느 것을 풀든 결과는 같게 나온다. 따라서 계산이 가장 편할 것으로 보이는 쌍을 택해서 풀면 된다. 여기서는 거의 차이가 없지만 분모의 최소공배수가 작아서 통분이 편할 것으로 보이는 ⓐ를 택해서 풀어보기로 한다.

$$\begin{cases} \dfrac{2x+5}{3} = \dfrac{5y-4x}{2} \\ \dfrac{5y-4x}{2} = 2y - \dfrac{7x}{5} \end{cases} \quad \rightarrow \quad \begin{cases} 4x+10 = 15y-12x \\ 25y-20x = 20y-14x \end{cases}$$

$$\rightarrow \quad \begin{cases} 10 = 15y-16x \\ 5y = 6x \end{cases}$$

마지막 식을 풀면 $x=5,\ y=6$이 나온다.

참고1 ④번 문제로부터 **"등식의 수는 등호의 수와 같다"**는 결론이 얻어짐을 특기하도록 한다. 곧 이 문제에 들어 있는 등식은 2개이며, 따라서 ⓐⓑⓒ의 어느 쌍으로 만들든 본질적으로 동일한 연립방정식이 된다. 간혹 이런 문제의 경우 "'식'이 3개이므로 '등식'도 3개"라고 여기는 학생들이 있는데, '식'의 수는 물론 3개이지만, '등식'의 정의는 "등호가 들어간 식"이므로 '등식'의 수는 당연히 등호의 수에 의하여 결정된다.

참고2 앞에서 연립방정식의 해법 두 가지를 살펴보았다. 그런데 이런 해법과 상관없이 연립방정식의 문제와 답을 가장 본질적 형태로 축약시켜 나타내면 다음과 같다.

$$① \begin{cases} ax+by = c \\ dx+ey = f \end{cases} \quad \rightarrow \quad ② \begin{cases} x = p \\ y = q \end{cases}$$

여기서 주목할 것은 ① → ②의 과정은 (구체적 해법이 무엇이든) 등식의 성질을 적용시켜 이루어지며, 따라서 ①식과 ②식은 본래 똑같은 식이란 점이다. 그러므로 이 과정을 ② → ①로 거슬러 올라가면서 생각해보면 궁극적으로 미지수가 2개인 연립방정식은 식도 2개여야 답이 구해짐을 알 수 있다. 이 결론은 일반적으로 확장하여 흔히 **"미지수가 n개인 연립방정식은 식의 개수도 n개여야 풀어진다"** 또는 **"연립방정식은 미지수의 개수와 식의 개수가 같아야 풀어진다"**라고 말하는데, 이에 대한 정확한 분석은 대학 과정에서 배운다. 다만 나중에 1차함수를 다룰 때 이와 관련된 중요한 사실을 배우면 일단의 기본적인 궁금증은 충분히 해소할 수 있다(322쪽 참조).

연립방정식의 응용

연립방정식도 앞서 배운 1차방정식처럼 일상생활과 수학의 여러 문제를 해결하는 데에 폭넓게 활용된다. 다음의 예제를 통하여 이를 살펴본다.

예제

철수와 아버지의 나이를 더하면 54세이고 12년이 지나면 아버지의 나이는 철수의 2배가 된다. 철수와 아버지의 현재 나이를 구하라.

풀이 철수와 아버지의 현재 나이를 각각 x와 y라고 하면 다음의 연립방정식이 성립한다.

$$\begin{cases} x+y = 54 & \text{— ㉠} \\ 2(x+12) = y+12 & \text{— ㉡} \end{cases}$$

이것을 풀면 $x=14$, $y=40$이 나온다.

참고 이 문제는 처음부터 연립방정식이 아니라 1차방정식으로 풀 수도 있다. 곧 철수의 나이를 x라고 하면 아버지의 나이는 $54-x$이고, 따라서 아래의 1차방정식이 성립한다.

$$2(x+12) = (54-x)+12 \quad \text{— ㉢}$$

그런데 따지고 보면 ㉢은 ㉠을 ㉡에 대입한 것에 지나지 않는다. 다시 말해서 **원칙적으로 모든 2원1차연립방정식은 보통의 1차방정식으로도 풀 수 있다. 이론적으로 볼 때 대입법, 가감법이란 것은 결국 소거 과정을 통하여 2원1차연립방정식을 1원1차연립방정식, 곧 보통의 1차방정식으로 고치는 과정에 불과하기 때문**이다. 차이는 오직 등식을 2개로 만드느냐 아니면 1개로 만드느냐 하는 것뿐이며, 문제의 상황에 따라 편한 방법을 택하면 된다.

예제

어느 계단에서 철수와 영희는 가위바위보를 하여 이기면 2계단 올라가고 지면 1계단 내려가는 게임을 했다. 한참 게임을 한 뒤 살펴보니 철수는 처음보다 2계단 아래 그리고 영희는 처음보다 10계단 위에 있었다. 철수와 영희는 각각 몇 번이나 이겼는가?

풀이 철수와 영희가 이긴 횟수를 각각 x와 y라고 하면 철수는 $2x$계단 올라가고 y계단 내려와서 현재 위치는 -2계단이 되었고, 영희는 $2y$계단 올라가고 x계단을 내려와서 현재 위치는 10계단이 되었다. 따라서 다음의 연립방정식이 성립한다.

$$\begin{cases} 2x-y=-2 & \text{— ㉠} \\ 2y-x=10 & \text{— ㉡} \end{cases}$$

이것을 풀면 $x=2$, $y=6$이 나온다.

참고 이 문제도 처음부터 보통의 1차방정식으로 풀 수 있다. 그러나 앞의 예제는 곧바로 대입법을 적용할 수 있어서 보통의 1차방정식으로 풀기도 쉬웠지만, 여기의 예제는 ㉠을 한 번 고쳐 $y=2x+2$로 만든 다음 ㉡에 대입해야 보통의 1차방정식이 나오므로 상당히 번잡하다. 따라서 여기의 예제는 처음부터 연립방정식으로 풀어 가는 게 좋다. 요컨대 **곧바로 대입법을 쓸 수 있는 연립방정식 문제는 보통의 1차방정식으로 풀어도 별 차이가 없으나, 그렇지 않은 경우에는 연립방정식이 더 편리하다.**

예제

배로 강을 12km 거슬러 올라가는 데는 3시간, 내려가는 데는 2시간이 걸렸다. 정지한 물에서의 배의 속도와 강물의 속도는 각각 얼마인가?

풀이

정지한 물에서의 배의 속도와 강물의 속도를 각각 x와 y라고 하면, 배가 거슬러 올라갈 때 걸리는 시간은 12km를 두 속도의 차로 나눈 것이고, 내려갈 때 걸리는 시간은 합으로 나눈 것이므로 다음 연립방정식이 성립한다.

$$\begin{cases} x+y = 6 \\ x-y = 4 \end{cases}$$

따라서 $x=5,\ \ y=1$이 나온다.

예제

5%의 설탕물과 15%의 설탕물을 섞어서 9%의 설탕물 300g을 만들려고 한다. 5%와 15%의 설탕물은 각각 얼마나 필요한가?

풀이

이 문제는 216쪽에서 1차방정식의 예제로 풀었던 것이다. 여기서는 연립방정식으로 풀어본다. 5%의 설탕물을 xg, 15%의 설탕물을 yg이라고 하면 다음 연립방정식이 성립한다.

$$\begin{cases} x+y = 300 \\ 0.05x+0.15y = 0.09\cdot 300 \end{cases} \rightarrow \begin{cases} x+y = 300 \\ 5x+15y = 2700 \end{cases}$$

이것을 풀면 $x=180,\ \ y=120$이 나온다.

예제

두 자리의 자연수가 있다. 십의 자리 수는 일의 자리 수의 2배보다 1 크고, 서로 자리를 바꾸면 본래 수보다 36만큼 작아진다. 본래의 자연수를 구하라.

풀이 십의 자리와 일의 자리 수를 각각 x와 y라 하면 다음 연립방정식이 성립한다.

$$\begin{cases} x = 2y+1 \\ 10y+x = 10x+y-36 \end{cases}$$

이를 풀면 $x=7$, $y=3$이 나오므로, 구하는 답은 73이다.

예제

신문 구독료가 연초에는 한 달에 10000원이었는데 중간에 12000원으로 올라 연말까지 지불한 구독료는 모두 128000원이었다. 구독료는 몇 월에 올랐는가?

풀이 1년은 12개월이므로 구독료가 10000원인 달의 수를 x, 12000원인 달의 수를 y라고 하면 다음 연립방정식이 성립한다.

$$\begin{cases} x+y = 12 \\ 10000x+12000y = 128000 \end{cases}$$

이를 풀면 $x=8$이므로 오른 달은 9월이다.

참고 이 문제는 하나의 미지수만 묻고 있다. 따라서 원칙적으로는 1차방정식으로 풀어야겠지만, 이처럼 편의상 연립방정식으로 풀 수도 있다. **옳은 답을 올바른 논리에 따라 구해내면 되므로 형식에 얽매일 필요는 없다.**

예제

철수와 영희가 어떤 일을 했는데, 철수가 4일, 영희가 6일을 해서 마쳤다. 그 후 똑같은 일을 했는데, 이번에는 철수가 2일, 영희가 9일을 해서 마쳤다. 만일 철수와 영희가 각각 혼자서 이 일을 한다면 며칠씩 걸리겠는가?

풀이 일 전체를 1이라고 했을 때 철수와 영희가 하루에 하는 비율을 x와 y라고 하자. 그러면 다음 연립방정식이 성립한다.

$$\begin{cases} 4x+6y = 1 \\ 2x+9y = 1 \end{cases}$$

이를 풀면 $x=\frac{1}{8}$, $y=\frac{1}{12}$이 나온다. 따라서 철수와 영희가 각각 혼자서 한다면 8일과 12일 걸린다.

참고 이 문제의 경우 문제가 묻는 것은 날짜였지만 하루에 하는 비율을 미지수로 놓아서 풀었다. 이처럼 **답이 될 대상을 미지수로 삼지 않아도 상관없다**. 앞의 예제에서도 비슷한 이야기를 했지만 **중요한 것은 논리적으로 옳으면서도 가장 간결한(가장 효율적인) 방법으로 해결하는 것**이다.

3 : 2차방정식

2차방정식의 일반형과 근의 공식

204쪽에서 모든 1차방정식은 $ax+b = 0$ (단 $a \neq 0$)과 같이 나타낼 수 있고 이것을 '1차방정식의 일반형'이라 부른다고 했다. 그리고 이에 따라 "모든 1차방정식은 $x=-\frac{b}{a}$라는 해를 가진다"고 했다. 이제 2차방정식으로 한 단계 올라오면 일반형과 해를 나타내는 수식도 좀 복잡해지는데, 어쨌든 이는 모든 2차방정식의 풀이에 근본이 되는 것이므로 이로부터 시작한다.

2차방정식은 미지수의 최고차수가 2인 방정식을 말하므로, 그 안에는 2차항, 1차항, 0차항(상수항)이 있을 수 있고, 따라서 그 일반형은 다음과 같이 나타내진다.

2차방정식의 일반형(general form) : $ax^2+bx+c=0$, (단 $a \neq 0$)

여기서 $a \neq 0$이란 조건은 만일 $a=0$이라면 위 식을 2차방정식이라고 부를 수 없기 때문에 붙여진 것이며, 이를 토대로 등식의 성질을 이용하여 이 식의 해를 구해보도록 하자.

$ax^2+bx+c=0$ (단 $a \neq 0$) → 양변을 a로 나눈다.

$x^2+\frac{b}{a}x+\frac{c}{a}=0$ → 양변에서 $\frac{c}{a}$를 뺀다.

$x^2+\frac{b}{a}x=-\frac{c}{a}$ → 좌변을 완전제곱식으로 고치기 위하여 양변에 $\left(\frac{b}{2a}\right)^2$을 더한다.

$x^2+\frac{b}{a}x+\left(\frac{b}{2a}\right)^2=-\frac{c}{a}+\left(\frac{b}{2a}\right)^2$ → 좌변을 완전제곱식으로 고치고 우변을 정리한다.

$\left(x+\frac{b}{2a}\right)^2=\frac{b^2-4ac}{4a^2}$ → 좌변의 제곱근을 구한다.

$x+\frac{b}{2a}=\pm\frac{\sqrt{b^2-4ac}}{2a}$ → 양변에서 $\frac{b}{2a}$를 뺀다.

$x=-\frac{b}{2a}\pm\frac{\sqrt{b^2-4ac}}{2a}$ → 우변을 정리한다.

2차방정식의 근의 공식 : $x=\frac{-b\pm\sqrt{b^2-4ac}}{2a}$

위에 썼듯이 이 유도 과정의 최종 결과는 **2차방정식의 근의 공식**(quadratic formula)

이라고 부른다. 이 공식은 2차방정식에 관한 거의 모든 논의에서 필수적일 뿐 아니라, **수학 전체를 통틀어서도 몇 손가락 안에 꼽을 정도로 중요한 공식**이다. 따라서 지금 이 단계에서 완벽하게 암기하고 넘어가도록 한다.

2차방정식의 근의 공식의 유도 과정은 암기할 필요는 없으나 앞으로 완전제곱식의 응용과 관련되므로 잘 이해하고 숙지해두기 바란다. 한편 1차방정식의 경우에는 해의 형태가 $x=-b/a$로 매우 간단하므로 굳이 '근의 공식'이라고 부르지는 않는다.

2차방정식과 인수분해

2차방정식에는 어떤 경우에나 적용할 수 있는 근의 공식이 있으므로 언제라도 답을 구할 수 있다. 곧 **근의 공식은 만능의 해법**이다. 그런데 앞에서 보았다시피 근의 공식이 그다지 단순하지 않으며 제곱근 기호까지 들어 있으므로 항상 이것을 이용하여 근을 구한다는 것은 아주 귀찮은 일이다. 따라서 가능하면 보다 단순한 방법을 먼저 적용하고, **근의 공식은 만일의 경우에 대비하는 '최후의 무기'**로 여기는 것이 바람직하다.

예를 들어 다음의 2차방정식을 보자.

$$x^2-3x+2=0 \quad -❶$$

이 방정식의 좌변을 인수분해하면 다음과 같다.

$$(x-1)(x-2)=0 \quad -❷$$

❷식의 좌변은 $(x-1)$과 $(x-2)$가 곱해진 것인데, 만일 $x=1$이라면 $(x-1)=0$이어서 ❷식이 충족되고, $x=2$라면 $(x-2)=0$이어서 역시 ❷식이 충족되므로 그 답은 "$x=1$과 2"이다. 다시 말해서 **2차방정식을 "좌변 = 0"으로 놓았을 때, 좌변이 2개의 1차항으로 인수분해된다면 각각의 1차항을 0으로 되게 하는 x의 값이 바로 2차**

방정식의 근이라는 뜻이다. 그런데 이것을 근의 공식으로 직접 구해보면

$$x = \frac{-b \pm \sqrt{b^2-4ac}}{2a} = \frac{-(-3) \pm \sqrt{(-3)^2-4\cdot1\cdot2}}{2}$$

$$= \frac{3\pm1}{2} = 2\text{와 } 1$$ (다만 대개 작은 수부터 크기 순으로 "$x=1$과 2"로 쓴다)

로서 마찬가지의 답을 얻지만 과정은 상당히 비효율적임을 알 수 있다. 다음에는 이상의 내용에서 특기할 점들을 정리했다.

1 · **1차방정식의 근은 1개**이지만 **일반적으로 2차방정식의 근은 2개**이다. 그 이유는 2차방정식이 2개의 1차식으로 인수분해되고 그 각각이 나름의 1차방정식이 되기 때문이다. 이런 관계는 차수가 높아질 때도 계속된다. 곧 **일반적으로 n차 방정식의 근은 n개**이다.

2 · 180쪽에서 항등식의 성질을 배울 때 $pq=0$이라는 식이 성립하려면 "$p=0$ or $q=0$"의 관계를 가지면 된다고 했다. 여기서는 이와 관련하여 **실제적 측면에서는 사소하다고 하겠으나 이론적 측면에서는 중요**하다고 볼 수 있는 점을 짚고 넘어가도록 하자. 앞에서

$$x^2-3x+2 = 0 \quad —❶$$

이란 방정식이

$$(x-1)(x-2) = 0 \quad —❷$$

로 인수분해되며, 이때 두 인수 $(x-1)$과 $(x-2)$는 $pq=0$, 곧

$$p=0 \quad \text{or} \quad q=0 \qquad —❸$$

의 관계에 있으므로 결국 ❶의 근도 "1 **또는** 2"라고 말해야 한다고 여기는 경우가 많고, 실제로 현재 우리나라뿐 아니라 전 세계의 모든 교과서, 자습서, 참고서, 문제집 등이 이렇게 쓰고 있는 것으로 보인다. 그러나 **정확히 말하자면 ③에 쓰인 'or-관계'는** $(x-1)$과 $(x-2)$라는 **'인수들 사이의 관계'일 뿐,** 이 두 인수를 각각 0으로 놓고, 곧 $(x-1)=0$과 $(x-2)=0$으로 놓고 풀어서 얻은 1과 2라는 **'근들 사이의 관계'가 아니다**. 또한 사실 말하자면

$x^2-3x+2=0$ 을 풀어라

는 문제는

$x^2-3x+2=0$을 만족시키는 모든 해들의 집합,
곧 해집합(解集合, solution set)**을 구하라**

는 뜻이며, "$x^2-3x+2=0$을 만족시키는 '인수들 사이의 관계'를 구하라"는 뜻이 아니다. 그러므로 2차방정식을 푸는 과정에서 비록 두 인수 사이에 'or-관계'가 나오기는 하지만 최종 결과로서 **정식 답은 "$x=\{1, 2\}$"**이라는 해집합이고 보다시피 여기에는 'or-관계'가 개입할 여지가 없다. 그러므로 (정식은 아니지만 흔히 쓰는 것처럼) 최종적으로 근들을 쓸 때는, "$x=1$ 또는 2"가 아니라, **정식의 해집합 "$x=\{1, 2\}$"의 원소들을 차례로 읽어가듯이 "$x=1$과 2"라고 써야 옳다**.

3 · 2차식의 인수분해

2차방정식의 근의 공식으로 얻은 2개의 근을 각각 α와 β라고 하자(예전부터 관습적으로 이렇게 불러왔다). α와 β는 그리스어의 글자로서 각각 **알파**(alpha)와 **베타**(beta)라고 읽는다(부록 '그리스 문자' 참조).

$$\alpha = \frac{-b+\sqrt{b^2-4ac}}{2a}, \quad \beta = \frac{-b-\sqrt{b^2-4ac}}{2a}$$

이 두 가지가 일반적인 2차방정식의 두 근이라 함은 모든 2차방정식이 다음과 같이 인수분해된다는 뜻이다.

$$ax^2+bx+c = 0 \quad \rightarrow \quad (x-\alpha)(x-\beta) = 0$$

이 때문에 인수분해 단원에서 사실상 2차식 이하만 배우는 중학 과정에서는 원칙적으로 2차방정식의 근의 공식만 알면 다른 방법은 불필요하다. 그러나 앞에서 보았듯 이 근의 공식이 상당히 불편하므로 보다 간편한 방법이 있으면 그것부터 우선적으로 적용함이 바람직하며, 이것이 바로 192쪽에서 인수분해의 4대 요령을 ① **공통인수 추출,** ② **기본공식 적용,** ③ **치환,** ④ **'2차만능법◇'**의 순서로 제시한 이유이다.

2차방정식의 3대 해법

2차방정식의 해법으로 인수분해와 근의 공식을 이용하는 것 두 가지를 보았다. 그런데 이 두 가지 사이에 하나 추가할 게 있으며 이른바 완전제곱법이 그것이다. 곧 **2차방정식의 3대 해법을 적용할 순서대로 들자면 "인수분해법 → 완전제곱법 → 근의 공식법"**이라고 말할 수 있다. 예를 들어

$$4x^2+16x+5 = 0$$

을 보자. 이것은 (정수 범위에서는)인수분해가 되지 않으므로 다른 방법을 써야 하는데, 2차항과 1차항까지는 완전제곱식의 형태를 띠고 있다. 따라서 이것을 다음과 같

이 정리하고 풀면 편리하다.

$$\{4(x+2)^2-16\}+5 = 0,\ 4(x+2)^2 = 11$$

$$x+2 = \pm\frac{\sqrt{11}}{2},\ \therefore x = -2\pm\frac{\sqrt{11}}{2}$$

완전제곱법은 이처럼 2차항과 1차항이 완전제곱으로 쉽게 고쳐지는 경우에 적용 한다. 그렇지 않다면 근의 공식을 바로 이용하는 것보다 편하다고 할 수 없으며, 따라서 그런 경우에는 근의 공식법으로 넘어간다.

한 가지 특기할 것은 231쪽에서 **근의 공식을 유도할 때 쓴 방법이 바로 완전제곱법** 이라는 사실이다. 그런데 거기서 보았듯 일반적인 식을 완전제곱으로 고치는 것은 상당히 귀찮은 일이다. 그러므로 완전제곱으로 쉽게 고쳐지면 완전제곱법을 사용하고, 그렇지 않으면 곧바로 근의 공식법을 이용한다는 게 자연스런 결론이다.

근의 공식의 활용

2차방정식의 핵심인 근의 공식에 대하여 좀 더 살펴보자.

· 근의 공식의 변형 ·

근의 공식이 조금 복잡하지만 만일 $ax^2+bx+c = 0$에서 1차항의 계수인 b가 짝수인 경우에는 다음과 같이 변형할 수 있고 이를 이용하면 계산이 조금 간편해진다. **곧 만일 $b=2b'$라면,**

$$x = \frac{-b\pm\sqrt{b^2-4ac}}{2a} = \frac{-2b'\pm\sqrt{4b'^2-4ac}}{2a}$$

$$= \frac{-2b'\pm2\sqrt{b'^2-ac}}{2a}$$

$$\therefore x = \frac{-b'\pm\sqrt{b'^2-ac}}{a}$$

예를 들어 $3x^2-4x-2=0$의 근을 앞의 변형 공식으로 풀어보자. 이때 $b'=-2$ 이므로

$$x=\frac{-b'\pm\sqrt{b'^2-ac}}{a}=\frac{-(-2)\pm\sqrt{(-2)^2-3\cdot(-2)}}{3}$$
$$=\frac{2\pm\sqrt{10}}{3}$$

· **판별식** ·

예를 들어 $x^2-4x+4=0$이라는 2차방정식을 보자. 이는

$$(x-2)^2=(x-2)(x-2)=0$$

으로 인수분해되므로 2개의 근이 모두 2로 동일하며, 이런 근을 **중근**(重根, double root)이라고 부른다. 중근은 이처럼 완전제곱식으로 인수분해될 때 나타나는데, 이에 대하여 근의 공식을 적용하면 다음 사실을 알 수 있다.

$$x=\frac{-b\pm\sqrt{b^2-4ac}}{2a}=\frac{-(-4)\pm\sqrt{(-4)^2-4\cdot1\cdot4}}{2}=2$$

이처럼 중근을 갖는 경우 근의 공식에 있는 제곱근 부분이 0이 되며, 반대로 2개의 서로 다른 근을 가질 경우 이 부분은 0이 되지 않는다. 따라서 이 부분의 제곱을 특별히 **판별식**(判別式, discriminant)이라 부르고 줄여서 D로 나타낸다.

2차방정식의 판별식 : $D=b^2-4ac$

한편 근이 1과 2였던 $x^2-3x+2=0$에 대해서 판별식을 적용해보면 다음과 같다.

$$b^2-4ac=(-3)^2-4\cdot1\cdot2=1$$

그러므로 판별식으로 2차방정식의 근을 다음과 같이 분류할 수 있다.

$D>0$: 2개의 서로 다른 실근.
$D=0$: 중근.
$D<0$: 2개의 서로 다른 허근. 중학 과정에서는 "근이 없다"고 말한다.

위에서 **실근은 실수값을 가진** 근 그리고 **허근은 허수값을 가진 근**을 말하는데, 허근에 대해서는 고교 과정에서 다루므로 **$D<0$인 경우 중학 과정에서는 "근이 없다" 라고 말하면 된다**.

한편 $b=2b'$인 경우에는 판별식도 다음과 같은 **'변형판별식**◇**'**을 이용하면 된다.

2차방정식의 변형판별식 : $D'=b'^2-ac$

· **근과 계수의 관계** ·

지금까지의 내용에 따르면 다음 두 가지 식은 동등하다.

"㉮ $ax^2+bx+c=0$" ↔ "㉯ $(x-\alpha)(x-\beta)=0$"

㉮의 양변을 a로 나누고, ㉯를 전개해서 정리하면,

$$x^2+\frac{b}{a}x+\frac{c}{a}=0 \quad \leftrightarrow \quad x^2-(\alpha+\beta)x+\alpha\beta=0$$

따라서 다음의 관계가 나오며, 이를 2차방정식의 근과 계수의 관계라고 부른다.

두 근의 합 : $\alpha+\beta=-\dfrac{b}{a}$
두 근의 곱 : $\alpha\beta=\dfrac{c}{a}$

2차방정식의 기본 예제

여기서는 지금까지 배운 내용을 토대로 여러 가지 기본 예제들을 풀어보기로 한다.

예제

다음 2차방정식을 풀어라.

① $6x^2-13x+6=0$　② $2(x+3)^2=7(x+3)$

③ $4x^2-64=0$　④ $3(x-1)^2=27$

⑤ $9x^2+6x-8=0$　⑥ $x^2+6x-3=0$

⑦ $2x^2+5x-2=0$　⑧ $2x^2-6x+1=0$

풀이 2차방정식의 3대 해법인 인수분해법, 완전제곱법, 근의 공식법을 차례로 적용한다.

① $6x^2-13x+6=0$, $(2x-3)(3x-2)=0$

$\therefore\ x=\frac{3}{2}, \frac{2}{3}$

② $2(x+3)^2=7(x+3)$, $2(x+3)^2-7(x+3)=0$

$(x+3)(2x+6-7)=0$, $(x+3)(2x-1)=0$

$\therefore\ x=-3, \frac{1}{2}$

③ $4x^2-64=0$, $4(x+4)(x-4)=0$

$\therefore\ x=4, -4$

④ $3(x-1)^2=27$, $(x-1)^2=9$, $x-1=\pm 3$

$\therefore\ x=4, -2$

⑤ $9x^2+6x-8=0$, $(3x+1)^2=9$, $3x+1=\pm 3$

$$\therefore x = \frac{2}{3}, -\frac{4}{3}$$

⑥ $x^2+6x-3 = 0,\ (x+3)^2 = 12,\ x+3 = \pm 2\sqrt{3}$

$$\therefore x = -3\pm 2\sqrt{3}$$

⑦ 이 경우는 인수분해도 안 되고 완전제곱법을 적용하는 것도 번잡하다. 따라서 근의 공식으로 구한다.

$a=2,\ b=5,\ c=2$이므로

$$x = \frac{-5\pm\sqrt{25-4\cdot 2\cdot 2}}{4} = \frac{-5\pm\sqrt{41}}{4}$$

⑧ 이때도 근의 공식법을 사용하는데, 1차항의 계수가 $b=2b'$인 경우이므로 변형공식을 이용한다.

$a=2,\ b'=-3,\ c=1$이므로

$$x = \frac{-b'\pm\sqrt{b'^2-ac}}{a}$$

$$= \frac{-(-3)\pm\sqrt{(-3)^2-2\cdot 1}}{2} = \frac{3\pm\sqrt{7}}{2}$$

예제

판별식으로 다음 2차방정식들의 근을 조사하라.

① $x^2-3x-2 = 0$　　② $4x^2+8x+4 = 0$

③ $2x^2-6x+1 = 0$　　④ $2x^2-6x+5 = 0$

풀이 $D = b^2-4ac$가 0보다 큰가 같은가 작은가를 살핀다. 크면 2개의 실근, 같으면 중근, 작으면 2개의 허근을 갖는데, 허근일 경우 중학 과정에서는 "근이 없다"라고 말한다.

① $D = b^2 - 4ac = (-3)^2 - 4\cdot1\cdot(-2) = 17 > 0$. 따라서 2개의 근을 가진다.

② $D = b^2 - 4ac = 8^2 - 4\cdot4\cdot4 = 0$. 따라서 중근을 가진다. 그런데 이는 $b = 2b'$인 경우이므로 변형판별식을 써도 된다.

$$D' = b'^2 - ac = 4^2 - 4\cdot4 = 0$$

③ 변형판별식을 쓰면 $D' = (-3)^2 - 2\cdot1 = 7 > 0$. 따라서 2개의 실근을 가진다.

④ 변형판별식을 쓰면 $D' = (-3)^2 - 2\cdot5 = -1 < 0$. 따라서 근이 없다.

예제

$3x^2 - 5x + c = 0$이 하나의 근을 가진다고 할 때 c의 값은 얼마인가?

풀이 하나의 근을 가진다는 말은 중근이란 뜻이므로 $D = 0$이 되어야 한다.

$$D = b^2 - 4ac = (-5)^2 - 4\cdot3\cdot c = 25 - 12c = 0$$

$$\therefore c = \frac{25}{12}$$

예제

$2x^2 + 6x - 3 = 0$의 두 근을 α와 β라고 하면 $\alpha^2 + \beta^2$은 얼마인가?

풀이 이것을 곧이곧대로 $x = \dfrac{-3\pm\sqrt{15}}{2}$라는 두 근을 구한 다음 $\alpha^2 + \beta^2$를 계산하는 것은 너무 힘든 일이다. 따라서 근과 계수의 관계를 이용한다.

$$\alpha^2+\beta^2 = (\alpha+\beta)^2-2\alpha\beta = \left(-\frac{b}{a}\right)^2-2\left(\frac{c}{a}\right)$$
$$= \left(-\frac{6}{2}\right)^2-2\left(\frac{-3}{2}\right) = 9+3 = 12$$

예제

$3x^2-px+q = 0$의 근이 $\frac{1}{3}$과 -5이면 $p+q$의 값은 얼마인가?

풀이 이 문제도 근과 계수의 관계를 이용한다.

$\frac{1}{3}-5 = \frac{p}{3}$이므로 $p = -14$

$-\frac{5}{3} = \frac{q}{3}$이므로 $q = -5$

$\therefore p+q = -19$

2차방정식의 응용

2차방정식도 1차방정식처럼 수학과 일상생활의 여러 문제에 널리 응용된다. 다음에서는 이 가운데 대표적인 예들을 풀어본다.

예제

두 자연수가 있는데 차는 3이고 제곱의 비는 4라고 한다. 두 자연수를 구하라.

풀이 두 자연수 중 작은 것을 x라고 하면 다음 방정식이 성립한다.

$$(x+3)^2 = 4x^2$$

정리하고 풀면

$$3x^2-6x-9=0,\ (x+1)(x+3)=0$$
$$\therefore x=-1, 3$$

그런데 구하는 것은 자연수이므로 -1은 버리고, 3만 택한다. 그러면 최종 답은 3과 6이다.

예제

연속된 세 자연수가 있는데, 가운데 수의 제곱은 다른 두 수의 제곱의 차와 같다. 이 수들을 구하라.

풀이 연속된 세 자연수를 $x-1$, x, $x+1$로 놓으면 다음 방정식이 성립한다.

$$x^2=(x+1)^2-(x-1)^2$$

이를 전개하고 정리하여 풀면

$$x^2-4x=0,\ \therefore x=0, 4$$

그런데 자연수라고 했으므로 0은 버린다. 따라서 최종 답은 3, 4, 5이다.

예제

어떤 원의 반지름을 3cm 늘렸더니 넓이는 2배가 되었다. 처음 원의 반지름은 얼마인가?

풀이 처음 원의 반지름을 $r$cm라고 하면 다음 방정식이 성립한다.

$$\pi(r+3)^2 = 2\pi r^2$$

양변을 π로 나누고 전개하고 정리하면 아래의 2차방정식이 나온다.

$$r^2 - 6r = 9$$

완전제곱법으로 풀면

$$(r-3)^2 = 18,\ r-3 = \pm 3\sqrt{2},$$
$$\therefore r = 3\pm 3\sqrt{2}$$

그런데 원의 반지름은 성질상 음수가 될 수 없다. 따라서 2개의 근 가운데 양수인 $3+3\sqrt{2}$ 가 답이다.

예제

지면에서 매초 30m의 속도로 공을 위로 던졌을 때 t초 후의 공의 높이는 $30t-5t^2$으로 주어진다고 한다. 공의 높이가 지상 40m인 때는 언제인가?

풀이 공의 높이가 40m가 될 때까지 걸린 시간을 t초라고 하면 다음 방정식이 성립한다.

$$30t - 5t^2 = 40$$

이를 정리하고 인수분해법으로 푼다.

$$5t^2 - 30t + 40 = 0,\ t^2 - 6t + 8 = 0,$$
$$(t-2)(t-4) = 0$$
$$\therefore t = 2, 4$$

근이 이처럼 2개가 나오는 것은 공을 위로 던졌을 때 올라가면서 2초

후에 지상 40m되는 곳을 통과하고, 곧 이어 최고점에 도달한 다음, 내려오면서 4초 후에 다시 지상 40m되는 곳을 통과하기 때문이다. 이로부터 우리는 던진 후 3초가 지나면 최고점에 도달하고 그때의 높이는

$$30 \cdot 3 - 5 \cdot 3^2 = 45 \text{ (m)}$$

임을 알 수 있다.

예제

2차방정식 $(k-1)x^2-(k^2+1)x+2(k+1) = 0$의 한 근이 2라고 한다. 다른 근을 구하라.

풀이 한 근이 2이므로 이를 문제의 식에 대입하여 k를 먼저 구한다.

$$4(k-1)-2(k^2+1)+2(k+1) = 0$$
$$k^2-3k+2 = 0,\ (k-1)(k-2) = 0$$
$$\therefore k = 1, 2$$

그런데 만일 $k=1$이라고 하면 문제의 식이 2차방정식이 되지 않으므로 이는 버린다. 그리고 $k=2$를 대입하면 문제의 식은 아래와 같다.

$$x^2-5x+6 = 0$$

인수분해를 하면 $(x-2)(x-3) = 0$이므로 구하는 다른 근은 3이다.

예제

철수와 영희가 어떤 2차방정식을 푸는데 철수는 1차항의 계수를 잘못 보아 $-2\pm\sqrt{10}$, 영희는 상수항을 잘못 보아 2와 -7을 근으로 구했다. 원래 방정식의 근을 구하라.

풀이 철수는 상수항은 옳게 보았다. 따라서

$$(x+2-\sqrt{10})(x+2+\sqrt{10}) = 0$$

으로부터 상수항은 -6임을 알 수 있다. 한편 영희는 1차항은 옳게 보았다. 따라서

$$(x-2)(x+7) = 0$$

으로부터 1차항의 계수는 5임을 알 수 있다. 그러므로 원래의 2차방정식은

$$x^2+5x-6 = 0$$

이며, 이는 $(x-1)(x+6) = 0$으로 인수분해되므로 구하는 답은 1과 -6이다.

6 부등식

부등식(不等式, inequality)은 **부등호**(<, >, ≤, ≥)**가 있는 식**을 말한다. 176쪽에서 말했듯 부등식에는 예를 들어 $x^2 \geqq 0$과 같이 문자의 값에 상관없이 성립하는 **절대부등식**(絶對不等式, absolute inequality)과 일정한 값일 경우에만 성립하는 **상대부등식**(相對不等式, conditional inequality)◇이 있는데, 중학 과정에서는 상대부등식만 배운다. 부등식을 만족하는 해를 구하는 것을 "부등식을 푼다"라고 말하며, 여기에는 등식을 풀 때와 비슷한 원리가 적용된다. 따라서 다음에서는 부등식의 성질로부터 시작한다.

1 ⋮ 부등식의 성질

부등식의 성질은 부등식을 다루는 데 필요한 근본 원리로서 다음의 여덟 가지를 말한다.

㉮ 부등식의 양변에 같은 수를 더해도 부등식은 그대로 성립한다.
㉯ 부등식의 양변에서 같은 수를 빼도 부등식은 그대로 성립한다.

㉢ 부등식의 양변에 같은 양수를 곱해도 부등식은 그대로 성립한다.

㉣ 부등식의 양변을 같은 양수로 나누어도 부등식은 그대로 성립한다.

㉤ 부등식의 양변에 같은 음수를 곱하면 부등호의 방향이 바뀐다.

㉥ 부등식의 양변을 같은 음수로 나누면 부등호의 방향이 바뀐다.

㉦ 부등식의 양변을 맞바꾸면 부등호의 방향이 바뀐다.

㉧ 부등식 양변의 역수를 취할 때 양변의 부호가 같으면 부등호의 방향이 바뀌고 다르면 바뀌지 않는다.

등식의 성질과 마찬가지로 부등식의 성질도 **'저울의 비유'**로 새겨두면 편하다. 다만 **등식은 저울이 균형을 이룬 상태**를 뜻함에 비하여, **부등식은 저울이 한쪽으로 기운 상태**를 뜻한다고 보면 된다.

위의 성질들 가운데 ㉠~㉣는 직관적으로 쉽게 이해된다. 한편 **㉤㉥는 101쪽에서 말했던 방향크기, 곧 "실수는 수직선의 오른쪽으로 갈수록 커진다"라고 정한 데에서 나오는 필연적 귀결**인데, 다음과 같은 간단한 예를 통하여 역시 쉽게 이해할 수 있다.

$5 > 1$ → 양변에 -2를 곱하면

$-10 < -2$ → '방향크기'의 정의 때문에 부등호의 방향이 바뀐다. 이것의 양변을 다시 -2로 나누면

$5 > 1$ → 부등호의 방향이 또 바뀌어 본래의 식이 나온다.

㉦는 ㉠㉡와 ㉤㉥의 필연적 귀결이며, 예를 들어 설명하면 다음과 같다.

$x > -3$ → 양변에 3을 더하면

$x+3 > 0$ → 양변에서 x를 빼면

$3 > -x$ → 양변에 -1을 곱하면(또는 양변을 -1로 나누면)

$-3 < x$ → ㉤(또는 ㉥)에 따라 부등호의 방향이 바뀌었다.

㉵도 간단한 예를 생각하면 된다.

부호가 같을 때 : $2<3 \rightarrow \frac{1}{2}>\frac{1}{3}$, $-3<-2 \rightarrow -\frac{1}{3}>-\frac{1}{2}$

부호가 다를 때 : $-2<3 \rightarrow -\frac{1}{2}<\frac{1}{3}$, $3>-2 \rightarrow \frac{1}{3}>-\frac{1}{2}$

부등식의 성질은 절대부등식과 상대부등식에 모두 적용되는 바, 등식의 성질과 같이 단순하되 중요한 근본 원리란 점을 잘 음미하면서 새겨두기 바란다. 단 **중학 과정에서는 상대부등식만 배우므로 이하 그냥 '부등식'이라고 하면 따로 언급이 없는 한 모두 상대부등식을 가리키는 것으로 이해**한다.

2 ⋮ 1차부등식

1차부등식의 풀이

여러 부등식 가운데 중학 과정에서는 1차부등식(linear inequality)과 1차연립부등식(linear simultaneous inequalities)을 배운다. 1차부등식의 풀이는 1차방정식과 비슷하므로 바로 예제를 통하여 연습하도록 한다.

예제

다음 1차부등식을 풀어라.

① $3x-4 \geqq 2$　　② $-2x+5>-8$

③ $\frac{x}{3}-2 \geqq \frac{x-4}{5}$　　④ $0.5x+1.4 \leqq 0.8x-0.7$

풀이 부등식의 성질을 적용해서 문자를 좌변, 숫자를 우변으로 옮기고 간단히 정리한다.

① $3x-4 \geqq 2$ → 양변에 4를 더한다.

$3x \geqq 6$ → 양변을 3으로 나눈다.

$\therefore x \geqq 2$

② $-2x+5 > -8$ → 양변에서 5를 뺀다.

$-2x > -13$ → 양변을 -2로 나누고 부등호의 방향을 바꾼다.

$\therefore x < 6.5$

참고 위의 결과를 수직선에 나타낼 때 다음과 같이 그린다. 여기서 '●'은 그 점이 포함된다는 것, '○'은 그 점이 포함되지 않는다는 뜻을 나타낸다.

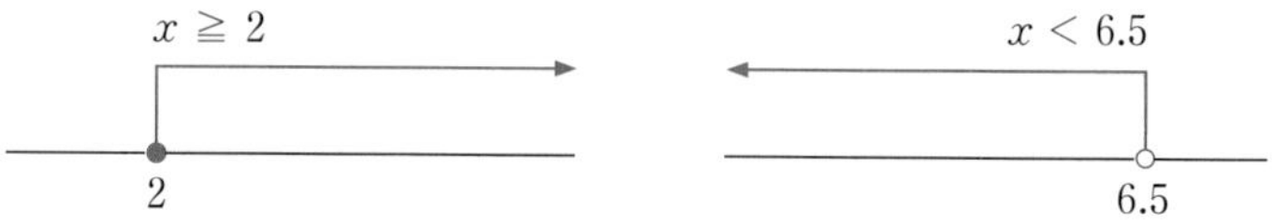

③ $\frac{x}{3}-2 \geqq \frac{x-4}{5}$ → 양변에 15를 곱한다.

$5x-30 \geqq 3x-12$ → 양변에 30을 더하고, 또 $3x$를 뺀다.

$2x \geqq 18$ → 양변을 2로 나눈다.

$\therefore x \geqq 9$

④ $0.5x+1.4 \leqq 0.8x-0.7$ → 양변에 10을 곱한다.

$5x+14 \leqq 8x-7$ → 양변에서 14를 빼고, 또 $8x$를 뺀다.

$-3x \leqq -21$ → 양변을 -3으로 나누고 부등호의 방향을 바꾼다.

$\therefore x \geqq 7$

예제

$x > 3$일 때 $2x+7 > a+3$이라고 한다. a의 범위를 구하라.

풀이 $2x+7 > a+3$이므로

$$2x+4>a \quad —㉠$$

그런데 $x > 3$이므로 $2x > 6$이고 따라서

$$2x+4 > 10 \quad —㉡$$

㉠과 ㉡을 비교하면 $a \leqq 10$이다.

1차부등식의 응용

1차부등식의 응용 문제도 바로 예제를 통하여 연습한다.

예제

어떤 가게에서 공책을 20권까지는 권당 500원, 20권을 초과하는 부분에 대해서는 권당 400원에 판매한다. 공책을 몇 권 이상 사야 권당 450원 이하로 사는 셈이 될까?

풀이 20권이 넘는 공책의 값은 $20 \cdot 500+(x-20)400$원이고 권당 450원이라면 $450x$원이다. 따라서 다음 부등식이 성립한다.

$$20 \cdot 500+(x-20)400 \leqq 450x$$

이것을 풀면 $x \geqq 40$, 곧 40권 이상 사야 한다.

참고 부등식의 응용 문제를 풀 때는 '이상', '이하', '초과', '미만' 등의 용어에 주의해야 한다. 이를 위하여 36쪽을 다시 복습하도록 한다.

예제

15명의 학생이 여행을 마치고 돌아왔을 때 식사 시간이 되었고 경비는 50000원 남았다. 그런데 햄버거는 개당 4000원이고 김밥은 2500원이다. 경비를 가능하면 모두 쓰고자 할 때 햄버거와 김밥을 몇 사람씩 먹으면 될까?

풀이 햄버거를 x명이 먹는다면 김밥은 $15-x$명이 먹으며, 총 비용은 50000원 이하가 되어야 한다. 따라서 다음 부등식이 성립한다.

$$4000x+(15-x)2500 \leqq 50000$$

이것을 풀면

$$x \leqq 8.333\cdots$$

따라서 햄버거를 8명, 김밥을 7명이 먹으면 된다.

예제

터미널에서 버스 출발 시간을 보니 1시간 20분의 여유가 있다. 그래서 어떤 물건을 사려고 하는데 갈 때는 서둘러서 시속 6km로 걸을 수 있지만 올 때는 물건 때문에 4km로 걸어야 할 것 같다. 가게에서 물건을 사는 데 10분이 걸린다고 하면 터미널에서 어느 정도 떨어진 가게까지 다녀올 수 있을까?

풀이 터미널에서 가게까지의 거리를 $x$km라고 하자. 그러면 각 단계에 걸리는 시간을 토대로 다음 부등식을 세울 수 있다.

$$\frac{x}{6}+\frac{1}{6}+\frac{x}{4} < 1\frac{1}{3}$$

양변에 12를 곱하고 정리하고 풀면

$$x < 2.8$$

이므로 2.8km 이내의 가게까지 다녀올 수 있다.

예제

2개의 낡은 물통에 50리터와 40리터의 물이 들어 있는데, 둘 다 시간당 2리터씩 새고 있다. 언제쯤이면 두 물통에 들어 있는 수량의 비가 3을 넘게 될까?

풀이 현재 큰 물통과 작은 물통의 수량의 비는 $5/4 = 1.25$이지만 시간이 갈수록 이 비율은 커진다. 그런데 수량의 비가 3이 될 때까지 걸리는 시간을 x라고 하면 그때까지 두 물통에서는 $2x$리터의 물이 새고 $50-2x$와 $40-2x$리터의 물이 남는다. 따라서 아래의 부등식이 성립한다.

$$50-2x > 3(40-2x)$$

이것을 풀면

$$x > 17.5$$

곧 17시간 30분이 지나면 수량의 비가 3을 넘는다.

예제

사다리꼴 모양의 땅이 있다. 밑변과 높이에 해당하는 곳의 길이는 각각 50m와 40m인데, 넓이를 적어도 1600m^2 이상으로 하고자 한다. 윗변의 길이는 얼마 이상이어야 할까?

풀이 사다리꼴의 넓이는 "(윗변+밑변)×높이÷2"로 주어진다. 따라서 윗변의 길이를 x라고 하면 다음의 부등식이 성립한다.

$$\frac{(x+50)40}{2} \geqq 1600$$

이것을 풀면 $x \geqq 30$이므로 윗변의 길이는 30m 이상이 되어야 한다.

3 : 1차연립부등식

1차연립부등식은 1차부등식 2개를 한 쌍으로 엮은 것이다. 그런데 한 가지 주의할 것은 1차연립방정식은 2개의 미지수를 포함하지만 **1차연립부등식은 '한 미지수의 두 범위'를 나타낸다**는 점이다. 따라서 2개의 1차부등식을 차례로 풀면 될 뿐, **1차연립방정식을 푸는 데 쓰였던 가감법이나 대입법 등의 해법은 적용되지 않는다**. 그리고 1차연립방정식에서 말했던 것처럼 **여기서도 '연립'의 의미는 수학적으로 'and'이므로 '공통범위'를 찾으면 된다**. 이런 내용들은 실제 예를 보면 곧 이해가 되므로 바로 예제를 통하여 연습한다.

예제

다음 연립부등식을 풀어라.

① $\begin{cases} 3-2x > -1 \\ 3x-1 \geqq -4 \end{cases}$　　② $\begin{cases} 2x+1 > -3 \\ 4x-1 \geqq 3x \end{cases}$

③ $\begin{cases} 4x-5 > 3 \\ -2x+1 \geqq -1 \end{cases}$　　④ $x-2 < 2x \leqq x+1$

풀이

2개의 1차부등식을 각각 풀어서 전체적인 범위를 정한다. 편의상 한 쌍의 식 가운데 위 식을 ㉠, 아래 식을 ㉡으로 부른다.

① ㉠을 풀면 $x < 2$이고 ㉡을 풀면 $-1 \leqq x$이 나온다. x가 이 두 범위의 공통 범위에 들어야 두 식을 모두 만족할 것이므로 답은 $-1 \leqq x < 2$이다.

② ㉠을 풀면 $-2 < x$이고 ㉡을 풀면 $1 \leqq x$이 나온다. 이때의 공통 범위는 $1 \leqq x$이고 따라서 답도 $1 \leqq x$이다.

①과 ②의 해를 그림으로 보면 다음과 같다. 이처럼 연립부등식의 경우 그림으로 파악하면 편하다.

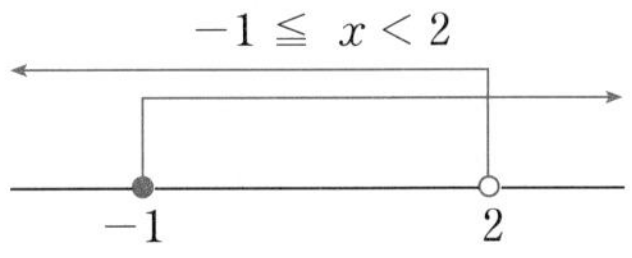

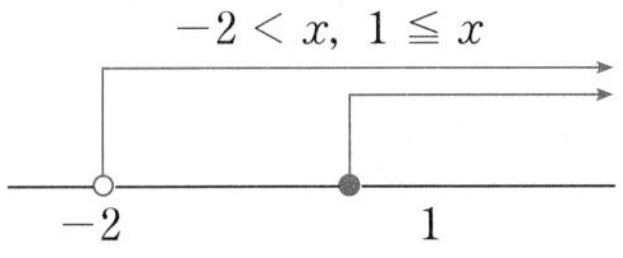

③ ㉠을 풀면 $x > 2$이고 ㉡을 풀면 $1 \geqq x$이 나온다. 이처럼 공통 부분이 없을 경우 ㉠을 만족하는 어떤 값도 ㉡을 만족하지 못하며, 반대로 생각해도 마찬가지이다. 따라서 **연립부등식에서 공통 부분이 없으면 "해가 없다"라고 말한다.**

④ 연립부등식이 "ⓐ < ⓑ < ⓒ"의 형태로 주어지면

ⓐ < ⓑ — ㉠

ⓑ < ⓒ — ㉡

로 놓고 풀면 된다. 한편 "ⓐ < ⓒ — ㉢"란 식은 사용할 수 없음에 유의해야 한다. ㉢을 풀어도 ㉠과 ㉡의 공통 부분만 답이 되며, 결국 ㉠과 ㉡을 다시 풀어야 하기 때문이다. 따라서 이 문제의 식은 아래처럼 쓸 수 있다.

$$\begin{cases} x-2<2x & —㉣ \\ 2x \leqq x+1 & —㉤ \end{cases}$$

㉣을 풀면 $-2 < x$이고 ㉤을 풀면 $x \leqq 1$이다. 그러므로 답은 $-2 < x \leqq 1$이다.

예제

밑변이 6이고 높이가 4인 사다리꼴의 넓이를 16보다 크고 20보다 작게 하고자 한다. 윗변의 길이는 얼마여야 하는가?

풀이 윗변의 길이를 x라고 하면 다음의 연립부등식이 성립한다.

$$16 < \frac{(6+x)4}{2} < 20$$

이것을 풀면 $2 < x < 4$이므로, 윗변의 길이는 2보다 크고 4보다 작아야 한다.

예제

부등식 $2-4x < 7-5x \leqq x+1$를 만족하는 가장 큰 정수와 가장 작은 정수를 구하라.

풀이

문제의 식을 풀면 $1 \leqq x < 5$이다. 따라서 가장 큰 정수는 4이고 가장 작은 정수는 1이다.

예제

어느 강연회에 110명 이상의 청중이 모였다. 그런데 한 의자에 4명씩 앉으면 15명이 남고, 5명씩 앉으면 1개의 의자가 남고 또 다른 1개의 의자에는 1명 이상 4명 이하의 사람이 앉게 된다고 한다. 청중의 수는 모두 몇 명인가?

풀이

의자의 수를 x라고 하면 청중의 수는 $4x+15$명이다. 5명씩 앉으면 1개의 의자가 남고 또 다른 1개의 의자에는 1명 이상 4명 이하의 사람이 앉게 되므로 5명이 모두 앉는 의자는 $x-2$개이다. 그리고 남은 2개의 의자 중 어느 한 의자에 1명 이상 4명 이하의 사람이 앉는다고 하므로 다음의 부등식이 성립한다.

$$5(x-2)+1 \leqq 4x+15 \leqq 5(x-2)+4$$

이것을 풀면

$$21 \leqq x \leqq 24$$

가 나오는데, 이 범위의 값들 각각에 대하여 청중의 수를 계산해보면 99, 103, 107, 111명이 나온다. 그런데 110명 이상이 모였다고 하므로 구하는 답은 111명이다.

예제

500km의 길을 가는데 처음에는 시속 90km로 가다가 중간에 시속 110km로 가서 총 5시간 이내에 도착하려고 한다. 시속 90km로 갈 시간의 범위를 구하라.

풀이 문제가 좀 복잡하면 2개의 미지수를 사용하고 중간에 하나를 소거하는 방식으로 풀어간다. 시속 90km로 가는 시간을 x, 시속 110km로 가는 시간을 y라고 하면 다음과 같은 식들이 성립한다.

$$\begin{cases} 90x+110y = 500 & \text{— ㉠} \\ x+y \leqq 5 & \text{— ㉡} \end{cases}$$

구하는 것이 x이므로 ㉠을 y에 대하여 풀어 ㉡에 대입한다.
곧 $y = (500-90x)/110$이므로

$$x+\frac{500-90x}{110} \leqq 5 \qquad \text{— ㉢}$$

이를 풀면 $x \leqq 2.5$가 나온다. 곧 시속 90km로는 최대 2시간 30분까지 달릴 수 있다.

참고 원칙적으로 말하면 이 문제는 처음부터 ㉢식 하나만 세우고 풀면 되므로 1차연립부등식이 아니라 그냥 1차부등식이다. 단 미지수를 2개 사용하고 식도 2개를 써서 겉보기로는 연립부등식과 비슷하게 표현되므로 여기에 수록했다.

예제

영희는 생일 숫자의 3배에서 5를 빼고, 이 수를 4배 해서 태어난 달의 숫자를 더했더니 213이 되었다. 영희는 몇 월 며칠에 태어났는가?

풀이 태어난 달과 생일의 숫자를 각각 x와 y라고 하면

$$4(3y-5)+x = 213$$

이고, 이를 정리하면 x와 y 사이에 다음의 관계가 나온다.

$$x = 233-12y \quad —㉠$$

그런데 x와 y는 달과 날짜를 나타내는 숫자이므로 다음 범위에 있다.

$$1 \leqq x \leqq 12 \quad —㉡$$
$$1 \leqq y \leqq 31 \quad —㉢$$

㉠을 ㉡에 대입하면

$$1 \leqq 233-12y \leqq 12$$

를 얻고, 이를 풀면

$$18.4166\cdots \leqq y \leqq 19.333\cdots$$

으로 ㉢의 범위를 충족하므로 생일은 19일이다. 이를 다시 ㉠에 대입하면 $x=5$가 나온다. 따라서 영희는 5월 19일에 태어났다.

참고 이 문제도 겉보기로만 1차연립부등식일 뿐 내용적으로는 1차부등식이다.

수학 이야기

속도와 속력

수학과 과학은 인간이 다루는 수많은 학문들 가운데 가장 엄밀하게 정립된 학문으로 여긴다. 그런데 이처럼 주의 깊게 쌓아올린 체계에서도 가끔씩 오류가 발견되며, **'속도'와 '속력'이라는 용어의 혼란**도 그 대표적 예라고 말할 수 있다.

수학은 본래 우리의 생활에서 마주치는 여러 문제들을 해결하는 도구로 출발했지만, 나중에 자연계의 다양한 현상들에 적용되어 여러 가지 법칙을 수립하는 데에 수많은 기여를 했다. 그런데 고교 과정에서부터 자연계의 여러 물리량들은 크게 **스칼라**(scalar)와 **벡터**(vector)로 나뉜다는 것을 배우게 된다(그러므로 이 이야기는 일단 지나쳐도 상관없지만, 본문에서 '속도'에 관한 문제들을 풀어보았고, 그리 어려운 내용도 아니며, 어차피 고교 과정에서 또 마주치게 되므로 관심 있는 독자는 참고삼아 읽어보기 바란다). 여기서 **스칼라는 '크기'만 문제시되는 물리량**으로, 길이, 넓이, 부피, 온도, 농도, 밀도 등이 이에 속한다. 한편 **벡터는 '크기'와 함께 '방향'도 문제시되는 물리량**으로, 중력, 전기력, 자기력 등이 이에 속한다. 예를 들어 '농도'의 경우 "몇 %인가?"라는 '크기'만 따지면 되며, "이 소금물은 '동쪽으로' 5%이다"라고 말해봐야 '동쪽으로'라는 부분은 무의미하다. 하지만 예를 들어 지구의 '중력'은 '지구의 중심을 향하여' 지상의 모든 물체를 잡아당기는 힘이므로 방향도 중요하고, 따라서 벡터에 속한다.

그런데 때로는 벡터에 대하여 말하면서도 '방향'은 문제삼지 않고 '크기'에 대해서만 이야기하는 경우도 있다. 예를 들어 "철수의 몸무게는 60kg이다"라고 말할 경우, 철수의 몸무게는 "지구의 중력이 철수를 지구의 중심으로 얼마나 세게 끌어당기는가?"라는 '크기'를 나타내지만 일상적으로 지구의 중심이라는 '방향'을 문제삼지는 않는다. 곧 **'중력'은 벡터**이지만 **'일상적 의미의 무게'는 스칼라**이다.

이제 속도와 속력을 보자. 우리는 일상적으로 "동쪽으로 시속 100km"라는 말을 흔히 쓰며, 때로 방향은 문제삼지 않고 그냥 "시속 100km"라는 말도 흔히 쓴다. 그러므로 '벡터로서의 중력'과 '스칼라로서의 무게'처럼 '속도'와 '속력'이란 2개의 용어 가운데 하나는 벡터 다른 하나는 스칼라로 삼을 필요가 있음을 느낀다.

이와 관련하여 교통 경찰이 너무 빨리 달리는 차를 단속할 때 사용하는 용어가 '속도위반'이란 점을 생각해보자. 이때 경찰은 "얼마나 빨리 달렸는가?"만 중요시할 뿐 "어디로 가는가?"라는 '방향'은 문제삼지 않는다. 따라서 이 점에서 보자면 **'속도'를 스칼라, '속력'을 벡터로 삼는 게 옳다**. 그런데 놀랍게도 현재의 교육과정에서는 이와 반대로 되어 있어서, 일상생활의 용례와 어울리지 않는다. 곧 **현재의 교육과정에서는 '속력'을 스칼라, '속도'를 벡터**로 삼고 있으며, 이에 따르면 '속도위반'이라는 일상 용어는 '속력위반'이라고 고쳐 불러야 한다.

그러나 앞에 열거한 예들에서 보듯, '도(度)'가 들어간 온도, 농도, 밀도 등은 모두 스칼라이고(이 밖에 각도, 고도, 순도, 경도, 위도…도 있다), 반대로 '력(力)'이 들어간 중력, 전기력, 자기력 등은 모두 벡터이다. 따라서 당연히 **'속도'를 스칼라, '속력'을 벡터로 삼는 게 일상 용례는 물론 전문 용례와 비교해볼 때도 타당**하다. 이런 점에 비추어 본문에서는 (〈속력 문제〉가 아니라) 〈속도 문제〉라는 제목을 내세웠으며, 빠른 시일 안에 '속도와 속력'에 대한 혼란이 바로잡히기를 기대한다.

방정식 주역들의 기구한 삶

수학사는 수학이라는 학문의 특성상 모든 역사 가운데 가장 흥미로운 지성사(知性史)라고 말할 수 있다. 그리하여 수학적으로 위대한 기여를 한 사람들은 드높은 지적 영예를 차지했고 또한 대개의 경우 비교적 안온하고도 행복한 삶을 살았다고 말할 수 있다. 하지만 기이하게도 방정식을 둘러싼 이야기의 경우 이에 얽힌 주역들의 삶이 아주 기구했다는 점에서 미묘한 감흥을 자아낸다. 실로 **방정식에 관한 이야기는 모든 역사를 통틀어서도 몇 손가락 안에 꼽힐 정도로 드라마틱**하다. 언뜻 생각하면 어려운 방정식들을 해결함으로써 커다란 영광 속에 일생을 보냈어야 할 것으로 여겨지는 사람들이 오히려 파란만장한 고난을 겪었다는 점을 통하여 우리는 얄궂은 운명의 장난이랄까 하는 우연적이면서도 필연적인 듯한 요소의 의미를 새삼 곱씹어보게 된다.

3차방정식과 4차방정식

방정식 가운데 1차방정식의 풀이는 너무 단순해서 수학사에서 별 의미를 갖지 못하지만 2차방정식의 풀이는 상당히 높은 수준의 대수적 기법이 필요하므로 상황이 사뭇 다르다. **2차방정식에 대한 최초의 주목할 만한 해법은 고대 바빌로니아 문명의 사료들에서 발견**되는데, 거기에는 완전제곱법에 의한 2차방정식의 풀이가 구체적 예를 통해 설명되어 있다. 그런데 다음 단계인 3차방정식에 대해서는 훨씬 엄청난 도약이 필요했으며, 이에 대한 일반적 해법이 나오는 데는 짧게 봐서는 2500년 길게 봐서는 무려 4000년의 세월이 더 흘러야 했다.

3차방정식을 푸는 데에 왜 이토록 오랜 세월이 걸려야 했는지 이해하려면 그 풀이 과정을 직접 살펴보는 게 가장 좋을 것이다. 하지만 이 과정과 최종 답을 이해하려면 고교수학 이상의 지식이 필요하다. 따라서 자세한 설명을 생략하고 간접적으로나마 그 어려움을 파악하는 데 도움이 되도록 그중 한 근에 대한 공식만 소개하면 다음과 같다. 여기서 m과 n은 모든 3차방정식이 $x^3+mx = n$의 꼴로 고쳐진다는 결론에서 유도되는 계수들이다.

$$x = \sqrt[3]{\frac{n+\sqrt{n^2+4m^3/27}}{2}} + \sqrt[3]{\frac{n-\sqrt{n^2+4m^3/27}}{2}}$$

3차방정식의 근의 공식을 최초로 얻어낸 사람은 이탈리아의 수학자 페로(Scipione del Ferro, 1465~1526)로 알려져 있다. 그런데 당시 이탈리아의 수학계에는 묘한 경쟁적 풍조가 성행했다. 이에 따르면 수학자들은 누구나 서로 공개적인 문제를 내걸고 도전할 수 있었으며, 여기서 이긴 사람은 명예와 부를 차지할 수 있지만 진 사람은 때로 가진 자리를 내놓기도 했다. 이 때문에 사람들은 각자 비장의 무기를 개발하고 비밀리에 간직하면서 이런 도전에 대비해야 했다. 페로의 공식도 그런 무기 가운데 하나로서, 그는 이 결과를 작은 노트에 기록했는데, 나중에 죽으면서 자신의 후계자이자 사위인 **나베**(Hannibal Della Nave, 1500~1558)에게 물려주었다. 그리하여 오늘날 그는 3차방정식의 해법을 처음 알아낸 사람으로 인정받기는 하지만 그 공식에 자신의 이름을 덧붙일 영예는 놓치고 말았다. 그런데 페로의 제자인 **피오르**(Antonio Maria Fior)도 이 해법을 이어받았으며, 이에 따라 페로가 죽은 후 3차방정식의 해법이 존재한다는 소문이 널리 퍼지게 되었다.

그 뒤 같은 이탈리아의 수학자 **타르탈리아**(Nicolo Tartaglia, 1500?~1557)도 3차방정식의 해법을 찾아냈다. 그의 본명은 **폰타나**(Nicolo Fontana)였는데, 12세 무렵 이탈리아를 침공한 프랑스의 한 병사가 휘두른 칼에 턱이 관통되어 이후 평생 말을 더듬게 되었고, 이에 따라 '말더듬이'란 뜻의 '타르탈리아'로 불리게 되었다. 타르탈리아는 3차방정식의 해법이 있다는 소문을 듣고 이에 자극되어 연구에 몰두했다고 하는데, 완전히 독자적으로 알아냈는지 또는 약간의 실마리를 전해듣고 알아냈는지는 불명이지만, 아무래도 후자일 가능성이 높은 것으로 여겨지고 있다.

어쨌든 타르탈리아도 해법을 찾아냈다는 소식을 들은 피오르는 스승과 자신의 명예를 걸고 타르탈리아에게 누구의 해법이 우월한가에 대한 공개적 수학 시합을 제기했다. 1535년에 열린 이 시합은 50일의 기한 동안 상대방이 내놓은 30개의 3차방정식을 풀기로 했는데, 타르탈리아는 모든 문제를 푼 반면 피오르는 일부밖에 풀지 못하여 타르탈리아의 승리로 끝났다. 그런데 이 승리에도 불구하고 타르탈리아는 안정적인 직업을 얻지 못하여 날 때부터 이어온 가난한 삶에서 헤어나지 못했다. 하지만 이후에도 꾸준히 연구를 계속하여 1541년에는 가장 일반적인 해법을 완성했다.

한편 또 다른 이탈리아의 수학자 **카르다노**(Geronimo Cardano, 1501~1576)는 이때 의사와 수학자로서 부와 명예를 누리고 있었다. 그런데 그는 타르탈리아가 승리했다는 소식을 듣고 어떻게든 그의 공식을 알고자 하는 간절한 열망에 휩싸였다. 1539년 타르탈리아는 카르다노의 초청에 응했지만 공식의 공표는 거부했다. 하지만 끈질긴 간청과 유력한 후원자를 소개해준다는 약속에 못 이겨 결국 털어놓게 되었다. 그러나 이때도 장차 타르탈리아가 책으로 펴내기 전까지는 어떤 형태로든 외부에 발설하지 않겠다는 맹세를 하도록 했다.

타르탈리아의 공식을 얻어낸 카르다노는 이후 여러 해에 걸쳐 더 깊은 연구를 했으며 제자인 **페라리**(Lodovico Ferrari, 1522~1565)를 격려하여 타르탈리아의 공식을 토대로 4차방정식의 해를 연구하도록 했다. 그리고 뛰어난 수학적 능력을 지닌 페라리는 스승의 기대에 부응하여 훌륭한 방법으로 4차방정식의 해를 찾아냈다. 하지만 그 기초는 타르탈리아의 공식이었기에 이들 사제는 아쉽게도 이 성과를 발표할 수가 없었다.

그런데 1543년 페로의 사위 나베를 방문한 이들 사제는 놀랍게도 페로의 해법이 타르탈리아의 것보다 앞선다는 사실을 알게 되었다. 이에 카르다노는 나베의 양해 아래 페로의 방법을 공표하는 것은 타르탈리아에 대한 맹세를 깨뜨리는 것이 아니라고 생각하게 되었다. 그리하여 **1545년 카르다노는 자신의 최대 역작이자 현대 수학의 시발점을 새긴 것으로 평가되는 『위대한 산술**(Ars Magna)**』을 펴내면서 3차와 4차방정식의 해법을 모두 수록했고 이는 이것들에 대한 최초의 정식 공표**가 되었다. 여기서 그는 3차방정식의 해법을 자신이 발견한 게 아니며 페로와 타르탈리아의 공적이란 점을 분명히 밝혔다. 하지만 아무리 그렇더라도 타르탈리아와 미리 의논하지 않은 것은 명백한 잘못이었고, 이에 따라 카르다노의 이 행동은 수학사상 가장 비열한 것 가운데 하나로 인용되곤 한다. 다만 적어도 타르탈리아보다 앞선 선구자의 업적이 있음을 확인한 다음에 했다는 점에 대해서는 약간이나마 나름대로의 정당성을 인정해 줄 수 있다고 하겠다.

그런데 나중에 이 사실을 알게 된 타르탈리아는 크게 격노했고 카르다노를 맹렬히 비난했다. 하지만 자신의 행위를 옳다고 믿은 페라리는 반대로 타르탈리아를 비난하면서 3차방정식의 해법에 관련된 모든 이야기를 대중 앞에 공표하고 시비를 가리는 공개 토론을 갖자고 도전했다. 타르탈리아는 제자인 페라리보다 카르다노와 직접 토론하고자 했으며, 토론회는 실제로 그렇게 주선되었는데, 정작 나온 사람은 페라리였다. 그러나 수많은 사람이 운집할 정도로 큰 관심을 모았던 1548년의 이 공개 토론은 뜻밖에도 페라리의 승리로 끝났다. 그 정확한 경과는 알 수 없지만 카르다노와 페라리 측의 논거가 생각보다 강한 설득력을 가졌던 것이 아닐까 여겨진다. 다시 말해서 3차방정식의 해를 두고 대개의 자료들은 타르탈리아를 두둔하고 카르다노를 일방적으로 매도하는 경향이 있는데, 실제 상황은 상당히 미묘해서 이와 같은 흑백논리로 선명하게 가를 수 없었던 것으로 보인다. 어쨌거나 결국 타르탈리아는 이 토론에서 마음에 깊은 상처를 안은 채 물러날 수밖에 없었다.

오늘날 3차방정식의 해법은 **카르다노-타르탈리아 공식**(Cardano-Tartaglia formula)으로 불린다. 그런데 이 두 사람은 자신의 이름을 여기에 아로새기지 못한 페로보다 훨씬 쓰라린 생애를 살아야 했다. 타르탈리아는 이후 다른 뚜렷한 업적을 남기지 못하고 실의와 가난 속에서 삶을 마쳤다. 카르다노는 장남이 살인을 저질러 처형되는 비극을 맞았고, 차남은 노름꾼으로 평생 아버지를 괴롭혔으며, 자신은 미신에 빠져 죽을 날을 예언했다가 막상 그날이 되어도 죽지 않자 스스로 자살했다고 전해진다. 한편 4차방정식 해법의 주역인 페라리도 불행했다. 타르탈리아와의 토론에서 승리한 뒤 커다란 부와 명예를 누린 그는 42세에 고향으로 금의환향하여 수학 교수직에 취임했다. 그러나 바로 이듬해에 사망했는데, 자세한 내막은 알 길이 없으나 전하는 바로는 누이동생에 의하여 독살당했다고 한다.

5차방정식

우여곡절 끝에 3차와 4차방정식의 해법을 찾아낸 유럽의 수학자들은 자연스럽게도 이후 5차방정식의 해법에 도전했다. 그런데 여기에는 또 다른 난관이 도사리고 있었으며, 이를 해결하는 데에 다시 약 300년의 노력을 기울여야 했다.

앞에서 자세히 설명하지는 않았지만 3차방정식은 2차방정식으로, 4차방정식은 3차를 거쳐 2차방정식으로 변환함으로써 일반해를 구할 수 있었다. 그리하여 사람들은 5차방정식도 '4차 → 3차 → 2차'로 환원시켜 풀 수 있을 것으로 예상하고 줄기차게 그 풀이에 매달렸다. 하지만 19세기에 들어서도록 아무도 성공하지 못했다.

그러던 중 이탈리아의 수학자 **루피니**(Paolo Ruffini, 1765~1822)는 1799, 1803, 1805, 1813년에 펴낸 책과 논문을 통하여 **5차 이상의 방정식의 해는 계수들에 대한 대수적 계산으로는 얻어낼 수 없다**는 놀라운 주장을 했는데, 여기서 **대수적 계산이라 함은 사칙연산과 거듭제곱근 구하기**를 가리킨다. 다시 말해서 4차방정식까지는 '대수해◇'가 존재한다는 방향으로 진행해왔음에 비하여 5차방정식부터는 결론이 정반대로 뒤바뀌어 **대수해가 존재하지 않는다**는 부정적 결론이 얻어지게 되었다.

> "㉮ 대수해가 존재하지 않는다"고 해서 "해가 없다"는 뜻은 아니라는 점에 유의해야 한다. 154쪽에서 말했듯 "일반적으로 n차방정식은 n개의 근을 가진다"는 사실이 밝혀져 있고, 가우스가 1799년에 처음 증명했으며, **대수학의 기본 정리**(fundamental theorem of algebra)라고 부른다(75쪽의 '산술의 기본 정리'와 혼동하지 말 것). ㉮는 5차 이상의 방정식에도 해가 있기는 하되, 2차방정식의 근의 공식에서 보는 것과 같은 '계수들의 합, 곱, 거듭제곱근'으로는 표현할 수 없다는 뜻이다.

하지만 애석하게도 루피니의 주장은 수학계로부터 거의 아무런 메아리도 듣지 못했으며, 마치 **광야의 목소리**(voice in the wilderness)처럼 외로운 외침으로 끝나고 말았다. 이에 대하여 후세의 어떤 비평가는 루피니의 업적이 너무나 혁신적이어서 도리어 동시대인들의 주목을 끌지 못했다고 분석한다. 나중에 그의 논문에는 한 가지 결함이 있는 것으로 밝혀졌고, 1824년 노르웨이의 수학자 **아벨**(Niels Henrik Abel, 1802~

1829)에 의해 제시된 증명이 완벽한 것으로 인정된다. 그리하여 오늘날 이 결론은 **아벨-루피니 정리**(Abel-Ruffini theorem)라고 부른다. 하지만 만일 이전부터 적절한 정도의 반향만 있었더라면 루피니는 충분히 그 결함을 메울 수 있었을 것이며, 그에 따라 혼자서 이 발견의 영예를 독차지했더라도 아무도 이의를 제기하지 않았을 것이다.

아벨은 가장 불우했던 수학자라고 말할 수 있을 것이다. 그가 태어날 당시 유럽은 섬나라인 영국과 나폴레옹이 지배하던 대륙이 양분되다시피 한 상태에서 대립하고 있었다. 그런데 노르웨이는, 마치 "고래 싸움에 새우 등 터진다"라는 속담처럼, 이 두 세력의 틈바구니에 끼어 양쪽으로부터의 수출입이 막히는 바람에 극도의 경제적 궁핍에 빠져들었다. 아벨의 아버지는 목사였지만 주정꾼이었고, 어머니 또한 정숙한 여자가 아니어서 가정에 소홀했다. 그리하여 아벨은 국가적 및 가정적 어려움 속에서 제대로 먹지도 못할 만큼 힘든 소년 시절을 보내야 했다.

아벨은 중학 시절에 평생 그에게 많은 도움을 준 **홈보**(Bernt Michael Holmboe, 1795~1850)라는 수학 선생님을 만나게 된다. 홈보는 아벨의 천재성을 발견하고 높은 수준의 수학을 공부하도록 이끌었다. 아벨은 18세 때 아버지가 아무런 유산도 남기지 않고 죽자 차남이었지만 어머니와 정신병에 걸린 형까지 여섯 형제를 떠맡는 힘겨운 처지가 되었다. 그런데 아벨이 세기의 천재임을 믿은 홈보는 헌신적으로 도와주었고, 동료들로부터 모금을 하여 대학에도 진학시켜주었다.

대학에 들어선 아벨은 몇 편의 논문을 통하여 덴마크까지 이름을 날리게 되었다. 그리하여 덴마크대학교에 연구원으로 파견되었고 거기서 약혼녀도 만나게 되었다. 나아가 홈보를 비롯한 여러 사람의 노력에 따라 노르웨이 정부는 어려운 재정 상태였음에도 아벨에게 독일과 프랑스의 수학계를 2년 정도 둘러볼 정도의 기금을 마련해 주었다. 아벨은 이 여행을 성공으로 이끌기 위하여 많은 준비를 했다. 독어와 프랑스어를 공부했으며, 훗날 그에게 **불후의 명성을 안겨준 5차방정식의 대수적 해법이 불가능하다는 논문**을 쓰고 자비로 인쇄까지 했다. 1821년 19세에 시작하여 1824년에야 결실을 맺은 이 연구가 그의 앞길을 환히 밝혀줄 것이라는 기대를 걸었기 때문이었다. **아벨은 이때 루피니의 업적을 알게 되었고, 그가 남겼던 결함을 완벽하게 메운**

진정한 증명을 완성했다.

그러나 1825년 청운의 뜻을 품고 시작한 아벨의 여행은 참담한 실패로 끝나고 말았다. 독일에서는 당대 최고의 수학자였던 가우스에게 자신의 논문을 바치고 면담을 요청했지만 가우스는 이를 거들떠보지도 않았다. 그리고 프랑스에서는 또 다른 획기적인 논문을 역시 유럽 수학계의 거목인 **코시**(Augustin-Louis Cauchy, 1789~1857)에게 전했으나 까맣게 잊히고 말았다. 이 논문에는 이른바 **아벨의 정리**(Abel's theorem)가 담겨 있으며 **어떤 사람들은 이것을 아벨의 최대 업적으로 꼽기도 한다**. 이처럼 아벨은 역경의 와중에도 연구를 계속해서 출중한 논문들을 발표했고 서서히 사람들의 주목을 받게 되었다. 그리하여 어느 정도의 시간만 지나면 마침내 꿈에도 그리던 안정적인 생활에 들어설 수 있을 것으로 예상하게 되었다.

하지만 파리에 머물던 중 아벨은 최후의 비극을 맞이한다. 처음에는 가벼운 감기로 알았던 병이 당시로서는 치명적인 폐결핵으로 밝혀졌던 것이다. 1827년 아벨은 상처받은 마음과 지치고 병든 몸을 추슬러 노르웨이로 돌아왔다. 그런데 바라던 교수직은 이때도 그를 외면했다. 홈보의 사양에도 불구하고 모교는 아벨이 아니라 홈보를 교수로 채용했던 것이다. 다만 어쨌거나 이 사이에 좋은 평판이 쌓여서 주변의 도움으로 그럭저럭 생활은 꾸려갈 수 있게 되었다. 그러나 병세는 계속 악화되었고 1828년 크리스마스 휴가를 약혼녀 및 친구들과 함께 보내던 중 피를 토하고 쓰러졌다. 이후 그는 틈틈이 정신을 차리고 연구를 계속했으나 결국 넉 달 동안 병상에서 헤매다가 26세의 꽃다운 나이로 세상을 뜨고 말았다.

아벨이 죽고 나서 이틀 뒤 독일의 베를린대학교에서 그를 교수로 채용한다는 편지가 도착했다. 비록 늦었지만 아벨의 진가를 인정하기 시작했던 것이었다. 한편 약혼녀는 아벨이 죽을 무렵 남의 손을 빌리지 않고 끝까지 혼자서 시중을 들었다. 그러나 자신의 운명을 감지한 아벨은 죽기 얼마 전 한 친구에게 농담 비슷한 투로 약혼녀를 떠맡겼으며, 이후 세세한 곡절은 어떻든 결국 그의 희망대로 약혼녀는 이 친구와 결혼하여 행복한 삶을 살았다고 한다. 2002년 노르웨이 정부는 아벨의 탄생 200주년을 기념하면서 **아벨상**(Abel Prize)을 제정했다. 이에 대해서는 제1장의 '수학 이야기'에 나오는 "노벨상과 필즈상과 아벨상"을 참조하기 바란다.

루피니와 아벨에 의하여 5차 이상의 방정식에는 대수해가 없다는 점이 밝혀졌지만 이는 일반적으로 그렇다는 뜻일 뿐 예를 들어 인수분해가 가능한 경우에는 쉽게 해를 구할 수 있다. 따라서 **어떤 방정식이 주어졌을 때 이것이 대수적으로 풀릴 수 있는지 없는지를 미리 판별하는 문제는 아직도 미해결**이었다. 이는 이들의 뒤를 잇는 또 다른 천재 **갈루아**(Evariste Galois, 1811~1832)**에 의하여 해결**되었는데, 갈루아는 수학사상 병 때문에 요절한 아벨과 함께 결투라는 사고(?)로 그보다 더 일찍 요절한 천재로 널리 알려져 있다.

아벨과 달리 갈루아의 소년 시절은 행복했던 것으로 보인다. 아버지는 파리에서 가까운 마을의 촌장이었는데 분방한 자유주의자로서 귀족들보다 서민들을 위하여 열심히 봉사했다. 어머니 또한 열린 사고의 소유자였고 갈루아를 12세 때까지 혼자서 공부시켰다. 부모의 이런 성향은 갈루아에게 이어졌으며 이후 갈루아는 짧은 생애 동안 왕정에 반대하고 민주적인 공화제를 추구하는 데에 혼신의 열정을 불살랐다.

12세 때 고등학교를 겸한 중학교에 입학한 갈루아는 수학에서 비범한 천재성을 보였지만 다른 과목에서는 흥미를 느끼지 못해서 많은 선생님들로부터 악평을 받았다. 그러나 자신의 능력을 확신한 갈루아는 17세에 프랑스 최고의 이공계 대학인 **에콜 폴리테크니크**(École Polytechnique)에 도전했다. 하지만 갈루아의 천재성을 알아보지 못한 시험관들 때문에 실패했고, 이듬해 두 번째의 도전에서도 마찬가지였다. 이때 갈루아는 너무나 분이 치민 나머지, 시험관에게 칠판 지우개를 내던지기까지 했다고 한다. 물론 이 두 번째 시험의 몇 달 전에 아버지가 자살한 것도 큰 영향을 미쳤을 것으로 보인다. 마을의 귀족들은 교활하게도 아버지의 필적을 위조하여 서민들을 조롱하는 시를 만들어 마을에 배포했고, 굴욕을 이기지 못한 아버지는 아무도 몰래 파리로 올라와 갈루아의 학교로부터 아주 가까운 숙소에서 자살하고 말았다. 이와 같은 주변 상황 때문에 갈루아의 성격은 갈수록 과격해졌고 모든 것을 부정적으로 보는 고정관념이 깊은 뿌리를 내리게 되었다.

갈루아를 이렇게 만든 데는 18세 때 당시 프랑스 최고의 수학자 코시에게 제출한 논문이 무시된 것도 한몫을 했다. 이 논문은 바로 5차방정식에 대한 갈루아의 초기 연구를 엮은 것인데, 참으로 가혹한 운명의 장난이랄까, 아벨의 논문을 까맣게 잊어버렸던 코시가 이번에는 갈루아의 이 논문을 부주의로 분실하고 말았다. 만일 코시가 조금만 더 주의를 기울였다면 아벨과 갈루아라는 희대의 천재 두 사람의 운명도 크게 바뀌었을 것이다. 하지만 어쨌거나 젊은 갈루아의 마음속에는 기성세대에 대한 또 다른 불신의 벽만 높아져 갈 뿐이었다.

19세 때 갈루아는 목표를 바꾸어 프랑스 최고의 사범대학인 **에콜 노르말**(École Normale)에 입학했다. 그리고 아벨이 죽은 뒤에 발표된 논문을 본 갈루아는 이전의 논문을 좀 더 가다듬어 프랑스의 학사원에 제출했다. 그런데 이번에는 심사를 맡았던 **푸리에**(Jean Baptiste Joseph Fourier, 1768～1830)가 논문을 받은 뒤 곧 죽어버렸으며, 보냈던 논문은 아무리 찾아보아도 흔적조차 없었다. 이 와중에 갈루아는 교장의 정치적 기회주의를 비난하는 글을 학교신문에 올려 퇴학되고 말았다. 그런 다음 잠시 실업자로 지내다가 군대에 들어갔는데, 비록 어려운 환경이었지만 앞서의 논문을 다시 완성해서 또 제출했고 이번에는 **푸아송**(Siméon Denis Poisson, 1781～1840)이 심사를 맡았다. 그러나 푸아송은 이 획기적 논문의 중요성을 파악하지 못하고 그저 의례적인 평가를 내림으로써 또다시 실망감만 더해주었다.

1831년 갈루아는 군대에서 축하연을 하던 중 황제에 대해 위험한 발언을 했다는 이유로 체포되어 감옥에 보내졌다. 그러나 배심원과 판사는 이 젊은이에게 자비를 베풀어 무죄로 석방했다. 하지만 다시 얻은 자유도 잠시, 이로부터 한 달도 되지 않아 이번에는 단지 위험한 집회를 열 움직임이 있다는 이유만으로 체포 및 구금되었고 말았다. 당시 감옥은 지옥으로 비유할 만큼 열악한 환경이었는데, 갈루아는 이곳에서도 수학 연구를 계속했다고 한다. 그런데 다섯 달 정도 지났을 무렵 콜레라가 횡행하였고, 갈루아는 병에 걸리지는 않았으나 예방을 위하여 병원으로 옮겨진 후 다시 석방되었다.

그러나 차라리 감옥에 더 오래 갇혀 있는 편이 수학을 위해서는 훨씬 나았을 것이다. 1832년 5월 29일에 석방된 갈루아는 바로 이날 그동안 병원에서 외출하다가 사귄 어떤 여자의 연적과 다툼을 벌이고 결국 결투를 하기로 약속하고 만다. 하지만 권총을 잘 다룰 줄 모르는 갈루아는 이미 죽음을 예감하고 있었다. 그리하여 다음 날의 결투를 앞두고 밤을 거의 새다시피 하면서 자신이 발견한 이론을 상세히 기록했다.

이때 얼마나 긴박했던지 "시간이 없다…"는 구절을 되풀이 쓰곤 했다. 갈루아는 5월 30일의 결투에서 쓰러져 31일 아침에 동생의 품에서 숨을 거두었는데, **"울지 마라. 스무 살에 죽는 데에 나는 모든 용기를 바친 거야"**라는 말을 남겼다.

갈루아의 결투에 대해 많은 사람들이 만용 또는 광기였다고 비난한다. 그러나 갈루아는 이날 남긴 편지에서 "나는 모든 방법을 다해 타협하려고 했다"고 썼다. 따라서 결국 결투까지 간 것은 오직 상대방의 고집 때문으로 보이며, 어떤 사람들은 정치적 반대자들의 음모에 걸려든 결과라고 주장하기도 한다. 중국의 고사에는 한(漢)나라의 장수 **한신**(韓信, ?~BC196)이 젊은 시절 자신을 모욕한 건달의 가랑이 밑으로 기꺼이 기어갔다는 게 있고('과하지욕(跨下之辱)'이라고 부른다), "장차 큰 성공을 위하여 현재의 사소한 굴욕은 참는다"는 한신의 생각을 진정한 용기라고 평가한다. 그러나 갈루아의 입장에서 보면 그가 택한 결정 또한 진정한 용기에 따른 것이라고 보는 게 옳을 것도 같다.

오늘날 "일반적으로 어떤 경우에 방정식의 대수해가 존재하는가?"에 대한 이론을 **갈루아이론**(Galois theory)이라고 부른다. 그리고 갈루아가 이 이론을 얻기 위하여 수립한 배경이론을 **군론**(群論, group theory)이라고 부른다. 갈루아이론 자체도 아름답지만, 군론은 더욱 아름답고도 강력하며, 수학뿐 아니라 현대물리학 등 수많은 분야에 널리 응용되고 있다.

수학 이야기

개평법의 기하학적 이해

131쪽에서는 어떤 수의 제곱근을 제곱근표를 이용해서 구하는 방법을 배웠다. 하지만 현대의 일상생활에서는 발달된 각종 계산기와 컴퓨터로 훨씬 쉽게 구할 수 있으므로 제곱근표를 이용하는 방법은 사실 거의 쓰지 않는다. 그런데 만일 제곱근표도 계산기도 컴퓨터도 주변에 없을 때 어떤 수의 제곱근을 구해야 한다면 어떻게 할까? 이에 대해서는 마치 구구단을 이용하는 곱셈이나 나눗셈과 같은 필산으로 하는 방법이 있다. 이 필산법은 주변에 아무런 보조수단이 없을 때의 비상수단으로 가치가 있을 뿐 아니라, 이론적으로 사뭇 교묘한 원리를 활용한다는 점에서 흥미롭기도 하다. 본래 이 방법은 제2장의 무리수 단원에서 소개하는 게 자연스러울 것이다. 그러나 여기에는 곱셈공식과 비슷한 수식의 전개가 관련되어 있으므로 이곳 제3장으로 미루었다. 단 이 방법은 현행 중학 교과과정에 없으므로 우선은 그냥 넘어가고 다음에 살펴봐도 된다.

제곱근을 구하는 이 필산법은 '개평법(開平法)'이라고 부른다. 이를 말 그대로 풀이하면 '평을 여는 법'이란 뜻인데, 여기의 '평'은 '평면', 그 가운데서도 '정사각형'으로 보면 된다. 그러면 "정사각형을 연다"는 것은 "정사각형의 전개도를 그린다"는 뜻으로 이해할 수 있고, 이는 또한 "정사각형의 한 변의 길이를 구한다"는 뜻이기도 하므로, 결국 '개평법'은 "정사각형의 넓이에 해당하는 수의 제곱근을 구하는 방법"이란 뜻을 나타낸다('평방'은 정사각형의 넓이를 뜻하며, 예전에는 '제곱근'을 '평방근'이라고 불렀다는 데에서도 개평법이란 말의 유래를 이해할 수 있다).

개평법의 원리를 파악하기 위하여 먼저 구체적인 과정을 익혀보도록 하자. 예를 들어 64009의 제곱근은 다음 그림처럼 나눗셈과 비슷한 방식으로 구한다.

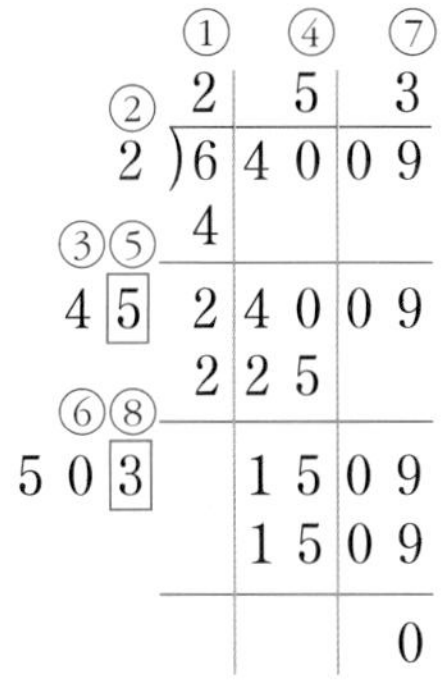

(1) 64009를 점선을 써서 세 부분으로 나눈 것은 만 단위 수의 제곱근은 백 단위 수이기 때문이다.

(2) 다음으로 ①과 ②에 같은 수 '2'를 쓰고 이것들을 곱하면 '4'가 되는데, 이 '4'의 실제 값은 40000이다.

(3) 다음으로 십 단위 수를 구해야 하는데, 이를 위하여 ①의 2와 ②의 2를 더해서 ③의 4로 쓴 다음 ④와 ⑤에 어떤 같은 수를 써서 서로 곱하면 24009를 넘어서지 않는 최대값이 되는지를 살펴본다. 그러면 그 값은 5임을 알 수 있고, ④의 5와 ③⑤의 45를 곱하면 225(실제 값은 22500)가 된다.

(4) 다음으로 일 단위 수를 구해야 하는데, 이를 위하여 ④의 5와 ③⑤의 45를 더해서 ⑥의 50으로 쓴 다음 ⑦과 ⑧에 어떤 같은 수를 썼을 때 1509를 넘어서지 않는 최대값이 되는지를 살펴본다. 그러면 그 값은 3임을 알 수 있고, ⑦의 3과 ⑥⑧의 503을 곱하면 1509가 되어 나머지 없이 떨어진다.

(5) 이상의 과정으로 64009의 제곱근 253이 구해지며, 어떤 수의 제곱근이라도 이와 마찬가지의 방법으로 구할 수 있다.

이제 개평법의 원리를 정확히 이해하기 위해 아주 간단한 문제, 곧 225의 제곱근을 구해보자.

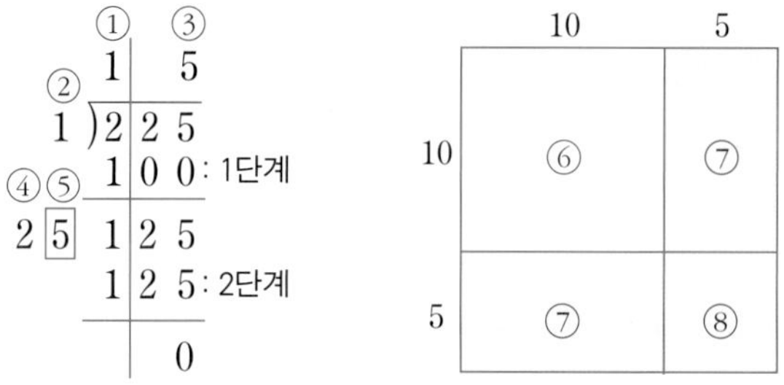

(6) 먼저 225는 세 자리 수여서 제곱근은 두 자리 수일 것이므로 백의 자리와 십의 자리 사이에 선을 긋는다.

(7) ①과 ②의 '1'의 실제 값은 10이며, 이 둘을 곱해서 얻는 100은 그림의 ⑥번 정사각형의 넓이이다. 따라서 225에서 100을 뺀 125는 "⑦+⑦+⑧ = 2×⑦+⑧"의 넓이이다.

(8) ①의 '1'과 ②의 '1'을 더해서 ④에 쓴 '2'의 실제 값은 20이다. 이것과 ③의 5를 곱한 '20×5'의 의미는 다음과 같다.

$$20 \times 5 = 2 \times (10 \times 5) = 2 \times (\text{⑦의 넓이})$$

(9) 끝으로 ③의 '5'와 ⑤의 '5'는 '5×5'로 곱해져서 ⑧의 넓이가 된다.

(10) 여기의 과정을 요약하면 225의 제곱근을 구할 때, 1단계로 ⑥의 정사각형을 떼어 내고, 2단계로 직사각형 2개와 정사각형 1개로 이루어진 '⅃' 모양의 도형을 떼어 내는 것으로 구성되어 있다. 이를 식으로 쓰면 다음과 같다.

$$\begin{aligned}225 &= 10^2\text{[1단계]}+\{2(10\cdot5)+5^2\}\text{[2단계]}\\ &= 10^2\text{[1단계]}+\{(2\cdot10+5)5\}\text{[2단계]}\\ &= 10^2\text{[1단계]}+25\cdot5\text{[2단계]}\end{aligned}$$

앞의 (10)에 요약된 과정은 더 큰 수의 제곱근을 구할 때도 되풀이된다. 곧 개평법은 어떤 수의 경우에도 1단계에서 정사각형을 떼어내며, 이어지는 단계들에서는 계속해서 '┘' 모양의 도형을 떼어내는데, 다만 그 크기가 자꾸 작아질 뿐이다. 처음 예로 들었던 수의 제곱근을 다시 살펴보면 이제는 확연히 이해가 될 것이다.

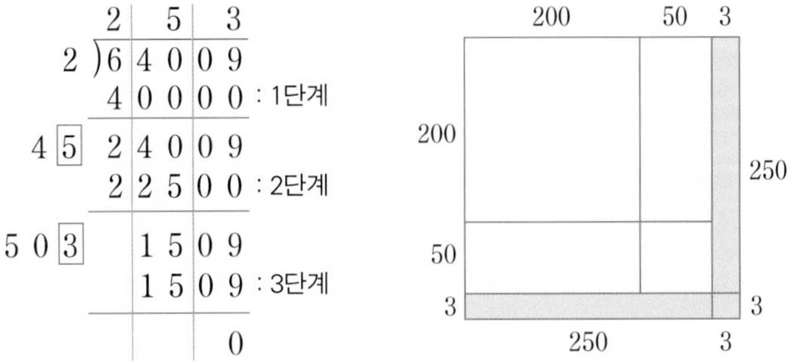

$$\begin{aligned}64009 &= 200^2\text{[1단계]}+\{2(200\cdot50)+50^2\}\text{[2단계]}+\{2(250\cdot3)+3^2\}\text{[3단계]}\\ &= 200^2\text{[1단계]}+\{(2\cdot200+50)50\}\text{[2단계]}+\{(2\cdot250+3)\times3\}\text{[3단계]}\\ &= 200^2\text{[1단계]}+450\cdot50\text{[2단계]}+503\cdot3\text{[3단계]}\end{aligned}$$

끝으로 연습 삼아 1522756과 3의 제곱근을 개평법으로 구해보도록 한다. 1522756의 제곱근은 네 자리 수이므로 기하학적으로 보면 이 풀이는 정사각형 하나와 '┘' 모양의 도형 3개로 구성된다. 반면 3의 제곱근은 소수점 이하 무한히 계속되므로 기하학적으로 보면 이 풀이는 정사각형 하나와 갈수록 작아지는 '┘' 모양의 도형 무한개로 구성된다.

제2부

Mathematics

제2부 '건물 올리기'는 제1부 '기초 다지기'에서 닦은 내용을 바탕으로 보다 높은 단계의 구조물을 만들어 가는 과정이다. 그런데 기왕 건물에 비유했으므로 이를 좀 더 적극적으로 적용해서, "중학부터 대학까지 쌓는 '수학 빌딩'은 1년마다 1층씩 모두 10층"이라고 풀이하면 좋을 것도 같다. 하지만 실제로는 (수학뿐 아니라 어떤 과목이든) **갈수록 배우는 양이 늘어난다**는 점에 주목할 필요가 있다. 따라서 이를 고려할 때, 중학 과정에서는 3층, 고교 과정에서는 9층, 그리고 대학 과정에서는 대략 30층까지 쌓는다고 보는 게 현실에 가깝다고 여겨진다.

한 가지 아주 중요한 것은 수학 빌딩의 중학수학 부분이 이처럼 작다고 해서 그에 맞추어 이를 그만큼 가볍게 생각해서는 안 된다는 점이다. 그 이유는 양적으로는 적을지라도 **질적으로는 중학 과정과 고교 과정과 대학 과정이 거의 동등**하기 때문이다. 다시 말해서 비록 양적으로는 크게 차이가 나지만 각 단계의 주관적 난이도는 비슷하므로 객관적 난이도가 낮더라도 소홀히 대할 수는 없다. 나아가 이렇게 얻은 아래 단계에서의 소량의 지식은 위 단계에서 다량의 지식을 얻는 과정에 큰 영향을 미친다. 그러므로 중학수학의 경우 양적 부담은 작지만 올바른 방법론에 따라 공부하면서 머릿속에 정교하고 튼튼하면서도 아름다운 체계를 만들어가도록 힘써야 한다.

제2부는 '제4장 함수', '제5장 기하', '제6장 통계와 확률'로 구성했다.

제4장의 주제인 함수(函數, function)는 아마도 수학에서 가장 많이 등장하는 개념이며, 또한 가장 핵심적 개념이라 할 것이다. 함수는 **고대의 수학이 주로 정지된 대상을 파악하는 학문으로 출**

건물 올리기

발했지만, 언제부터인가 **변화하는 대상들 사이의 관계가 더욱 중요**하다는 사실에 눈을 뜨게 되면서 구체화된 관념이다. 이 가운데 중학 과정에서는 기본적인 '두 대상 사이의 함수관계'를 다루며, 그중에서도 특히 1차와 2차함수를 배운다.

제5장의 기하(幾何, geometry)는 역사적 순서에 따르자면 맨 먼저 배워야 할 주제이다. 고대의 수학이 현실적 대상들의 길이, 넓이, 부피 등을 측정할 필요에서 시작했고, **그리스 시대에 이르도록 기하는 모든 학문의 원형**으로 여겨졌기 때문이다. 하지만 이후 수학이 발전하면서 기하는 수학의 한 부분이 되었고, 나름의 특수성을 가진 분야로 성장해왔다. 이러한 배경에서 알 수 있듯 **기하에는 수학의 전반적 구조를 파악하는 데에 큰 도움이 되는 내용들이 담겨 있다**. 따라서 오늘날 관점에서는 미리 어느 정도의 수학적 소양이 갖춰진 뒤에 배우는 편이 좋으므로 제2부로 돌렸다.

제6장의 통계와 확률은 역사적 연원은 오래되었지만 수학에서 본격적으로 다루기 시작한 것은 기나긴 수학사에 비춰볼 때 비교적 최근의 일이다. 확률론은 17세기 중반 통계학은 19세기에 들어서야 비로소 체계적인 기틀을 갖추었기 때문이다. 그런데 오늘날의 세계는 각각의 구성 분야가 갈수록 치밀하게 얽혀지고 있다. 이에 따라 **현대 사회를 운영하는 데에 통계와 확률의 역할도 날로 증대**하면서 현대 수학의 주요 분야들 가운데 하나로 자리잡게 되었다.

제4장
함수

함수는 단순한 기호를 초월한다. 그것은 우주의 표현으로,

모래알로부터 가장 멀리 있는 별의 운동까지 포괄한다.

— 클라인(Morris Kline)

1 함수의 의의

수학의 무대는 집합이고 주인공은 함수이다.

— 고중숙

1 : 함수의 배경

수학의 주인공

함수(函數, function)라는 용어는 독일의 수학자이자 철학자인 라이프니츠(Gottfried Wilhelm von Leibniz, 1646~1716)가 1673년에 처음 사용했으므로 수학사적으로 볼 때 비교적 늦게 출현한 관념이라고 말할 수 있다. 그러나 함수는 이후 수학에서 가장 널리 쓰이는 용어가 되었으며, 사실상 **수학의 주인공**이라고 할 정도의 핵심적 개념이다.

함수가 수학에서 이토록 중요한 지위를 차지하게 된 것은 무엇보다도 '변화'라는 양상을 나타내는 기능 때문이었다. 수학의 한 뿌리인 기하에서는 각종 도형의 넓이와 부피 등 정지된 대상의 성질을 주로 파악했다. 또 다른 뿌리인 대수의 경우 방정식을 중심으로 수많은 문제가 연구되었지만 여기서도 어떤 특정의 값을 구하는 데에 주된 관심이 있었을 뿐 대상들이 변화할 때 어떤 양상을 보이는가 하는 문제는 특별한 관심을 끌지 못했다.

정지에서 변화로

그런데 근세에 들어 수학의 발전 과정에 주목할 만한 변화가 싹텄다. 갈릴레오(Galileo Galilei, 1564~1642)가 "공기의 저항이 없다면 모든 물체는 질량에 상관없이 똑같이 땅에 떨어진다"는 낙하법칙을 주장한 이래, 케플러(Johannes Kepler, 1571~1630)를 거쳐 뉴턴(Isaac Newton, 1642~1727)과 라이프니츠의 시대에 이르도록 태양과 지구와 달 등의 천체를 비롯한 수많은 물체들의 **운동**(motion)이라는 변화 현상, 곧 **'시간과 위치와의 관계'**가 유럽의 과학계에서 초미의 관심사로 부각되었다. 이 관계를 밝혀내는 데에 결정적 기여를 한 사람은 뉴턴이었으며, 그가 1665년에 발견한 **'만유인력의 법칙'**과 1687년에 발표한 **'운동3법칙(관성의 법칙, 가속의 법칙, 작용·반작용의 법칙)'**은 바로 이 시기에 얻어진 최대의 성과였다. 이 무렵 영국의 천문학자 핼리(Edmund Halley, 1656~1742)는 뉴턴의 이론을 바탕으로 1682년에 관찰되었던 혜성이 76년 후에 다시 나타날 것이라는 예언을 했는데, 이후 '핼리 혜성(Halley's Comet)'이라고 명명된 이 혜성은 1758년의 크리스마스에 즈음하여 아름다운 모습을 드러냄으로써 세상 사람들에게 깊은 감명을 주었다.

라이프니츠는 당시 유럽에서 뉴턴과 쌍벽을 이루는 천재로 명성이 높았고 수학, 과학, 철학 등에서 수많은 업적을 남겼다. 그는 운동뿐 아니라 다른 많은 변화 현상도 수학적으로 일반화할 수 있다는 점에 착안하여 함수라는 관념을 처음으로 확립했다. 그리고 이후 세월이 지남에 따라 수학과 과학이 발전하면서 더욱 넓은 영역으로 확대 적용되었다. 이 과정에서 함수라는 개념 또한 몇 단계의 변화를 겪었으며 오늘날에는 칸토어의 집합론에 입각하여 정의되고 있다(이에 관한 자세한 내용은 이 장의 끝에 덧붙인 '수학 이야기'를 참조하기 바란다). 이 상황을 종합적으로 비유한다면 **집합은 수학의 무대이고 함수는 주인공**이라고 말할 수 있다.

2 ⋮ 함수의 기본 예

함수에 대한 자세한 이야기를 하기에 앞서 아주 기본적인 예를 통해 대략의 감(感, feeling)을 잡도록 하자. 이렇게 하는 이유는 앞으로 배우면 알겠지만 함수의 개념을 이해하려면 이와 관련된 부수적 개념들도 이해해야 하는데, 이러한 부수적 개념들을 명확히 파악하려면 그에 상응하는 밑그림이 머릿속에 먼저 마련되어 있을 필요가 있기 때문이다. 따라서 여기의 예는 매우 간단한 것이지만 세밀한 주의를 기울여 각각의 구성 요소를 빠짐없이 잘 새겨두도록 한다.

앞서 말했듯 **수학은 애초 정적 현상을 주 대상으로 하다가 근세 이래 동적 현상으로 관심이 옮아가면서 함수의 관념이 싹텄다**. 이에 부응하여 여기의 예도 "거리 = 속도×시간"이라는 '운동'을 택했다.

함수의 3대 표현

어떤 사람이 등산로에서 시속 2km라는 일정한 속도로 걷고 있다고 하자. 그러면 시간이 지남에 따라(시간이 변화함에 따라) 그때까지 걸은 거리도 증가해간다(거리도 변화해간다). 이때 처음 출발했던 시간을 기준으로 삼으면 시간과 거리의 관계(시간과 거리 사이의 함수관계)는 다음과 같은 표로 나타낼 수 있다.

시간	0	1	2	3	4	5
거리(km)	0	2	4	6	8	10

여기에서 시간과 거리를 각각 x와 y로 쓰면 위의 함수관계는

$$y = 2x$$

라는 식으로도 나타낼 수 있다.

다음으로 한 단계 더 나아가 다음과 같은 **좌표계**(座標系, coordinate system) 또는 줄

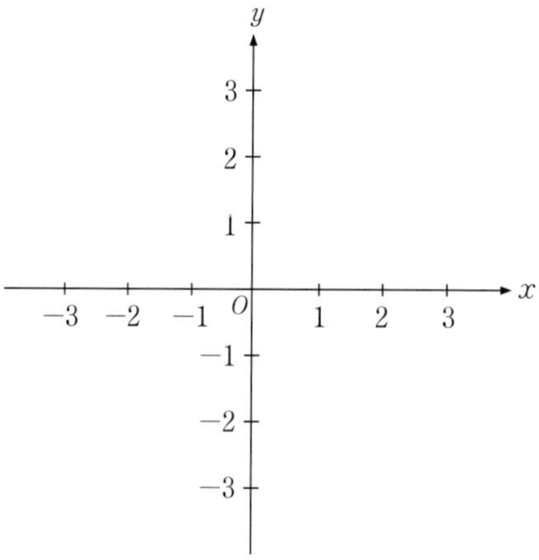

여서 **좌표**(座標, coordinate)라고 부르는 것을 생각해보자.

좌표계는 이처럼 2개의 수직선을 어떤 기준점에서 직각으로 교차시킨 것을 말한다. 1개의 수직선은 '직선'을 나타내지만 이렇게 2개의 수직선을 교차시키면 '평면'을 나타내므로 이 평면을 **좌표평면**(coordinate plane)이라고 부른다. 이때 통상적으로 수평으로 놓은 수직선에 x의 값을 매기고 **x축**($x-axis$), 수직(垂直)으로 놓은 수직선(數直線)에 y의 값을 매기고 **y축**($y-axis$)이라 부르며, 이것들을 통틀어 **좌표축**(coordinate axis)이라고 부른다. 좌표축은 값이 증가하는 쪽에 화살표를 붙인 직선으로 나타낸다. 한편 기준점은 **원점**(原點, origin)이라 부르고 'O'라는 기호로 표시하는데, **이 기호는 숫자 '0'이 아니라 영어 알파벳 O에서 따온 것이란 점에 유의**해야 한다.

이와 같은 좌표계를 만들면 좌표평면 위의 모든 점들은 (x, y)와 같은 쌍으로 표기할 수 있으며, 이 표기가 나타내는 자리를 그 점의 **좌표**라고 부른다. 다시 말해서 좌표는 **좌표계의 준말**이기도 하고, 좌표평면에 있는 **각 점들의 자리**이기도 하며, 그 **자리를 나타내는** 표기이기도 하다.

이러한 좌표계를 이용하면 위의 함수관계는 다음과 같은 **그래프**(graph)로도 나타낼 수 있다.

지금껏 본 것처럼 어떤 함수관계는 **표, 식, 그래프의 3대 표현**으로 나타낼 수 있으며, 이에 관련된 사항을 정리하면 다음과 같다.

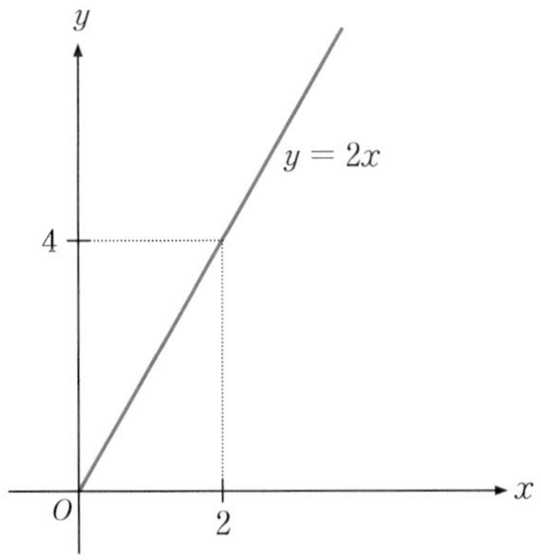

1 · 표로 나타내는 방법은 함수의 개념을 처음 이해할 때 큰 도움이 된다. 그러나 일단 이 단계를 넘어서면 함수관계가 아주 복잡하다든지 하는 특별한 사정이 없는 한 별로 많이 쓰이지 않는다.

2 · 식으로 나타내는 방법은 가장 널리 쓰인다. 이때 함수관계의 결과에 해당하는 대상의 기호를 좌변에 쓰고 함수관계의 구체적인 식을 오른쪽에 쓰는데, 이는 "거리는 속도에 시간을 곱한 것이다", 곧 "거리 = 속도×시간"이라고 말하는 일상 어법을 그대로 살린 것이다. 위에 쓴 $y = 2x$라는 식은 바로 이 원칙에 따라 쓴 것이며, 이로부터도 "수식은 수학의 언어"라는 말의 의미를 재발견할 수 있다.

3 · 그래프로 나타내는 방법은 언뜻 번거로워 보인다. 하지만 이는 여기의 예가 간단한 것이라서 그렇게 보일 뿐, 앞으로 깊이 배우면 알게 되다시피 이 방법은 여러 가지 함수의 본질과 특성을 파악하는 데에 크나큰 도움을 준다. 물론 그렇다고 해서 함수관계가 나올 때마다 일일이 그래프를 그려야 한다는 뜻은 아니며, 꼭 필요한 경우에만 이를 이용하여 원하는 정보를 얻어내면 된다.

좌표계에 그래프를 그릴 때 좌표축에 여러 값을 매기면 전체적으로 그림이 너무 복잡해진다. 따라서 어떤 **함수를 나타내는 데에 필수적인 정보들만 좌표계에 표시**한다.

그런 것들로는 앞 그림에서 보는 것처럼 좌표축과 그 기호, 원점, 함수관계의 그래프, 함수관계의 식, 그래프를 대표하는 점의 좌표에 대응하는 x축과 y축 위의 눈금 등이 있다.

좌표계의 이해

함수의 3대 표현을 보면서 좌표계에 대한 기본 사항을 보았는데 여기서는 앞으로의 편의를 위하여 좀 더 자세히 알아보기로 한다.

먼저 앞에서 소개한 좌표계는 정식으로 말하자면 **직교좌표(계)**〔直交座標(系), rectangular coordinate (system)〕라고 부르며 데카르트가 처음 도입했기에 **데카르트좌표(계)**〔Cartesian coordinate (system)〕라고도 부른다(데카르트의 이름을 딴 형용사형은 Cartesian으로 쓴다). 이는 수학에서 쓰이는 좌표계가 이 밖에도 많이 있으므로 다른 것들과 구별하기 위함이다. 하지만 중학 및 고교 과정에서는 직교좌표만 다루기 때문에 이 책에서 그냥 좌표(계)라고 하면 이를 가리키는 것으로 이해한다.

텅 빈 평면 위에 좌표계가 만들어지면 평면은 4개의 부분으로 나뉘는데, 이것들을 아래 그림과 같이 (**제**)**1사분면**〔(第)1四分面, first quadrant〕, (**제**)**2사분면**(second quadrant), (**제**)**3사분면**(third quadrant), (**제**)**4사분면**(fourth quadrant)으로 부른다.

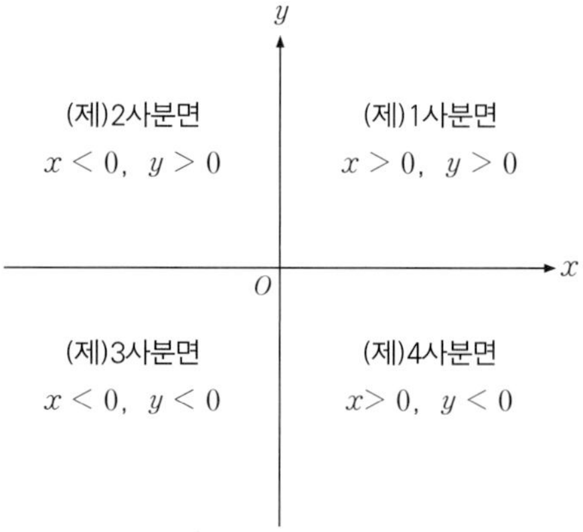

앞의 각 사분면에 함께 표시한 것과 같이 각 점의 좌표는 어느 사분면 위에 있는가에 따라 부호가 달리 정해진다. 단 **좌표축은 사분면의 경계에 해당하므로 어느 사분면에도 속하지 않으며, 이에 따라 좌표축 위의 점들도 좌표축에 속할 뿐 어느 사분면에도 속하지 않는다**. 한편 각 점의 좌표는 앞서 말한 것처럼 (x, y)라는 기호로 나타내며, 앞의 것과 뒤의 것을 각각 그 점의 **x좌표**와 **y좌표**라고 부른다. 그런데 여기서 중요한 것은 예를 들어 언뜻 같은 쌍으로 보이는 $(2, 3)$과 $(3, 2)$라는 좌표를 좌표계에 실제로 표시해보면 아래 그림에서 보듯 서로 다른 점을 나타낸다는 사실이다.

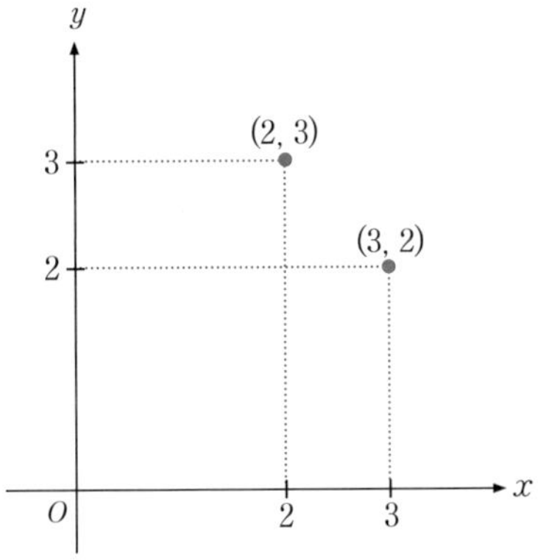

이처럼 **한 쌍의 대상을 나열할 때 구성 요소의 순서가 중요한 것**을 가리켜 **순서쌍**(順序雙, ordered pair)이라고 부른다. 이에 비하여 우리가 일상적인 물건을 '쌍'으로 구성할 때는 대개 순서를 가리지 않으며, 이런 경우에는 그냥 '쌍'이라고 부른다. 수학에서는 여러 가지의 순서쌍이 등장하는데, 그 가운데 좌표는 가장 대표적인 순서쌍이다.

그리고 어떤 점을 문자로 나타낼 때는 보통 $A, B, \cdots, P, Q, \cdots$ 등과 같이 알파벳 대문자를 사용하며, 그 좌표를 구체적으로 보이고자 할 때는 $P(a, b)$, $Q(x, y)$, $R(2, -3)$과 같이 나타낸다.

예제

$X = \{1, 2\}$와 $Y = \{a, b\}$라는 두 집합이 있을 때 다음 물음에 답하라.

① 두 집합의 원소를 하나씩 짝지어서 만들 수 있는 서로 다른 쌍을 소괄호로 묶어서 모두 열거하라.

② 두 집합의 원소를 하나씩 짝지어서 만들 수 있는 서로 다른 순서쌍을 소괄호로 묶어서 모두 열거하라.

풀이

보통의 '쌍'은 구성 요소가 같으면 순서가 다르더라도 같은 쌍이지만, 순서쌍의 경우는 구성 요소가 같더라도 순서가 다르면 다른 쌍이다.

① $(1, a), (1, b), (2, a), (2, b)$의 네 가지가 나온다.

② $(1, a), (a, 1), (1, b), (b, 1), (2, a), (a, 2), (2, b), (b, 2)$의 여덟 가지가 나온다.

예제

좌표계에 다음 점들의 위치를 표시하라.

① $P(-3, 2)$ ② $Q(-3, -3)$ ③ $R(3, -2)$ ④ $S(1, 2)$

풀이

기본적인 문제로 좌표계에 바로 표시하면 된다.

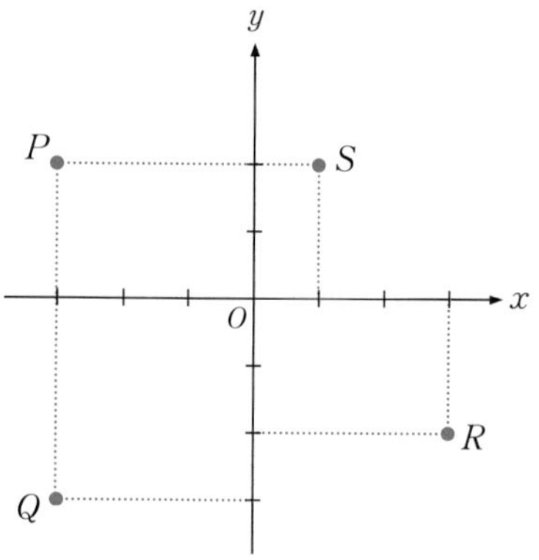

예제

다음 함수의 그래프를 그려라.

① $y=3x$　② $y=\frac{1}{3}x$　③ $y=x$　④ $y=2x$　⑤ $y=\frac{1}{2}x$

풀이 그래프를 배우기 시작하는 단계에서는 표를 작성하여 참고하면 좋다. 편의상 여기서는 위 네 가지 문제의 표를 하나로 만들었다.

	x	-3	-2	-1	0	1	2	3
y	$y=3x$	-9	-6	-3	0	3	6	9
	$y=\frac{1}{3}x$	-1	$-\frac{2}{3}$	$-\frac{1}{3}$	0	$\frac{1}{3}$	$\frac{2}{3}$	1
	$y=x$	-3	-2	-1	0	1	2	3
	$y=2x$	-6	-4	-2	0	2	4	6
	$y=\frac{1}{2}x$	$-\frac{3}{2}$	-1	$-\frac{1}{2}$	0	$\frac{1}{2}$	1	$\frac{3}{2}$

이렇게 만든 표로 그래프를 그리는데, 아래에는 모두 한 좌표 위에 그렸다.

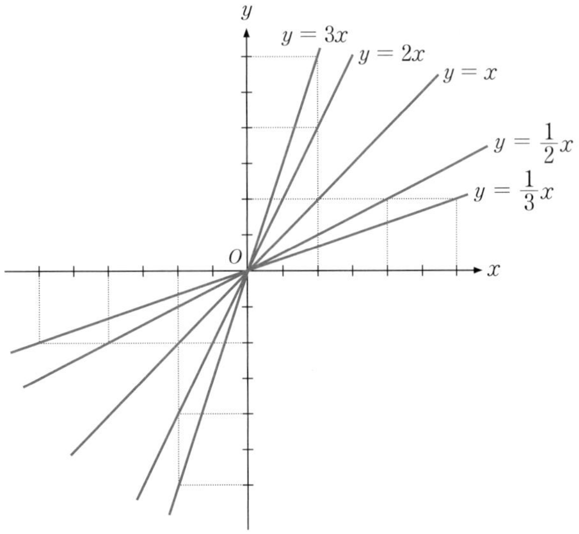

예제

다음 함수의 그래프를 그려라.

① $y = -3x$ ② $y = -\frac{1}{3}x$ ③ $y = -x$

④ $y = -2x$ ⑤ $y = -\frac{1}{2}x$

풀이 앞의 예제와 같이 표로 만든 후 한 좌표 위에 그래프를 그리기로 한다.

	x	-3	-2	-1	0	1	2	3
y	$y - -3x$	9	6	3	0	-3	-6	-9
	$y = -\frac{1}{3}x$	1	$\frac{2}{3}$	$\frac{1}{3}$	0	$-\frac{1}{3}$	$-\frac{2}{3}$	-1
	$y = -x$	3	2	1	0	-1	-2	-3
	$y = -2x$	6	4	2	0	-2	-4	-6
	$y = -\frac{1}{2}x$	$\frac{3}{2}$	1	$\frac{1}{2}$	0	$-\frac{1}{2}$	-1	$-\frac{3}{2}$

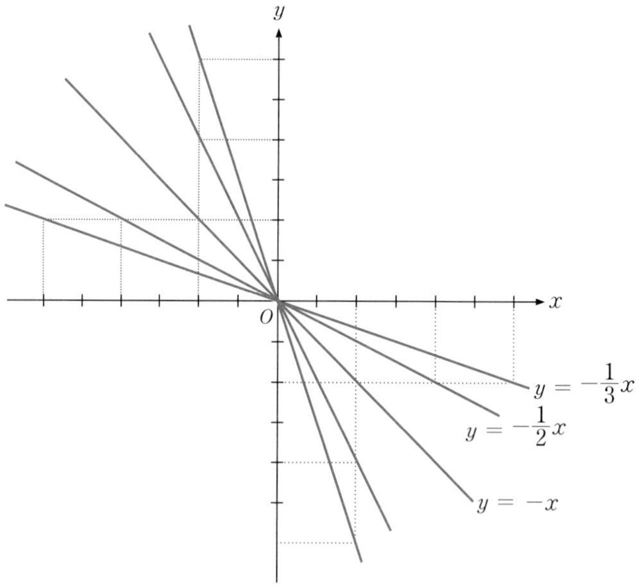

예제

다음 점들은 몇 사분면에 있는가?

① $xy > 0$이고 $x+y > 0$일 경우 $P(-x, -y)$

② $Q(a, -b)$가 3사분면의 점일 때 $R(a-b, ab)$

풀이 ① $xy > 0$이므로 x와 y는 모두 양수 또는 모두 음수이다. 그런데 $x+y > 0$이므로 x와 y는 모두 양수이다. 따라서 $P(-x, -y)$는 3사분면의 점이다.

② $Q(a, -b)$가 3사분면의 점이면 a는 음수이고 b는 양수이다. 그러면 $R(a-b, ab)$의 좌표는 모두 음수이다. 따라서 R은 3사분면의 점이다.

정비례와 반비례

지금까지는 운동을 "거리 = 속도×시간"이라는 함수관계를 통하여 살펴보았다. 그리고 이 상황은 거리를 y, 속도를 a, 시간을 x로 놓아서 다음 식으로 나타냈다.

$$y = ax \quad -❶$$

그런데 때로는 "학교 둘레의 거리가 1km인데, 시속 1km와 2km로 걷는다면 시간은 각각 얼마나 걸릴까?"라는 문제를 생각해볼 수도 있다.

이 경우에 해당하는 식은 "시간 = 거리÷속도"이며, 시간을 y, 거리를 a, 속도를 x로 쓰면 다음과 같은 식으로 표현된다.

$$y = \frac{a}{x} \quad -❷$$

여기서 먼저 ❶식을 살펴보면, $a > 0$일 경우 x가 커질수록 y가 x의 a배라는 일정한 비율로 계속 커지고, $a < 0$일 경우 x가 커질수록 y가 x의 a배라는 일정한 비율로 계속 작아진다. 이처럼 **두 변수 사이에 '일정한 비율'에 따른 증감 관계가 성립하면 서로 정비례 관계에 있다**고 말하며, $a > 0$이면 **양의 정비례**, $a < 0$이면 **음의 정비례** 관계라고 말한다.

다음으로 ❷식을 살펴보면 여기에도 x와 y 사이에 증감 관계가 있는 것은 사실이지만 '일정한 비율'은 아니라는 점에서 ❶식과 다르다. 이러한 차이점은 ❷식을

$$xy = a \quad -❸$$

과 같이 고쳐 쓰고 살펴보면 더욱 분명하게 이해할 수 있다. 다시 말해서 ❸식은 "두 변수의 곱이 일정한 값이 된다"는 관계를 나타내고 있으며, 이는 "y는 항상 x의 a배"라는 정비례 관계와 본질적으로 다르다. 이에 따라 ❷식처럼 **두 변수의 곱이 일정한 값이 되는 관계**를 반비례 관계라고 불러 정비례 관계와 구별해서 다룬다.

반비례 관계는 그래프의 모양도 정비례 관계와 다르므로 이를 살펴보고 넘어간다. 앞의 예에서 "학교 둘레의 거리 1km인데, 시속 1km와 2km로 걷는다면 시간은 각각 얼마나 걸릴까?"라고 했으므로 이에 맞는 ❷의 식은

$$y = \frac{1}{x} \quad -❹$$

이다. 그런데 사람에 따라 아주 느린 사람부터 아주 빠른 사람까지 다양하게 있을 것이므로 여러 가지 속도에 대하여 표를 꾸미면 다음과 같다.

x(속도)	0.1	0.5	1	2	10
y(시간)	10	2	1	0.5	0.1

그리고 이를 이용하여 ❹의 그래프를 그리면 다음과 같다.

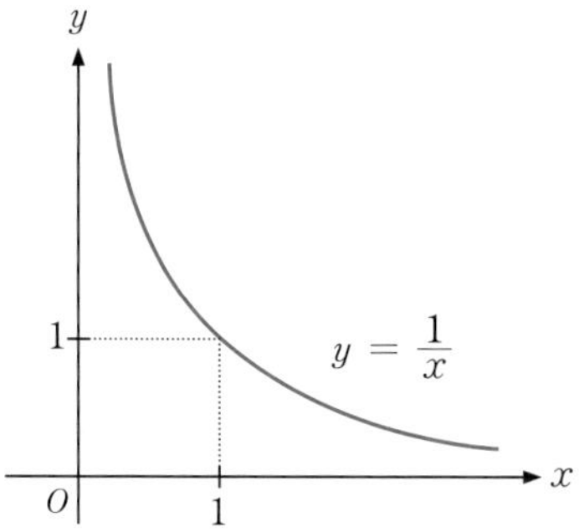

예제

다음 함수의 그래프를 그려라.

① $y = \frac{2}{x}$　　② $y = -\frac{2}{x}$

풀이 숙달되기 전에는 먼저 표를 만든 다음에 그리면 편하다.

	x	-4	-1	-0.5	-0.1	0.1	0.5	1	4
y	$y=2/x$	-0.5	-2	-4	-20	20	4	2	0.5
	$y=-2/x$	0.5	2	4	20	-20	-4	-2	-0.5

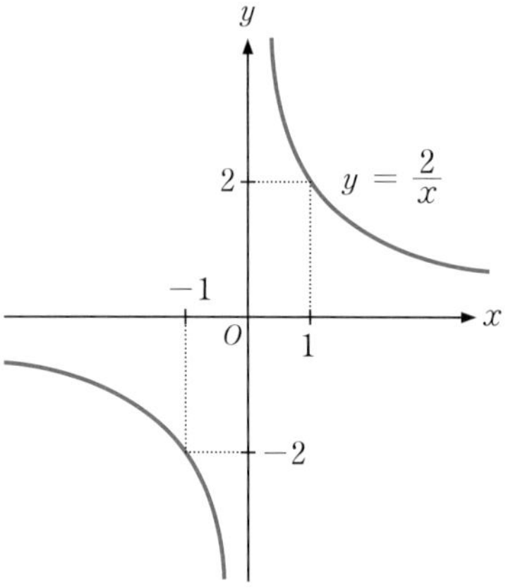

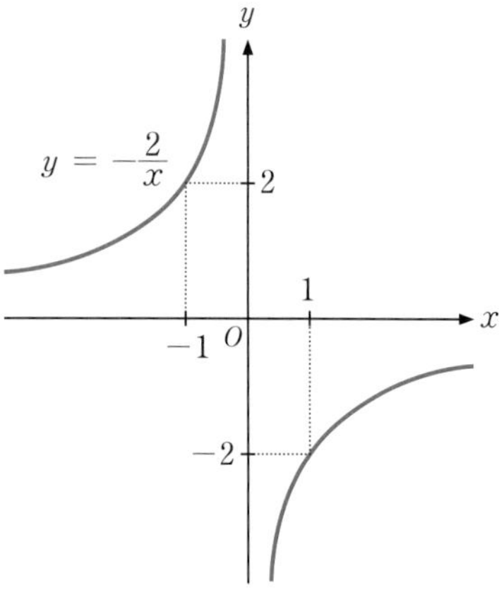

앞 예제에서 보듯 반비례함수의 그래프는 원점을 중심으로 반대편에 위치한 두 사분면에 그려지는 곡선이다. 이를 **쌍곡선**(雙曲線, hyperbola)이라고 부르는데, $y = a/x$라는 식에서 $a > 0$이면 1, 3분면, $a < 0$이면 2, 4분면에 그려진다. 아래 그림에는 6개의 반비례함수를 함께 그렸으므로 서로 비교하면서 익혀두도록 한다.

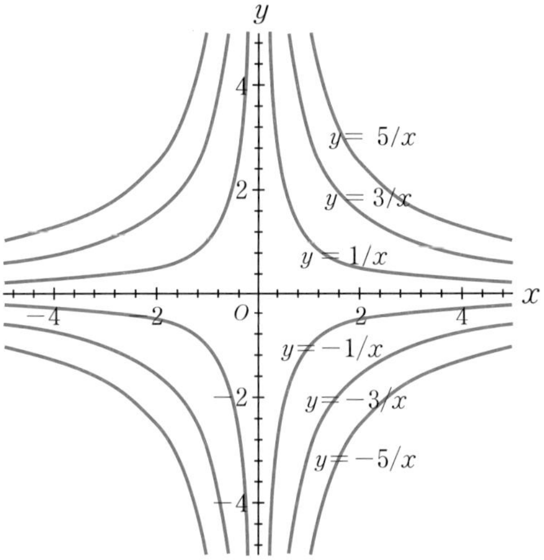

예제

일상적으로 볼 수 있는 정비례와 반비례 관계를 3개씩 들어보아라.

풀이

정비례의 예

① 몸이 무거울수록 저울의 눈금도 많이 올라간다.

② 세로의 길이가 일정한 직사각형의 가로를 늘리면 넓이도 가로에 비례해서 커진다.

③ 수학적으로 정확히 표현하기는 곤란하지만 "가는 말이 고와야 오는 말도 곱다"는 속담도 내용상 정비례 관계의 예라고 할 수 있다.

반비례의 예

① 피자가 한 판 있을 때 사람이 많을수록 각각의 몫은 줄어든다.

② 넓이가 일정한 직사각형의 세로를 늘리면 가로는 그에 반비례해서 줄어든다.

③ "백지장도 맞들면 낫다"는 속담은 무게가 일정한 물건을 여럿이 함께 들수록 각자의 부담은 줄어든다는 뜻을 나타내므로 내용상 반비례 관계의 예라고 할 수 있다.

예제

"양초는 오래 탈수록 길이가 짧아진다"는 현상은 어떤 비례 관계인가?

풀이 비례 관계에서 특히 유의할 점은 "함께 커지거나 작아지면 정비례, 서로 반대로 커지거나 작아지면 반비례"라고 잘못 생각하는 것이다. 이런 잘못된 생각으로 이 문제를 살펴보면 시간이 증가할수록 양초의 길이는 짧아지므로 이 현상은 '반비례' 관계라고 속단한다. 그러나 **정비례의 본질은 두 변수 사이의 일정한 비율**이고, **반비례의 본질은 두 변수의 곱이 일정**하다는 것이다. 이 문제의 경우 양초는 '시간당 $a$cm라는 일정한 비율'로 계속 짧아지므로 '음의 정비례' 관계이며 반비례 관계가 아니다.

참고 나중에 '1차함수'에 대해서 배우면 알겠지만 이 문제에서 양초의 처음 길이를 $b$cm라 하고 시간당 $a$cm씩 탄다면 x시간 후의 남은 길이 y는 $y = -ax+b$이라는 1차함수로 주어진다. 곧 이는 정비례 관계의 일반식인 $y=ax$와 비교할 때 'b'라는 항만큼 다르므로 엄밀히 말하자면 정비례 관계라고 하기는 곤란하다. 그러나 정비례 관계식은 $y = ax+0$, 곧 1차함수의 일종으로 볼 수 있으며, 이에 따라 통상적으로는 1차함수로 표현되는 경우도 정비례 관계로 이야기한다.

상수와 변수

지금까지 정비례와 반비례를 "㉮거리 = 속도×시간"과 "㉯시간 = 거리÷속도"라는 관계를 통해서 공부했다. 그런데 ㉮의 정비례 관계에서는 속도를 일정한 상수로 보고 시간에 따라 거리가 변하는 양상을 살펴본 반면, ㉯의 반비례 관계에서는 거리를 일정한 상수로 보고 속도에 따라 시간이 변하는 양상을 살펴보았다. 이처럼 함수관계에서는 두 가지의 수가 등장하며, 이 가운데 변하지 않는다고 보는 수는 지금껏 써왔던 이름 그대로 **상수**(常數, constant)라고 부르고, 변하는 수는 새로운 이름을 만들어 **변수**(變數, variable)라고 부른다. 이때의 상수는 정비례든 반비례든 비례 관계에 관여하는 수라는 뜻에서 특히 **비례상수**(proportional constant)라고 부르기도 한다.

한 가지 주의할 것은 '상수'라고 해서 말 그대로 '항상' 상수란 뜻은 아니라는 점이다. **함수관계에서의 변수와 상수의 개념은 어떤 '특정한 함수관계'를 상정하고 말하는 것**일 뿐, '모든 함수관계'를 두고 이야기하는 것이 아니다. 예를 들어 $y=2x$라는 '특정한 함수관계'에서 2라는 비례상수는 상수이지만, 여기서도 x와 y는 변수이다. 그러나 $y=2x$, $y=3x$, $y=-5x$, …와 같은 여러 가지의 함수관계를 놓고 볼 때의 비례상수는 2, 3, -5, …으로 바뀌므로 일종의 변수라고 봐야 한다(물론 여러 가지의 함수관계를 놓고 볼 때도 x와 y는 여전히 변수이다).

이와 같은 상수와 변수의 개념을 이용하면 정비례와 반비례의 일반식은 다음과 같이 정리할 수 있다.

정비례의 일반식 : 변수 = (비례)상수×변수 : $y=ax$

반비례의 일반식 : 변수 = (비례)상수÷변수 : $y=\frac{a}{x}$

그런데 여기까지의 이야기에서 매우 중요한 것 하나는 **수학적으로 함수관계에 있는 대상들 가운데 어느 것을 상수로 보고 어느 것을 변수로 볼 것인가 하는 문제는 각각의 상황에 따라 달라질 뿐 어떤 절대적 원칙이란 것은 없다**는 점이다. 그러므로 거리와 속도와 시간의 세 요소를 각각 s와 v와 t로 나타내어

$$s = vt$$

라는 관계식을 만들어놓고 볼 때, 어느 것을 비례상수로 보는가에 따라 다음과 같은 여러 가지의 함수관계가 만들어진다. 이 가운데 ㉮㉯는 그래프까지 모두 그려보았으며, ㉰㉱는 새로운 함수관계이지만 ㉮㉯를 토대로 쉽게 이해할 수 있다.

㉮ v를 비례상수로 보면 t와 s는 $s = vt$라는 정비례 관계이다.

㉯ s를 비례상수로 보면 v와 t는 $t = \frac{s}{v}$라는 반비례 관계이다.

㉰ s를 비례상수로 보면 $t = \frac{s}{v}$라는 식은 $v = \frac{s}{t}$라고 쓸 수도 있다. 이 두 식은 겉보기는 다르지만 내용상으로는 동일한 반비례 관계이다.

㉱ t를 비례상수로 보면 v와 s는 $s = tv$라는 정비례 관계이다.

예제

삼각형의 넓이를 구하는 공식에서 얻을 수 있는 함수관계를 4개 이상 열거해보아라.

풀이 삼각형의 넓이를 s, 밑변을 a, 높이를 b라고 할 때 넓이를 구하는 공식은

$$s = \frac{1}{2}ab$$

로 주어진다. 따라서 이 공식에서 어느 것을 상수, 어느 것을 변수로 볼 것인가에 따라 다음과 같은 함수관계들이 만들어진다. 단 여기에서 $\frac{1}{2}$은 그 자체로 언제나 상수란 점에 유의한다.

① 밑변이 고정되어 있고 높이가 변하면 넓이도 변한다. 이 경우 $\frac{a}{2}$가 비례상수의 역할을 하므로 변수 b와 s 사이에 $s = \frac{a}{2}b$라는 정비례의 함수관계가 성립한다.

② 높이가 고정되어 있고 밑변이 변하면 넓이도 변한다. 이 경우 $\frac{b}{2}$가 비례상수의 역할을 하므로 변수 a와 s 사이에 $s=\frac{b}{2}a$라는 정비례의 함수관계가 성립한다.

③ 넓이가 고정되어 있고 밑변이 변하면 높이도 변한다. 이 경우 $2s$가 비례상수의 역할을 하므로 변수 a와 b 사이에 $b=\frac{2s}{a}$라는 반비례의 함수관계가 성립한다.

④ 넓이가 고정되어 있고 높이가 변하면 밑변도 변한다. 이 경우 $2s$가 비례상수의 역할을 하므로 변수 b와 a 사이에 $a=\frac{2s}{b}$라는 반비례의 함수관계가 성립한다.

이 밖에 ①을 약간 바꾸어 "밑변이 고정되어 있고 넓이가 변하면 높이도 변한다. 이 경우 $\frac{2}{a}$가 비례상수의 역할을 하므로 변수 s와 b 사이에 $b=\frac{2}{a}s$라는 정비례의 함수관계가 성립한다"라고 말할 수 있는 등, 다른 함수관계들도 생각해볼 수 있다.

3 ⋮ 함수의 의의

이상으로 함수에 대해 간략히 살펴보았는데, 이를 토대로 함수의 개념을 좀 더 자세히 공부하기로 한다.

함수관계의 2대 변수 : 독립변수(입력변수◇)와 종속변수(출력변수◇)

다시 운동의 예를 들어 어떤 사람이 고속도로에서 시속 100km의 일정한 속도로 차를 몰고 있다면 시간과 거리를 x와 y라고 할 때

$$y = 100x \quad — ❶$$

라는 함수관계가 성립한다. 그리고 이처럼 두 변수 사이의 함수관계식이 밝혀지면 예를 들어 x에 3을 대입할 경우 y의 값으로 300을 얻게 되고, 이로부터 "3시간 동안 몰면 300km만큼 간다"는 사실을 알게 된다. 이를 약간 달리 말하면 "❶식의 x에 3을 넣으면 ❶식은 y의 값으로 300을 내놓는다"라고 표현되며, 이런 뜻에서 x와 y를 각각 **입력변수**(入力變數, input variable)$^\diamond$와 **출력변수**(出力變數, output variable)$^\diamond$로 부를 수 있다. 그리고 입력변수를 x, 출력변수를 y로 쓰면 함수의 일반식은 다음과 같이 쓸 수 있다.

$$\text{함수의 일반식 : } y = f(x) \quad — ❷$$

❷식에서 f는 function에서 따온 것이므로 ❷식을 일상 용어로 옮기면 "y is a function of x", 곧 "y는 x의 함수이다"라는 문장을 나타낸다. 여기서 $f(x)$는 x에 관한 모든 식을 나타내며, 만일 이것이 x에 대한 1차식이면 1차함수, 2차식이면 2차함수 등으로 부른다.

입력변수와 출력변수를 놓고 볼 때 둘 가운데 입력변수가 먼저 정해지면 출력변수가 그에 따라 정해진다. 그리고 이를 약간 바꿔 말하면 입력변수는 출력변수의 눈치를 볼 필요 없이 어떤 값이든 자유롭게 될 수 있음에 비하여 출력변수는 입력변수에 따라 정해질 뿐 선택의 자유가 없다. 이 때문에 오래전부터 입력변수는 **독립변수**(獨立變數, independent variable), 그리고 출력변수는 **종속변수**(從屬變數, dependent variable)라는 이름으로 널리 불려왔다.

현재 중학 과정에서 함수의 개념을 소개할 때 '두 변수 사이의 관계'라고만 말할 뿐 독립변수, 입력변수나 종속변수, 출력변수와 같은 용어는 쓰지 않도록 되어 있다. 그러나 함수에 관련된 두 변수를 이와 같이 세분해서 부르면 편리한 점이 많으므로 이 책에서는 필요할 경우 이처럼 세분된 용어를 쓰기로 한다.

'입력'과 '출력'은 오늘날 매우 널리 쓰이는 용어가 되었지만 특히 컴퓨터와 관련해서 많이 쓰인다. 곧 컴퓨터의 키보드(keyboard), 마우스(mouse), 스캐너(scanner) 등은 입력 도구이고 모니터(monitor), 프린터(printer), 플로터(plotter) 등은 출력 도구이다. 이 가운데 가장 널리 쓰이는 키보드와 모니터의 경우, 키보드에 있는 키들이 입력변수이고, 그에 맞추어 나타나는 모니터의 글자들이 출력변수이다. 따라서 이 둘 사이에는 함수관계가 있고, 그 함수관계를 실현시켜주는 것이 컴퓨터이다. 이와 같은 **컴퓨터의 비유**는 함수의 개념을 이해하는 데에 아주 유용하며, 나중에 다시 이야기한다.

함수관계의 3대 집합 : 정의역, 공역, 치역

함수관계 $y=f(x)$에서 독립변수 또는 입력변수 x가 속한 집합을 **정의역**(定義域, domain), 이에 대응하는 종속변수 또는 출력변수 y가 속한 집합을 **공역**(共域, codomain)이라고 부른다.

한편 함수관계 $y=f(x)$에서 입력변수 x의 값이 정해지면 출력변수 y의 값도 정해지며, 이처럼 **어떤 특정의 입력변수에 대한 출력변수의 값을 함수값**(value of function)이라고 부르고, 이를 $f(x)$로 나타낸다. 다시 말해서 **$f(x)$는 함수관계를 나타내는 식으로 쓰이기도 하고, 함수값을 나타내는 기호로 쓰이기도 한다**.

그리고 공역 가운데 모든 함수값이 차지하는 영역, 곧 함수값 전체의 집합을 **치역**(値域, range)이라고 부른다. 여기서 특히 유의할 것은 치역은 공역 이후의 개념이란 점이다. 곧 **치역은 공역을 전제로 하는 영역이므로 공역과 같거나 그 부분집합은 될 수 있을지언정 결코 공역보다 큰 집합일 수는 없다**. 따라서 만일 어떤 식을 계산한 결과 '함수값'이라고 생각했던 값이 공역을 벗어나면, 이 식은 함수관계를 나타내는 식으로 인정하지 않는다.

이상의 내용에 나오는 **정의역, 공역, 치역**은 함수관계의 터전이 되는 집합이란 뜻에서 **함수관계의 3대 집합**이라고 부를 수 있는데, 이를 다음과 같은 그림으로 보면 이해하는 데에 큰 도움이 된다.

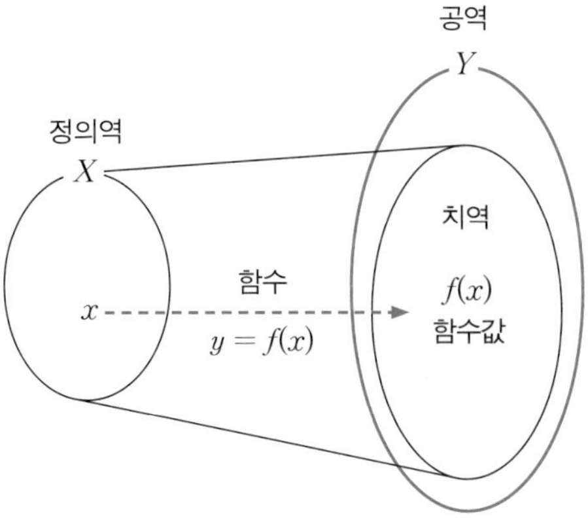

예제

$y = ax$로 주어지는 함수가 있는데 $f(-2) = 10$이다. 이 함수에서 $x = 3$일 때의 함수값과 $x = -5$일 때의 함수값의 합을 구하라.

풀이 $y = ax$에 $f(-2) = 10$을 대입하면 $10 = a \cdot (-2)$이므로 $a = -5$이다. 따라서 문제의 함수는 $y = -5x$이다. 우리가 구하는 답은 여기의 x에 3과 -5를 대입하여 구한 함수값을 더하면 된다. 곧

$$f(3) + f(-5) = (-5) \cdot 3 + (-5) \cdot (-5) = 10$$

이므로 구하는 답은 10이다.

여기서 $x = 3$일 때의 함수값을 $f(3)$으로 썼다. 그런데 $y = f(x)$이므로 함수값 $f(3)$은 $y(3)$으로 쓰기도 한다. 곧 일반적으로 **$x = p$일 때의 함수값은 $f(p)$ 또는 $y(p)$로 쓰면 된다.**

예제

다음 물음에 답하라.

① 경부고속도로의 길이는 417km이다. 시속 100km로 일정하게 차를 몰 때 운전 시간과 달린 거리 사이의 관계를 함수관계식으로 표현하고 정의역, 공역, 치역의 범위를 말하라.

② 길이 30cm의 양초에 불을 붙이면 시간당 5cm씩 줄어든다. 이 양초에 불을 붙였을 때부터 흐른 시간과 남은 길이 사이의 관계를 함수관계식으로 표현하고 정의역, 공역, 치역의 범위를 말하라. 단 이 양초는 불을 붙인 후 3시간 만에 바람으로 인하여 꺼졌다고 한다.

③ 피자 3판을 주문했는데 사람 수는 x명이라고 한다. 각 사람의 몫을 y라고 할 때 x와 y 사이의 함수관계식을 쓰고, 정의역, 공역, 치역의 범위를 말하라.

풀이

① 시간을 x, 달린 거리를 y로 쓰면 $y = 100x$라는 함수관계가 성립한다. 정의역은 출발시간부터 도착시간까지이므로 $\{x|0 \leqq x \leqq 4.17\}$이며, 공역은 경부고속도로의 길이이므로 $\{y|0 \leqq y \leqq 417\}$이다. 치역은 일정 시간 동안 달린 거리인데, 별다른 일이 없는 한 충분한 시간이 지나면 경부고속도로를 모두 달리게 될 것이므로 치역의 범위도 공역과 같은 $\{f(x)|0 \leqq f(x) \leqq 417\}$ 이다.

② 시간을 x, 남은 길이를 y로 쓰면 $y = 30-5x$라는 함수관계가 성립하고, 이 양초가 다 타는 데에는 6시간이 걸린다. 정의역은 불을 붙였을 때부터 다 탈 수 있을 때까지의 시간이므로 $\{x|0 \leqq x \leqq 6\}$이며, 공역은 양초의 길이이므로 $\{y|0 \leqq y \leqq 30\}$이다. 치역은 일정 시간 동안 탄 길이인데 3시간 만에 바람으로 인하여 꺼졌으므

로 여기의 치역은 그때까지 탄 길이이다.

따라서 치역은 $\{f(x) | 0 \leqq f(x) \leqq 15\}$로서 공역의 일부분을 차지한다.

③ 사람 수와 각각의 몫 사이에는 반비례 관계가 성립하며 그 식은 $y = 3/x$이다. 이 문제에서 사람 수에 특별한 제한은 없지만 사람이라는 특성상 자연수여야 한다(사람수가 0일 수도 있겠지만 그럴 경우 피자를 주문할 이유가 없으므로 여기서는 0도 제외한다). 따라서 정의역은 $\{x | x$는 자연수$\}$이다. 한편 각각의 몫은 1사람일 경우 3판으로 최대이고 사람수가 많아질수록 줄어들지만, 아무리 작아도 0보다는 크다. 그런데 사람수가 자연수이므로 공역은 $\{y | 0 < y \leqq 3,$ $y = 3/x, x$는 자연수$\}$이다. 그리고 치역은 공역과 같은 $\{f(x) | 0 < f(x) \leqq 3,\ f(x) = 3/x,\ x$는 자연수$\}$이다.

함수는 단가대응

지금까지의 이야기에서 알 수 있듯, 입력변수, 출력변수 그리고 정의역, 공역, 치역 등은 함수관계를 뒷받침하는 중요한 배경 개념들이다. 그리고 이를 토대로 말하면 **"함수는 정의역과 공역 원소들 사이의 단가대응**(單價對應) **관계"**라고 간추릴 수 있다. 그런데 이 표현에서 정의역과 공역의 의미는 이미 설명했고, **대응은 두 집합의 원소들 사이의 짝짓기**를 말하므로 쉽게 이해할 수 있다. 따라서 남은 것은 '단가'라는 말의 의미인데, 알고 보면 이것이야말로 **함수 개념의 핵심**을 이루는 가장 중요한 부분이며, 여기에는 아래의 **두 가지 의미**가 내포되어 있다는 점을 명확히 새겨두어야 한다.

1 · 단가에서의 '가(價)'는 함수값을 뜻하는 바, 무릇 함수가 되려면 **정의역의 모든 원소의 함수값이 공역에 존재해야 한다**는 점을 가리킨다.

2 · 단가에서의 '단(單)'은 **정의역의 한 원소의 함수값은 오직 하나여야 한다**는 점

을 가리킨다.

앞의 두 가지 내용은 **"함수값은 존재하되 오직 하나 존재한다"**라고 축약할 수 있고, 이것을 더욱 줄인 것이 '단가'라는 말이다. 그런데 이 내용은 언뜻 어려운 것 같지만 앞서 언급했던 **컴퓨터의 비유**를 통해 아주 쉽고도 자연스럽게 이해할 수 있다.

예를 들어 우리가 컴퓨터의 키보드에서 'ㄱ'을 쳤다고(입력했다고) 하면 모니터에도 'ㄱ'이 나타나야(출력되어야) 한다. 만일 'ㄱ'을 쳤는데도 모니터에 아무런 글자도 나타나지 않으면 우리는 "컴퓨터가 어딘가 고장이 났다"라고 말하며, 이 증세가 고쳐지지 않는다면 결국 이 컴퓨터는 컴퓨터라고 할 수 없는 것이 되고 만다. 곧 함수값이 없으면 함수가 아니며, 이 조건은 키보드 위의 모든 키에 대해서 적용된다.

한편 만일 'ㄱ'을 쳤는데 모니터에 'ㄱ'과 'ㄴ'이 함께 나타났다고 해보자. 다시 말해서 키는 하나 눌렀는데 글자는 여러 개가 나온다면 이때도 "컴퓨터가 어딘가 고장이 났다"라고 말한다. 곧 정의역 원소 하나에 대한 함수값이 여러 개가 나오는 경우도 함수가 아니다.

예제

다음의 예가 함수인지 아닌지 판단하라.

① 학생 수와 출석부 번호와의 관계　② 4와 4의 제곱근의 관계

풀이 함수 개념의 핵심은 단가대응이므로 이를 토대로 판정한다.

① 학생의 번호는 학생마다 하나씩 반드시 부여해야 하고, 또 반드시 하나씩만 부여해야 한다. 따라서 이 관계는 함수이다.

② 4의 제곱근은 $+2$와 -2의 2개가 있다. 따라서 단가대응이 아니므로 이 관계는 함수가 아니다.

참고 이 문제에서 보는 것처럼 우리가 원한다면 수학에서는 함수관계 이외의 여러 가지 관계를 만들 수 있다. 그런데 "그 가운데 어떤 것을 함수관계로 볼 것인가?" 하는 문제의 답은 오랜 세월 동안 수많은 수학자들이 연구한 결과로부터 결정되어 나온 것이다. 따라서 처음에는 "왜 ①은 함수관계로 보면서 ②는 그렇지 않나?"라는 의문이 들기도 하겠지만 수학을 깊이 공부함에 따라 차츰 이해하게 될 것이므로 지금은 이 정도로 이해하고 넘어가도록 한다. 이에 대하여 좀 더 자세한 내용은 이 장의 끝에 있는 '수학 이야기'를 참조하기 바란다.

4 ⋮ 영화와 상자의 비유

지금까지의 논의를 통하여 함수의 개념에 대한 주요 사항은 모두 다루었다. 그런데 이를 처음 대하는 학생들은 용어가 생소하고 딱딱하기 때문에 전반적인 이해에 상당한 어려움을 겪는다. 하지만 이와 같은 용어상의 문제들은 수학적 논리를 정확하게 세우고자 하는 필요성에서 나온 것일 뿐 개념들 자체가 난해하기 때문인 것은 전혀 아니다. 따라서 적절한 방법을 사용하면 쉽고도 명쾌하게 정복할 수 있는데, 앞서 이야기했던 '**컴퓨터의 비유**' 그리고 다음에서 이야기할 **'영화의 비유'와 '상자의 비유'** 등은 이를 위한 좋은 방법들이라고 하겠다.

영화의 비유

영화를 상영하려면 영사기와 필름과 스크린이 필요한데, 이 비유에서 **정의역은 필름, 공역은 스크린, 치역은 영상**, 그리고 가장 핵심인 **함수는 영사기**(projector)에 해당한다.

이처럼 '영화의 비유'에는 함수에 대한 모든 내용이 한 데 꾸려져 있다. 이 비유의 전체적 그림을 머릿속에 잘 새겨놓으면 시각적 기억의 특성 때문에 사실상 평생토록 잊을 염려가 없다. 그런데 알고 보면 영화의 비유에 함수와 관련된 모든 내용이 들어 있다는 게 우연이 아니라는 점도 중요하다. 그 이유는 바로 "영화는 함수의 일종"이라는 데에 있다. 곧 **비유로는 "함수는 영화"**이지만 **실제로는 "영화는 함수"**이다.

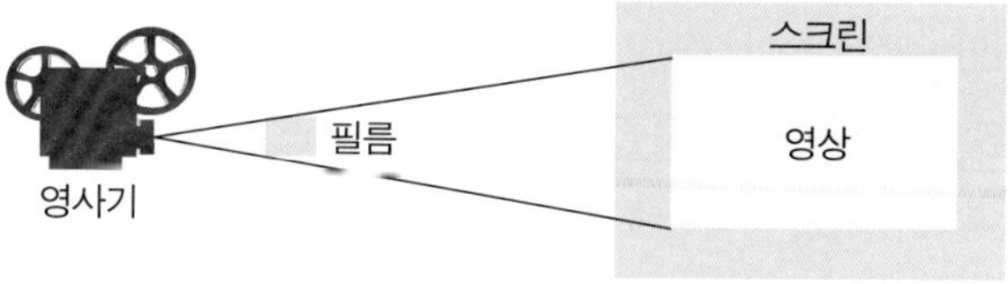

함수론의 용어	영화의 비유
정의역(domain)	필름
공역(codomain)	스크린
치역(range)	영상
독립변수(입력변수◇)	필름 위의 점
종속변수(출력변수◇)	스크린 위의 점
함숫값	영상 위의 점
함수(function)	영사기에 의한 상영

"함수는 단가대응"의 2대 의미

첫째, 정의역의 모든 원소의 함숫값이 공역에 존재해야 한다(치역은 공역보다 커서는 안 된다) : 필름에 담긴 대상은 모두 스크린에 비춰져야 한다(영화는 반드시 스크린 안에 상영해야 한다). → 정의역은 함수관계에 모두 쓰이지만, 공역은 일부만 쓰여도 상관없다. 단 공역보다 큰 영역을 쓸 수는 없다.

둘째, 정의역의 한 원소의 함숫값은 오직 하나여야 한다 : 필름에 담긴 한 대상의 영상은 오직 하나여야 한다.

다음에서는 정의역과 공역과 치역 사이의 관계를 영화의 비유로 살펴본다.

1 · 영사기가 필름의 일부만 영사하는 경우(정의역의 일부만 함수관계에 사용되는 경우) : 이 경우는 스크린을 모두 사용한다 하더라도 필름에 담긴 대상들의 일부만 스크린에 나타나므로 정상적인 영화로 인정할 수 없다. 곧 이 영화는 함수가 아니다.

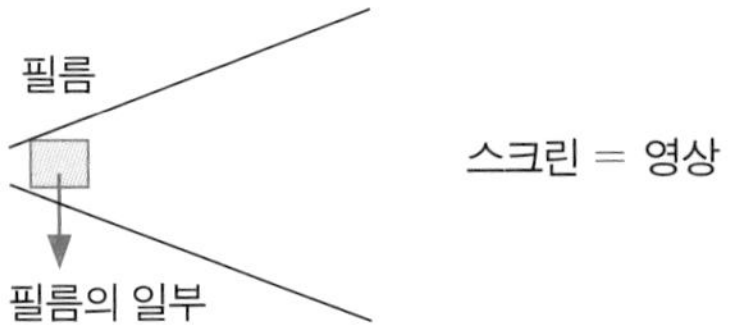

2 · 영상이 스크린보다 작은 경우(치역이 공역보다 작은 경우) : 스크린을 모두 사용하지 않는다는 점이 좀 아쉽기는 하지만, 어쨌든 필름의 모든 대상이 스크린 위에 비춰지므로 영화로 인정된다. 곧 이 영화는 함수이다.

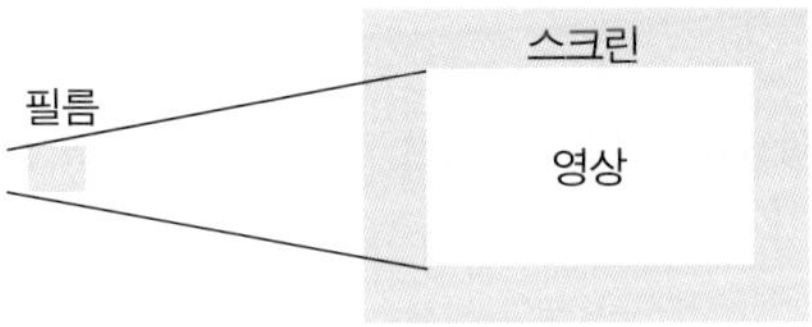

3 · 영상이 스크린과 같은 경우(치역과 공역이 같은 경우) : 이상적으로 상영되는 영화라고 말할 수 있다. 곧 이 영화는 함수이다.

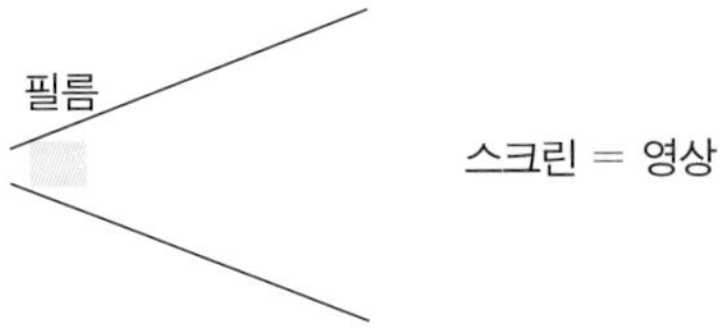

4 · 영상이 스크린보다 큰 경우(치역이 공역보다 큰 경우) : 스크린을 벗어난 영상은 볼 수가 없으므로 이 경우는 정상적인 영화로 인정할 수 없다(필름의 일부만이 스크린에 비춰진다는 점에서 이는 사실상 '1'의 경우와 같다). 곧 이 영화는 함수가 아니다.

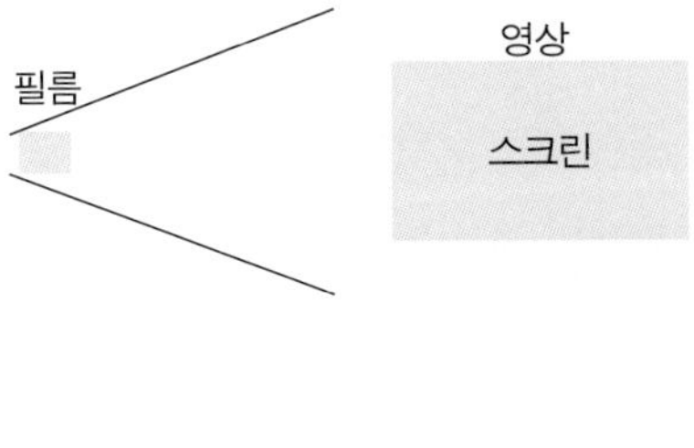

상자의 비유

이제껏 function의 번역어로 함수라는 용어를 사용해왔다. 그리고 이 용어는 1859년에 발간된 중국의 『대미적습급(代微積拾級)』이란 책에 처음 나온다고 한다. 그런데 좀 자세히 따져보면 영어와 번역어의 의미가 잘 부합하지 않는다는 점을 곧 발견할 수 있다. function의 기본적인 뜻은 "기능, 작용(하다)"임에 비하여 '함수'란 말에서의 '함(函)'은 '상자'라는 뜻이기 때문이다. 이런 연유로 **함수란 말은 function의 뜻을 옮긴 훈역(訓譯)이 아니라 소리를 옮긴 음역(音譯)이라는 주장**이 제기되었고 많은 사람들이 대체로 이렇게 믿는 듯하다.

그러나 이에 대하여 **함수란 말은 실제로 상자라는 뜻을 살려서 지은 창의적 조어(造語)라는 주장**도 있다. 그리고 이때의 상자는 단순히 물건을 담아두기만 하는 보통의 상자가 아니라 마치 컴퓨터의 본체와도 같이 외부에서 주어지는 입력에 나름대로의 반응을 보이는 **정보 처리 장치로서의 상자**를 뜻한다. 그런데 여기에서 특히 중요한 것은 이런 뜻으로의 상자가 실제로 어떻게 작동하는지는 정확히 몰라도 별로 상관이 없다는 점이다. 사실 컴퓨터의 경우 전문가가 아닌 대부분의 사람들은 내부의 구조와 기능을 자세히 모르며 굳이 알 필요도 없고 따라서 별로 알려고도 하지 않는다. 다만 한 가지 중요한 것은 "컴퓨터는 우리가 어떤 입력 하나를 주면 그에 대응하는 출력 하나를 내놓는다"는 사실이다. 이미 '컴퓨터의 비유'에서 말한 적이 있지만, 만일 키보드에서 'ㄱ'을 쳤는데 모니터에 아무 글자도 나오지 않는다거나 반대로 'ㄱ, ㄴ, ㄷ, …' 등의 여러 글자가 나온다면 '고장난 컴퓨터'라고 말할 것이다. 이처럼 **입력 하나에 출력 하나가 대응하는 '단가대응의 관계'야말로 함수 개념의 핵심**이다.

이런 뜻으로 이야기하는 상자를 흔히 **암상자**(暗箱子, black box)라고 부른다. 암상자는 본래 사진기의 필름이 담기는 부분 또는 불의의 사고에 대비하여 자동차나 비행기의 운행에 관련된 각종 정보를 기록, 저장하는 상자 모양의 부분을 가리킨다. 그런데 추상적 논의에서는 이로부터 더 나아가, 내부가 칠흑처럼 깜깜해서 무슨 일이 진행되고 있는지 모르지만, 적어도 외부에서 들어가는 낱낱의 입력신호에 대응하는 특정의 출력신호를 만들어내는 장치, 곧 위에서 말했던 정보 처리 장치라는 비유적 의미로 많이 사용된다.

(암)상자의 비유

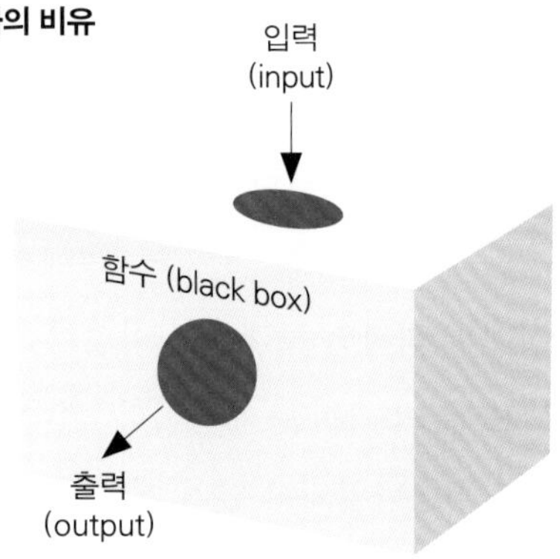

그런데 이렇게 생각할 때의 암상자라 함은 함수를 $f(x)$처럼 '일반적으로' 나타낸 경우를 말한다. 만일 그 형태를 $f(x) = 2x^2+3x+5$ 등과 같이 '구체적으로' 정하면 더 이상 암상자라고 할 수 없다. 다시 말해서 **'(암)상자 비유'의 핵심은 "함수는 구체적 형태는 모르더라도 함수인 이상 단가대응을 규정하는 것이어야 한다"**는 뜻일 뿐, "함수 자체에 대해서는 결코 알 수 없다"는 뜻은 전혀 아니라는 점을 유의해야 한다.

함수의 그래프

앞서 함수의 3대 표현에는 표와 식과 그래프가 있다고 했고, 정비례와 반비례에 대한 그래프를 직접 그려보기도 했다. 그런데 **그래프는 본래 반드시 직선이나 곡선과 같은 '그림'을 뜻하는 게 아니라는 점을 분명히 알아두는 것이 중요**하다. 이를 이해하기 위하여 먼저 그래프의 정의부터 살펴보기로 한다.

그래프의 정의 : 함수 $y=f(x)$로 만든 집합 $\{(x, f(x)\}$를 이 함수의 그래프라고 한다.

위에서 보듯 그래프의 본래 뜻은 **정의역 X의 각 원소 x와 그 함수값 $f(x)$로 이루어진 순서쌍의 집합**을 말하므로 원칙적으로 직선이라든지 곡선이라든지 하는 '그림'과는 아무 관계가 없다. 다만 순서쌍의 대표적인 예가 평면상의 점의 위치를 나타내는 좌표이므로 $\{(x, f(x)\}$라는 순서쌍도 평면상의 점들로 표시하고 이 점들을 죽 이어서 그리면 직선이나 곡선 등의 '그림'으로 나타나기에 흔히 이 그림을 가리켜 그래프라고도 부를 따름이다.

이런 점에서 볼 때 사실 말하자면 그래프는 직선이나 곡선 등의 그림이 아니라 함수의 3대 표현 가운데 '표'에 더 가까운 개념이다. 왜냐하면 표에는 정의역의 원소들과 그에 상응하는 함수값들이 나열되어 있기 때문이다. 그리고 이에서 더 나아가 **함수를 좌표평면 위의 직선이나 곡선으로 나타내는 것을 '그래프의 기하적 표현'**이라고 말함으로써 그래프의 '개념'과 '그림'을 서로 구별한다. 그러나 **이와 같은 배경에도 불구하고 앞으로 이 책에서는 그래프와 좌표평면상의 기하적 표현을 같은 것으로 취급**한다. 그 이유는 첫째로 막대그래프, 꺾은선그래프, 원그래프 등의 용어에서 보듯, 일상적으로 그래프라고 하면 그림에 의한 표현이라고 이해하고 있으며, 둘째로 중고교 과정에서는 이 두 가지를 굳이 서로 구분할 필요성이 거의 없기 때문이다.

예제

아버지가 아들에게 용돈을 주는데, 주사위를 던져서 나오는 눈의 수에 1000원을 곱한 금액만큼 주기로 했다. 이 상황도 함수관계로 파악할 수 있음을 설명하고, 그 그래프를 그려라.

풀이 주사위를 던져서 나오는 눈의 수를 x, 그에 대응하는 용돈의 금액을 y로 나타내고, 이 상황을 표로 만들어보면 다음과 같다.

x눈	1	2	3	4	5	6
y금액(원)	1000	2000	3000	4000	5000	6000

위 표로부터 정의역은 $\{1, 2, 3, 4, 5, 6\}$, 공역과 치역은 $\{1000, 2000,$

$3000, 4000, 5000, 6000\}$임을 알 수 있으며, 이들 사이에 $y = 1000x$라는 단가대응 관계가 성립하므로, 이 상황은 함수관계로 파악할 수 있다. 그리고 이에 대한 그래프는 다음과 같다.

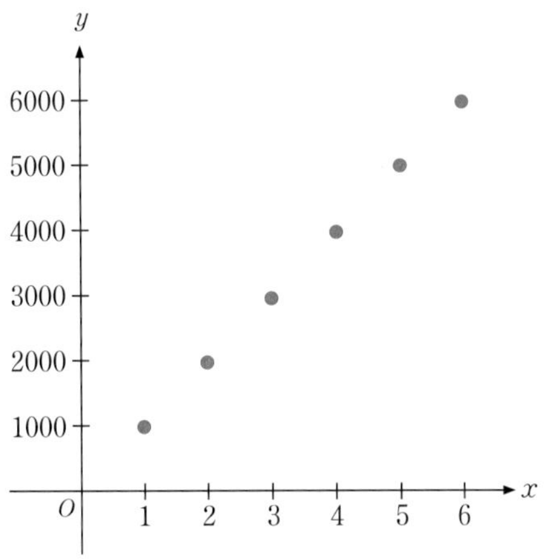

이 그래프는 직선이나 곡선이 아니라 점으로 그려진다. 그 이유는 정의역과 공역이 자연수로 한정되어 있기 때문이다.

2 1차함수

1 : 1차함수와 그래프

1차함수의 의의

1차함수는 함수의 일반식 $y=f(x)$에서의 $f(x)$가 1차식인 함수를 말하며, 간단히 **함수의 형태가 1차식인 함수**라고도 말할 수 있다. 그런데 1차식의 일반형은 $ax+b$이다. 따라서 1차함수의 일반형은 다음과 같이 주어진다.

1차함수의 일반형(general form) : $y = ax+b$ (a와 b는 상수, $a \neq 0$)

여기서 $a \neq 0$이라는 조건은 만일 $a=0$일 경우 위의 식은 $y=b$가 되어 '1차'라고 부를 수 없게 되기 때문에 붙여졌다. 정의역과 공역은 이에 대하여 특별한 언급이 없는 한 대개 실수 전체의 집합으로 본다.

1차함수의 예

예를 들어 철수와 영희가 달리기시합을 하는데 영희가 철수보다 20m 앞서서 출발하기로 했다고 하자. 이때 철수의 출발점을 기준점으로 삼고, 영희가 초당 7m로 달리며, 시간을 x, 영희가 달린 거리를 y로 쓰면, x와 y 사이의 관계는 다음과 같이 표현된다.

$$y = 7x+20 \quad —❶$$

그러면 ❶식의 우변은 x에 대한 1차식이므로, ❶식은 1차함수의 예가 된다.

한편 206쪽에서 이야기했던 화씨와 섭씨온도 사이의 관계도 1차함수의 예이다. 둘 사이에는

$$c = \frac{5}{9}(f-32)$$

라는 관계가 성립하는데, 이것은

$$c = \frac{5}{9}f-\frac{160}{9}$$

로 쓰면 1차함수의 일반형과 같은 모습이 되기 때문이다. 그런데 이 관계를 바꾸어

$$f = \frac{5}{9}c+32$$

로 써도 역시 1차함수가 된다. 단 이때는 입력변수와 출력변수의 역할이 바뀔 따름이다.

또한 302쪽에서 다루었던 양초에 관한 문제도 1차함수의 예이다. 곧 길이 30cm의 양초에 불을 붙이면 시간당 5cm씩 줄어든다고 할 때 시간에 따르는 양초의 길이는

$$y = -5x+30$$

으로서 1차함수의 일반형에 부합하는 형태가 된다.

이 밖에도 1차함수의 예는 무수히 많으며, 일상생활은 물론 수학의 여러 분야에서 매우 폭넓게 쓰인다. 하지만 1차방정식과 마찬가지로 1차함수에 대한 전반적 사항도 비교적 단순하다. 따라서 중학 수준에서도 이에 대한 모든 내용을 거의 완벽하게 이해할 수 있다.

그래프의 평행이동

1차함수의 그래프를 그려보기 위하여 $y = x$와 $y = x+3$을 택해서 표를 만들고 이를 이용하여 그래프를 그려보자.

x	$\cdots$	-3	-2	-1	0	1	2	3	$\cdots$
$y = x$	$\cdots$	-3	-2	-1	0	1	2	3	$\cdots$
$y = x+3$	$\cdots$	0	1	2	3	4	5	6	$\cdots$

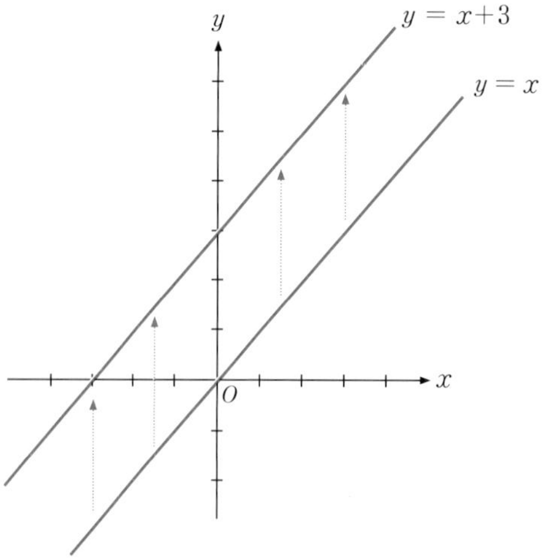

위의 표에서도 알 수 있고 그림에도 표시했듯이 $y = x+3$의 그래프는 $y = x$의 그래프 위에 있는 모든 점들에 3만큼의 값을 더해주어서 얻은 것으로 풀이할 수 있다. 다시 말해서 $y = x+3$의 그래프는 $y = x$의 그래프 위에 있는 모든 점들을 y축과 평행하게 y축을 따라 3만큼 밀어 올린 것으로 볼 수 있으며, 그래프에 대한 이런 조작을 그래프의 **평행이동**(平行移動, translation 또는 parallel displacement)이라고 부른다.

이 상황은 1차함수의 일반형 $y = ax+b$에도 그대로 적용할 수 있다. 곧 **$y = ax+b$라는 1차함수의 그래프는 $y = ax$의 그래프를 y축을 따라 b만큼 평행이동**한 것이다. 이때 $b > 0$이면 y축 양의 방향, $b < 0$이면 y축 음의 방향으로 평행이동된다.

예제

$y = 2x-4$라는 1차함수에 대하여 다음 물음에 답하라.

① 위 함수의 그래프를 y축 양의 방향으로 5만큼 평행이동한 그래프의 식을 구하라.

② 위 함수의 그래프를 y축 음의 방향으로 2만큼 평행이동한 그래프의 식을 구하라.

풀이

① y축 양의 방향으로 5만큼 평행이동한다는 것은 y의 값을 모두 5만큼 증가시킨다는 뜻이다. 따라서 구하는 그래프의 식은
$y = 2x-4+5$, 곧 $y = 2x+1$이다.

② y축 음의 방향으로 2만큼 평행이동한다는 것은 y의 값을 모두 2만큼 감소시킨다는 뜻이다. 따라서 구하는 그래프의 식은
$y = 2x-4-2$, 곧 $y = 2x-6$이다.

이상은 이해의 편의를 위해 그래프 평행이동을 y축에 대해서만 간단히 살펴본 것이다. 하지만 일반적인 경우에 대해서는 조금 더 생각해보아야 하므로 아래에 따로 설명한다.

• 평행이동의 일반적 이해: "± 평행이동은 ∓ 대입"의 배경 •

(1) 그래프의 평행이동을 $y = 2x$와 $y = 2x+2$를 비교하면서 다시 생각해보자. 위에서는 "㉮ $y = 2x$를 **y축을 따라 $+2$만큼 이동**하면 $y = 2x+2$가 나온다"고 했다. 그런데 이 과정을 **x축에 대한 이동으로도 설명할 수 있다**는 점이 중요하다. 곧 여기 예의 경우 "㉯ $y = 2x$를 x축을 따라 -1만큼 이동해도 $y = 2x+2$가 나온다".

먼저 ㉮를 보자. 이동 후의 식 $y = 2x+2$를 $(y-2) = 2x$로 고쳐 쓰고 이동 전의 식 $y = 2x$와 비교하면 "$y = 2x$의 그래프를 y축을 따라 $+2$만큼 이동하려면 $y = 2x$에

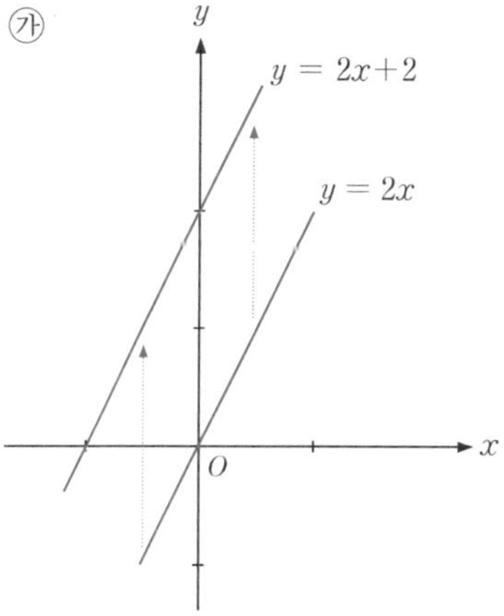

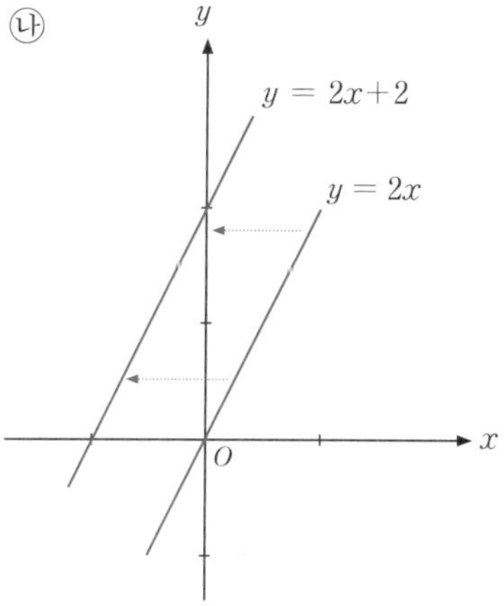

서 y만 $y-2$로 바꿔주면 된다"는 점을 알 수 있다. 곧 $(y-q)=ax$와 $y=ax$라는 두 식은 "전자는 후자를 y축을 따라 q만큼 평행이동한 것"이란 관계에 있고, **"어떤 그래프를 y축을 따라 q만큼 평행이동하려면 그래프 식의 y를 $(y-q)$로 바꿔주면 된다"** 라고 정리된다.

이제 ㉯를 보자. 이동 후의 식 $y=2x+2$를 $y=2(x+1)$로 고쳐 쓰고 이동 전의 식 $y=2x$와 비교하면 "$y=2x$의 그래프를 x축을 따라 -1만큼 이동하려면 $y=2x$에서 x만 $x+1$로 바꿔주면 된다"는 점을 알 수 있다. 곧 $y=a(x-p)$와 $y=ax$라는 두 식은 "전자는 후자를 x축을 따라 p만큼 평행이동한 것"이란 관계에 있고, **"어떤 그래프를 x축을 따라 p만큼 평행이동하려면 그래프 식의 x를 $(x-p)$로 바꿔주면 된다"** 라고 정리된다.

이상의 내용을 통합 정리하면 다음과 같다. 곧 $y=ax+b$를 x축을 따라 p, y축을 따라 q만큼 동시에 평행이동하려면 $y=ax+b$의 y는 $y-q$, x는 $x-p$로 고쳐 쓰고 정리하면 되며, 식으로는 아래처럼 나타내진다.

$$y=ax+b \xrightarrow{x\text{축과 } y\text{축을 따라 } p\text{와 } q\text{씩 평행이동}} (y-q)=a(x-p)+b$$

나아가 **일반적인 모든 함수의 그래프에 대해서는 다음과 같이 요약**된다.

$$y = f(x) \xrightarrow{x\text{축과 } y\text{축을 따라 } p\text{와 } q\text{씩 평행이동}} (y-q) = f(x-p)$$

(2) 앞에서는 편의상 평행이동 전후의 그래프를 비교하면서 설명했는데, 이를 통해 평행이동의 관념에 충분히 익숙해졌을 것이므로 여기서는 본질적 관점에서 설명한다.

다시 앞의 예 ① $y = 2x$와 ② $y = 2(x+1)$을 보면 좌변은 모두 y로 같다. 그런데 이처럼 동일한 y값을 얻으려면 ②의 x는 ①의 x보다 1만큼 작아야 한다. 예컨대 ①에서는 $x=0$일 때 $y=0$이지만 ②에서는 $x=-1$일 때 $y=0$이고, ①에서는 $x=1$일 때 $y=2$이지만 ②에서는 $x=0$일 때 $y=2$이다. 그리고 이런 관계는 모든 점들에서 마찬가지이다. 다시 말해서 ②는 ①보다 왼쪽(x축 음의 방향)으로 1만큼 이동한 곳에서 ①과 똑같은 그래프를 만들어내며, 이는 ②의 그래프가 ①의 그래프를 x축 음의 방향으로 1만큼 평행이동한 것이라는 뜻이다.

다음으로 ①은 $y=2x$ ②는 $(y-2) = 2x$로 놓고 보면 우변은 $2x$로 같다. 따라서 동일한 $2x$값을 얻으려면 ②의 y는 ①의 y보다 2만큼 커야 하며, 이런 관계는 모든 점들에서 같다. 다시 말해서 ②는 ①보다 위쪽(y축 양의 방향)으로 2만큼 이동한 곳에서 ①과 똑같은 그래프를 만들어내며, 이는 ②의 그래프가 ①의 그래프를 y축 양의 방향으로 1만큼 평행이동한 것이라는 뜻이다.

(3) 끝으로 한 가지 관습을 살펴보면서 이상의 내용을 간명하게 정리한다. 앞에서 이미 보았듯 **관습적으로는 이동 거리를 '양수'**로 나타내는 경우가 많으므로(103쪽 '거리크기' 참조) 이런 표현에 익숙해질 필요가 있다. 예컨대 "x축을 따라 3만큼 평행이동"은 "x축 양의 방향으로 3만큼 평행이동"이란 표현을 많이 쓰며 $y = f(x)$라는 원래 그래프를 $y = f(x-3)$으로 고쳐 쓰면 된다. 또한 "x축을 따라 -3만큼 평행이동"은 "x축 음의 방향으로 3만큼 평행이동"이란 표현을 많이 쓰며, $y = f(x)$라는 원래 그래프를 $y = f(x+3)$으로 고쳐쓰면 된다. 이런 이야기는 y축의 경우에 대해서도 마찬가지로 적용되므로 전체적으로 정리하면 다음과 같다.

x축 양의 방향으로 3만큼 평행이동 : $y = f(x) \rightarrow y = f(x-3)$

x축 음의 방향으로 3만큼 평행이동 : $y = f(x) \rightarrow y = f(x+3)$

y축 양의 방향으로 3만큼 평행이동 : $y = f(x) \rightarrow (y-3) = f(x)$

y축 음의 방향으로 3만큼 평행이동 : $y = f(x) \rightarrow (y+3) = f(x)$

이처럼 이동 거리를 '양수'로 나타낼 때, 양(+)의 방향으로 평행이동하려면 해당변수에서 그만큼 빼고(−), 음(−)의 방향으로 평행이동하려면 해당변수에 그만큼 더한다(+). 따라서 최종적으로는 아주 간략하게 "± **평행이동은** ∓ **대입**"이라고 새기면 된다.

예제

$y = -2x-3$의 그래프를 아래와 같이 평행이동한 그래프의 식을 구하라.

① x축과 y축을 따라 -3과 2(x축 음의 방향으로 3, y축 양의 방향으로 2)

② x축과 y축을 따라 3과 -2(x축 양의 방향으로 3, y축 음의 방향으로 2)

풀이 위의 설명에 따라 고쳐 쓰고 정리하면 된다.

① $y-2 = -2\{x-(-3)\}-3, \quad \therefore y = -2x-7$

참고 이 두 단계의 결과는 애초에 $y = -2x-3$의 그래프를 y축 음의 방향으로 4만큼 한 번만 평행이동시킨 것과 같다. 또는 애초에 $y = -2x-3$의 그래프를 x축 음의 방향으로 2만큼 한 번만 평행이동시킨 것과 같다.

② $\{y-(-2)\} = -2(x-3)-3, \quad \therefore y = -2x+1$

참고 이 두 단계의 결과는 애초에 $y = -2x-3$의 그래프를 y축 양의 방향으로 4만큼 한 번만 평행이동시킨 것과 같다. 또는 애초에 $y = -2x-3$의 그래프를 x축 양의 방향으로 2만큼 한 번만 평행이동시킨 것과 같다.

그래프의 대칭이동

그래프를 이동시키는 데에는 앞에서 배운 그래프의 평행이동 외에 **대칭이동**(對稱移動, symmetric displacement)이란 것도 있다. 대칭이동 가운데는 x축, y축, 원점 그리고 $y=x$에 대한 대칭이동이 주로 이야기되며, 이하 차례로 살펴본다. 한 가지 특기할 것은 이 대칭이동들이 뒤에 나오지만 앞서 본 평행이동보다 오히려 더 쉽게 이해된다는 점이다. 물론 여기에는 평행이동을 배우면서 좌표와 그래프의 관계에 대한 이해가 깊어졌다는 점도 작용하지만, 아무튼 대칭이동들은 비교적 편안한 마음으로 익힐 수 있다.

먼저 x축, y축, 원점에 대한 대칭이동은 제1사분면에 위치한 어느 한 점을 x축, y축, 원점에 대해서 대칭이동한 아래 그림으로 쉽게 이해할 수 있다.

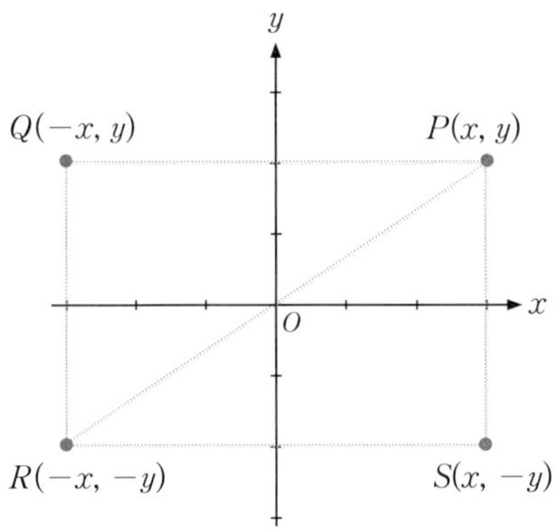

이에 따르면 어떤 점을 x축에 대해 대칭이동하면 y좌표의 부호가 바뀌고, 반대로 y축에 대해 대칭이동하면 x좌표의 부호가 바뀌며, 원점에 대해 대칭이동하면 두 좌표의 부호가 모두 바뀐다. 그런데 함수의 그래프는 바로 점들의 집합이다. 따라서 함수의 그래프를 x축, y축, 원점에 대해 대칭이동할 경우 함수의 식에 들어 있는 변수를 각각 다음과 같이 바꿔주면 된다.

$\boldsymbol{y = f(x)}$**를** $\boldsymbol{x}$**축에 대하여 대칭이동** : $y = f(x) \;\rightarrow\; y = f(-x)$

$\boldsymbol{y = f(x)}$**를** $\boldsymbol{y}$**축에 대하여 대칭이동** : $y = f(x) \;\rightarrow\; -y = f(x)$

$\boldsymbol{y = f(x)}$**를 원점에 대하여 대칭이동** : $y = f(x) \;\rightarrow\; -y = f(-x)$

한편 어떤 함수의 그래프를 $y=x$에 대하여 대칭이동한 그래프의 식은 다음 그림으로부터 이끌어낼 수 있다.

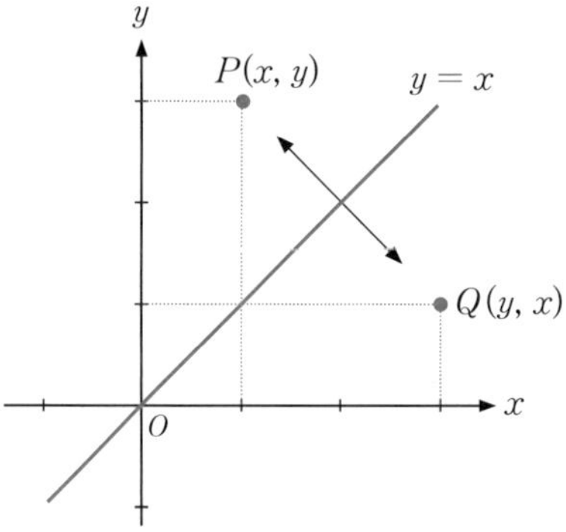

이에 따르면 어떤 점을 $y=x$에 대하여 대칭이동하면 x와 y의 좌표가 서로 바뀐다. 그러므로 점들의 집합인 함수의 그래프의 경우 $y=x$에 대하여 대칭이동하면 다음과 같이 바뀐다.

$\boldsymbol{y = f(x)}$**를** $\boldsymbol{y=x}$**에 대하여 대칭이동** : $y = f(x) \;\rightarrow\; x = f(y)$

단 함수는 통상적으로 "y의 x에 대한 식"으로 쓰므로 위 $x = f(y)$의 식은 다시 y에 대한 식으로 정리 해주어야 한다.

예제

$y = 2x+1$을 x축, y축, 원점 및 $y=x$에 대하여 대칭이동한 식을 구하라.

풀이

x축 대칭이동 : $y = 2x+1 \rightarrow -y = 2x+1, \quad \therefore y = -2x-1$

y축 대칭이동 : $y = 2x+1 \rightarrow y = 2(-x)+1, \quad \therefore y = -2x+1$

원점 대칭이동 : $y = 2x+1 \rightarrow -y = 2(-x)+1, \quad \therefore y = 2x-1$

$y=x$ 대칭이동 : $y = 2x+1 \rightarrow x = 2y+1, \quad \therefore y = \frac{1}{2}x-\frac{1}{2}$

특수한 직선의 그래프

지금까지의 이야기에 따르면 **1차함수는 어느 것이든 그래프가 직선**으로 표현된다라는 결론이 나오며, 이는 분명 옳다. 그렇다면 이 결론의 앞뒤를 바꾸어 **"직선은 모두 1차함수의 그래프이다"라고 말할 수 있을까?** 그 답은 **"아니오"**로서 직선 가운데는 1차함수가 되지 않는 것도 있다.

직선이면서도 1차함수의 그래프가 아닌 대표적인 예는 x축과 y축이라는 좌표축이다. 먼저 x축을 생각해보면 그 위에 있는 점들의 x좌표는 모두 다르지만 y좌표는 0으로서 항상 일정하다. 다시 말해서 x축 위에 있는 모든 점의 좌표는 $(x, 0)$으로 쓸 수 있다. 따라서 **"x축이란 직선의 식은 $y=0$"**이라고 말할 수 있고 "x좌표가 어떤 값이든 y좌표는 언제나 0"이라는 뜻이다. 하지만 이는 $y = ax+b\ (a>0)$의 형태가 아니므로 1차함수가 아니다. 이상의 내용은 y축에 대해서도 똑같이 적용되어 **"y축이란 직선의 식은 $x=0$"**이라고 말할 수 있지만 이것도 1차함수가 아니다.

좌표축에 대한 위의 논의를 좀 더 확장하여 $y=c$와 $x=d$라는 식에 대해서도 생각해보자. 여기서 c와 d는 일정한 상수를 나타내는데, 이로부터 우리는 $y=c$는 x좌표에 상관없이 y좌표가 언제나 c인 직선으로서 x축에 평행한 직선이고, $x=d$는 y좌표에 상관없이 x좌표가 언제나 d인 직선으로서 y축에 평행한 직선이란 점을 알 수 있다.

이상의 내용은 언뜻 혼란스럽게 보인다. 하지만 다음과 같은 그림을 보면서 생각하면 쉽게 이해할 수 있으므로 이를 통하여 잘 숙지해두도록 한다.

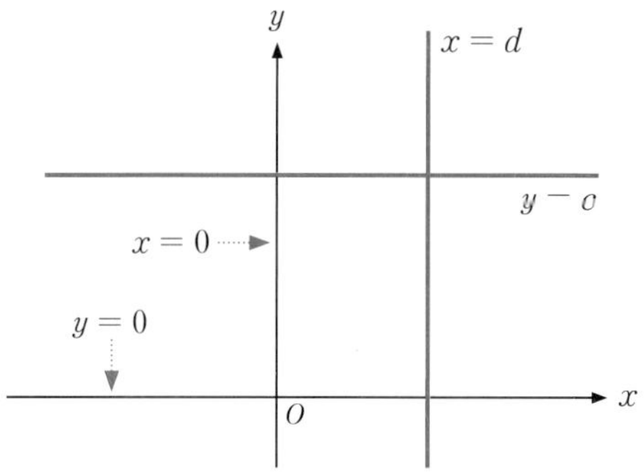

그런데 기호만 다를 뿐 직선을 나타낸다는 점에서는 같아서 별다른 문제가 없을 것으로 보이는 $y=c$와 $x=d$라는 두 그래프에는 매우 중요한 차이점이 있다.

먼저 $y=c$를 보면 이는 x축에 평행한 직선으로서 그 위의 모든 점은 (x, c)라는 좌표로 나타내진다. 그러므로 예를 들어 $x=3$일 때도 $y=c$이고, $x=5$일 때도 $y=c$이며, x가 어떤 값이든 y는 항상 c이다. 곧 입력변수가 어떻게 바뀌더라도 출력변수의 값은 항상 하나만 존재하며, 따라서 **$y=c$는 "함수값은 하나여야 한다"는 요건, 곧 '단가대응'이라는 함수의 요건을 충족하므로 함수**이다.

하지만 $x=d$의 경우는 다르다. 이 직선 위의 모든 점은 (d, y)로 나타내지는데, 이때 x는 선택의 여지가 없이 항상 d인데, 이 d라는 하나의 입력변수에 대하여 출력변수인 y는 3도 될 수 있고, 5도 될 수 있으며, 나아가 무수히 많은 값이 될 수 있다. 따라서 **$x=d$는 '단가대응'이라는 함수의 요건을 충족하지 못하므로 함수가 아니다**.

이로써 $y=c$는 함수라는 사실이 밝혀졌는데, 이런 함수를 가리켜 **상수함수**(constant function)라고 부른다. 상수함수는 **정의역의 모든 원소에 대한 함수값이 상수인 함수**를 말한다. 1차함수를 $y=ax+b$로 쓰는 것으로부터 유추하면 상수함수는 $y=cx^0$으로 쓸 수 있으며, 이에 따라 상수함수를 **'0차함수'**라고 부르기도 한다.

그래프의 절편과 기울기

함수의 그래프가 좌표축과 만나는 점을 **절편**(截片, intercept)이라고 부르며, 구체적으로 x축과 만나는 점의 x좌표를 ***x*절편**, y축과 만나는 점의 y좌표를 ***y*절편**이라고 부른다. 본래 '절편'이라는 말은 '잘라진 조각'이란 뜻인데, 수학에서는 그래프가 좌표축을 지나면 그 점에서 좌표축이 두 조각으로 잘라진다고 풀이한다는 뜻을 나타낸다.

그런데 앞에서 보았듯 x축은 $y=0$이라는 식으로 나타내지고, 그 위의 모든 점의 좌표는 $(x, 0)$으로 쓸 수 있다. 다시 말해서

$$y = ax+b \quad —❶$$

라는 1차함수가 x축과 만나면 그 점에서 y의 값은 0이 된다. 따라서 ❶식의 x절편을 구하려면 ❶식의 y에 0을 대입하고 x에 대해서 풀면 된다. 그러면

$$0 = ax+b, \quad x = -b/a$$

이므로 ❶의 x절편은 $-b/a$이다.

마찬가지로 ❶의 y절편은 ❶식의 x에 0을 대입하고 y에 대해서 풀면 된다. 그러면

$$y = a\times 0+b, \quad y = b$$

이므로 ❶의 y절편은 b이다.

예제

다음 1차함수의 x절편과 y절편을 구하라.

① $y = -4x+5$ ② $y = \frac{3}{2}x-7$

풀이 x절편은 함수식의 y에 0, y절편은 x에 0을 대입하고 풀면 된다.

① $0 = -4x+5$ → x절편은 $\frac{5}{4}$, $y = -4\times 0+5$ → y절편은 5

② $0 = \frac{3}{2}x-7$ → x절편은 $\frac{14}{3}$, $y = \frac{3}{2}\times 0-7$ → y절편은 -7

다음으로 **그래프와 관련된 개념 가운데 가장 중요**한 것이라고 할 수 있는 **기울기**(slope)에 대해서 알아보자.

일상적으로 기울기라 함은 어떤 물체가 기울어진 정도를 가리키는데, 1차함수와 관련하여 가장 좋은 예는 계단이라고 말할 수 있다. 만일 어떤 건물의 공간에 충분한 여유가 있다면 계단의 기울기를 완만하게 해서 안전하게 오르내리도록 할 것이다. 하지만 반대로 그다지 여유가 없다면 기울기를 급하게 만들 텐데, 그런 계단을 오르내릴 때는 상당한 주의를 기울여야 한다.

그런데 이처럼 계단의 기울기가 '완만하다' 또는 '급하다'라는 말을 정확히 따져본다고 할 때, 도대체 이는 무엇을 가리키는 것일까? 이를 알아보기 위하여 아래 그림과 같이 완만한 계단과 급한 계단을 좌표평면에 그려놓고 살펴보기로 하자.

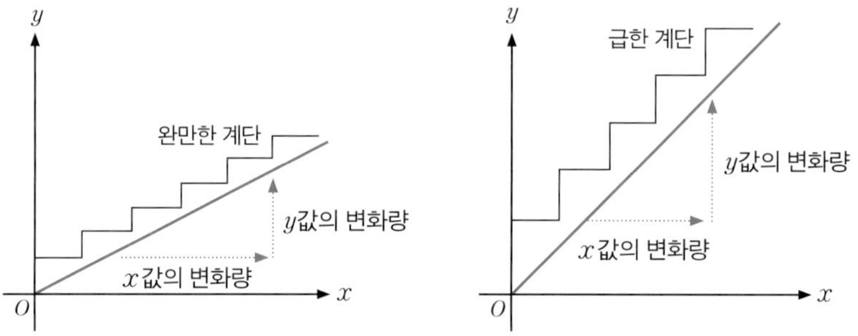

위의 그림에서 보면 계단을 올라간다는 것은 수평 방향(x축 방향)으로 일정한 거리를 가는 동안에 수직 방향(y축 방향)으로도 일정한 거리를 가는 것으로 이해할 수 있다. 그리고 계단의 기울기가 완만하다거나 급하다거나 하는 것은 수평 방향으로 일정한 거리를 가는 중에 수직방 향으로 얼마나 많이 오르내리느냐를 가리키는 것으로 이해할 수 있다. 수학에서 말하는 기울기는 바로 이런 생각을 그대로 채택한 것으로 다음과 같이 표현된다.

그래프의 기울기(slope) $= \dfrac{y\text{값의 변화}}{x\text{값의 변화}}$

이와 같은 기울기의 식을 이용하여 1차함수 $y = ax+b$의 기울기를 구해보기로 하는데, 이때도 표를 만들어 살펴보면 편리하다.

x	…	1	2	3	4	5	…
y	…	$a+b$	$2a+b$	$3a+b$	$4a+b$	$5a+b$	…

$$x = 1\sim2 \text{ 사이의 기울기 : } \frac{(2a+b)-(a+b)}{2-1} = a$$

$$x = 3\sim5 \text{ 사이의 기울기 : } \frac{(5a+b)-(3a+b)}{5-3} = a$$

위에서는 편의상 두 가지의 범위를 택해서 구했지만 실제로는 다른 어떤 범위에서 구해도 항상 a라는 값이 나온다. 다시 말해서 $y = ax+b$란 1차함수 그래프의 기울기는 a이며, 이 때문에 **1차함수의 경우 "기울기 = 비례상수"**라는 결론이 나온다.

한편 수학에서의 '변화' 또는 '변화량'이라는 것은 109쪽에서 이야기했던 '차(差, difference)'와 같은 개념이다. 따라서 예를 들어 $x = c\sim d$의 범위에서 어떤 그래프의 기울기에 관한 식은 다음과 같이 쓸 수 있다.

$$\textbf{그래프의 기울기}\text{(slope)} = \frac{y(d)-y(c)}{d-c} = \frac{y(c)-y(d)}{c-d}$$

예제

기울기의 식을 사용하여 $x = 3\sim6$ 사이에서 다음 1차함수의 기울기를 구하라.

① $y = \frac{3}{2}x-3$　　② $y = -3x+5$

풀이

① $\frac{y(6)-y(3)}{6-3} = \frac{6-1.5}{3} = 1.5 = \frac{3}{2}$

② $\frac{y(6)-y(3)}{6-3} = \frac{-13-(-4)}{3} = -3$

예제

기울기가 2, 0.5, -0.5, -2, y절편이 2, -2인 1차함수의 그래프를 그려보아라.

풀이

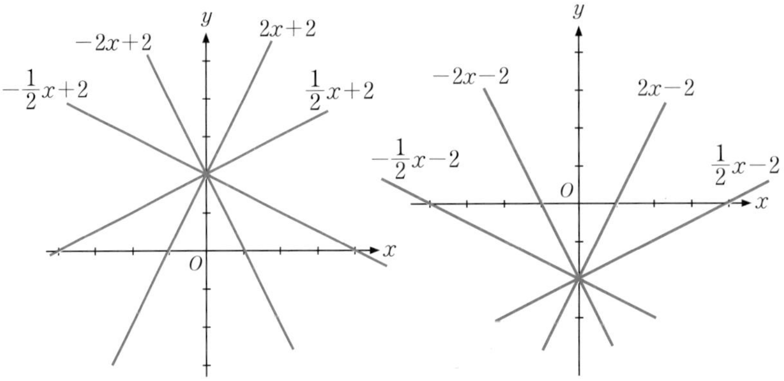

참고 위 그림에서 보듯 **기울기의 절대값이 커질수록 y축, 작아질수록 x에 가까운 그래프**가 된다. 그리고 y절편에 따라 그래프는 위아래로 이동한다.

2 : 직선의 결정

어떤 평면이 있으면 별다른 조건이 없는 한 그 위에 무수히 많은 직선을 그을 수 있다. 그런데 어떤 특별한 조건을 정하면 그을 수 있는 직선이 오직 하나만 존재하는 경우가 생긴다. 예를 들어 "평면 위의 한 점을 지나는 직선을 그려라"고 하면 무수히 많은 직선을 그을 수 있지만, "평면 위의 두 점을 지나는 직선을 그려라"고 하면 오직 하나밖에 그을 수 없다. 이처럼 **직선이 하나만 나오도록 조건을 정하는 것**을 가리켜 **직선의 결정**이라고 부른다.

그런데 직선, 곧 1차함수의 일반형은 $y=ax+b$이다. 그리고 여기에서 a와 b라는 2개의 상수, 곧 기울기와 y절편이 주어질 때도 하나의 직선이 결정됨을 알 수 있다. 예를 들어 $y=2x+b$라고 하면 a는 $a=2$로 정해졌지만 b가 정해지지 않았기 때문에 (y축을 따라 b만큼 평행이동된) 무수히 많은 직선을 그리는 것이 가능하다. 그러나 $b=100$으로 b마저 정해버리면 $y=2x+100$이라는 단 하나의 직선만 그려진다.

이상에서 보듯 **직선 하나를 결정하려면 적어도 두 가지의 정보가 필요**하다. **1차함수의 경우 이 두 가지의 정보는 다음과 같은 네 가지의 형태로 제시**되는데, **궁극적으로 이 네 가지는 모두 동등**하다는 점을 이해하는 것도중요하다.

㉮ 기울기와 y절편이 주어질 때

이는 가장 간단한 경우로서 1차함수의 일반형이 바로 이 경우에 대한 식이다.

기울기가 a이고 y절편이 b인 직선 : $y = ax+b$

예 기울기가 -3, y절편이 -5인 직선의 식은 $y = -3x-5$이다.

㉯ 기울기와 한 점이 주어질 때

y절편도 하나의 점이므로 이 경우는 ㉮의 경우와 내용적으로 동등하다. 다만 여기서는 보다 일반적인 '한 점'을 두고 이야기하며, 그 좌표를 (x_1, y_1)이라 쓰기로 한다. 그리고 기울기를 c라고 하면 이 경우는 기울기가 c이면서 (x_1, y_1)을 지나는 직선이므로 $y=cx$이라는 그래프가 (x_1, y_1)를 지나도록 평행이동하면 되며, 따라서 아래와 같은 식으로 구해진다.

기울기가 c이고 (x_1, y_1)을 지나는 직선 : $y-y_1 = c(x-x_1)$

또는 다른 방법으로 1차함수의 일반형인 $y = ax+b$에 기울기로는 c를 넣은 후 x와 y에 각각 x_1과 y_1을 대입해서 b를 구해도 된다.

예 기울기가 -3이고 $(3, 4)$를 지나는 직선의 식을 첫째 방법으로 구하면 다음과 같다.

$$y-4 = -3(x-3), \quad \therefore\ y = -3x+13$$

그리고 둘째 방법으로 구하면 다음과 같다.

$y = ax+b$ → 기울기가 -3이므로 $y = -3x+b$

$y = -3x+b$에 $(3, 4)$를 대입하고 b를 구하여 정리한다.

$4 = (-3)\cdot 3+b,\ b=13,\ \therefore y = -3x+13$

㉰ 두 점이 주어질 때

두 점 (x_1, y_1), (x_2, y_2)을 지나는 직선의 기울기는 $\dfrac{y_1-y_2}{x_1-x_2}$ 또는 $\dfrac{y_2-y_1}{x_2-x_1}$이다. 그러면 이 경우는 내용상 ㉯와 같은 경우가 되어버리므로, 기울기로는 $\dfrac{y_1-y_2}{x_1-x_2}$ 또는 $\dfrac{y_2-y_1}{x_2-x_1}$, 한 점으로는 (x_1, y_1) 또는 (x_2, y_2)을 대입해서 구하면 된다. 이 가운데 예를 들어 기울기 $\dfrac{y_2-y_1}{x_2-x_1}$과 한 점 (x_1, y_1)을 택하면 구하는 직선의 식은 다음과 같다.

두 점 (x_1, y_1)과 (x_2, y_2)를 지나는 직선 : $y-y_1 = \dfrac{y_2-y_1}{x_2-x_1}(x-x_1)$

또는 다른 방법으로 1차함수의 일반형인 $y = ax+b$에 (x_1, y_1), (x_2, y_2)을 대입해서 a와 b에 대한 연립방정식을 얻고, 이를 풀어서 a와 b를 구해도 된다.

예 두 점 $(1, 2)$와 $(-3, -4)$를 지나는 직선의 식을 첫째 방법으로 구하면 다음과 같다.

$$y-2 = \frac{-4-2}{-3-1}(x-1), \quad \therefore y = \frac{3}{2}x+\frac{1}{2}$$

그리고 둘째 방법으로 구하면 다음과 같다.

$y = ax+b$에 $(1, 2)$와 $(-3, -4)$를 대입해서 a와 b에 대한 연립방정식을 얻는다.

$$\begin{cases} 2 = a \cdot 1 + b \\ -4 = a \cdot (-3) + b \end{cases}$$

이것을 풀면 $a = -\frac{3}{2}$, $b = \frac{1}{2}$ 이다. 따라서 $y = \frac{3}{2}x + \frac{1}{2}$

㉣ x절편과 y절편이 주어질 때

절편은 곧 점을 말하므로 이는 내용상 ㉢와 동등하다. x와 y절편을 각각 c와 d라고 하면 이를 지나는 직선은 $(c, 0)$과 $(0, d)$를 지나는 직선이므로 ㉢의 결과를 $(c, 0)$에 적용하면

$$y - 0 = \frac{d-0}{0-c}(x-c)$$

가 되고, 이를 정리하면 다음의 식이 나온다.

x와 y절편이 c와 d인 직선 : $y = -\frac{d}{c}+d$ 또는 $\frac{x}{c}+\frac{y}{d} = 1$

또는 다른 방법으로 1차함수의 일반형인 $y = ax+b$에 $(c, 0)$, $(0, d)$를 대입해서 a와 b에 대한 연립방정식을 얻고, 이를 풀어서 a와 b를 구해도 된다.

예 x와 y절편이 각각 5와 6인 직선의 식을 첫째 방법으로 구하면 다음과 같다.

$$y = -\frac{6}{5}x+6$$

그리고 둘째 방법으로 구하면 다음과 같다.

$y = ax+b$에 $(5, 0)$과 $(0, 6)$을 대입해서 a와 b에 대한 연립방정식을 얻는다.

$$\begin{cases} 0 = a \cdot 5 + b \\ 6 = a \cdot 0 + b \end{cases}$$

이것을 풀면 $a = -\frac{6}{5}$, $b = 6$이다. 따라서 $a = -\frac{6}{5}x+6$

3 ⋮ 1차함수의 응용

1차함수와 미지수가 2개인 1차방정식

예를 들어 $x+y=1$이라는 방정식을 보자. 여기에는 미지수가 2개 있지만 모두 1차이므로 어쨌든 1차방정식이다. 그런데 이것을 $y=-x+1$로 바꿔 쓰면 1차함수의 식이 된다. 곧 $y=-x+1$라는 1차함수의 그래프 위에 있는 모든 점의 좌표는 $x+y=1$이라는 방정식을 만족시킨다. 따라서 이 방정식의 해는 $(-2, 3)$, $(-1, 2)$, $(0, 1)$, $(1, 0)$, $(2, -1)$, …으로 무수히 많이 존재한다.

이 내용을 확장해서 미지수가 2개인 1차방정식의 일반형을 쓰면 다음과 같다.

$$ax+by+c=0 \quad (a \neq 0,\ b \neq 0) \quad —❶$$

그리고 이것은 이를 바꾸어 쓴 다음의 1차함수와 동등하다.

$$y=-\frac{a}{b}x-\frac{c}{b} \quad (a \neq 0,\ b \neq 0) \quad —❷$$

이상의 내용은 **'1차방정식'과 '1차함수'와 '직선'이 겉보기로는 다르지만 본질적으로는 동등한 표현**임을 뜻하며, 이로부터 우리는 대수와 기하 사이에 매우 긴밀한 관계가 있음을 직감할 수 있다. 그리하여 실제로 ❶의 식을 **'직선의 방정식'**이라고 불러 ❷와 똑같은 것으로 취급한다. 이른바 **해석기하학**(解析幾何學, analytic geometry)이라는 분야가 여러 가지 방정식들에 대한 이런 관계들을 본격적으로 다루는데, 곧 이어 배울 '연립방정식과 1차함수'는 그 가장 기본적인 예에 속한다.

연립방정식과 1차함수

225쪽에서 연립방정식을 다룰 때 미지수가 2개이면 식도 2개여야 특정의 해를 얻을 수 있다고 배웠다. 바꿔 말하면 연립방정식은 직선의 식 2개가 있으면 풀릴 수 있다는 뜻이며, 다음에서는 이에 대하여 더 자세히 알아보기로 한다.

2원1차연립방정식, 곧 우리가 통상 그냥 '연립방정식'이라고 부르는 것을 가장 일반적 형태로 쓰면 다음과 같다.

$$\begin{cases} ax+by+c = 0 & \text{—❶} \\ a'x+b'y+c' = 0 & \text{—❷} \end{cases}$$

❶과 ❷는 각각 직선의 식을 나타내고 그 위에 있는 점들은 '**❶ or ❷**'를 충족한다. 그런데 두 직선이 서로 만나는 **교점**(交點, intersection point)의 좌표는 '**❶ and ❷**'를 충족한다. 다시 말해서 **교점의 좌표가 연립방정식의 해**이다.

예 연립방정식 $\begin{cases} x-y-1 = 0 \\ 2x+y-5 = 0 \end{cases}$의 해는 $\begin{cases} x=2 \\ y=1 \end{cases}$인데, 이는 아래와 같은 두 그래프의 교점 $(2, 1)$의 x와 y좌표값에 해당한다.

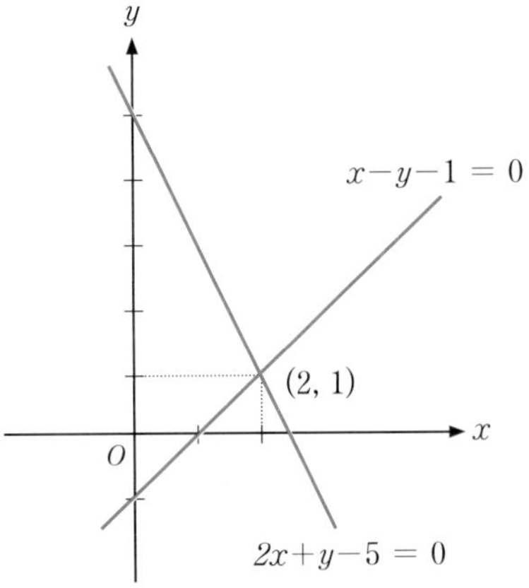

참고 통상적으로 연립방정식을 풀 때 그래프를 그리고 교점을 찾아서 해를 구하지는 않으며, 오히려 연립방정식을 풀어서 두 그래프의 교점을 구한다. 따라서 원칙적으로 연립방정식의 해만 구하고자 한다면 굳이 그래프와의 관계를 배울 필요는 없다. 연립방정식과 1차함수의 관계를 배우는 것은 이를 통해 이 두 주제에 대한 이해를 더욱 깊이하고, 나중에 보다 높은 차원의 문제를 풀 때 응용하기 위함이다.

연립방정식의 해와 두 직선의 배치와의 관계

앞에서 연립방정식의 두 식과 두 직선이 본질적으로 동등함을 보았다. 그런데 그래프는 우리의 오감(五感 : 시, 청, 미, 후, 촉각) 가운데 가장 정밀하고도 강한 인상을 심어주는 시각에 호소하므로 이를 통하여 연립방정식을 살펴보면 아래와 같은 중요한 관계를 아주 쉽게 이해할 수 있다.

두 직선이 평면 위에 배치될 때는 세 가지 경우가 나온다. 첫째는 두 직선이 만나는(교차) 경우, 둘째는 나란한(평행) 경우, 셋째는 겹치는(일치) 경우이다. 그리고 이를 연립방정식의 입장에서 말하면, 첫째는 해가 유일한 경우, 둘째는 해가 없는 경우, 셋째는 해가 무수히 많은 경우이다. 이를 각각 **'통상형**◇**'**, **'불능형'**, **'부정형'**이라 부르고 그래프로 살펴보면 다음과 같다.

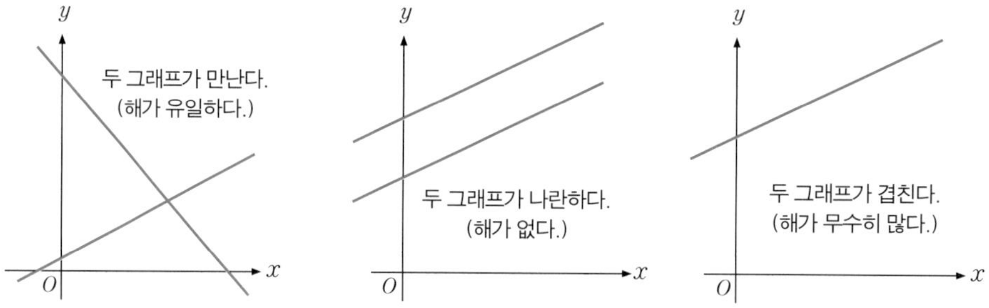

통상형　　　불능형　　　부정형

한편 문제의 연립방정식을

$$\begin{cases} ax+by+c=0 \\ a'x+b'y+c'=0 \end{cases}$$

로 놓고 위 세 가지 경우를 기하적 풀이를 토대로 대수적으로 살펴보면 다음과 같다.

1 · 통상형 : 두 직선이 한 점에서 만나므로 단 한 쌍의 해가 존재한다.

→ 두 직선의 기울기가 다르다.

→ 1차항 계수의 비율이 다르다.

$\rightarrow \frac{a}{a'} \neq \frac{b}{b'}$

2. 불능형 : 두 직선이 나란하므로 교점이 없어서 해가 존재하지 않는다.

$\rightarrow$ 두 직선의 기울기는 같으나 절편이 다르다.

$\rightarrow$ 1차항 계수의 비율은 같으나 상수항의 비율은 다르다.

$\rightarrow \frac{a}{a'} = \frac{b}{b'} \neq \frac{c}{c'}$

3. 부정형 : 두 직선이 겹치므로 교점이 무수히 많아서 해도 무수히 많다.

$\rightarrow$ 두 직선의 기울기도 같고 절편도 같다.

$\rightarrow$ 두 직선의 방정식이 일치한다.

$\rightarrow$ 1차항 계수와 상수항의 비율이 모두 같다.

$\rightarrow \frac{a}{a'} = \frac{b}{b'} = \frac{c}{c'}$

두 직선이 일치한다고 직선의 방정식도 정확히 일치한다는 뜻은 아니라는 점에 유의해야 한다. 예를 들어 '㉮ $x+y+2=0$'과 '㉯ $2x+2y+4=0$'을 비교해보면 방정식 자체는 다르지만 ㉯의 양변을 2로 나누면 ㉮와 같아지므로 같은 직선을 나타낸다. 요컨대 두 직선이 같을 경우 각 계수와 상수들끼리의 '비율'만 같으면 될 뿐 '자체'도 같을 필요는 없다.

참고로 208쪽에서 배웠던 1차방정식에 대해서도 그 통상형과 불능형과 부정형을 다음과 같이 기하 및 대수적으로 이해할 수 있다.

1. 통상형 : $ax=b \ (a \neq 0)$

좌변을 $y=ax$, 우변을 $y=b$라는 그래프로 이해하면 이 두 그래프는 $x=\frac{b}{a}$에서 만나고 따라서 해는 $x=\frac{b}{a}$이다.

곧 이는 $\begin{cases} y=ax \\ y=b \end{cases}$ 라는 연립방정식과 같고 그 해는 $\begin{cases} x=b/a \\ y=b \end{cases}$ 이다.

2 · 불능형 : $0x=b$ (b≠0)

좌변을 $y=0x=0$, 우변을 $y=b$라는 그래프로 이해하면 이 두 그래프는 모두 수평선이어서 서로 만나지 않으므로 해가 없다.

곧 이는 $\begin{cases} y=0 \\ y=b \end{cases}$ 라는 연립방정식과 같고 그 해는 없다.

3 · 부정형 : $0x=0$

좌변을 $y=0x=0$, 우변을 $y=0$이란 그래프로 이해하면 이 두 그래프는 서로 겹치므로 교차점이 무수히 많고 따라서 해도 무수히 많다.

곧 이는 $\begin{cases} y=0 \\ y=0 \end{cases}$ 이란 연립방정식과 같고 그 해는 $\begin{cases} x=\text{모든 수} \\ y=0 \end{cases}$ 이다.

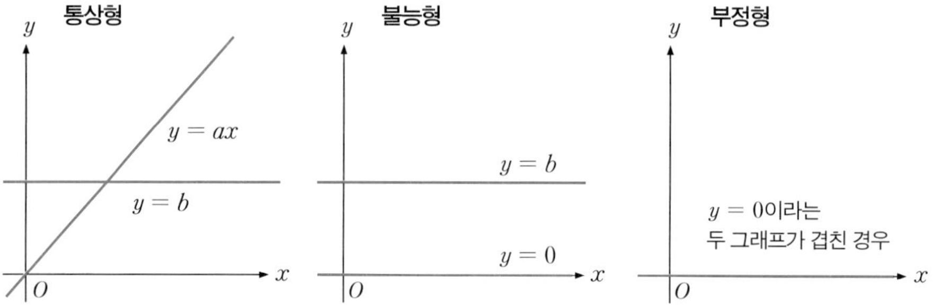

예제

연립방정식 $\begin{cases} kx+3y+7=0 \\ 5x+5y+6=0 \end{cases}$의 해가 없다면 k는 얼마인가?

풀이 연립방정식의 해가 없다는 것은 각 식이 나타내는 직선이 서로 나란하다는 뜻이다. 따라서 두 직선의 기울기가 같아야 하고, 그러려면 두 식의 1차항의 계수의 비율이 같아야 한다.

$$\frac{k}{5}=\frac{3}{5}, \quad \therefore k=3$$

예제

$\begin{cases} 2x+3y+a=0 \\ 4bx+5y+6=0 \end{cases}$ 으로 주어지는 두 직선의 교점이 무수히 많다면 ab의 값은 얼마인가?

풀이

교점이 무수히 많다는 것은 두 직선이 겹친다는 뜻이다. 이때는 기울기와 접선이 모두 같아야 하며, 따라서 각 계수와 상수들끼리의 비율이 모두 같아야 한다. 따라서

$$\frac{2}{4b}=\frac{3}{5}=\frac{a}{6}$$

가 성립한다. 이 식은 a와 b에 관한 연립방정식이므로 이를 풀어 a와 b를 구한 후 곱해도 된다. 그러나 이 문제의 경우 위 식의 첫째와 마지막 변을 이용하면 아래처럼 원하는 답을 바로 구할 수 있다.

$$\frac{2}{4b}=\frac{a}{6},\ 4ab=12,\ \ \therefore ab=3$$

1차함수의 응용

앞에서 1차함수를 1차방정식과 연립방정식에 응용해보았다. 그런데 1차함수는 이와 같은 이론적 응용을 토대로 실생활에도 널리 응용된다. 여기서는 이와 같은 사례를 몇 가지 살펴보기로 한다.

예제

철수와 영희가 자전거를 타는데 분속이 각각 200m와 150m라고 한다. 영희가 철수보다 400m 앞선 곳에서 출발했다면 철수가 앞지를 때까지 몇 분이나 걸릴까?

풀이 철수의 출발점을 기준점으로 삼고, 분 단위의 시간을 x, 거리를 y로 놓으면, 철수가 가는 거리는 $y=200x$, 영희가 가는 거리는 $y=150x+400$라는 1차함수로 나타내진다. 그리고 철수가 앞지르는 순간까지 걸린 시간은 이 두 함수의 그래프가 서로 만나는 점의 x좌표이다. 따라서 1차함수를 그대로 응용한다면 원칙적으로는 그래프를 그리고 교점의 좌표를 찾아야 한다. 하지만 이런 절차는 번거로우므로 실제로 문제를 풀 때는 아래와 같이 대수적 방법으로 해결한다.
철수가 앞지를 때까지 두 사람이 가는 거리는 같으므로

$$150x+400=200x$$

가 성립하며, $x=8$이므로 철수가 앞지를 때까지 8분이 걸린다.

예제

영국 그리니치(Greenwich) 지역을 통과하는 본초자오선(本初子午線, prime meridian), 곧 경도 0°의 자오선을 중심으로 서울은 동경 126°이고 뉴욕은 서경 74°이다. 비행기가 시간당 경도로 10°를 지난다고 할 때 서울에서 뉴욕까지 가려면 적어도 얼마의 시간이 걸릴까? 단 문제의 편의상 서울과 뉴욕의 위도는 같다고 가정한다.

풀이 시간을 x라 하고 경도를 단위로 한 거리를 y라고 하면 비행기의 비행거리와 비행시간 사이에는 $y=10x$라는 1차함수 관계가 성립한다. 한편 서울에서 뉴욕까지 가려면 지구가 둥글기 때문에 서쪽으로 돌아갈 수도 있고, 동쪽으로 돌아갈 수도 있다. 그런데 서쪽으로 돌아가면 거쳐야 할 경도가 모두 $126^{\circ}+74^{\circ} = 200^{\circ}$임에 비하여 동쪽으로 돌아가면 $360^{\circ}-200^{\circ} = 160^{\circ}$이다. 여기 문제는 최단시간을 요구하므로

$$160 = 10x$$

를 풀면 $x=16$이다. 따라서 적어도 16시간이 걸린다.

참고 실제로 현재 주요 항공사를 이용할 경우 서울에서 뉴욕으로 갈 때는 약 14시간, 뉴욕에서 서울로 올 때는 약 16시간이 걸린다. 이처럼 같은 곳을 오가는 비행 시간이 다른 이유는 지구의 자전과 관련하여 대류권 상부에 생기는 제트류(jet stream)의 영향 때문이다. 이에 대한 자세한 내용은 과학 시간에 배운다

예제

소리는 공기의 진동을 통해서 전달된다. 그런데 음속은 기온이 0℃일 때 331m/s이고 기온이 1℃ 오를 때마다 0.6m/s씩 증가한다. 음속이 340m/s일 때의 기온은 얼마인가?

풀이 기온과 음속을 각각 x와 y라고 하면 $y = 0.6x+331$이라는 1차함수 관계가 성립한다. 따라서 음속이 340m/s일 때의 기온은 아래와 같이 구해진다.

$$340 = 0.6x+331, \quad \therefore x = 15\ (℃)$$

예제

기온은 높이 올라갈수록 대략 100m마다 0.6℃의 비율로 떨어진다. 세계에서 가장 높은 에베레스트산은 높이가 해발 8848m인데, 그 아래 해발 1500m인 산자락의 기온이 20℃라고 할 때 에베레스트산 정상의 기온은 얼마일까?

풀이 해수면에서의 기온을 b℃라 하고 해수면을 높이의 기준으로 할 때 높이 xm에 따른 기온 y℃는

$$y = -0.006x+b$$

로 주어진다. 그런데 해발 1500m 지점의 기온이 20℃이므로

$$20 = -0.006\times1500+b$$

로부터 $b=29$가 나온다. 그리고 에베레스트산 정상의 기온은

$$y = -0.006\times8848+29$$

로부터 −24.088℃가 얻어진다. 한편 100m마다 0.6℃씩 떨어진다는 비율이 아주 정확한 것도 아니며, 에베레스트산의 높이를 8848m로 쓴 문제의 뜻으로 볼 때 기온은 1의 자리까지 쓰는 게 바람직하다. 따라서 답은 '약 영하 24℃' 정도로 하면 된다.

3 2차함수

1 : 2차함수의 의의

2차함수의 의의

2차함수는 함수의 일반식 $y=f(x)$에서의 $f(x)$가 2차식인 함수를 말하며, 간단히 **함수의 형태가 2차식인 함수**라고도 말할 수 있다. 그런데 2차식의 일반형은 ax^2+bx+c이다. 따라서 2차함수의 일반형(general form)은 다음과 같은 식으로 주어진다.

2차함수의 일반형 : $y = ax^2+bx+c$ (a, b, c는 상수, $a \neq 0$)

여기서 $a \neq 0$이라는 조건은 만일 $a=0$일 경우 위의 식은 $y = bx+c$가 되어 '2차'라고 부를 수 없게 되기 때문에 붙여졌다. 정의역과 공역은 이에 대하여 특별한 언급이 없는 한 대개 실수 전체의 집합으로 본다.

2차함수의 경우 말로 표현할 때는 대개 "y는 x의 제곱 또는 2차에 비례한다"라고 하는데, 이런 뜻에서 a를 (1차함수나 반비례 때와 마찬가지로)비례상수라고 말할 수 있다. 그런데 2차함수의 일반형 $y = ax^2+bx+c$에는 ax^2이라는 2차항뿐 아니라 bx라는 1차항도 있으므로 b도 '2차함수 안의 1차항의 비례상수'라고 생각할 수도 있다. 그러나 나중에 알게 되지만 2차함수에서 중요한 것은 2차항이며, 1차항과 상수항은 그래프의 평행이동에만 영향을 줄 따름이다. 따라서 2차함수의 비례상수로는 2차항의 계수만 고려하면 된다.

2차함수의 예

2차함수의 가장 간단한 예는 정사각형과 원의 넓이를 들 수 있다. 곧 정사각형 한 변의 길이를 x, 넓이를 y라고 하면 $y = x^2$의 관계가 있고, 원의 반지름을 x, 넓이를 y라고 하면 $y = \pi x^2$의 관계가 있다.

일상생활과 밀접한 2차함수의 예는 전열기에서 발생하는 열량과 전류와의 관계가 있다. 전열기는 대개 니크롬선(nichrome 線)을 쓰는데, 그 저항값을 r, 거기에 흐르는 전류의 세기를 x, 이로부터 발생하는 열량을 y라고 하면

$$y = rx^2$$

의 관계가 있다.

한편 **역사적으로 가장 유명한 2차함수의 예는 갈릴레오가 발견한 낙하법칙**이라 할 것이다. 갈릴레오는 물체의 운동에 관한 연구에서 선구자적 역할을 했으며, 이를 통하여 물체를 떨어뜨릴 때 초 단위의 시간을 x, 낙하한 거리를 ym라고 하면 이 두 변수 사이에는 대략

$$y = 5x^2 \quad \text{—❶}$$

의 관계가 있음을 밝혀냈다. 이에 따르면 물체가 낙하할 때는 시간이 흐를수록 점점 더 빨라진다. 그리하여 1초가 지날 때는 낙하거리가 약 5m이지만 2초가 지날 때는 20m 정도가 된다.

위 ❶식으로 주어지는 낙하법칙은 물체를 수직으로 떨어뜨렸을 때 적용된다. 그런

미국 세인트루이스(Saint Louis)에 있는 게이트웨이 아치(Gateway Arch)는 높이가 약 190m에 이르는 스테인리스스틸(stainless steel) 구조물인데 독특한 포물선 형상으로 유명하다.

데 야구공을 비스듬한 각도로 높이 던졌을 때 보이는 부드러운 곡선도 2차함수의 예이며 그 모습은

$$y = ax^2 + bx + c \quad —❷$$

라는 2차함수의 일반형으로 나타낼 수 있다. 이 곡선은 '물체를 던졌을 때 나오는 곡선'이란 뜻에서 **포물선**(抛物線, parabola)이라고 부르는데, 곧이어 2차함수의 그래프를 배우면 ❷식과 그 모습의 관계를 정확히 이해할 수 있게 된다.

2 ⋮ 2차함수의 그래프

2차함수는 궁극적으로 모두 $y = ax^2 + bx + c$로 표현되지만 이 식을 이용해서 곧바로 그래프를 그리기는 조금 까다롭다. 이 어려움은 2차함수의 그래프를 다음과 같은

순서를 통해 살펴봄으로써 해소할 수 있다.

① $y = ax^2$

② $y = ax^2+q$

③ $y = a(x-p)^2$

④ $y = a(x-p)^2+q$

⑤ $y = ax^2+bx+c$

$y = ax^2$의 그래프

먼저 가장 기본적인 $y=x^2$과 $y=-x^2$의 그래프를 보자. 이것도 표를 이용해서 그리면 되겠지만 이제 표는 생략하고 바로 그래프를 소개한다.

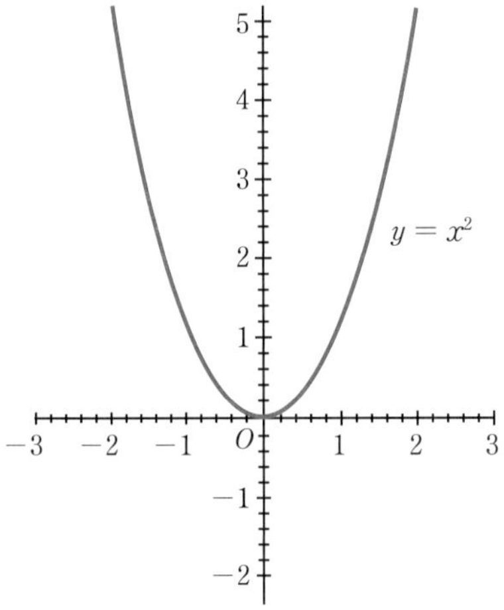

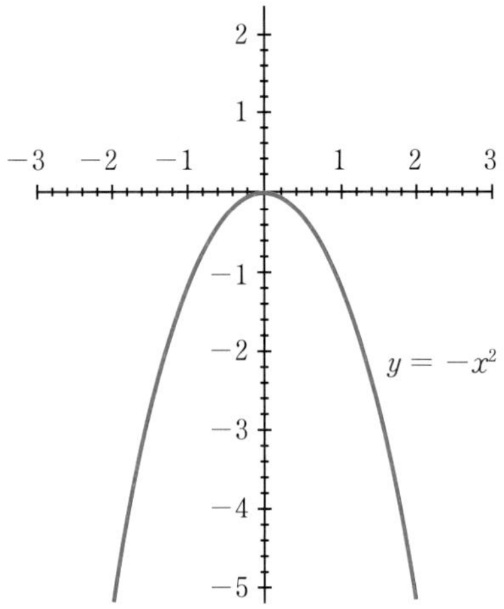

위 그래프에 나타난 2차함수의 특징을 요약하면 다음과 같다.

- 1차함수는 직선이고 반비례 관계는 쌍곡선이지만, 2차함수는 포물선이라는 곡선이다.

- $y=x^2$은 오목한(또는 아래로 볼록한) 포물선이고, $y=-x^2$은 볼록한(또는 위로 오목한) 포물선이다.
- 포물선은 좌우대칭의 모습을 띤다. $y=x^2$과 $y=-x^2$의 경우 y축이 그 대칭축이다.
- 포물선의 **축**(axis)과 **꼭지점**(vertex) : 포물선의 대칭축을 포물선의 '축', 포물선과 축과의 교점을 포물선의 '꼭지점'이라고 부른다.
- $y=x^2$의 경우 x값이 x축을 따라 증가할 때, $x<0$의 범위에서는 y값이 감소하고, $x>0$의 범위에서는 y값이 증가한다. $y=-x^2$의 경우 x값이 x축을 따라 증가할 때, $x<0$의 범위에서는 y값이 증가하고, $x>0$의 범위에서는 y값이 감소한다.
- $y=x^2$의 경우 모든 함수값이 $y \geqq 0$이므로 그래프는 원점을 포함하여 항상 x축보다 위쪽에 그려지며, $y=-x^2$의 경우 모든 함수값이 $y \leqq 0$이므로 원점을 포함하여 항상 x축보다 아래쪽에 그려진다.
- $y=x^2$은 $-1 \leqq x \leqq 1$에서는 $|y| \leqq |x|$이지만, 다른 곳에서는 항상 $|y|>|x|$이다. 반대로 $y=-x^2$은 $-1 \leqq x \leqq 1$에서는 $|y| \geqq |x|$이지만, 다른 곳에서는 항상 $|y|<|x|$이다.

다음으로 $y=ax^2$의 그래프가 a의 값에 따라 어떻게 변하는지 알아보자.

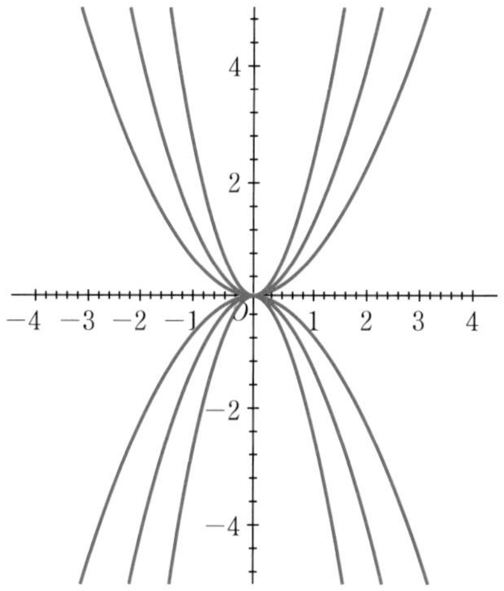

원점을 포함한 x축 위쪽에서는 폭이 좁은 것부터 넓은 것의 순서로 $y=2x^2$, $y=x^2$, $y=\frac{1}{2}x^2$ 이며, 원점을 포함한 x축 아래쪽에서는 폭이 좁은 것부터 넓은 것의 순서로 $y=-2x^2$, $y=-x^2$, $y=-\frac{1}{2}x^2$ 이다. 여기에서 보듯, $a>0$이면 오목한(또는 아래로 볼록한) 포물선이고, $a<0$이면 볼록한(또는 위로 오목한) 포물선이며, a의 절댓값이 클수록 포물선의 폭이 좁아짐을 알 수 있다.

예제

2차함수 $y=ax^2$의 그래프가 $(2,-16)$과 $(3,b)$를 지난다. $a-b$의 값을 구하라.

풀이 $y=ax^2$에 $(2,-16)$를 대입하고 풀면 $a=-4$가 나온다. 다음으로 $y=-4x^2$에 $(3,b)$를 대입하고 풀면 $b=-36$이 나온다. 따라서 $a-b=-4-(-36)=32$이다.

$y=ax^2+q$의 그래프

$y=ax^2+q$의 그래프는 $y=ax^2$의 그래프를 y축을 따라 q만큼 이동시킨 것임을 바로 알 수 있다. 이는 $y=ax^2+q$와 $y=ax^2$의 y값이 항상 q만큼 차이가 난다는 점으로부터 쉽게 이해된다.

$$y=f(x) \xrightarrow{x\text{축과 }y\text{축을 따라 }p\text{와 }q\text{씩 평행이동}} (y-q)=f(x-p)$$

곧 $y=ax^2+q$를 $(y-q)=ax^2$로 놓고 보면 이는 $y=ax^2$의 그래프를 x축을 따라 0, y축을 따라 q만큼 이동한 식이다.

다음 그림은 a와 q의 값에 따른 $y=ax^2+q$의 그래프들인데, 이들 모두 축의 좌표는 $x=0$(y축)이며 꼭지점의 좌표는 $(0,q)$이다.

$(a>0,\ q>0)$

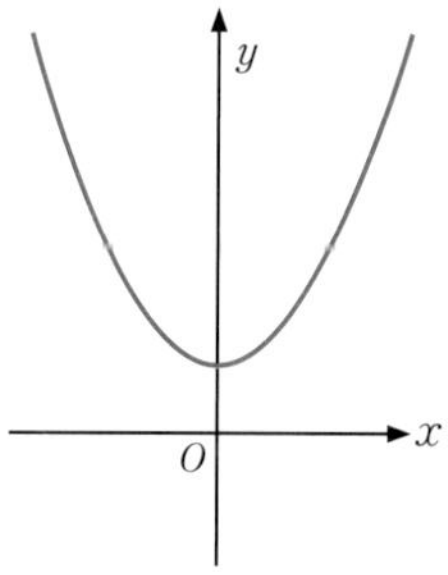

$(a>0,\ q<0)$

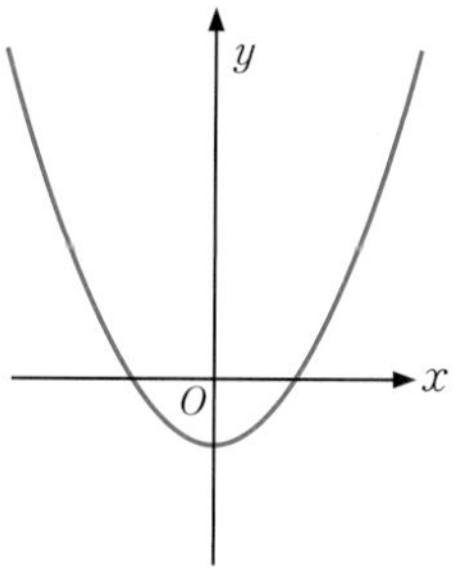

$(a<0,\ q>0)$

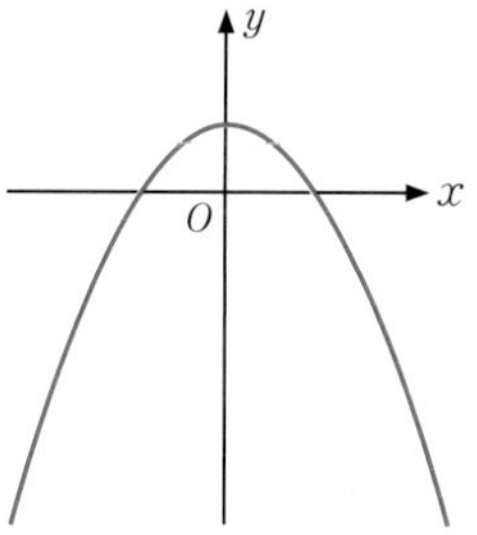

$(a<0,\ q<0)$

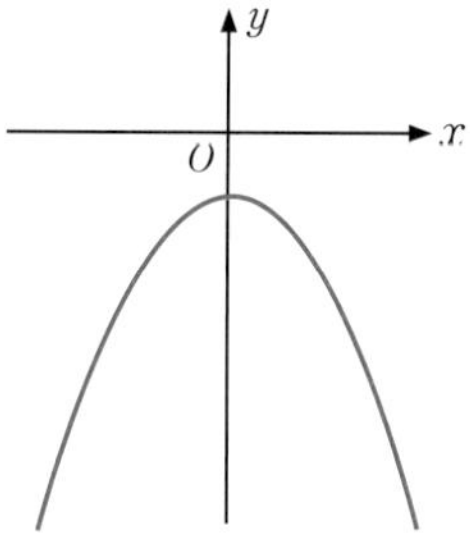

예제

꼭지점의 좌표가 $(0, 9)$이고 $(3, -18)$을 지나는 포물선의 식을 구하라.

풀이 꼭지점의 좌표가 $(0, 9)$이므로 이 포물선의 식은 $y = ax^2+9$로 주어진다. 여기에 $(3, -18)$을 대입하면 $-18 = a\cdot 3^2+9$이므로 $a=-3$이다. 그러므로 구하는 포물선의 식은 $y = -3x^2+9$이다.

$y = a(x-p)^2$의 그래프

$y=a(x-p)^2$의 그래프는 함수의 평행이동에 관한 다음의 일반식에 비춰볼 때 $y=ax^2$의 그래프를 x축 방향으로 p만큼 이동시킨 것임을 알 수 있다. 따라서 축은

$x=p$인 직선이며, 꼭지점의 좌표는 $(p, 0)$이다.

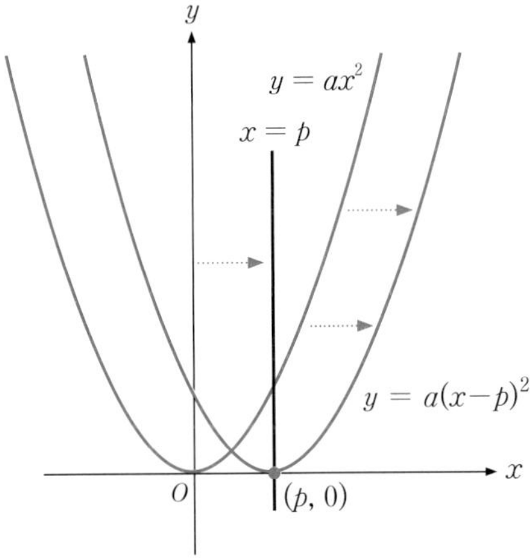

예제

다음 함수의 축의 방정식과 꼭지점의 좌표를 말하라.

① $y = -5\left(x-\frac{1}{2}\right)^2$ ② $y = 3.5(x+2.7)^2$

풀이

$y = a(x-p)^2$의 그래프에서 축의 방정식은 $x=p$이고 꼭지점의 좌표는 $(p, 0)$이다.

① 축의 방정식은 $x=\frac{1}{2}$이고 꼭지점의 좌표는 $\left(\frac{1}{2}, 0\right)$이다.
② 축의 방정식은 $x=-2.7$이고 꼭지점의 좌표는 $(-2.7, 0)$이다.

$y = a(x-p)^2+q$의 그래프

$y = a(x-p)^2+q$의 그래프는 앞에서 배웠던 내용을 그대로 적용하면 바로 이해할 수 있다. 곧 이 그래프는 $y=ax$의 그래프를 x축 방향으로 p, y축 방향으로 q만큼 평행이동한 것이며, 따라서 축의 방정식은 $x=p$이며, 꼭지점의 좌표는 (p, q)이다.

$y=ax^2+bx+c$을 2차함수의 일반형이라고 부름에 비하여 $y=a(x-p)^2+q$는 특히 2차함수의 **표준형**(standard form)이라고 부른다.

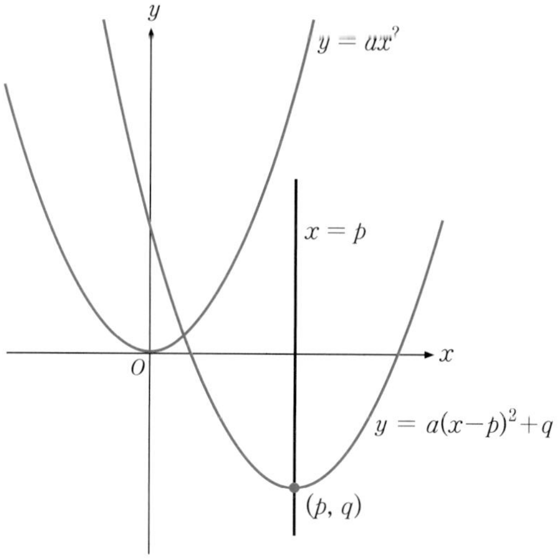

예제

$y=2(x-2)^2-3$의 그래프를 x축으로 p, y축으로 q만큼 평행이동했더니 $y=2(x+4)^2-9$ 의 그래프가 되었다. $p-q$의 값을 구하라.

풀이 $y=2(x-2)^2-3$의 그래프를 x축을 따라 p, y축을 따라 q만큼 평행이동한 것을 식으로 쓰면

$$(y-q)=2\{(x-p)-2\}^2-3$$

이며, 이를 정리하면

$$y=2(x-p-2)^2-3+q$$

가 된다. 그런데 이것이 바로 $y=2(x+4)^2-9$이므로

$$-p-2 = 4,\ -3+q = -9$$

이다. 이로부터 $p = -6$, $q = -6$이므로 $p-q = -6-(-6) = 0$이다.

$y = ax^2+bx+c$의 그래프

지금까지 2차함수의 그래프에 대하여 가장 간단한 $y = x^2$부터 시작하여 $y = a(x-p)^2+q$라는 표준형까지 배웠다. 이로부터 생각해보면 $y = ax^2+bx+c$라는 일반형의 그래프는 이것을 표준형으로 고치면 쉽게 그릴 수 있음을 알 수 있는데, 이는 다음과 같이 해결된다.

$$y = ax^2+bx+c = a\left(x+\frac{b}{2a}\right)^2-\frac{b^2-4ac}{4a}$$

곧 $y = ax^2+bx+c$의 그래프는 축의 방정식이 $x = -\frac{b}{2a}$이고 꼭지점의 좌표가 $\left(-\frac{b}{2a}, -\frac{b^2-4ac}{4a}\right)$인 포물선이다. 한 가지 특기할 것은 위 식의 변형 과정은 231쪽에서 2차방정식의 근의 공식을 유도할 때의 과정 및 235쪽에서 배운 2차방정식의 3대 해법 가운데 하나인 완전제곱법에 사용된 과정과도 같다는 점이다. 이런 점에서 2차함수의 표준형은 **'완전제곱형◇'**이라고 새겨도 좋을 것으로 여겨진다.

예제

다음 2차함수 그래프의 꼭지점의 좌표와 축의 방정식을 구하라.

① $y = -3x^2+3x-5$ ② $y = \frac{1}{3}x^2+3x$

풀이 표준형으로 고쳐서 구한다.

$$① \ y = -3x^2+3x-5 = -3\left(x-\frac{3}{6}\right)^2-\frac{3^2-4\cdot(-3)(-5)}{4\cdot(-3)}$$

$$= -3\left(x-\frac{1}{2}\right)^2-\frac{51}{12} = -3\left(x-\frac{1}{2}\right)^2-\frac{17}{4}$$

따라서 꼭지점의 좌표는 $\left(\frac{1}{2}, -\frac{17}{4}\right)$, 축의 방정식은 $x=\frac{1}{2}$이다.

② $y = \frac{1}{3}x^2+3x = \frac{1}{3}\left(x+\frac{9}{2}\right)^2-\frac{27}{4}$

따라서 꼭지점의 좌표는 $\left(-\frac{9}{2}, -\frac{27}{4}\right)$, 축의 방정식은 $x=-\frac{9}{2}$이다.

3 ⋮ 2차함수의 기타 사항

여기서는 2차함수와 관련된 여러 가지 사항들 가운데 네 가지를 골라서 살펴보기로 한다.

2차함수의 최대, 최소

가끔씩 장난 삼아 하늘 높이 공을 던지면 포물선을 그리며 솟구쳤다가 다시 떨어진다. 이때 공이 올라간 최고의 높이를 수학적으로는 2차함수의 **최대** 또는 **최대값**이라고 부른다. 이처럼 2차함수가 최대값을 보이는 경우는 그 일반형 $y = ax^2+bx+c$에서 $a < 0$, 곧 위로 볼록한 경우이며, 반면에 $a > 0$, 곧 아래로 볼록한 경우에는 **최소** 또는 **최소값**이 나타난다.

그런데 2차함수가 위로 볼록하든 아래로 볼록하든 최대 또는 최소는 그래프의 꼭지점에서 나타난다. 따라서 2차함수의 최대 또는 최소는 표준형으로 고치면 쉽게 구할 수 있다. 다음에 2차함수의 최대와 최소가 나오는 두 가지 상황을 그림과 함께 요약했다.

$a < 0$의 경우	$a > 0$의 경우
$x=p$에서 최대값 q를 가진다	$x=p$에서 최소값 q를 가진다
최소값은 없다	최대값은 없다
치역은 $\{y \mid y \leqq q\}$	치역은 $\{y \mid y \geqq q\}$

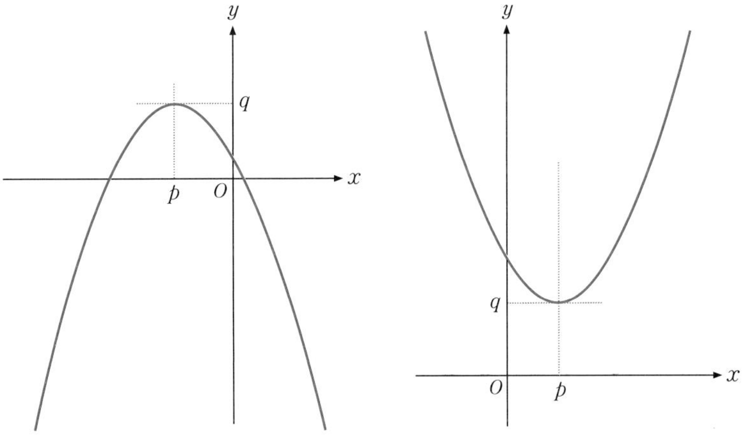

예제

다음에 답하라.

① 합이 40인 두 수들 가운데 곱이 최대인 경우와 최대값을 구하라.

② 차가 10인 두 수들 가운데 곱이 최소인 경우와 최소값을 구하라.

풀이

① 두 수 가운데 한 수를 x라고 하면 다른 한 수는 $40-x$이므로 다음 식이 성립한다.

$$y = x(40-x) = -x^2+40x$$

이것을 표준형으로 정리하면 x가 얼마일 때 y는 얼마의 최대값을 갖는지 알 수 있다.

$$y = -x^2+40x = -(x-20)^2+400$$

곧 두 수가 모두 20일 때 최대가 되고 최대값은 400이다.

② 위와 같은 방식으로 푼다.

$$y = x(x+10) = x^2+10x = (x+5)^2-25$$

곧 두 수가 모두 -5일 때 최소가 되고 최소값은 -25이다.

2차함수와 2차방정식

330쪽에서 1차함수는 1차방정식과 밀접한 관련이 있음을 보았는데, 이와 마찬가지로 2차함수는 2차방정식과 밀접한 관련이 있다.

먼저 2차방정식의 일반형 $ax^2+bx+c = 0$을 두고 볼 때 우리는 이것을

$$\begin{cases} y = ax^2+bx+c \\ y = 0 \end{cases}$$

이라는 **'2원2차연립방정식'**으로 풀이할 수 있다. 그리고 이를 다시 말하면 **"$ax^2+bx+c = 0$이라는 2차방정식의 해는 $y = ax^2+bx+c$와 $y=0$ (x축)이라는 두 그래프의 교점에서 구해진다"**는 뜻이다.

다음으로 $ax^2+bx+c = 0$을

$$\begin{cases} y = ax^2 \\ y = -bx-c \end{cases}$$

라는 '2원2차연립방정식'으로 풀이할 수도 있으며, 이를 다시 말하면 "$ax^2+bx+c = 0$이라는 2차방정식의 해는 $y=ax^2$라는 포물선과 $y = -bx-c$ 라는 직선과의 교점에서 구해진다"는 뜻이다.

나아가 $ax^2+bx+c = 0$을

$$\begin{cases} y = ax^2+bx \\ y = -c \end{cases}$$

로 풀이하면 $ax^2+bx+c=0$의 근은 $y=ax^2+bx$와 $y=-c$의 교점에서 구해진다는 뜻이 된다.

요컨대 **"2차방정식의 해는 포물선과 직선과의 교점에서 구해진다"**고 말할 수 있다.

예제

$y=2x^2-4x-6$과 x축의 교점의 좌표를 구하라.

풀이 x축의 방정식은 $y=0$이다. 곧 $y=2x^2-4x-6$이란 포물선이 x축과 만날 때의 y값은 0이며, 따라서 그 점의 x좌표는 다음처럼 구해진다.

$$0=2x^2-4x-6=2(x+1)(x-3),\quad \therefore x=-1, 3$$

그러므로 구하는 답은 $(-1, 0)$과 $(3, 0)$이다.

예제

두 함수 $f(x)=2x^2$과 $g(x)=-2x+12$의 교점의 좌표를 구하라.

풀이 함수 $y=f(x)$의 그래프는 포물선이고 $y=g(x)$의 그래프는 직선이다. 그런데 교점에서는 두 함수의 x와 y의 값이 모두 일치하므로 다음과 같이 하나의 등식, 곧 하나의 2차방정식으로 쓸 수 있다.

$$2x^2=-2x+12$$

그리고 이것을 풀면 다음과 같다.

$$2x^2+2x-12=0,\ 2(x-2)(x+3)=0,\quad \therefore x=2, -3$$

위 x에 대응하는 y의 값은 $f(x)$와 $g(x)$의 어느 것으로부터 구해도 되며 최종 답은 $(2, 8)$과 $(-3, 18)$이다.

2차함수와 2차방정식의 판별식

237쪽에서 우리는 $D=b^2-4ac$라는 식을 '2차방정식의 판별식'이라고 부르며 이것이 2차방정식의 근과 관련하여 다음과 같이 응용된다는 점을 보았다.

$D>0$: 2개의 서로 다른 실근

$D=0$: 중근

$D<0$: 2개의 서로 다른 허근 (중학 과정에서는 "근이 없다"고 말한다.)

그런데 이 세 가지 상황은 2차방정식의 그래프를 살펴보면 더욱 선명하게 이해할 수 있다. 이를 위하여 앞서 보았던 '2원2차연립방정식'을 아래와 같이 다시 인용해보자.

$$\begin{cases} y = ax^2+bx+c & \text{— ❶} \\ y = 0 & \text{— ❷} \end{cases}$$

한편 이미 배웠듯 2차함수의 일반형을 표준형으로 고치면

$$y = ax^2+bx+c = a\left(x+\frac{b}{2a}\right)^2-\frac{b^2-4ac}{4a} \quad \text{— ❸}$$

로 되며, 이 그래프의 꼭지점의 좌표는 $\left(-\frac{b}{2a}, -\frac{b^2-4ac}{4a}\right)$이다. 그런데 ❶의 그래프가 ❷의 그래프와 어떻게 만날 것인가의 여부는 ❸의 꼭지점의 y좌표인

$$-\frac{b^2-4ac}{4a} \quad \text{— ❹}$$

가 어느 위치에 자리잡는지에 달려 있다. 다음 그림은 이 상황을 종합적으로 보여주는데, 여기서 ❹식 전체가 아니라 그 분자만 활용하면 되고, 이 때문에 이를 '2차방정

식의 판별식'이라고 부른다(아래 예제 참조).

$a > 0$의 경우

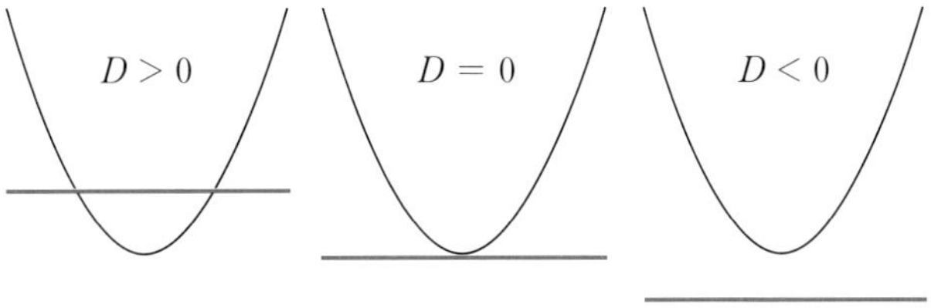

$a < 0$의 경우

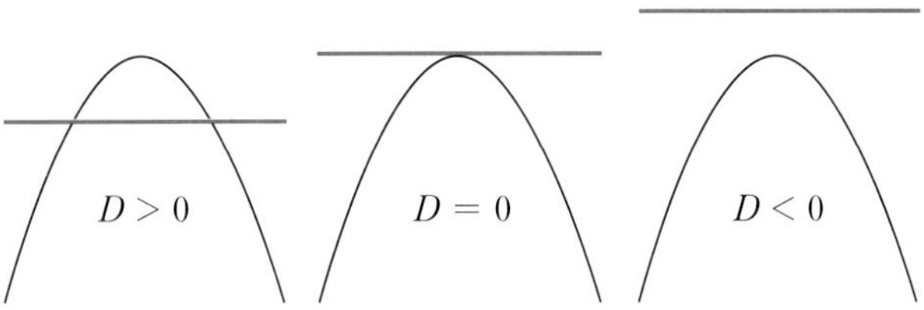

예제

판별식은 $D = b^2 - 4ac$로서 ❹식의 분자에 해당한다. 그런데 왜 ❹식 전체가 아니라 분자만 따로 떼어서 판별식으로 삼았을까?

풀이 먼저 $a > 0$의 경우를 보자. 이때 ❶과 ❷의 그래프가 서로 만나는지의 여부는 $-\dfrac{b^2-4ac}{4a}$가 0보다 작은가(서로 다른 두 근), 0과 같은가(중근), 0보다 큰가(근이 없다)에 달려 있으므로 다음 세 경우를 따져 보면 된다.

$$-\frac{b^2-4ac}{4a} < 0, \quad -\frac{b^2-4ac}{4a} = 0, \quad -\frac{b^2-4ac}{4a} > 0$$

그런데 $a > 0$이라고 했으므로 위 세 식의 양변에 $-4a$를 양변에 곱해주면 다음과 같이 된다.

$$b^2-4ac > 0,\ \ -b^2-4ac = 0,\ \ b^2-4ac < 0$$

이 결과는 바로 ❹의 분자인 b^2-4ac만 고려하면 됨을 뜻하며, 이에 따라 이것만 따로 떼어 판별식이라고 부른다. 한편 $a < 0$의 경우는 부호만 바뀔 뿐 과정은 같으므로 각자에게 맡긴다.

포물선의 결정

326쪽에서 '직선의 결정'에 대하여 살펴볼 때 "1차함수의 일반형은 $y = ax+b$으로서 a와 b라는 2개의 상수가 있으므로 **직선 하나를 결정하려면 최소한 두 가지의 정보가 필요하다**"는 취지로 이야기했다. 이에 맞추어 생각해보면 2차함수의 그래프인 '포물선의 결정'에 대해서는 "2차함수의 일반형은 $y = ax^2+bx+c$로서 a와 b와 c라는 3개의 상수가 있으므로 **포물선 하나를 결정하려면 최소한 세 가지의 정보가 필요**하다"라는 점을 곧 이해할 수 있다.

한편 '직선의 결정'에서는 두 가지의 필수 정보를 네 가지 형태로 나누어 살펴보았는데, 포물선의 경우도 이와 마찬가지로 원한다면 3개의 정보를 몇 가지의 구체적 형태로 나누어 살펴볼 수 있을 것이다. 하지만 직선의 결정에 대한 논의에서 보았듯, 거기서 제시된 네 가지의 형태는 사실상 모두 동등함이 밝혀졌다. 따라서 여기 포물선의 경우에는 세 가지 필수 정보의 제시 형태를 굳이 구체적으로 나눌 필요 없이, 다음에 나오는 예제를 통하여 몇 가지만 살펴보기로 한다.

예제

다음 조건에 해당하는 포물선의 식을 구하라.

① 세 점 $(3, 19)$, $(0, -2)$, $(1, 3)$을 지난다.

② 점 $(-2, 13)$을 지나고 꼭지점은 $(2, -3)$이다.

③ 점 $(-1, -9)$를 지나고 x축과 -2 및 2에서 만난다.

풀이 주어진 조건을 적용하기에 좋은 2차함수의 식을 생각하고 그로부터 출발한다.

① $y = ax^2+bx+c$에 세 점의 좌표를 대입하면 a, b, c에 대한 다음의 3원1차연립방정식이 나온다.

$$\begin{cases} 19 = 9a+3b+c \\ -2 = c \\ 3 = a+b+c \end{cases}$$

이를 풀면 $a=1$, $b=4$, $c=-2$이므로 구하는 답은

$y = x^2+4x-2$ 이다.

② $y = a(x-p)^2+q$에 주어진 조건을 대입하면 된다. 먼저 꼭지점이 $(2, -3)$이므로

$$y = a(x-2)^2-3$$

이다. 다음으로 위 식에 $(-2, 13)$을 대입하면

$$13 = a(-2-2)^2-3$$

이므로 $a=1$이다. 따라서 구하는 답은 $y = (x-2)^2-3$인데, 이것으로 마쳐도 되고 또는 이것을 전개하여 $y = x^2-4x+1$로 써

도 된다.

참고 이 문제는 '한 점'과 '꼭지점'의 좌표만 주었으므로 언뜻 보면 2개의 정보만 준 것처럼 보인다. 그러나 꼭지점의 좌표에 $y = a(x-p)^2+q$에 사용할 p와 q의 정보가 함께 들어 있으므로 실질적으로는 3개의 정보를 준 것이고, 따라서 포물선이 유일하게 결정되어 나온다.

③ x축과 -2 및 2에서 만난다는 것은 이 포물선이

$$a(x+2)(x-2) = 0$$

이라는 2차방정식과 관련되어 있음을 뜻한다. 곧 여기서 구하는 포물선은 $y = a(x+2)(x-2)$로 나타내지는 무수히 많은 포물선 가운데 하나이다. 따라서 이 문제의 경우 $y = a(x-\alpha)(x-\beta)$라는 형태로부터 출발하여 주어진 조건을 대입하면 된다. 먼저 x축과의 교점을 대입하면

$$y = a(x+2)(x-2)$$

이다. 여기에 $(-1, -9)$를 대입해서 풀면 $a = 3$이다.
그러므로 구하는 답은 $y = 3(x+2)(x-2)$이다.

함수의 역사

이 장의 첫머리에서 함수의 배경을 대략 이야기했다. 여기서는 중학 수준을 약간 넘더라도 보다 깊은 이해를 위하여 좀 더 자세히 알아보기로 한다.

사료에 근거해서 볼 때 **함수의 역사는 길게 보자면 약 4000년, 짧게 보자면 약 2500년** 전까지 거슬러 올라간다. 고대 바빌로니아의 유물에는 어떤 수의 역수, 제곱, 제곱근, 세제곱, 세제곱근 등을 수록한 표들이 있는데 이는 바로 오늘날 우리가 말하는 함수관계를 표로 나타낸 것으로 볼 수 있기 때문이다. 그리고 이후 수학이 발달함에 따라 함수의 관념과 밀접하게 연관된 것으로 보이는 자료들이 매우 많이 축적되었다. 하지만 **함수라는 관념이 명시적으로 싹트기 시작한 것은 17세기 무렵**이었다고 말할 수 있다.

그런데 16~18세기는 이전의 수천 년 동안 지루할 정도로 느리게 발달해왔던 자연과학이 갑자기 폭발적인 비약을 이루었던 시기였고 수학도 대략 비슷한 경험을 하게 되었다. 이 과정에서 함수가 아주 중요한 역할을 했으므로 함수는 **고전적 수학과 현대적 수학을 구분 짓는 핵심적 관념**으로 평가된다. 하지만 함수의 역사적 의의는 여기서 그치지 않는다. 오늘날 많은 사람들은 이에서 더 나아가 **수학 전체를 통틀어 가장 중요한 관념**으로 함수를 꼽으며, 심지어 어떤 사람은 **서구문명의 토대를 이루는 근본 관념 중의 하나**로 평가하기도 한다.

이와 같은 함수 개념의 발달에 기여한 주역들의 삶은 제3장의 '수학 이야기'에서 보았던 방정식의 주역들의 삶과 사뭇 대조적이다. 이들은 대개 장수했으며 개인적으로도 비교적 행복한 삶을 보냈을 뿐 아니라 오늘날까지 수학과 과학의 역사에서 커다란 영광을 차지하고 있다. 다음에서는 함수 개념의 역사적 발전 과정과 함께 관련 인물들의 생애도 간략히 살펴본다.

함수 개념의 탄생 배경

282쪽에서는 함수의 개념이 탄생하게 된 가장 중요한 배경을 **"정지에서 변화로"**라는 문구로 표현했다. 그런데 보다 정식의 용어로는 **"정역학에서 동역학으로"**라고 나타낼 수 있다. 여기서 정역학(靜力學, statics)은 정지된 대상과 힘과의 관계, 그리고 동역학(動力學, kinetics · kinematics · dynamics)은 움직이는 대상과 힘과의 관계를 다루는 물리학의 분야를 가리킨다.

수학과 마찬가지로 아주 오랜 옛날부터 시작된 천문학에서는 태양, 달, 행성, 혜성 등 하늘에 떠 있는 천체의 움직임에 많은 관심을 가졌다. 그러나 정지된 도형과 물체 등에 대한 이해와 연구가 오래전부터 비교적 순탄하게 진행되어왔던 반면, 움직이는 대상에 대한 연구는 결정적인 돌파구를 좀처럼 찾지 못하고 근세에까지 이르렀다. 그러던 중 갈릴레오가 낙하법칙을 주장하여 '운동'이라는 현상의 이해에 대한 획기적 전환점을 이루었다.

이때까지 운동에 대해서는 고대 그리스의 아리스토텔레스(Aristoteles, BC384~322)가 제시했던 가설이 그대로 받아들여져 왔다. 아리스토텔레스는 **'인류 역사상 가장 위대한 사제 3대◇'**라고 말할 수 있는 **'소크라테스**(Socrates, BC469~399)－**플라톤**(Platon, BC429?~347)－**아리스토텔레스'**라는 계보의 마지막 인물인데, **소크라테스가 도덕, 플라톤이 철학에 주로 영향을 미친 반면, 아리스토텔레스는 이 두 영역은 물론 (자연)과학에도 심대한 영향을 미칠 정도의 업적을 남겨 실로 '학문의 왕◇'처럼 군림**하게 되었다. 이에 관하여 많은 사람들이 **아리스토텔레스를 '서양 학문의 저수지'**라고 일컬으면서 "그 이전의 모든 학문이 아리스토텔레스로 모여들었고, 그 이후의 모든 학문은 그로부터 흘러나왔다"고 말하는 것만 봐도 그의 방대한 영향력을 짐작할 수 있다.

아리스토텔레스는 현대의 과학자들도 감탄할 정도의 정밀한 관찰을 바탕으로 여러 가지의 체계적 이론을 세움으로써 자연과학의 발전에 크게 기여했다. 그러나 그도 인간이기에 많은 오류를 남겼으며, 역설적으로 그의 높은 권위가 이런 오류에 대한 비판을 가로막아 과학의 발전을 크게 저해하기도 했다. 그중 대표적인 예가 바로 낙하법칙이었는데, 어이없게도 **아리스토텔레스**는 아무런 실험도 하지 않고 **"무거운 물체일수록 더 빨리 떨어진다"**라고 단정해버렸다. 어쩌면 이는 무거운 돌이 가벼운 낙엽보다 더 빨리 떨어진다는 등의 일상적 현상에 바탕을 둔 것이라고 말할 수 있으며, 너무나 많이 겪는 일이기에 아리스토텔레스뿐 아니라 이후 거의 2000년의 세월이 흐르도록 누구나 당연히 여길 수밖에 없었을 것으로 여겨진다.

그러나 본문에 쓴 대로 **갈릴레오는 "공기의 저항이 없다면 모든 물체는 질량에 상관없이 똑같이 땅에 떨어진다"**는 올바른 낙하법칙을 내세웠고, 유리 구슬 몇 개와 이것들을 서로 묶을 테이프 등만 있으면 누구든 이를 쉽게 확인할 수 있다(이때 유리 구슬에 미치는 공기의 저항은 별로 크지 않으므로 무시해도 된다). 전해오는 이야기에 따르면 갈릴레오는 자신의 주장을 입증하기 위하여 유명한 **피사의 사탑**(斜塔, The Leaning Tower of Pisa)에 올라 몸소 실험을 했다고 한다. 하지만 실제로는 나중에 갈릴레오의 업적을 보다 극적으로 설명하기 위하여 누군가 지어낸 것으로 보인다.

어쨌든 이렇게 해서 운동에 대한 새로운 연구가 촉발되었는데, 여기에 더해진 **또 하나의 중요한 계기는 코페르니쿠스**(Nicolaus Copernicus, 1473~1543)**가 주장한 지동설**(heliocentric theory)이었다. 지동설은 본래 고대 그리스의 아리스타르코스(Aristarchos, BC310?~230?)에 의하여 제기된 적이 있었다. 그러나 당시의 과학으로는 명확한 증거를 제시할 수 없어서 널리 인정받지 못하던 차에 프톨레마이오스(Klaudios Ptolemaeos, 85?~165?)에 의하여 일단의 완성된 체계를 갖추게 된 천동설(geocentric theory)에 밀리고 말았으며, 이후 천동설은 기독교적 세계관과 융합하여 1500년이 넘도록 유럽 세계를 지배하게 되었다. 하지만 날이 갈수록 천동설은 여러 가지 모순을 드러내었고, 마침내 코페르니쿠스, 케플러, 갈릴레오 등의 업적에 의하여 지동설의 정당성이 확립되었다. 오늘날 이와 같은 지동설의 확립 과정은 흔히 **코페르니쿠스 혁명**(The Copernican Revolution)이라고 부르며 **과학사상 가장 중요한 사건의 하나**로 평가된다.

그런데 이처럼 지동설이 확립되기는 했지만 천체를 비롯한 우주 만물을 움직이게 하는 근본 원동력에 대해서는 아무도 알 수 없었다. 이에 따라 많은 과학자들이 이 문제에 매달렸는데, 본문에서 말한 것처럼 뉴턴이 '만유인력의 법칙'과 '운동3법칙'을 내놓음으로써 이를 깨끗이 해결했다. 한편 뉴턴은 이 과정에서 **많은 사람들이 '수학 최대의 업적'으로 꼽는 미적분**(微積分, (differential and integral) calculus)을 개발했으며, 이에 힘입어 그는 152쪽에서 말한 것처럼 아르키메데스 및 가우스와 함께 역사상 가장 위대한 3대 수학자의 한 사람으로 꼽히게 되었다.

우리의 교육과정상 미적분은 고교에서부터 배운다. 그리고 미적분이야말로 변화라는 현상을 다루는 데 가장 탁월한 수학적 도구이다. **라이프니츠는 독자적으로 미적분을 개발하여 뉴턴과 함께 미적분의 2대 창시자로 인정**받는데, 그는 이 연구 과정에서 함수의 관념을 정립하게 되었고, 이후 수학의 전 영역에서 가장 핵심적 주인공으로 떠오르게 되었다.

함수 개념의 발전 과정

앞에서는 함수 개념이 등장하게 된 배경을 주로 물리학과 천문학 쪽의 영향으로 설명했다. 하지만 수학 자체에 이런 영향을 감당할 만한 역량이 성숙되어 있지 않다면 그에 부응하는 발전도 없었을 것이다. 당시 수학에서는 유리수와 무리수를 포괄하는 실수 체계의 관념이 서서히 확립되기 시작했으며, 수식의 표현에 문자를 사용하자는 비에트와 데카르트 등의 제안에 힘입어 대수학이 획기적으로 발전할 기틀이 마련되었고, 데카르트와 페르마 등의 업적에 의하여 대수와 기하가 좌표계를 통하여 융합되는 등의 여러 가지 계기가 때맞춰 조성되어 가고 있었다. 그리고 마침내 1673년 독일의 수학자이자 철학자인 라이프니츠에 의하여 '함수'라는 용어가 처음으로 만들어졌다.

그런데 라이프니츠가 처음에 생각했던 함수의 개념은 오늘날의 것과 상당히 달랐다. 그는 좌표계에 그려진 어떤 **곡선의 모양에 따라 곡선의 한 점에서 그리는 법선**(法線, normal)**과 접선**(接線, tangent) **등의 모습이 변화하는 양상**을 함수라고 불렀다(법선은 대략 말하자면 어떤 곡선 또는 곡면의 한 점에서 수직으로 그은 선이며, 예로는 서울 남산의 꼭대기에 수직으로 세운 '서울타워(Seoul Tower)'를 들 수 있다. 그리고 접선은 대략 말하자면 어떤 곡선 또는 곡면의 한 점에서 수평으로 그은 선이며, 예로는 완전한 직선으로 된 수평선을 들 수 있다). 하지만 나중에 스위스의 수학자 베르누이(Jean Bernoulli, 1667~1748)와 교류하면서 견해를 약간 바꾸어 1694년 무렵에는 한 수량이 다른 수량에 대하여 **구체적 수식으로 주어지는 관계에 따라 변할 때 이 관계**를 함수라고 부르게 되었다.

라이프니츠는 뉴턴보다 4년 늦게 독일에서 태어났는데 생애를 통하여 뉴턴과 쌍벽을 이루는 천재로 명성이 높았다. 그런데 그는 수학은 물론 철학, 신학, 법학, 언어학, 역사학 등에도 조예가 깊었으며 외교관으로도 많은 활약을 하는 특이한 삶을 살았다. 훗날 가우스는 이와 같은 라이프니츠의 활동에 대하여 "비범한 능력을 한 군데에 집중하지 않고 쓸데없이 여러 곳에 낭비했다"라고 비판했다. 그러나 라이프니츠는 평소에 대학 제도를 혹평했는데, 이는 학자들이 각자의 영역에만 지나치게 몰두하고 다른 분야를 거들떠보지 않음으로써 학문의 진정한 발전을 해친다고 생각했기 때문이었다. 라이프니츠가 통신이 발달하지 못한 시대에도 평생 600명 이상의 인물들과 서신을 교환하며 연구를 진행한 것은 그의 이런 태도를 잘 보여주고 있으며, 이런 점에서 다방면에 걸친 왕성한 활동은 그의 전체적 업적에 폐해가 아니라 오히려 상승적 효과를 준 것으로 여겨지기도 한다.

수학사상 베르누이의 집안은 뛰어난 수학자를 가장 많이 배출한 가문으로 유명하다. 거기서는 4대에 걸쳐 12명 정도의 수학자와 물리학자가 배출되었는데, 이 때문에 '베르누이'에 대하여 이야기할 때는 이름까지 함께 불러야 할 경우가 많다. 위에 언급한 장 베르누이는 당시 유럽의 학계에서 라이프니츠의 공개적 활동에 대한 열렬한 지지자 가운데 한 사람이었다. 그는 라이프니츠와 여러 차례의 서신 교환을 통한 연구 끝에 1718년 **"함수는 어떤 변수와 상수가 임의의 형태로 결합해서 나타내는 수량을 말한다"**라고 규정했으며, 이는 사실상 **함수에 대한 최초의 정식 정의**로 간주되고 있다.

라이프니츠와 베르누이 정의의 차이점은 라이프니츠가 곡선이나 그래프의 존재를 전제하고 이를 토대로 함수를 이야기했음에 비하여 베르누이는 순수한 대수적 관점에서 함수의 관념을 파악했다는 점이다. 18세기의 이런 경향은 **해석학의 탈기하화**

(degeometrization of analysis)라고 부르며, 이렇게 하여 함수는 본래의 출발점을 떠나 새로운 터전에 서게 되었다.

그런데 이후에 함수의 관념을 한 단계 발전시킨 스위스의 수학자 오일러(Leonhard Euler, 1707～1783)는 대수적 관점마저도 탈피하고자 했다. 곧 베르누이는 함수가 곡선이나 그래프와 관련될 필요는 없지만 그래도 반드시 어떤 '수식'으로 표현되어야 한다고 생각했음에 비하여 1755년에 오일러는 수식도 필요 없이 **"어떤 한 변수가 변할 때 다른 변수도 어떤 방식으로든 따라서 변하는 관계가 있으면 후자는 전자의 함수"**라고 규정했다. 오일러는 모든 수학자들 가운데 양적으로 가장 많은 업적을 남긴 사람으로 알려져 있다. 그는 평생 500편이 넘는 저서와 논문을 출판했는데 모두 합치면 연평균 800쪽이 넘는 엄청난 분량에 달한다. 이처럼 오일러는 수학적 재능의 토대 위에 노력의 품성까지 더해진 이상적인 천재였다. 그런데 너무 연구에 몰두한 나머지 몸을 제대로 돌보지 않아 일찍이 20대에 오른쪽, 그리고 60대에 이르러서는 왼쪽 눈마저도 실명하게 되었다. 하지만 이런 시련에 대하여 오일러 자신은 그다지 크게 괘념하지 않았다. 한쪽 눈을 잃었을 때 그는 "한 눈으로 보니 모든 현상이 더욱 또렷이 보인다"고 했으며, 두 눈을 모두 잃었을 때 주위 사람들은 "오일러는 실명한 이후 사고력과 상상력이 도리어 더 깊어졌다"고 말하기도 했다. 그도 그럴 것이, 그의 주요 업적으로 평가받기도 하는 몇 가지 연구는 두 눈을 모두 잃은 후에 이루어졌기 때문이다.

오일러에 이어 함수의 개념에 중요한 기여를 한 사람은 프랑스의 수학자 푸리에(Jean Baptiste Joseph Fourier, 1768～1830)이다. 푸리에는 1822년 **함수값이 유일하게 결정되어야 한다는 '단가대응'의 조건을 함수의 개념에 포함**시켰으며, 여기서 논의하기 어려운 다른 사항들도 보다 정밀하게 가다듬었다. 푸리에는 9세 때 어머니, 10세 때 아버지가 죽는 등 불행한 어린 시절을 보냈다. 그러나 어떤 성직자의 도움을 받으며 학교에 다닌 그는 타고난 천재성으로 두각을 나타내어 비교적 순탄한 길을 열어갔다. 푸리에는 여러 분야에 뛰어난 능력을 보였는데 20세가 될 무렵 뉴턴과 파스칼(Blaise Pascal, 1623～1662)을 본받아 수학자로서 위업을 남기겠다는 야망을 품게 되었다. 그런데 1789년에 프랑스 혁명이 일어나고 이어서 나폴레옹이 등장하는 등 격동의 세월 속에서 정치적으로 많은 혼란을 겪었다. 하지만 나폴레옹의 신임을 받으며 행정가로서도 성공을 거두는 한편 여가를 틈타 수학사에 길이 남을 업적을 이루었다. 다만 애석하게도 3장의 '수학 이야기'에 나오는 갈루아의 논문을 받은 뒤 곧 사망하여 그의 뒤를 이을 수도 있었던 또 다른 천재의 앞길을 열어주지 못하는 커다란 아쉬움을 남겼다.

다음으로 함수와 관련하여 **'독립변수'와 '종속변수'라는 용어를 사용한 사람은 코시**(Augustin-Louis Cauchy, 1789~1857)였다. 하지만 이들 용어 자체는 다른 사람이 만든 것으로 보이며, 코시가 내린 함수의 정의도 앞선 수학자들의 것과 큰 차이가 없다. 코시는 평생 789편의 논문을 써서 수학사상 양적으로 따질 때 오일러 다음으로 많은 업적을 내놓은 사람으로도 유명하다. 게다가 그중 많은 편이 장문이어서 프랑스의 과학아카데미는 코시를 계기로 삼아 제출되는 논문의 쪽수를 제한하는 규정을 마련하기까지 했다. 이러한 다작의 영향 때문이었던지 코시는 자신이 이룬 연구 결과를 자주 잊어버리기도 했다. 게다가 이런 습관이 다른 사람의 논문에까지 미쳐서 커다란 비극의 원인이 되기도 했는데, 제3장의 '수학 이야기'에 썼듯 아벨과 갈루아라는 두 천재의 논문을 간과함으로써 화려한 그의 경력에 씻을 수 없는 오점을 남기고 말았다.

함수의 개념에서 **'정의역'의 중요성을 일깨운 사람은 디리클레**(Johann Peter Gustav Lejeune Dirichlet, 1805~1859)였다. 그 이전에는 독립변수가 모든 실수값을 가질 수 있다고 허용했지만 1837년 디리클레는 정의역의 범위를 명확히 규정함으로써 함수의 개념을 보다 정밀하게 가다듬었다. 디리클레가 이런 기여를 하게 된 배경에는 푸리에와의 친한 교분이 깔려 있다. 그는 푸리에가 제시한 이론을 더욱 개량하여 사실상 완성시켰으며, 이 과정에서 함수의 개념을 정밀화하는 실마리를 얻게 되었던 것이다. 디리클레는 어린 시절부터 수학에 깊은 흥미를 느껴 12세 때는 용돈을 아껴서 수학책들을 샀다고 한다. 그는 학창 시절 매우 단정하고 태도가 좋은 모범생이었으며, 나중에 교수가 되어서는 명강의로 이름 높아 또 다시 많은 사람들의 모범이 되었다. 함수에 대한 디리클레의 정의는 오늘날 우리가 사용하는 정의와 거의 같은데, 다만 한 가지 다른 점은 변수의 자격을 '수'로 제한했다는 점이다. 당시에는 아직 칸토어의 집합론이 나타나지 않았으므로 변수의 대상을 수 이외의 것으로 확장하는 데에는 아직

한 단계의 고비가 더 남겨져 있었던 셈이다.

오늘날 우리가 배우는 함수의 개념은 본문에서 이미 살펴보았듯 집합론을 토대로 정의되므로 반드시 그 대상이 수에 한정되지 않으며, 단가대응이라는 핵심적 개념을 중심으로 정의역과 공역과 치역이 명확히 규정된다. 우리는 처음부터 오랜 세월에 걸친 함수의 역사를 통해 얻어진 결과만을 배우므로 그 내용을 언뜻 간단히 여기면서도 "왜 이런 개념들이 필요할까?"라는 등의 많은 궁금증을 느끼게 된다. 이와 같은 상황에서 수학사를 통해 함수의 배경을 배우면 함수 자체에 대해서도 훨씬 깊은 이해에 이르게 되며, 이런 점에서 수학이 그저 메마른 논리의 학문만은 아니란 사실도 함께 깨닫게 된다. 함수의 개념에 대해서는 이 뒤에도 많은 이야기가 덧붙여진다. 하지만 그런 내용을 제대로 이해하려면 고교 및 대학 수준의 수학이 필요하므로 이에 대해서는 앞으로 이어질 각자의 노력에 맡기기로 한다.

제5장 기하

탈레스(Thales)에게 중요했던 것은

'무엇을(what)' 아느냐가 아니라 '어떻게(how)' 아느냐였다.

— 아리스토텔레스(Aristoteles)

대수(代數, algebra)가 수식의 연산을 주로 다루는 분야임에 비하여 기하(幾何, geometry)는 도형의 성질을 주로 다루는 분야이다. 근세 이래 대수가 큰 발전을 이룸에 따라 기하는 상대적으로 작은 분야가 되었으나 수학의 초기 시대에는 기하가 오히려 주도적 분야였다.

이와 같은 역사적 배경은 물론 이론적으로도 기하는 수학의 기초를 형성하는 데 중요한 역할을 한다. 그리하여 고교 과정 이상에서는 기하의 비중이 차츰 줄어들지만 중학 과정에서는 대수와 거의 동등할 정도의 비중을 가진다. 이런 이유로 중학 교과서에는 전 학년에 걸쳐 상당한 지면이 기하에 할애되어 있는데, 이 책에서는 체계의 편의상 여기 하나의 장에서 통합적으로 다루며, 우선 기하의 이해에 도움이 될 내용을 간략히 살펴보면서 시작한다.

1 기하의 배경

신의 선물

기하(幾何) 또는 **기하학**(幾何學)을 영어로는 geometry라고 부르는데, 이 단어는 "geo+metry"로 만들어져 있다. 여기서 'geo'는 '땅', 'metry'는 '측량'을 뜻하며, 이로부터 우리는 기하가 일상적 및 실용적 필요성에서 출발했다는 사실을 바로 이해할 수 있다.

그런데 일반적으로 그 구체적 기원은 고대 이집트(Egypt)에서 찾는다. 이집트의 국토는 넓이가 997690km^{2}로 우리나라의 약 5배에 이르지만 대부분은 사막으로 사람이 살기 어려운 곳이다. 하지만 길이 6690km로서 세계에서 가장 긴 나일강(Nile River)이 지나는 부근은 거주하기에 좋았고, 특히 하류의 카이로(Cairo)부터 알렉산드리아(Alexandria)까지 약 24000km^{2}의 넓은 지역에 발달한 '나일 삼각주(三角洲, Nile delta)'는 예로부터 풍요로운 곡창지대를 이루었기에 고대 이집트인들은 나일강을 '신의 선물'이라고 불렀다. 나일강에 이처럼 좋은 별명이 붙은 이유는 나일강의 상류, 곧 아프리카의 중부 지방에 내렸던 봄비가 홍수를 이루면서 7월 무렵에는 나일 삼각주에 이

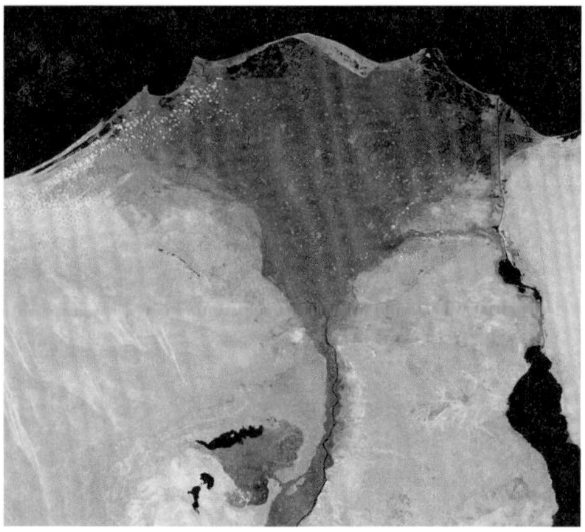

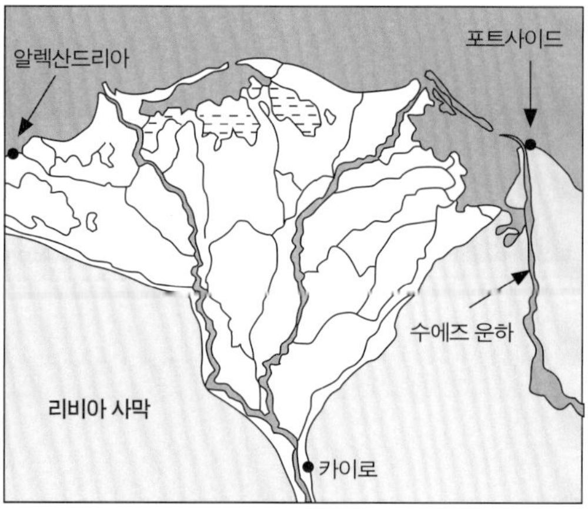

'기하의 고향'이라 할 수 있는 나일강 삼각주 부근의 모습

르는데, 이때 강물이 범람하면서 드넓은 평야에 상류에서 가져온 비옥한 흙을 퇴적시키기 때문이다. 이 흙에는 상류 지방의 각종 식물이 썩어서 만들어진 '천연 퇴비'가 다량 포함되어 있었고, 따라서 고대 이집트인들은 해마다 별다른 힘도 들이지 않고 높은 수확을 거둘 수 있었다.

하지만 이와 같은 신의 선물인 나일강에도 한 가지 문제점이 있었으니, 그것은 해마다 강이 범람한 뒤 물이 빠지고 나서 농사를 지으려 할 때, 예전의 농토는 씻겨가고 새 흙이 쌓여서 사람마다 각자 소유했던 땅을 정확히 되찾기가 어렵다는 것이었다. 이 때문에 나라에서는 각자 소유한 땅이 얼마나 되는지를 파악하고 해마다 다시 배분하는 작업을 해야 했으며, 이로부터 "땅을 측량한다"는 뜻의 geometry가 싹트게 되었다. 이런 점에서 볼 때 **나일강에 담긴 천연 퇴비가 이집트인에 대한 신의 선물이었다면 그로부터 유래된 기하는 전 인류에 대한 신의 선물**이라고 말할 수도 있겠다.

탈레스, 피타고라스, 유클리드

이처럼 기하의 유래가 이집트이기는 하지만 고대 이집트에서 기하는 '실용적 기술'에 머물렀을 뿐 정식의 학문적 수준에는 이르지 못했다. 그러던 중 그리스의 학자 **탈레스**(Thales, BC624?~546?)가 여러 곳을 여행하다 이집트에 들러 이런 지식들을 알게 되었는데, 그는 여기에 자신이 그동안 닦았던 소양을 결합하여 정식의 학문 체계를 수립하게 되었다.

탈레스는 당시에 알려져 있던 기하학적 진리들이 아무리 오랫동안 수많은 사람들에 의하여 당연한 것으로 인정되었다 하더라도 그냥 받아들이기를 거부했으며, 어떤 결론이든 정당한 절차를 거쳐 '증명'이 된 후에야 정식의 진리로 받아들였다. 예를 들어, 앞으로 배우지만, "이등변삼각형의 두 밑각은 같다"라는 결론은 매우 단순하여 누구나 쉽게 파악 및 이해할 수 있고 따라서 그것이 옳은지 그른지를 굳이 따져보는 사람은 드물다. 그러나 탈레스는 이 결론을 보다 근본적인 원리를 이용해서 증명했고, 점차 직관적으로는 쉽게 납득하기 어려운 고차원적 결론들에 대해서도 마찬가지의 방법을 적용해갔다. 그리하여 후세 사람들은 그를 **'자연철학의 시조'**라 일컫게 되었고, 실로 '논리적 전개 과정'을 중요한 특징으로 삼는 서양 학문의 출발은 그로부터 비롯되었다고 말할 수 있다.

탈레스에 이어 기하학을 크게 발전시킨 사람은 **피타고라스**(Pythagoras, BC569?~475?)였다. 그의 이름을 딴 **피타고라스 정리**(Pythagoras' theorem)도 앞으로 곧 배우게 되는데 이는 아마도 **수학 전체를 통틀어 가장 유명한 정리**일 것이며, 지금까지 370가지가 넘는 방법으로 증명이 이루어져 **증명법이 가장 다양하게 알려진 정리**로도 유명하다. 피타고라스는 수학에 크게 심취한 나머지 "만물은 수(All is number)"라는 특이한 말을 남겼는데, **수학을 뜻하는 'mathematics'와 철학을 뜻하는 'philosophy'란 단어도 모두 그의 학파에서 만든 것**으로 알려져 있다.

이러한 고대 그리스의 기하학은 **유클리드**(Euclid, BC300년경)에 이르러 절정에 달했다. 유클리드 이전에도 그리스에는 수학과 기하학에 관하여 많은 책들이 전해져 내려왔지만 여러 모로 미흡한 점이 많았다고 한다. 이에 유클리드는 자신의 천재적 능력을 십분 발휘하여 수백 년을 이어온 그리스 수학의 업적들을 가장 뛰어난 형태로 종합한 『기하학원론(Elements)』을 펴냈다. 이 책의 그리스어 원제목은 〈스토이케이아($\Sigma\tau o\iota\chi\varepsilon\acute{\iota}\alpha$)〉이며(영어로는 Stoicheia로 쓴다), 그 뜻은 '근본, 원리, 원소' 등이기에 그냥 『원론』이라고 부르기도 한다. 그런데 이를 계기로 이전에 나왔던 비슷한 부류의 책들은 완전히 자취를 감출 정도로 큰 인기를 끌었다. 『원론』은 그 구성이 수학은 물론 모든 학문의 원형으로 여겨져 19세기에 이르도록 세계 각국에서 별다른 수정 없이 교과서로 널리 활용되었는데, 오늘날의 교육과정은 이와 사뭇 다르지만 아직도 이로부터 많은 영향을 받고 있다고 말할 수 있다.

geometry와 기하

앞에서 피타고라스 학파에 의하여 'mathematics'라는 단어가 만들어졌다고 했다. 그런데 고대 그리스 수학의 중심은 기하였으며, 나아가 기하는 모든 학문의 근본처럼 인식되었다. 당시의 이런 경향은 플라톤(Platon, BC429?~347)이 '아카데메이아(Academeia)'라고 부른 학교를 세우고 그 정문에 "기하를 모르는 자는 들어오지 말라(Let no one unversed in geometry enter here)"는 현판을 내걸었다는 데에서도 쉽게 찾아볼 수 있다(academy란 단어가 여기서 유래했다).

한 가지 특기할 것은 이와 같은 경향이 오직 그리스에서만 꽃피워졌다는 점은 인류 역사상 참으로 이해하기 어려운 미스터리(mystery) 가운데 하나라고 할 수 있다는 점이다. 사실 그리스 문명은 다른 고대 문명보다 일찍 시작하지도 않았고 처음 한동안 수학이나 과학적 수준이 그다지 높지도 않았다. 그런데 가깝게는 이집트와 바빌로니아, 그리고 멀게는 인도에서 유래된 여러 지식들이 특유의 그리스적 사고와 어울리자 곧바로 급속한 발전을 이루었고, 이렇게 성립된 그리스의 학문 체계는 이후 거의 2000년의 세월 동안 인류 지성의 원천으로 군림하게 되었다.

이와 같은 그리스 문명에 힘입어 다른 문화들에 비해 압도적 우위를 갖게 된 서양 학문은 근대에 이르러 전 세계로 전파되어 나갔다. 이 과정에서 유클리드의 『원론』도 중국을 통하여 아시아에 소개되었는데, 이를 처음 번역한 사람은 명나라 말기의 학자 서광계(徐光啓, 1562~1633)였다. 그는 이탈리아 출신의 선교사인 리치(Matteo Ricci, 1552~1610)의 도움을 받아 1607년에 『기하원본(幾何原本)』이란 제목으로 이를 출간했으며, 여기에서 'geometry'의 번역어인 '기하'라는 단어가 처음 쓰였다.

그런데 '기하'가 'geometry'의 소리를 딴 음역(音譯)인지 아니면 뜻을 새겨서 새로 만든 훈역(訓譯)인지에 대하여 약간의 논란이 있다. 대체적으로는 'geo'의 발음을 딴 음역으로 보는 견해가 우세하지만, 수학이 어떤 수량에 대하여 "얼마인가?"를 주로 물으며, 이것이 한자로는 "幾何?"이기 때문에 훈역으로 보는 사람들도 있다. 309쪽에서 '함수'에 대해서도 비슷한 논란이 있음을 보았는데, **'기하'와 '함수' 모두 음역과 훈역을 겸한 창의적 조어**(造語)**로 보아도 좋을 것**으로 여겨지기도 한다.

삼일절의 유래로서 기미(己未)년인 1919년의 3월 1일에 민족 대표 33인이 발표한 '기미독립선언문'에는 "我(아) 生存權(생존권)의 剝喪(박상)됨이 무릇 幾何(기하)이며", 곧 "우리의 생존권을 빼앗김이 무릇 얼마이며"라는 구절이 나온다. 이로부터 생각해보면 '기하'는 이전부터 'geometry' 이외의 뜻으로도 쓰였음을 알 수 있고, 따라서 geometry에 대한 단순한 음역이라고만 보기는 어렵다고 하겠다.

2 기본도형과 증명

1 : 기본도형의 의의

기본도형의 간단한 설명

도형(圖形, (geometric) figure)은 수학적으로 정확히 말하자면 **공간상의 점의 집합**을 일컫는다. 그런데 이는 좀 추상적이므로 일반적으로는 **점, 선, 면, 각을 조합해서 만든 수학적 대상**을 말하며, 여기에 쓰이는 **점, 선, 면, 각을 기본도형**이라고 부른다. 이 가운데 선에는 **직선**과 **곡선**이 있고, 면에는 **평면**과 **곡면**이 있다. 한편 직선의 일부분을 이용해서 만든 것으로는 **선분**과 **반직선**이 있는데, 선분은 한 점에서 시작하여 다른 한 점에서 끝나는 직선을 말하고, 반직선은 한 점에서 시작하여 다른 한 점을 지나 계속되는 직선을 말한다. 그리고 각은 두 직선이 만날 때 방향이 얼마나 어긋나 있는지를 나타내는 정도인데, 보통 이 정도가 작은 쪽의 크기를 가리킨다.

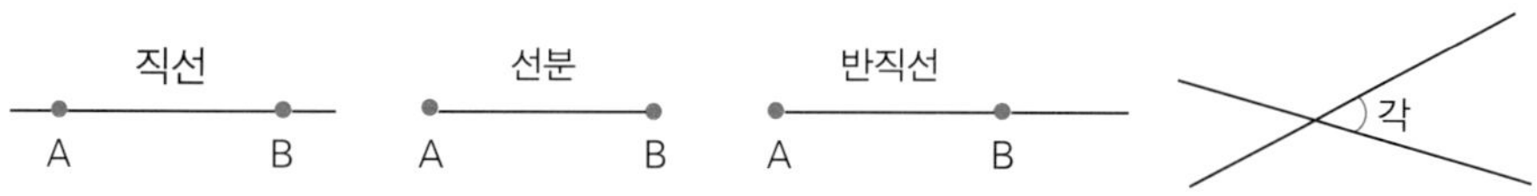

한편 위 용어들에 대한 영어 단어는 아래와 같다.

점 : point

선 : line (line은 직선과 곡선을 포괄하며, 직선은 straight line, 곡선은 curve라고 부른다.)

면 : surface (surface는 평면과 곡면을 포괄하며, 평면은 plane 또는 plane surface, 곡면은 surface 또는 curved surface라고 부른다.)

선분 : line segment

반직선 : half line

각 : angle

기본도형의 추가적 검토

앞에서 기본도형과 그에 따르는 몇 가지 대상에 대하여 아주 간단한 설명을 했다. 그런데 이들 기본도형에 대해서는 좀 더 자세히 생각해볼 것들이 있으므로 여기서는 이를 살펴보고 넘어가기로 한다.

먼저 기본도형 중에서도 가장 기본이 되는 점(point)에 대해서 생각해보자. 점은 지금 '기본도형의 하나'로 이야기하고 있지만 실제로는 '수직선이나 좌표평면이라는 집합을 구성하는 원소'로서 이미 사용해온 개념이다. 그런데 우리가 **수직선이나 좌표평면 위에 "존재한다"라고 생각하는 '점'이 과연 실제로 존재하는 것일까?**

이 의문을 더욱 명확히 이해하기 위하여 우리의 일상생활에서 '점'이라고 부를 수 있는 게 어떤 것들이 있는지 생각해보자. 그 예로는 뾰족한 연필로 종이 위에 콕 찍은 점, 책상 모서리, 바늘의 끝 등을 들 수 있을 것이다. 하지만 과연 이것들이 진짜로 '점'일까? 만일 현미경을 사용해서 아주 높은 배율로 관찰한다면 아무리 날카로운 바늘

끝이라도 실제로는 뭉툭하게 보인다. 그리고 연필로 찍은 점이나 책상 모서리는 더욱 그럴 것이다. 다시 말해서 수학에서 말하는 점은 현실적으로 존재하는 그 어떤 대상보다도 작으며, 따라서 실제로는 점이라는 관념을 정확히 표현할 현실적 대상은 없다. 곧 이 결론에 의하면 우리가 **수학에서 말하는 점은 현실적으로는 존재하지 않는 '상상 속의 대상'**임을 알 수 있다.

그렇다면 수학은 왜 이처럼 현실적으로 존재하지도 않는 대상을 상정하고서 이야기를 하는 것일까? 여기서 우리가 정말로 다시 인식해야 할 중요한 것 가운데 하나는 **수학의 가장 기본적 대상인 '수' 자체마저도 실제로는 '가상적 대상'**에 지나지 않는다는 사실이다. 우리가 사는 현실에는 여러 가지 물체들만 있을 뿐이고 그것을 헤아리는 '수'는 오직 우리의 머릿속에만 존재한다. 그런데도 우리가 '수'라는 개념을 만들어내고 이용하는 것은, 이와 같은 '가상적 개념'을 이용하면 현실에서 마주치는 수많은 문제들을 해결할 수 있기 때문이다.

이제 기하에서 점이라는 또 다른 가상적 개념을 도입하는 것도 이와 똑같은 필요성 때문이다. 곧 대수와 기하를 막론하고 수학은 현실적 필요성에서 출발한 학문이며, 이를 위해서 굳이 필요하다면 비현실적 개념까지도 얼마든지 창안 및 활용할 수 있다. '수직선'에서는 대수적 대상인 '수'와 기하적 대상인 '점'이 같은 것으로 취급되는데, 수학적 노력의 본질은 하나이되, 방법은 다양한 형태로 나타날 수 있다고 하겠다.

기본도형의 직관적 이해

다음으로 선이나 면에 대해서 생각해볼 때도 비슷한 상황에 빠진다. 현실적으로 선이라고 볼 수 있는 것으로는 아주 가느다란 실이나 거미줄 등을 들 수 있겠지만 이것들도 크게 확대해보면 커다란 기둥이나 넓은 길처럼 보일 것이므로 수학에서 말하는 선과 동떨어진다. 그리고 면의 예에 가까운 매우 얇은 종이도 확대하면 두꺼운 책처럼 보일 것이므로 이 또한 수학적 의미의 면에 부합하지 않는다. 나아가 각(angle)은 두 직선이 교차해서 생기는 것인데, 직선이란 것 자체가 가상적 개념이므로 그것으로부터 만들어지는 각 또한 자연히 가상적 개념이 되고 만다.

이와 같은 문제점 때문에 기본도형의 정체를 실제적인 예로써 설명하거나 이해할 수는 없다. 따라서 우리는 이에 대하여 직관적인 이해를 통하여 파악해야 하며, 일반적으로는 다음과 같이 풀이한다.

점 : 크기는 없고 위치만 갖는 것.

선 : 너비는 없고 길이만 갖는 것. 이 가운데 선을 구성하는 점들이 일렬로 반듯이 놓여 있는 선을 **'직선'**이라고 부른다.

면 : 두께는 없고 넓이만 갖는 것. 이 가운데 면을 따라 어느 방향으로든 직선을 그을 수 있는 면을 **'평면'**이라고 부른다.

한편 **'각'**은 두 직선이 교차할 때 어긋나는 정도이므로 직선에 대한 직관적 이해를 통하여 자연스럽게 이해된다. 그리고 앞으로는 이와 같이 직관적으로 이해된 기본도형의 개념을 토대로 기하에 대한 모든 이야기를 해나아가기로 한다.

기본도형의 표기와 관련 용어

기본도형들의 표기에 대해서는 예로부터 관습적 규칙이 전해 내려온다.

먼저 점의 경우 알파벳의 대문자 A, B, C , … 등으로 나타내는데, 특별한 이유가 없으면 알파벳 첫 글자부터 사용하지만, 점의 영어가 point이므로 P, Q , …를 쓰는 경우도 많다.

다음으로 선의 경우 소문자를 쓰는데, 선의 영어가 line이므로 특별한 이유가 없으면 l부근의 글자들인 k, l, m, n, … 등으로 나타낸다. 한편 점 A와 B를 통과하는 직선은 $\overleftrightarrow{AB}$, 점 A에서 시작하여 B를 통과하는 반직선은 $\overrightarrow{AB}$, 점 A와 B를 잇는 선분은 $\overline{AB}$로 나타낸다. 이 세 가지 선의 기호로부터 나타나는 주목할 사항 하나는 **직선이나 선분의 경우** $\overleftrightarrow{AB} = \overleftrightarrow{BA}$ 나 $\overline{AB} = \overline{BA}$ 와 같이 점의 순서를 바꿔도 같은 것으로 보지만, **반직선의 경우**에는 $\overrightarrow{AB} \neq \overrightarrow{BA}$ 로서 **점의 순서를 바꾸면 서로 다른 반직선**으로 본다는 사실이다. 이는 직선이나 선분의 경우 두 점의 역할이 서로 동등하지만 반직선의 경우 한 점은 출발점이고 다른 점은 통과점이어서 서로 다른 역할을 하기 때문이다.

각의 경우에 대해서는 아래 그림을 통하여 설명한다.

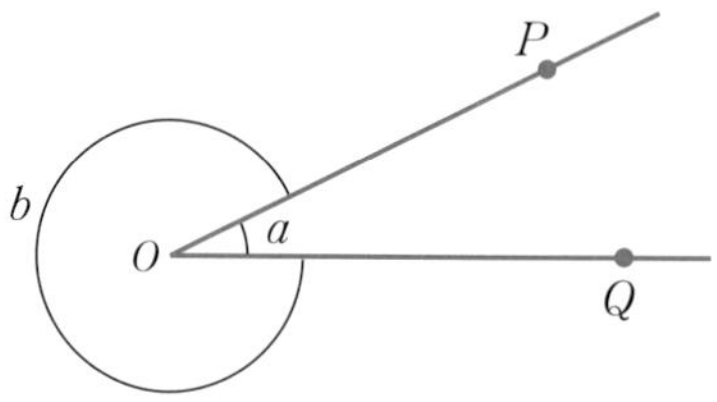

위 그림에서 점 O를 꼭지점이라 부르고, 두 반직선 $\overrightarrow{OP}$ 와 $\overrightarrow{OQ}$ 사이에 만들어진 각을 $\angle POQ$, $\angle O$, $\angle a$ 등으로 나타내며, 때로는 이 각을 나타낸다는 뜻이 분명할 경우 그냥 a로 쓰기도 한다. 여기서 '$\angle$'은 각을 나타내는 기호이다. 그런데 엄밀히 말하자면 반직선 $\overrightarrow{OP}$ 와 $\overrightarrow{OQ}$ 사이에 만들어지는 각에는 위 그림에 나타냈다시피 $\angle b$도 있다. 하지만 굳이 $\angle b$를 쓸 필요가 있는 경우를 제외하고는 통상 작은 각인 $\angle a$로 두 반직선 사이의 각, 곧 **끼인각**(included angle)을 나타낸다. 나아가 보통의 경우에는 이 끼인각을 그냥 '각'이라고 부른다.

각의 크기는 초등학교에서 배웠듯 한 바퀴 완전히 도는 것을 360°로 삼았다. 그러므로 2개의 반직선이 반대 방향으로 놓여 하나의 직선을 이루면 그 끼인각은 180°가 되며 이를 **평각**(平角, straight angle)이라고 부른다. 한편 두 직선이 만날 때 끼인각이 평각의 반, 곧 90°이면 "**직교**(直交, orthogonal)한다" 또는 "**수직**(垂直, perpendicular)이다"라고 말하며, 이 끼인각을 **직각**(直角, right angle)이라 부르고, 기호로는 $\angle R$로 나타낸다. 그리고 어떤 각이 직각보다 작으면 예리한 각이라는 뜻에서 **예각**(銳角, acute angle), 직각보다 크고 평각보다 작으면 둔한 각이라는 뜻에서 **둔각**(鈍角, obtuse angle)이라고 부른다. 둔각에 이런 제한을 둔 이유는 어떤 각이 180°를 넘어서면 특별한 경우를 제외하고는 반대쪽의 각, 곧 180°보다 작은 각을 이용하기 때문이다. 도형에 평각과 직각을 나타낼 때는 다음 그림과 같은 기호를 사용한다.

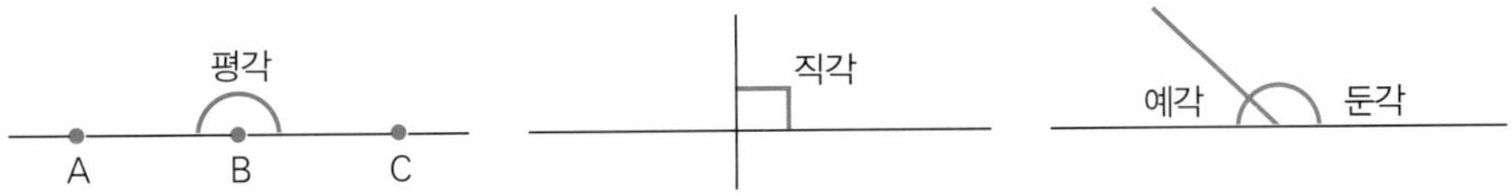

두 직선 $\overleftrightarrow{AB}$와 $\overleftrightarrow{CD}$가 직교하면

$$\overleftrightarrow{AB} \perp \overleftrightarrow{CD}$$

로 쓰며, 이때 한 직선을 다른 직선의 **수선**(垂線, perpendicular)이라고 부른다. 그리고 아래 오른쪽 그림처럼 직선 l 밖의 한 점 P에서 직선 l에 수선을 그었을 때 그 교점 H를 **수선의 발**(foot of perpendicular)이라고 한다. 이 그림에서 알 수 있듯 선분 $\overline{PH}$는 직선 l 밖의 한 점 P에서 직선 l에 그을 수 있는 모든 선분들 가운데 가장 짧으며, 이를 점 P와 직선 l 사이의 **거리**(distance)라고 부른다(수직선에서 정의한 103쪽의 '거리'와 비교할 것. 수학은 물론 여러 학문에서 상황에 따라 하나의 용어로 다른 대상들을 정의하는 경우가 많다). 주의할 것은 일상적으로 어떤 두 지점 사이의 '거리'라고 하면 직선이든 곡선이든 길을 따라 가면서 잰 길이를 뜻함에 비하여, 수학에서는 가장 짧은길이, 곧 직선이나 수선으로 연결했을 때 얻어지는 선분의 길이를 뜻한다는 점이다.

끝으로 면은 다시 점과 마찬가지로 알파벳의 대문자를 써서 나타내는데, 평면의 영어가 plane이므로 특별한 이유가 없으면 $P, Q, \cdots$ 등을 사용한다. 점과 면을 모두 알파벳 대문자로 나타내기 때문에 언뜻 혼란의 우려가 있을 것 같지만 실제로는 앞뒤의 문맥에 따라 분명히 드러나므로 별 문제는 없다.

2 ⋮ 공리계와 증명

여기서는 기하는 물론 **어쩌면 수학 전체를 통하여 가장 중요하다고 할 수 있는 주제**를 다룬다. 이 주제를 통하여 우리는 '수학의 얼개'를 파악하게 되며(수학의 틀, 구조, 조직, 구도 등으로 이해해도 좋다), 수학과 수학자가 하는 일이 무엇인지를 알게 되고, 수학뿐 아니라 다른 모든 분야에 적용될 '논리적 사고'의 원형을 배우게 된다.

명제

62쪽에서 '페르마의 마지막 정리'를 소개하면서 "정리는 '옳다고 증명된 명제'를 말한다"고 이야기했다. 그런데 이 문장에는 '정리'와 '증명'과 '명제'라는 세 가지의 중요한 개념이 들어 있으며, 이들을 제대로 이해하려면 '명제'부터 살펴보아야 함을 느낀다.

수학에서 **명제**(命題, proposition 또는 statement)는 **"옳고 그름을 판단할 수 있는 문장"**을 말하며, 여기의 문장은 수식을 포함한다. 그리고 어떤 명제가 옳으면 **참**(true), 그르면 **거짓**(false)이라고 말하는데, 줄여서는 T와 F로 표기한다. 예를 들어 "㉮2는 소수이다", "㉯$2+3=6$", "㉰사느냐 죽느냐 그것이 문제이다", "㉱$x^2=4$"를 두고 볼 때, ㉮는 참인 명제, ㉯는 거짓인 명제이지만, ㉰와 ㉱는 명제가 아니다.

㉰의 경우에서 알 수 있듯이 문학적 표현들에는 명제가 아닌 것들이 아주 많다. 나아가 이른바 '명언'이라고 알려진 것들도 마찬가지이다. "수학의 본질은 자유에 있다(칸토어)", "수학은 과학의 여왕이고 정수론은 수학의 여왕이다(가우스)" 등의 말은 우리로 하여금 뭔가 곰곰이 생각해보게 만들지만, "그래, 이 말은 수학적으로 참이야!"라고 말할 수는 없으므로 명제는 아니다. 또한 일상적으로 쓰는 문장들 가운데 긍정문, 부정문은 명제가 될 수 있지만 의문문, 명령문, 감탄문은 명제가 될 수 없다.

수학이 이처럼 진위(眞僞) 여부를 판단할 수 있는 문장만을 명제로 삼은 이유는 자명하다. 문학이나 예술 등은 주관적 감정까지 다루어야 하므로 진위 여부와 무관한 경우도 많지만, 수학은 객관적 기준에 따른 논리적 전개가 그 목표이기 때문이다.

예제

다음 문장 가운데 명제인 것을 모두 골라라.

① $x > 0,\ y > 0$ ② 백지장도 맞들면 낫다

③ 10원은 작은 돈이다 ④ 태산이 높다 하되 하늘 아래 뫼이로다

⑤ $x+3 = 6+x$

풀이 ①은 x와 y의 영역을 나타낼 뿐 그 자체로는 진위 여부를 판단할 대상이 아니므로 명제가 아니다. ②와 ③은 일반적으로는 옳다고 여기지만 어디까지나 각 개인의 주관에 따른 판단이므로 명제가 아니다. ④의 경우 모든 산이 하늘 아래 있다는 것은 객관적 사실이므로 참인 명제이다. 이 문장은 문학적 표현이기는 하지만 객관적 사실을 문학적으로 표현한 것이지 주관적 감상의 묘사가 아니란 점에 주목해야 한다. ⑤의 경우 양변에서 x를 빼면 $3 = 6$이란 식이 되므로 거짓인 명제이다.

따라서 답은 ④와 ⑤이다.

공리

앞에서 "명제는 진위를 판단할 수 있는 문장"이라고 했는데, 다음으로 중요하게 떠오르는 문제는 "무엇을 근거로 판단할 것인가?"라는 점이다. 위의 예제에서는 '객관적 사실 여부'를 중심으로 따졌지만, 단순히 이렇게 하다가는 포괄 범위가 너무 방대할 뿐 아니라, '객관적 사실 여부' 자체가 애매한 경우도 많으므로 많은 혼란과 논란이 초래될 우려가 많다. 따라서 수학적으로 제대로 된 체계를 세우려면 이에 관하여 보다 명확하게 규정하는 것이 필요하다. 수학의 여러 분야에서는 이런 점을 고려하여 **각 분야의 구축에 필요한 최소한의 근본 원리**를 찾아 궁극적인 판단 기준으로 삼고 이를

공리(公理, axiom)라고 부른다.

공리의 예는 아주 많지만 중학수학의 단계에서 가장 두드러진 것으로는 177쪽에서 이야기했던 '등식의 성질'을 들 수 있다. 그 다섯 성질은 모든 항등식과 방정식을 논리적으로 변화시켜 가는 근본 원리이며 이를 토대로 수식의 연산이 이루어진다. 이런 점에서 '등식의 성질'은 중학수학 대수편의 대표적인 공리라고 말할 수 있는데, 이에 대응하는 기하편의 대표적 공리에는 유클리드의 『원론』에 제시된 10개의 공리가 있다.

『원론』의 10대 공리

앞서 기하에 관한 역사적 배경과 기초를 간단히 살펴보았다. 그런데 거기서도 말했듯 유클리드의 『원론』은 거의 2000년 동안 별다른 수정 없이 세계 각국에서 교과서로 사용되어 왔지만 이후 수학이 발전하면서 깊은 검토가 행해짐에 따라 몇 가지의 논리적 오류가 발견되었다. 그리하여 오늘날 사용하는 새로운 교과서들은 『원론』의 내용과 접근법을 그대로 따르지는 않는다. 하지만 유클리드가 『원론』의 모든 논리를 전개하는 데 사용했던 근본 원리인 **10대 공리**는 충분히 음미할 만한 가치가 있다고 여겨지므로 아래에 소개한다.

㉮ 임의의 두 점을 지나는 직선을 그을 수 있다.

㉯ 유한한 길이의 직선은 계속 연장하여 그을 수 있다.

㉰ 임의의 점에서 임의의 반지름으로 원을 그릴 수 있다.

㉱ 모든 직각은 서로 같다.

㉲ 한 직선이 두 직선과 만날 때 동측내각의 합이 서로 다르면 두 직선은 동측내각의 합이 평각보다 작은 쪽에서 만난다.

㉳ 같은 것에 같은 것들은 서로 같다. ($A=B$이고 $C=B$이면, $A=C$이다).

㉴ 같은 것들에 같은 것을 더하면 그 합은 서로 같다. ($A=B$이면, $A+C=B+C$이다).

㉵ 같은 것들에서 같은 것을 빼면 그 차는 서로 같다. ($A=B$이면, $A-C=B-C$이다).

㉶ 겹치는 것들은 서로 같다. (합동인 것들은 서로 같다.)

㉷ 전체는 부분보다 크다.

앞 괄호 안의 기술들은 이해의 편의를 위하여 덧붙인 것이다. 고대 그리스인들은 이 가운데 ㉮~㉲는 기하라는 일부 분야에 쓰이는 것이라고 해서 **공준**(公準, postulate), ㉳~㉷는 일반적인 모든 영역에 쓰이는 것이라고 해서 **공리**(公理, axiom)라고 불러 서로 구별했다. 하지만 ㉶도 기하에 관한 내용이므로 이는 그다지 타당하지 않을 뿐 아니라, **이런 구분에 논리적으로 특기할 만한 의의는 없으므로 오늘날에는 모두 공리라고 부르는 게 일반적**이다.

여기에서 ㉲와 ㉶를 제외한 나머지는 쉽게 이해할 수 있다. 특히 ㉴와 ㉵는 177쪽에서 이야기한 '등식의 성질' 가운데 첫째와 둘째에 해당한다. 그리고 ㉱는 기하에서 다루는 '평면'이란 것이 구부러져 있거나 구겨져 있지 않다는 점, 곧 말 그대로 "평평하다"는 뜻을 나타낸다(평평한 종이에 직각을 그렸는데, 이 종이를 구부리거나 구기면 처음 그렸던 직각의 각도가 달라지고 만다). ㉲는 '동측내각(同側內角, interior angles on the same side)'이란 용어를 알아야 하며, ㉶는 '합동(合同, congruence)'의 개념을 나타내므로, 나중에 관련되는 부분에서 다시 이야기하기로 한다. 한편 ㉷에는 약간의 문제점이 있어서 현대 수학에서는 공리로 받아들이지 않는데, 이에 대한 논의는 대학 수준에 해당하므로 이 책에서는 다루지 않는다.

정리

이미 몇 번 말했듯 **정리**(定理, theorem)는 **'옳다고 증명된 명제'**를 말한다. 그런데 옳다고 증명되는 것은 나중 일이고 그전에는 '옳은지 그른지 모르지만' 일단 잠정적으로 어떤 명제를 제시해야 한다. 이와 같이 **잠정적으로 제시되어 장차 증명의 대상이 되는 명제**를 가리켜 **가설**(假說, hypothesis)또는 **추론**〔推論. 또는 추측(推測), conjecture〕이라고 부른다.

현재 수학에서 가장 유명한 추론 하나를 꼽자면 '골드바흐의 추론(Goldbach's Conjecture)'을 들 수 있다. 이는 1742년에 골드바흐(Christian Goldbach, 1690~1764)라는 수학자가 오일러에게 보낸 편지에서 제기했던 "2보다 큰 모든 짝수는 두 소수의 합으로 나타낼 수 있다"는 추론을 가리킨다. $4 = 2+2$, $6 = 3+3$, $8 = 3+5$, $10 = 3+7 = 5+5$, $12 = 5+7$, … 등의 예에서 보듯 이 문제의 내용은 초등학생이라도 이해할 수 있을 정도로 간단하다. 그러나 처음 제기된 이후 260여 년이 지난 현재까지도 미해결 상태이다.

가설이나 추론이 옳은 것으로 증명이 되면 정리로 인정받으며, 최근의 유명한 예로는 61쪽에서 이야기한 것으로 1637년에 제시된 후 무려 357년의 흐른 1994년에야 증명된 '페르마의 마지막 정리(Fermat's last theorem)'가 있다. 그런데 이 정리는 증명되기 전부터 이미 '정리'라고 불려왔다. 이처럼 '가설, 추론'과 '정리'는 의미상으로 명확히 구별되기는 하지만 실제로는 혼용되는 경우도 가끔씩 있다.

증명

증명(證明, proof)은 **공리를 바탕으로 가설이나 추론의 진위 여부를 논리적으로 밝히는 과정**을 가리킨다. 예를 들어 유클리드의 『원론』에는 10개의 공리를 이용하는 465개의 정리에 대한 증명이 수록되어 있다. 그러나 실제로는 여기서 그치지 않으며, 일반적으로 어떤 한 묶음의 공리에서 도출될 수 있는 정리의 수는 무한하다. 아래에서는 아주 간단한 예를 통하여 이러한 증명 과정을 음미해보기로 한다.

평면에서 두 직선이 만날 때 생기는 각을 **교각**(交角, intersection angle)이라 부르는데, 다음 쪽 그림에서 보듯 교각은 두 쌍이 생기며, 서로 이웃하지 않고 마주보는 한 쌍의 교각을 **맞꼭지각**(vertical angle)이라고 부른다.

이 상황에서 **맞꼭지각은 서로 같다**는 정리가 성립한다. 곧 $\angle a = \angle a'$이고 $\angle b = \angle b'$인데, 이는 다음과 같이 쉽게 증명된다.

먼저 다음 그림에서 $\angle a + \angle b$는 평각이므로 180°인데, $\angle a' + \angle b$도 평각으로 180°이다. 따라서

$$\angle a + \angle b = \angle a' + \angle b$$

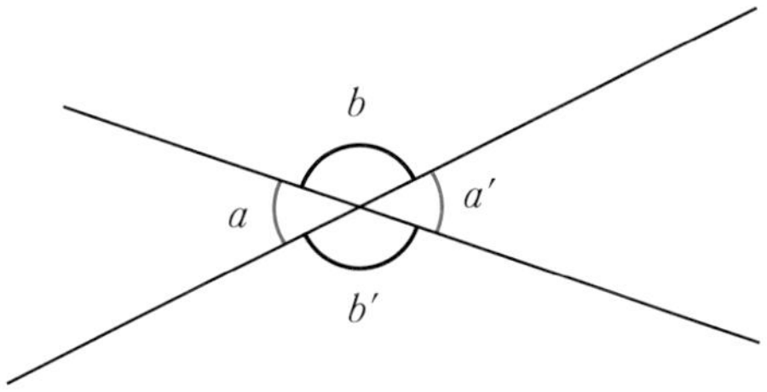

이다. 다음으로 등식의 성질에 따라 양변에서 $\angle b$를 빼면

$$\angle a = \angle a'$$

라는 결론이 나와 앞의 정리가 증명된다.

앞 증명에 내포된 논리적 과정을 정확히 이해하기 위하여 다시 한 번 차분히 음미해보자.

먼저 "$\angle a + \angle b = 180°$이고 $\angle a' + \angle b = 180°$이므로 $\angle a + \angle b = \angle a' + \angle b$이다"에는 『원론』의 공리 ㉥번이 적용되었다.

다음으로 "$\angle a + \angle b = \angle a' + \angle b$의 양변에서 $\angle b$를 빼면 $\angle a = \angle a'$이다"에는 『원론』의 공리 ㉧번이 적용되었다.

이처럼 "맞꼭지각은 서로 같다"라는 정리는 공리에서 논리적으로 유도되며, 수학의 모든 지식은 이런 과정을 통해 축적되어왔다. 이러한 수학의 증명법을 처음 개척한 사람이 바로 탈레스였으며, 이 때문에 그를 '학문의 시조', 그리고 기하를 '수학의 고향'이자, '모든 학문의 원형'이라고 부른다.

이런 상황에 비춰볼 때 중학수학만 하더라도 기하 외에 대수에도 많은 증명 문제들이 있다는 점을 쉽게 예상할 수 있다. 그런데 이 책에서는 "공리(근본 원리) → 증명 → 정리"라는 과정을 논리적으로 설명한 다음에 이런 문제들을 제시하기 위하여 대수편에서는 일부러 여태껏 증명 문제를 다루지 않았다. 이에 따라 대수편의 증명 문제들은 별책의 문제 중 '종합문제'편에 주로 수록했으므로, 이들에 대해서는 그곳을 참조하기 바란다.

수학은 건물이다

지금까지 '명제'의 개념에서 시작하여 '공리 → 증명 → 정리'에 대하여 배웠는데, 여기에 두 가지의 개념을 덧붙이면 이른바 '수학의 얼개'가 완성된다. 그 하나는 이 책의 서론에서 배웠던 **정의**(定義, definition)이며, 다른 하나는 정의의 토대가 되는 **공어**(公語, primitive term)◇이다('공어'를 '무정의용어'로 부르기도 하는데 '공리'를 '무증명명제'라고 부르지 않는다는 점에 비추어 '공리'란 말과 잘 어울리도록 '공어'로 썼다).

19쪽에 썼듯 **정의**는 **어떤 용어의 뜻을 명확히 규정하는 것**을 말한다. 그런데 **정리에 대한 근본 원리가 공리**인 것처럼 정의에 대해서도 근본 용어가 필요하며, 이와 같은 **정의에 대한 근본 용어가 공어**이다. 예를 들어 "원은 한 점으로부터 일정한 거리에 있는 점들의 집합"이라는 정의를 보자. 여기에서 '원'이라는 용어를 이해하려면 이를 정의하는 데에 사용된 '점', '거리', '집합' 등의 용어가 사람들 사이에 명확히 이해되고 있어야 한다. 그런데 공리에서와 마찬가지로 정의에 사용될 근본 용어의 수를 너무 많이 만들면 곤란하다. 따라서 수학에서는 각 분야의 체계적 구축에 필요한 최소한의 근본 용어들을 뽑아 공어로 삼았다. **공어를 무정의용어라고도 부르는 이유는 말 그대로 이것들은 '근본' 용어이므로 이것들을 정의하는 데 쓸 더 이상의 근본 용어는 없기 때문**이다.

기하에서는 '점', '직선', '평면', '합동' 등이 공어로 사용되고, 집합론에서의 '집합', '원소', '속한다'는 것들도 공어의 예이다. 그런데 수학을 아주 엄밀히 만드는 일은 사뭇 힘든 일이며, 더욱이 중고교 과정에서는 반드시 그래야 할 필요성도 크다고 볼 수 없다. 따라서 중고교 과정에서는 어떤 개념을 파악하는 데 큰 지장이 없는 한 비교적 이해하기 쉽고 편안한 느낌을 주는 정의를 많이 사용한다.

이상 설명한 내용을 간추리면 **"수학은 '공리'와 '공어'로 확립된 '정의'와 증명으로 확립된 '정리'를 덧붙이면서 구성해 가는 체계"**라고 말할 수 있다. 그리고 이 가운데 **"공리와 공어의 집합"**을 가리켜 **공리계**(公理系, axiomatic system)라고 부른다. 이와 같은 수학의 체계는 **"수학은 건물이다"**라는 비유로 요약할 수 있고 387쪽 그림은 이를 나타낸다. 다만 여기서 아주 중요한 것은 이와 같은 **'수학의 건물'은 영원히 완결되지**

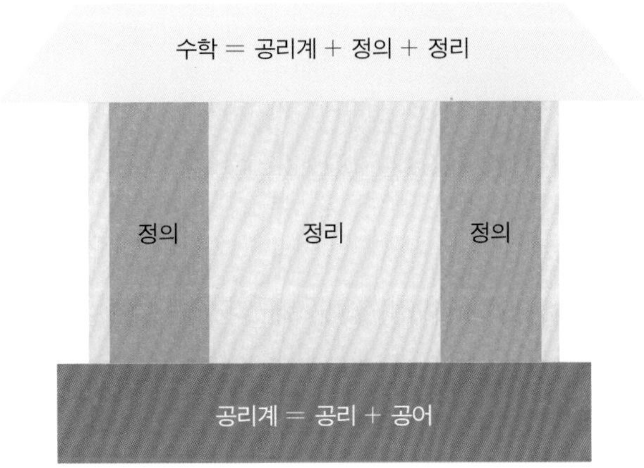

않는, 곧 영원히 건설 중인 건물로 여겨야 한다는 점이다.

명제와 역

자세히 따져보면 **모든 명제는 "…이면 …이다"라는 구조**로 되어 있다. 예를 들어 "맞꼭지각은 서로 같다"라는 참 명제는 "어떤 두 각이 맞꼭지각의 관계에 있다면, 이 두 각은 서로 같다"라고 풀이할 수 있고, "해는 서쪽에서 뜬다"라는 거짓 명제는 "어떤 물체가 해라면 이 물체는 서쪽에서 뜬다"라고 풀이할 수 있으며, 이는 바로 "…이면 …이다"라는 구조이다.

이와 같은 구조로 되어 있는 문장을 **조건문**(條件文, conditional)이라 부르므로 모든 **명제는 조건문**인데, 기호로는

$$p \rightarrow q$$

로 쓴다. 그리고 이때의 p를 **가정**(假定, assumption), q는 **결론**(conclusion)이라고 부른다.

예제

다음 명제를 적절히 변형하여 조건문임을 보여라.

① 태산이 높다 하되 하늘 아래 뫼이로다. ② $x+3 = 6+x$

풀이

① 이 문장을 조금 바꿔 쓰면 "아무리 높은 산이라도 산이라면 결국 하늘 아래 있다"는 뜻이므로 조건문이란 점이 분명히 드러난다. 여기서 군더더기를 없애면 "산은 하늘 아래 있다"란 문장이 되는데, 이것은 참 명제이므로, "태산이 높다 하되 하늘 아래 뫼이로다"라는 말은 이에 대한 문학적 표현이다.

② "$x+3 = 6+x$"를 "x에 3을 더하면 x에 6을 더한 것과 같다"로 고쳐 쓰면 조건문이란 점이 분명히 드러난다. 이를 넓혀서 생각해 보면 "모든 등식과 부등식은 명제이며, 내용에 따라 참 또는 거짓 명제로 나뉜다"라고 말할 수 있다.

예제

다음 명제의 가정과 결론을 말하라.

① 두 자연수가 홀수이면 그 합은 짝수이다.

② 맞꼭지각은 서로 같다.

풀이

① 가정 : 두 자연수가 홀수이다.

결론 : 두 자연수의 합이 짝수이다.

② 가정 : 두 각이 맞꼭지각이다.

결론 : 두 각이 서로 같다.

어떤 명제의 가정과 결론을 서로 바꿔 쓴 것을 그 명제의 **역**(逆, converse)이라고 부른다. 예를 들어 "해가 뜨면 아침이다"라는 명제의 역은 "아침이면 해가 뜬다"이고, "8의 배수는 4의 배수이다"라는 명제의 역은 "4의 배수는 8의 배수이다"는 것이다. **어떤 명제와 그 역은 '서로 역의 관계'**에 있다. 곧 (어떤 명제의) 역을 명제로 보면 본래 명제가 (본래 명제의 역의) 역이다.

'명제와 역'의 관계에서 아주 중요한 것은 **명제와 역의 진위가 반드시 일치하지는 않는다**는 점이다. 곧 명제가 참이라도 역은 거짓이 될 수 있고, 반대로 명제가 거짓이라도 역은 참이 될 수 있다. 위의 예에서 "해가 뜨면 아침이다"는 명제와 "아침이면 해가 뜬다"라는 역은 모두 참이다. 그러나 "8의 배수는 4의 배수이다"라는 명제는 참이지만 그 역인 "4의 배수는 8의 배수이다"라는 명제는 거짓이다. 그러므로 어떤 명제가 참이라는 게 증명되더라도 그 역의 진위는 별도의 증명으로 밝혀야 한다.

예제

다음 명제의 역 및 각각의 진위를 말하라.

① 60의 약수는 30의 약수이다.

② 직사각형은 네 각의 크기가 같다.

③ $m+n$이 짝수이면 m과 n도 짝수이다.

④ 2차함수의 그래프는 쌍곡선이다.

풀이 ① 역 : 30의 약수는 60의 약수이다. 명제는 거짓이고 역은 참이다.

② 역 : 네 각의 크기가 같은 사각형은 직사각형이다. 네 각이 같은 사각형에는 정사각형도 있지만 정사각형은 직사각형의 일종이므로 명제와 역 모두 참이다.

③ 역 : m과 n이 짝수이면 $m+n$도 짝수이다. 명제는 거짓이고 역은 참이다.

④ 역 : 쌍곡선은 2차함수의 그래프이다. 2차함수의 그래프는 포물선이므로 명제와 역 모두 거짓이다.

3 ⁝ 평행선의 성질

평행선에는 두 가지의 중요한 성질이 있는데, 이를 뒷받침하는 근본 원리는 "한 직선이 두 직선과 만날 때 동측내각의 합이 서로 다르면 두 직선은 동측내각의 합이 평각보다 작은 쪽에서 만난다"는 『원론』의 ㉮번 공리이다. 다음에서는 몇 가지의 예비 개념과 이 성질에 대하여 살펴본다.

동위각, 내각, 동측내각, 엇각

한 직선 k가 두 직선 l, m과 교차하는 경우 여러 개의 각이 생기며, 이 가운데 어떤 일정한 관계에 있는 각들에 대해서는 나름의 이름이 주어져 있다. 이들에 대해서는 다음 그림을 통해서 살펴본다.

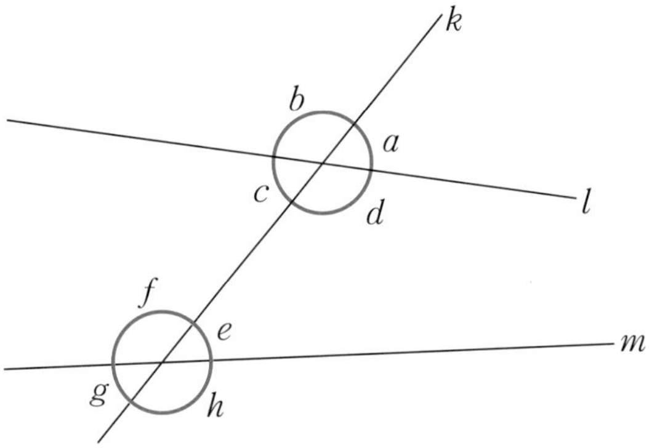

먼저 **동위각**(同位角, corresponding angle)은 "상대적으로 같은 위치에 있는 1쌍의 각"을 뜻하며 그림에서 다음 4쌍의 각을 가리킨다.

$$\angle a\text{와 }\angle e,\quad \angle b\text{와 }\angle f,\quad \angle c\text{와 }\angle g,\quad \angle d\text{와 }\angle h$$

동위각을 처음 배울 때 '상대적으로 같은 위치'라는 게 무슨 뜻인지 선뜻 잘 이해되지 않을 수도 있는데, 이때는 역지사지(易地思之), 곧 교차되는 두 직선의 입장을 서로 바꿔놓고 생각해보는 것이 좋은 방법이다. '상대적'이라는 게 결국 역지사지를 뜻하기 때문이다. 이에 따라 390쪽 그림에서 직선 l의 위치에 직선 m을 가져다 놓으면 위에 적은 4쌍의 각이 서로 '같은 위치'에 있다는 사실을 쉽게 깨달을 수 있다.

다음으로 **내각**(內角, interior angle)은 직선 l과 m의 사이, 곧 이들의 "안쪽에 있는 각"을 뜻하며 그림에서 다음 4개의 각을 가리킨다.

$$\angle c,\quad \angle d,\quad \angle e,\quad \angle f$$

동측내각(同側內角, interior angles on the same side)은 "내각들 가운데 같은 쪽에 있는 1쌍의 각"을 뜻하며, 그림에서 직선 k를 기준으로 서로 같은 쪽에 있는 다음 2쌍의 각을 가리킨다.

$$\angle c\text{와 }\angle f,\quad \angle d\text{와 }\angle e$$

이러한 동측내각의 정의를 토대로 『원론』의 ㉮번 공리를 생각해보면 앞쪽 그림의 경우 두 직선 l과 m은 오른쪽에서 서로 만날 것임을 예상할 수 있다.

엇각(alternate interior angle)은 "내각들 가운데 서로 엇갈린 위치에 있는 1쌍의 각"을 뜻하며, 그림에서 직선 k를 기준으로 서로 다른 쪽에 있는 다음 2쌍의 각을 가리키는데, 이를테면 **동측내각과 엇각은 서로 반대의 뜻을 가진 각**이라고 할 수 있다.

$$\angle c\text{와 }\angle e,\quad \angle d\text{와 }\angle f$$

평행선과 동위각, 평행선과 엇각

평행선과 동위각 사이에는 다음 정리와 같은 중요한 관계가 있다.

정리 **한 직선이 평행인 두 직선과 만날 때 동위각은 서로 같다.**

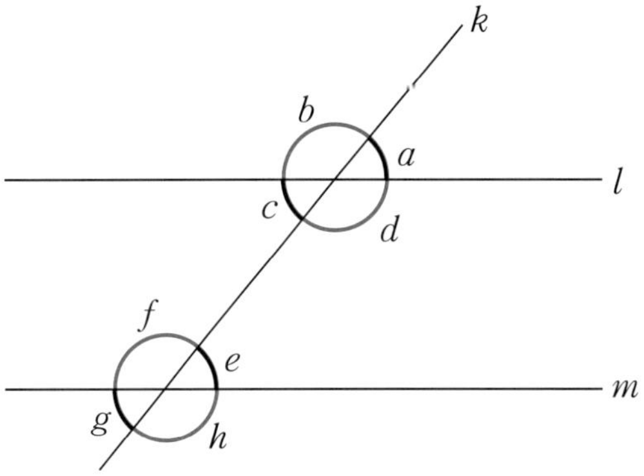

증명 『원론』의 ㉮번 공리에 따르면 평행인 두 직선이 어느 한 직선과 만날 때 동측내각의 합은 180°가 된다. 그러므로 위 그림에서

$$\angle d + \angle e = 2\angle R \quad — ❶$$

이다. 그런데 $\angle a$와 $\angle d$는 직선 k 위의 평각이므로

$$\angle a + \angle d = 2\angle R \quad — ❷$$

이다. ❶와 ❷에 『원론』의 ㉯번 공리를 적용하면

$$\angle a + \angle d = \angle d + \angle e \quad — ❸$$

이다. 이제 『원론』의 ㉰번 공리에 따라 ❸의 양변에서 $\angle d$를 빼면

$$\angle a = \angle e$$

이고, 따라서 한 직선이 평행인 두 직선과 만날 때 동위각은 서로 같다.

한편 평행선과 엇각 사이에도 앞의 정리와 비슷한 다음의 중요한 관계가 성립한다.

정리 **한 직선이 평행인 두 직선과 만날 때 엇각은 서로 같다.**

증명 이 상황에서 엇각은 두 쌍이 나오는데, 여기서는 392쪽 그림에서 $\angle c = \angle e$를 증명하기로 한다.

먼저 $\angle a$와 $\angle c$는 맞꼭지각이므로 서로 같다. 다음으로 직선 l과 m은 평행인데 $\angle a$와 $\angle e$는 동위각이므로 서로 같다. 따라서 $\angle c = \angle e$, 곧 한 직선이 평행인 두 직선과 만날 때 엇각은 서로 같다.

예제

다음 그림에서 $l /\!/ m /\!/ n$일 때 $\angle x$의 크기는 얼마인가?

①
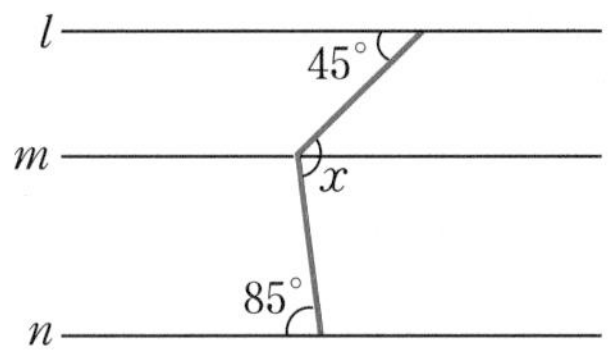

②
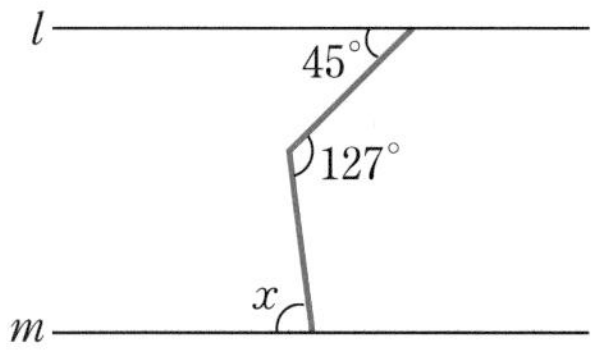

풀이 ① $\angle x$는 $45°$의 엇각과 $85°$의 엇각의 합이다. 따라서 $\angle x = 130°$이다.

② $\angle x$는 $127°$에서 $45°$의 엇각을 뺀 것과 같다. 따라서 $\angle x = 82°$이다. 한편 이 풀이는 다음과 같이 본래 문제의 그림에는 없는 **보조선**(補助線, auxiliary line)을 그어서 생각하면 쉽게 이해할 수 있다.

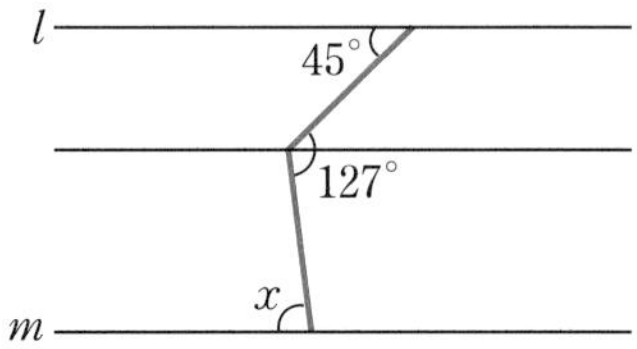

여기의 예는 매우 간단한 것이지만 도형 문제를 풀 때 적절한 보조선을 잘 그으면 어려운 문제라도 쉽게 풀리는 경우가 많다. 따라서 앞으로 주어진 그림만으로 잘 해결되지 않는 문제가 나오면 여러 가지의 보조선을 그리며 다양한 관점에서 생각해보도록 한다.

4 ⋮ 결정과 위치관계

직선과 평면의 결정

『원론』의 공리 ㉮에 따르면 **'임의의 두 점'**이 있으면 하나의 직선이 결정된다. 그리고 이것은 바로 326쪽에서 배웠던 **'직선의 결정'**에 해당한다.

그런데 만일 임의로 선택한 점이 3개가 있다면 어떨까? 이 세 점이 한 직선 위에 있다면 물론 직선 하나만 만들어질 것이므로 새로운 현상은 일어나지 않는다. 하지만 만일 이 세 점이 한 직선 위에 있지 않다면 먼저 아래 왼쪽 그림처럼 A와 B의 두 점을 연결하는 직선 l을 그을 수 있고, 이 직선을 포함하는 평면은 무수히 많다. 하지만 여기에 이 직선 위에 있지 않은 제3의 점 C를 추가하면 오른쪽 그림처럼 P라는 단 하나의 평면만 결정되어 나온다.

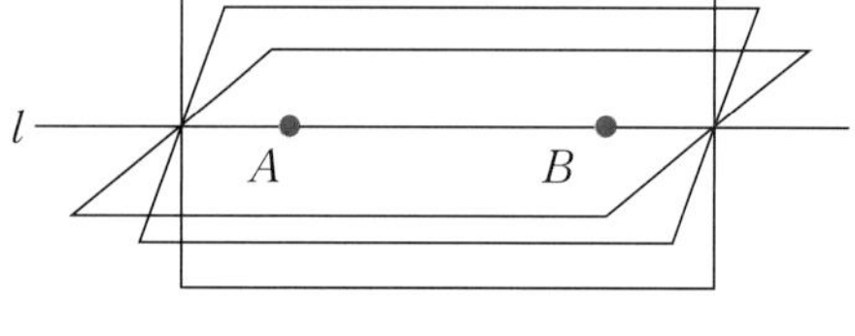

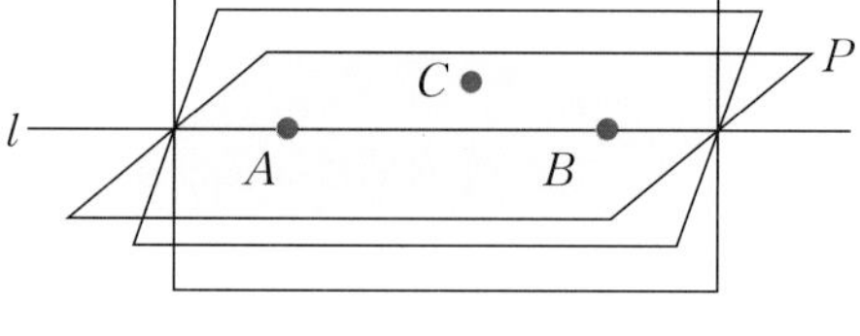

이로부터 우리는 **'한 직선 위에 있지 않은 세 점'**이 한 평면의 결정조건임을 알 수 있다. 그런데 이것을 약간 바꿔 말하면 **'한 직선과 그 위에 있지 않은 한 점'**도 한 평면

의 결정조건이라고 할 수 있다. 이에 따라 이 두 가지를 흔히 **'평면의 결정조건'**이라고 말하며, 이렇게 한 평면을 결정하는 것을 가리켜 **'평면의 결정'**이라고 부른다.

한 가지 특기할 것은 '한 직선 위에 있지 않은 세 점'은 356쪽에서 말한 '포물선의 결정조건' 가운데 하나이기도 하다는 점이다. 이런 뜻에서 "한 포물선은 한 평면을 결정한다" 또는 "한 포물선은 한 평면 속에 포함된다"라고 말할 수 있다.

평면에서의 두 직선의 위치관계

평면에서는 어느 방향으로든 직선을 그을 수 있다. 그런데 이와 같은 직선들 가운데 어느 두 직선을 골라서 살펴보면 반드시 아래와 같은 세 경우 중 하나에 해당한다. 여기서 보듯 평면상의 임의의 두 직선은 서로 만나지 않든지(평행), 한 점에서 만나든지(교차), 무수히 많은 점에서 만나든지(일치) 하며, 기호로는 각각 $l \parallel m$, $l \not\parallel m$, $l = m$으로 나타낸다.

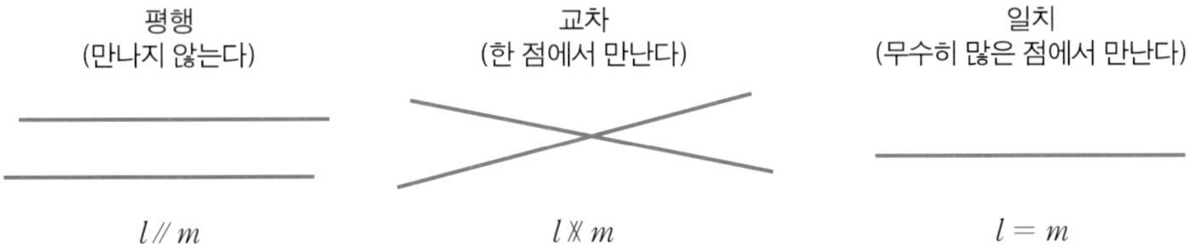

공간에서의 두 직선의 위치관계

'공간에서의 두 직선의 위치관계'에는 "㉮무수히 많은 점에서 만나는 경우(일치)", "㉯한 점에서 만나는 경우(교차)", "㉰만나지 않는 경우"가 있는데, ㉰는 다시 "㉰-㉠나란한 경우(평행)"와 "㉰-㉡꼬인 경우(꼬임)"로 나뉜다. 그런데 여기서 특기할 것은 ㉮와 ㉯와 ㉰-㉠의 세 경우는 이미 살펴본 '평면에서의 두 직선의 위치관계'와 같다는 점이다. 따라서 '공간에서의 두 직선의 위치관계'에서 실제로 추가되는 것은 "㉰-㉡꼬인 경우(꼬임)" 하나뿐이다.

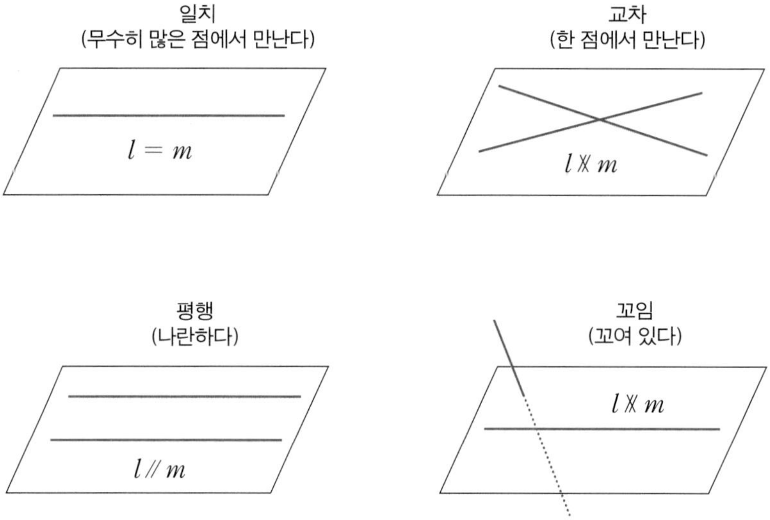

두 직선이 꼬인 관계에 있는 경우의 간단한 예는 직육면체의 변에서 찾을 수 있다. 아래 그림에서 ㉮변과 꼬인 위치에 있는 변은 ㉯와 ㉰이다. 이 그림을 이용하여 다른 경우들에 대해서도 각자 조사해보도록 한다.

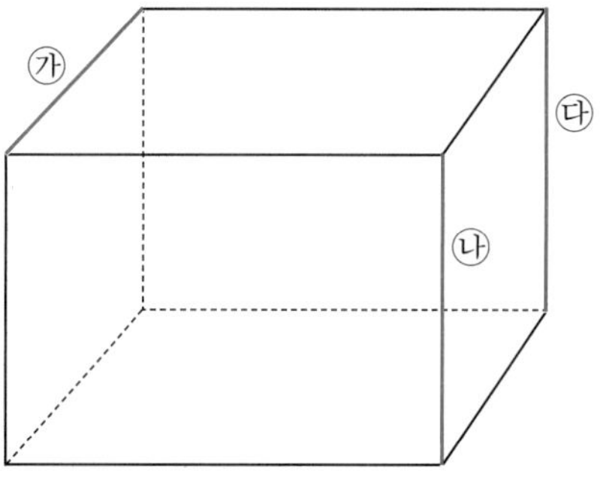

공간에서의 직선과 평면의 위치관계

공간에서의 직선과 평면의 위치 관계에는 "㉮무수히 많은 점에서 만나는 경우(포함)", "㉯한 점에서 만나는 경우(교차)", "㉰만나지 않는 경우(평행)"의 세 가지가 있다.

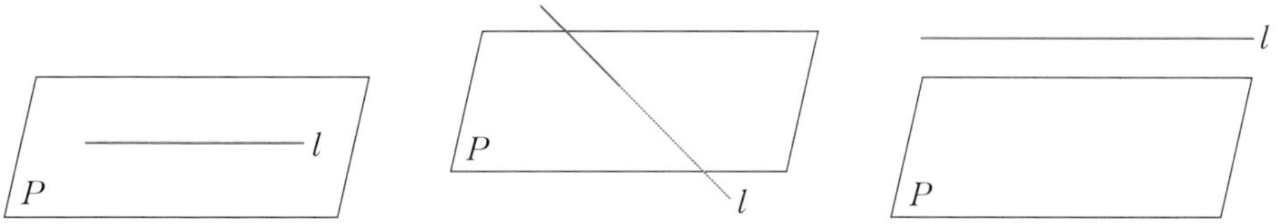

교차의 특수한 경우로서 직선과 평면이 직각을 이루며 교차하는 경우에는 "**직교**(orthogonal)한다" 또는 "**수직**(perpendicular)이다"라고 말한다. 평면 밖의 한 점에서 평면 위에 **수선**(perpendicular)을 내리려면 평면 안에서 교차하는 두 직선에 대하여 수직이 되도록 하면 된다. 곧 아래 그림에서 직선 l이 평면 안에서 교차하는 두 직선 m과 n에 모두 수직이면 직선 l은 교점 B를 지나는 다른 모든 직선에 대해서도 수직이며, 이때 직선 l을 수선이라 부르고, 기호로는 "$l \perp P$"로 쓴다. 그리고 직선 l 위의 점 A로부터 교점 B까지의 수선의 길이를 점 A로부터 평면 P까지의 **거리**(distance)라고 부른다.

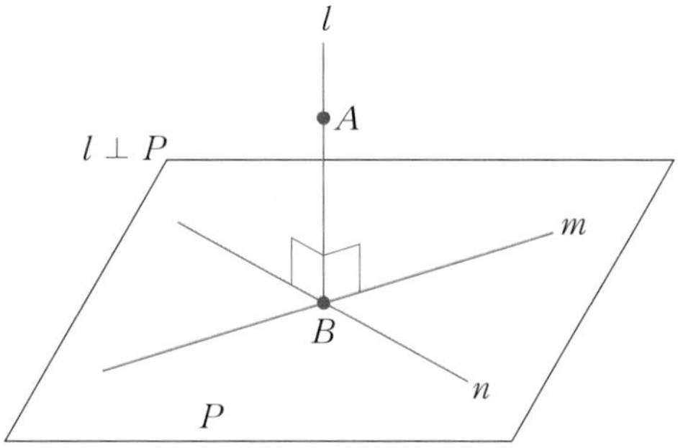

공간에서의 두 평면의 위치관계

여러 가지 위치관계 가운데 마지막인 '공간에서의 두 평면의 위치관계'에는 ㉮만나지 않는 경우(평행), ㉯한 직선에서 만나는 경우(교차), ㉰서로 겹치는 경우(일치)의 세 가지가 있다. 이는 사실상 '평면에서의 두 직선의 위치관계'와 같은데, 단지 교차되는 부분이 직선이란 점만 다르다.

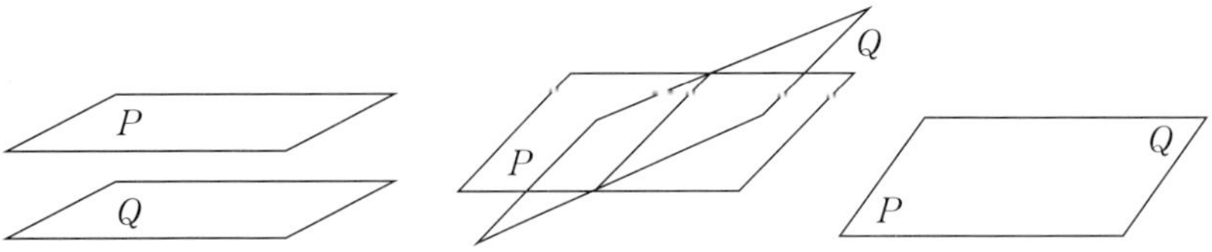

평행($P /\!/ Q$) 교차($P \not\parallel Q$) 일치($P = Q$)

5 : 도형의 작도

작도는 자와 컴퍼스를 이용한 그리기

도형은 점, 선, 면, 각이라는 기본도형의 조합으로 이루어진다. 따라서 언뜻 생각하면 각종 도형은 모두 이와 같은 기본도형을 이용하여 그려지는 것이라고 말할 수 있을 것 같다.

그런데 좀 더 자세히 생각해보면 이 가운데 점이라는 것은 위치를 정하는 역할만 할 뿐 어떤 길이나 크기도 없으므로 본질적 관점에서 볼 때 '그리기'의 대상이 아니다. 또한 면이란 것은 선을 통해서 그려지므로 '도형 그리기'에서 특별히 고유의 의미를 갖지 않는다. 나아가 각은 직선의 교차점에서 유래되는 부수적 개념에 지나지 않으므로 면과 마찬가지로 '도형 그리기'에서 고유의 의미를 갖지 않는다.

그러고 보면 기하에서 다루는 각종 도형은 결국 선으로만 그려진다는 뜻이 된다. 그런데 선을 크게 나누면 직선과 곡선이 있고, 직선은 **자**(ruler)를 이용하면 쉽게 그릴 수 있으므로 별 문제가 되지 않는다. 하지만 곡선에는 규칙적인 것부터 불규칙적인 것까지 사실상 그 종류가 무한하므로 기하에서 어떤 체계적 연구를 하려면 그 대상을 적절히 한정할 필요가 있다. 이에 대하여 기하를 정식으로 발전시킨 고대 그리스인들은 매우 단순한 선택을 했다. 그들은 도형 그리기에 사용되는 곡선으로 원(圓, circle)만

인정했으며, 이는 **컴퍼스**(compass)라는 간단한 도구를 사용해서 그릴 수 있다. 이에 따라 기하에서 **작도**(作圖, construction)라고 함은 **자와 컴퍼스만 이용하는 도형 그리기**를 뜻하게 되었다.

작도는 지적 게임의 일종

작도에서는 자와 컴퍼스만 사용하기로 약속했으므로 반비례 관계의 그래프인 쌍곡선이나 2차함수의 그래프인 포물선, 그리고 고교에서 배우는 타원(楕圓, mellipse) 등의 곡선은 작도의 대상에서 제외된다. 그런데 여기서 유의할 것은 이것들이 작도의 대상에서 제외되었다고 해서 아예 그릴 수 없다는 뜻은 전혀 아니라는 점이다. 쌍곡선, 포물선, 타원 및 이를 응용한 수많은 도형들도 나름대로 그리는 방법들이 있으며 이것들도 수학의 주요 연구 대상이다.

이 상황은 '공'을 사용하는 다양한 운동 경기에 비유할 수 있다. 사람은 손이나 발이나 다른 도구를 사용하여 여러 가지 공을 다룰 수 있는데, 예를 들어 농구에서는 손, 축구에서는 발, 테니스에서는 라켓만 사용하기로 약속한 다음 각각의 경기를 한다. 이로부터 유추해보면 수학에서 다양한 도구를 이용하여 각종 도형이나 그래프를 그리는 것은 '지적(知的) 게임'들이라고 말할 수 있으며, 그중 **기하에서 정한 '작도라는 게임'은 오직 자와 컴퍼스만을 사용하기로 약속한 지적 게임**으로 이해하면 된다.

눈금 없는 자, 간격 복제 컴퍼스

그리스인들은 작도의 도구를 자와 컴퍼스에 한정했을 뿐 아니라, 그 용도도 명확히 규정했다.

우리는 자를 사용할 때 직선을 긋는 용도 외에 자에 새겨진 눈금을 이용하여 각종 물건의 길이를 측정한다. 곧 **자의 2대 용도는 '직선 긋기'와 '측정'**이라고 말할 수 있다. 그런데 **작도에서는 자를 오직 직선 긋기에만 사용**하며 눈금을 사용하는 것은 허용되지 않는다. 이런 점에서 **작도에 사용되는 자는 '눈금 없는 자'**라고 말할 수 있다.

한편 우리가 컴퍼스를 사용할 때 주로 원을 그리는 데 쓰지만, 때로는 컴퍼스의 다리를 어떤 일정한 간격으로 벌려서 이를 그대로 복제하는 데에 쓰기도 한다. 사실 '나침반(羅針盤)'이 컴퍼스라고 불리게 된 연유도 원 둘레를 방위에 따라 일정한 간격으로 나누었기 때문이다. 다시 말해서 **컴퍼스의 2대 용도는 '원 그리기'와 '간격 복제'**라고 말할 수 있는데, **작도에서는 컴퍼스의 경우 2대 용도를 모두 사용**한다는 점에서 자의 경우와 다르다. 그리고 이런 점에서 **작도에 사용되는 도구는 '눈금 없는 자'와 '간격 복제 컴퍼스'**라고 말할 수 있다.

본래 그리스인들은 더 엄격했다. 곧 그들은 컴퍼스도 '원 그리기'에만 사용할 뿐 '간격 복제'에는 쓸 수 없도록 했다. 그러나 이렇게 컴퍼스의 용도를 원 그리기에 한정하더라도 우회적인 여러 단계를 거쳐 결국에는 간격 복제를 할 수 있다. 따라서 컴퍼스의 경우 통상적으로는 아예 처음부터 '원 그리기'와 '간격 복제'의 2대 용도를 모두 활용할 수 있다고 전제한다.

작도의 예제

지금껏 설명한 것처럼 작도를 자와 컴퍼스만을 사용한 그리기로 한정한다면 언뜻 작도할 수 있는 도형은 얼마 되지 않을 것처럼 여겨질 수도 있다. 하지만 작도의 가능성은 무한하며 실제로 고대 그리스 시대 이래 수많은 수학자들이 엄청나게 다양한 작도 문제들에 도전하고 해결해왔다. 여기서는 몇 가지의 예제를 통하여 기본적인 작도 문제들을 살펴보기로 한다.

예제

선분 $\overline{AB}$ 의 수직이등분선을 작도하라.

풀이 작도 과정을 순서대로 쓰면 다음과 같다.

① 점 A를 중심으로 반지름이 선분 길이의 반보다 큰 **원호**(圓弧, circular arc)를 적당히 그린다. 여기서 '원호'라 함은 **원둘레**(원주(圓周) circumference)**의 일부**를 말한다.

② 컴퍼스의 간격을 그대로 유지하면서 점 B를 중심으로 같은 반지름의 원호를 그린다.

③ 자로 원호의 두 교점을 연결하는 직선을 그린다. 이 과정에서 자와 컴퍼스가 어떤 기능으로 쓰였는지 차분히 음미해보도록 한다.

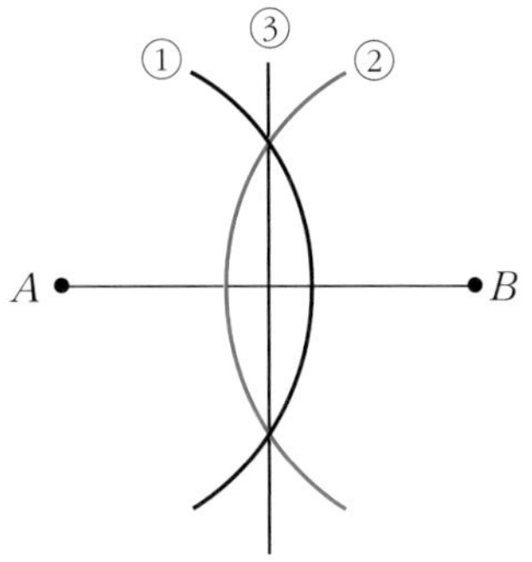

예제

다음을 작도하라.

① 직선 밖의 한 점 P에서 직선 l에 내린 수선

② $\angle AOB$의 이등분선

풀이 다음 순서에 따라 그린다.

① ㉠점 P를 중심으로 적당한 크기의 원호를 그린다. ㉡교점 A를 중심으로 적당한 크기의 원호를 그린다. ㉢교점 B를 중심으로 적당한 크기의 원호를 그린다. ㉣두 원호의 교점과 점 P를 잇는 직선이 점 P에서 직선 l에 내린 수선이다.

② ㉠꼭지점 O를 중심으로 적당한 크기의 원호를 그린다. ㉡교점 A를 중심으로 적당한 크기의 원호를 그린다. ㉢교점 B를 중심으로 적당한 크기의 원호를 그린다. ㉣꼭지점 O와 두 원호의 교점 P를 잇는 직선이 $\angle AOB$의 이등분선이다.

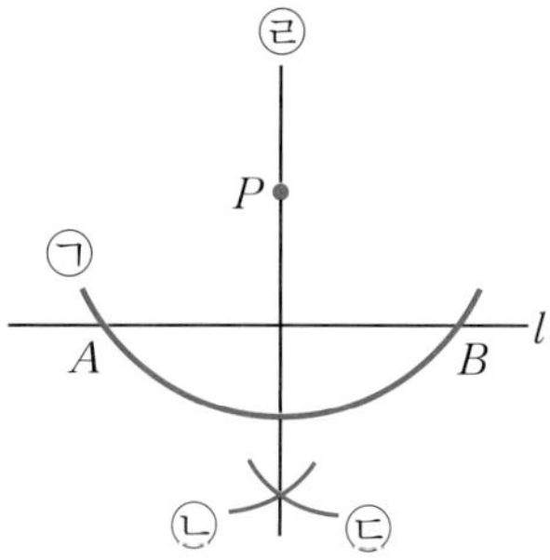

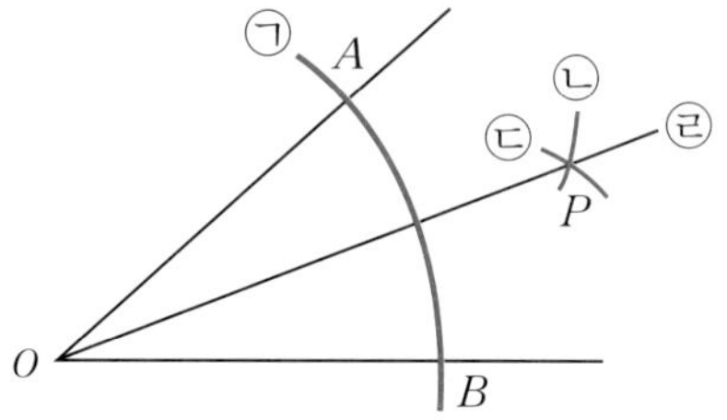

6 ⋮ 도형의 분류

도형의 종류를 엄밀하고도 정확하게 분류하는 것은 쉽지 않은 일이며, 이에 따라 각종 자료에도 어떤 정형화된 분류가 제시되어 있지 않다. 하지만 그렇다고 해서 아무런 갈래도 짓지 않고 공부한다는 것은 바람직하지 않으므로 아래에는 전반적 이해에 도움이 되도록 하는 수준에서 대략 나누어보았다.

- 도형
  - 평면도형
    - 다각형
      - 정다각형
      - 일반다각형
    - 곡선형◇
      - 정곡선형◇
      - 일반곡선형◇
  - 입체도형
    - 다면체
      - 정다면체
      - 일반다면체
    - 곡면체◇
      - 회전체
      - 일반곡면체◇

다각형(polygon)은 3개 이상의 선분이 닫힌 형태로 결합된 도형을 말한다. 이 선분들을 변(邊, side)이라고 부르며, 변과 변이 만나는 곳에서 각이 만들어지므로 이를 따서 다각형이라고 부른다. 이때 변과 각의 개수가 같으므로 '다변형'이라고 불러도 되겠지만 관습적으로 다각형이란 용어가 채택되어 쓰이고 있다. 다각형에는 삼각형(triangle), 사각형(quadrangle), … 등이 있는데, 때로는 사다리꼴(trapezoid), 평행사변형(parallelogram), 마름모(rhombus) 등의 특별한 이름으로 부르기도 한다. 다각형 가운데 변의 길이와 각의 크기가 모두 같으면 정다각형(regular polygon), 기타의 것들은 일반 다각형이다.

다각형은 닫혀 있으므로 한 변의 양끝은 다른 변과 연결되어 있다. 따라서 다각형의 한 변은 양끝에 2개의 각을 가지며, 반대로 한 각은 양쪽에 2개의 변을 가진다. 곧 다각형에서 각각의 변과 각은 서로 상대방을 같은 수만큼 거느리고 있다는 점에서 동등하다. 그러므로 다각형에서 변과 각의 수는 서로 같다.

평면도형 가운데 **'곡선형◇'**은 물론 곡선으로 된 도형을 가리키는데, 이 가운데 어떤 일정한 수식으로 표현되는 곡선을 **'정곡선형◇'**이라고 이름 붙였다. 이런 곡선형에는 원, 쌍곡선, 포물선, 타원 등이 있으며, 중학 과정에서는 대수편에서 쌍곡선과 포물선 그리고 기하편에서 원을 다룬다. 정곡선형에서 원과 타원은 닫힌 도형임에 비하여 쌍곡선과 포물선은 열린 도형이라는 차이가 있다.

입체도형(solid figure)은 평면이나 곡면으로 둘러싸인 도형을 말한다. 이 가운데 다면체(polyhedron)는 4개 이상의 평면들이 닫힌 형태로 결합된 입체도형이며, 이 평면들이 모두 합동인 정다각형이면 정다면체(regular polyhedron), 기타의 다각형이면 일반 다면체이다.

'곡면체◇'는 다면체 이외의 입체도형을 모두 포함한다. 따라서 원뿔〔원추(圓錐) cone〕의 경우 평면과 곡면이 결합된 입체도형이지만 곡면을 포함하므로 다면체가 아니라 곡면체에 포함시킨다. 회전체(solid of revolution)는 어떤 회전축을 중심으로 직선이나 곡선을 회전시켜 만든 입체도형을 가리킨다. 따라서 여기에는 구, 원기둥, 원뿔

등이 속한다. 그리고 일반 곡면체는 회전체 이외의 다른 모든 곡면체를 가리킨다.

이하 이들에 대하여 차례로 살펴보고, 마지막 부분에서는 성격이 좀 다른 주제인 **삼각비**(三角比, trigonometric ratio)에 대하여 공부한다.

3 다각형

다각형은 삼각형, 사각형, 오각형(pentagon), … 등을 말하는데, 삼각형은 이들의 가장 간단한 형태이면서 이들의 이해에 필요한 근본적인 정보들을 갖고 있다. 따라서 먼저 삼각형에 대하여 자세히 살펴본 다음 이를 토대로 다른 다각형들에 대해서도 공부한다.

1 : 삼각형의 결정과 형성

삼각형의 기본 사항

삼각형은 세 변으로 만들어진 도형인데, 통상적으로는 세 각의 기호를 따서 '$\triangle ABC$'와 같이 표기한다. 삼각형을 그릴 때 그 모습을 어떤 형태로 할 것인가는 원칙적으로 자유이지만 대개의 경우 특별한 조건이 없다면 406쪽의 왼쪽 그림처럼 밑변을 가장 길게, 왼쪽 변을 중간 길이로, 오른쪽 변을 가장 짧게 그리는 것이 보통이다. 그 이유는 이 구도가 어딘지 모르게 안정감이 있어서 보는 사람으로 하여금 편안한 느낌을 받게 하기 때문인 것 같다.

이렇게 그린 다음에는 맨 위의 각을 A, 왼쪽 각을 B, 오른쪽 각을 C로 쓴다. 끝으로 변을 지정해야 하는데, 이때는 관습적으로 각 A와 마주보는 변을 a, 각 B와 마주보는 변을 b, 각 C와 마주보는 변을 c로 한다. 그리고 이처럼 서로 마주보는 각과 변을 **대각**(對角, 맞각, opposite angle)과 **대변**(對邊, 맞변, opposite side)이라고 부른다. 한편 변 a, b, c는 각각 '변 BC', '변 AC', '변 AB'로 부르기도 한다.

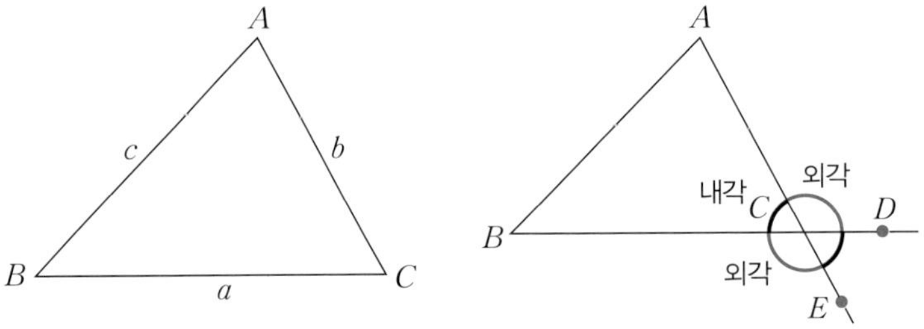

위에서 말한 삼각형의 세 각은 모두 삼각형의 안에 있다. 그래서 이런 각들을 삼각형의 **내각**(內角, interior angle)이라고 부르며, 다른 다각형들에서도 **다각형의 안에 있는 각**들은 모두 내각이라고 부른다. 그런데 '내각'이란 용어는 『**원론**』**의 ㉮번 공리와 관련하여 이미 나온 적이 있지만, 여기서는 용어는 같되 뜻은 다르게 쓰인다는 점에 유의**해야 한다. 비유하자면 이는 동명이인(同名異人, 서로 다르지만 이름이 같은 사람들)과 같은데, 수학뿐 아니라 여러 학문 분야에서 가끔씩 이런 경우가 일어난다.

한편 내각의 반대말이 **외각**(外角, exterior angle)임은 누구나 쉽게 떠올릴 수 있다. 하지만 이게 어떤 각을 가리키는지에 대해서는 주의가 필요하다. 외각은 위 오른쪽 그림에 나타냈듯이 다각형의 한 변을 계속 연장했을 때(『원론』의 ㉯번 공리 참조) **한 내각의 바로 이웃에서 이 내각과 함께 평각을 이루는 각**을 말한다. 곧 이 그림에서 $\angle C$의 외각은 $\angle ACD$와 $\angle BCE$이다.

삼각형의 결정조건

326쪽과 356쪽과 394쪽에서 우리는 직선과 포물선과 평면의 결정에 대하여 배웠다. 삼각형에 대해서도 이에 대응하는 논의가 있으며 이를 **삼각형의 결정**, 그리고 이를 통해 얻어진 조건을 **삼각형의 결정조건**이라고 부른다.

삼각형에는 그 이름에서 보듯 3개의 각이 있다. 하지만 3개의 각만 주어진다면 이를 만족시키는 삼각형은 무수히 만들어낼 수 있다. 다시 말해서 삼각형의 경우 최소한 변 1개의 길이는 알아야 하며, 기타 여러 경우를 검토해보면 삼각형의 결정조건으로는 다음 세 가지가 나온다.

1 · 세 변이 주어졌을 때
2 · 두 변과 그 끼인각이 주어졌을 때
3 · 한 변과 그 양 끝각이 주어졌을 때

예제

삼각형의 세 변과 세 각이라는 여섯 개의 요소 가운데 세 개를 골라도 삼각형이 결정되지 않는 경우를 열거하라.

풀이 여섯 개의 요소 가운데 세 개를 고르는 경우는 위 본문에 쓴 세 가지의 결정조건 외에 "세 각", "한 각과 두 변", "한 선분과 두 각"이 있다. 그리고 이런 경우에는 하나의 삼각형이 결정되지 않는다.

참고 위 여섯 개의 요소 가운데 두 개 이하만으로는 어떻게 고르든 하나의 삼각형이 결정되지 않는다. 반면 네 개 이상을 고를 때는 어떻게 고르든 하나의 삼각형이 결정된다.

삼각형의 형성조건

삼각형의 세 가지 결정조건에서 각의 크기 및 변의 길이와 관련하여 두 가지의 유의할 점이 있다.

먼저 변의 길이를 보자면, 삼각형이라는 도형의 특성상 어느 두 변의 길이의 합은 다른 한 변보다 항상 커야 한다. 다시 말해서

$$a+b > c \text{ or } a+c > b \text{ or } b+c > a \quad -①$$

여야 하는데, 이 부등식은 형태와 내용 모두 매우 단순하지만 수학의 여러 분야에서 상당히 널리 쓰이므로 잘 새겨둘 필요가 있다.

다음으로 각의 크기는 삼각형이라는 도형의 특성상 어느 각이든지 $0°$보다는 크고 $180°$보다는 작아야 한다. 다시 말해서

$$\angle A > 0 \text{ and } \angle B > 0 \text{ and } \angle C > 0 \quad -②$$

여야 하며, 이에 따라 ①과 ②는 '**삼각형의 형성조건**◇'이라고 말할 수 있다. 위의 두 조건 가운데 ②는 다른 모든 다각형에도 적용되는데, 그 자체로만 의의가 있을 뿐 ①과 같은 폭넓은 응용성은 없다.

예제

삼각형의 세 내각의 합은 $180°$임을 증명하라.

풀이 다음 그림처럼 점 C에서 변 AB에 평행하도록 점 E를 지나는 직선(『원론』의 ㉮번 공리 참조)과 변 BC를 연장한 직선(『원론』의 ㉯번 공리 참조)을 보조선으로 긋는다. 그러면 $\angle BAC$와 $\angle ACE$는 엇각이므로 서로 같고, $\angle ABC$와 $\angle ECD$는 동위각이므로 서로 같다. 한편 점 C를 중심으로 한 세 각에 대해서는

$$a+b+c = 180^\circ$$

의 관계가 성립하는데, 이는 $\triangle ABC$의 세 내각의 합과 같다. 따라서 삼각형의 세 내각의 합은 180°이다.

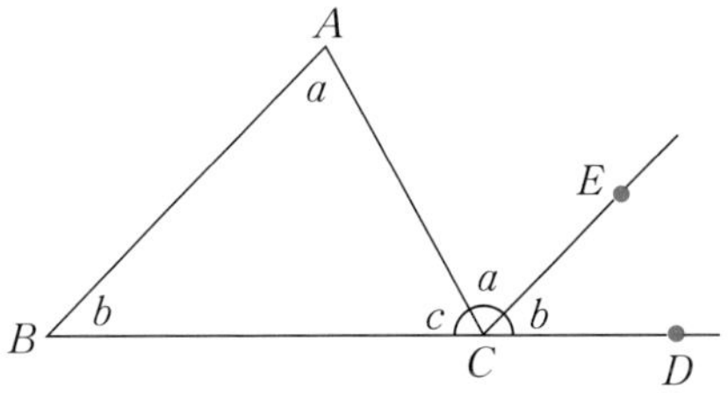

2 : 삼각형의 합동

삼각형의 합동을 배우기 전에 일반적인 도형의 합동을 먼저 알아보고 넘어간다.

도형의 합동

합동(合同, congruence)이란 두 대상이 서로 정확하게 겹친다는 뜻이다. 유클리드는 『원론』에서 "겹치는 것들은 서로 같다"는 것을 ㉮번 공리로 채택하여 합동을 기하학적 대상의 동일성에 대한 기준으로 삼았다. 합동에 대한 기호는 '≡'이며, 예를 들어 $\triangle ABC$와 $\triangle DEF$가 서로 합동이면

$$\triangle ABC \equiv \triangle DEF \quad -❶$$

로 나타낸다.

합동을 보다 구체적으로 따지자면, 서로 합동인 도형은 **"㉮대응하는 변들의 길이가 모두 같거나 ㉯적어도 한 변의 길이와 대응하는 각들의 크기가 모두 같다"**(㉮와 ㉯는 'and-관계'가 아니라 'or-관계'임을 유의할 것). 이때 서로 대응하는 '점', '변', '각'을 '**대응점**(corresponding point)', '**대응변**(corresponding side)', '**대응각**(corresponding angle)'이

라고 부른다. 그리고 ❶처럼 두 도형이 합동임을 나타낼 경우 대응점들의 순서를 일치시켜 써야 한다. 곧 이 경우 A와 D, B와 E, C와 F가 서로 대응하는 점들이다. 한편 원의 경우 대응변과 대응각의 개념이 없으며, 이때는 (반)지름이 대응변의 역할을 하고, 따라서 (반)지름만 같으면 원은 모두 합동이다(이 내용은 구의 경우에도 같다).

앞의 두 조건은 평면도형과 입체도형을 막론하고 성립하므로 입체도형이라고 해서 특별히 새로운 조건이 필요하지는 않다. 다만 입체도형의 경우 여러 개의 면으로 구성되므로 '**대응면**(corresponding surface)'이란 개념이 추가되며, 이때 대응면끼리는 서로 합동관계에 있다.

삼각형의 합동조건

앞에서 배운 도형의 합동에 대한 일반적 조건을 삼각형에 적용한다면 어떻게 될까? 삼각형에는 3개의 변과 3개의 각이 있으므로 서로 합동인 삼각형은 이 여섯 요소가 모두 같을 것은 당연하다. 그런데 항상 이 여섯 요소를 모두 점검한다는 것은 약간 귀찮을 것으로 여겨진다. 따라서 여기서의 문제는 "이 여섯 요소 가운데 몇 개를 점검하면 두 삼각형이 합동으로 판정될 수 있을 것인가?"라는 것이다.

예를 들어 어떤 두 삼각형의 세 각이 서로 같다고 해보자. 그러면 이 둘은 아래 그림처럼 서로 확대와 축소의 관계에 있을 뿐 반드시 서로 합동일 필요는 없다.

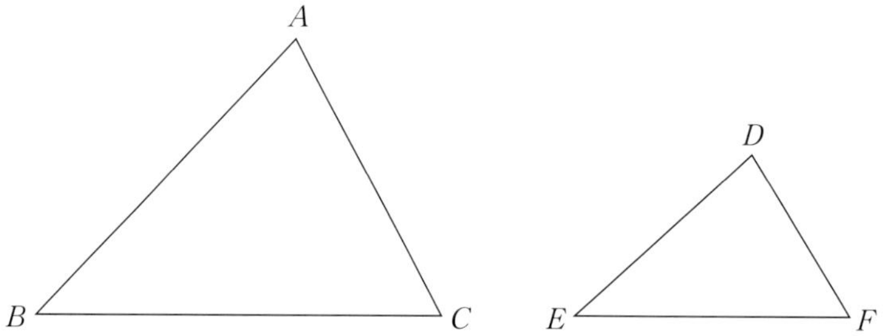

하지만 이와 달리 만일 두 삼각형의 세 변이 서로 같다면 어떨까? 이 경우에는 그림을 그려볼 필요도 없이 두 삼각형이 서로 정확히 겹칠 것임을 쉽게 예상할 수 있다. 그리고 이로부터 조금만 더 생각해보면 **삼각형 합동조건은 삼각형의 결정조건과 동일**함을 알 수 있다. 따라서 삼각형의 합동조건은 다음과 같이 정리되는데, 변과 각의 영어인 side와 angle의 첫 글자를 따서 흔히 괄호 속의 표현처럼 축약해서 말하기도 한다.

1 · 세 변이 같을 때 (**SSS합동**)

2 · 두 변과 그 끼인각이 같을 때 (**SAS합동**)

3 · 한 변과 그 양 끝각이 같을 때 (**ASA합동**)

위와 같은 축약기호를 사용하면 '삼각형의 결정조건'에 관한 예제에서 보았던 AAA, AAS(=SAA), ASS(=SSA)는 결정조건이나 합동조건이 될 수 없음을 쉽게 파악할 수 있다.

예제

다음 그림에서 $\triangle ABC$와 $\triangle CDE$는 정삼각형이다. 이때 $\triangle ACE$와 $\triangle BCD$가 서로 합동임을 보여라.

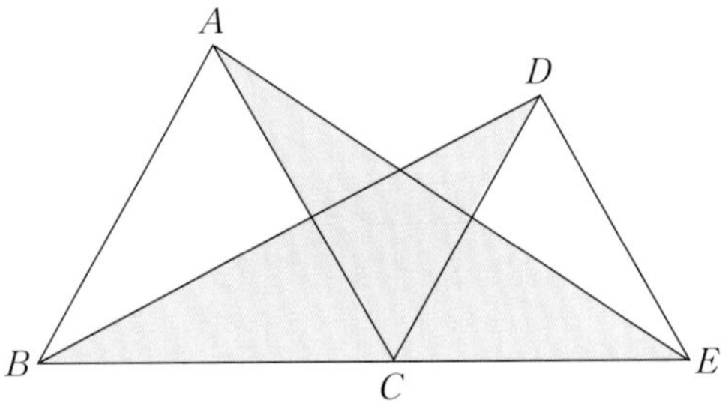

풀이 $\triangle ACE$와 $\triangle BCD$에서 AC와 BC는 $\triangle ABC$의 두 변이므로 서로 같다. 그리고 CD와 CE는 $\triangle CDE$의 두 변이므로 서로 같다. 또한 이 대응 변들 사이에 끼인각들도 아래처럼 서로 같다.

$$\angle BCD = \angle ACE = 120^\circ$$

곧 $\triangle ACE$와 $\triangle BCD$는 두 변과 그 끼인각이 같아 서로 합동이다.

앞에서 "삼각형의 결정조건은 곧 합동조건"이라고 했는데, 이는 다른 모든 도형에도 적용되는 일반원리로서 **"도형의 결정조건은 곧 합동조건"**이라고 말할 수 있다. 예를 들어 정사각형은 오직 한 변의 길이에 의하여 결정될 뿐이다. 그러므로 한 변의 길이가 같은 정사각형은 모두 합동이다.

예제

삼각형의 합동을 이용하여 밑변과 높이가 같은 두 평행사변형의 넓이는 서로 같음을 보여라.

풀이 직사각형과 평행사변형을 각각 $\square$와 ▱로 나타내자.

아래에서 $\square ABCD$와 ▱$EBCF$는 밑변과 높이가 같다.

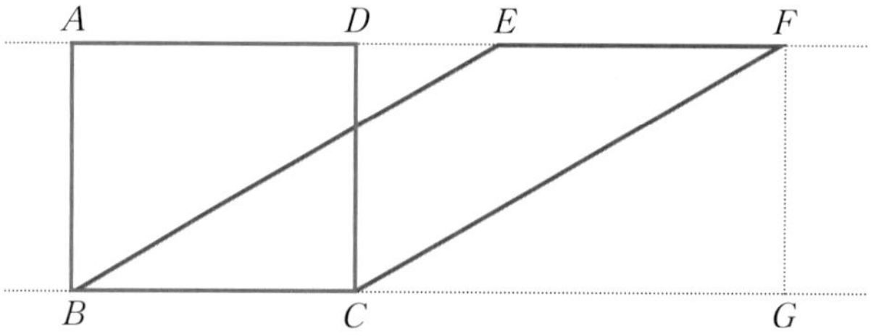

한편 넓이를 따져보면

$$\square ABCD = \square ABGF - \triangle DCF - \triangle GFC$$
$$▱EBCF = \square ABGF - \triangle ABE - \triangle GFC$$

이다. 그런데

$$\triangle ABE \equiv \triangle DCF \equiv \triangle FGC$$

이므로

$\square ABCD$의 넓이 $=$ $\square EBCF$의 넓이

이다. 곧 밑변과 높이가 같은 두 평행사변형의 넓이는 서로 같다.

참고 위 논의에 따르면 $\square ABCD$의 절반인 $\triangle DBC$와 $\square EBCF$의 절반인 $\triangle EBC$를 이용하면 밑변과 높이가 같은 아래 삼각형들의 넓이가 모두 같다는 점을 쉽게 이해할 수 있다.

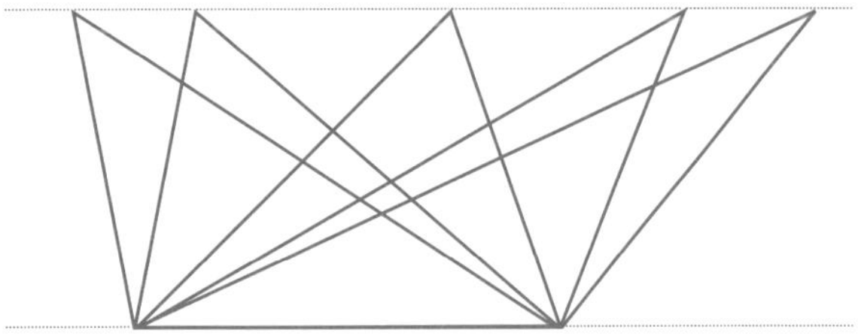

이등변삼각형의 성질

이등변삼각형(isosceles triangle)은 이름 그대로 삼각형의 세 변 가운데 **두 변의 길이가 같은 삼각형**을 말한다. 곧 배우면 알게 되듯 이등변삼각형은 두 내각의 크기가 같은데, 이 두 각을 아래 그림처럼 밑변의 양쪽에 배치하고 남은 한 각을 꼭지각이라고 부르는 게 일반적 관습이다.

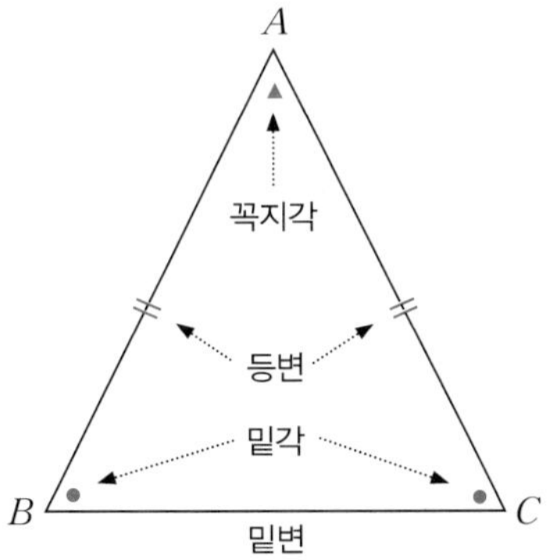

이등변삼각형의 여러 성질들 가운데 아래에 소개하는 세 가지는 삼각형의 합동조건을 토대로 쉽게 증명된다. 그중 두 가지는 바로 증명하고, 다른 하나는 예제로 꾸며서 풀어본다.

정리 1 이등변삼각형의 두 밑각의 크기는 같다.

증명 아래 그림의 이등변삼각형에서 $\angle A$의 이등분선을 긋고 이것과 변 BC의 교점을 D라고 하자.

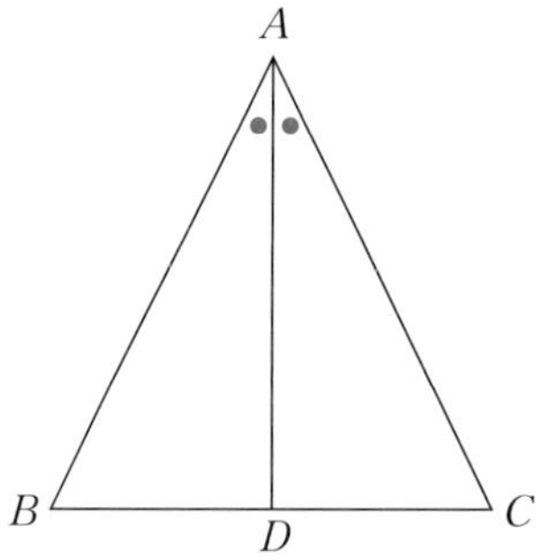

그러면 $\triangle ABD$와 $\triangle ACD$를 두고 볼 때

$\overline{AB} = \overline{AC}$, $\angle BAD = \angle CAD$, $\overline{AD}$는 공통

이어서 $\triangle ABD$와 $\triangle ACD$는 SAS합동이므로 $\angle B = \angle C$이다.

정리 2 두 내각의 크기가 같은 삼각형은 이등변삼각형이다.

증명 이 정리는 정리 1의 역인데, 이를 증명하는 데에 같은 그림을 사용하기로 한다. 먼저 크기가 같은 두 내각을 $\angle B$와 $\angle C$로 놓고, 다음으로 $\angle A$의 이등분선을 긋고 이것과 변 BC의 교점을 D라고 한다. 그러면 $\triangle ABD$와 $\triangle ACD$를 두고 볼 때 $\angle B = \angle C$이고 $\angle BAD = \angle CAD$이므로 $\angle ADB = \angle ADC$이다. 그런데 $\overline{AD}$는 이 두 삼각형에 공통이므로 결국 $\triangle ABD$와 $\triangle ACD$는 ASA합동이다. 따라서 $\overline{AB} = \overline{AC}$, 곧 $\triangle ABC$는 이등변삼각형이다.

예제

"이등변삼각형의 꼭지각의 이등분선은 밑변을 수직으로 이등분한다"는 정리를 증명하라.

풀이 이 정리의 증명에서도 정리 1의 그림을 사용하는데, 사실상 이는 정리 1의 증명에서 거의 다 증명된 것이나 마찬가지이다. 정리 1의 증명에서 $\triangle ABD$와 $\triangle ACD$는 SAS합동임이 밝혀졌다. 이에 따라 $\overline{BD}=\overline{CD}$ 이며, $\angle ADB=\angle ADC$이다. 그런데

$$\angle ADB+\angle ADC=180^\circ,\ \therefore \angle ADB=\angle ADC=90^\circ$$

이다. 따라서 이등변삼각형의 꼭지각의 이등분선은 밑변을 수직이등분한다.

직각삼각형의 합동조건

직각삼각형(right triangle)은 **세 내각 가운데 하나가 직각인 삼각형**을 말한다. 따라서 삼각형의 구성 요소 가운데 하나가 이미 결정된 상황이므로 그 합동조건은 일반적인 삼각형의 합동조건보다 좀 단순하리라고 예상할 수 있다.

직각삼각형을 그릴 때는 관습적으로 가장 짧은 변을 a, 중간 길이의 변을 b, 가장 긴 변을 c로 놓는다. 이에 따르면 직각의 대변이 c가 되며, 이를 **빗변**이라고 부른다. 영어로 직각은 right angle, 각은 angle, 변은 side, 빗변은 hypotenuse라고 부르므로 다음에 나오는 직각삼각형의 합동조건은 이를 이용하여 각각 **'RHA합동'** 및 **'RHS합동'**이라고 말한다.

정리 1 : RHA합동 빗변과 한 예각의 크기가 각각 같은 직각삼각형들은 서로 합동이다.

증명 직각삼각형 $\triangle ABC$와 $\triangle DEF$에서 다음 그림처럼 $\angle C$와 $\angle F$를 직각으로 하고, 크기가 같은 예각을 $\angle A$와 $\angle D$로 하자. 그러면 빗변이 같다고 했으므로 $AB = DE$이다.

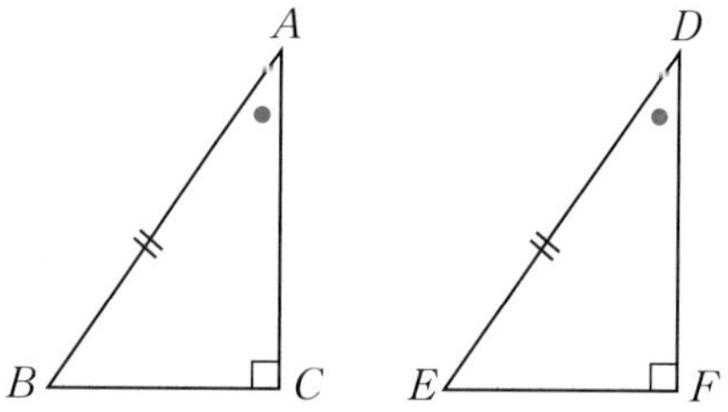

그런데 $\angle B = 90° - \angle A$이고 $\angle E = 90° - \angle D$인데, $\angle A = \angle D$라고 했으므로 결국 $\angle B = \angle E$이다. 따라서 위의 두 직각삼각형은 빗변과 양 끝각이 같으므로 ASA합동이다.

정리 2 : RHA합동 빗변과 다른 한 변의 길이가 각각 같은 직각삼각형들은 서로 합동이다.

증명 직각삼각형 $\triangle ABC$와 $\triangle DEF$에서 아래 왼쪽의 두 그림처럼 $\angle C$와 $\angle F$를 직각으로 하고, 길이가 같은 변을 AC와 DF로 하자. 그런 다음 변 AC와 DF을 서로 맞댄 형태로 결합하면 오른쪽 그림의 모습이 된다.

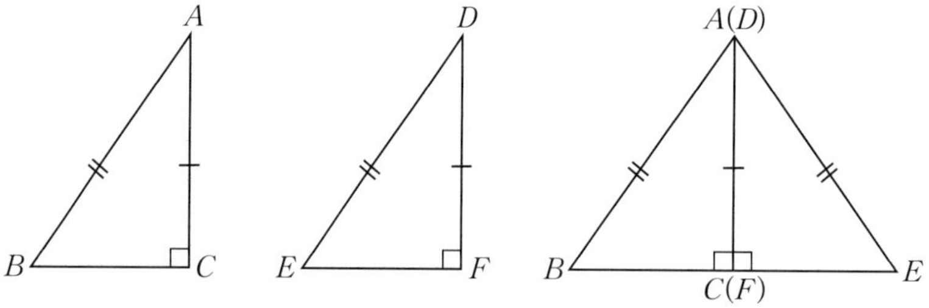

이때 $\angle ACB + \angle ACE = 180°$이므로 세 점 B, C, E는 한 직선 위에 있게 되며, $AB = AE$이므로 $\triangle ABE$는 이등변삼각형이 된다. 따라서 이등변삼각형의 성질에 따라 $\angle B = \angle E$가 된다. 이상으로부터 직각삼각형 $\triangle ABC$와 $\triangle DEF$는 빗변과 한 예각의 크기가 각각 같으므로 정리 1에 따라 서로 합동이다.

3 ⋮ 삼각형의 닮음

삼각형의 닮음을 배우기 전에 일반적인 도형의 닮음을 먼저 알아보고 넘어간다.

도형의 닮음

도형들이 크기는 달라도 모양이 서로 같으면 **닮았다**(similar)고 말한다. 이런 관계를 **닮음**(similarity)이라고 말하며 기호로는 '∽'를 쓰는데, 이는 similarity의 첫 글자인 S 자를 옆으로 뉘어서 만든 것이다. 이에 따라 예를 들어 두 삼각형이 서로 닮은 경우

$$\triangle ABC \backsim \triangle DEF$$

로 쓰고, 이들 도형은 서로 **닮은꼴** 또는 **닮은 도형**이라고 부르는데 영어로는 similar figure이라고 한다.

닮음을 보다 구체적으로 따지면, 서로 닮은 도형은 **"①대응하는 변들끼리 길이의 비가 일정"**하거나 **"②대응하는 각들의 크기는 같다"**(①과 ②는 'and-관계'가 아니라 'or-관계'임을 유의할 것). 이때 서로 대응하는 '점', '변', '각'을 **'대응점'**, **'대응변'**, **'대응각'**이라고 부른다. 닮음의 경우에도 "$\triangle ABC \backsim \triangle DEF$"와 같이 쓸 경우 대응점들의 순서를 일치시켜 쓴다. 그런데 원의 경우 대응변과 대응각의 개념이 없으며, 이때는 (반)지름이 대응변의 역할을 하고, 따라서 모든 원은 서로 닮은꼴이다(이 내용은 구의 경우에도 같다).

위의 두 조건은 평면도형과 입체도형을 막론하고 성립하므로 입체도형이라고 해서 특별히 새로운 조건이 필요하지는 않다. 다만 입체도형의 경우 여러 개의 면으로 구성되므로 **'대응면'**이란 개념이 추가되며, 이때 대응면끼리는 서로 닮음 관계에 있다.

한편 이쯤에서 '=', '∽', '≡'의 세 기호가 도형에 쓰일 때 어떤 뜻을 갖는지 명확히 정리해두기로 한다. 다음의 내용을 보면 알 수 있듯, "'='나 '∽'은 도형의 성질이 '일부 일치'함을 나타냄에 비하여, '≡'는 '완전 일치'함을 나타낸다"라고 이해할 수 있다.

㉮ $=$: 크기 일치. 도형의 '크기', 곧 선분의 '길이'나 도형의 '넓이'가 같다는 뜻을 나타낸다. '부피'가 같음을 나타낼 때도 쓸 수 있지만 표기가 복잡하므로 그다지 널리 쓰이지는 않는다.

$\overline{AB} = \overline{CD}$: 두 선분의 '길이'가 같다.
$\triangle ABC = \triangle DEF$: 두 삼각형의 '넓이'가 같다.

㉯ $\backsim$: 모양 일치. 도형의 크기는 달라도 '모양'이 같음을 나타낸다.
㉰ $\equiv$: 완전 일치. 도형의 합동을 나타낸다. 이때는 크기와 모양이 모두 같으므로 당연히 '$=$'와 '$\backsim$'의 뜻을 모두 포함한다.

닮음에서 대응하는 변 사이의 길이의 비를 **닮음비**(ratio of similarity)라고 부르며, 한 도형으로부터 닮음비가 1보다 큰 도형을 만드는 경우를 **확대**(dilation), 1보다 작은 도형을 만드는 경우를 **축소**(reduction)라고 부른다. 그러고 보면 **합동에서의 닮음비는 1**이므로 **합동은 닮음의 특수한 경우**라고 말할 수 있다.

닮음 위치와 닮음 중심

닮은 도형을 공간에 배치할 때 대응변이 서로 평행하도록 배치하면 대응점을 연결하는 선은 어느 한 점에 모인다(또는 반대로 대응점의 연결선들이 어느 한 점에 모이도록 하면 대응변은 서로 평행이 된다). 이런 배치 상태에 있는 경우 닮은 도형은 **"닮음 위치**(position of similarity)**에 있다"**라고 말하며, 대응점의 연결선들이 모이는 점을 **닮음 중심**(center of similarity)이라고 부른다. 도형이 닮음 위치에 있으면 닮음 중심으로부터 대응점에 이르는 거리의 비는 닮음비와 같다. 다음 그림들은 닮음 중심 O가 어느 곳에 있는지에 따라 닮음 위치가 어떻게 변하는지를 보여주는데, 맨 마지막 그림은 닮음 위치에 있지 않은 닮은 도형의 모습이다.

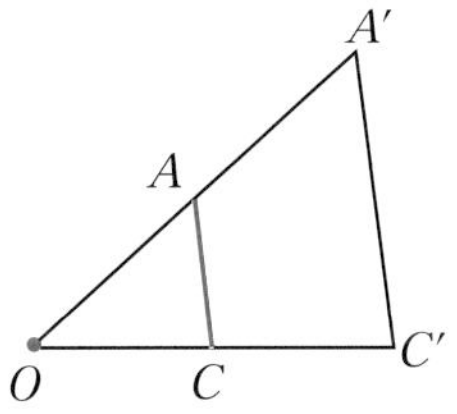

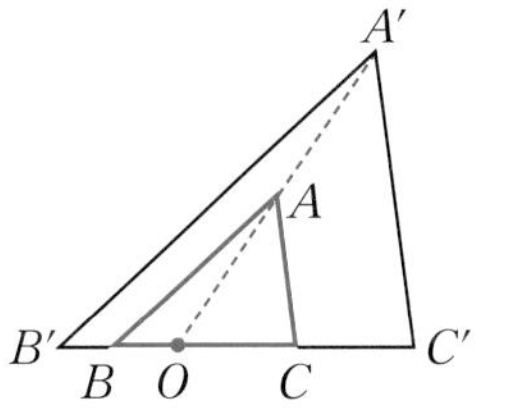

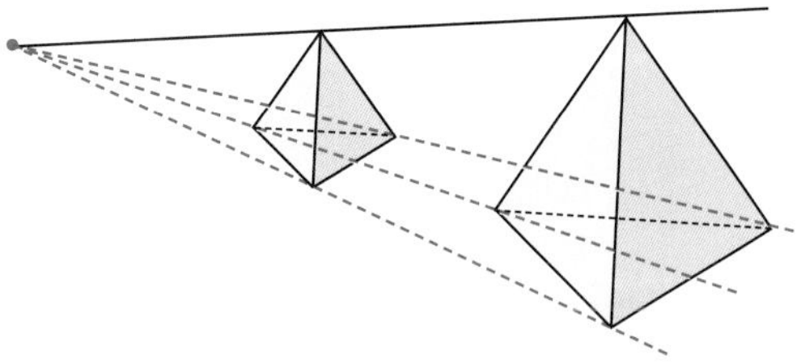

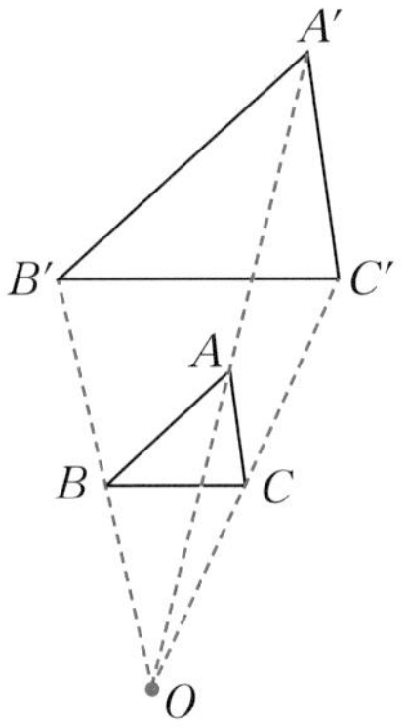

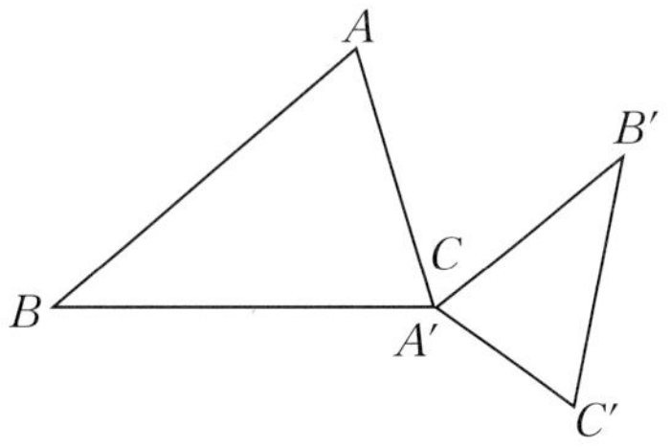

305쪽에서 함수를 설명하면서 비유로 들었던 '영화'는 닮음 위치에 대한 예이기도 하다. 이때 영사기는 닮음 중심이며 필름과 스크린의 영상들은 서로 닮음 위치에 있는 닮은꼴들이다.

미술에서의 **원근법**(遠近法, perspective)도 닮음 위치를 활용한 기법이다. 원시적 방식의 원근법은 고대의 그림들에서도 찾아볼 수 있지만 정확한 원근법은 15세기 무렵의 **르네상스**(Renaissance) 시대에야 비로소 체계적으로 정립되었다. 이는 미술에 수학적 분석이 도입된 결과였으며, **수학이 수학 이외의 분야에 응용된 가장 중요한 사례 가운데 하나**로 꼽힌다. 닮음 중심을 원근법에서는 **소실점**(消失點, vanishing point)이라고 부르는데, 이는 닮음 도형을 닮음 중심에 근접시키면 결국 그 크기와 모양이 모두 소실된다는 뜻을 나타낸다.

네덜란드의 화가 호베마의 대표작 〈미델하르니스의 길〉

위 그림은 네덜란드의 화가 호베마(Meindert Hobbema, 1638~1709)의 대표작 〈미델하르니스의 길(The avenue of Middelharnis)〉이며, 원근법을 탁월하게 이용한 작품의 하나로 유명하다. 여기에서 다른 대상들도 마찬가지이지만 특히 가로수들은 수평선 위에 자리잡은 소실점으로부터 투영되어 나온 수많은 닮은꼴들의 역할을 잘 보여준다.

삼각형의 닮음조건

앞서 삼각형의 합동조건에는 SSS, SAS, ASA의 세 가지가 있음을 보았다. 삼각형의 닮음에 대해서도 3개의 변과 3개의 각이라는 요소들을 도형의 일반적인 두 가지의 닮음조건에 비추어 생각해보면 **삼각형의 닮음조건**은

1 · 세 쌍의 대응변의 길이의 비가 같을 때 **(SSS닮음)**
2 · 두 쌍의 대응변의 길이의 비와 끼인각의 크기가 같을 때 **(SAS닮음)**
3 · 두 대응각의 크기가 같을 때 **(AA닮음)**

의 셋으로 요약됨을 쉽게 깨달을 수 있다. 삼각형의 합동조건에서와 마찬가지로 이 세 조건들에서 한 요소라도 빠트리면 닮음이 되지 않고, 여타의 한 요소라도 덧붙이면 불필요한 사족의 정보가 된다.

예제

다음 그림에서 $\angle B = \angle AED$일 때 x의 길이를 구하라.

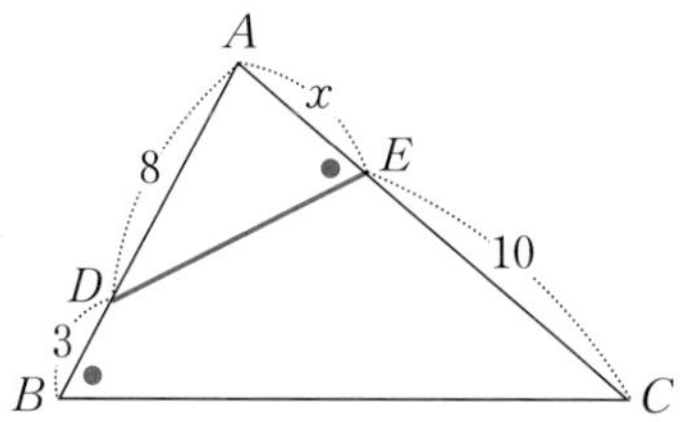

풀이 $\triangle ADE$와 $\triangle ACB$에서 $\angle A$는 공통이고 $\angle B = \angle AED$이므로, 이 두 삼각형은 AA닮음이다. 따라서 대응변들 사이에 일정한 비례가 성립하며, x에 대한 비례식을 꾸미면 다음과 같다.

$$8 : x = (x+10) : (8+3)$$

내항의 곱은 외항의 곱과 같으므로

$$x^2+10x = 88,\ \ x^2+10x-88 = 0$$

이다. 이 2차방정식을 풀면

$$x = -5\pm\sqrt{113}$$

인데, 선분의 길이는 음수가 될 수 없으므로 답은 $-5+\sqrt{113}$이다.

예제

다음 그림에서 $\triangle ABC$는 정삼각형인데 이를 접어서 꼭지점 A가 E로 가도록 만들었다. $\triangle DBE$와 $\triangle ECF$가 서로 닮음임을 보이고, 이를 이용하여 $\overline{AD}$의 길이를 구하라.

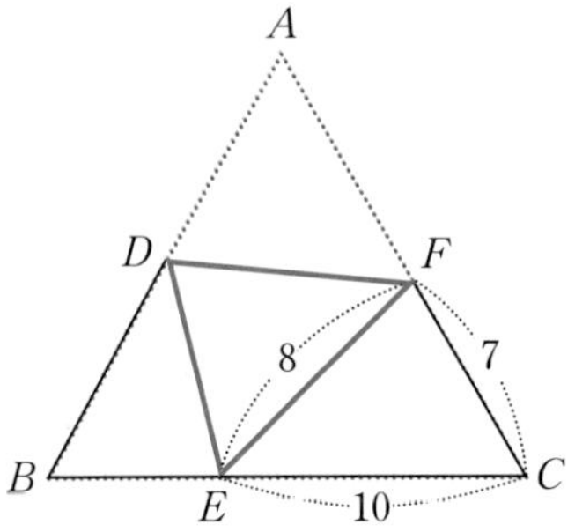

풀이 $\triangle DBE$와 $\triangle ECF$를 보면 본래 $\triangle ABC$가 정삼각형이므로

$$\angle B = \angle C = 60^\circ \quad \text{— ㉠}$$

로 서로 같다. 그리고 $\triangle DBE$에서

$$\angle BED + \angle BDE = 120^\circ \quad \text{— ㉡}$$

이며, $\angle DEF = \angle A = 60^\circ$이므로

$$\angle BED + \angle CEF = 120^\circ \quad \text{— ㉢}$$

이다. ㉡과 ㉢을 비교하면

$$\angle BDE = \angle CEF \quad \text{— ㉣}$$

이므로, ㉠과 ㉣에 의하여 $\triangle DBE$와 $\triangle ECF$는 AA닮음이다.

한편 $\overline{AD}$는 접혀서 $\overline{DE}$가 되므로 $\overline{AD}$의 길이는 $\triangle DBE$와 $\triangle ECF$의 닮음을 이용해서 구할 수 있다. 이를 위하여 $\overline{DE}$를 포함

하는 비례식을 써보면

$$\overline{DE} : 8 = 5 : 7$$

이며, 이를 풀면 $\overline{DE} = \frac{40}{7}$, 곧 $\overline{AD} = \frac{40}{7}$이다.

닮음과 넓이와 부피

도형의 닮음비는 대응하는 변의 길이의 비로 나타낸다. 그런데 도형의 넓이는 변 길이의 제곱에 비례하며, 도형의 부피는 변 길이의 세제곱에 비례한다. 예를 들어 두 정육면체가 있을 때 한 변의 길이가 l와 $2l$이라고 하면 닮음비가 2인데, 한 면의 넓이와 전체 부피는 각각 l^2과 $4l^2$ 및 l^3과 $9l^3$으로 주어지므로, 대응면의 넓이와 전체 부피의 비는 2^2과 2^3이 된다. 이 관계는 모든 닮음 도형에 적용되며, 따라서 닮음비가 a라면 대응변의 길이와 대응면의 넓이와 대응입체의 부피의 비는 $a : a^2 : a^3$이다.

예제

태양의 반지름은 지구 반지름의 약 109배라고 한다. 태양 적도면의 넓이는 지구 적도면 넓이의 몇 배이며, 태양에 지구와 같은 부피의 입체를 빈틈없이 채운다면 몇 개나 들어갈까?

풀이 구는 어떤 평면으로 자르든 단면이 원인데, 이 가운데 구의 중심을 지나는 평면으로 자를 때 만들어지는 원을 **대원**(大圓, great circle)이라고 부른다. 지구나 태양의 경우 경선으로 잘라진 면, 곧 경도면은 모두 대원이지만 위선으로 잘랐을 때 만들어지는 위도면 가운데는 적도면만 대원이다.

한편 모든 구는 서로 닮음이며, (반)지름의 비가 바로 닮음비이다.

따라서 태양과 지구의 적도면 넓이의 비는 "$1:109^2=1:11881$"이며, 태양과 지구의 부피의 비는 "$1:109^3=1295029$"이다. 그러므로 태양 적도면은 지구 적도면의 약 12000배, 그리고 태양을 지구와 같은 부피의 입체로 빈틈없이 채운다면 약 130만 개 정도가 들어간다.

4 : 피타고라스 정리

피타고라스 정리(Pythagoras' theorem)는 직각삼각형에 대하여 성립하는 것으로 그 내용 자체는 아주 오랜 옛날부터 알려져 왔다. 그 가장 오래된 흔적은 피타고라스보다 1000년 이상 앞선 고대 바빌로니아의 유물에서 발견되며, 피타고라스와 비슷한 시대의 인도나 중국의 문헌에도 이에 관한 기록이 있다. 그러나 이 정리에 대한 최초의 정식 증명은 탈레스의 '논리적 증명법'을 이어받은 피타고라스 또는 그의 학파에 의하여 이루어진 것으로 보인다. 단 그들의 저술은 남아 있지 않으므로 유클리드의 『원론』에 나오는 증명이 문헌상 최초의 것인데, 이것이 본래 피타고라스(학파)의 증명인지는 불명이다.

371쪽에서 말했듯 피타고라스 정리는 수학 전체를 통틀어 가장 유명한 정리라 하겠고, 그 때문인지 적어도 370가지가 넘는 가장 다양한 증명법이 제시된 정리이기도 하다. 이런 현상은 이 정리의 중요성을 시사한다고 하겠으며, 실제로 이 정리는 수학 전반에 걸쳐 다채로운 형태로 많은 영향을 미치고 있다. 다음에서는 유클리드의 『원론』에 실린 것을 먼저 공부하고, 다른 세 가지의 증명은 예제로 만들어 풀어본 다음, 피타고라스 정리의 응용 문제를 간략히 살펴본다.

피타고라스 정리

직각삼각형의 세 변 사이에는 다음과 같은 피타고라스 정리가 성립한다.

피타고라스 정리 : 직각삼각형에서 직각을 낀 두 변의 길이를 a와 b, 빗변의 길이를 c라 하면 $a^2+b^2 = c^2$이다.

피타고라스 정리를 영어로는 Pythagoras theorem, Pythagoras' theorem, Pythagoras's theorem, Pythagorean theorem 등으로 쓴다.

『원론』의 증명 : 합동법

유클리드의 『원론』에 나온 증명은 삼각형의 합동을 이용하는 기초적인 것으로 가장 널리 알려져 있다. 아래 증명에서 '□'은 정사각형과 직사각형을 뜻하지만, 일반적으로 사각형을 두루 나타내기도 한다.

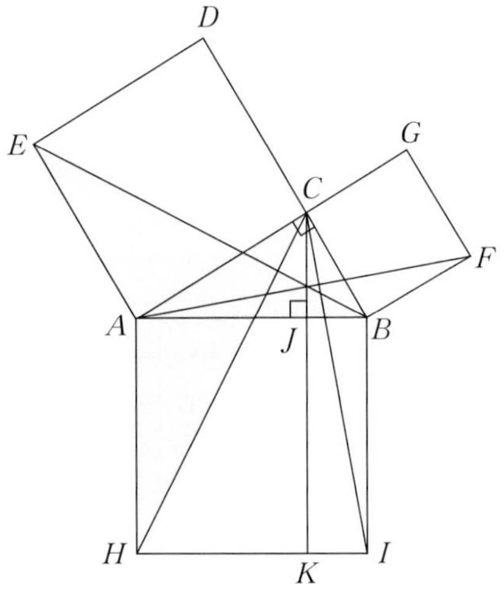

위 그림은 언뜻 복잡하게 보이므로 처음에는 각 요소를 차분히 살펴보는 것이 중요하다. 먼저 이 그림의 핵심은 직각삼각형 ABC의 세 변에 덧붙여서 각 변의 길이를 한 변으로 하는 정사각형 3개를 만든다는 점이다. 그런 다음 $\triangle ABC$의 각 꼭지점으로부터 각 정사각형에 이르는 선분 CH, BE, CI, AF를 긋고, 끝으로 C에서 밑변 AB에 수직인 직선을 그어 K까지 연장한다.

이렇게 완성된 그림에서 음영으로 나타낸 $\triangle CAH$와 $\triangle BAE$는 SAS합동이다. 왜냐하면 $AC = AE$이고 $AH = AB$이며, $\angle CAH = \angle BAE$이기 때문이다. 그런데 $\triangle CAH$의 넓이는 $\square AHKJ$의 절반이다. 왜냐하면 $\triangle CAH$와 $\square AHKJ$의 밑변은 AH로 같고, 높이도 AJ로 같기 때문이다. 그리고 $\triangle BAE$와 $\square CAED$를 두고 볼 때 밑변이 AE로 같고 높이도 AC로 같으므로 $\triangle BAE$의 넓이는 $\square CAED$의 절반이다. 따라서 결국 $\square AHKJ$와 $\square CAED$의 넓이는 서로 같다.

한편 이와 마찬가지의 논리를 적용하면 $\square JKIB$와 $\square CBFG$의 넓이도 같다. 그런데 $\square AHKJ$와 $\square JKIB$를 합치면 $\square AHIB$가 된다. 그리고 이상의 결과를 종합하면 직각삼각형 ABC의 각 변에 만든 정사각형의 넓이 사이에는 다음 관계가 성립한다.

$$\square CBFG + \square CAED = \square AHIB \quad -❶$$

이제 직각삼각형 ABC에서 $\angle A$, $\angle B$, $\angle C$의 대변을 각각 a, b, c라고 하면 ❶식은 아래와 같이 표현되고 이로써 피타고라스 정리는 증명된다.

$$a^2 + b^2 = c^2$$

예제

『주비산경』의 증명 : 정사각형법 다음의 첫째 그림은 『주비산경(周髀算經)』이라는 중국의 고대 수학책에 나오는 것으로 변의 길이가 각각 3, 4, 5인 직각삼각형을 통하여 피타고라스 정리를 설명하고 있으며, 둘째 그림은 이를 보다 선명하게 다시 그린 것이다. 그런데 **『주비산경』은 이 그림을 보여주기만 할 뿐 구체적 해설은 없으므로 이것을 일반적인 모든 직각삼각형에 대한 증명이라고 볼 수는 없다.** 하지만 이것을 셋째 그림처럼 일반적 형태로 변형시켜서 생각하면 피타고라스 정리의 증명이 한 눈에 파악되며, 이 때문에 **『주비산경』의 그림은 피타고라스 정리에 대한 가장 간명한 증명의 원형으로 유명**하다. 다음의 셋째 그림을 이용하여 피타고라스 정리를 증명해보아라.

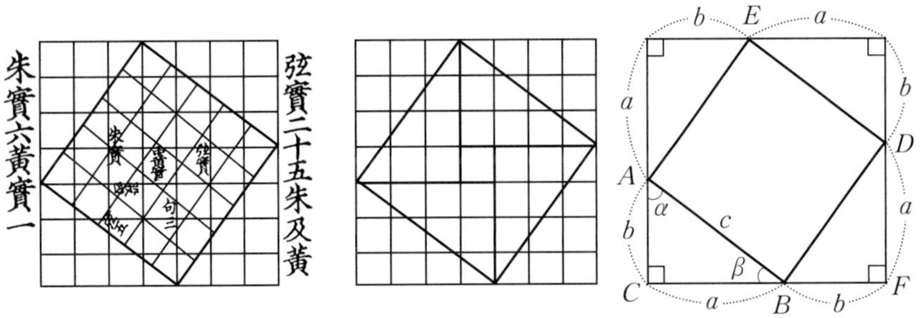

풀이 셋째 그림의 큰 정사각형은 직각삼각형 ABC의 작은 변과 중간 변을 교대로 이어서 만들었는데, 각 변의 길이가 $a+b$이므로 그 넓이는 $(a+b)^2$이다. 그리고 이 정사각형의 네 귀퉁이에 있는 4개의 삼각형은 모두 직각삼각형 ABC를 복제한 것이므로 서로 합동이며, 따라서 이들의 빗변도 모두 같다. 그러면 그림에서 $\alpha+\beta = 90^\circ$이므로 $\angle EAB = 90^\circ$이고, 따라서 $\square ABDE$는 정사각형이다. 한편 큰 정사각형의 넓이는 작은 정사각형과 직각삼각형 4개의 넓이를 합친 것과 같으므로 다음 식이 성립한다.

$$(a+b)^2 = c^2+4\times\frac{1}{2}ab$$

이를 정리하면 $a^2+b^2 = c^2$가 나와서 피타고라스 정리가 증명된다.

참고 『주비산경』은 대략 3세기 무렵에 쓰인 것으로 추정되며 저자도 불명인데 『구장산술』과 함께 대표적인 중국 고대의 수학책으로 꼽힌다. '주비'는 더욱 오랜 옛날부터 전해 내려오는 8자 길이의 막대로서 그 그림자의 길이로 계절의 변화를 판단했다고 한다. 『주비산경』은 직각삼각형의 세 변을 짧은 것부터 긴 것의 순서로 구(句), 고(股), 현(弦)이라 썼으므로 예전에 동양에서는 피타고라스 정리를 흔히 '구고현의 정리'라고 불렀다. 구는 허벅지, 고는 정강이를 뜻하며, 현은 허벅지와 정강이를 직각으로 했을 때 엉덩이 아래 부분에서 발뒤꿈치까지의 거리를 가리킨다.

예제

가필드의 증명 : 사다리꼴법 가필드(James Abram Garfield, 1831~1881)는 미국의 20대 대통령인데 젊은 시절에 수학에 큰 흥미를 느꼈다. 하지만 남북전쟁 때문에 군에 입대한 뒤 수학과 멀어졌으며 이후 수학은 그의 취미가 되었다. 그는 하원 의원 시절인 1876년에 동료 의원들과 여흥 삼아 수학에 대한 토론을 하던 중 피타고라스 정리에 대한 착상을 얻었고, 이를 어떤 학술지에 발표하여 오늘날까지 전해져 온다. 가필드는 합동인 직각삼각형 2개를 아래 그림처럼 배치하고 위쪽의 꼭지점을 이어서 사다리꼴을 만든 후 피타고라스 정리를 증명했다. 아래 그림을 보면서 그 증명을 완성하라.

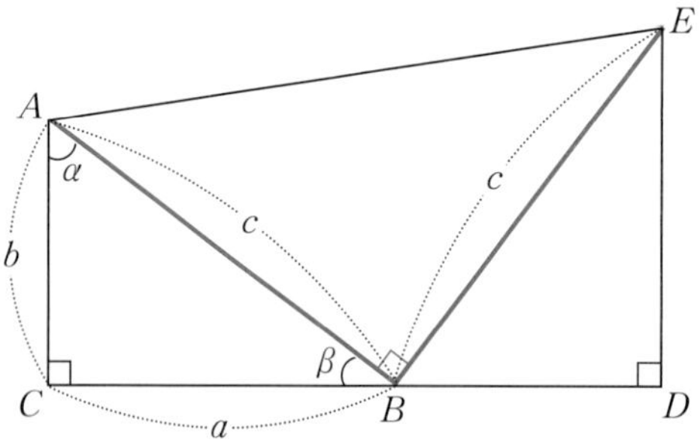

풀이 사다리꼴 $ACDE$의 넓이는 3개의 직각삼각형의 넓이를 합친 것과 같다.

$$ACDE\text{의 넓이} = \triangle ABC + \triangle BED + \triangle ABE$$

사다리꼴의 두 변은 a와 b, 높이는 $a+b$이며, $\triangle ABC$와 $\triangle BED$는 합동이므로 다음 식이 성립한다.

$$\frac{1}{2}(a+b)(a+b) = 2\times\frac{1}{2}ab+\frac{1}{2}c^2$$

이를 정리하면 $a^2+b^2=c^2$가 나와서 피타고라스 정리가 증명된다.

참고 가필드의 증명은 수학적으로 특별한 의의가 있다기보다 수학자가 아닌 유명인이 새로운 증명을 내놓았다는 점에 의의가 있다. 또 다른 유명인의 예로는 아인슈타인을 들 수 있는데, 그는 삼촌이 사준 기하책을 혼자서 공부하다가 12세 무렵에 피타고라스 정리를 스스로 증명했다고 한다. 다만 아인슈타인의 방법은 새로운 것이 아니어서 보통 따로 다루지는 않는다. 한편 가필드의 증명은 결과적으로 보면 『주비산경』의 증명을 약간 바꾼 것에 지나지 않는다는 점도 흥미롭다. 아래 그림에서 보듯 가필드의 증명에 쓰인 그림 2벌을 맞추면 『주비산경』의 그림과 같아지기 때문이다.

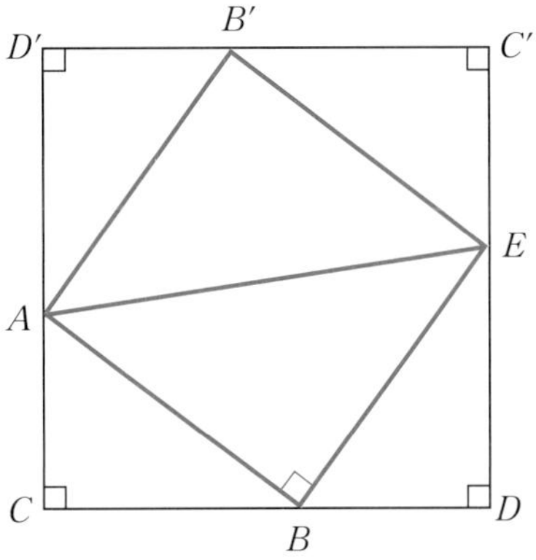

예제

월리스의 증명 : 닮음법 『원론』의 증명은 삼각형의 합동을 이용한다. 그런데 영국의 수학자 월리스(John Wallis, 1616~1703)는 삼각형의 닮음을 이용하는 증명을 발표했고 이는 『주비산경』의 증명과 함께 가장 간명한 증명의 하나로 꼽힌다. 아래 그림을 보면서 월리스의 증명을 완성하라.

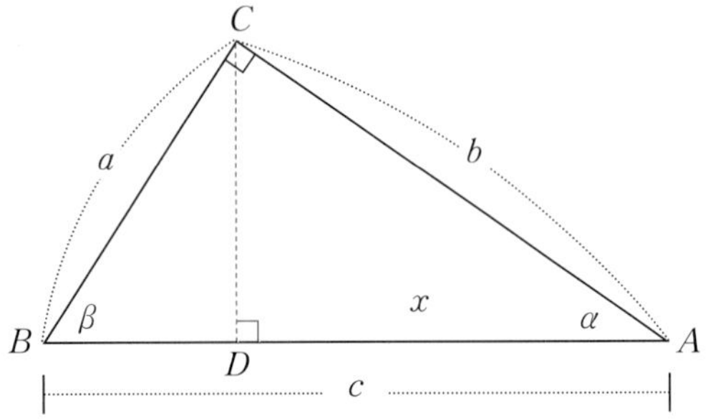

풀이 위 그림에서 $\triangle ABC$와 $\triangle ACD$는 한 각이 직각으로 같고 또 $\angle\alpha$를

공유하므로 AA닮음이다. 그리고 $\triangle ABC$와 $\triangle CBD$도 이와 마찬가지로 AA닮음이다. 따라서 대응하는 변끼리 비례 관계에 있는데, 먼저 $\triangle ABC$와 $\triangle ACD$ 사이에는 다음 식이 성립한다.

$$AB : AC = AC : AD,\ c : b = b : x,\ b^2 = cx \quad — ㉠$$

그리고 $\triangle ABC$와 $\triangle CBD$ 사이에는 다음 식이 성립한다.

$$AB : BC = CB : BD,\ c : a = a : c-x,\ a^2 = c^2 - cx \quad — ㉡$$

㉠식과 ㉡식을 변끼리 더하면 $a^2 + b^2 = c^2$가 나와서 피타고라스 정리가 증명된다.

참고 월리스의 증명은 새로운 것은 아니었고 예전부터 비슷한 방법이 알려져왔다. 그러나 월리스는 이를 위와 같은 형태로 재구성해서 발표했고, 이후 이 증명은 그의 이름으로 불리게 되었다. 한편 직각삼각형의 경우 직각을 가진 꼭지점에서 빗변에 수선을 내릴 경우 앞에서 본 것처럼 본래의 직각삼각형과 새로 만들어진 2개의 작은 직각삼각형들이 서로 닮은 삼각형이라는 점, 곧

$$\triangle ABC \backsim \triangle ACD \backsim \triangle CBD$$

의 관계가 성립한다는 것은 새겨둘 필요가 있다.

피타고라스 정리의 역

389쪽에서 보았듯 어떤 명제의 진위는 역의 진위와 반드시 일치되지 않으므로 피타고라스 정리도 그 역이 성립하는지 따로 살펴볼 필요가 있다. 유클리드는 『원론』에서 그 역도 참임을 증명했으며, 이로써 **"빗변의 제곱이 다른 두 변의 제곱의 합과 같은 삼각형은 직각삼각형이다"**는 사실을 확립했다. 유클리드는 역을 증명할 때도 삼각형의 합동을 이용했는데, 여기서는 이를 예제로 꾸며서 살펴본다.

예제

아래 그림의 $\triangle ABC$에 대해서는 $a^2+b^2 = c^2$의 관계가 성립하는데, C에서 BC와 직각으로 AC만큼의 선분을 긋고 끝점을 D로 썼다. 이 그림을 이용하여 피타고라스 정리의 역을 증명하라.

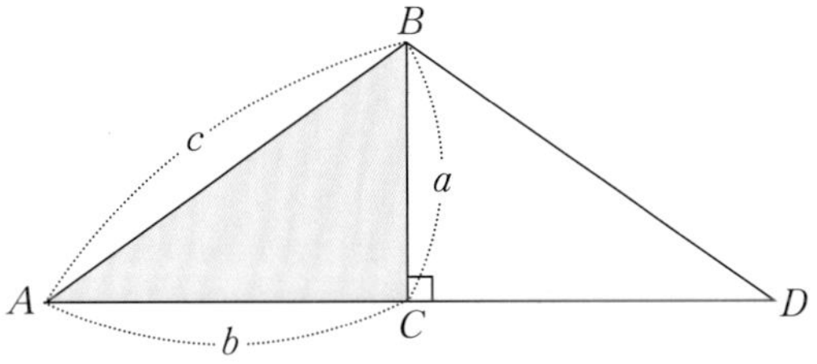

풀이 $\triangle ABC$와 $\triangle DBC$는 변 BC를 공유하며, $AC = CD$이다. 그리고 $\triangle DBC$는 직각삼각형이므로 피타고라스 정리에 따라

$$\overline{BC}^2 + \overline{CD}^2 = \overline{BD}^2 \quad — ㉠$$

이 성립한다. 그런데 ㉠식을 다시 쓰면

$$a^2 + b^2 = \overline{BD}^2$$

이므로 $\overline{BD} = c$ 이다. 다시 말해서 $\triangle ABC$와 $\triangle DBC$는 SSS합동이며, 따라서 $\angle ACB$는 직각이다. 그러므로 $a^2+b^2 = c^2$의 관계가 성립하는 삼각형은 직각삼각형이다.

피타고라스 삼각수

피타고라스 삼각수(Pythagorean triple)◇는 피타고라스 정리를 만족시키는 '3개 1조'의 자연수를 말한다. 그 예로는 (3, 4, 5), (5, 12, 13), (7, 24, 25), (8, 15, 17), (9, 40, 41), (11, 60, 61), … 등이 있으며, 실제로 그 수는 무한히 많다. 이 가운데 (3, 4, 5)와

이를 2배한 (6, 8, 10) 및 (5, 12, 13)의 세 가지는 통상적인 문제에 자주 등장하므로 암기해둘 필요가 있다.

중학 과정에서 다루지는 않지만 참고적으로 피타고라스 삼각수를 얻는 방법 가운데 『원론』에 나오는 것을 소개한다. 이에 따르면 m과 n이 $m > n$이고 부호가 서로 반대인 자연수로서 서로 소일 때

$$x = 2mn,\ y = m^2 - n^2,\ z = m^2 + n^2$$

로 주어지는 삼각수는

$$x^2 + y^2 = z^2$$

을 충족하며, 이렇게 얻은 삼각수에 같은 수를 곱해서 만든 조합도 삼각수이다.

한편 무리수가 섞여 있어서 피타고라스 삼각수라고 할 수는 없지만 역시 통상적인 문제에 자주 등장하므로 암기해두어야 할 것으로는 $(1, 1, \sqrt{2})$와 $(1, \sqrt{3}, 2)$가 있다. 이는 아래의 그림과 관련되는데, 나중에 삼각비를 배울 때 중요하게 쓰인다.

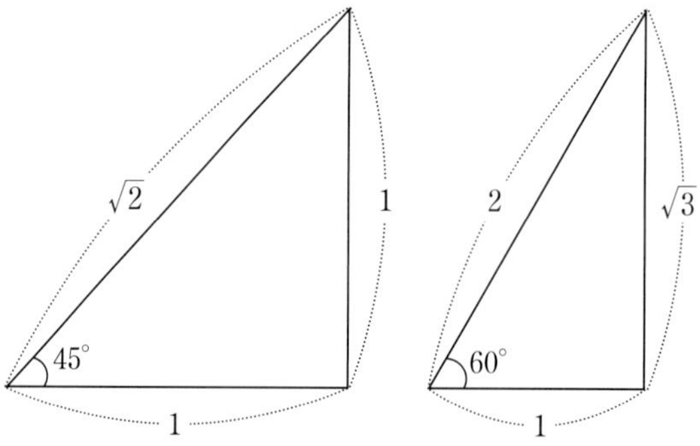

피타고라스 정리의 응용

피타고라스 정리의 응용에 대해서도 몇 가지의 예제를 통하여 살펴본다.

예제

텔레비전 화면의 크기는 보통 대각선(對角線, diagonal line)의 길이로 말한다. 어떤 텔레비전 화면의 가로와 세로의 길이의 비가 4 : 3인데, 화면 크기가 40인치(inch)라면 가로와 세로의 길이는 얼마인가?

풀이 가로와 세로의 비는 주어졌으므로 이것들과 대각선의 비를 알면 답은 바로 구해진다. 피타고라스 정리를 이용하여 가로와 세로에 대한 대각선의 비 x를 구하면 다음과 같다.

$$3^3+4^2 = x^2,\ \ 25 = x^2,\ \ \therefore x = 5$$

위에서 대수적으로는 $x = \pm 5$이지만 여기서 구하는 것은 '길이의 비'이므로 양수만 취한다. 이 결과에 따라 가로와 세로의 길이를 구하면 다음과 같다.

$$\text{가로 : } 40 \times \frac{4}{5} = 32\,(\text{인치}) \qquad \text{세로 : } 40 \times \frac{3}{5} = 24\,(\text{인치})$$

참고 1인치는 2.54cm이며 따옴표와 비슷한 기호를 써서 예를 들어 40인치는 40″와 같이 나타낸다. 미국은 1975년에 국제적 표준인 미터법(metric system)을 공식적으로 채택했지만 일상적으로는 아직도 예전부터 관습적으로 내려오는 야드(yard)와 피트(feet)와 인치(inch)를 사용하고 있으며, 그 관계는 다음과 같다.

1yard(기호는 yd) = 3feet(기호는 ft 또는 ′) = 36inch(기호는 in 또는 ″)

미국은 한때 영국의 식민지였으므로 영국의 단위를 사용해왔다. 하지만 당시에는 단위 체계가 허술해서 명확한 규정이 없었고, 이에 따라 미국과 영국의 길이 단위에도 약간의 차이가 있어서 혼란을 겪었다. 이에 따라 1959년 영국의 식민지였던 나라들 사이에 협정을 맺어 1야드를 0.9144미터로 확정했다.

예제

직육면체의 세 쌍의 변의 길이를 각각 a, b, c라 하고, 정육면체의 한 변의 길이를 a라고 할 때, 아래 그림에서 l로 나타낸 대각선의 길이를 구하라.

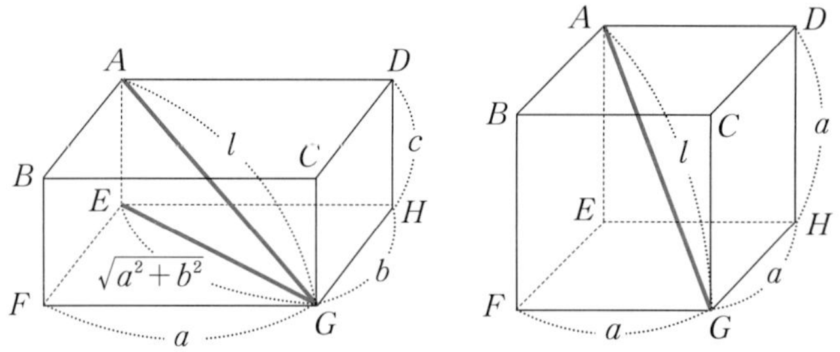

풀이 먼저 직육면체를 보면 그림에 나타냈듯이 $\triangle EFG$는 직각삼각형이고 그 빗변의 길이는 피타고라스 정리에 따라 구하면 $\sqrt{a^2+b^2}$이다. 그런데 $\triangle AEG$ 또한 직각삼각형이고 직각을 낀 두 변의 길이는 c와 $\sqrt{a^2+b^2}$이며, 구하는 대각선은 이 직각삼각형의 빗변이다. 따라서 여기에 피타고라스 정리를 다시 적용하면 구하는 답이 얻어지며, 그 식은 아래와 같다.

$$l^2 = c^2 + (\sqrt{a^2+b^2})^2 = a^2 + b^2 + c^2, \quad \therefore l = \sqrt{a^2+b^2+c^2}$$

다음으로 정육면체를 보면 이는 직육면체의 세 변의 길이가 모두 같은 것이므로 그 대각선의 길이는 다음과 같이 간단히 구해진다.

$$l^2 = a^2 + a^2 + a^2, \quad l = \sqrt{3a^2}, \quad \therefore l = \sqrt{3}a$$

예제

아래 그림의 정육면체는 한 변의 길이가 5cm이다. 이 그림의 한 꼭지점 H에서 대각선 DF에 내린 수선 HM의 길이를 구하라.

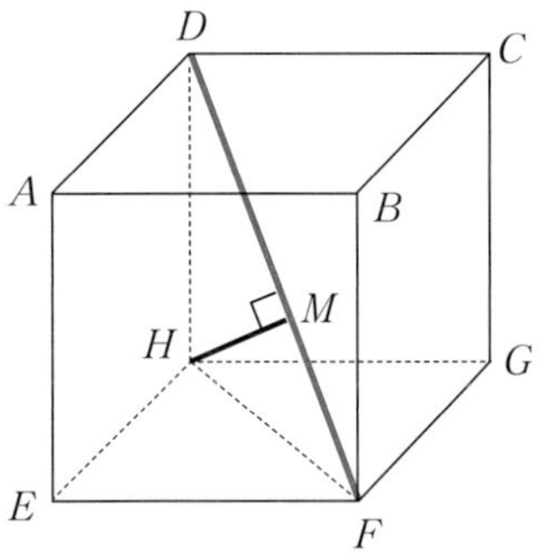

풀이

이 문제에서 먼저 주목할 것은 $\triangle DHF$의 넓이를 구하는 데에 두 가지 방법이 있는데 그중 한 방법에서 수선 HM의 길이가 쓰인다는 점이며, 식으로는

$$\triangle DHF\text{의 넓이} = \frac{1}{2}\times\overline{HF}\times\overline{DH} = \frac{1}{2}\times\overline{DF}\times\overline{HM} \quad — ㉠$$

과 같이 쓰인다. 그리고 피타고라스 정리를 이용하면

$$\overline{HF} = \sqrt{5^2+5^2} = 5\sqrt{2},\ \overline{DF} = \sqrt{5^2+5^2+5^2} = 5\sqrt{3}$$

이다. 이 결과를 ㉠에 대입하면 구하는 답은 아래와 같다.

$$\frac{1}{2}\times 5\sqrt{2}\times 5 = \frac{1}{2}\times 5\sqrt{3}\times\overline{HM},\ \therefore \overline{HM} = 5\sqrt{2/3}\ \text{(cm)}$$

예제

$y=x^2-1$과 $y=x+2$의 두 교점 사이의 거리를 구하라.

풀이 먼저 $y = x^2-1$과 $y = x+2$의 두 교점의 좌표를 구하면

$$x^2-1 = x+2,\ x^2-x-3 = 0,\quad \therefore\ x = \frac{1\pm\sqrt{13}}{2}$$

이다. 이 값을 $y = x+2$에 대입하면

$$y = \frac{5\pm\sqrt{13}}{2}$$

이다. 한편 두 함수의 그래프를 그려보면 아래와 같으며, 교점 사이의 거리는 그림에 표시한 직각삼각형의 빗변에 해당한다.

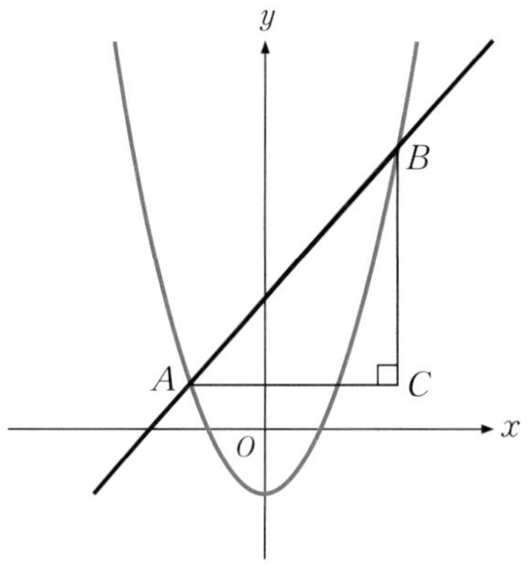

따라서 여기에 피타고라스 정리를 적용하면

$$\begin{aligned}\overline{AB}^2 &= \overline{AC}^2+\overline{BC}^2\\ &= \left(\frac{1+\sqrt{13}}{2}-\frac{1-\sqrt{13}}{2}\right)^2+\left(\frac{5+\sqrt{13}}{2}-\frac{5-\sqrt{13}}{2}\right)^2\\ &= (\sqrt{13})^2+(\sqrt{13})^2 = 26\end{aligned}$$

이므로, 두 교점 사이의 거리는 $\sqrt{26}$ 이다.

5 : 삼각형의 성질

삼각형은 가장 간단한 다각형이다. 하지만 삼각형에는 여러 가지의 흥미로운 성질들이 있으며, 나아가 다른 다각형들의 이해에 대한 기초가 된다는 점에서도 중요하다. 여기서는 지금까지 배운 내용들로 다져진 토대 위에 새로운 귀결들을 덧붙여간다.

중점연결정리

중점(中點, midpoint, middle point)은 선분의 한가운데 점을 말한다. 중점연결정리는 삼각형, 사다리꼴, 사각형의 세 가지 경우로 나누어서 생각해볼 수 있는데, 그 내용은 거의 같고 또한 모두 단순하므로 한 경우에 대해서만 증명하고 나머지는 예제로 돌린다.

삼각형의 중점연결정리 1 삼각형의 두 변의 중점을 연결한 선분은 다른 한 변과 평행하고 길이는 절반이다.

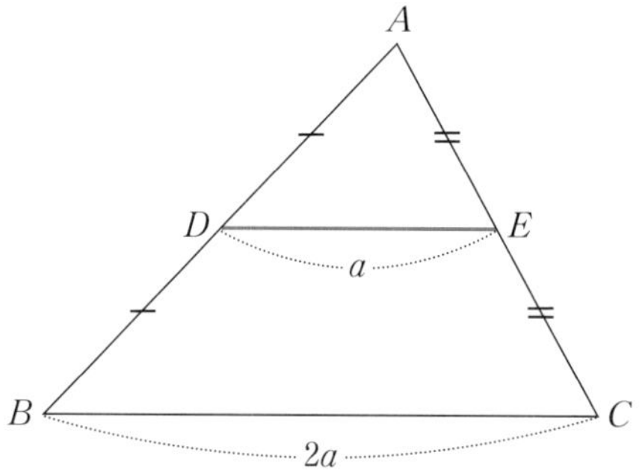

증명 $\triangle ABC$와 $\triangle ADE$에서

$\angle A$는 공통, $\overline{AD} : \overline{AB} = \overline{AE} : \overline{AC} = 1 : 2$

이므로 SAS닮음이다. 따라서 $\overline{DE} : \overline{BC} = 1 : 2$이다. 그리고

$$\angle ADE = \angle ABC$$

인데, 이는 DE와 BC의 동위각이므로 이 두 변은 서로 평행이다.

예제

다음 정리를 증명하라.

삼각형의 중점연결정리 2 삼각형의 한 변의 중점을 지나고 다른 한 변에 평행한 직선은 나머지 한 변의 중점을 지난다.

풀이 그림은 앞의 것을 사용하기로 한다. $\triangle ABC$와 $\triangle ADE$에서 $\angle A$는 공통이며 $DE /\!/ BC$이므로이다. 따라서 $\angle ADE = \angle ABC$이다. 따라서 $\triangle ABC$와 $\triangle ADE$는 AA닮음이다. 그런데 $\overline{AD} : \overline{AB} = 1 : 2$, 곧 대응 변의 길이의 비가 $1 : 2$이므로 $\overline{AE} : \overline{AC} = 1 : 2$이며, 따라서 DE는 AC의 중점인 E를 지난다.

다음으로 사다리꼴의 중점연결정리를 살펴보기로 하는데, 아래 그림처럼 서로 평행하며 마주보는 두 변을 '**평행대변**◇', 평행하지 않으면서 마주보는 두 변을 '**비평행대변**◇'이라 부르기로 한다.

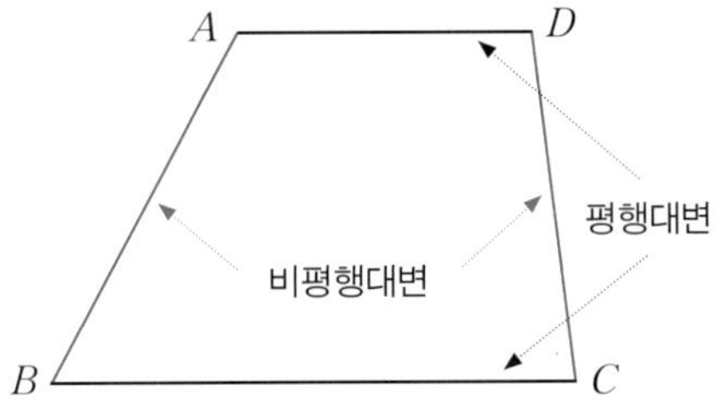

예제

다음 정리를 증명하라.

사다리꼴의 중점연결정리 1 사다리꼴에서 비평행대변의 중점을 연결한 선분은 평행대변과 평행하고 길이는 평행대변 길이의 합의 절반이다.

풀이 다음 그림에서 MN은 비평행대변의 중점을 연결한 선분이고 E는

AN을 지나는 직선이 BC의 연장 선과 만나는 점이다.

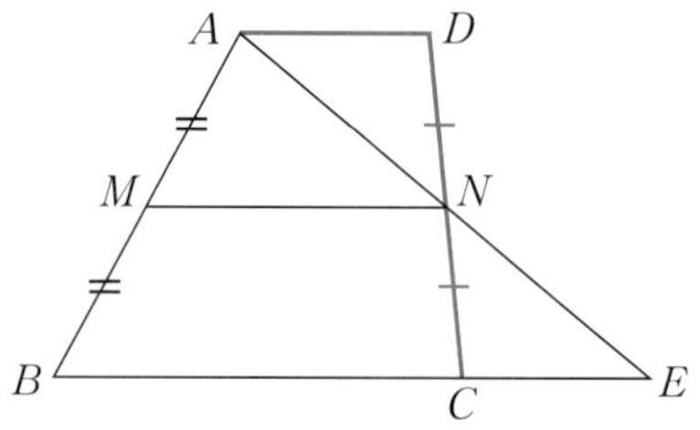

그러면 여기에서 $\triangle ADN \equiv \triangle ECN$이 성립하므로(각자 증명해볼 것) $\overline{AN} = \overline{EN}$ 이 된다. 그리고 이 결과에 의하면 MN은 $\triangle ABE$에서 두 변의 중점을 연결한 선분이므로 삼각형의 중점연결정리 1에 따라 BE에 평행임과 동시에 AD에도 평행이고 그 길이는 AD와 BE를 합한 것, 곧 BE의 절반이다.

예제

다음 정리를 증명하라.

사다리꼴의 중점연결정리 2 사다리꼴에서 두 대각선의 중점을 연결한 선분은 평행대변과 평행하고 길이는 평행대변 길이의 차의 절반이다.

사다리꼴의 중점연결정리 3 사다리꼴의 네 변의 중점을 연결한 사각형은 평행사변형이며, 각 변의 길이는 이와 교차하지 않는 대각선의 절반이다.

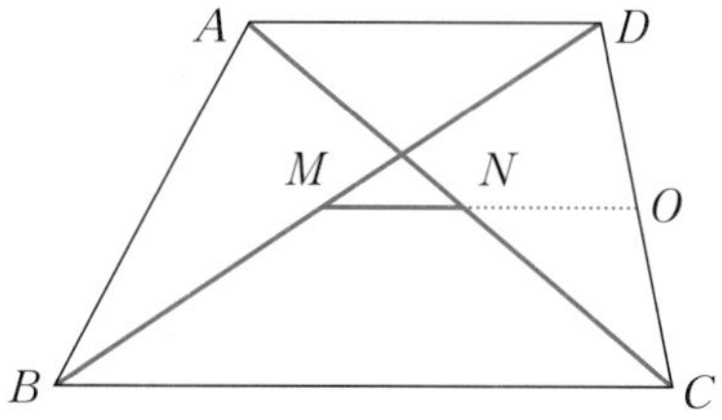

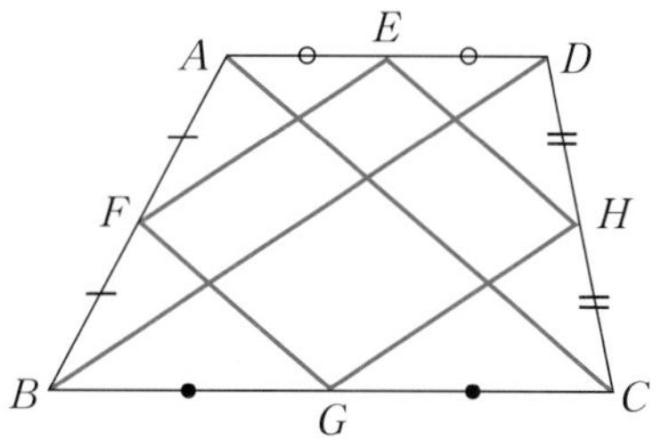

풀이 2번 정리는 위의 왼쪽 그림, 3번 정리는 오른쪽 그림으로 나타냈고,

식으로 쓰면 다음과 같다.

2번 정리 $MN /\!/ AD /\!/ BC$, $\overline{MN} = \frac{1}{2}(\overline{BC} - \overline{AD})$

3번 정리 $EF /\!/ GH /\!/ BD$, $FG /\!/ EH /\!/ AC$,

$$EF = GH = \frac{1}{2}BD, \quad FG = EH = \frac{1}{2}AC$$

왼쪽에서 $\overline{MN} = \overline{MO} - \overline{NO}$ 인데, 삼각형의 중점연결정리 1을 적용하면

$$\overline{MO} = \frac{1}{2}\overline{BC}, \quad \overline{NO} = \frac{1}{2}\overline{AD}$$

이다. 따라서 2번 정리가 증명된다.

오른쪽 그림에서 $\triangle ABD$에 삼각형 중점연결정리 1을 적용하면

$$EF /\!/ GH, \quad EF = \frac{1}{2}BD$$

이다. 똑같은 방법을 FG, GH, EH도 적용하면 3번 정리가 증명되며, 2번과 3번 증명의 자세한 마무리는 각자에게 맡긴다.

예제

다음 정리를 증명하라. 단 증명 과정은 사다리꼴의 중점연결정리 3과 같으므로 풀이는 생략한다.

사각형의 중점연결정리 사각형의 네 변의 중점을 연결한 사각형은 평행사변형이며, 각 변의 길이는 이와 교차하지 않는 대각선의 절반이다.

사다리꼴 가운데 비평행대변의 길이가 같은 사다리꼴을 **등변사다리꼴**(equilateral trapezoid)이라고 부르는데, 다음 예제에서는 이에 대한 문제를 풀어보자.

예제

등변사다리꼴에서 평행대변의 중점과 한 대각선의 중점을 이어서 만든 삼각형은 어떤 삼각형인가?

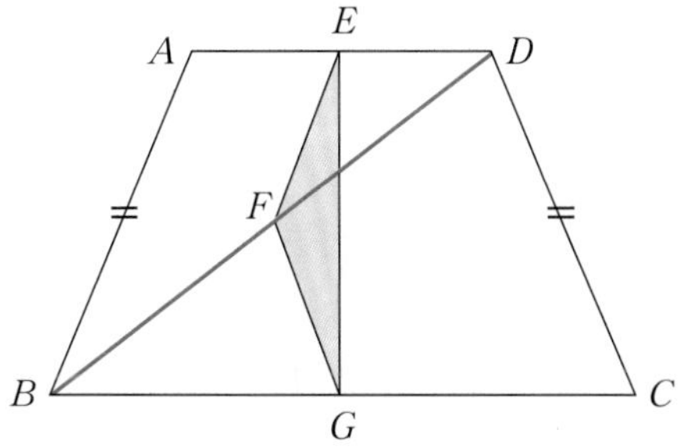

풀이 삼각형 중점연결정리 1을 $\triangle ABD$에 적용하면 $\overline{EF}=\overline{AB}/2$가 나오고, $\triangle BCD$에 적용하면 $\overline{FG}=\overline{CD}/2$가 나온다. 그런데 $\overline{AB}=\overline{CD}$이므로 $\overline{EF}=\overline{FG}$이다. 따라서 $\triangle EFG$는 이등변삼각형이다.

삼각형의 여러 가지 중심(中心, center)

예로부터 삼각형의 성질을 다룰 때 **삼각형의 오심**(五心, five centers of triangle)이란 것을 중요하게 여겨왔으며, 이는 삼각형의 **내심**(內心, incenter), **외심**(外心, circumcenter), **중심**(重心, center of mass), **수심**(垂心, orthocenter), **방심**(傍心, excenter)을 가리킨다. 그런데 현재 중학수학의 교과과정에는 수심과 방심이 포함되어 있지 않고, 이에 따라 '삼각형의 오심'이라는 용어도 쓰지 않는다.

한편 이쯤에서 한 가지 주의할 것은, 위에 나온 '중심(重心)'은 흔히 말하는 '가운데'라는 뜻의 '중심(中心)'이 아니라 '무게가 균형을 이루는 점'을 가리킨다는 사실이다. 그런데 대개의 경우 그냥 'center'라고 하면 '中心'으로 옮기는 게 통례이므로 위에 열거한 삼각형의 여러 가지 '심(心)'은 '中心'으로 받아들이고, 따라서 "삼각형의 경우

'中心'은 여러 가지의 뜻을 가진다"고 이해해도 좋다. 단 아무래도 '重心'은 '中心'과 혼동되기 쉬우므로 혼란의 우려가 있을 때는 반드시 '무게중심'이라고 쓰도록 한다.

그런데 이때 한 가지 더욱 주의할 것은 **'무게중심'은 '무게中心'이지 '무게重心'이 아니다**는 사실이다('무게重心'으로 잘못 쓴 교재들이 있다). '무게중심'은 '무게의 가운데 점'이므로 '무게中心'으로 써야 옳으며, '무게重心'으로 쓰면 '무게의 무게 점'이라는 식의 모호하면서도 중복적인 표현이 된다.

아무튼 **오늘날 삼각형의 중심들에 대해서는 수백 가지 이상이 알려져 있다**. 따라서 '오심'이라는 다섯 가지로 한정하는 것은 더 이상 타당하지 않으며, 중학수학에 나오는 다른 내용들과 특별한 관련성이 없는 것들을 배우는 것도 큰 의미가 없다. 따라서 여기서는 그 가운데 내심, 외심, 무게중심의 세 가지를 살펴본다.

· 곡선과 직선의 위치관계 ·

'곡선과 직선의 위치관계'는 삼각형의 내심과 외심을 배우기 위한 준비단계라고 말할 수 있는데, 여기서 곡선이라 함은 쌍곡선, 포물선, 원 등을 말한다. 이 관계는 원을 예로 들어 작성한 아래 그림에서 보듯 '만나지 않는 경우'와 '한 점에서 만나는 경우'와 '두 점에서 만나는 경우'의 세 가지가 있다. 둘째의 경우 "곡선과 직선이 서로 **접한다**"라고 말하고 이 '직선'과 '만나는 점'을 각각 **접선**(接線, tangent)과 **접점**(tangent point)이라 부르며, 셋째의 경우 "곡선과 직선이 서로 **교차한다**" 또는 "직선이 곡선을 자른다"라고 말하고 이 '직선'과 '만나는 점'을 각각 **할선**(割線, secant)과 **교점**(交點, intersection point)이라고 부른다.

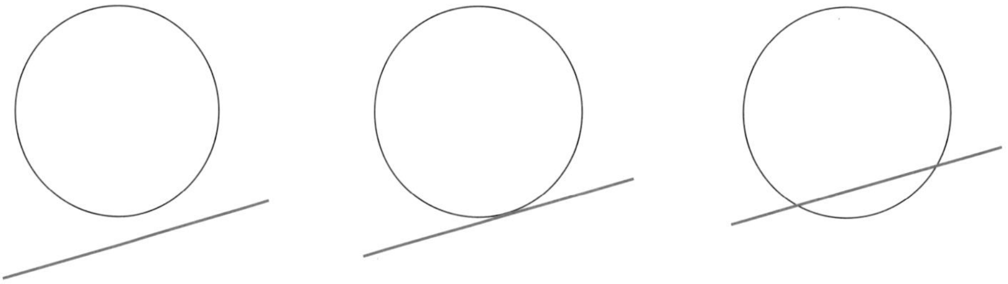

만나지 않는 경우 | 한 점에서 만나는 경우 (접한다, 접선) | 두 점에서 만나는 경우 (교차한다, 자른다, 할선)

· **삼각형의 내심** ·

삼각형의 **내심**(內心, incenter)은 삼각형 **내접원의 중심**을 말한다. 그리고 **내접원**(內接圓, inscribed circle)은 **다각형의 안에 그려진 원으로 다각형의 모든 변과 접하는 원**을 말한다. 삼각형의 경우 내접원이 반드시 존재하지만, 조금만 생각해보면 곧 알 수 있듯 사각형 이상의 경우에는 존재하는 경우가 오히려 예외적이다.

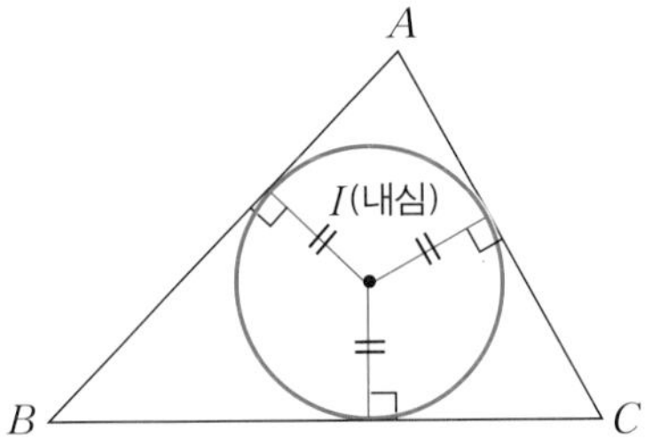

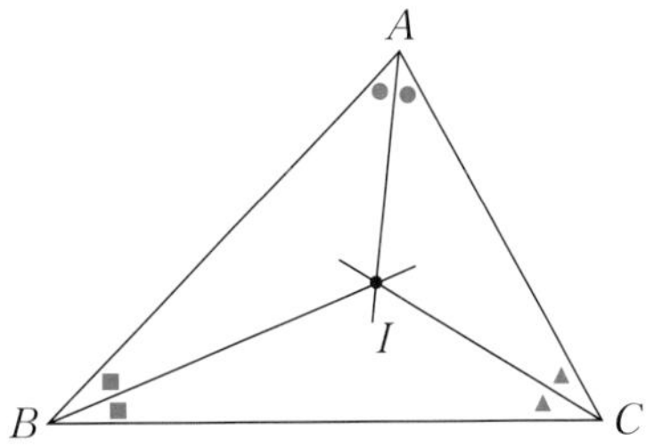

삼각형의 내심은 세 내각의 이등분선의 교점과 같은데, 이는 다음과 같이 증명된다.

정리 삼각형 세 내각의 이등분선은 한 점에서 만나며 이로부터 각 변에 이르는 거리는 모두 같다.

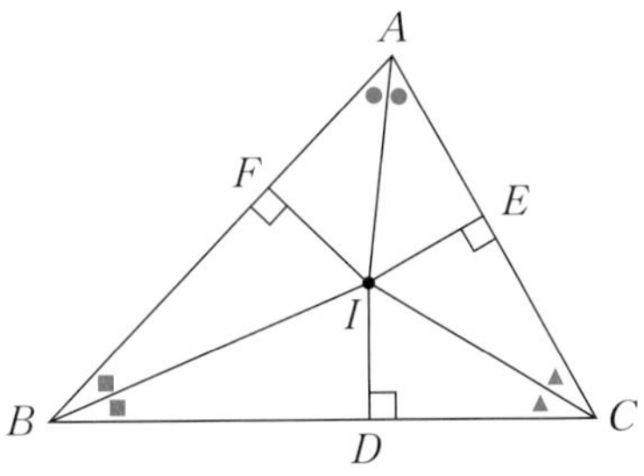

증명 위 그림에는 세 각의 이등분선을 모두 그려놓았지만 이 증명 과정에서는 먼저 $\angle A$와 $\angle B$의 이등분선의 교점을 I로 놓고 생각하는 데에서 시작한다.

이 교점 I에서 각 변에 내린 수선의 발을 각각 D, E, F라고 하면, $\triangle IAF$와 $\triangle IAE$에서

$$\angle AFI = \angle AEI = 90^\circ,\ \text{변 } AI\text{는 공통},\ \angle IAF = \angle IAE$$

이므로 직각삼각형의 합동조건 가운데 하나인 RHA합동에 따라 두 삼각형은 서로 합동이다.

$$\therefore\ \overline{IF} = \overline{IE} \quad \text{— ❶}$$

다음으로 같은 논리에 따라 $\triangle IBF$와 $\triangle IBD$도 서로 합동이다.

$$\therefore\ \overline{IF} = \overline{ID} \quad \text{— ❷}$$

끝으로 I에서 C로 직선을 그은 다음 $\triangle IDC$와 $\triangle IEC$에 대해서 생각해보면, ❶과 ❷에 의하여

$$\overline{ID} = \overline{IE},\ \text{변 } IC\text{는 공통},\ \angle CDI = \angle CEI = 90^\circ$$

이므로 이 두 삼각형도 서로 합동이다.
따라서 $\angle ICD = \angle ICE$이고 변 IC는 $\angle C$의 이등분선이다.

위 증명의 결론에 따라 삼각형 세 내각의 이등분선은 한 점에서 만나며, 이로부터 각 변에 이르는 거리를 반지름으로 하는 원을 그리면 내접원이 된다.

예제

다음 물음에 답하라.

① 오른쪽 그림에서
$\angle BIC = 90^\circ + \frac{1}{2}\angle A$
임을 보여라.

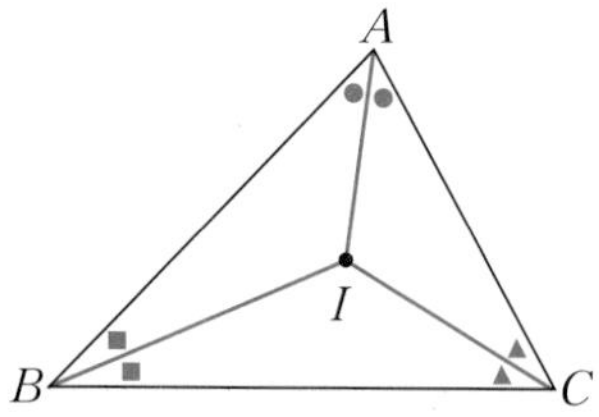

② 오른쪽 그림에서 $DE /\!/ BC$이고, $\overline{AB}=15\text{cm}$, $\overline{AC}=12\text{cm}$라면 $\triangle ADE$의 둘레는 몇 cm인가?

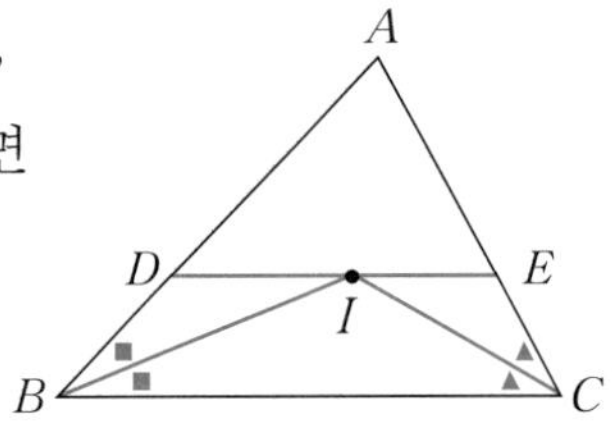

풀이 ① $\triangle ABC$에서

$$\angle B+\angle C=180^\circ-\angle A$$

이다. 그리고 이 식의 양변을 2로 나누면,

$$\frac{1}{2}(\angle B+\angle C)=90^\circ-\frac{1}{2}\angle A$$

이다. 이를 $\triangle IBC$에 적용하면 원하는 결과가 얻어진다.

$$\angle BIC=180^\circ-\frac{1}{2}(\angle B+\angle C)=90^\circ+\frac{1}{2}\angle A$$

② $DE /\!/ BC$이므로

$$\angle IBC=\angle DIB,\ \angle ICB=\angle EIC$$

이다. 그러므로 $\triangle IDB$와 $\triangle IEC$는 모두 이등변삼각형이고, 따라서

$$\overline{DB}=\overline{DI},\ \overline{IE}=\overline{EC}$$

이다. 위 결과를 종합하면 구하는 답은 아래와 같이 얻어진다.

$$\triangle ADE\text{의 둘레}=\overline{AB}+\overline{AC}=15+12=27\ (\text{cm})$$

· **삼각형의 외심** ·

삼각형의 **외심**(外心, circumcenter)은 삼각형 **외접원의 중심**을 말한다. 그리고 **외접원**(外接圓, circumscribed circle)은 **다각형을 둘러싼 원으로서 다각형의 모든 꼭지점을 지나는 원**을 말한다. 삼각형의 경우 외접원이 반드시 존재하지만, 조금만 생각해보면 곧 알 수 있듯 사각형 이상의 경우에는 존재하는 경우가 오히려 예외적이다.

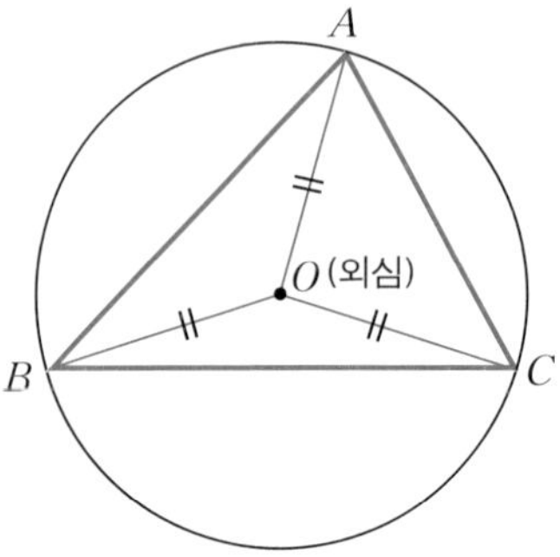

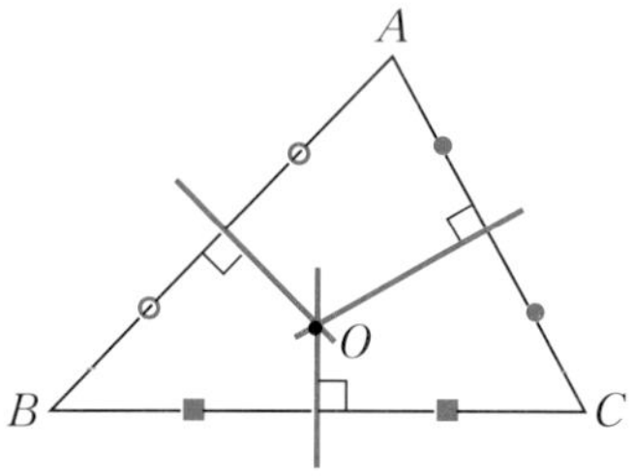

삼각형의 외심은 세 변의 수직이등분선의 교점과 같은데, 이에 따르면 (내심은 항상 안에 있음에 비하여) 외심은 아래 그림에서 보듯 변 위에 있거나 밖에 있을 수도 있다. 곧 세 각이 모두 예각인 예각삼각형의 경우 외심은 안에 있지만, 직각삼각형은 빗변의 중점이 외심이며, 둔각삼각형의 경우에는 밖에 존재한다.

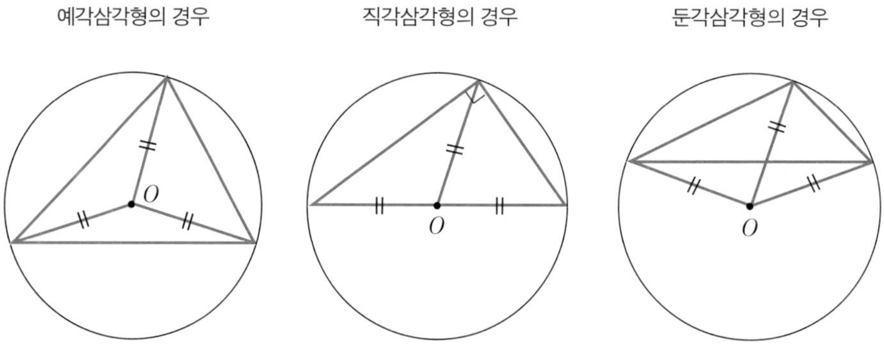

이상과 같은 내용의 삼각형의 외심에 대한 정리의 증명에 앞서 간단한 예비 정리부터 증명하고 넘어간다.

정리 선분의 수직이등분선 위의 한 점에서 선분의 양 끝점까지의 거리는 같다.

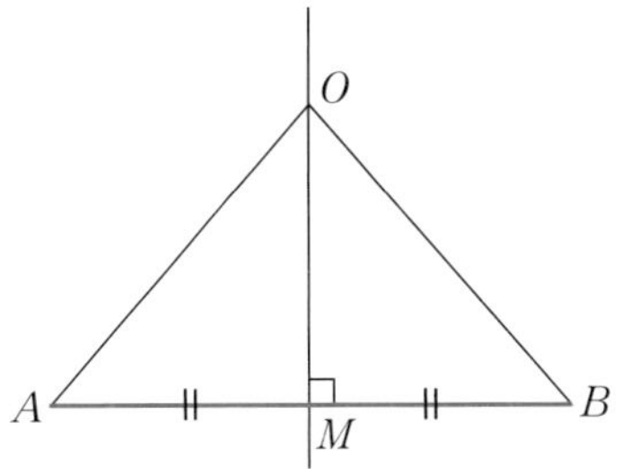

증명 선분 AB의 수직이등분선 위의 한 점 O에서 선분의 양 끝점 A와 B를 연결하여 만든 $\triangle OAM$과 $\triangle OBM$에서 선분 OM은 공통이고 $\overline{AM}=\overline{BM}$이며 $\angle AMO=\angle BMO$이므로 이 두 삼각형은 서로 합동이다. 그러므로 $\overline{OA}=\overline{OB}$로서 증명은 완결된다.

정리 삼각형 세 변의 수직이등분선은 한 점에서 만나며 이로부터 각 꼭지점에 이르는 거리는 모두 같다.

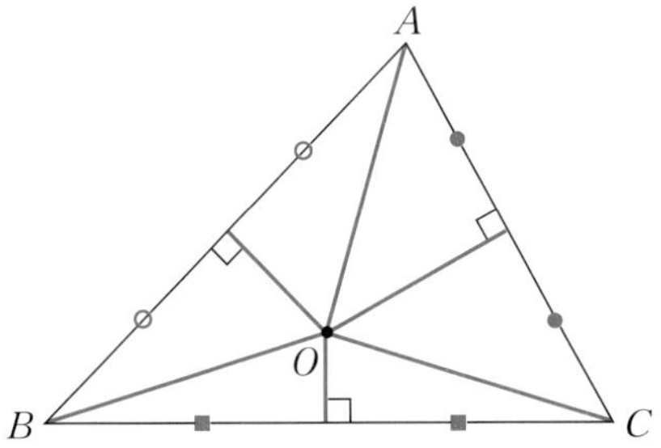

증명 위 그림에는 세 변의 수직이등분선을 모두 그려놓았지만 이 증명 과정에서는 먼저 AB와 AC의 수직이등분선의 교점을 O로 놓고 생각하는 데에서 시작한다. 이때 교점 O는 AB와 AC의 수직이등분선 위에 있으므로 다음 관계가 성립한다.

$$\overline{OA}=\overline{OB},\quad \overline{OA}=\overline{OC},\quad \therefore \overline{OA}=\overline{OB}=\overline{OC}$$

한편 O에서 변 BC로 수선을 긋고 그 교점을 D라고 한 다음 $\triangle OBD$와 $\triangle ODC$

에 대하여 생각해보면, $\overline{OB}=\overline{OC}$ 이고, OD는 공통이며, $\angle ODB=\angle ODC=90^\circ$이므로 이 두 삼각형은 서로 합동이다(RHS합동). 따라서 변 BC의 수직이등분선도 O를 지난다.

위 증명의 결론에 따라 삼각형 세 변의 수직이등분선은 한 점에서 만나며, 이로부터 각 꼭지점에 이르는 거리를 반지름으로 하는 원을 그리면 외접원이 된다.

예제

다음 물음에 답하라.

① 오른쪽 그림에서
O가 외심이고 $\angle A$가 75°일 때
$\angle BOC$의 크기는 얼마인가?

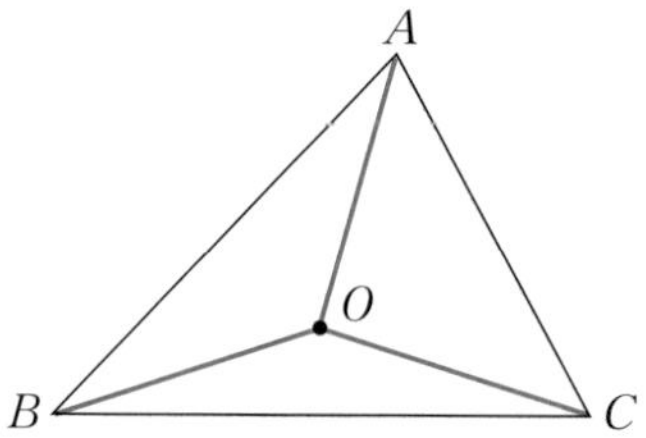

② 오른쪽 그림에서
빗변 AB의 길이는
얼마인가?

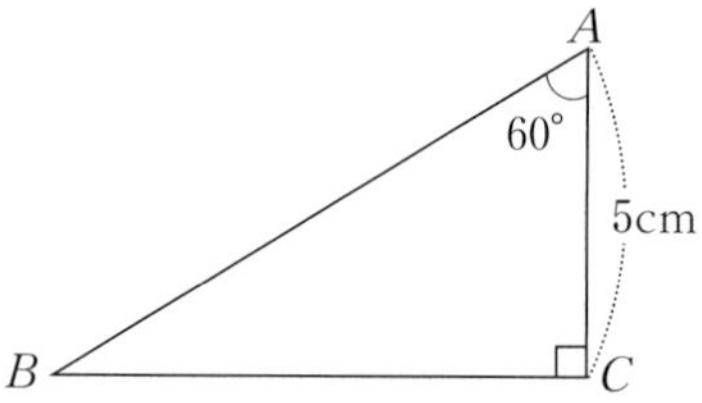

풀이 아래와 같은 보조선을 그리고 생각해본다.

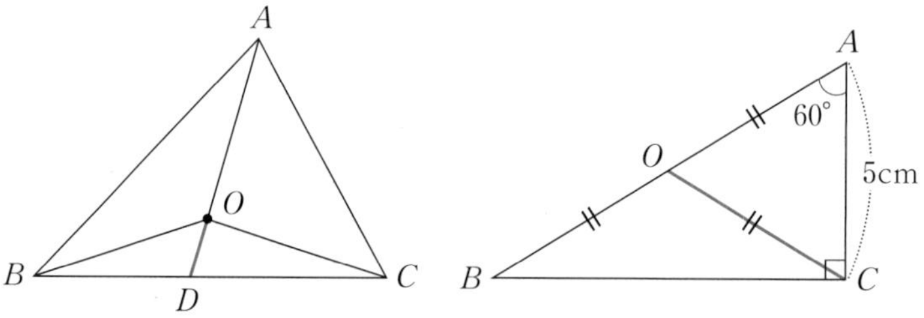

① 왼쪽 그림에서 $\triangle ABO$는 이등변삼각형이므로 다음 관계가 성립한다.

$$\angle OAB = \angle OBA$$

$$\angle AOB + \angle OAB + \angle OBA = \angle AOB + 2\angle OAB = 180^\circ$$

$$\angle AOB + \angle BOD = 180^\circ$$

$$\therefore \angle BOD = 2\angle OBA \quad — ㉠$$

$\triangle ACO$도 이등변삼각형이므로 위와 같은 논리에 따라 아래 식이 성립한다.

$$\angle COD = 2\angle OAC \quad — ㉡$$

구하는 답은 ㉠과 ㉡으로부터 다음과 같이 얻어진다.

$$\angle BOC = \angle BOD + \angle COD$$

$$= 2(\angle OAB + 2\angle OAC) = 2\angle A = 150^\circ$$

② 오른쪽 그림의 $\triangle ABC$은 직각삼각형이므로 빗변의 중점이 곧 외심이다. 그러므로 O로부터 각 꼭지점에 이르는 거리는 모두 같다. 그런데 $\angle ABC = 30^\circ$이므로 $\angle AOC = 60^\circ$이며 따라서 $\triangle AOC$는 정삼각형이다. 결국 구하는 빗변의 길이는 $\overline{AC}$의 2배이므로 답은 10cm이다.

· 삼각형의 무게중심 ·

삼각형의 '**중심**(重心)' 또는 '**무게중심**(中心)'은 **삼각형의 무게가 균형을 이루는 점**을 말한다. 좀 더 구체적으로 말하자면 이는 삼각형을 균일한 두께의 물질로 만든 후 손가락 끝에 얹었을 때 수평이 되도록 하는 점을 가리킨다. 이와 같은 **무게중심은 삼각형의 세 중선의 교점**인데, **중선**(中線, median line)은 **삼각형의 꼭지점과 대변의 중점을 연결한 선분**이다.

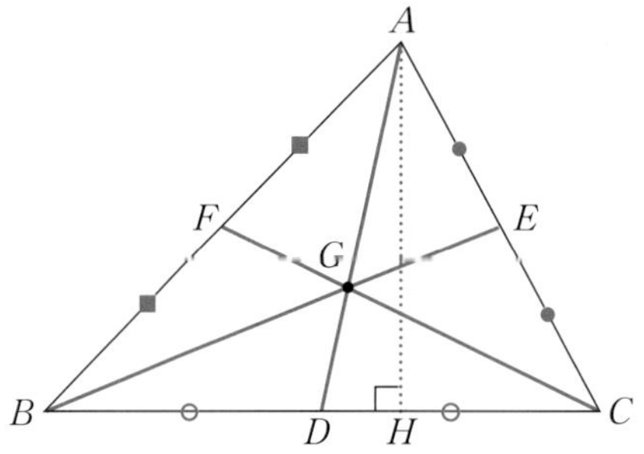

이처럼 세 중선의 교점이 무게중심이 되는 이유는 간단히 이해할 수 있다. 위 그림에서 $\triangle ABD$와 $\triangle ACD$는 $\overline{BD}=\overline{CD}$이므로 밑변이 같은데, 높이도 $\overline{AH}$로 같으므로 넓이가 같다. 따라서 예를 들어 $\triangle ABC$를 일정한 두께의 진흙판으로 만들었다면 $\triangle ABD$와 $\triangle ACD$의 무게가 같을 것은 자명하다. 이런 논리는 $\triangle BAE$와 $\triangle BCE$, 그리고 $\triangle CAF$와 $\triangle CBF$에도 그대로 적용되며, 따라서 AD, BE, CF라는 세 중선이 실제로 한 점에서 만난다면 그 점 G는 당연히 이 삼각형 전체의 무게중심이 될 것이다. 다음에서는 삼각형의 닮음을 이용하여 이 내용을 증명한다.

정리 삼각형의 세 중선은 한 점에서 만나며, 이 점은 각 중선의 길이를 꼭지점으로부터 2 : 1로 나눈다.

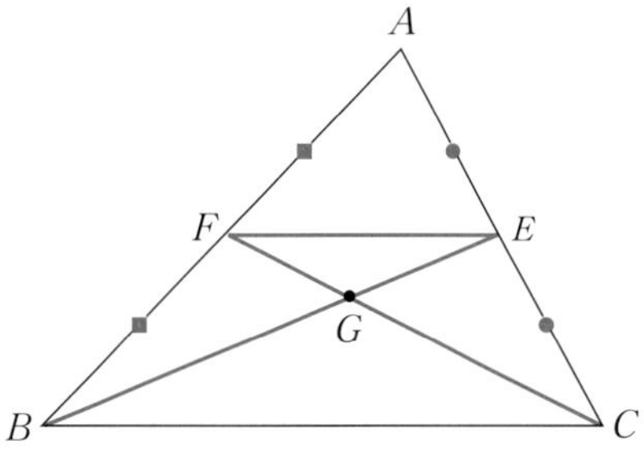

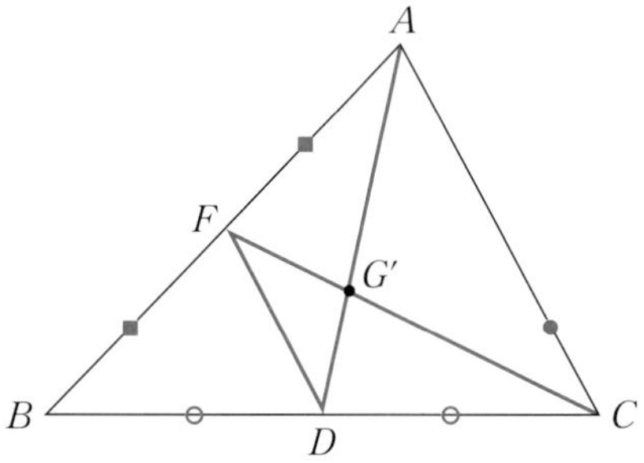

증명 왼쪽 그림에서 E와 F는 AC와 AB의 중점이므로 중점연결정리에 따르면

$$EF /\!/ BC, \quad \overline{EF} = \frac{1}{2}\overline{BC} \qquad \text{— ❶}$$

이다. 그런데 $\triangle GEF \backsim \triangle GBC$이므로 ❶의 비례에 의하면 다음 식이 성립한다.

$$\overline{BG} : \overline{GE} = \overline{CG} : \overline{GF} = 2 : 1 \quad —❷$$

같은 방법으로 오른쪽 그림을 분석하면 $\triangle G'DF \backsim \triangle G'AC$이므로

$$\overline{AG'} : \overline{G'D} = \overline{CG'} : \overline{G'F} = 2 : 1 \quad —❸$$

이다. 여기서 ❷와 ❸을 비교하면 G와 G'은 CF를 똑같은 비례로 나누는 점이다. 따라서 G와 G'은 같은 점이며, 이로써 정리의 내용이 모두 충족됨을 알 수 있다.

예제

다음 물음에 답하라.

①

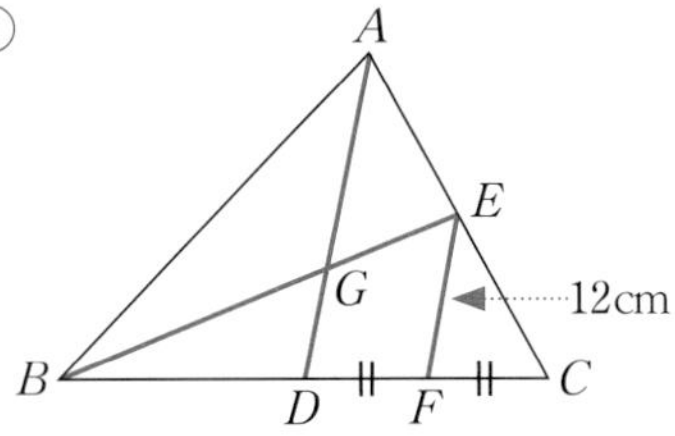

G가 $\triangle ABC$의 무게중심일 때 $\overline{AG}$의 길이는 얼마인가?

②

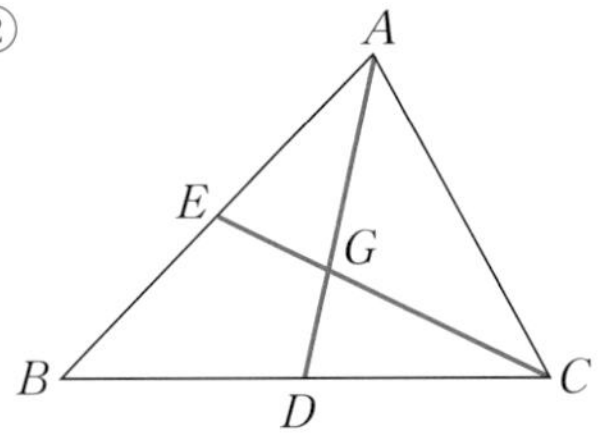

G가 $\triangle ABC$의 무게중심이며, $\triangle CDG$의 넓이는 10cm^2라고 한다. $\triangle ABC$의 넓이는 얼마인가?

풀이 ① $\triangle CEF \backsim \triangle CAD$인데 닮음비는 $1 : 2$이므로 $\overline{AD} = 24\text{cm}$이다. 그리고 $\triangle BGD \backsim \triangle BEF$인데 닮음비는 $2 : 3$이므로 $\overline{GD} = 8\text{cm}$이다. 따라서 $\overline{AG}$의 길이는 16cm이다.

② G는 무게중심이므로

$$\triangle ABG = \triangle BCG = \triangle ACG$$

이다. 그런데

$$\triangle CDG = \frac{1}{2}\triangle BCG$$

이므로, 결국 $\triangle CDG$의 넓이는 전체 삼각형의 1/6이다. 그러므로

$\triangle ABC$의 넓이는 60cm^2이다.

평행선과 닮음비

앞서 배웠던 삼각형과 사다리꼴의 중점연결정리는 평행선 및 닮음과 관련되는데 이때의 닮음비는 중점이라는 특성상 "1 : 2"라는 일정한 값에 국한되었다. 하지만 삼각형이든 사각형이든 어떤 변에 평행한 직선은 무수히 많은 위치에서 그을 수 있으므로 이로부터 도출되는 닮음비도 무한히 다양한 값을 가질 수 있다. 다음에서는 이와 같은 일반적인 경우를 생각해보기로 한다.

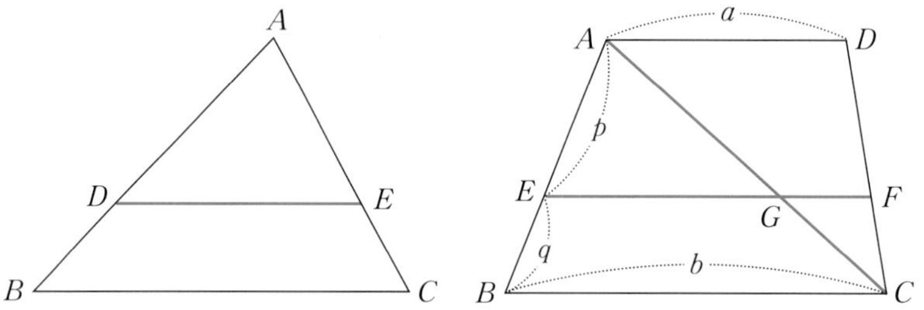

왼쪽 그림에서 $DE /\!/ BC$이면 $\triangle ABC \backsim \triangle ADE$이므로 다음 관계가 성립한다.

$$\overline{DE} : \overline{BC} = \overline{AD} : \overline{AB} = \overline{AE} : \overline{AC}, \quad \overline{AD} : \overline{DB} = \overline{AE} : \overline{EC}$$

또한 오른쪽 그림에서 $AD /\!/ EF /\!/ BC$이면 $\overline{EF}$ 의 길이는 다음과 같이 구해진다.

$$\triangle AEG \backsim \triangle ABC,\ \ \overline{EG} : b = p : (p+q),\ \ \overline{EG} = \frac{bp}{p+q}$$

$$\triangle CFG \backsim \triangle CDA,\ \ \overline{FG} : a = q : (p+q),\ \ \overline{FG} = \frac{aq}{p+q}$$

$$\therefore \overline{EF} = \overline{EG} + \overline{FG} = \frac{aq+bp}{p+q}$$

예제

다음 그림에서 $\overline{AB} = 4\text{cm}$, $\overline{CD} = 8\text{cm}$, $\overline{BC} = 12\text{cm}$일 때 $\overline{EF}$와 $\overline{CF}$의 길이를 구하라.

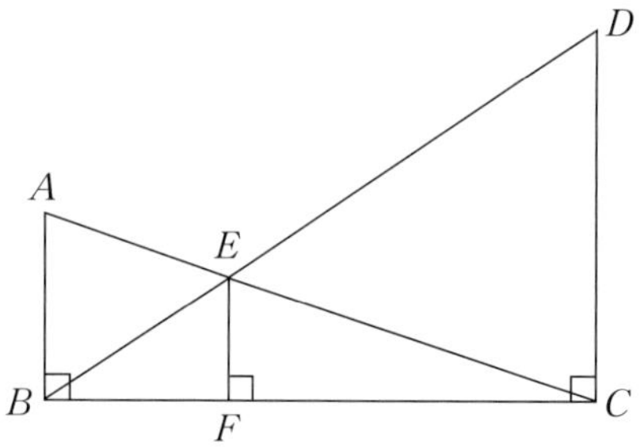

풀이 $AB /\!/ EF /\!/ CD$이므로 $\triangle EAB \backsim \triangle ECD$이다. 그런데

$$\overline{AB} : \overline{CD} = 4 : 8 = 1 : 2$$

이므로

$$\overline{AE} : \overline{EC} = \overline{BE} : \overline{ED} = 1 : 2$$

이다. 한편 $\triangle ABC \backsim \triangle EFC$이므로

$$\overline{EF} : \overline{AB} = \overline{EF} : 4\text{cm} = \overline{CE} : \overline{CA} = 2 : 3$$

이며, 따라서 $\overline{EF} = \frac{8}{3}\text{cm}$이다. 그리고

$$\overline{CF} : \overline{CB} = 2 : 3 = \overline{CF} : 12\text{cm}$$

이므로 $\overline{CF} = 8\text{cm}$이다.

· 삼각형의 내각과 외각의 이등분선 ·

삼각형 세 내각의 이등분선은 한 점에서 만나며, 이로부터 각 변에 이르는 거리가 같으므로 내접원의 중심이 되어 내심이라 부른다고 배웠다. 그런데 내각의 이등분선과 관련하여 또 다른 흥미로운 성질이 있으며, 외각과 관련해서도 비슷한 내용의 것이 있으므로 차례로 살펴본다.

삼각형 내각 이등분선의 정리 삼각형의 내각 이등분선은 대변을 다른 두 변의 길이의 비로 나눈다. 곧 아래 왼쪽 그림에서 $\angle BAD = \angle CAD$이면 $\overline{AB} : \overline{AC} = \overline{BD} : \overline{CD}$ 이다.

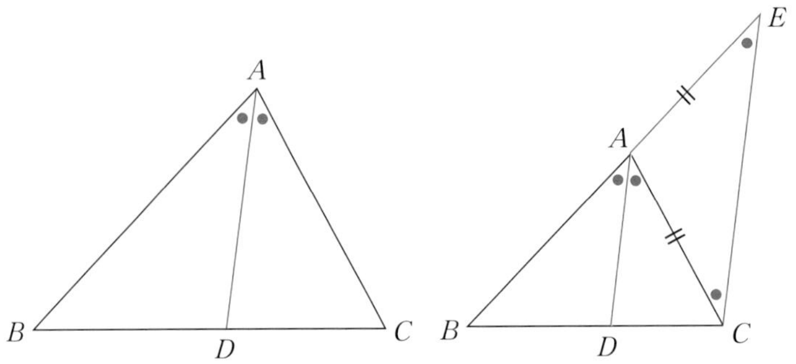

증명 위의 오른쪽 그림은 AB를 연장한 직선과 꼭지점 C를 지나며 $\angle A$의 이등분선 AD와 평행인 직선이 만나는 점을 E로 나타낸 것이다. 그러면 평행선의 동위각 및 엇각과 관련된 성질에 따라 $\triangle ACE$는 이등변삼각형임을 알 수 있다. 따라서 $\overline{AC} = \overline{AE}$ 이며, 이로부터 위 정리의 결론이 다음과 같이 얻어진다.

$$\overline{AB} : \overline{AC} = \overline{AF} : \overline{AE} = \overline{BD} : \overline{CD}$$

삼각형 외각 이등분선의 정리 왼쪽 그림에서 $\angle CAD = \angle EAD$이면 $\overline{AB} : \overline{AC} = \overline{BD} : \overline{CD}$ 이다.

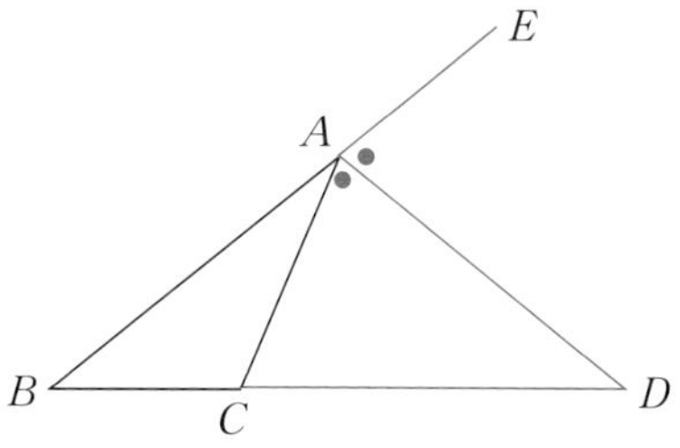

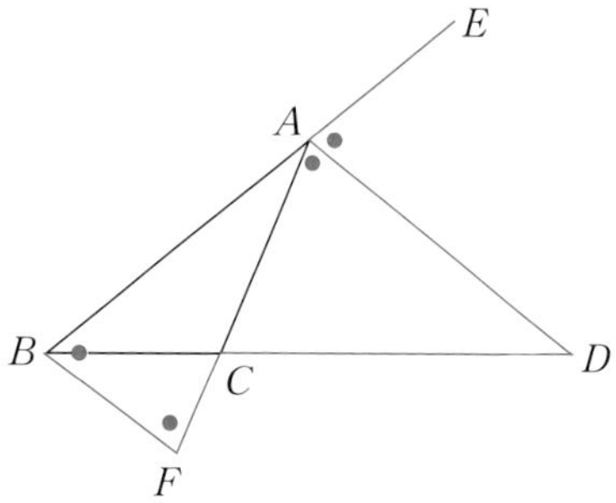

증명 위 오른쪽 그림은 AC를 연장한 직선과 꼭지점 B를 지나며 $\angle A$의 외각의 이등분선 AD와 평행인 직선이 만나는 점을 F로 나타낸 것이다. 그러면 평행선의 동위각 및 엇각과 관련된 성질에 따라 $\triangle ABF$는 이등변삼각형임을 알 수 있다. 따라서 $\overline{AB} = \overline{AF}$ 이며, 이로부터 위 정리의 결론이 다음과 같이 얻어진다.

$$\overline{AB} : \overline{AC} = \overline{AF} : \overline{AC} = \overline{BD} : \overline{CD}$$

6 ⋮ 사각형의 성질

삼각형의 기본적 성질을 배우고 사각형으로 들어서면 "삼각형만 해도 아주 많은 성질이 있다는 점을 알게 되었는데, 사각형의 경우에는 또 얼마나 더 많을까?"라는 막연한 기대감(?) 내지 불안감을 느끼는 게 인지상정(人之常情)일 것으로 여겨진다. 그런데 실망(?) 또는 다행스럽게도 사각형에 관련되는 성질들이라고 해서 한 단계 훌쩍 뛰어넘는 식으로 어려워지지는 않으며, 오히려 대부분 삼각형에서 배웠던 여러 가지 성질을 토대로 예상보다 쉽게 해결할 수 있다.

알고 보면 이유는 아주 단순하다. 사각형 이상 오, 육, 칠, … 등의 다각형들은 모두 여러 조각의 삼각형들을 이어 붙인 것으로 생각할 수 있기 때문이다. 물론 그렇다고 사각형 고유의 새로운 성질들이 없다는 뜻은 아니다. 하지만 이런 것들 또한 유클리드의 『원론』처럼 기하학의 근본 원리를 올바로 적용해 가면 잘 해결되므로 이와 같은 점을 유념하면서 차분히 배워 가면 된다.

평행사변형의 성질

사각형에는 일반사각형, 사다리꼴, 등변사다리꼴, 평행사변형, 마름모, 직사각형, 정사각형 등이 있는데, 평행사변형의 성질이 가장 기본적이므로 이로부터 시작한다. **평행사변형**(parallelogram)은 **대변이 서로 평행인 사각형**을 말하며, 이 정의로부터 다음과 같은 성질들이 도출된다.

1 · 대변의 길이가 같다.
2 · 대각의 크기가 같다.
3 · 두 대각선은 서로 이등분한다(서로 중점에서 만난다).

1의 증명 아래 그림과 같이 하나의 대각선을 긋고 생각해본다.

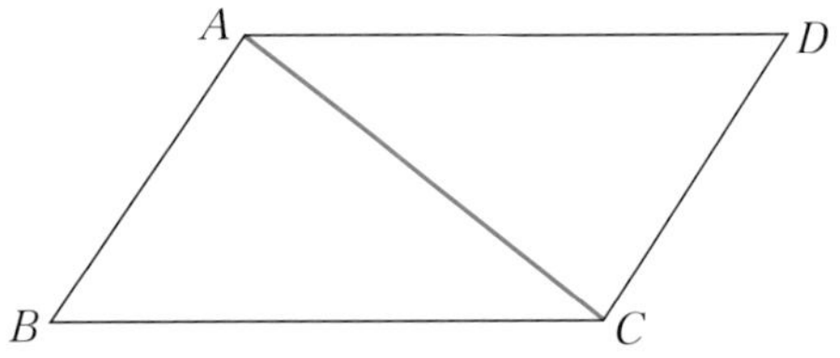

$\triangle ABC$와 $\triangle CDA$에서, 변 AC는 공통이고, $AD /\!/ BC$이므로 $\angle ACB$와 $\angle CAD$는 엇각으로 서로 같으며, $AB /\!/ DC$이므로 $\angle BAC$와 $\angle DCA$도 엇각으로 서로 같다. 그러므로 이 두 삼각형은 ASA합동이며, 이로써 1의 증명은 완결된다

예제

456쪽의 2와 3을 증명하라.

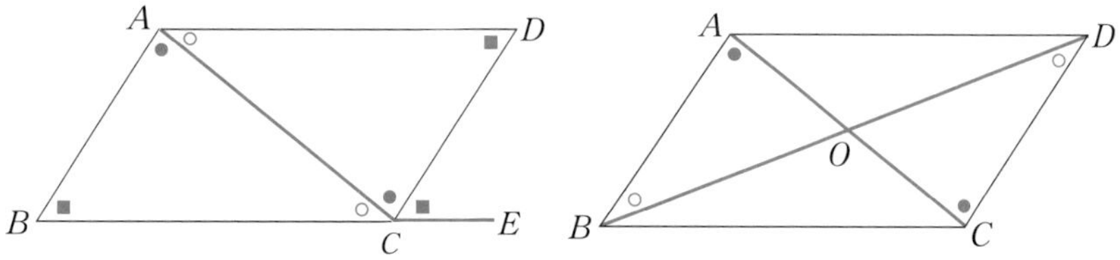

풀이

2의 증명 위 왼쪽 그림에서 $AD /\!/ BC$이므로 $\angle D$와 $\angle DCE$는 엇각으로 서로 같으며, $AB /\!/ DC$이므로 $\angle B$와 $\angle DCE$는 동위각으로 서로 같다. 따라서 $\angle B = \angle D$이다. 한편 $AD /\!/ BC$와 $AB /\!/ DC$를 다시 이용하면 $\angle BAC$와 $\angle DCA$ 그리고 $\angle BCA$와 $\angle DAC$가 각각 엇각으로 서로 같으며, 따라서 $\angle A = \angle C$이다. 그러므로 평행사변형의 대각의 크기는 서로 같다.

3의 증명 위 오른쪽 그림의 $\triangle ABO$와 $\triangle COD$를 두고 볼 때, 평행사변형의 대변의 길이는 같으므로 $\overline{AB} = \overline{CD}$ 이고, $AB /\!/ DC$이므로 $\angle ABO$와 $\angle CDO$ 그리고 $\angle BAO$와 $\angle DCO$ 가 엇각으로 서로 같다. 그러므로 이 두 삼각형은 ASA합동이고, 이에 따라 평행사변형의 두 대각선은 서로 이등분함이 증명된다.

예제

다음 물음에 답하라.

① 오른쪽 평행사변형에서 $\overline{BE} = 6\text{cm}$이고 $\overline{CD} = 10\text{cm}$라면 $\overline{AD}$ 의 길이는 얼마인가?

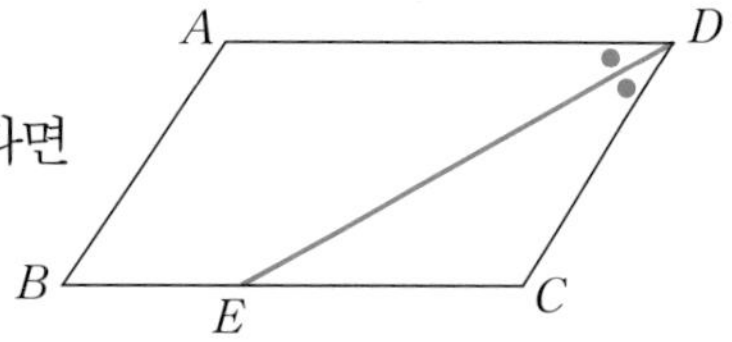

② 오른쪽 평행사변형에서

$\overline{AB}=6$cm이고

$\overline{BC}=9$cm라면

$\overline{DE}$ 의 길이는 얼마인가?

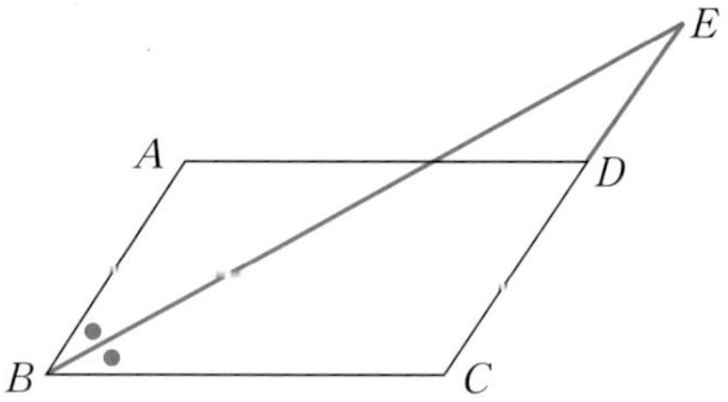

풀이 평행사변형의 성질을 이용한다.

① $AD /\!/ BC$이므로 $\angle ADE$와 $\angle CED$는 엇각으로 서로 같다. 그런데 $\angle ADE = \angle CDE$이므로 $\triangle CDE$는 이등변삼각형이다. 따라서 $\overline{AD} = \overline{BE}+\overline{EC} = \overline{BE}+\overline{CD} = 16$cm이다.

② $AB /\!/ EC$이므로 $\angle ABE$와 $\angle CEB$는 엇각으로 서로 같다. 그런데 $\angle ABE = \angle CBE$이므로 $\triangle CBE$는 이등변삼각형이다. 따라서 $\overline{DE} = \overline{CE}-\overline{CD} = \overline{BC}-\overline{AB} = 3$cm이다.

평행사변형의 형성조건

408쪽에서 '삼각형의 형성조건◇'은 "두 변의 길이의 합이 다른 한 변의 길이보다 커야 한다"는 것임을 배웠다. 평행사변형에서도 이와 비슷하게 '평행사변형이 될 조건' 곧 '평행사변형의 형성조건'을 말할 수 있으며, 아래 다섯 가지로 간추려진다.

1 · 두 쌍의 대변이 대변끼리 서로 평행하다(정의).

2 · 두 쌍의 대변의 길이가 대변끼리 서로 같다.

3 · 두 쌍의 대각의 크기가 대각끼리 서로 같다.

4 · 두 대각선이 서로 이등분한다.

5 · 한 쌍의 대변이 평행하고 길이가 같다.

예제

다음 조건을 만족하는 □$ABCD$ 중 평행사변형인 것을 찾아라.

① $\angle A=60^\circ$, $\angle D=120^\circ$, $\angle C=60^\circ$

② $\angle A=\angle C$, $AB /\!/ DC$

③ $\overline{AB}=6\text{cm}$, $\overline{BC}=6\text{cm}$, $\overline{CD}=9\text{cm}$, $\overline{DA}=9\text{cm}$

풀이 평행사변형의 형성조건에 비추어 생각해본다. 답은 ①과 ②이다.

① □$ABCD$에서 $\angle A$와 $\angle C$는 대각에 해당하며 서로 같다. 한편 다른 두 대각을 비교하면 $\angle D=120^\circ$이므로 남은 한 각인 $\angle B$도 120°이다. 따라서 두 쌍의 대각이 각각 서로 같으므로 □$ABCD$는 평행사변형이다.

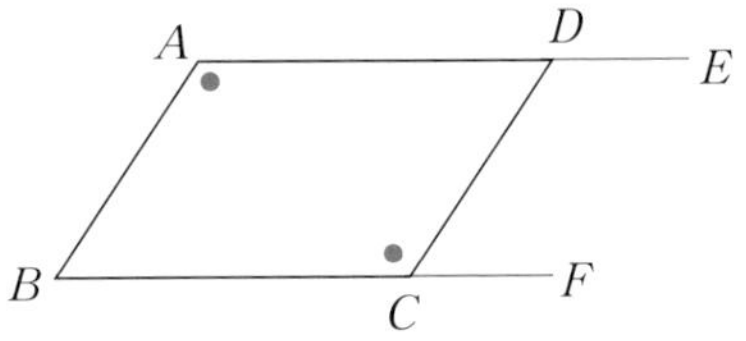

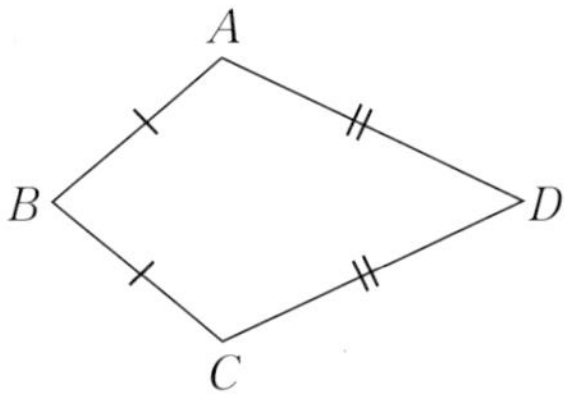

② 왼쪽 그림에서 $AB /\!/ DC$이므로 $\angle A=\angle CDE$이고 $\angle B=\angle DCF$이다. 따라서 $\angle B=\angle D$가 성립한다. 이에 따라 □$ABCD$는 두 쌍의 대각이 각각 서로 같으므로 평행사변형이다.

③ 평행사변형은 이웃변의 길이가 같은 게 아니라 대변의 길이가 같다. 실제로 조건에 맞추어 그림을 그리면 위 오른쪽의 사각형이 되므로 평행사변형이 아니라는 점을 쉽게 알 수 있다.

예제

아래 그림처럼 평행사변형 $ABCD$의 안에서 임의로 한 점 P를 선택했을 때 다음 물음에 답하라.

① $ABCD$의 넓이가 45cm^2라면 $\triangle PAD$와 $\triangle PBC$의 넓이의 합은 얼마인가?

② 여기서 $\triangle PAB = 25\text{cm}^2$, $\triangle PBC = 32\text{cm}^2$, $\triangle PCD = 35\text{cm}^2$라면 $\triangle PAD$의 넓이는 얼마인가?

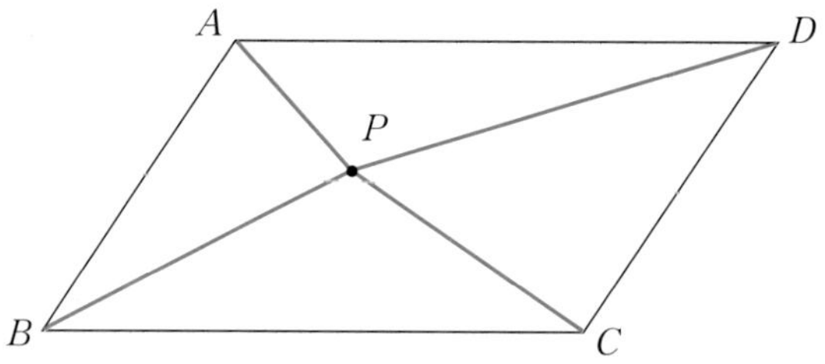

풀이 아래 그림과 같이 두 쌍의 대변과 평행인 보조선을 그어놓고 보면, 본래의 평행사변형이 모두 8개의 삼각형으로 나뉘고, 같은 기호로 표시한 한 쌍의 삼각형들끼리 서로 합동으로서 넓이가 같다.

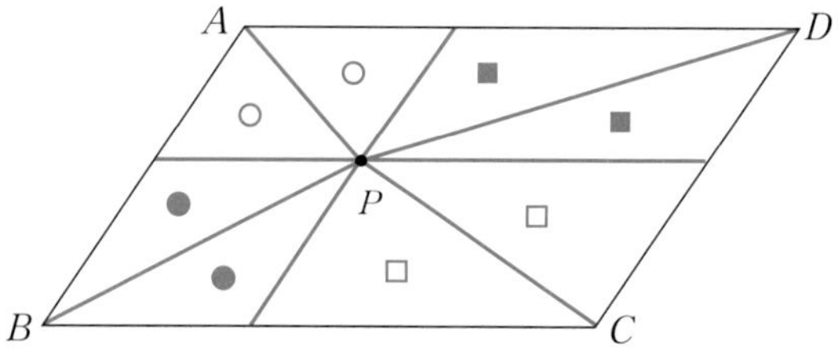

따라서

$$\triangle PAB + \triangle PCD = \triangle PBC + \triangle PAD$$

의 관계가 성립한다.

① $\triangle PAD + \triangle PBC = \frac{1}{2}\square ABCD = 22.5\text{cm}^2$

② $\triangle PAB + \triangle PCD = \triangle PBC + \triangle PAD$로부터

$25 + 35 = 32 + \triangle PAD$

$\therefore \triangle PAD = 28\text{cm}^2$

여러 가지 사각형

평행사변형 이외의 사각형들에 대해 알아보기 위해 정의부터 살펴본다.

- 사각형(quadrangle) : 서로 교차하지 않는 네 선분을 이어서 만든 다각형
- 사다리꼴(trapezoid) : 한 쌍의 대변이 평행인 사각형
- 등변사다리꼴(equilateral trapezoid) : 한 쌍의 대변이 평행이고 두 밑각의 크기가 같은 사각형
- 평행사변형(parallelogram) : 대변이 서로 평행인 사각형
- 마름모(rhombus) : 네 변의 길이가 모두 같은 사각형
- 직사각형(rectangle) : 네 각의 크기가 모두 같은 사각형
- 정사각형(square) : 네 변의 길이가 모두 같고 네 각의 크기가 모두 같은 사각형

이와 같은 여러 가지의 사각형들을 집합의 포함관계로 나타내면 이해하기에 편하다.

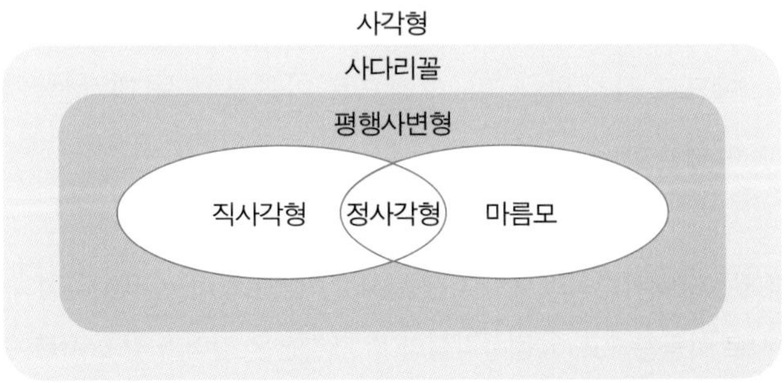

예제

다음을 증명하라.

① 등변사다리꼴의 두 대각선은 길이가 같다.

② 마름모의 두 대각선은 서로 수직이등분한다.

풀이 삼각형의 합동을 이용한다.

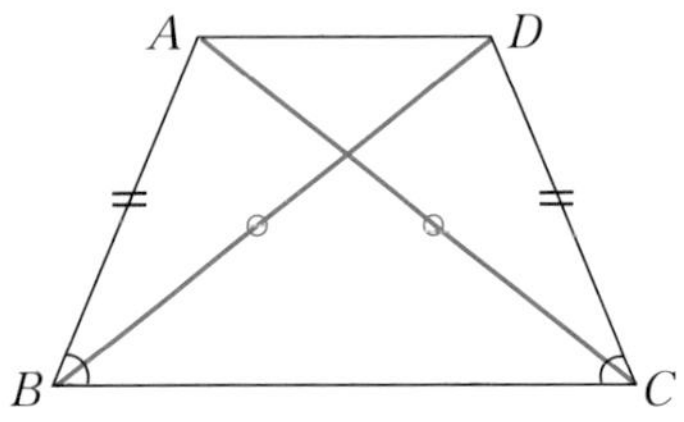

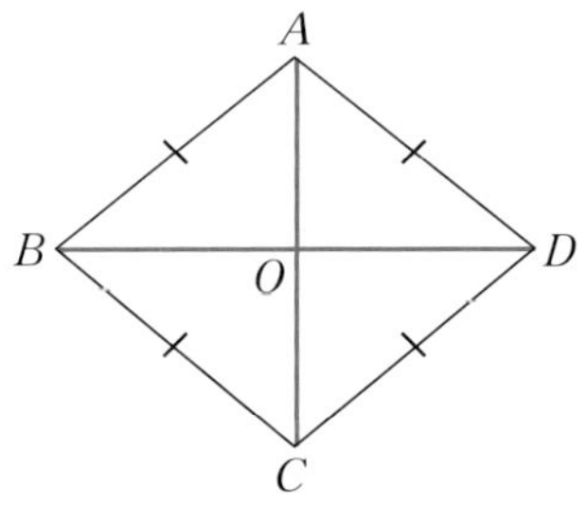

① 왼쪽 그림의 $\triangle ABC$와 $\triangle DCB$에서 변 BC는 공통이며, 등변사다리꼴이므로 $\overline{AB}=\overline{DC}$ 이고, $\angle B=\angle C$이다. 따라서 이 두 삼각형은 합동이다. 그러므로 $\overline{AC}=\overline{DB}$ 인데 이는 바로 등변사다리꼴의 두 대각선이다.

② 마름모는 평행사변형이므로 두 대각선은 일단 서로 이등분한다. 따라서 오른쪽 그림의 $\triangle ABO$와 $\triangle ADO$에서 $\overline{BO}=\overline{DO}$ 이고, $\overline{AB}=\overline{AD}$ 이며, 변 AO는 공통이므로 이 두 삼각형은 서로 합동이다. 그런데 $\angle AOB$와 $\angle AOD$는 크기가 같고 더하여 $180°$이므로 각각 $90°$이다. 그러므로 마름모의 두 대각선은 서로 수직이등분한다.

참고 이 밖에 ㉠평행사변형의 두 대각선은 서로 이등분하며, ㉡직사각형의 두 대각선은 길이가 같고 서로 이등분하고, ㉢정사각형의 두 대각선은 길이가 같고 서로 수직이등분한다. ㉠은 평행사변형을 배우면서 증명했으므로 ㉡과 ㉢을 각자 연습 삼아 증명해보도록 한다.

예제

다음 물음에 답하라.

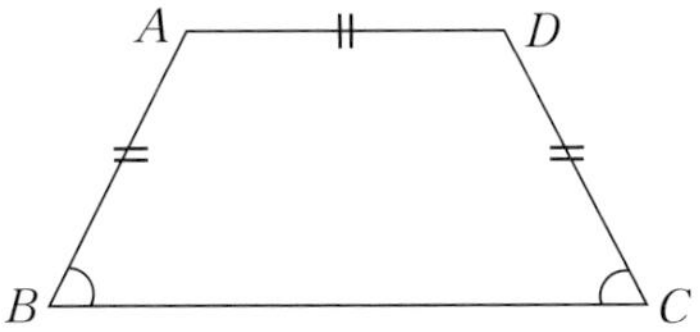

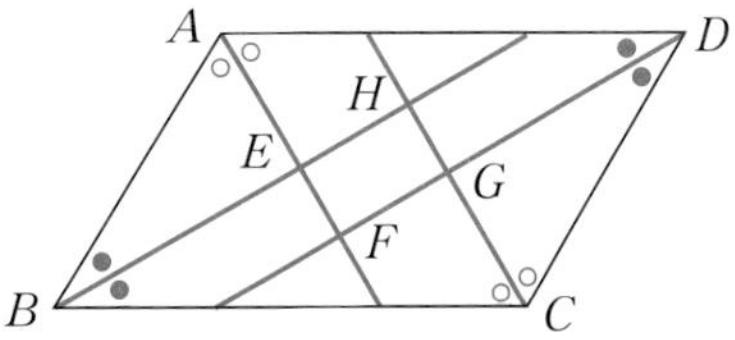

① 왼쪽 그림과 같은 등변사다리꼴에서 밑변을 제외한 세 변의 길이가 같고 밑변의 길이는 윗변 길이의 2배일 때 $\angle B$의 크기는 얼마인가?

② 오른쪽 그림과 같이 평행사변형의 네 각의 이등분선이 서로 만나서 만드는 $\square EFGH$에서 $\overline{EG} = 5$cm라면 $\overline{FH}$의 길이는 얼마인가?

풀이

① 등변사다리꼴 $ABCD$의 꼭지점 D에서 변 AB에 평행인 직선을 긋고 변 BC와의 교점을 E라고 하자. 그러면 아래 그림에서 곧 알 수 있듯 $\triangle CDE$는 세 변이 모두 같으므로 정삼각형이 된다. 따라서 $\angle B = 60°$이다.

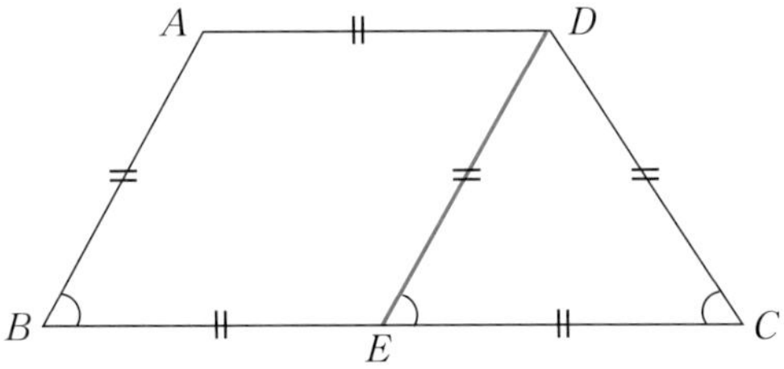

② 문제의 오른쪽 그림에서

$$\angle EAB + \angle EAB = \frac{1}{2}(\angle A + \angle B) = 90°$$

이다. 이에 따라 $\angle FEH = 90°$이며, 이와 마찬가지로 $\angle FGH = 90°$이다. 그러므로 $\square EFGH$는 대각이 90°인 평행사변형, 곧 직사각형이다. 따라서 $\overline{EG} = 5\text{cm}$라면 $\overline{FH}$의 길이 또한 5cm이다.

7 ⋮ 다각형의 성질

이상으로 다각형 가운데 삼각형과 사각형에 대하여 대략의 내용을 살펴보았다. 이 밖에 다른 다각형들에 대해서도 많은 내용이 있기는 하지만 여기서는 그중 세 가지에 대해서만 공부한다.

볼록다각형과 오목다각형

우선 예비사항으로 볼록다각형(convex polygon)과 오목다각형(concave polygon)이 무엇인지 알아보는데, 그림으로 보면 직관적으로 쉽게 이해할 수 있다.

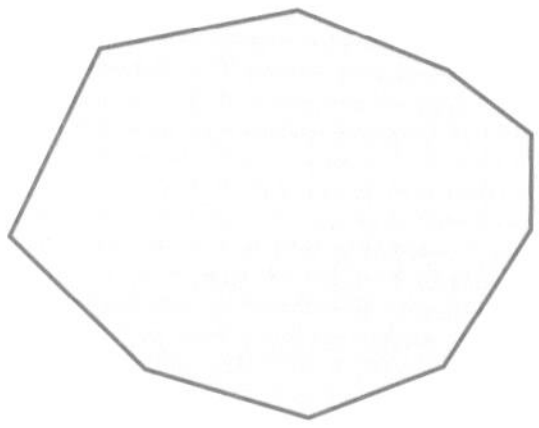

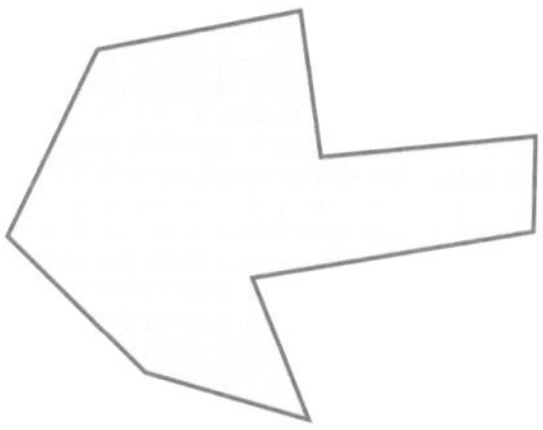

위 왼쪽 다각형을 볼록다각형, 오른쪽 다각형을 오목다각형이라고 한다. 여기서 보듯 볼록다각형의 경우 모든 내각이 180°보다 작으므로 변을 따라 한바퀴를 돌아볼 때 이웃하는 변들이 항상 한쪽 방향으로만 꺾이게 되고 결국 최종 모습은 전체적으로 볼록한 모양이 된다. 반대로 오목다각형은 적어도 하나 이상의 내각이 180°보다 큰 다각형을 말한다. 이 경우 180°보다 큰 내각을 갖는 꼭지점에서 다각형은 안쪽으로 움푹 들어간 형태가 되므로 오목다각형이라고 부른다.

다각형의 내각의 합

볼록다각형이든 오목다각형이든 모든 다각형은 아래 그림처럼 삼각형으로 나누어 생각해볼 수 있다(나누는 방법은 여러 가지이므로 꼭 아래 그림처럼 나누지 않아도 된다).

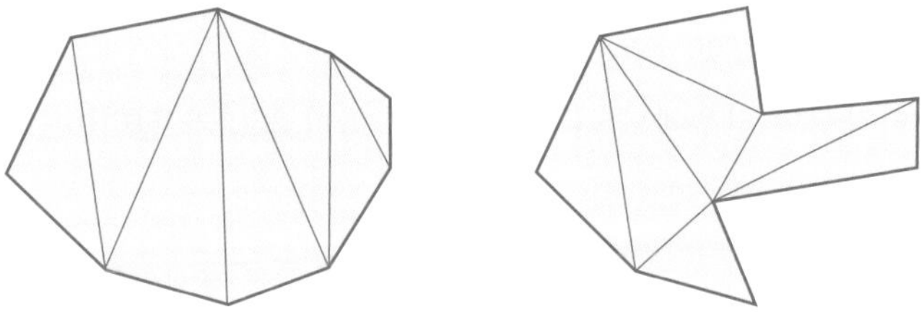

그리고 이로부터 알 수 있듯 다각형의 내각의 합은 나누어서 만들어진 삼각형의 개수에 180°를 곱한 것과 같으며, 이 사실은 볼록다각형이든 오목다각형이든 마찬가지이다. 위 왼쪽 그림은 볼록구각형, 오른쪽 그림은 오목구각형인데, 모두 7개의 삼각형으로 나뉘었으므로 내각의 합은 어느 것이나 $180° \times 7 = 1260°$이다. 곧 변이 n개인 n각형의 내각의 합은 일반적으로 $180(n-2)°$이다.

다각형의 외각의 합

406쪽에서 다각형의 외각은 한 내각의 바로 이웃에서 이 내각과 함께 평각을 이루는 각을 말한다고 했다.

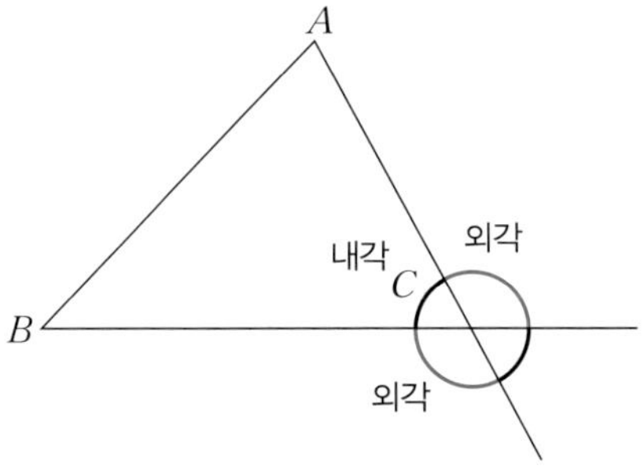

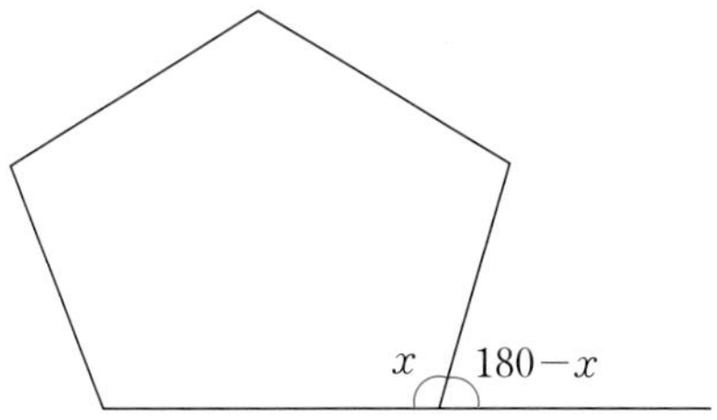

외각의 경우 **어떤 다각형이든 외각의 총합은 항상** 360°이다. 예를 들어 465쪽 하단 오른쪽 그림과 같은 오각형의 경우 꼭지점이 5군데에 있으므로 '내각+외각', 곧 180°라는 값을 갖는 곳이 모두 5군데이고 그 합은 900°이다. 그런데 내각의 합은 $(5-3)\times180° = 540°$이므로 이를 제외한 외각의 합은 360°이다.

한편 오목다각형의 경우 어떤 내각은 180°를 넘고 따라서 이런 내각들에 대한 외각은 존재하지 않는다고 말할 수도 있다. 하지만 이런 경우 외각의 크기는 음수가 된다고 보면 오목다각형의 경우에도 외각의 총합은 역시 360°가 된다(예를 들어 오목오각형의 경우에 대하여 이를 확인해보라).

다각형의 대각선의 수

삼각형에는 3개의 각이 있는데 이들 모두는 각각 서로 이웃할 뿐 하나 건너뛰어서 마주보는 각이 없으므로 삼각형에는 대각선이 없다. 그러나 사각형에는 대각이 두 쌍 있으며 이에 따라 대각선의 수도 2개이다. 한편 오각형의 경우 아래 왼쪽 그림과 같이 그려보면 대각선들이 별의 모양을 띠며 그 수는 모두 5개이다.

그런데 오른쪽 그림과 같이 오목오각형의 경우에도 모두 5개의 대각선이 그려진다. 물론 이때 "오목오각형의 경우 $\angle A$와 $\angle D$가 서로 '마주' 본다고 할 수 없으므로 선분 AD는 대각선이라고 부르기가 곤란하다"라고 생각할 수도 있다. 그러나 다각형 **대각선**(對角線, diagonal line)의 실제 정의는 **"이웃하지 않은 꼭지점들을 연결한 선분"**이므로, 이 경우의 다섯 선분을 모두 대각선으로 인정할 수 있다.

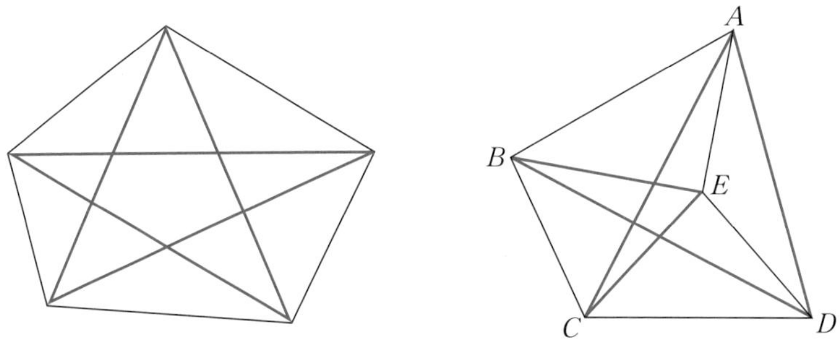

이상의 내용에 따르면 볼록이든 오목이든 n각형들의 대각선 수는 모두 같으며 $n(n-3)/2$으로 주어진다.

예제

n각형의 대각선 수가 $n(n-3)/2$으로 주어진다는 점을 설명하라.

풀이 n각형의 한 꼭지점에서 생각할 때 자신과 양 옆의 두 꼭지점에는 대각선을 그을 수 없다. 따라서 한 꼭지점에서는 $(n-3)$개의 대각선을 그을 수 있는데, 꼭지점의 수가 n개이므로 꼭지점마다 돌아가면서 대각선을 그으면 모두 $n(n-3)$개가 나온다. 그런데 예를 들어 꼭지점 A에서 C로 그은 대각선은 나중에 C에서 A로 그은 대각선과 중복된다. 다시 말해서 $n(n-3)$개의 대각선은 모두 두 번씩 중복되며, 따라서 실제 대각선의 총 수는 이를 2로 나눈 것, 곧 $n(n-3)/2$이 된다.

4 원

지금까지 배운 삼각형과 사각형 등의 다각형은 직선으로 만들어진 도형들이다. 그런데 도형 중에는 여러 가지 곡선으로 된 도형들도 많으며, 이 가운데 원은 가장 단순한 곡선형이라고 말할 수 있다(402쪽 도형의 분류 참조). 하지만 가장 단순한 다각형인 삼각형의 성질들이 다른 다각형들을 이해하는 데에 큰 역할을 하는 것과 마찬가지로 원의 성질도 다른 곡선형들을 이해하는 데에 중요하고, 나아가 다각형들과도 여러 가지의 긴밀한 관계를 갖고 있다. 여기서는 이러한 원의 성질에 대하여 공부하는데 우선 원에 관한 기본 사항들부터 살펴보고 넘어간다.

1 : 원의 기본 사항

원(圓, circle)은 **한 점으로부터 일정한 거리에 있는 점들로 둘러싸인 도형**을 말하며, 여기의 '한 점'을 원의 **중심**(中心, center), '일정한 거리'를 **반지름**(radius)이라고 부른다. 이러한 원을 감싸고 있는 테두리를 **원둘레** 또는 **원주**(圓周)라 하는데, 영어로는

circumference라고 쓴다.

한편 중심을 지나면서 원주 위의 서로 다른 두 점을 잇는 선분 및 그 길이를 **지름**(diameter), '원둘레÷지름'의 값을 **원주율**이라 부른다. 그런데 자못 뜻밖이지만 '원주율'을 정식으로 가리키는 영어 단어는 없으며 그냥 'π'라는 기호로 나타낸다. π는 '둘레를 재다'라는 뜻의 그리스어 $\pi\varepsilon\rho\iota\mu\varepsilon\tau\rho o\varsigma$(페리메트로스)의 첫 글자에서 따왔고 '파이'라고 읽는다. 그 값은 보통 3.14, 3.1416, 22/7, 355/113 등을 사용하지만 실제로는 무리수이므로 소수점 아래에 불규칙한 숫자 배열이 무한히 계속된다.

아래 왼쪽 그림에 보인 것과 같이 원주의 일부분을 가리켜 **호**(弧, arc)라 부르며, 양 끝점을 이용하여 $\overset{\frown}{AB}$로 나타내고 '호 AB'라고 읽는다. 이때 통상적으로는 둘로 나뉜 원주 가운데 작은 것을 가리키는데, 만일 특별히 큰 쪽의 호를 가리키고자 할 때는 큰 호 위에 제3의 점을 잡아 $\overset{\frown}{ACB}$와 같이 표기하면 된다. 이처럼 원주 위에 두 점을 잡아 2개의 호를 만들 때, 둘 중 작은 호를 **열호**(劣弧, minor arc), 큰 것을 **우호**(優弧, major arc)라고 부르기도 한다. 호와 구별할 것으로 아래 오른쪽 그림에 보인 **현**(弦, chord)이란 게 있으며 이는 원주 위의 두 점을 이은 선분을 가리킨다. 현 가운데 가장 큰 것은 원의 중심을 지나는 것으로서, 지름에 해당한다.

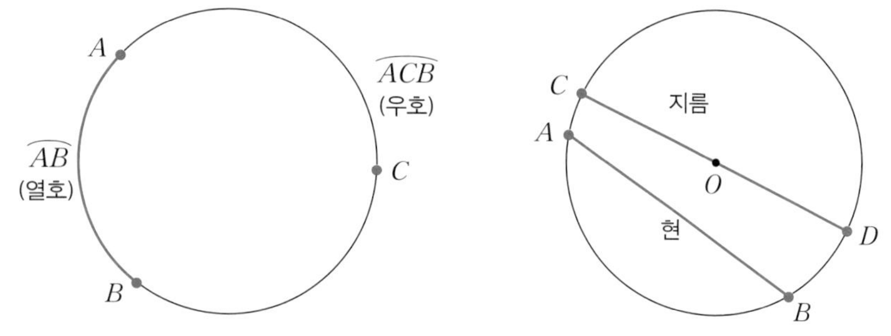

부채꼴(sector)과 **활꼴**(segment)은 원의 일부분을 차지하는 도형인데 470쪽의 왼쪽과 가운데의 두 그림에 나타낸 것처럼 이는 각각 호와 현에 관련된다. 말로 나타내면 부채꼴은 호와 호의 양 끝점을 잇는 2개의 반지름으로 둘러싸인 도형이며, 활꼴은 호와 호의 양 끝점을 잇는 현으로 둘러싸인 도형이라고 할 수 있다. 이때 부채꼴의 두 반지름 사이에 낀 각을 '부채꼴의 **중심각**(central angle)' 또는 '$\overset{\frown}{AB}$에 대한 중심각'이라고 부르며, 반대로 $\overset{\frown}{AB}$는 '중심각 $\angle AOB$에 대한 호'라고 말한다. 한편 활꼴과 현에 대해서도 부채꼴과 마찬가지로 '활꼴의 중심각', '현 AB에 대한 중심각', '중심각 $\angle AOB$에 대한 현' 등의 표현을 쓸 수 있다.

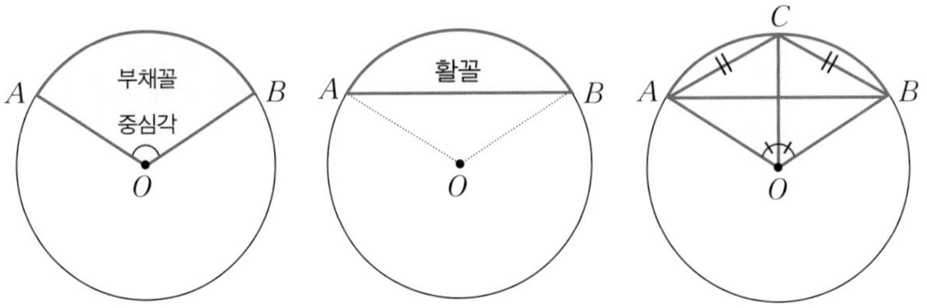

그리고 맨 오른쪽 그림을 이용하여 잠시 생각해보면 곧 알 수 있듯, 부채꼴의 경우 **'부채꼴의 넓이'와 '호의 길이'는 중심각의 크기에 정확히 정비례**하지만, 활꼴의 경우 **'활꼴의 넓이'와 '현의 길이'는 중심각의 크기가 커짐에 따라 늘어나기는 하지만 정확히 정비례하지는 않는다**.

예제

원에서 부채꼴이 활꼴이 되는 경우는 언제이며 그때의 중심각은 얼마인가?

풀이 활꼴의 현은 직선이므로 부채꼴이 활꼴이 되려면 부채꼴을 이루는 두 반지름이 정확히 반대방향으로 배치되어야 한다. 곧 이때 두 반지름은 원의 지름이 되고, 따라서 이 부채꼴의 중심각은 $180°$이다.

2 ⋮ 원과 직선

원과 직선의 위치관계

원과 직선의 위치관계는 442쪽에서 '곡선과 직선의 위치관계'라는 제목으로 이미 이야기했다. 하지만 여기의 내용과 직접 관련되므로 아래에 요약해서 옮겨둔다. 이 관계에는 '만나지 않는 경우'와 '한 점에서 만나는 경우'와 '두 점에서 만나는 경우'의 세 가지가 있다. 둘째의 경우 "원과 직선이 서로 **접한다**"라고 말하고 이 '직선'과 '만나는 점'을 각각 **접선**(接線, tangent)과 **접점**(tangent point)이라 부르며, 셋째의 경우 "원과 직선이 서로 **교차한다**" 또는 "직선이 원을 **자른다**"라고 말하고 이 '직선'과 '만나는 점'을 각각 **할선**(割線, secant)과 **교점**(交點, intersection point)이라고 부른다. 아래 그림은 이 관계를 반지름 r과 원의 중심으로부터 직선까지의 거리 d를 비교하면서 나타냈다.

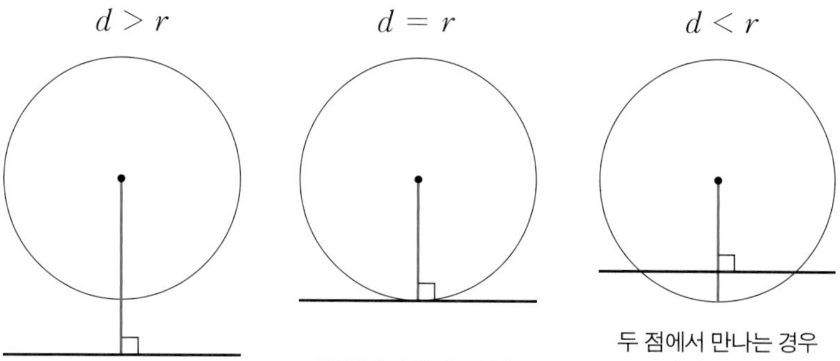

만나지 않는 경우

한 점에서 만나는 경우 (접한다, 접점, 접선)

두 점에서 만나는 경우 (교차한다, 자른다, 교점, 할선)

원과 현

원과 현에 대해서는 다음의 성질들이 성립한다. 증명은 간단하므로 생략하지만 각자 해보고 넘어가도록 한다.

1 · 중심각의 크기가 같으면 현의 길이도 같다. 역도 성립한다.

2 · 원의 중심에서 현에 내린 수선은 현을 수직이등분한다. 역도 성립한다.

3 · 원의 중심에서 같은 거리에 있는 두 현의 길이는 같다. 역도 성립한다.

예제

다음 그림의 x의 길이를 구하라.

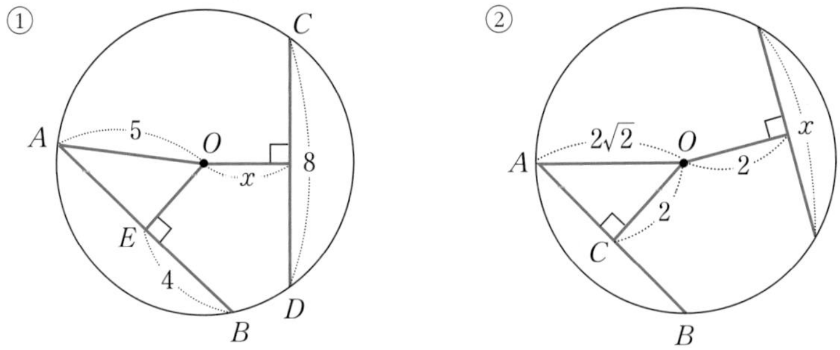

풀이 원과 현에 대한 성질들을 이용한다.

① $\overline{OB}$ 는 $\overline{AO}$ 와 같은 반지름이므로 길이기 5이다. 그러므로 $\triangle AOB$는 이등변삼각형이고 이에 따라 $\overline{AE}=\overline{BE}=4$이며, 피타고라스 정리에 의하면 $\overline{OE}=3$ 이다. 그런데 $\overline{AB}=8=\overline{CD}$ 이므로 $x=\overline{OE}=3$ 이다.

② $\triangle AOC$는 직각삼각형이며 여기에 피타고라스 정리를 적용하면 $\overline{AC}=2$가 나온다. 따라서 $\overline{AB}=4$인데 이는 x와 같고, 따라서 $x=4$이다.

원과 접선

원과 접선에 대해서는 다음의 성질들이 성립한다.

1 · 원의 접선은 그 접점을 지나는 반지름에 수직이다. 역도 성립한다.

명제의 증명 원의 접선은 원과 오직 한 점에서 만나므로 접선 위의 다른 점들은 모두 원의 밖에 있다. 따라서 원의 중심과 접점을 잇는 선, 곧 반지름이 원의 중심과 접선 위의 점들을 연결하는 선분 가운데 가장 짧다. 이는 곧 원의 중심과 접선 사이의 거리라는 뜻이며, 거리는 한 점에서 직선에 내린 수선의 길이에 해당하므로 접선과 반지름은 서로 수직이다.

역의 증명 먼저 역을 써보면 "원 위의 한 점에서 반지름에 수직인 선을 그으면 접선이 된다"는 것이며, 이는 다음 그림을 이용하여 증명할 수 있다.

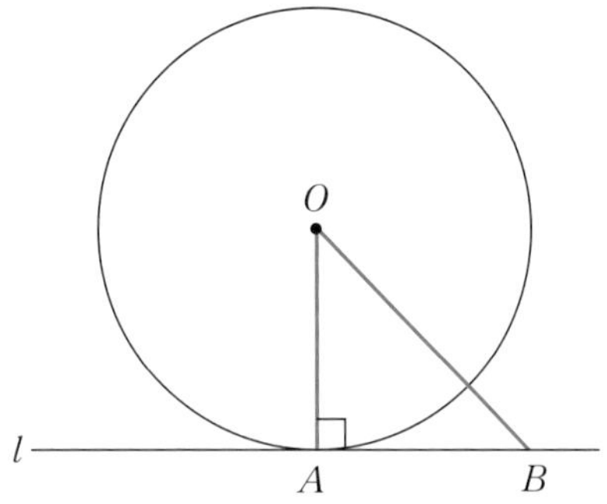

직선 l은 반지름과 수직이므로 위 그림에서 $\triangle ABO$는 직각삼각형이고 따라서 $\overline{OA} < \overline{OB}$ 이며 이 관계는 A를 제외한 l 위의 모든 점에 대하여 성립한다. 곧 l은 이 원과 오직 한 점에서 만나며 따라서 접선이다.

2 · 원 밖의 한 점에서 원에 그은 두 접선의 길이는 같다. 역도 성립한다. 이 명제와 역의 증명은 모두 간단하므로 각자에게 맡긴다.

3 · 원 밖의 한 점 P에서 원에 그은 두 접선의 접점을 A와 B라고 하면 P와 원의 중심을 잇는 직선은 $\overline{AB}$ 를 수직이등분한다. 역도 성립한다. 이 명제와 역의 증명도 모두 간단하므로 각자에게 맡긴다.

예제

앞쪽 2와 3의 역을 말하라.

풀이

2의 역 : 원 위의 두 점에서 원 밖의 한 점에 이르는 선분의 길이가 서로 같으면 이 선분을 연장한 직선들은 접선이다.

3의 역 : 원 위의 두 점을 잇는 선분의 수직이등분선은 이 두 점을 지나는 접선이 만나는 점과 원의 중심을 지난다.

4 · **외접사각형의 성질** 원에 외접하는 사각형에서 두 쌍의 대변의 길이의 합은 서로 같다. 역은 볼록사각형에 대하여 성립한다.

명제의 증명 아래 그림에서 $\overline{AE}$ 와 $\overline{AH}$ 는 점 A에서 원에 그은 두 접선에 해당하므로 길이가 같다.

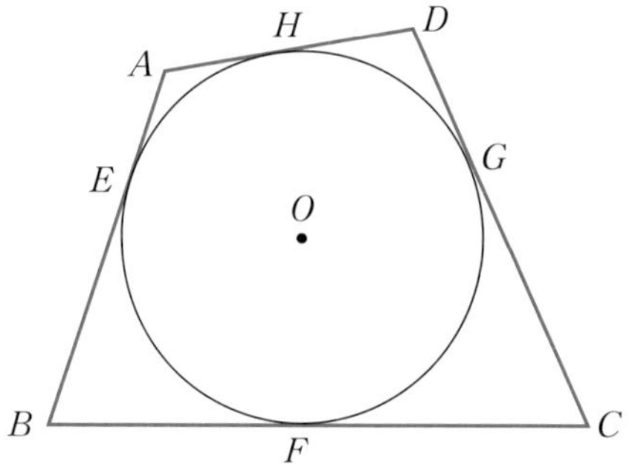

이런 관계는 다른 꼭지점들에서도 마찬가지이므로 이 명제는 다음과 같이 증명된다.

$$\begin{aligned}\overline{AB}+\overline{CD} &= (\overline{AE}+\overline{EB})+(\overline{CG}+\overline{GD})\\ &= (\overline{AH}+\overline{BF})+(\overline{FC}+\overline{HD})\\ &= (\overline{AH}+\overline{HD})+(\overline{BF}+\overline{FC}) = \overline{AD}+\overline{BC}\end{aligned}$$

역의 증명 위 그림을 이용하면 간단히 증명되므로 각자에게 맡긴다.

예제

원 밖의 한 점 P에서 원에 두 접선을 그었더니 두 접점 A, B와 P에 의하여 만들어지는 $\angle APB$의 크기가 60°였다. 원의 중심을 O라고 할 때 $\angle AOB$의 크기는 얼마인가?

풀이 문제의 상황에 맞는 그림을 그리면 다음과 같다. 여기서 반지름과 접선이 이루는 각은 모두 90°이므로 $\angle APB + \angle AOB = 180^\circ$의 관계가 성립한다. 따라서 $\angle AOB$의 크기는 120°이다.

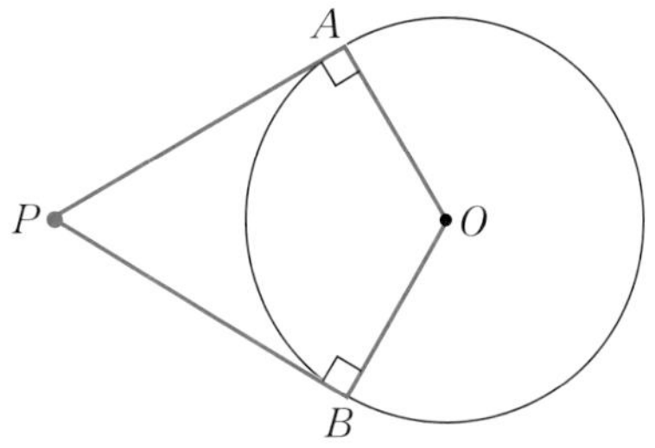

3 : 원주각

원주각과 중심각

어떤 원의 원주에서 $\overset{\frown}{AB}$ 밖의 한 점 P를 잡았을 때 $\angle APB$를 $\overset{\frown}{AB}$에 대한 **원주각**(圓周角, angle of circumference)이라 부른다. 원주각과 중심각 사이에는 다음과 같은 정리가 성립한다.

정리 어떤 호에 대한 원주각의 크기는 모두 같고 이 호에 대한 중심각 크기의 절반이다.

증명 다음 쪽의 왼쪽 그림에서 $\triangle PAO$는 이등변삼각형이다. 따라서

$$\angle APO = \angle PAO,\ \ \angle APO + \angle PAO = \angle AOQ$$
$$\angle APO = \frac{1}{2}\angle AOQ$$

가 성립한다. 그리고 $\triangle PBO$도 이등변삼각형이며, 따라서

$$\angle BPO = \angle PBO,\ \ \angle BPO + \angle PBO = \angle BOQ$$
$$\angle BPO = \frac{1}{2}\angle BOQ$$

가 성립한다. 그러므로 이상의 두 결과로부터

$$\angle APB = \frac{1}{2}\angle AOB$$

곧 원주각은 중심각의 절반임이 증명된다. 그런데 호 AB가 정해지면 그에 대한 중심각인 $\angle AOB$는 원주 위의 점 P의 위치에 관계없이 항상 일정하다. 그러므로 어떤 호에 대한 원주각의 크기는 모두 같다.

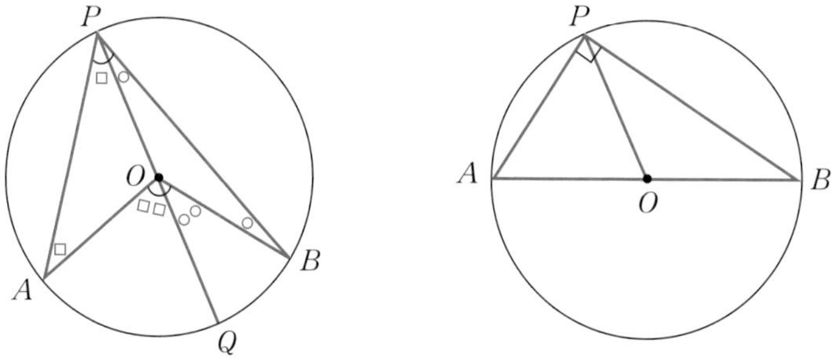

한편 위 오른쪽 그림에서 보듯 호가 반원일 경우 그 중심각은 180°이므로 "반원에 대한 원주각은 90°"이다. 이를 현에 대한 표현으로 바꾸어 "지름에 대한 중심각은 180°"라고 말할 수 있다.

예제

다음을 증명하라.

① 앞의 증명은 중심 O가 $\overset{\frown}{AB}$의 원주각 $\angle APB$의 안쪽에 있을 때에 대한 것이었다. 그런데 아래 왼쪽 그림처럼 O가 $\angle APB$의 바깥쪽에 있을 때에 대해서도 해당 정리가 성립함을 증명하라.

② 앞의 증명은 $\overset{\frown}{AB}$가 반원보다 작은 경우인 열호에 대한 것이었다. 그런데 아래 오른쪽 그림처럼 $\overset{\frown}{ACB}$가 반원보다 큰 경우인 우호에 대해서도 해당 정리가 성립함을 증명하라.

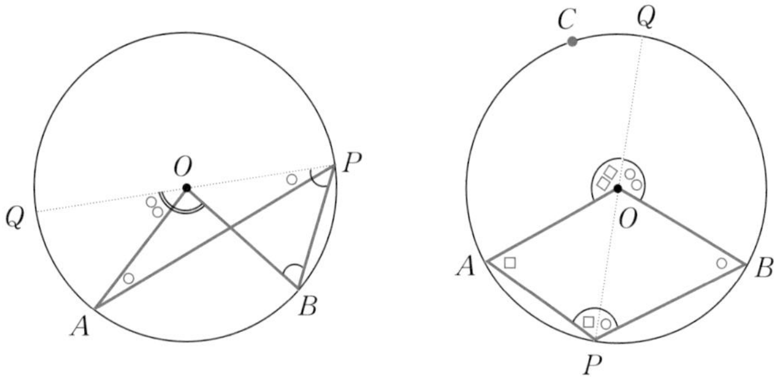

풀이

① 왼쪽 그림에서 $\overset{\frown}{QA}$에 대해서 보면

$$\angle QPA = \frac{1}{2}\angle QOA \quad -㉠$$

그리고 $\overset{\frown}{QB}$에 대해서 보면

$$\angle QPB = \frac{1}{2}\angle QOB \quad -㉡$$

따라서 ㉠과 ㉡으로부터

$$\angle APB = \angle QPB - \angle QPA$$

$$= \frac{1}{2}(\angle QOB - \angle QOA) = \frac{1}{2}\angle AOB$$

로써 증명이 완결된다.

② 오른쪽 그림에서 우호인 $\overset{\frown}{ACB}$의 원주각은 $\angle APB$이고 중심각은 $\angle AOQ + \angle BOQ$이다. 그런데 $\triangle AOP$와 $\triangle BOP$는 이등변삼각형이므로

$$\angle AOQ + \angle BOQ = 2(\angle APO + \angle BPO) = 2\angle APB$$

로써 증명이 완결된다.

호의 원주각에 대해서는 다음의 정리도 성립하는데, 그 증명은 간단하므로 각자에게 맡긴다.

정리 같은 길이의 호에 대한 원주각의 크기는 서로 같다. 역도 성립한다.

접선과 현 사이의 각

원의 접선과 현 사이에는 다음 정리가 성립한다.

접현정리(接弦定理)◇ 원의 접선과 그 접점을 지나는 현이 이루는 각의 크기는 그 각 안에 있는 호에 대한 원주각의 크기와 같다.

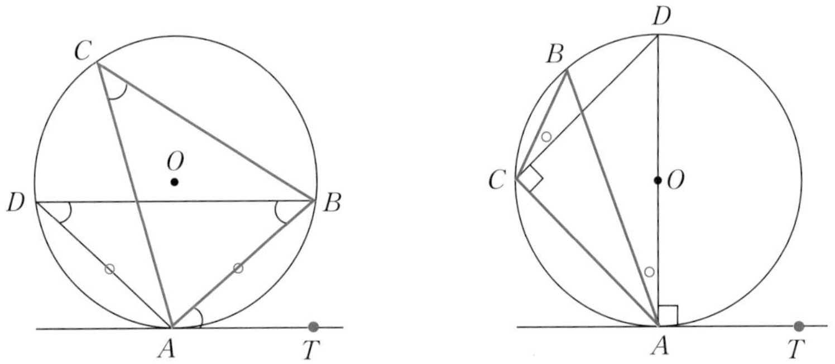

증명 문제의 각이 예각인 경우와 둔각인 경우로 나누어 살펴본다.

먼저 왼쪽 그림처럼 예각인 경우 접선 AT에 평행인 직선 DB를 그으면 $\triangle ABD$

는 이등변삼각형이다(각자 증명해보자). 따라서 $\angle ABD = \angle ADB$인데, 평행선의 엇각 관계에 의하여 $\angle ABD = \angle BAT$이므로 $\angle ADB = \angle BAT$이다. 그런데 $\angle ADB$는 $\overset{\frown}{AB}$의 원주각으로 $\angle ACB$와 같으며, 이로써 예각인 경우의 증명은 완결된다.

다음으로 오른쪽 그림처럼 둔각인 경우를 보면 아래의 세 관계가 성립한다.

$\angle BAD = \angle BCD$ — ❶ ($\because$ $\overset{\frown}{BD}$의 원주각)

$\angle TAB = \angle TAD + \angle BAD = 90^\circ + \angle BAD$ — ❷

$\angle ACB = \angle ACD + \angle BCD = 90^\circ + \angle \mathrm{BCD}$ — ❸

따라서 ❶❷❸으로부터 $\angle TAB = \angle ACB$이며, 이로써 증명은 완결된다.

예제

아래 왼쪽 그림에서 직선 AC는 $\angle BAT$의 이등분선일 때 $\overset{\frown}{AC} = \overset{\frown}{BC}$임을 보여라.

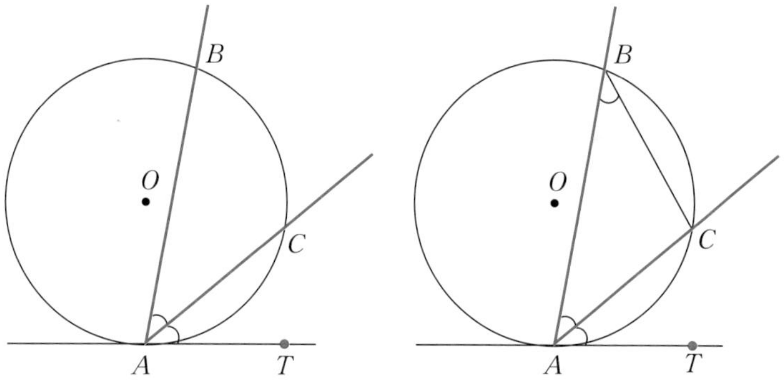

풀이 오른쪽 그림처럼 BC라는 보조선을 긋고 보면 접현정리에 따라 $\angle ABC = \angle CAT$이다. 그런데 문제에서 $\angle BAC = \angle CAT$라고 했으므로 결국 $\angle ABC = \angle BAC$이다. 따라서 이들 각에 대한 호의 길이에 대해서도 $\overset{\frown}{AC} = \overset{\frown}{BC}$의 관계가 성립한다.

원의 비례 관계

원에서 같은 길이의 현에 대한 원주각이 같다는 사실은 한 가지 흥미로운 가능성을 시사한다. 곧 어떤 현이 포함된 서로 다른 삼각형이 원주 위에서 만들어질 때 원주각 이외의 각이 하나만 더 같다면 이들 사이에 AA닮음이 성립하고 이로부터 여러 가지의 비례 관계를 도출할 수 있기 때문이다.

• 교현정리◇ •

현이 원의 내부에서 교차하거나 그 연장선이 외부에서 교차할 때, **'현의 교점과 양 끝점까지의 거리들'**에 대하여 다음의 **교현정리**(交弦定理)가 성립한다.

교현정리 아래 그림의 상황에서 다음 관계가 성립한다.

$$\overline{PA}\cdot\overline{PB} = \overline{PC}\cdot\overline{PD}$$

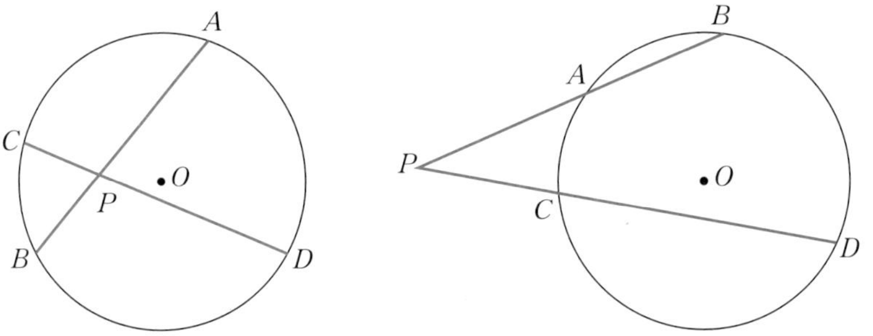

증명 다음과 같이 보조선을 긋고 삼각형의 닮음을 이용하여 증명한다.

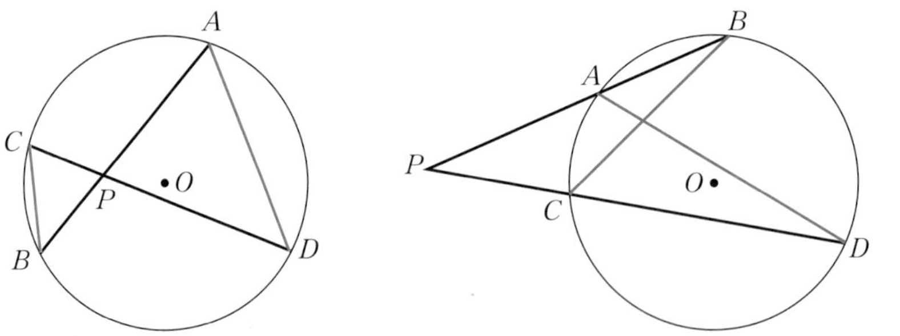

먼저 왼쪽 그림에서 $\triangle PBC$와 $\triangle PAD$는 맞꼭지각이 같고 $\overset{\frown}{AC}$의 원주각이 같으므로 AA닮음이다. 그러므로 $\overline{PA} : \overline{PD} = \overline{PC} : \overline{PB}$가 성립하고 이로부터 $\overline{PA} \cdot \overline{PB} = \overline{PC} \cdot \overline{PD}$가 유도된다.

다음으로 오른쪽 그림에서 $\triangle PBC$와 $\triangle PDA$는 $\angle P$를 공유하고 $\overset{\frown}{AC}$의 원주각이 같으므로 AA닮음이다. 그러므로 $\overline{PA} : \overline{PC} = \overline{PD} : \overline{PB}$가 성립하고 이로부터 $\overline{PA} \cdot \overline{PB} = \overline{PC} \cdot \overline{PD}$가 유도된다.

앞에서 강조했듯 교현정리의 비례 관계는 두 현의 교점이 원의 내부 또는 외부에 있는지에 상관없이 **'현의 교점과 양 끝점까지의 거리들'**에 대한 것임을 다시금 새겨두도록 한다. 특히 480쪽 오른쪽 그림의 비례 관계가 $\overline{PA} \cdot \overline{AB} = \overline{PC} \cdot \overline{CD}$가 아니라는 점에 유의해야 한다.

• 교현정리의 변형 •

교현정리는 현이 자리잡는 위치에 따라 몇 가지의 다른 형태로 표현된다.

㉮ 현 하나가 지름이거나 그 연장선인 경우

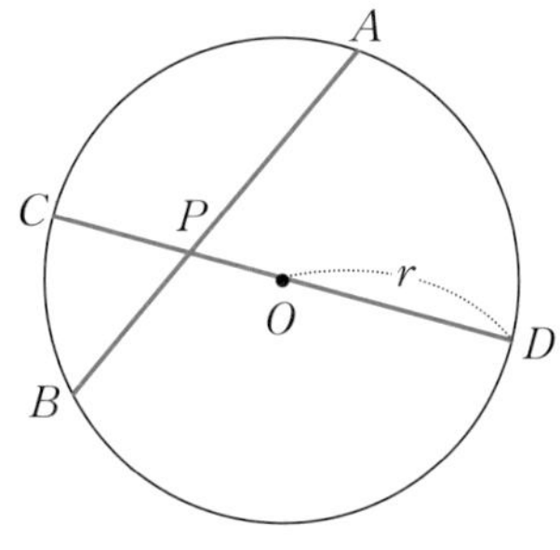

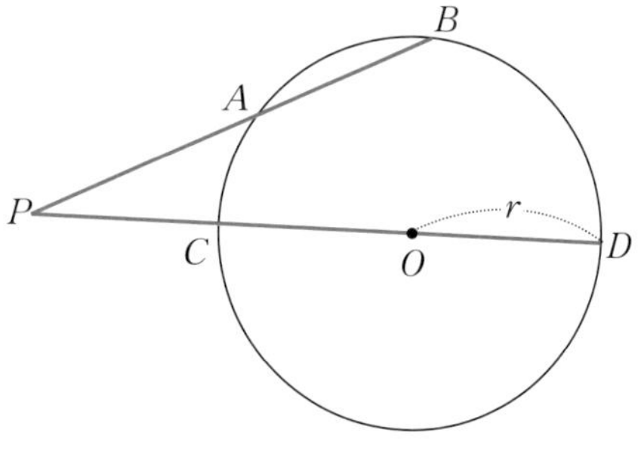

$\overline{PA} \cdot \overline{PB} = r^2 - \overline{OP}^2$　　　　$\overline{PA} \cdot \overline{PB} = \overline{OP}^2 - r^2$

증명 왼쪽의 경우 교현정리를 적용하면 다음과 같다.

$$\overline{PA}\cdot\overline{PB} = \overline{PC}\cdot\overline{PD} = (r-\overline{OP})(r+\overline{OP}) = r^2-\overline{OP}^2$$

오른쪽의 경우 교현정리를 적용하면 다음과 같다.

$$\overline{PA}\cdot\overline{PB} = \overline{PC}\cdot\overline{PD} = (\overline{OP}-r)(\overline{OP}+r) = \overline{OP}^2-r^2$$

㈏ 현 하나가 지름이고 다른 하나가 직각으로 교차하는 경우 : 증명은 생략.

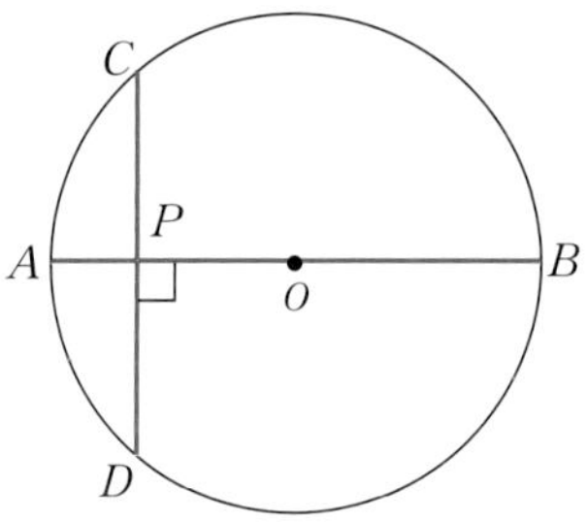

$$\overline{PA}\cdot\overline{PB} = \overline{PC}^2 = \overline{PD}^2$$

㈐ 현 하나가 접선인 경우 : 증명은 오른쪽 그림을 이용하여 간단히 할 수 있으므로 각자에게 맡긴다.

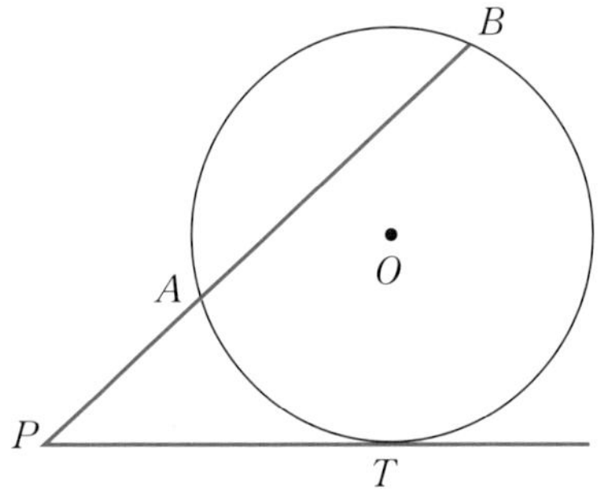

$$\overline{PA}\cdot\overline{PB} = \overline{PT}^2$$

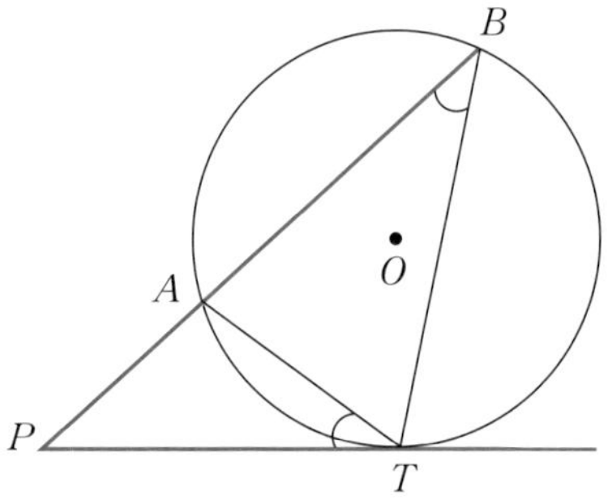

변형된 교현정리들은 다음과 같이 응용할 수 있다. 이에 대한 설명이나 증명은 생략하지만 예제처럼 여기면서 각자 그 이유를 밝혀보도록 한다.

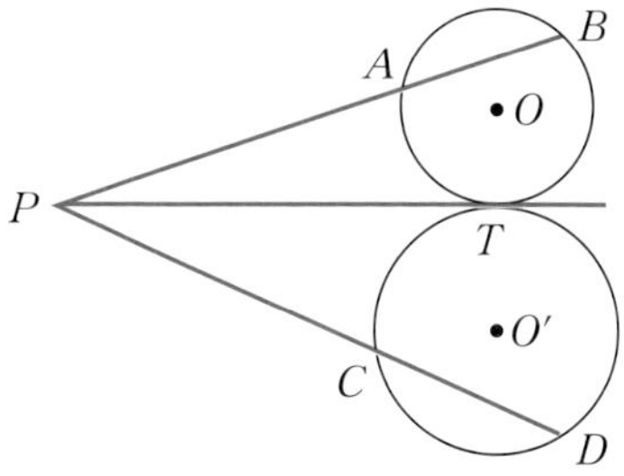

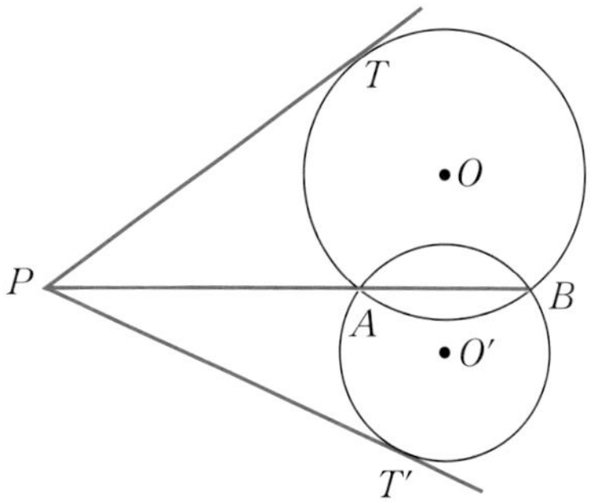

$\overline{A}\cdot\overline{PB} = \overline{PT}^2 = \overline{PC}\cdot\overline{P}$　　　　$\overline{PT} = \overline{PT'}$

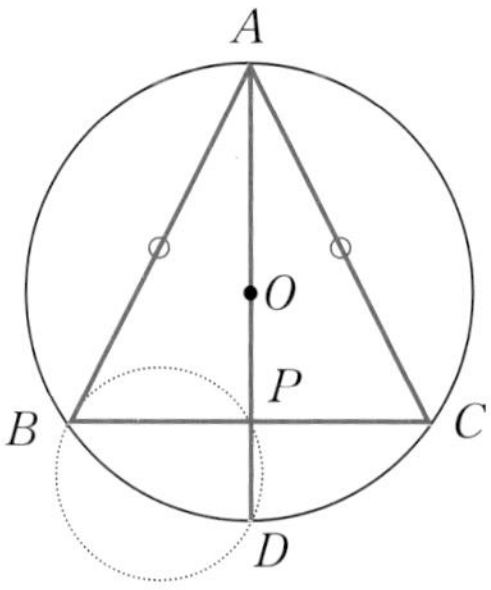

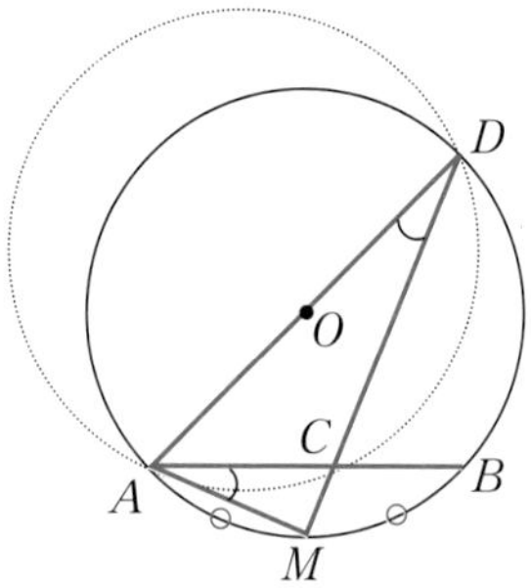

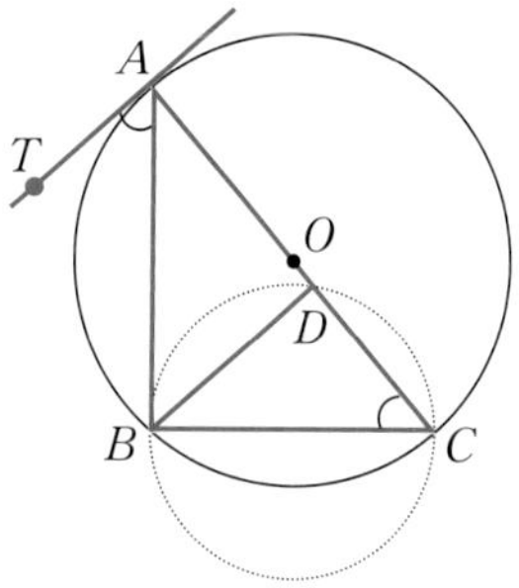

$\overline{AB}^2 = \overline{AC}^2 = \overline{AP}\cdot\overline{AD}$　　$\overline{AM}^2 = \overline{MC}\cdot\overline{MD}$　　$\overline{AB}^2 = \overline{AD}\cdot\overline{AC}$

예제

그림의 상황에서 $\overline{PA}\cdot\overline{PB} = \overline{PC}\cdot\overline{PD}$ 가 성립함을 밝혀라.

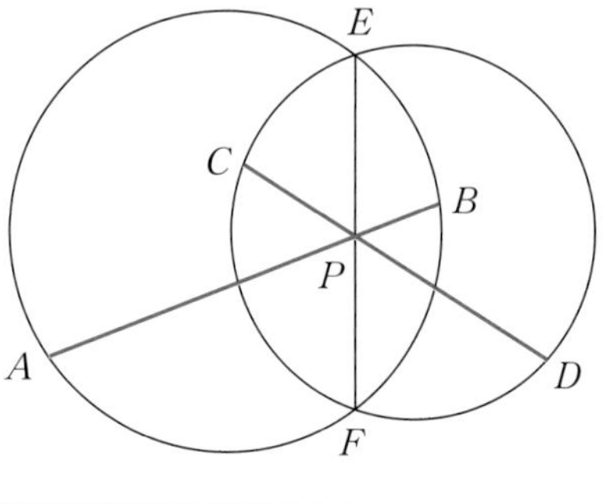

풀이 먼저 왼쪽 원에서 $\overline{PA}\cdot\overline{PB} = \overline{PE}\cdot\overline{PF}$ — ㉠

가 성립한다.

다음으로 오른쪽 원에서 $\overline{PC} \cdot \overline{PD} = \overline{PE} \cdot \overline{PF}$ — ㉡

가 성립한다.

따라서 ㉠㉡으로부터 $\overline{PA} \cdot \overline{PB} = \overline{PC} \cdot \overline{PD}$가 성립한다.

내접사각형의 성질

지금까지 살펴본 원의 성질들로부터 '사각형이 원에 내접할 조건'을 다음과 같이 종합할 수 있는데, 바꿔 말한다면 이는 곧 '원의 내접사각형의 성질'이기도 하다(474쪽에서 본 외접사각형의 성질과 비교, 숙지할 것). 그리고 이것들의 **역도 모두 성립한다**. 참고적으로 사각형에서 한 외각에 이웃한 내각의 대각을 이 외각에 대한 **내대각**(內對角 inner opposite angle)이라고 부른다.

원에 내접하는 사각형 $ABCD$에서

㉮ 각 변을 현으로 삼고 이웃하는 꼭지점을 연결해서 만든 한 쌍의 원주각이 서로 같다.

㉯ 대각의 크기의 합은 $180°$이다.

㉰ 한 외각의 크기는 그 내대각의 크기와 같다.

㉱ 두 대각선의 교점을 P라고 할 때, $\overline{PA} \cdot \overline{PC} = \overline{PB} \cdot \overline{PD}$이다.

㉲ 두 대변의 연장선의 교점을 P라고 할 때, 교점으로부터 각 대변의 양 끝점까지의 거리의 곱이 서로 같다. 단 이 성질은 내접사각형의 대변이 평행인 경우에는 적용되지 않는다.

이 가운데 ㉮㉱㉲는 원의 성질들로부터 바로 이해할 수 있다. 그리고 ㉯와 ㉰는 다음 그림을 이용하면 간단히 증명되므로 각자에게 맡긴다.

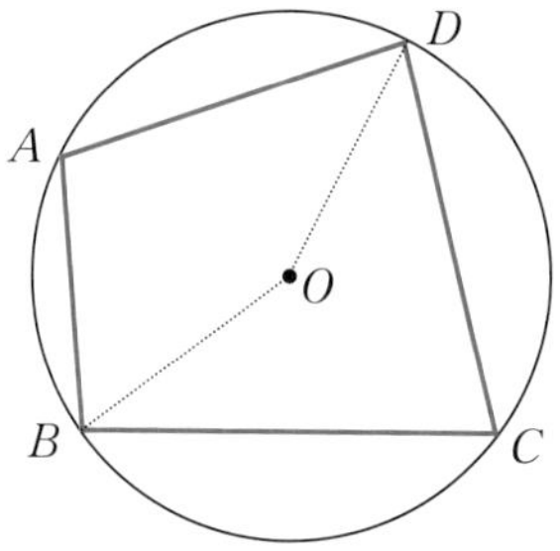

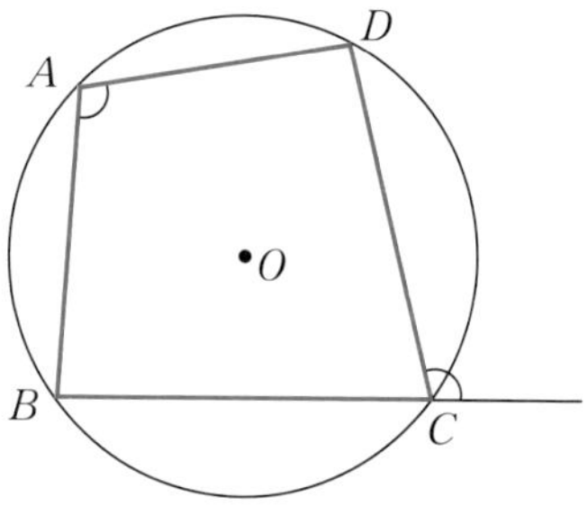

한편 내접사각형의 성질을 조금 다르게 표현하면 '서로 다른 네 점이 한 원 위에 있을 조건'이라고 말할 수도 있다. 따라서 여기의 내용은 아래와 같이 요약된다.

원의 내접사각형의 성질
= 사각형이 원에 내접할 조건
= 서로 다른 네 점이 한 원 위에 있을 조건

예제

다음 사각형들 가운데 원에 내접할 수 있는 것들을 골라라.

① 직사각형 ② 등변사다리꼴 ③ 마름모 ④ 평행사변형 ⑤ 정사각형

풀이 대각의 크기의 합이 언제나 $180°$가 되는 사각형들을 고른다. 그러면 답은 ①②⑤이다.

예제

평행사변형을 대각선을 따라 접은 후의 네 꼭지점은 한 원 위에 있음을 보여라.

풀이 다음 그림에서 $\angle AB'C = \angle ADC$인데 이 두 각은 모두 $\overset{\frown}{AC}$에 대한 원주각에 해당한다. 따라서 네 점 A, B', C, D, 곧 평행사변형을

대각선을 따라 접은 후의 네 꼭지점은 한 원 위에 존재한다.

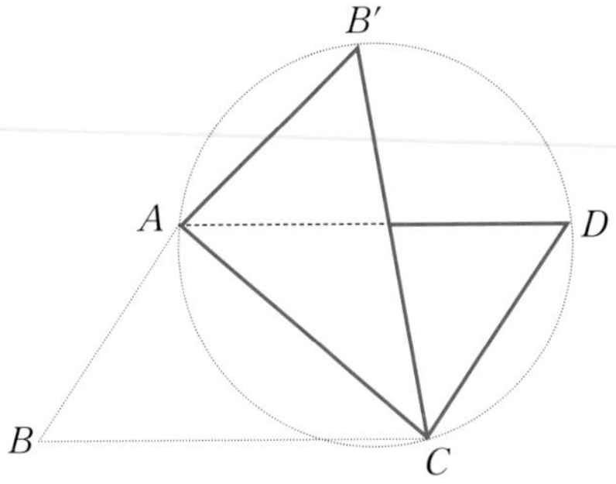

5 입체도형

403쪽에서 이야기했듯 **입체도형**(solid figure)은 평면이나 곡면으로 둘러싸인 도형을 말한다. 'solid'는 물리나 화학에서 '고체'란 뜻으로 사용되는데, 넓게 보아 '일정한 공간적 형상을 지닌 것'을 가리킨다고 보면 '입체'와 '고체'라는 뜻이 모두 쉽게 이해된다. 다음에서는 다면체(polyhedron)와 회전체(solid of revolution)의 순서로 살펴보고 이어서 각 입체도형의 겉넓이(표면적 surface area)와 부피(volume)에 대하여 알아본다.

1 ⋮ 다면체

다면체의 요소

다면체(polyhedron)는 다각형으로 둘러싸인 입체도형이다. 여기서 다면체를 둘러싼 다각형을 다면체의 **면**(face), 이 다각형의 변을 다면체의 **모서리**(edge), 그 꼭지점을 다면체의 **꼭지점**(vertex)이라고 말한다. 다면체는 면의 수에 따라 사면체, 오면체, 육면체, … 등으로 부르는데, 평면도형에서 변의 수가 가장 적은 것은 삼각형이지만 다면체에서 면의 수가 가장 적은 것은 사면체이다.

예제

다면체에서 면의 수가 가장 적은 것은 사면체임을 설명하라.

풀이 이 문제는 단순하지만 다면체의 본질을 생각하게 한다는 점에서 가치가 있다. 다면체의 한 꼭지점에서 생각해볼 때 그곳에 모이는 면의 수가 적을수록 다면체의 면 수도 적어진다. 따라서 한 꼭지점을 만들 수 있는 최소의 면 수, 곧 3개의 면이 모일 때 다면체의 면 수가 최소가 된다. 다음으로 다면체의 면인 한 다각형에서 생각해볼 때 변의 수가 적을수록 이웃하는 면의 수도 적어진다. 따라서 다각형 가운데 변의 수가 가장 적은 삼각형일 경우에 다면체의 면 수가 최소가 된다. 결론적으로 "각 꼭지점에서 '3개'의 '삼각형'이 모이는 다면체", 곧 사면체가 다각형 가운데 가장 적은 수의 면을 가진다.

5대 정다면체

중학 과정에서는 다면체 가운데 기본적인 다면체라고 할 수 있는 정다면체를 주로 다룬다. **정다면체**(regular polyhedron)는 면들이 모두 합동인 정다각형으로 만들어진 다면체인데, 독특한 형태가 인간의 미적 감각을 자극하고 흥미를 자아내기 때문에 예로부터 많은 사람들의 관심을 끌어왔다. 이런 관심 때문인지, 정다면체와 관련된 사뭇 놀라운 성질, 곧 **"정다면체는 다섯 가지뿐이다"**는 사실은 고대 그리스 때부터 알려졌고 특히 그리스의 철학자 플라톤은 우주의 근본 원료 및 구조에 관한 자신의 철학과 결부시켰기에 흔히 이 5대 정다면체를 **플라톤 입체**(Platonic solid)라고도 부른다.

5대 정다면체는 정사면체(regular tetrahedron), 정육면체(cube 또는 regular hexahedron), 정팔면체(regular octahedron), 정십이면체(regular dodecahedron), 정이십면체(regular icosahedron)이다. 플라톤(Platon, BC429?~347)은 엠페도클레스(Empedocles, BC490?~430?)가 제창한 사원소설(four element theory), 곧 우주 만물은 물, 불, 흙, 공기로 이루어졌다는 이론을 받아들였다. 그런데 플라톤은 이에서 더 나아가 "신은 완전하므로 이 세상도 역시 완전한 형상을 가진 입체들로 창조했을 것이다"는 생각을 했고, 이에 따라 성질이 사나운 불은 날카로운 정사면체, 안정한 모습으로 쌓이는 흙은 정육면체, 가벼운 공기는 정팔면체, 부드러운 물은 정이십면체의 형상을 가진다고 주장했다. 그리고 남은 정십이면체에 대하여 플라톤은 신이 우주 전체의 형상을 이에 맞추어 배치했다고 덧붙였다. 이와 같은 주장은 과학적 근거가 없으므로 오늘날 진지한 관심 대상이라고 할 수는 없지만 역사적으로 수학과 철학 사이의 상호작용을 보여주는 한 예로 참고할 만하다.

아래 그림은 5대 정다면체의 모습과 그 전개도를 보여준다.

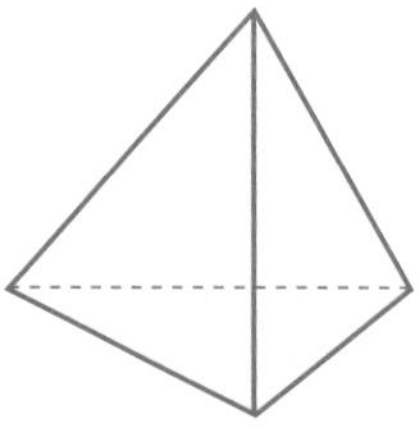
정사면체

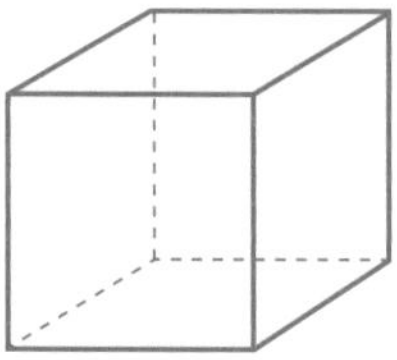
정육면체

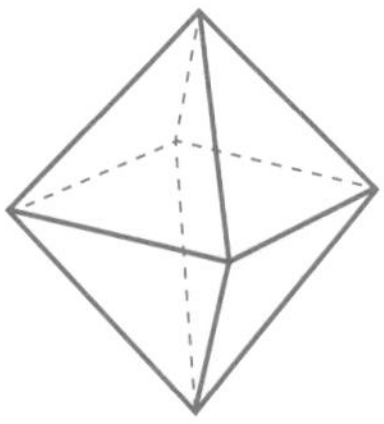
정팔면체

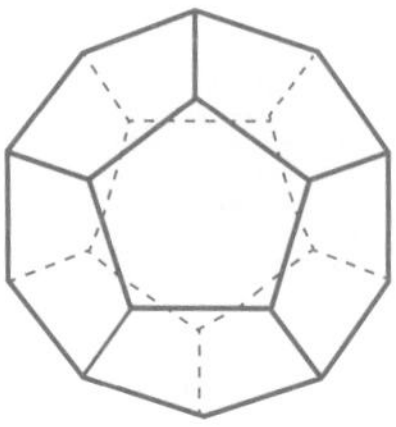
정십이면체

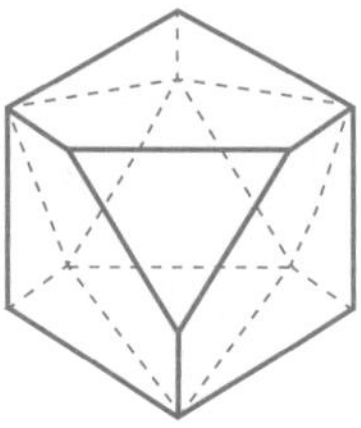
정이십면체

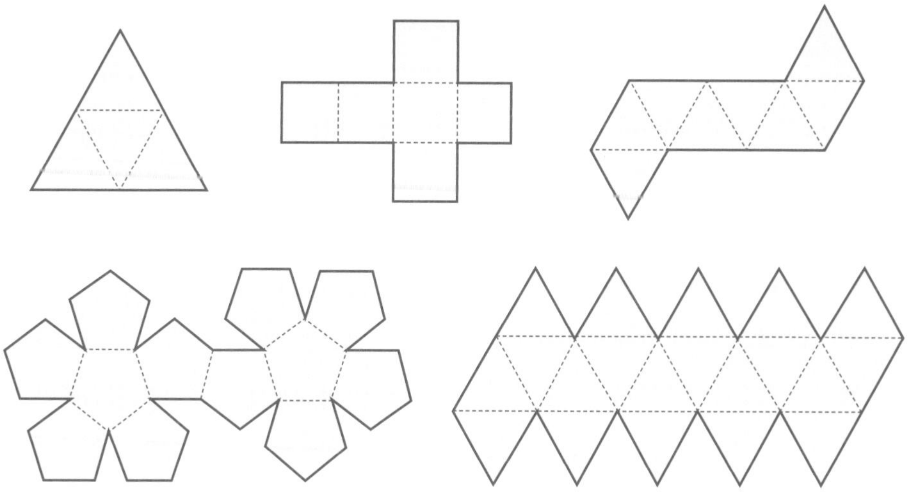

한 가지 유의할 것은 다면체의 전개도를 여러 가지 다른 방법으로 그릴 수 있다는 점이다. 예를 들어 정육면체의 전개도는 아래 왼쪽 그림처럼 11가지가 가능하며, 오른쪽에는 다른 정다면체들의 예도 1가지씩 실었다.

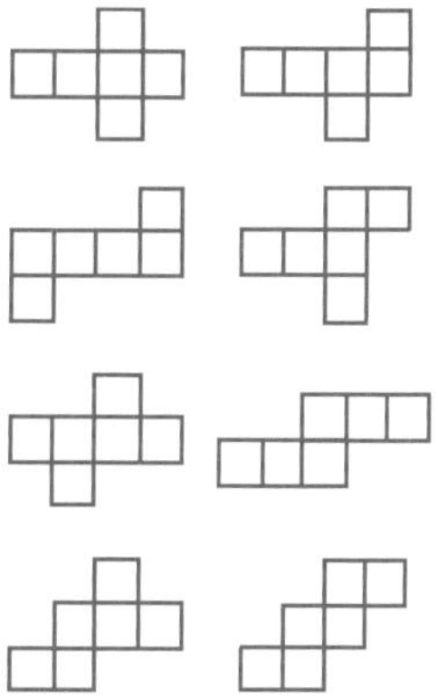

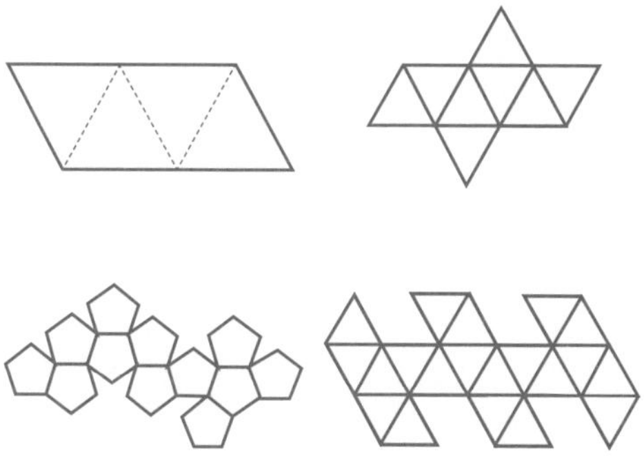

• 정다면체는 왜 다섯 가지뿐일까? •

정다면체가 되려면 한 꼭지점에서 ①3개 이상의 정다각형이 모여야 하고 ②모인 정다각형의 내각의 합은 360°보다 작아야 한다. 그래야 '정다각형으로' '둘러싸인' 입체도형이 만들어지기 때문이다. 이러한 두 가지 조건을 변의 수가 가장 적은 정다각형인 정삼각형에 대해서부터 적용해보자.

먼저 정삼각형의 경우 ②조건을 충족하기 위하여 3~5개까지 모일 수 있다. 그리고 아래 그림에서 보듯 한 꼭지점에 3개가 모여 오므라지면 정사면체, 4개가 모여 오므라지면 정팔면체, 5개가 모여 오므라지면 정이십면체가 만들어진다.

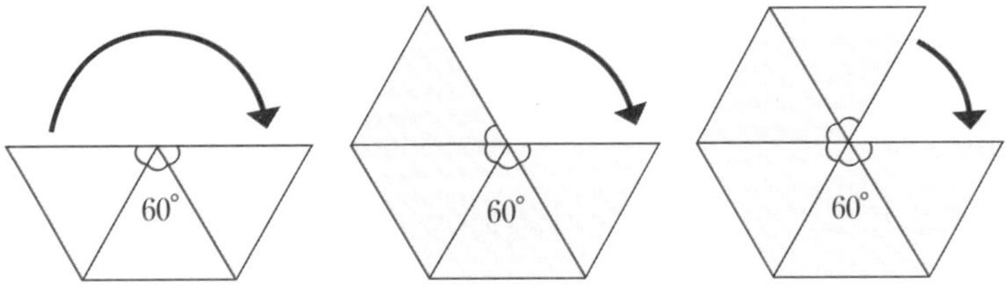

다음으로 정사각형은 3개가 모여 오므라지는 경우만 있고, 이때는 정육면체가 만들어진다. 끝으로 정오각형도 3개가 모여 오므라지는 경우만 있고, 이때는 정십이면체가 만들어진다.

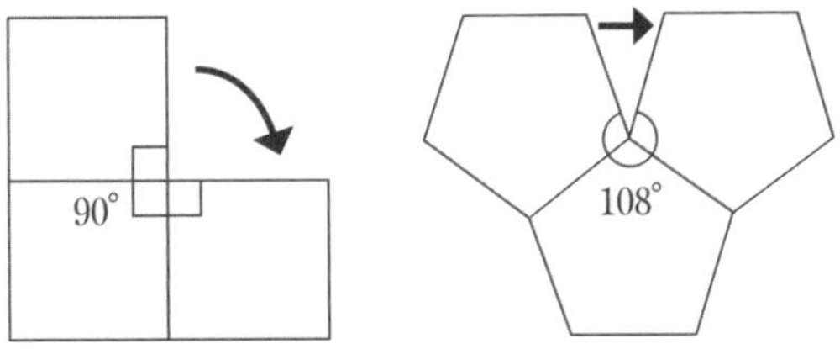

정육각형의 경우 한 내각의 크기가 120°이므로 3개만 모이더라도 360°가 되고, 따라서 정육각형으로 만들 수 있는 정다면체는 존재하지 않는다. 이상의 내용을 종합하면 결국 정다면체의 종류는 모두 다섯 가지뿐임을 알 수 있다.

기타 다면체

정다면체 이외의 일반 다면체 가운데 특별한 이름이 주어진 것으로는 **각기둥**(prism), **각뿔**(pyramid), **각뿔대**(角뿔臺, truncated pyramid) 등이 있는데, 이에 대해서는 아래 그림을 보면 곧 이해할 수 있다.

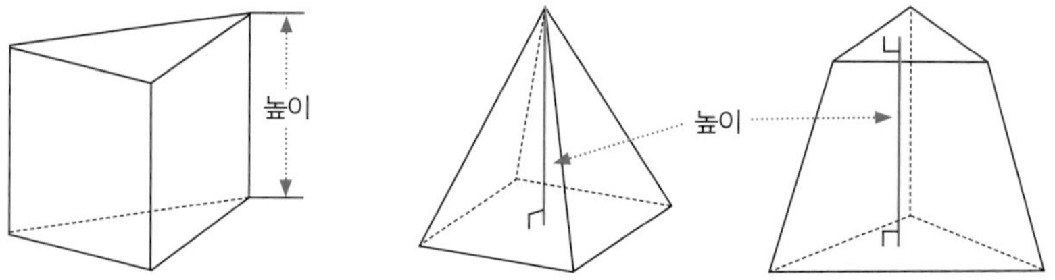

삼각기둥 사각뿔 삼각뿔대

이런 이해를 토대로 좀 더 정확히 기술해보면 **각기둥은 두 밑면이 합동이고 평행하며 옆면은 직사각형인 다면체이고, 각뿔은 밑면이 다각형이고 옆면은 삼각형인 다면체**이며, **각뿔대는 각뿔을 밑면에 평행인 평면으로 잘라 뿔 부분을 제거한 다면체**이다.

오일러 공식

다면체의 면과 꼭지점과 모서리의 수를 각각 f, v, e라 놓고 살펴보면 다음과 같은 흥미로운 결과가 얻어진다.

오일러 공식(Euler's formula) : $f+v = e+2$

몇 가지의 다면체에 대하여 위 내용을 조사하고 결과를 종합하면 다음 표와 같으므로 각자 확인해보도록 한다.

	예	면 수	꼭지점 수	모서리 수
사면체	삼각뿔	4	4	6
오면체	삼각기둥	5	6	9
육면체	사각뿔대	6	8	12
칠면체	오각기둥	7	10	12
팔면체	정팔면체	8	6	12

쌍대 다면체(dual polyhedron)

다면체의 **쌍대**(雙對, dual)라 함은 **이웃하는 각 면의 한 점을 서로 연결한 선분이 모서리가 되도록 만든 다면체**를 말한다. 이에 따르면 쌍대와 본래의 다면체를 비교할 때 각 면의 한 점이 꼭지점이 되므로 **면의 수와 꼭지점의 수가 서로 바뀌지만 모서리의 수는 변하지 않는다**.

정다면체의 경우 각 면의 중심(重心)을 택해서 만든 쌍대를 조사해보면 정사면체의 쌍대는 정사면체이고, 정육면체와 정팔면체 그리고 정십이면체와 정이십면체는 서로 쌍대이다. 그리고 이로부터 알 수 있듯 **쌍대의 쌍대는 본래 다면체와 같은 종류**이다. 아래 그림은 "정육면체 안의 정팔면체 안의 정육면체 안의 정팔면체 안의 …"라는 식으로 무한히 이어지는 쌍대 관계를 보여준다.

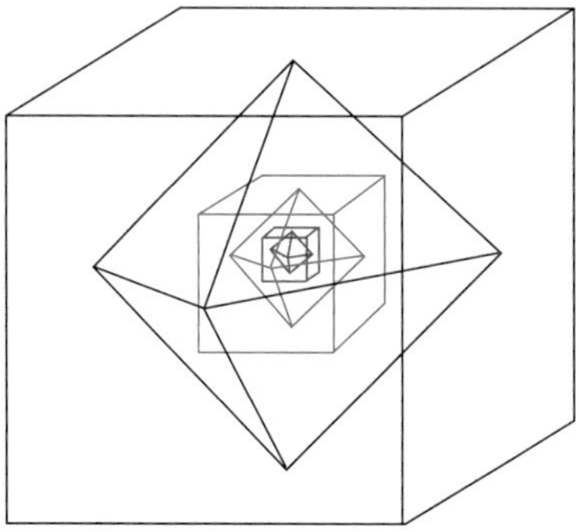

2 : 회전체

회전체의 기본 사항

회전체(solid of revolution)는 **회전축을 중심으로 평면도형을 회전시킬 때 만들어지는 입체도형**을 말한다. 예를 들어 아래 그림처럼 직사각형과 삼각형과 원을 회전시키면 **원기둥**(circular cylinder)과 **원뿔**(circular cone)과 **구**(sphere)가 만들어진다. 이 상황에서 회전축을 수직으로 세웠을 때 입체도형의 위아래에 생기는 면을 **밑면**(base plane), 옆에 생기는 면을 **옆면**(side plane), 회전하면서 옆면을 만들어내는 선분을 **모선**(母線, generating line)이라고 부른다.

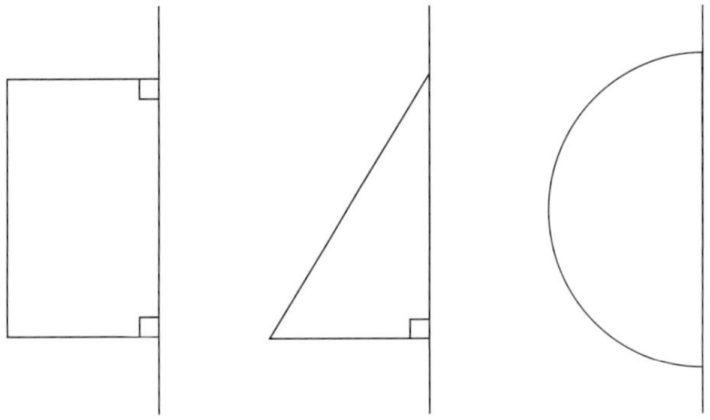

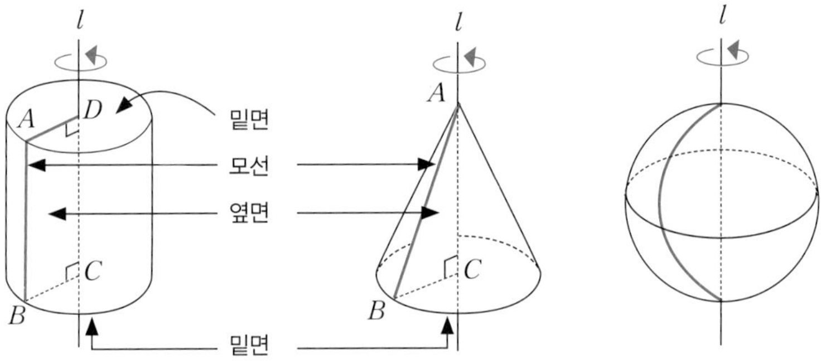

한편 각뿔대의 경우와 마찬가지로 원뿔을 밑면과 평행인 평면으로 잘라 뺄 부분을

제거한 것을 **원뿔대**(truncated circular cone)라고 부른다. 물론 원뿔대는 사다리꼴의 회전체로 볼 수도 있다.

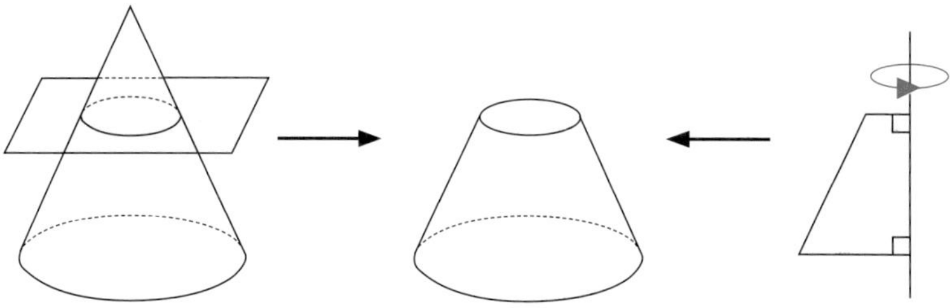

회전체의 전개도

회전체의 전개도는 회전체의 겉넓이를 구하는 데 도움을 준다. 아래에는 원기둥과 원뿔의 전개도를 나타냈다.

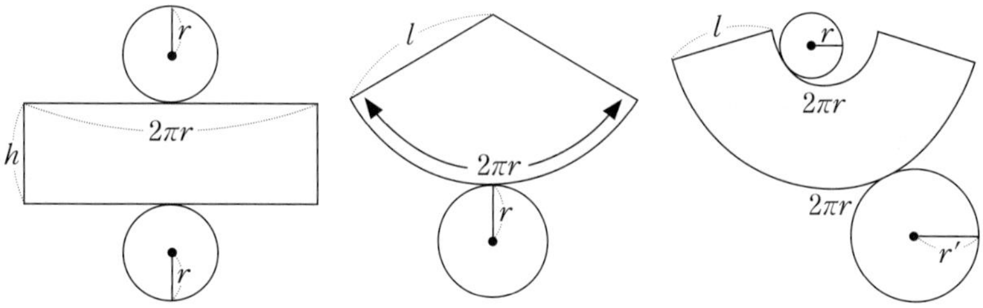

'겨냥도'는 어떤 물체의 모습을 정확한 치수를 따지지 않고 한눈에 파악할 수 있도록 대략 그린 그림을 말하는데, 특히 입체도형의 이해에 유용하다.

예제

아래에 나타낸 평면도형의 회전체에 대한 겨냥도를 그려라.

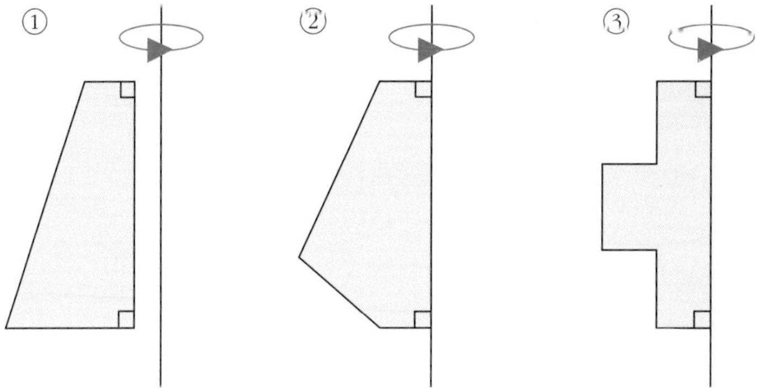

풀이

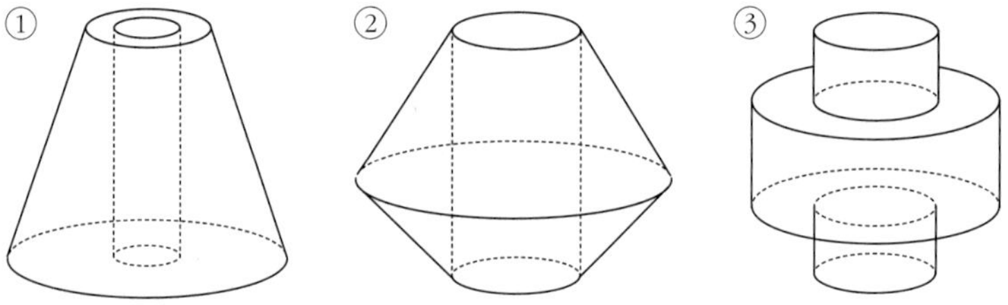

3 ⁞ 입체도형의 겉넓이와 부피

부채꼴의 넓이

입체도형은 일반적으로 평면도형보다 복잡하다. 그러나 지금까지 나온 기초적인 입체도형들은 표면이 다각형이나 원 또는 부채꼴 등으로 구성되어 있으므로 이런 것들의 겉넓이는 이들 낱낱의 넓이를 구해서 더하면 쉽게 구해진다. 이 가운데 다각형이나 원에 대해서는 이미 잘 알고 있지만, 부채꼴의 넓이에 대해서는 새로 배울 공식이 있으므로 여기서 살펴보고 넘어간다.

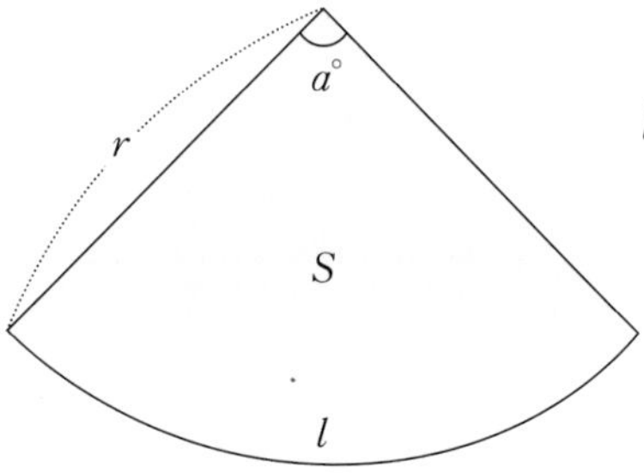

반지름이 r, 중심각이 $a°$인 부채꼴의 호의 길이를 l, 넓이를 S라고 하면

$$S = \pi r^2 \times \frac{a}{360}$$

$$l = 2\pi r \times \frac{a}{360} \quad \rightarrow \quad \pi r \times \frac{a}{360} = \frac{l}{2}$$

$$\therefore S = \left(\pi r \times \frac{a}{360}\right) \times r = \frac{1}{2} rl$$

위 공식은 **삼각형의 넓이 공식과 닮았다는 점에 착안하면 쉽게 기억**된다. 곧 부채꼴의 넓이는 호의 길이를 밑변, 반지름을 높이로 하는 삼각형의 넓이와 같다.

예제

다음 입체도형의 겉넓이를 구하라. ③에서 각 정육면체는 한 변의 길이가 1이며, 밑에서부터 꼭대기까지 중간에 빈 공간 없이 이런 정육면체가 가득 채워져 있다.

①

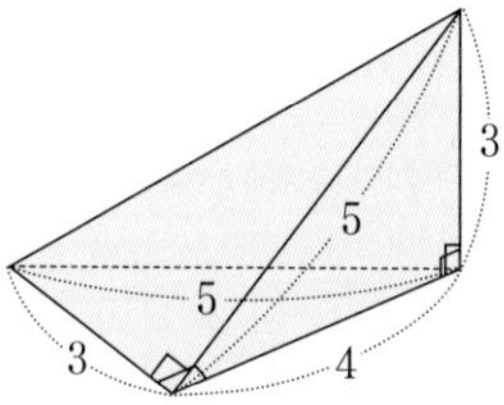

②

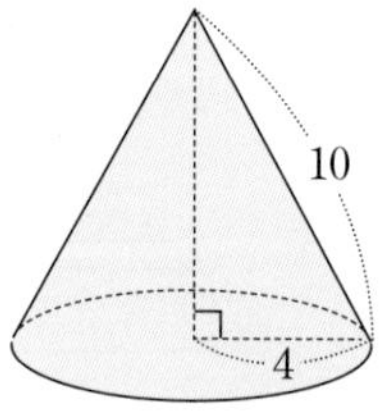

③

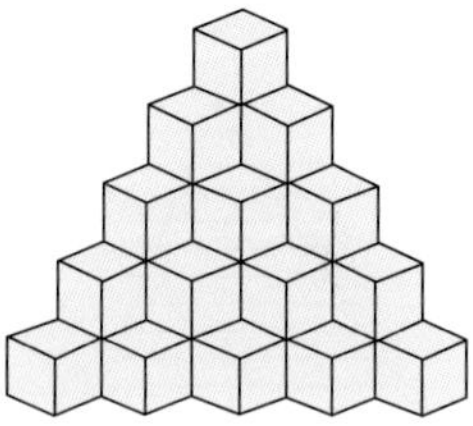

풀이 ① 이 사면체는 4개의 삼각형으로 덮여 있으므로 이것들의 넓이를 구하여 더하면 된다.

$$(3\times5+3\times5+3\times4+3\times4)\div2 = 27$$

② 밑면은 반지름이 4인 원이므로 그 넓이는 $4^2\pi = 16\pi$이다. 옆면

은 반지름이 10이고 호의 길이가 8π인 부채꼴이므로 그 넓이는 $10\times 8\pi\div 2 = 40\pi$이다. 따라서 전체 겉넓이는 56π이다.

③ 앞쪽으로 튀어나온 정육면체의 수는 15개이고 각각 3개의 면을 겉으로 드러내고 있다. 이 하나의 면은 정사각형으로서 넓이가 1이므로 앞쪽을 향하는 면들의 넓이는 모두 45이다. 그리고 밑면과 두 옆면은 합동이며 정사각형이 15개씩 들어 있으므로 이들의 넓이의 합도 45이다. 따라서 전체 겉넓이는 90이다.

카발리에리의 원리

이탈리아의 수학자 **카발리에리**(Bonaventura Francesco Cavalieri, 1598~1647)가 발표한 **카발리에리의 원리**(Cavalieri's principle)는 중학 과정에서 다루지 않는다. 하지만 기본적인 도형의 넓이나 부피를 구하는 데에 유용하므로 여기서는 이를 소개하기로 한다. 이 원리는 우선 **"평행 박편(薄片)의 넓이가 같은 도형은 전체 넓이도 같다"**라고 표현할 수 있으며, 이는 아래 그림을 보면 직관적으로 쉽게 파악된다.

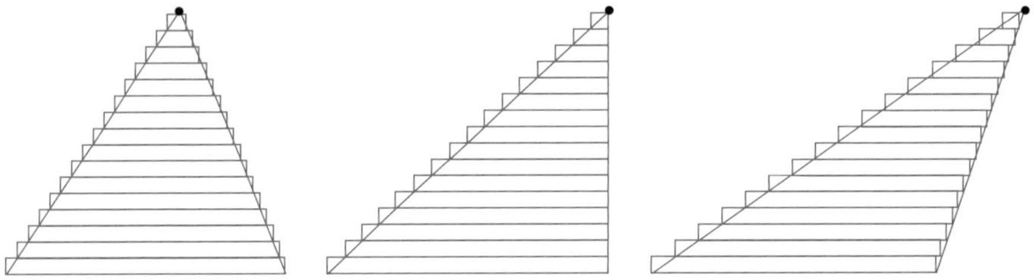

위 그림은 세 삼각형을 모두 얇게 자른 직사각형들로 재구성했는데 이 직사각형 박편들은 대응하는 것들끼리 넓이가 모두 같다. 그리고 이 박편들을 더욱 얇게 잘라 가면 결국에는 각 삼각형의 넓이와 같아진다. 따라서 밑변과 높이가 같은 삼각형은 모습은 다를지라도 넓이가 같다(같은 사실에 대한 413쪽의 증명과 비교해볼 것).

이와 같은 카발리에리의 원리를 약간 고치면 도형의 '부피'에도 적용되며, 이때는

"평행 박편의 부피가 같은 도형은 전체 부피도 같다"라고 표현된다. 이에 대한 간단한 예로는 원뿔을 들 수 있는데, 498쪽 그림의 각 직사각형 박편들을 회전시켜 원을 만들었다고 생각하면 "밑넓이(area of base)와 높이가 같은 원뿔은 모습은 다를지라도 부피가 같다"는 사실을 쉽사리 이해할 수 있다.

각기둥과 각뿔의 부피

앞에서 밑넓이와 높이가 같은 원뿔은 모습에 상관없이 부피가 같음을 보았는데, 다음으로 생각해볼 것은 "각뿔과 각기둥의 부피의 비는 얼마인가?"라는 문제이다. 이에 대해서는 아래의 그림으로부터 쉽게 알 수 있다.

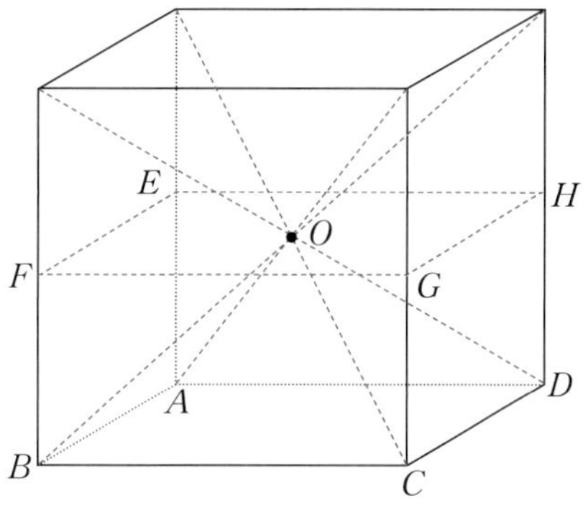

이 그림에 나타낸 정육면체 한 변의 길이를 a라고 하면 부피는 a^3이다. 그런데 대각선을 따라 자르면 6개의 합동인 각뿔로 나뉘며, 따라서 그중 하나인 사각뿔 $OABCD$의 부피는 전체 부피의 1/6이다. 한편 각기둥 $ABCDEFGH$는 정육면체의 절반인데 사각뿔 $OABCD$와 비교하면 밑넓이와 높이가 같다. 그러므로 여기에 카발리에리의 원리를 가미하면 **"각뿔의 부피는 모습에 상관없이 밑넓이와 높이가 같은 각기둥 부피의 1/3이다"**라는 결론이 얻어진다.

중요한 것은 정육면체를 토대로 얻은 위 관계가 모든 각기둥과 각뿔은 물론 원기둥과 원뿔 사이에도 성립한다는 점이다. 이에 대한 증명은 역사적으로 볼 때 에우독소스(Eudoxos, BC408?~355?)라는 수학자가 처음 한 것으로 알려져 있으며 유클리드의 『원론』에 자세한 내용이 나와있다. 하지만 당시에는 카발리에리의 원리를 사용하지 않았으므로 그 내용이 좀 복잡하다. 따라서 여기서는 이를 소개하지 않고 앞의 결론을 그냥 받아들여 사용하기로 한다.

각기둥의 밑넓이를 S, 높이를 h로 쓰면 이상의 내용은 다음과 같이 요약된다.

$$\textbf{각기둥의 부피} = SH, \quad \textbf{각뿔의 부피} = \frac{1}{3}Sh$$

구의 부피와 겉넓이

구의 부피를 구하는 공식은 에우독소스와 유클리드를 지나 아르키메데스(Archimedes, BC287?~211 또는 212)에 이르러서야 얻어졌다. 아르키메데스는 이 두 선현의 결론을 이용해서 구의 부피 공식을 얻어냈는데, 그 증명에 지렛대의 원리를 이용했다는 점에서 아주 독특하다. 아르키메데스는 "내게 충분한 길이의 지렛대와 받칠 자리만 주면 지구도 움직이겠다"는 말을 남겼고, 만년에 고향이 로마군의 공격을 받을 때 지렛대의 원리를 이용한 투석기와 기중기를 발명하여 로마군에게 큰 타격을 주기도 했다. 이에 따라 그는 수학적 원리와 그 응용에 모두 뛰어난 보기 드문 천재의 한 사람으로 꼽힌다. 하지만 그의 증명은 좀 번잡하므로 여기서는 카발리에리의 원리를 이용한 다른 방법을 살펴본다.

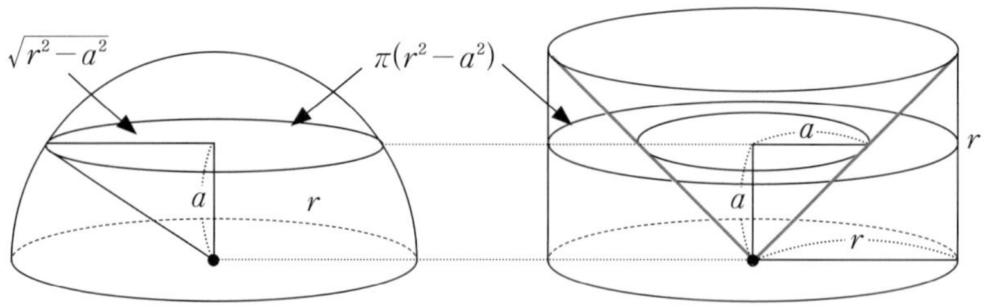

반구와 원뿔을 파낸 원기둥에 카발리에리의 원리를 적용하여 구의 부피 공식을 구할 수 있다.

앞의 왼쪽 그림은 반구이며 오른쪽 그림은 밑면의 지름과 높이가 각각 반구의 지름 및 반지름과 같은 원기둥이다. 왼쪽 그림에서 반구의 밑면으로부터 a만큼 떨어진 곳을 수평으로 자르면 그 단면은 원이 되고 그 원의 반지름을 피타고라스 정리로 구하면 $\sqrt{r^2-a^2}$이다. 따라서 이 원의 넓이는 $\pi(r^2-a^2)$이다. 한편 오른쪽 그림에서 원기둥의 밑면으로부터 a만큼 떨어진 곳을 수평으로 자르면 그 단면은 원이 되고 그 넓이는 πr^2이다. 그런데 오른쪽 그림의 원기둥에서 그림에 나타낸 것과 같은 원뿔을 파냈다고 생각하면 단면의 넓이는 πr^2에서 πa^2만큼을 뺀 $\pi(r^2-a^2)$이 된다. 이처럼 양쪽 그림의 단면의 넓이가 서로 같으므로 카발리에리의 원리에 따라 "반구의 부피는 원기둥의 부피에서 원뿔의 부피를 뺀 것과 같다"는 결론이 나온다. 그런데 앞에서 이미 배웠다시피 원뿔의 부피는 밑면의 넓이와 높이가 같은 원기둥의 1/3이다. 따라서 반구의 부피는 이 원기둥의 2/3, 곧 $\frac{2}{3}\pi r^3$과 같은데, 구의 부피는 이것의 2배이므로 결국 다음과 같이 구해진다.

$$\textbf{구의 부피} = \frac{4}{3}\pi r^3$$

다음으로 구의 겉넓이를 구하는 공식 또한 아르키메데스가 처음으로 알아냈다. 하지만 이 방법도 약간 번잡하므로 여기서는 앞에서 이미 배운 구와 각뿔의 부피 공식을 이용해서 구의 겉넓이를 구해보기로 한다.

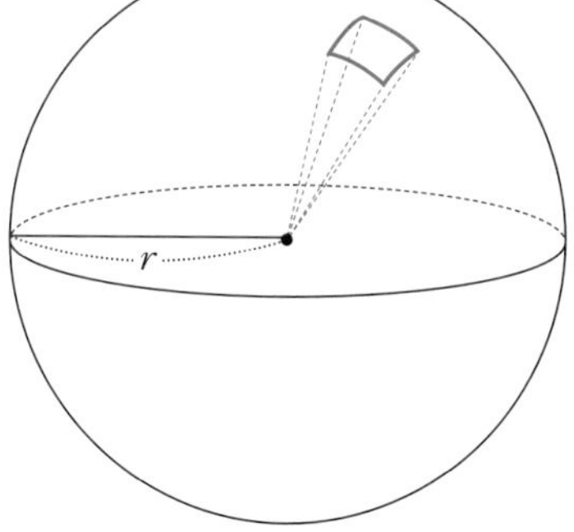

위 그림과 같이 구의 표면에 작은 사각형을 만들고 각 꼭지점과 중심을 이어 사각

뿔을 만들었다고 하자. 이 작은 사각형의 크기를 무한히 줄이면서 사각뿔의 수는 무한히 늘려 가면 결국 사각뿔들의 부피의 합은 구의 부피와 같아지므로 다음 식이 성립한다.

$$구의\ 부피 = \frac{4}{3}\pi r^3 = \frac{1}{3} \times (사각뿔의\ 밑넓이의\ 합) \times 반지름$$
$$= \frac{1}{3} \times (구의\ 겉넓이) \times r$$

따라서 구의 겉넓이 공식은 다음과 같다.

구의 겉넓이 $= 4\pi r^2$

예제

아르키메데스는 객관적으로 볼 때 더 높이 평가되는 업적도 많지만 어쩐 일인지 그 자신은 구와 원기둥의 부피 관계에 대한 해명을 가장 사랑했다. 이에 따라 그는 자기가 죽으면 묘비에 다음과 같은 그림을 새겨달라는 부탁을 남겼다. 거기에는 원기둥에 내접하는 구와 원뿔이 그려져 있는데, 이로부터 부피와 겉넓이에 대한 "원기둥 : 구 : 원뿔"의 비율을 계산하라.

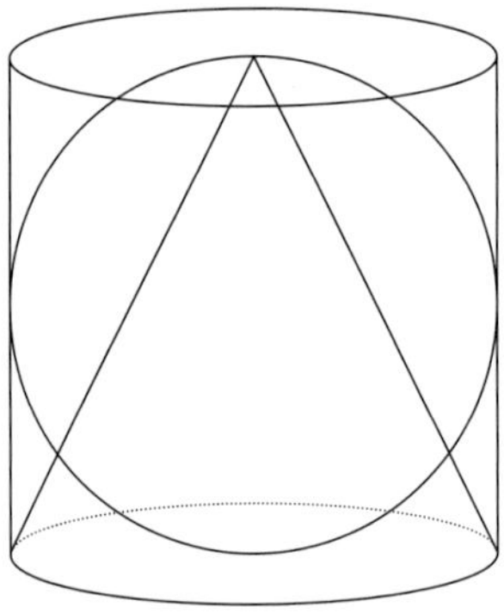

풀이 부피의 비율은

$$\text{원기둥 : 구 : 원뿔} = 2\pi r^3 : \frac{4}{3}\pi r^3 : \frac{2}{3}\pi r^3 = 3:2:1$$

이며, 겉넓이의 비율은

$$\text{원기둥 : 구 : 원뿔} = 6\pi r^2 : 4\pi r^2 (1+\sqrt{5})\pi r^2 = 6:4:(1+\sqrt{5})$$

이다. 이로부터 원기둥과 내접구는 부피와 겉넓이의 비율이 모두 3 : 2, 그리고 원기둥의 옆넓이와 내접구의 겉넓이가 같다는 점도 함께 알 수 있다.

6 삼각비

삼각비(三角比, trigonometric ratio)는 직각삼각형에서 두 변의 길이의 비를 말하는데, 이는 산이나 나무나 건물의 높이 또는 강의 너비 등을 측량하려는 필요성에서 출발했다. 예를 들어 어떤 탑의 높이를 직접 재는 것은 곤란하지만 그 그림자의 길이를 잰 다음, 그와 닮은 삼각형, 곧 작은 막대기와 그 그림자의 비율에 따라 계산하면 간접적으로 쉽게 알아낼 수 있다.

삼각비의 기본 개념은 이처럼 단순하므로 처음 배울 때는 언뜻 사소한 주제로 여길 수도 있다. 하지만 높은 수준의 수학으로 올라갈수록 삼각비의 중요성은 크게 두드러지며, 이론적으로나 실용적으로나 엄청나게 중요한 입지를 구축하게 된다. 이에 따라 다음에서는 세 가지의 주요 삼각비와 그 간단한 응용에 대해 살펴본다.

1 ⋮ 삼각비의 기본 사항

삼각비의 정의, 기호, 암기법

직각삼각형에서 아래 왼쪽 그림처럼 직각이 아닌 한 각 $\angle B$를 택했을 때, 이 각에 대한 세 가지의 삼각비, 곧 **사인**(sine), **코사인**(cosine), **탄젠트**(tangent)를 다음과 같이 정의 및 표기한다.

$$\sin B=\frac{b}{c},\quad \cos B=\frac{a}{c},\quad \tan B=\frac{b}{a}$$

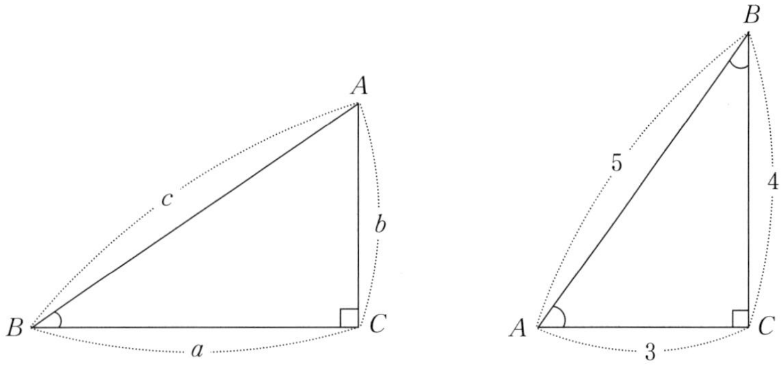

예를 들어 오른쪽 그림과 같은 직각삼각형을 택했을 $\angle A$와 $\angle B$에 대한 세 가지의 삼각비는 다음과 같다.

$$\sin A=\frac{4}{5},\quad \cos A=\frac{3}{5},\quad \tan A=\frac{4}{3}$$

$$\sin B=\frac{3}{5},\quad \cos B=\frac{4}{5},\quad \tan B=\frac{3}{4}$$

삼각비의 이름과 정의는 통상적으로 영어 단어의 첫 글자를 아래 그림처럼 변형해서 암기한다.

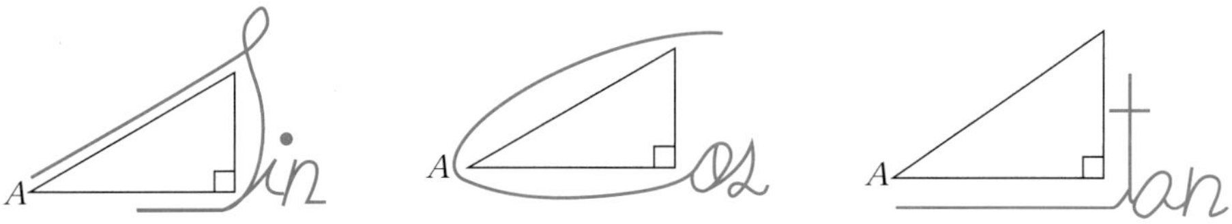

삼각비의 이름 가운데 사인과 코사인은 이 용도로만 쓰이므로 별 문제가 없다. 그러나 탄젠트는 362쪽에서 보았듯 '접선'이란 뜻으로도 쓰이므로 앞뒤 문맥을 살피면서 혼동이 없도록 한다.

삼각비의 기원

삼각비와 그 기호의 유래는 모호한 점이 많아서 자료들의 내용도 잘 일치하지 않는다. 따라서 여기서는 삼각비의 공부에 도움이 될 최소한의 수준을 염두에 두면서 간략히 살펴보기로 한다.

원시적인 형태나마 삼각비 가운데 '사인'을 정의하고 그 값을 표로 만든 최초의 기록은 그리스의 천문학자 히파르코스(Hipparchos, BC180?~125?)가 남긴 것으로 알려져 있다. 그는 직각삼각형이 아니라 원을 이용했으며, 중심각 a의 여러 가지 값에 대한 $\widehat{AB}$와 $\overline{AB}$의 길이를 나란히 표로 만들어서 주된 관심사인 천문학에 응용했다고 한다. 아래 그림에서 보듯 여기에는 우회적이기는 하지만 실질적으로 사인에 해당하는 개념이 들어 있다. 천동설의 완성자로 유명한 프톨레마이오스(Klaudios Ptolemaeos, 85?~165?)는 히파르코스의 성과를 발전시켜 사인과 코사인 사이에 성립하는 공식들을 이끌어냈다. 하지만 이들의 업적을 담은 자료의 원본은 전해지지 않는다.

히파르코스의 사인

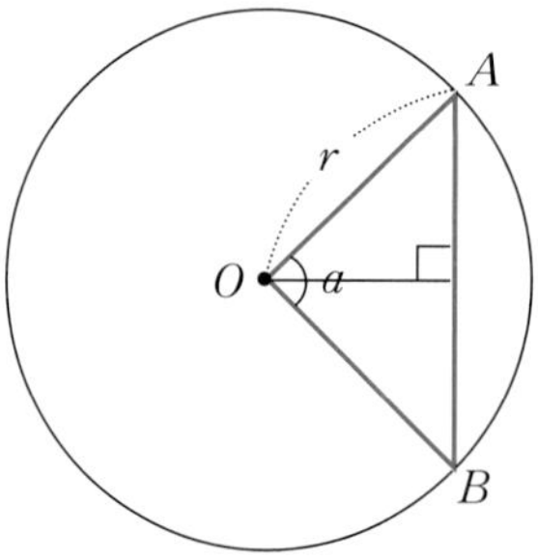

$$\frac{\text{중심각 } a\text{의 현의 길이}}{\text{지름}} = \frac{\overline{AB}}{2r} = \frac{\frac{\overline{AB}}{2}}{r} = \sin\frac{a}{2}$$

다음으로 중요한 성과는 인도에서 이루어졌다. 4~5세기의 문헌으로 알려진 『시단타스(Siddhantas)』는 현존하는 것 가운데 가장 오래된 삼각비 관련 자료인데, 여기에는 사인이 오늘날의 것과 동등한 형태로 정의되어 있으며 0°에서 90°까지의 사인과 코사인의 값들이 3.75° 간격으로 실려져 있다.

『시단타스』를 비롯한 인도의 수학은 이후 아라비아로 전해지면서 더욱 발전했다. 아라비아인들은 10세기 무렵 사인, 코사인, 탄젠트는 물론, 고교 과정에서 배우는 다른 세 가지의 삼각비까지 포함한 표를 만들어 사용했다. 특히 여기에 실린 사인표에는 소수 8째 자리에 이르는 정밀한 값들이 0.25° 간격으로 수록되어 있다.

이처럼 당시 가장 높은 수준에 도달한 아라비아 수학은 유럽으로 전파되었는데, 이 과정에서 뜻하지 않은 실수가 'sine'이라는 말을 낳게 한 기원이 되었다. 아라비아 수학은 사인을 원래 아무런 뜻이 없는 새 용어로 나타냈다. 그런데 12세기 무렵 이를 번역하던 사람들이 '만(灣)', '움푹 들어간 곳', '활 모양으로 굽혀 올려진 천장'이란 뜻을 가진 단어로 착각하고 이에 해당하는 라틴어 'sinus'를 사용했으며, 이것이 나중에 'sine'으로 바뀌어서 현재에 이르게 되었다. 하지만 어쨌든 sinus에 담긴 위의 뜻을 생각해보면 이는 삼각비를 새로 배우는 후학들에게는 오히려 다행스런 일이라고 말할 수 있다.

15세기 중반까지 삼각비는 천문학의 보조 분야로 인식되어 왔는데, 이를 독자적 분야로 확립한 사람은 독일의 수학자이자 천문학자인 레기오몬타누스(Regiomontanus, 1436~1476)였다. 그리고 코페르니쿠스의 제자인 독일 수학자 레티쿠스(Georg Joachim von Lauchen Rheticus, 1514~1574)는 최초로 원과 상관없이 직각삼각형을 이용하여 모든 삼각비를 정의하고 여섯 가지의 삼각비에 대한 표를 새로이 만들었으며, 이 작업은 다시 그의 제자에까지 이어져 1596년에 마무리되었다.

삼각비의 기호를 sin, cos, tan 등으로 쓴 최초의 사람들에 대한 기록은 자료들이 일치하지 않아 논란의 여지가 있으므로 여기서 구체적으로 밝히지는 않는다. 하지만 이들 모두 대략 16세기에 쓰이기 시작한 것 같다.

끝으로 삼각비의 이론을 더욱 발전시켜 수학의 중심적 지위에 올려놓은 사람은 스위스의 수학자 오일러(Leonhard Euler, 1707~1783)라고 말할 수 있다. 그는 삼각비의 개념을 확장한 삼각함수를 본래의 고향인 기하와 상관없이 대수적 관점에서 새로이 정의했으며, 허수와 연관시킴으로써 응용 범위를 크게 확장했다. 그는 또한 탄젠트만 'tang'으로 써서 현대의 표기법과 다를 뿐 사인과 코사인은 'sin'과 'cos'로 씀으로써 이 기호들을 널리 알리는 데에도 중요한 기여를 했다.

삼각비의 값

삼각비의 기원에서 보았듯 예로부터 삼각비를 잘 활용하기 위하여 여러 각도에 대한 값들을 계산하고 표로 만드는 작업이 진행되어 왔다. 이렇게 만든 표를 **삼각비표**(Trigonometry Tables)라고 부르며, 이 책에도 맨 뒤에 부록으로 실었다. 아래는 삼각비표의 일부분인데, 1° 간격으로 소수 8째 자리까지의 값들을 보여준다.

각(°)	sin	cos	tan
…	…	…	…
23	0.39073112	0.92050485	0.42447481
24	0.40673664	0.91354545	0.44522868
25	0.42261826	0.90630778	0.46630765
26	0.43837114	0.89879404	0.48773258
27	0.45399049	0.89100652	0.50952544
…	…	…	…

삼각비에서 정확한 값이 나오는 경우는 드물고 따라서 대부분은 어림값이다. 그러나 통상적으로 삼각비표의 값들을 인용할 때는 어림값 기호인 '≒'를 쓰지 않고

$$\sin 26^\circ = 0.43837114$$

와 같이 쓴다.

만일 1° 간격보다 작은 각도의 삼각비를 알고싶다면 위 표의 값을 이용하여 대략의 어림값을 취해서 구하면 된다. 그러나 오늘날에는 계산기에 삼각비 값들이 위의 표보다 훨씬 정밀한 단계와 값으로 내장되어 있으므로 굳이 이런 수고를 할 필요는 거의

없다고 하겠다.

그런데 이러한 일반적인 각도가 아닌 몇 가지의 특수한 각도에(흔히 '특수각'이라고 부른다) 대한 삼각비의 값은 매우 자주 쓰이므로 표나 계산기에 의지하지 않고 곧바로 떠올릴 수 있도록 해야 한다. 다행히 이 과정은 아래의 그림에 피타고라스 정리를 적용하면 간단히 해결되므로 그다지 염려하지 않아도 되며, 그 아래에는 이것들을 요약하여 표로 정리했다.

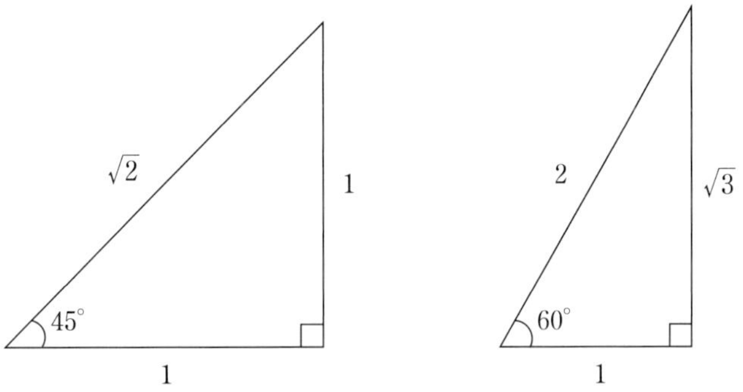

	0°	30°	45°	60°	90°
sin	0	$1/2$	$1/\sqrt{2}$	$\sqrt{3}/2$	1
cos	1	$\sqrt{3}/2$	$1/\sqrt{2}$	$1/2$	0
tan	0	$1/\sqrt{3}$	1	$\sqrt{3}$	∞

예제

$(\cos45^\circ - \cos60^\circ)(\sin45^\circ - \sin30^\circ)$는 얼마인가?

풀이 $(\cos 45^\circ - \cos 60^\circ)(\sin45^\circ + \sin30^\circ)$

$$= \left(\frac{1}{\sqrt{2}} - \frac{1}{2}\right)\left(\frac{1}{\sqrt{2}} + \frac{1}{2}\right) = \frac{1}{2} - \frac{1}{4} = \frac{1}{4}$$

예제

아래의 그림을 이용하여 $\sin 75^\circ$, $\cos 75^\circ$, $\tan 75^\circ$의 값을 구하라.

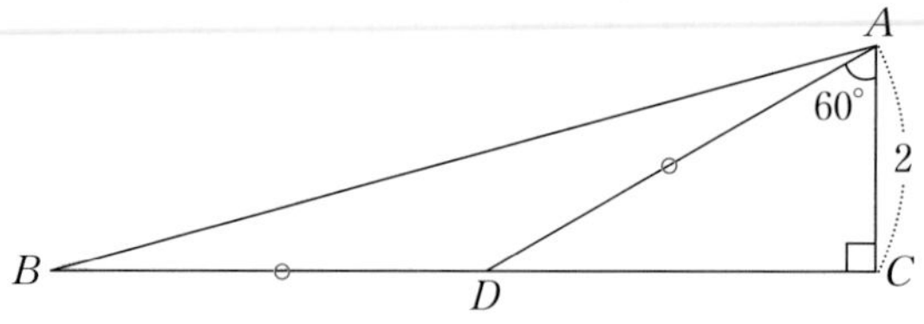

풀이

$\tan 60^\circ = \sqrt{3}$이므로 $\overline{CD} = 2\sqrt{3}$이며, $\triangle ACD$에 피타고라스 정리를 적용하면 $\overline{AD} = 4$이고, 따라서 $\overline{BC} = 4 + 2\sqrt{3}$이다. 그리고 $\triangle ABC$에 피타고라스 정리를 적용하면

$$\begin{aligned}\overline{AB} &= \sqrt{2^2+(4+2\sqrt{3})^2} = \sqrt{4+(16+16\sqrt{3}+12)} \\ &= \sqrt{8(4+2\sqrt{3})} = \sqrt{8}\sqrt{(\sqrt{3}+1)^2} \\ &= \sqrt{8}(\sqrt{3}+1) = 2(\sqrt{6}+\sqrt{2})\end{aligned}$$

이다. 그런데 $\triangle ABD$는 이등변삼각형이며 $\angle ADB = 150^\circ$이므로 $\angle BAD = 15^\circ$이고 따라서 $\angle BAC = 75^\circ$이다. 그러므로 문제의 세 가지 삼각비는 다음과 같이 구해진다.

$$\sin 75^\circ = \frac{\overline{BC}}{\overline{AB}} = \frac{4+2\sqrt{3}}{2(\sqrt{6}+\sqrt{2})} = \frac{\sqrt{6}+\sqrt{2}}{4}$$

$$\cos 75^\circ = \frac{\overline{AC}}{\overline{AB}} = \frac{2}{2(\sqrt{6}+\sqrt{2})} = \frac{\sqrt{6}-\sqrt{2}}{4}$$

$$\tan 75^\circ = \frac{\overline{BC}}{\overline{AC}} = \frac{4+2\sqrt{3}}{2} = 2+\sqrt{3}$$

2 ⋮ 삼각비의 활용

삼각비의 활용에 대해서는 몇 가지의 예제를 통하여 알아보기로 한다.

예제

다음 물음에 답하라.

① 아래 왼쪽 그림에서 $\overline{BC}$ 의 길이를 구하라.

② 아래 오른쪽 그림에서 $\overline{AB}$ 의 길이를 구하라.

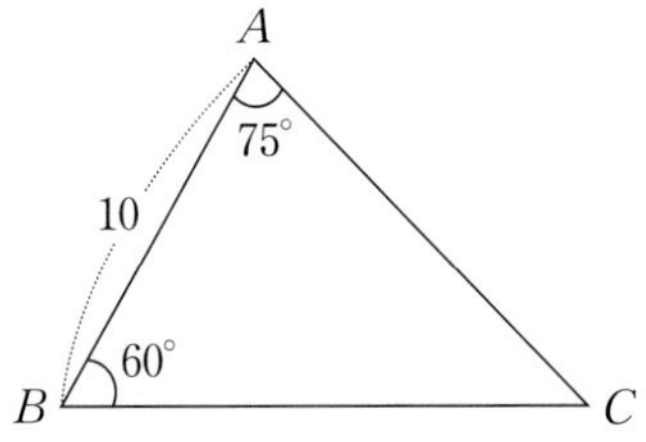

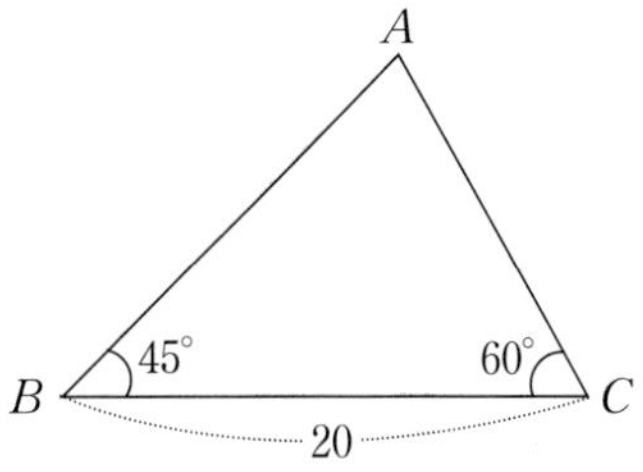

풀이 특수각의 삼각비를 이용하여 변의 길이를 구하는 문제들이다.

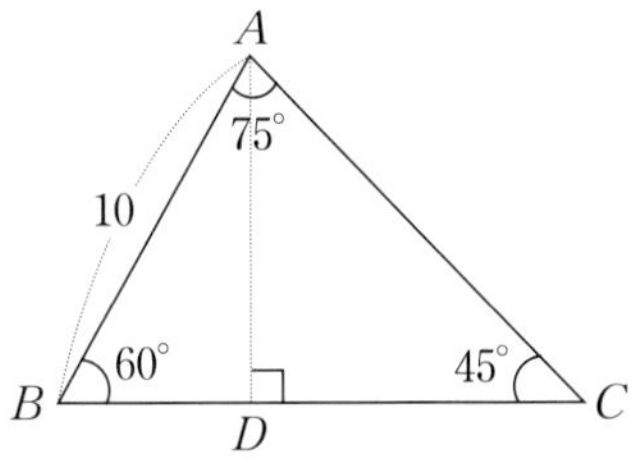

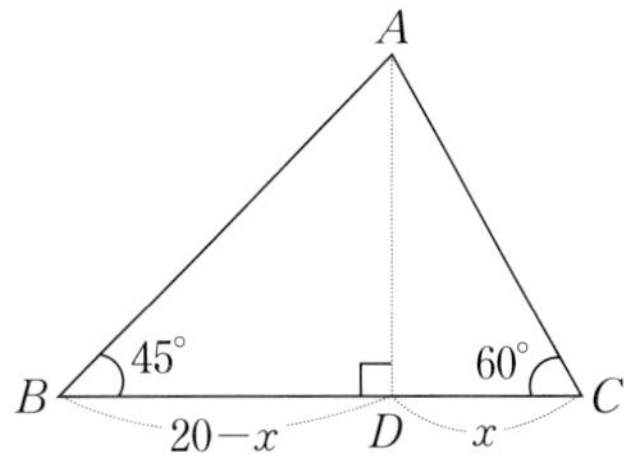

① 왼쪽 그림처럼 보조선을 긋고 보면 $\overline{BC} = \overline{BD} + \overline{DC}$ 이다. 여기에서 먼저 $\overline{BD}$ 의 길이를 구하면 $\triangle ABD$의 세 변의 길이의 비는 $1:\sqrt{3}:2$이므로 $\overline{BD}=5$이다. 다음으로 $\triangle ACD$는 이등변삼각형이므로 $\overline{DC}=\overline{DA}$ 인데 $\triangle ABD$의 비례 관계로부터 $\overline{DA}=5\sqrt{3}$ 이 나온다. 따라서 $\overline{BC}=5+5\sqrt{3}$ 이다.

② 이 문제는 사실상 ①번 문제를 거꾸로 한 것에 해당한다. 오른쪽 그림처럼 보조선을 긋고 보면 $\triangle ABD$는 이등변삼각형이므로 $\overline{AD}=\overline{BD}=20-x$이다. 그런데 $\triangle ACD$의 세 변의 길이의 비로부터 $\overline{AD}=\sqrt{3}x$가 나오므로 $20-x=\sqrt{3}x$의 관계가 성립한다. 이를 풀면

$$20-x=\sqrt{3}x,\quad x(\sqrt{3}+1)=20$$

$$x=\frac{20}{\sqrt{3}+1}=\frac{20(\sqrt{3}-1)}{(\sqrt{3}+1)(\sqrt{3}-1)}=10(\sqrt{3}-1)$$

이 나오고 따라서

$$\overline{AD}=\sqrt{3}x=10(3-\sqrt{3})$$

이며, 결국 구하는 답은 아래와 같다.

$$\overline{AB}=\sqrt{2}\,\overline{AD}=10(3\sqrt{2}-\sqrt{6})$$

예제

다음 삼각형들의 넓이를 구하라.

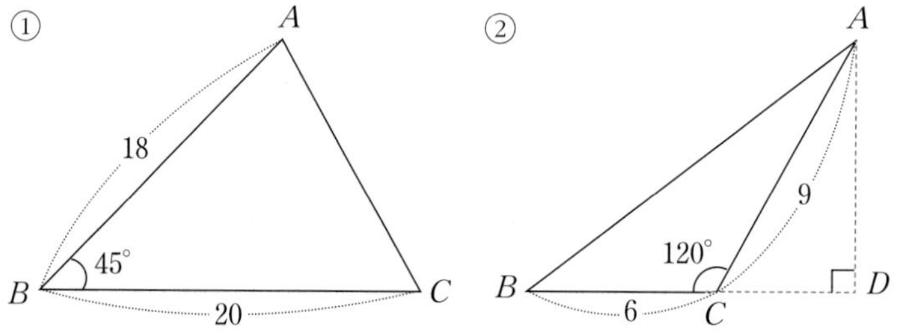

풀이 특수각의 삼각비를 이용하여 삼각형의 넓이를 구하는 문제들이다.

① 꼭지점 A에서 변 BC에 수선을 내리면 그 길이는 $9\sqrt{2}$이며 이것

이 밑변 BC에 대한 높이가 된다. 따라서 구하는 넓이는

$20\times 9\sqrt{2}\div 2 = 90\sqrt{2}$이다.

② 그림에 그려진 보조선 AD의 길이가 밑변 BC에 대한 높이이며 그 길이는 $9\sqrt{3}/2$이다. 따라서 구하는 넓이는

$6\times\dfrac{9\sqrt{3}}{2}\times\dfrac{1}{2} = \dfrac{27\sqrt{3}}{2}$이다.

예제

아래 그림에 나타낸 사각형의 넓이는 $\frac{1}{2}xy\sin a$임을 보여라.

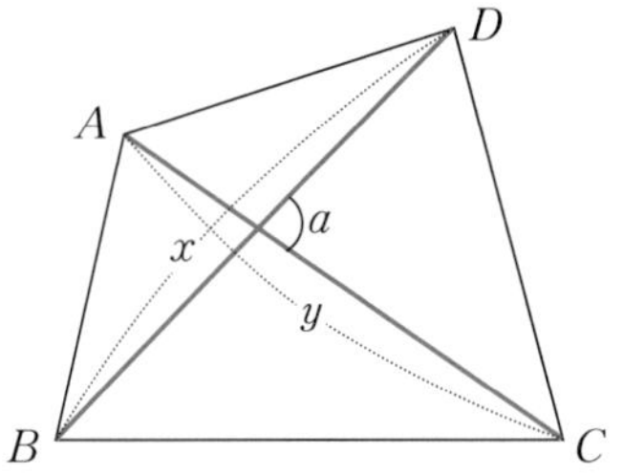

풀이 위 그림의 대각선에 평행인 직선을 그어 각 꼭지점에 외접시키면 아래 왼쪽 그림과 같은 평행사변형이 만들어진다. 이에 따르면 본래의 사각형은 새로 만들어진 평행사변형의 절반인데, 일반적인 평행사변형의 넓이는 오른쪽 그림에서 보듯 두 변과 낀 각의 사인값을 곱한 것으로 구해진다. 그러므로 일반적인 볼록사각형의 넓이는 문제에 주어진 식으로 나타내진다.

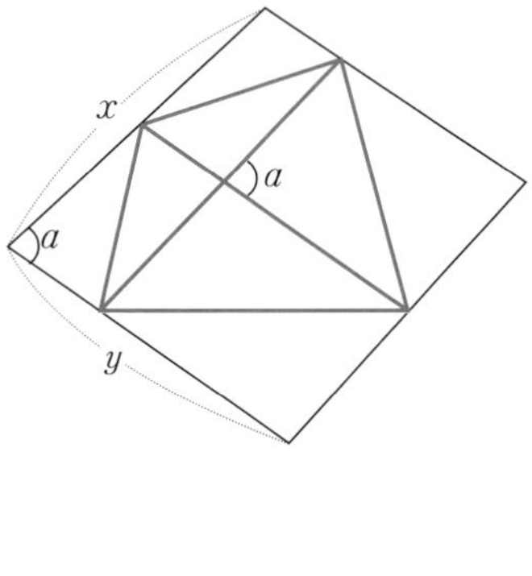

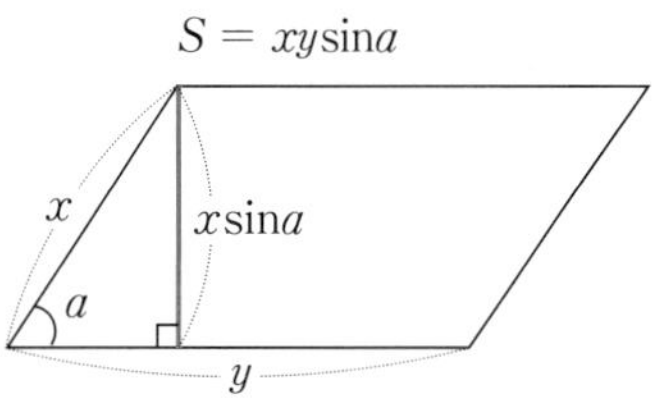

예제

길이 1m의 시계추가 좌우 합쳐서 10°의 크기로 움직이고 있다. 삼각비표를 이용하여 추의 최저점과 최고점의 높이의 차를 구하라.

풀이 편의상 문제의 시계추가 진동하는 각도를 약간 과장하고 옆으로 눕혀서 그리면 다음과 같다.

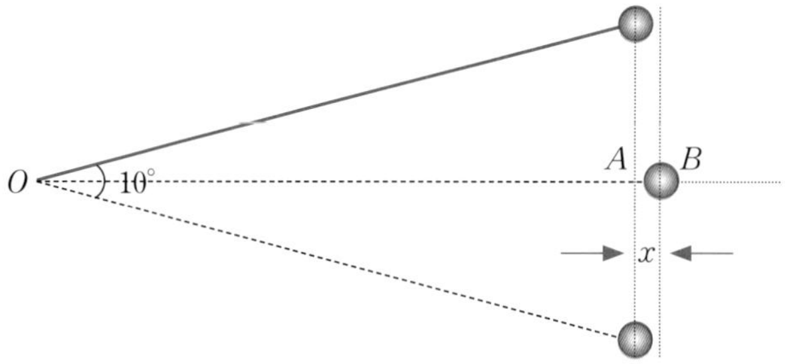

추가 최저점에 있을 때의 길이는 1m 인데 최고점에 있을 때의 수직 높이 $\overline{OA}$ 는 이보다 x만큼 작다. 위 그림에서 $\overline{OA} = 1\text{m} \times \cos 5^\circ$ 인데 삼각비표에서 찾아보면 $\cos 5^\circ = 0.99619469$이고 대략 소수 5째 자리에서 반올림하면 0.9962m이다. 따라서 최고점과 최저점의 높이 차이는 0.0038m, 곧 3.8mm 정도이다.

참고 나중에 고교 과정에서 배우면 알겠지만 추시계의 시간은 추가 작은 폭으로 진동할수록 정밀도가 높아진다. 이에 따라 추시계의 진폭은 대개 10° 이하가 되도록 만든다.

예제

서로 100km 떨어진 두 관측소에서 인공위성을 관찰했더니 아래 그림처럼 올려다 본 각도가 38°와 47°였다. 인공위성의 고도를 소수 둘째 자리까지 구하라.

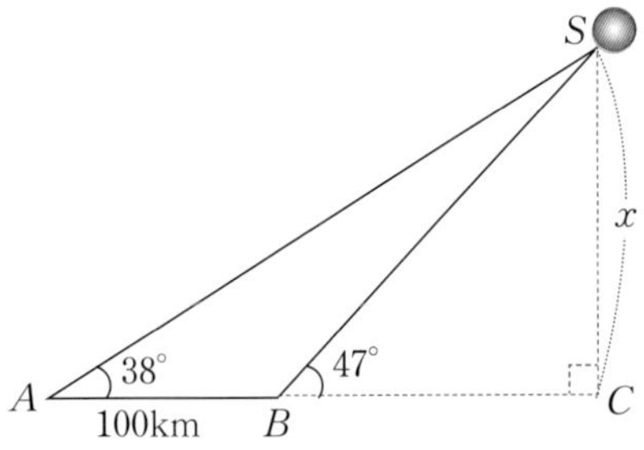

풀이

구하는 높이를 x라고 하면 $\angle BSC = 43°$이므로 $\overline{BC} = x\tan 43°$이다. 그러면 $\overline{AC} = 100 + x\tan 43°$이며, 이로부터 다시 아래의 식이 성립한다.

$$\overline{AC}\tan 38° = (100 + x\tan 43°)\tan 38° = x$$

삼각비표에 따르면 $\tan 38° = 0.78128562$이고 $\tan 43° = 0.93251508$이므로 이를 대입하고 계산한다.

$$0.78128562(100 + 0.93251508x) = x$$

$$(1 - 0.728560633)x = 78.128562$$

$$x = \frac{78.128562}{0.271439367} = 287.83062\cdots$$

그러므로 답은 287.83km이다.

예제

어떤 연못의 가장 긴 너비를 알아내기 위하여 연못의 가장자리로부터 15미터씩 떨어진 지점에서 아래 그림과 같은 측량을 실시했다. 연못의 가장 긴 너비를 소수 둘째 자리까지 구하라.

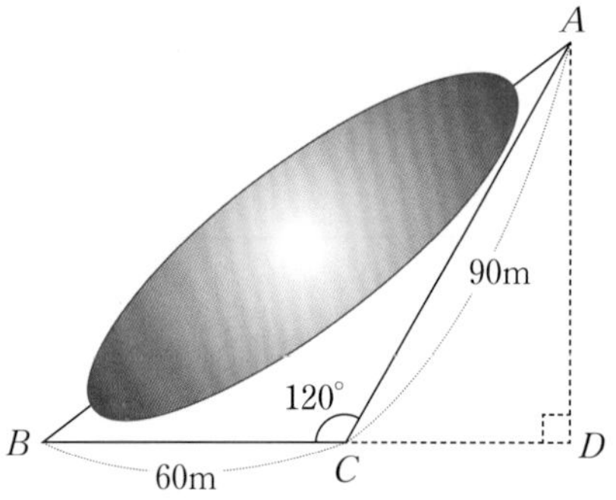

풀이

위 그림과 같이 보조선을 그리고 보면 $\angle ACD = 60^\circ$이므로 $\overline{CD} = 45\text{m}$이고 $\overline{AD} = 45\sqrt{3}\,\text{m}$이다. 여기서 $\triangle ABD$는 직각삼각형이므로 $\overline{AB} = x$로 놓고 피타고라스 정리를 적용해서 푼다.

$$x^2 = (45\sqrt{3})^2 + (60+45)^2$$

$$x^2 = 6075 + 11025 = 17100$$

$$\therefore x = 130.76696\cdots$$

그런데 측량점 A와 B는 연못 가장자리로부터 15m씩 떨어져 있으므로 x에서 30m를 빼줘야 하고, 따라서 연못의 가장 긴 너비를 소수 둘째 자리까지 구하면 100.77m이다.

수학계시록의 영웅들

지구본이나 세계지도에서 그리스라는 나라를 찾아보자. 그 국토는 131,990km^{2}이므로 100,148km^{2}인 남한보다 조금 크지만 인구는 1,100만가량으로 5,000만 정도인 남한의 4분의 1에도 미치지 못한다. 그리고 오늘날 그리스는 이 작은 영토와 적은 인구에서 대략 짐작할 수 있듯 세계적인 영향력은 미미하다고 말할 수 있다. 하지만 시간을 과거로 돌려 세계사를 죽 훑어보면 놀랍게도 그리스보다 더 큰 비중을 차지하는 나라는 거의 없다고 말할 수 있다. 실로 현대 사회를 지배하는 서구문명의 두 원류는 기독교와 그리스로마문명이라고 말할 수 있는 바, 그리스는 이 가운데 실질적으로 더 큰 의의를 가진 원류의 발상지이다.

이와 같은 고대 그리스 문명은 신화와 문학으로도 유명하고, 소크라테스-플라톤-아리스토텔레스로 이어지는 철학으로도 유명하며, 궁극의 정치제도라는 민주주의를 그 옛날에 일부나마 이미 실천한 사실로도 유명하다. 그런데 우리의 관심 분야인 수학과 관련해서 볼 때는 더욱 그렇다고 해야 한다. 이미 본문에서 여러 차례 말한 바와 같이, '학문의 시조'로 일컬어지는 탈레스, "만물은 수"라고 갈파한 피타고라스, 수학뿐 아니라 모든 학문 분야를 통틀어 역사상 최고의 교재였던 『원론』의 지은이 유클리드, 고금을 통해 가장 위대한 3대 수학자의 한 사람으로 꼽히는 아르키메데스가 그리스를 무대로 활약했기 때문이다.

이런 배경을 둘러볼 때 수학을 배우면서 그리스의 수학을 반드시 한 번쯤 섭렵해야 할 필요성은 충분히 수긍되는데, 다만 어쩐지 그 내용이 너무 예스러울 듯 싶어 저어할 사람도 있을 것이다. 그러나 좀 더 자세히 들여다보면 이는 아주 잘못된 선입관임을 곧 알 수 있다. 그리스 문명의 다른 분야도 마찬가지지만 특히 그리스 철학과 수학은 현대에 들어서도 계속 재발견되는 내용들이 많으며, 이를 통하여 말 그대로 '시공을 초월한 보편 진리'의 추구에 연결되기 때문이다. 따라서 이를테면 그리스 수학은 '수학계시록(數學啓示錄)'이라 부를 수 있겠고, 탈레스, 피타고라스, 유클리드, 아르키메데스와 같은 사람들은 다른 많은 고대 그리스의 영웅들과 동격에 두어야 할 '수학계시록의 영웅들'이라고 하겠다. 한편 본문에서도 살펴본 것처럼 그리스 수학은 기하를 중심으로 발달했기에 이 이야기를 여기 기하편에 실었는데, 다음에서는 앞의 네 사람에 대하여 연대순으로 간략히 살펴본다.

학문의 시조, 탈레스

탈레스(Thales, BC624?~546?)는 현재는 터키에 속하지만 당시는 그리스의 식민지였던 밀레토스(Miletos)에서 태어나고 거기서 생애를 마쳤다. 그러나 탈레스는 평생 여러 나라를 여행했으며 이로부터 얻은 지식과 사색을 토대로 세계 최초로 인정되는 정식의 학문 체계를 정립하게 되었다. 다만 워낙 고대의 인물이라 그가 썼다고 인용되는 저작들은 하나도 전해지지 않으며, 인용 자료들의 내용도 완전히 믿을 만한 것은 별로 없다. 이런 상황은 탈레스뿐 아니라 이어서 이야기할 피타고라스(Pythagoras, BC569?~475?)의 경우에도 마찬가지이다. 그다음인 유클리드(Euclid, BC300년경)의 경우 『원론』을 포함한 5권의 저작이 전해지지만(단 사본일 뿐 원본은 아니다) 그의 생애는 오히려 더욱 불명이다. 그리고 끝으로 이야기할 아르키메데스(Archimedes, BC287?~211 또는 212)는 알려진 저작이나 생애의 내용 모두 유클리드보다 조금 나을 정도에 지나지 않는다. 따라서 이와 같은 고대 인물들의 경우 거기에 얽힌 이야기에서 필요한 내용은 받아들이되 사실 여부는 적절한 수준의 유보적 판단에 만족해야 한다.

탈레스

이처럼 탈레스의 생애에 대한 정확한 사실은 드물지만 그럼에도 불구하고 그에 대해서는 뜻밖에도 많은 일화가 전해져 내려온다. "너 자신을 알라"는 말은 흔히 소크라테스가 한 것으로 알려져 있지만 이는 탈레스가 "사람에게 정말 어려운 일이 무엇인가?"라는 질문을 받고 "자기 자신을 아는 게 어려운 일이며, 쉬운 일은 남에게 충고하는 것"이라고 대답한 데서 나왔다고 한다. 탈레스는 학자로서 명망이 높아 '고대 그리스의 칠현(Seven Sages of Ancient Greece)' 가운데 첫째로 꼽혔는데, 단순히 학식만 많은 게 아니라 상인으로서의 수완도 뛰어났다('고대 그리스의 칠현'은 자료에 따라 열거되는 사람들이 달라 전체적으로 모두 20여 명에 이른다. 그러나 탈레스는 거의 언제나 첫째로 꼽힌다). 그는 어느 해에 올리브가 풍작이 되리라 예상하고 올리브 열매에서 기름을 짜내는 기계들의 사용권을 미리 독점했다가 나중에 비싼 값에 빌려줌으로써 큰돈을 벌었다.

탈레스는 이솝우화와도 관련된다. 이솝(Aesop)은 그리스의 우화 작가로서 이름 외에는 알려진 게 거의 없는데, 그의 이야기 중에는 소금을 나르는 나귀에 관한 것이 있다. 탈레스로 알려진 나귀 주인은 강을 건너 다니면서 장사를 했는데, 어느 날 우연히 물에서 자빠진 나귀는 소금이 녹아 짐이 가벼워진 것을 알고 다음부터는 일부러 자빠져서 다른 짐도 망치곤 했다. 이에 주인은 나귀를 혼내주기 위하여 소금 대신 콩(또는 솜이라고도 한다)을 실었으며, 이것이 물에 불어 훨씬 무거워짐에 따라 약은꾀를 부리던 나귀는 큰 고생을 했다.

이런 저런 사업 때문이었던지 탈레스는 여러 곳을 여행했고 이집트에서는 기하에 대하여 많은 것을 배웠다. 그는 이 여행 중에 피라미드의 높이를 이론적으로 간단히 계산해내어 사람들을 놀라게 했다(이 일화는 삼각비에 관한 문제로 꾸며 별책의 기하 문제 편에 실었으므로 참조하기 바란다). 또한 탈레스는 BC585년에 일어났던 일식을 예언했는데, 그의 말대로 일식이 나타나자 당시 전쟁 중이던 두 민족이 신의 노여움으로 여겨 휴전을 했다고 한다. 이 예언은 이집트 또는 바빌로니아 지역에서 배웠던 천문학 지식에 근거한 것이라고 하지만 신빙성은 그다지 높지 않다. 하지만 어쨌든 탈레스는 천문 관측에도 많은 흥미를 가졌던 것으로 보이며, 어느 날 별을 관찰하면서 하늘만 보고 걷다가 우물에 빠졌다는 이야기도 있다. 이때 그를 구한 하녀는 "자기 발끝도 살피지 못하면서 어찌 천상의 일을 알려 하나요?"라며 놀렸다고 한다. 한편 1년을 365일과 한 달을 30일로 나눈 것, 자석이 금속을 끄는 현상을 발견한 것도 탈레스의 업적으로 돌리기도 하는데, 이는 너무 일반적인 것들이므로 꼭 그의 업적으로 볼 수는 없다고 여겨진다.

수학과 관련하여 탈레스는 다음의 다섯 가지 정리를 제시 및 증명했다고 전해진다.

1 · 원은 지름으로 이등분된다.

2 · 이등변삼각형의 두 밑각은 같다.

3 · 교차하는 두 직선의 맞꼭지각은 같다.

4 · 한 선분과 두 각이 같은 두 삼각형은 서로 합동이다(엄밀히 말하자면 이는 "한 선분과 양 끝각이 같은 두 삼각형"으로 받아들여야 한다).

5 · 지름에 대한 원주각은 직각이다.

이 정리들을 보면 (구체적 증명 과정이야 어떻든 적어도) 내용 자체는 너무 간단한 것들이라 당시 대부분의 사람들은 그저 당연하다고 여겨 아무런 의문도 품지 않았을 것으로 보인다. 하지만 탈레스는 이토록 단순한 사실들도 올바른 증명을 거친 다음에야 일반적 원리로 받아들일 수 있다는 점을 일깨웠으며, 실로 탈레스의 위대함은 바로 여기에 있다. 단 여기서 한 가지 특기할 것은 탈레스가 말하는 '증명'이란 것은 나중에 피타고라스나 유클리드가 했던 '엄격한 증명'과는 약간 달랐다는 점이다. 탈레스도 때로는 물론 논리적으로 엄격한 증명을 하기도 했으나, 어떤 때는 단순히 여러 경우에 대해 일일이 적용해보고 모순이 나타나지 않으면 옳은 것으로 간주하는 방식을 택하기도 했다. 그러나 이런 약점은 학문의 기틀을 세우는 초기 과정에서는 어느 정도 불가피했을 것으로 여겨지며, 따라서 탈레스의 위대한 노력에 그다지 큰 흠이 된다고 볼 수는 없을 것이다.

탈레스는 또한 '만물의 근원'에 대하여 처음으로 사뭇 과학적인 대답을 내놓은 사실에서도 높이 평가된다. 그는 물이 모든 생명에 필수적이며, 고체, 액체, 기체로 모습이 바뀌고, 드넓은 대지를 둘러싸고 있다는 사실로부터 "만물의 근원은 물"이라고 주장하여 이른바 '물의 철학자'로 불리기도 했다. 그는 땅덩어리가 크게 보면 평평한 모습으로 무한히 넓은 바다 위에 떠있으며, 지진은 때때로 크게 일렁이는 물의 요동이

대지를 흔들기 때문에 나타나는 현상이라고 설명했다. 오늘날의 관점에서 보면 이런 주장은 터무니없이 들린다. 그러나 온갖 미신과 신화 등의 신비적 요소에만 의존했던 고대 사회에서 이처럼 나름대로 과학적인 설명을 제시한 것은 획기적인 사고의 전환이라고 말할 수 있고, 이 때문에 그는 **'자연철학의 시조'** 또는 더 널리 **'학문의 시조'**라고 불리게 되었다.

이와 같은 탈레스의 정신적 노력은 다른 사람들을 감화시켜 이른바 서양 철학의 첫 학파로 알려진 밀레토스학파〔Milesian School, 이오니아학파(Ionian school)라고도 부른다〕가 성립하게 되었다. **밀레토스학파의 3대 인물**로는 **탈레스**와 **아낙시만드로스**(Anaximandros, BC610~546)와 **아낙시메네스**(Anaximenes, BC585?~525)를 드는데, 주요 관심사는 탈레스와 마찬가지로 만물의 근원이었지만 각자의 견해는 서로 달랐다. 아낙시만드로스는 '만물의 근원'을 '아르케(arche)'라는 용어로 나타내고 '아페이론(apeiron)'이란 게 바로 그것이라고 주장했다. 그는 탈레스의 말처럼 만물의 근원이 물이라면 무한한 시간을 고려해볼 때 만물은 이미 모두 물로 돌아갔을 것이라고 생각했다. 그렇다고 물과 반대되는 불이 아르케라면 마찬가지의 불합리에 빠진다. 이에 그는 궁극의 아르케는 공간과 시간적으로 무한함은 물론 본질에 있어서도 모든 대립적 성질을 한데 담을 수 있는 '무한한 존재'여야 한다는 결론을 내리고 이것을 아페이론이라고 불렀다. 아페이론은 이를테면 '만물의 원소가 되는 무한'이란 뜻에서 '무한소(無限素)◇'라고 옮길 수 있겠는데, 그는 이 안에서 우주 만물이 생성과 소멸을 되풀이한다고 믿었다. 한편 아낙시메네스는 아르케가 공기(air)라고 여겼다. 그는 우리의 영혼도 공기이며, 공기가 엷어지면 불, 짙어지면 액체, 더 짙어지면 고체가 생기고, 이런 현상이 전 우주의 변화를 설명한다고 생각했다.

탈레스와 마찬가지로 다른 두 사람의 견해도 오늘날의 관점에서는 황당하게 들린다. 그러나 현대의 첨단 과학도 여전히 만물의 근원을 찾고 있다는 점에서 보다시피 그 철학적 내지 과학적 의의는 지금도 살아 있다고 봄이 옳으며, 앞으로도 영원히 이어지리라고 예상되기도 한다. 한편 또 한 가지 주목할 것은 이 세 사람을 흔히 스승과 제자, 곧 사제 관계로 묘사하지만 위와 같은 다양한 견해가 거리낌없이 제기되었다는 점에서 볼 때 권위와 복종이 아닌 건설적이고도 비판적인 토론을 자유롭게 주고받은

‘철학적 동반자 관계’로 봄이 타당하다는 점이다. 이런 전통이 서양 철학의 태동기에 세워졌다는 점은 매우 다행스런 일이 아닐 수 없다. 서양 철학에서는 이후 소피스트(sophist 흔히 ‘궤변론자’로 부른다)와 소크라테스를 거쳐 이런 전통이 계속 이어졌는데, 앞의 여러 선해에서 엿볼 수 있는 탈레스의 허심탄회한 학문적 자세는 그의 여러 업적 못지 않게 높이 평가받을 훌륭한 귀감이라고 하겠다.

신비의 수학자, 피타고라스

피타고라스(Pythagoras, BC569?~475?)는 탈레스의 고향인 밀레토스에서 그리 멀지 않은 사모스(Samos)라는 섬에서 태어났다. 그의 아버지는 상인으로 다른 곳에서 옮겨 왔는데, 피타고라스의 어린 시절은 잘 알려져 있지 않지만 아버지를 따라 시리아로부터 이탈리아에 이르는 여러 지역을 여행했던 것으로 보인다.

피타고라스와 탈레스의 고향이 지리적으로도 가깝고 살았던 연대도 일부 겹치기 때문에 청년기의 피타고라스가 노년기의 탈레스와 아낙시만드로스로부터 철학과 수학을 배웠다는 이야기도 있다. 이런 점에서 피타고라스는 탈레스의 제자 격이라고 하겠지만 뜻밖에도 그는 탈레스보다 훨씬 더 신비롭고 전설적인 인물로 전해지게 되었다. 그의 일생이 이렇게 포장된 것은 나중에 이탈리아에 설립했던 자신의 학파를 일종의 비밀 종교 단체처럼 구성하고 운영한 탓인데, 이 때문에 심지어 어떤 학자는 피타고라스 또는 그의 학파가 이루었다는 수학적 업적 모두가 역사적 사실이 아니라고 주장하기도 했다.

피타고라스

성년이 된 피타고라스는 탈레스의 영향 때문이었던지 이집트와 바빌로니아 그리고 심지어 인도까지 여행했다고 한다. 그가 이런 여행에서 여러 가지 다양한 문화와 학문을 접했을 것은 분명한데, 그 가운데서도 특히 주목할 것은 이집트의 사원들에서 얻은 신비주의적 경험들이다. 그의 남은 일생 동안의 행적은 이 경험에 의하여 크게 좌우되었기 때문이다. 그런데 이는 당시의 세계적 경향과 연관된다고 볼 수 있다는 점도 흥미롭다. 이 시기에 중국에서는 공자(孔子, BC552~479)와 노자(老子, ?~?) 인도에서는 석가(釋迦, BC563?~483?)가 활약하는 등 종교적 기운이 지구상의 여러 곳에서 동시다발적으로 융성했기 때문이다. 어쩌면 인간 정신의 발달은 지역이나 문화와 상관없이 어떤 일정한 구현 단계를 스스로 밟아가고 있는지도 모른다.

피타고라스는 긴 여행을 마치고 고향으로 돌아온 뒤 스스로 주축이 되어 한 학파를 조직했다. 그러나 사모스 사람들은 그의 교습법을 좋아하지 않았으며, 또 자꾸만 정치적 문제에 그를 끌어들였으므로 이를 피하여 이탈리아로 이주했다. 이탈리아 남동부의 해안 도시인 크로톤(Croton)에 자리잡은 피타고라스는 이른바 피타고라스 학파(Pythagorean School)를 설립하고 여기에 들어온 사람들은 매우 엄격한 규율 속에서 공동체 생활을 하도록 했다. 이 규율들은 주로 이집트 여행의 산물인데, 사람은 다른 동물로 바뀌어 태어날 수 있다는 윤회설(輪廻說)을 좇아 모두 채식을 해야 하며, 짐승의 가죽으로 된 옷을 입어서도 안 되고, 극도로 검약한 생활을 하고, 학파 내의 비밀로 정한 것은 절대로 외부에 발설해서는 안 된다는 것 등이었다.

일반적으로 본다면 이와 같은 신비주의적 경향은 수학과 같은 논리적 학문의 탐구에 장애가 될 것으로 생각된다. 하지만 피타고라스 시대에는 오히려 도움이 되었다고 말할 수 있다. 피타고라스는 주로 실용적 학문으로 시작했던 이집트와 바빌로니아의 수학을 뛰어넘어 순수한 학문적 관점에서 이를 대했다. 그의 이런 자세는 철학을 '지혜에 대한 사랑'으로 여겨 'philosophy', 수학을 '배움을 통한 이해'란 뜻에서 'mathematics'란 용어로 지어 부른 데에서도 잘 나타난다. 나아가 그는 자연계에서 발견되는 수많은 기하학적 형상들과 음악의 화음 및 천체의 운행 등에도 수가 관련되어 있음을 보고 "만물은 수(All is number)"란 말을 남겼는 바, 피타고라스에 이르러 만물의 근원인 아르케는 더 이상 어떤 물질이 아니라 '수'라는 추상적 관념이 되었다는 점에서도 특이한 면을 엿볼 수 있다.

그런데 **피타고라스가 "만물은 수"라는 말로 내세운 수는 '자연수'**라는 점을 주목해야 한다. 당시에는 음수는 물론 0도 수학의 세계에 들어오지 못했으며, 유리수는 두 자연수의 비로 나타낼 수 있으므로 독자적인 수로 인정받지 못했기 때문이다. 특히 피타고라스는 수금(竪琴, lyre)이라는 현악기에서 만들어지는 화음이 현의 길이를 간단한 자연수의 비로 조절해서 함께 울릴 때 나온다는 사실에서 강한 감명을 받은 듯하다. 예를 들어 본래의 음이 같은 두 현을 놓고 각각 그 길이의 1/2과 1/3인 곳을 누르면서 동시에 울리면 '도'와 '솔'에 해당하는 화음이 나오며, 1/3과 1/4인 경우에는 '도'와 '파'에 해당하는 화음이 나온다. 실제로 피타고라스는 이 원리를 이용하여 현악기의 음정을 조율하는 방법을 개발하기도 했으며, 이에 기초한 음계를 '피타고라스 음계(音階, Pythagorean temperament)'라고 부른다. 그런데 언뜻 매우 단순해 보이는 이 연구는 **과학 역사상 가장 위대한 발견의 하나**로 평가된다. 자연 현상의 배경에 수학적 원리가 깃들여 있음을 발견한 최초의 사례일 뿐 아니라, 사물의 '진동'에 대한 탐구는 이로부터 수천 년을 지나 현대에 이르도록 줄기차게 이어져 온 중요한 주제이기 때문이다(한 예로 오늘날 물리학에서 크게 주목받고 있는 '초끈이론(superstring theory)'은 모든 물질의 궁극적 단위체를 여러 가지 방식으로 진동하는 '초끈'으로 본다).

피타고라스는 이에서 용기를 얻어 자연계에서 발견되는 모든 수는 자연수의 비, 곧 유리수일 수밖에 없다는 과감한 결론을 내린 것으로 보인다. 그리하여 예를 들어 길이가 1인 직선을 그으면 그 안의 모든 점들의 위치는 0.5, 0.777, 1/3, … 등의 유리수로 모두 나타낼 수 있다고 믿었다. 곧 우주 만물은 모두 자연수의 비로 나타내지는 조화를 이루고 있으며, 세계가 이처럼 정교한 수학적 질서 위에 자리잡고 있다는 사실은 자신이 품은 이상과 아주 잘 부합한다고 여겼다.

그러나 놀랍게도 이런 생각은 바로 자신의 이름이 아로새겨진 '피타고라스 정리'의 결론에 의하여 속절없이 허물어지고 만다. 먼저 피타고라스는 아득히 바빌로니아 시대 때부터 전해져 내려오는 이 정리를 스스로 증명한 데 대하여 커다란 기쁨과 자부심을 느꼈다. 이에 대해서는 그가 이 증명을 어찌나 좋아했던지 이를 기념하기 위하여 백여 마리의 소를 잡아 큰 잔치를 베풀었다는 전설에서도 엿볼 수 있다(단 그들이 엄격한 채식주의를 실천했다는 점에서 이 전설은 별로 신빙성이 없다). 하지만 아주 간단한 예, 곧 직각을 낀 두 변의 길이가 각각 1인 직각삼각형의 빗변의 길이는 $\sqrt{2}$인데, 전해지는 바에 따르면 피타고라스 학파 안에서 이것이 유리수가 아니라는 사실이 증명되고 말았다. 이로 인하여 **수학사상 가장 유명한 아이러니**(irony)가 탄생하는데, 피타고라스는 학파 안의 모든 사람들로 하여금 이 사실을 절대 외부에 공표하지 않도록 엄명을 내렸고, 만일 이를 어길 경우 죽음을 면치 못할 것이라고 했다. 다시 말해서 피타고라스는 바로 '무리수의 아버지'에 해당하는데, 그 자신은 이를 마치 사생아처럼 여겨 영원히 덮어두려고 했던 것이다.

이쯤에서 우리는 "어떤 사실에 대하여 모든 사람을 얼마 동안 속일 수는 있다. 또 몇 사람을 영원히 속일 수도 있다. 그러나 모든 사람을 영원히 속일 수는 없다"는 링컨(Abraham Lincoln, 1809~1865)의 말을 떠올리게 된다. 더구나 이 경우는 일과성의 역사적 사실도 아닌 수학적 진리이므로 피타고라스의 이런 시도는 참으로 무모한 것이라고 하지 않을 수 없다. 나아가 인간에게는 '진리에 대한 사명감' 또는 "임금님 귀는 당나귀 귀"라는 이야기에서 보듯 누르면 누를수록 더욱 솟구치는 간절한 발설 욕구가 있기 때문이다. 결국 피타고라스의 제자 중에 히파소스(Hippasos)라는 사람은 이를 지키지 않았고, 피타고라스는 이에 격분하여 다른 제자들에게 명령을 내려 히파소스를 물에 던져 익사시켰다고 한다(그러나 이는 확실한 사실은 아니며, 또 익사시킨 게 사실이라고 해도 그 이유가 이 비밀을 폭로했기 때문인지는 불명이다. 다른 야사에 의하면 히파소스를 추방만 하고, 죽은 것처럼 보이도록 묘비를 세웠다고도 한다). 그리하여 무리수는 피타고라스 정리에 의하여 그 존재를 드러내기는 했으나, 정작 제대로 세상의 빛을 보게 된 것은 피타고라스가 죽은 이후의 일이었다.

만일 피타고라스가 요즘 시대의 인물이었다면 어떨까? 현대의 인물이면서 지금껏 알려지지 않은 새로운 수를 발견했다면 숨기기는커녕 하루라도 빨리 전 세계에 널리 알려 선취권(先取權 또는 우선권, right of priority)을 얻기에 힘썼을 것이다. 고대의 가장 위대한 수학자의 한 사람으로 꼽히는 피타고라스가 다른 한편으로 수학의 발전에 큰 해를 끼쳤다는 점은 아직은 미신적인 학문관이 팽배했던 시대가 빚어낸 어이없는 아이러니라고 하겠다. 하지만 어쨌든 피타고라스 학파의 연구 내용은 상당히 다양하며, 13권으로 이루어진 『원론』 가운데 첫 두 권의 대부분은 그들의 업적으로 보는 것이 통례이다. 또한 이들은 천문학 분야에서 일종의 지동설을 내세우기도 했는데, 약 2000년이 지나 코페르니쿠스가 다시 지동설을 제기하면서 반대파의 공격을 누그러뜨리기 위하여 피타고라스의 이 가설을 전례로 들기도 했다.

피타고라스의 죽음은 그의 생애만큼이나 안개에 가려져 있다. 그중 가장 널리 알려진 이야기에 따르면 크로톤의 저명한 인물로서 피타고라스 학파에 들어가기를 원했으나 포악한 성품 때문에 거절당한 킬론(Cylon)이란 사람이 깊은 앙심을 품고 있었는데, 나중에 정치적인 사건을 빌미로 사람들을 선동해서 피타고라스 학파에게 잔인한 공격을 가하여 구성원 서의 모두를 학살했을 때에 피타고라스도 함께 죽었다고 한다. 그러나 다른 이야기에 의하면 피타고라스는 이 사태를 피하여 은둔했으며 이후 100세가 넘도록 살았다고 전해지기도 한다.

기하의 아버지, 유클리드

유클리드(Euclid, BC300년경)는 드높은 명성에도 불구하고 고향과 생몰 연대는 물론 생애의 대부분이 거의 알려져 있지 않은 불가사의한 인물이다. 그는 흔히 '알렉산드리아의 유클리드(Euclid of Alexandria)'로 불리는데 여기서의 알렉산드리아는 출생지가 아니라 활동지를 가리키며, 이는 그가 이집트의 알렉산드리아에서 수학을 가르치면서 일생을 보냈기 때문으로 여겨진다. 이 점은 '밀레토스의 탈레스(Thales of Miletos)', '사모스의 피타고라스(Pythagoras of Samos)', '시라쿠사의 아르키메데스(Archimedes of Siracusa)' 등의 호칭이 출생지와 관련되는 것과 대조적이다. 이 때문에 심지어 유클리드를 가공의 인물이라고 주장하는 사람도 있지만 아무래도 실존 인물임은 확실한 것으로 보인다. 한편 이와 관련하여 '메가라의 유클리드(Euclid of Megara)'란 인물과 구별해야 하는데, 이 사람은 플라톤의 제자로서 여기의 유클리드보다 약 100년 앞서 살았던 철학자이다.

유클리드

이처럼 생애가 모호하기에 유클리드에 관한 일화는 두 가지밖에 전해지지 않는다.

첫째로 당시 이집트를 다스렸던 프톨레마이오스 1세(Ptolemaeos I, BC367~283)가 이 저명한 학자를 환대하면서 기하를 쉽게 배우는 방법을 물었을 때 그는 "기하에는 왕도가 없습니다(There is no royal road to geometry)"라고 대답했다고 하는데, 이는 이후 수학사상 가장 유명한 말이 되었다. 그런데 이보다 한 세대

전 알렉산더 대왕(Alexander the Great, BC356~323)에 대해서도 거의 똑같은 일화가 있다(알렉산드리아는 알렉산더 대왕이 건설해서 자기 이름을 붙인 도시였고, 프톨레마이오스 1세는 알렉산더 대왕의 부하 장수로서 대왕이 죽은 후 이집트를 차지하고 그곳의 왕이 되었다). 알렉산더 대왕은 대학자 아리스토텔레스로부터 여러 가지 학문을 배웠는데 기하는 메나에크무스(Menaechmus, BC380?~320?)라는 수학자에게서 배웠다. 학생으로서의 왕이 기하를 정복할 지름길을 물었을 때 그는 "일반 백성과 나라를 다스리는 임금의 길은 다르지만, 기하에는 모든 사람에게 단 하나의 길이 있을 뿐입니다"라고 대답했다. 이런 점에서 볼 때 유클리드의 이 일화도 후세에 들어 메나에크무스의 일화를 그보다 더욱 유명한 유클리드에게 맞추어 각색한 것으로 여겨지기도 한다.

둘째로 어떤 젊은이가 기하를 처음 배우면서 어딘지 너무 추상적인 데에 실망했던지 유클리드에게 "기하를 배우는 게 무슨 쓸모가 있습니까?"라고 물었더니 유클리드는 종을 불러 "이 젊은이에게 3펜스(pence)를 줘서 내보내게. 배우면 꼭 뭔가 이익이 있어야 한다고 생각하는 모양이니"라고 말했다고 한다. 이 일화로부터 우리는 어렴풋하나마 그가 기하의 실용적 측면을 그다지 강조하지 않았음을 알 수 있다. 사실 이런 경향은 그리스 수학의 한 특징이기도 한데, 특히 플라톤 이후 그리스에서는 '학문으로서의 수학'과 '일상적 산술'을 구별하여 학자들은 주로 전자에 치중했다. 이 때문에 그리스 수학은 학문적으로 매우 높은 경지에 오르는 성과를 거두기도 했지만 대조적으로 여러 분야에서 실용적 가치를 앞세웠던 후세의 로마시대에 수학이 몰락하는 한 원인이 되기도 했다.

유클리드는 다양한 분야에 걸쳐 모두 9권 이상의 저서를 쓴 것으로 보이고 이 가운데 5권이 지금까지 전해져 내려온다. 그러나 역시 『원론(原論, Elements)』으로 가장 유명하며 이 때문에 **기하의 아버지**(the father of geometry)로 불린다(단 『원론』은 정확히 말하자면 기하뿐 아니라 당시의 수학 전반에 대한 책으로 봄이 옳다). 『원론』은 이름에서 알 수 있듯 오늘날의 교재와 비교하면 '입문서' 또는 '개론서'에 해당한다. 실제로 유클리드가 살던 알렉산드리아에는 오늘날의 대학에 비견되는 큰 규모의 학교가 있어 세계 학문의 중심지로 군림했고 『원론』은 그곳에서 수학의 일반적인 안내서로 가르쳐졌다. 이처럼 당시에 대학 수준의 입문 교재였기에 여기에는 그보다 낮은 수준이라고 할 일상적 산술 그리고 반대로 당시 최고 수준의 수학에 대한 내용도 실려 있지 않다. 따라서 『원론』이 그토록 드높은 위명을 얻게 된 것은 그 '내용'이 아니라 '체계', 곧 기본적인 공리계를 설정하고 이로부터 그 안에 내포된 무수히 많은 귀결들로서의 정리들을 추구하는 '공리적 방법론(axiomatic approach)'을 확립한 데에서 찾을 수 있다.

『원론』은 모두 13권으로 구성되어 있으며 10개의 기본 공리에서 유도된 465개의 정리가 실려 있다. 아리스토텔레스는 "다른 조건이 같다면 공리는 적을수록 좋다"라고 했는데, 유클리드도 이를 좇은 듯 머리말도 생략하고 바로 본론으로 들어가 가능한 한 간결하고도 질서정연하게 꾸몄고, 그 정교하고도 아름다운 체계는 이후 2000년이 넘도록 수많은 사람들에게 깊은 감명을 심어주었다. 파스칼, 뉴턴, 아인슈타인 등 희대의 천재들이 어렸을 때 모두 이를 통하여 수학의 세계에 눈을 떴으며, 특히 최고의 철학자로 일컬어지는 칸트(Immanuel Kant, 1724~1804)는 『원론』의 공리를 인간의 선험적 순수이성으로 파악할 수 있는 절대적 진리의 대표적인 예로 꼽았다.

그러나 『원론』도 역시 인간의 작품이었기 때문이었을까, 흠 한 점 없는 완전무결한 체계는 아니었다. 수학이 발달함에 따라 이에 대해서도 정밀한 검토가 이루어져 서서히 그 논리적 결함들이 밝혀졌고 마침내 19세기 말에 들어서는 독일의 수학자 힐베르트에 의하여 전면적으로 새롭게 재편된 기하 체계가 구축되었다. 『원론』은 태어나서 중세에 이르도록 수많은 사람들의 필사(筆寫)에 의하여 전해져왔다. 그러다 1482년에 처음으로 인쇄본이 간행되었고 이후 적어도 1000번 이상 재판을 거듭한 것으로 보여 성경을 제외하고는 가장 많은 판수를 기록한 책으로 간주된다. 하지만 20세기에 들어 『원론』을 그대로 교재로 사용하는 경우는 사라졌고, 따라서 오늘날에는 거의 역사적 의의만 남았다고 말할 수 있다. 하지만 이 역사적 의의는 결코 작은 게 아니며 소홀히 해서도 안 된다. 『원론』이 나온 이래 수많은 학문 분야가 이를 따라 각각의 체계를 구축해가고 있는 바, 그 원형을 깊이 이해하고 잘 적용해가야 한다는 점은 아무리 강조해도 지나치지 않을 정도로 중요하기 때문이다.

수학자의 왕, 아르키메데스

다시 지구본이나 세계지도를 펼치고 지중해(地中海, Mediterranean Sea)를 찾아보자.

'지중해'는 말 그대로 풀이하면 '땅 가운데의 바다' 또는 '육지로 둘러싸인 바다'라는 뜻인데, 통상적으로 유럽, 아시아, 아프리카의 세 대륙으로 둘러싸인 곳을 가리키며, 영어로 쓸 경우 특히 이곳을 가리키려면 각 단어의 첫 글자를 대문자로 써서 나타낸다. 지중해는 이를 둘러싼 세 대륙의 여러 나라들을 잇는 교통로로 더할 나위 없이 좋은 무대였으므로 예로부터 이 바다의 패권을 놓고 크고 작은 전쟁이 줄곧 이어져왔다. 그런데 아르키메데스(Archimedes, BC287?~211 또는 212)는 이 지중해에서도 거의 한 가운데에 있는, 당시에는 그리스의 영토였던 시칠리아섬(Sicilia Island)의 한 도시인 시라쿠사(Siracusa)에서 태어났다. 따라서 어느 정도의 불행은 이미 예고된 것이라 하겠는데, 결국 아르키메데스의 만년에 시라쿠사는 전쟁에 휘말려 들었고 그는 로마군으로부터 고향을 지키다가 어이없게도 그를 알아보지 못한 한 병사의 손에 목숨을 잃었다.

아르키메데스

아르키메데스와 관련해서는 **'최초의 스트리킹 수학자'**라고나 할 일화가 가장 유명하다〔스트리킹(streaking)은 '알몸으로 달리기'를 말한다〕. 시라쿠사의 왕이었던 히에로 2세〔Hiero(또는 Hieron) II, BC306?~215?〕는 아르키메데스와 친척 사이였던 것으로 보이는데, 새로 만든 왕관이 요구한 대로 완전히 순금으로 되었는지 아니면 다른 값싼 금속과 섞인 것인지 의심을 품었다. 그러나 이를 검사하기 위해 왕관을 손상시키기도 곤란했으므로 속만 태우다가 결국 최고의 학자로 알려진 아르키메데스에게 이를 밝혀달라고 의뢰했다. 하지만 대학자인 아르키메데스도 뾰족한 수가 없어서 고민하던 중 어느 날 공중목욕탕에 들러 차분히 쉬면서 생각에 잠겼다. 그러던 차에 그는 물 속에서 자신의 몸이 가벼워지는 현상에 새삼 정신이 쏠렸고, 마침내 물이 물체를 떠받치는 힘, 곧 부력(浮力)의 원리를 이용하면 이 수수께끼가 풀린다는 점을 깨달았다. 이 발견으로 너무나 기쁨에 겨웠던 아르키메데스는 벌거벗은 몸이란 사실도 잊고 목욕탕에서 뛰쳐나와 집에까지 한달음에 달려가서 이 문제를 정확히 해결했다(자세한 내용은 과학 시간에 배울 수 있으므로 여기서는 생략한다). 이때 그는 달리면서 "알았다!!"는 뜻의 "유레카(eureka)!!"라는 말을 계속 외쳤다고 하는데, 여기서 말하는 **부력의 원리는 "액체에 뜨거나 잠긴 물체는 잠긴 부분의 부피에 해당하는 액체의 무게만큼 가벼워진다"**는 사실을 가리키며, 흔히 **아르키메데스의 원리**(Archimedes' Principle)라고도 부른다.

한편 다음 일화와 관련해서 아르키메데스는 이른바 **'지렛대의 과학자'**라고 불러도 좋을 것이다. 그는 언젠가 히에로왕을 위하여 만든 배가 너무 무거워서 진수시키지 못하고 있을 때 지레와 도르래를 이용해서 쉽게 해결했다. 그리고 고향이 로마군에게 포위당했을 때는 큰 돌을 던질 수 있는 투석기, 전함을 통째로 들어올려 내동댕이칠 수 있는 대형 무기인 **아르키메데스의 집게발**(Archimedes' Claw) 등을 발명해서 적에게 큰 타격을 입혔는데, 이것도 역시 지레와 도르래를 이용한 것이었다. 특기할 것은 그가 지렛대의 원리를 이와 같은 실용적 문제뿐 아니라 "구의 부피는 외접하는 원기둥의 2/3이다"는 사실을 최초로 밝혀내는 데에도 응용하는 등 높은 수준의 이론적 문제에도 활용했다는 점이다. 이런 점에서 볼 때 "내게 충분한 길이의 지렛대와 받침자리만 주면 지구도 움직이겠다"는 그의 말에는 겉보기보다 훨씬 심오한 의미가 들어 있다고 하겠다.

아르키메데스의 실용적 발명으로 또 하나 유명한 것은 강물을 논밭으로 끌어올리기 위한 양수기가 있다. 이것은 그가 이집트를 여행했을 때 고안한 것으로 보이며 그림처럼 나선을 이용해서 농경지보다 낮은 곳의 물을 연속적으로 퍼 올릴 수 있게 하는 장치이다. 이것도 그의 이름을 따서 **아르키메데스의 나사**(Archimedes Screw)라고 부르는데 뛰어난 기능 때문에 오늘날까지도 널리 쓰이고 있다. 한편 이와 이름은 비슷하지만 구별해야 할 것으로 **아르키메데스의 나선**(Archimedean Spiral)이란 것도 있는데, 이는 실용적 발명품이 아닌 수학적 발명으로 "중심으로부터의 거리가 회전각에 비례하는 점의 자취가 그리는 나선"을 가리킨다. 이 밖에 그는 천문학자였던 아버지의 영향 때문이었는지 지동설에 해당하는 대담한 가설을 내놓기도 했고, 이에 근거하

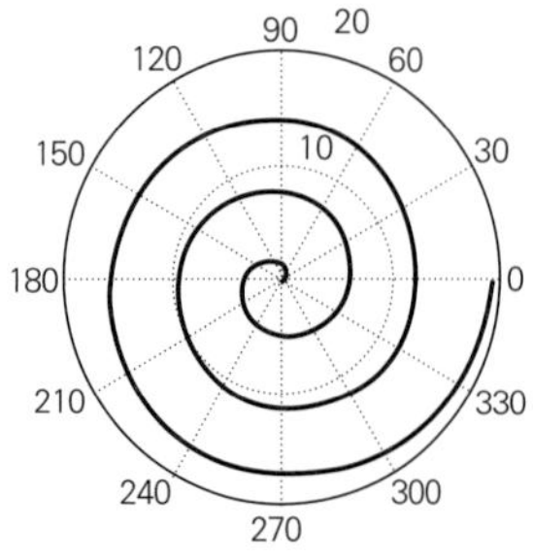

아르키메데스의 나선

㉠ 아르키메데스의 나사 구조, ㉡ 이집트 농부가 사용하는 소형의 것, ㉢ 미국에 건설된 대형의 것.

여 광대한 우주를 모두 채우는 데 필요한 모래의 수를 계산하는 과정에서 종래의 불편한 기수법 대신 새롭고도 편리한 자리수법을 고안하기도 했다.

이처럼 아르키메데스는 실용적 응용에서도 천재였으나 그 자신은 그리스 수학의 전통에 젖어 이런 측면에 대해 낮게 평가했고 순수수학의 연구에 대부분의 노력을 바쳤다. 그런데 비유적으로 말하자면 탈레스와 피타고라스의 수학은 오늘날의 중학 수준, 유클리드는 중학에서 고교 수준에 해당하지만, 아르키메데스는 고교 후반에서 대학 초반의 수준에 해당하므로 그의 수학적 업적을 이 책의 수준에 맞춰서 설명하기는 어렵다. 하지만 대략이나마 간추린다면, '인류 역사상 가장 위대한 지적 성취' 가운데 하나로서 고교 과정부터 배우기 시작하는 미적분〔微積分(differential and integral) calculus)의 맹아(萌芽)에 해당하는 성과를 거두었다는 점에서 매우 높게 평가된다고 말할 수 있다.

미적분은 '미분'과 '적분'을 합쳐서 부르는 말인데, 이 가운데 미분은 설명하기가 좀 까다롭지만 적분의 기본적인 내용은 그다지 어렵지 않다. 예를 들어 원의 넓이는 다음 그림과 같이 원을 피자 조각처럼 잘게 쪼개서 그 각 부분을 모아 합치는 과정을 극단적으로 추구하면 가로가 πr 세로가 r인 직사각형의 넓이와 같다는 점을 알 수 있고 이에 따라 그 값은 πr^2으로 주어진다.

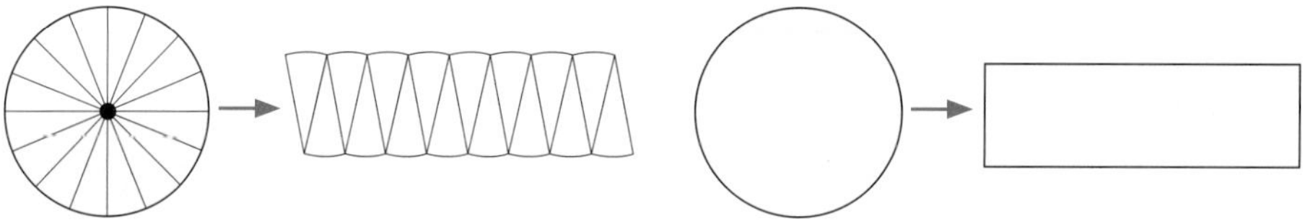

적분은 이와 같이 '분(分) 모으기(積)', 곧 잘게 쪼갠 부분을 모으는 방법인데, 이것을 수학적으로 정밀하게 체계화하면 매우 강력한 도구가 된다. 아르키메데스는 이런 단계에까지 이르지는 못했지만 오늘날의 관점에서도 놀라울 정도의 창의력을 발휘하여 이 방법을 수많은 문제에 활용했다. 그리고 이에서 더 나아가 적분보다 더욱 강력한 도구인 미분의 초보적인 내용을 이끌어내고 활용한 점으로도 높이 평가된다. 그런데 17세기에 이르도록 사람들은 아르키메데스가 어떤 실마리를 통해 그토록 경이로운 증명을 해낼 수 있었는지 도무지 알 수 없었기 때문에 '그가 자신의 업적을 드높이려고 일부러 해법을 감춘 것은 아닐까?'라는 의심을 품었다. 하지만 1906년, 무려 2000년의 세월을 뛰어넘어 그의 대표적 저작 가운데 하나인 『방법(The Method)』이 우연히 발견됨으로써 이를 둘러싼 수수께끼의 많은 부분이 해소되었다.

시라쿠사는 아르키메데스가 노년에 이르렀을 때 로마에 포위되어 3년을 버티다가 결국 함락되었다. 아르키메데스는 이 기간 동안 로마군을 많이도 괴롭혔지만 함락에 즈음하여 로마군의 사령관 마르켈루스(Marcus Claudius Marcellus, BC268?~208)는 이 노수학자를 해치지 말라는 특명을 내렸다. 그러나 전쟁의 와중에서도 땅바닥에 도형을 그리며 연구에 몰두하던 아르키메데스는 어떤 로마군 병사가 앞을 지나가자 "내

그림을 밟지 마시오"라고 말했는데, 세기의 대수학자를 알아보지 못한 병사는 이 사소한 말을 트집잡아 그를 살해하고 말았다.

아르키메데스는 자신의 수많은 업적 가운데 뜻밖에도 비교적 간단하다고 할 "원기둥 : 구 : 원뿔의 부피의 비 = 3 : 2 : 1"이라는 결론을 특히 사랑해서 이것을 묘비의 그림으로 새겨달라는 부탁을 남겼다고 한다. 그런데 아르키메데스가 죽은 후 그리스 수학은 서서히 쇠퇴의 길을 갔고 로마시대에는 주목할 만한 업적이 거의 나오지 않았다. 로마의 유명한 웅변가이자 철학자인 키케로(Marcus Tullius Cicero, BC106~43)는 시칠리아에서 재판관으로 근무할 때 아르키메데스의 묘비를 발견하고 보수했다고 하는데, 이것이 수학사에 로마인이 기여한 단 하나의 공헌이라고 말해지기도 한다. 하지만 이 보수했다는 묘비도 현재는 남아 있지 않다.

이후 세계 수학의 중심지는 인도와 아라비아로 옮겨갔고 15세기의 르네상스(Renaissance) 시대에 들어서야 다시 유럽에서 새로운 중흥기를 맞게 된다. 그런데 아르키메데스의 업적은 오랜 세월을 건너 뛰어 근세 유럽의 수학이 발전하는 데에 큰 기여를 했고, 결국 17세기에 들어 뉴턴과 라이프니츠에 의하여 미적분이 완성됨으로써 그 기나긴 학문적 여정을 마무리짓게 된다. 후세 학자들은 이와 같은 그의 업적을 높이 평가하여 역사상 가장 위대한 3대 수학자의 한 사람이자 **수학자의 왕**(King of Mathematicians)으로 추앙하고 있다.

제6장
통계와 확률

과학적 탐구의 진정한 대상은 현상이나 존재의 '실체'가 아니라

그 확률적 본질을 담은 '분포'이다

— 피어슨(Karl Pearson)

통계(統計, statistics)는 말 그대로 풀이하면 어떤 주제에 관한 자료를 모으는 것을 말한다. 하지만 이런 자료를 괜히 모으는 것은 물론 아니며, 이를 분석하고 그 결과를 토대로 장차 하려는 일에 활용하고자 함이다. 다시 말해서 통계의 의미를 넓혀 보면 '집계'와 '분석'과 '계획'이라는 세 가지 활동이 관련되어 있다.

통계의 이런 특징에 비춰 볼 때 그 기원이 매우 오래되었을 것이란 점은 쉽게 예상된다. 예를 들어 인구조사는 BC4000~3000년 무렵에 이미 바빌로니아, 이집트, 중국 등에서 행해졌으며, 고대 로마의 경우 BC435년부터 평균적으로 5년마다 전 인구를 직접 헤아리고 재산을 등록하도록 하는 센서스(census)란 제도를 실시했는데 이 용어는 현재에도 여러 분야에서 사용되고 있다. 또 중국의 경우 전한(前漢, BC202~AD8) 말기의 기록에 '호구인구수'라는 용어가 나온다. 이런 사실들은 예로부터 일체화된 국가의 운영에 통계가 중요하게 이용되었음을 짐작케 한다. 통계를 'statistics'라고 부르는 데에도 '국가(state)의 학문' 또는 '국가학', 더 직접적으로 말해서 '국가통제주의자(statist)들의 학문(-ics)'이란 점이 반영되어 있다. 하지만 이처럼 오랜 연원에도 불구하고 이른바 정식의 '통계학'이라고 부를 만한 것은 거의 19세기 말부터 시작되었고 20세기에 들어서야 크게 융성했다. 따라서 통계학 자체는 아주 현대적 학문이라고 말할 수 있다.

확률에 대한 사고와 계산 또한 아득한 고대로부터 행해졌을 것이다. 하지만 정식의 확률론(確率論, probability theory)은 프랑스의 수학자 파스칼(Blaise Pascal, 1623~1662)과 페르마(Pierre de Fermat, 1601~1665) 사이에 1654년부터 오고간 편지들에 의하여 시작되었다고 보는 것이 일반적 견해이다. 그들은 확률을 계산할 때 "확률 = 특정 사건의 경우수÷총 경우수"라는 기본적인 방법을 이용했다. 이로부터 우리는 '경우수(number of cases)' 또는 '경우의 수'에 대한 계산이 확률론의 전제가 됨을 알 수 있으며, 여기서도 이 순서에 따라 진행한다.

1 통계

1 : 분포

분포와 관련된 주요 용어들

통계를 위하여 자료를 모아보면 여러 값들이 작은 값에서부터 큰 값에 이르기까지 독특한 모습으로 퍼져 있는 것을 볼 수 있으며, 자료들의 이런 모습을 **분포**(分布, distribution)라고 부른다. 그런데 자료들을 아무렇게나 흩어놓으면 이와 같은 분포의 양상을 제대로 파악할 수 없다. 따라서 이를 적절한 방법으로 정리해서 일목요연(一目瞭然), 곧 한눈에 파악할 수 있도록 하는 게 바람직하다. 이런 방법에는 크게 **표**(table)와 **그래프**(graph)라는 두 가지가 있으며, 각각 장단점이 있으므로 상황에 따라 적당한 것을 택하면 된다.

통계에서는 어떤 주제에 관련된 양들을 **변량**(變量, variate), 변량의 각 값에 해당하는 자료의 수를 **도수**(度數, frequency)라고 부른다. 예를 들어 일반적인 시험 성적의 경우 0부터 100까지의 점수가 변량이며, 각 점수에 속하는 학생들의 수가 도수이다. 이런 상황에서 아래와 같이 변량과 도수를 표로 꾸며 나타낸 것을 **도수분포표**(frequency distribution table)라고 한다. 여기서 변량은 점수이고 도수는 과목별로 각 점수에 속하는 학생들의 수이다.

	0	1	…	30	31	…	49	50	51	…	80	81	…	99	100	계
수학	0	0	…	1	3	…	7	11	9	…	3	4	…	1	1	233
영어	0	0	…	0	2	…	5	9	13	…	7	5	…	1	2	233

그런데 위와 같이 변량의 각 값마다 한 칸씩 할당하면 표가 너무 커지며 또 자료를 처리하기도 복잡해진다. 따라서 분포의 전체적인 모습을 너무 훼손시키지 않는 한도 내에서 변량을 적절한 구간으로 나누는 게 좋다. 이처럼 변량을 일정한 간격으로 나누었을 때의 각 구간을 **계급**(class), 이 구간의 너비를 **계급폭**(class width), 그리고 계급의 중앙값을 계급을 대표하는 값으로 삼아 **계급값**(class mark)이라고 부른다.

이에 따라 계급폭을 10점으로 하되, 도수가 없는 계급은 생략해서 위 도수분포표를 다시 만들어보면 다음과 같다.

	21~30	31~40	41~50	51~60	61~70	71~80	81~90	91~100	계
수학	1	32	38	54	45	34	23	6	233
영어	0	33	35	47	43	41	27	7	233

위의 두 도수분포표를 비교해보면 뒤의 것이 전체적 상황을 파악하기에 더 좋다고 말할 수 있다. 그러나 간편하다고 꼭 더 좋은 것은 아니다. 예를 들어 계급폭을 더욱 넓혀 30점으로 하면 표 자체는 더 간단해지겠지만 점수 분포의 전체적인 양상이 뭉그러져서 오히려 파악하기가 어렵게 되어버린다. 따라서 자료에 따라 계급폭을 어느 정도로 할 것인지가 중요한데, 대개의 경우 계급의 수가 10~20이 되도록 하면 된다.

계급폭을 적절하게 잡아야 한다는 점의 중요성은 분포의 양상뿐 아니라 평균값에 미치는 영향을 생각해봐도 쉽게 이해할 수 있다. 예를 들어 똑같은 자료인데 계급폭을 다르게 해서 만든 다음의 세 도수분포표를 사용해서 평균을 구해보자. 여기서 ㉯와 ㉰의 평균을 구할 때는 각 계급을 대표하는 값으로 그 계급의 중앙값, 곧 계급값을 사용하면 된다(평균에 대한 정확한 내용은 곧 이어 다룬다).

㉮	1	2	3	4	5	6	7	8	9	10	11	12	계
도수	0	3	5	6	8	7	4	4	3	2	2	1	45

㉯	1~2	3~4	5~6	7~8	9~10	11~12	계
도수	3	11	15	8	5	3	45

㉰	1~3	4~6	7~9	10~12	계
도수	8	21	11	5	45

㉮의 평균 $= (2\cdot3+3\cdot5+4\cdot6+5\cdot8+6\cdot7+7\cdot4+8\cdot4+9\cdot3+10\cdot2+11\cdot2+12\cdot1)$
$\div 45 = 5.9555\cdots$

㉯의 평균 $= (1.5\cdot3+3.5\cdot11+5.5\cdot15+7.5\cdot8+9.5\cdot5+11.5\cdot3)\div45=5.9444\cdots$

㉰의 평균 $= (2\cdot8+5\cdot21+8\cdot11+11\cdot5)\div45=5.8666\cdots$

위의 세 경우를 보면 ㉯는 분포의 전반적 양상을 파악하기에도 적당하고 평균도 본래 자료를 이용한 것과 큰 차이가 없으므로 가장 무난한 선택이라고 할 수 있다. 그러나 ㉰는 분포의 양상이 너무 모호하고 평균값도 비교적 많이 벗어나 있으므로 그다지 좋은 선택이 아니다. 단 이런 선택은 어디까지나 주관적인 것이므로, 상황에 따라 정확한 값이 요구되면 ㉮를 써야겠지만, 급한 대로 우선 간단한 값으로 충분하면 ㉰를 사용할 수도 있다. 따라서 간단한 방법이라고 애초부터 배제할 필요는 없다.

단순평균과 가중평균

순서가 약간 바뀌었지만 두 가지의 기본적인 평균에 대해서 알아보고 넘어가자.

예를 들어 어떤 학생의 수학과 음악 점수가 각각 90점과 80점이라고 하자. 그러면 평균 점수를 간단히 (80+90)÷2로 계산하여 85점이라고 말할 수 있고, 이렇게 계산한 평균을 흔히 **단순평균**(simple average)이라고 부른다.

그런데 수업 시간표에 따를 때 매주 수학은 5시간 음악은 1시간씩 공부하는 것으로 되어 있다면 이와 같은 단순평균은 정확한 값이라고 보기 어렵다. 음악이 수학보다 본질적으로 중요하지 않다는 뜻은 아니지만 적어도 수업 시간에 따르는 상대적 비중이 정확히 반영되지 않았기 때문이다. 이런 경우 이러한 '상대적 비중'을 가중값(weight), 그리고 이를 고려해서 다음과 같이 계산하는 평균을 **가중평균**(加重平均 weighted average)이라고 부른다.

$$\text{가중평균} = \frac{(\text{계급값} \times \text{도수})\text{의 총합}}{\text{도수의 총합}}$$

$$= \frac{90 \cdot 5 + 80 \cdot 1}{6} = 88.333\cdots$$

이상과 같은 두 가지 평균 가운데 가중평균이 더 정확한 평균이라고 말할 수 있다. 그러나 자료의 수가 많아지면 가중평균을 구하기가 점점 더 어려워진다. 그러므로 시간이나 노력 등의 요소를 종합적으로 고려하여 상황에 따라 적절한 평균을 가려 쓰면 된다.

단순평균과 가중평균을 합쳐서 산술평균(arithmetic mean)이라고 부르며, mean은 average와 동의어로 쓰인다. 고교 과정에서는 기하평균(geometric mean)과 조화평균(調和平均, harmonic mean)이란 것도 배우는데, 이 밖에도 자주 쓰이지는 않지만 상황에 따라 각기 고안된 여러 가지의 평균이 있고 그 종류는 모두 수십 가지에 이른다.

히스토그램과 도수분포다각형

앞서 자료의 분포를 나타내는 데에 크게 표와 그래프의 두 가지가 있다고 했는데, 그래프 가운데 대표적인 것이 여기서 볼 히스토그램(histogram)이다. 예를 들어 어느 반 학생들의 키에 대한 도수분포표와 히스토그램을 나란히 비교하면 다음과 같다.

키 (cm)	도수 (명)
120 이상~130 미만	4
130~140	6
140~150	12
150~160	10
160~170	2
계	34

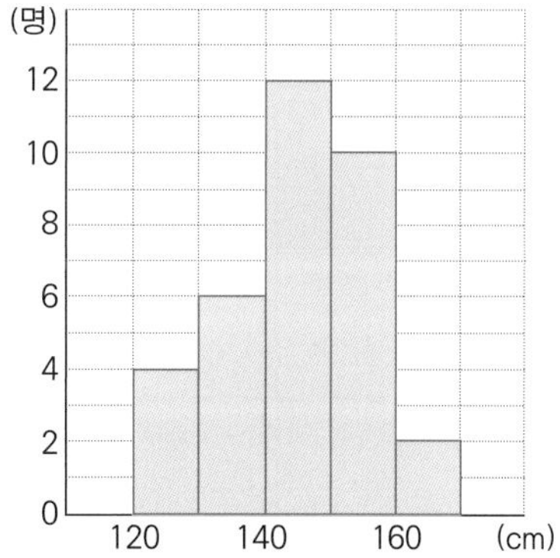

이처럼 히스토그램은 가로축에 계급, 세로축에 도수를 쓰고, 도수를 직사각형의 높이로 나타낸 그래프이다. 따라서 **히스토그램은 막대그래프**(bar graph)**의 일종**이라고 보면 된다. 이와 관련하여 **여러 교재들은 히스토그램과 막대그래프가 마치 본질적으로 다른 종류의 그래프인 것처럼 이야기하고 있는데, 이는 괜한 오해만 불러일으킬 뿐 올바른 설명이 아니다.** 다만 위에서 보듯 **히스토그램은 "㉮계급이 연속적으로 이어지며 ㉯그 폭은 일정하게 한다"는 두 가지의 제한을 받는 막대그래프**임에 비하여 아래와 같이 일반적인 막대그래프는 **이런 제한에 굳이 구애받을 필요가 없다**는 점으로 구별하면 된다.

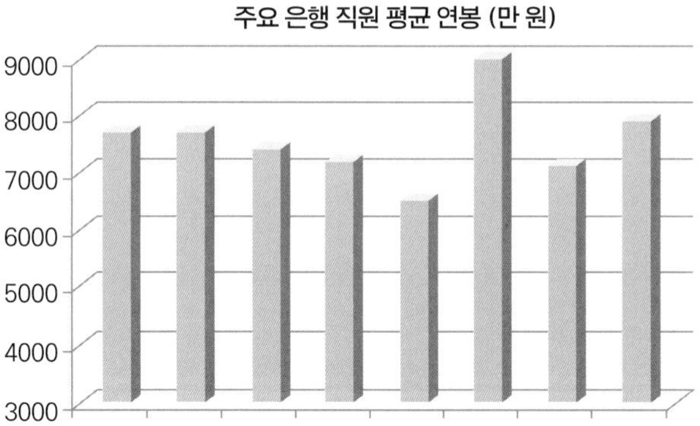

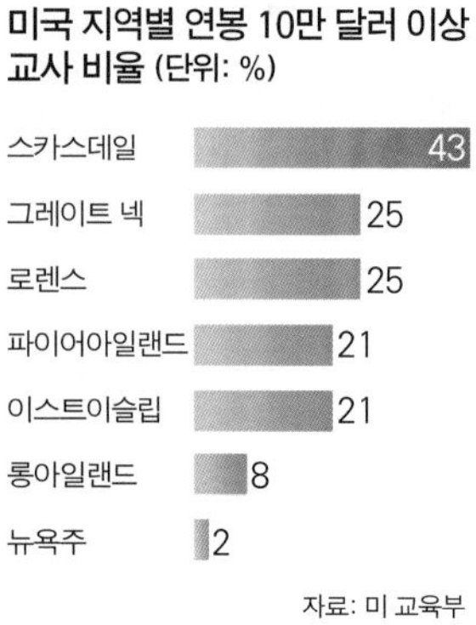

한편 히스토그램은 모습을 약간 바꾸어 다음과 같은 **도수분포다각형**(frequency distribution polygon)으로 나타내기도 한다. 이 다각형은 히스토그램을 구성하는 각 직

수학 성적 (점)	도수 (명)
40 이상～50 미만	4
50～60	6
60～70	12
70～80	10
80～90	2
90～100	2
계	36

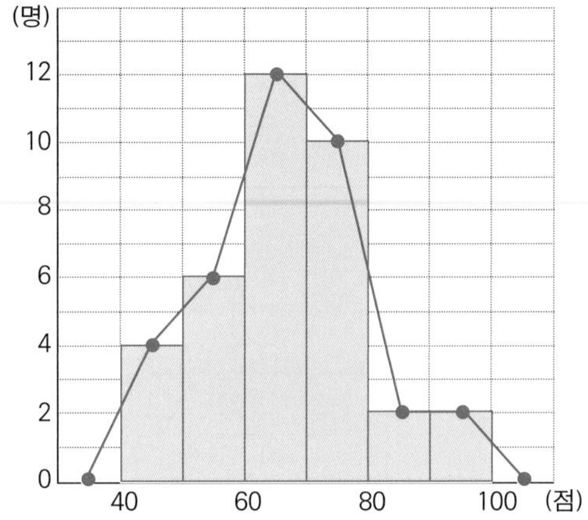

사각형 윗변의 중점을 이어서 그리며, 맨 왼쪽과 오른쪽은 그다음 계급에 해당하는 좌표축의 중점과 연결해서 마무리한다. 히스토그램이 막대그래프의 일종이듯, **도수분포다각형은 꺾은선그래프**〔(broken) line graph〕**의 일종**으로 보면 된다.

상대도수와 누적도수

도수분포표나 히스토그램은 어느 한 분포를 파악하는 데에 좋다. 그러나 때로 하나의 분포 안에서 각 계급의 도수가 전체 도수의 몇 %인지 알고 싶다거나 변량의 수가 서로 다른 두 분포를 비교하는 데에는 불편한데, 이런 문제점을 해소해 주는 게 **상대도수**(relative frequency)이다. 예를 들어 대한중학교 3학년 1반의 수학 성적 분포에서 80～90점 사이의 학생이 전체의 몇 %인지, 그리고 이 반의 성적 분포를 3학년 전체의 분포와 비교하려면 아래와 같이 정의되는 상대도수를 사용하면 된다.

$$\text{어떤 계급의 상대도수} = \frac{\text{그 계급의 도수}}{\text{전체 도수}}$$

상대도수의 당연하면서도 중요한 성질 하나는 각 계급의 상대도수를 모두 더하면 1(또는 100%)이 된다는 점이며, 바로 이 점 때문에 전체 도수가 다른 자료들을 서로 비교할 수 있다.

한편 때로 우리는 "맨 아래 계급부터의 도수가 위 계급으로 올라감에 따라 어떻게 증가하는가?"라는 점에 관심을 가질 수도 있다. 이를 위하여 아래 계급부터 해당 계급까지의 도수를 계속 더해서 나타낸 것이 **누적도수** (cumulative frequency)이고 이것도 표나 그래프로 꾸며서 파악하면 편리하다. 또한 같은 개념을 상대도수에 적용한 것이 **누적상대도수**(cumulative relative frequency)이며 마찬가지로 표나 그래프로 나타낸다.

이상의 내용은 언뜻 복잡한 듯하지만 간단한 예제를 풀어보면 쉽게 이해할 수 있다.

예제

아래 그림은 어느 모임에 속한 여학생들의 팔굽혀펴기 횟수에 대한 상대도수의 그래프이다. 이에 관한 다음 물음에 답하라.

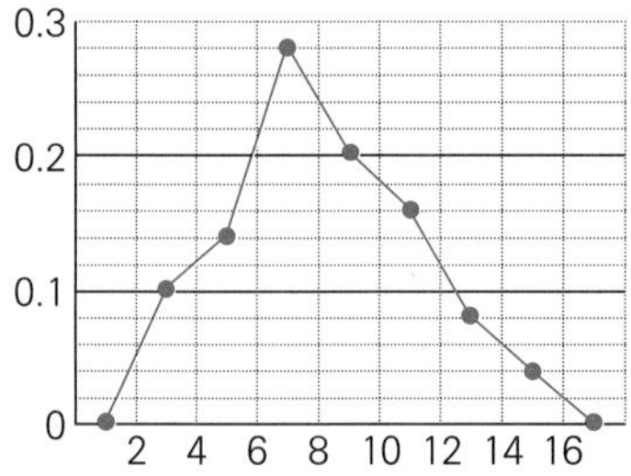

① 4회 이상 6회 미만 계급의 도수가 7이라면 이 모임의 여학생은 몇 명인가?

② 여학생들의 평균 팔굽혀펴기 횟수는 얼마인가?

풀이

① 상대도수그래프에서 4회 이상 6회 미만 계급의 상대도수를 읽으면 0.14이다. 곧 이 모임에 속한 여학생의 14%가 7명이란 뜻이므로 이 모임의 전체 여학생 수는 $7 \div 0.14 = 50$명이다. 한편 이로부터 각 계급에 속하는 여학생들의 수를 구할 수 있다. 예를 들어 10회 이상 12회 미만의 계급에 속하는 여학생의 수는 $50 \times 0.16 = 8$명이다. 이런 결과는 ②의 풀이에 이용된다.

② 위 그래프에서 맨 왼쪽과 맨 오른쪽의 계급은 단지 다각형을 만들기 위한 것이므로 계급의 수에 포함시킬 필요가 없다. 따라서

이 그래프에 따르면 계급의 수는 7이다. 이때 평균 횟수를 n, 각 계급값을 $x_1, x_2, \cdots, x_7$, 각 계급에 속하는 여학생의 수를 n_1, n_2, $\cdots, n_7$으로 놓으면 n은 다음 식으로 구해진다.

$$\begin{aligned} n &= \frac{x_1n_1 + x_2n_2 + \cdots + x_7n_7}{n_1 + n_2 + \cdots + n_7} \\ &= \frac{3\times5+5\times7+7\times14+9\times10+11\times8+13\times4+15\times2}{50} \\ &= 408 \div 5 = 8.16\,(\text{회}) \end{aligned}$$

예제

다음은 어느 학교 학생들의 공던지기에 대한 누적도수분포의 그래프이다. 이에 관한 다음 물음에 답하라.

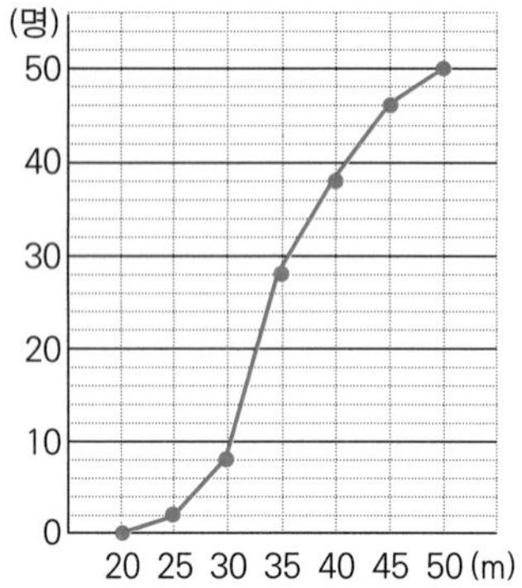

① 도수가 가장 큰 계급은 어느 계급이고, 그 계급에 속한 학생은 몇 명인가?

② 공던지기 기록이 30미터 이상 40미터 미만인 계급의 상대도수는 얼마인가?

풀이 ① 누적도수는 어떤 계급의 도수를 바로 앞 계급의 도수에 계속 더해가면서 얻는다. 따라서 도수가 가장 큰 계급은 누적도수분포의 그래프에서 가장 크게 뛰어오르는 부분에서 찾으면 된다. 이 그래프를 보면 30미터 이상 35미터 미만 부분에서 가장 크게 뛰어오르며 그 높이는 $28-8=20$이다. 곧 도수가 가장 큰 계급은 30미터 이상 35미터 미만이고, 이 계급에 속한 학생은 20명이다.

② 그래프를 보면 계급폭은 5미터이다. 따라서 이 문제는 두 계급에 속한 학생들의 전체 학생 수에 대한 비율을 구하라는 뜻이다. 이를 위하여 먼저 공던지기 기록이 30미터 이상 40미터 미만인 계급의 도수를 구해보면 이는 40미터까지의 누적도수 38에서 30미터까지의 누적도수 8을 뺀 값이므로 30이다. 그런데 전체 학생 수는 50명이므로 구하는 답은 $30 \div 50 = 0.6$이다.

2 ⋮ 상관관계

3대 관계 : 함수관계, 상관관계, 인과관계

4장에서 함수를 배울 때 "함수는 수학에서 가장 널리 쓰이는 용어이며, 수학의 주인공이라고 할 정도의 핵심적 개념"이라고 이야기했다. 그런데 "함수는 단가대응"이란 말에서 보듯, 함수는 본질적으로 어떤 '두 변수 사이의 관계(relation)'를 나타내는 개념이다. 따라서 이런 점에서 보자면 수학에서 가장 중요하게 여기는 것은 '관계'라는 개념이라 하겠는데, 이를 통계의 용어로 다시 써보면 '두 변량 사이의 관계'가 매우 중요한 관념으로 떠오르게 됨을 감지할 수 있다.

이와 같은 두 변량 사이의 관계로서 통계에서 중요하게 여기는 것에 **상관관계**(相關關係, correlation)라는 게 있다. 그런데 함수의 경우 독립변수와 종속변수가 단 하나씩만 있어도 '단가대응'이 성립하므로 함수로 인정된다. 하지만 통계의 경우 본질적으로 여러 변량의 '분포'를 다루므로 (정확히 몇 개 이상이라고 꼬집기는 곤란하지만) "이 정도면 충분하다"는 느낌이 들 정도의 변량들이 있어야 한다는 점에서 상관관계는 함수관계와 차이가 있다. 곧 **통계에서의 상관관계는 어떤 두 변량들의 짝을 여러 개 모아놓고 그 분포 양상을 관찰하면서 이 두 변량 사이에 '어느 한 변량이 증가함에 따라 다른 변량이 증가 또는 감소하는 관계'가 있는지를 판단하는 개념**이다. 이때 두 변량의 증감 방향이 일치하면 **"양의 상관관계가 있다"**고 말하고, 반대이면 **"음의 상**

관관계가 있다"고 말하며, 이와 같은 일정한 경향이 없으면 **"상관관계가 없다"**라고 말한다.

'관계' 가운데 **함수관계**(functional relation)와 **상관관계** 이외의 중요한 것으로는 **인과관계**(因果關係, causal relation)가 있다. 인과관계는 말 그대로 '원인과 결과'와의 관계를 말하므로 '단가대응'이기만 하면 되는 함수관계보다 좁으며, 나아가 반드시 원인과 결과라는 관계가 있을 필요가 없는 상관관계보다도 좁은 의미의 관계이다. 그런데 수학의 핵심개념이 함수관계인 것과 비슷하게, **인과관계는 과학의 핵심개념**이라고 말할 수 있다. 예를 들어 번개의 원인은 오랜 세월 동안 수수께끼였고 이에 따라 '신의 노여움'이니 '천벌'이니 등의 미신적 설명이 지배해왔지만 프랭클린(Benjamin Franklin, 1706~1790)이 전기의 방전이란 사실을 밝혀낸 뒤에는 피뢰침으로 그 피해를 간단히 예방할 수 있게 되었다. 이처럼 과학은 실로 '신비로운 자연현상의 원인'을 찾는 활동이며, 이런 점에서 **정확한 인과관계의 파악과 이해는 과학의 궁극적 목표의 하나**에 해당한다.

여기서는 간단히 세 가지의 관계를 들었지만 실제로 '…관계'라고 표현되는 말은 매우 많다. 단 우리의 당면 과제와 관련하여 볼 때 이 세 가지 관계가 가장 중요하게 부각되며, 이런 점에서 이 셋을 **3대 관계**로 내세워 살펴보았다.

상관관계의 판단

두 변량 x와 y 사이의 상관관계를 판단하려면 (x, y)의 짝들을 적절히 배열하는 게 필요한데, 그 방법으로는 **상관도**(correlation diagram)와 **상관표**(correlation table)가 널리 쓰인다.

먼저 상관도의 경우 두 변량을 좌표의 수평축과 수직축에 배정하고 이들의 순서쌍을 좌표평면 위에 점으로 표시한 후 그 분포 양상으로부터 다음과 같이 판단한다.

강한 양의 상관관계

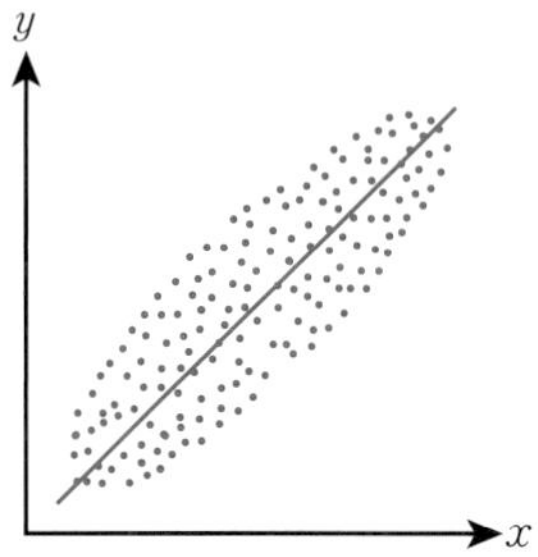

약한 양의 상관관계

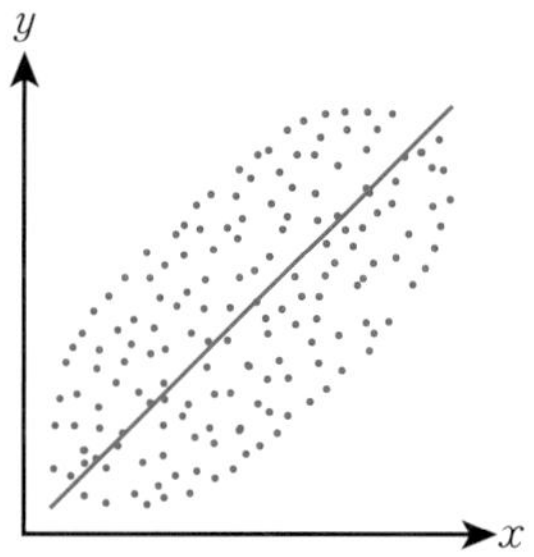

강한 음의 상관관계

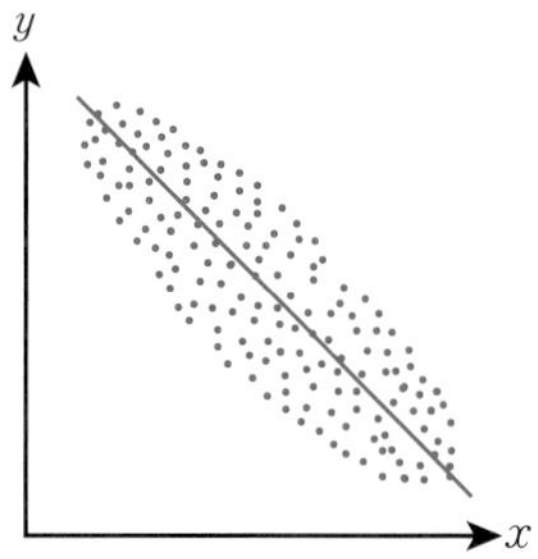

약한 음의 상관관계

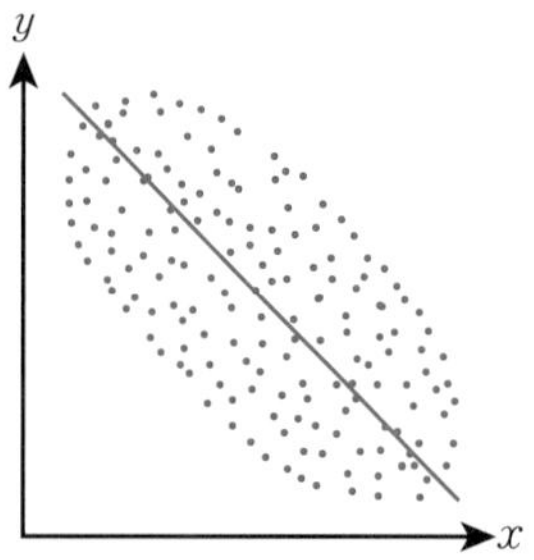

상관관계가 없는 경우

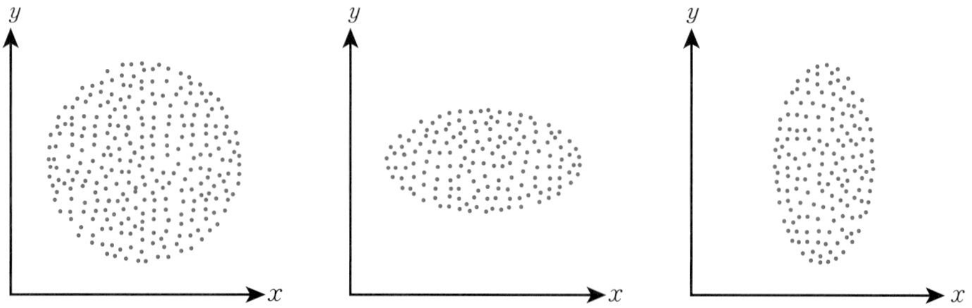

다음으로 상관표의 경우에도 기본적으로 상관도와 같은 방법을 이용한다. 다음의 예는 어느 반 학생들의 수학과 과학 성적을 상관표로 작성한 것인데, 이로부터 이 두 과목의 성적에는 상당히 강한 양의 상관관계가 있음을 알 수 있다. 편의상 다른 경우에 대한 표는 생략한다.

과학 \ 수학	~50	~60	~70	~80	~90	~100	계
~100						2	2
~90						3	3
~80				3	5		8
~70		2	3	4	2		11
~60		4	2		1		7
~50	1	2					3
계	1	8	5	7	8	5	34

상관관계와 인과관계의 관계

앞에서 보았듯 일단 자료를 갖추고 상관도나 상관표를 작성하고 나면 상관관계의 판단은 비교적 단순하다. 게다가 상당히 주관적인 것이므로, 어떤 의미로 보자면 상관관계의 판단은 수학적으로 그다지 중요한 문제가 아니라고 말할 수 있다. 따라서 아래에는 상관관계의 유무에 따른 일반적인 예를 몇 가지씩 간단히 들어둔다.

- 일반적으로 상관관계가 있다고 보는 예 : 공부와 성적, 운동과 건강, 수출과 수입, 더위와 전기소비량 등(이상 양의 상관관계), 겨울철 기온과 난방비, 몸무게와 턱걸이 횟수, 소득과 식비의 비율, 인터넷 사용 시간과 수면 시간 등(이상 음의 상관관계).
- 일반적으로 상관관계가 없다고 보는 예 : 몸무게와 성적, 지능과 체력, 야구선수의 타율과 홈런, 기온과 저축, 쌀과 술의 소비량 등.

그런데 상관관계에는 어떤 면에서 볼 때 그 존재 여부의 판단보다 더 중요한 문제가 있으며, 그것은 **'상관관계와 인과관계의 구별'**이다. 만일 어떤 두 변량 사이에 말 그대로 아무런 관계가 없다면 인과관계는 당연히 없을 것이고 상관관계도 나타나지 않을 것이다. 하지만 상관관계가 있다고 해서 곧바로 인과관계가 있다고 단정할 수는 없으며, 이것이 바로 상관관계를 다룰 때 특히 유의해야 할 사항이다.

이에 대한 간단한 예로는 이른바 '아이스크림과 범죄'라는 게 있다. 이는 "일반적으로 아이스크림이 많이 팔리는 때에 범죄도 많다"는 현상을 가리키는데, 이처럼 상관관계가 인정되었더라도 곧바로 "아이스크림이 범죄를 유발한다"라는 식의 인과관계를 인정할 수는 없다. 알고 보면 이 두 현상의 공통 원인은 '더위'로서, 더워지면 사람들이 아이스크림을 많이 찾는 한편, 더위 때문에 사람들의 바깥 활동이 많고 또 불쾌지수 등의 영향도 더해져서 범죄도 증가한다. 곧 언뜻 한 변량이 다른 변량의 원인인 듯 보이지만 자세히 보면 상관관계는 있을지언정 인과관계는 없는 경우도 많다는 뜻이다.

그런데 이런 예가 실제로 사회적인 큰 관심을 끈 경우도 많으며, 그 대표적인 예에는 담배와 햄버거가 있다.

먼저 담배의 경우 예로부터 흡연자의 폐암발생률이 비흡연자보다 높았고 따라서 흡연과 폐암발생률 사이에 상관관계가 있다는 점은 널리 인정되었다. 그리하여 미국에서 폐암에 걸린 흡연자들이 담배 회사를 상대로 손해배상을 청구한 사례가 있었다. 하지만 문제는 흡연이 어떻게 폐암을 일으키는지에 대해 과학적으로 명백한 인과관계가 쉽게 밝혀지지 않았다는 데에 있었다. 이에 따라 이 소송은 사뭇 오랜 기간을 끌며 환자들과 담배 회사 사이에 치열한 공방이 오갔는데, 마침내 법원은 환자들의 손을 들어 인과관계를 인정하고 담배 회사들로 하여금 거액의 배상금을 물도록 했다.

다음으로 햄버거의 경우 우리에게도 잘 알려져 있는 맥도날드(McDonalds)나 버거킹(Burger King) 등의 햄버거 가게가 번창하면서 비만이 사회 문제로 대두되었다. 이에 따라 미국에서는 비만증에 걸린 사람들이 햄버거 회사를 상대로 손해배상을 청구했다. 그러나 법원은 이 경우 비록 햄버거와 비만 사이에 상관관계가 있다 하더라도 음식의 종류나 양은 어디까지나 개인의 선택에 달린 문제이므로 둘 사이의 인과관계는 인정할 수 없다고 하여 이 청구는 기각했다.

예제

언젠가 언론에서 "인스턴트 식품이 아이들의 폭력성을 키운다"는 기사를 실었고, 이에 대하여 어떤 사람은 "어린이들은 신체의 저항력이 불완전하므로 인스턴트 식품에 들어 있는 여러 가지 인공적 첨가물로 인하여 폭력성이 높아질 가능성이 있다"라고 풀이했다. 이를 상관관계와 인과관계의 관점에서 논의해보라.

풀이 지난 몇십 년 동안 우리 사회가 서구화되면서 인스턴트 식품들이 많아지고 청소년 범죄도 증가했다. 그러므로 이 둘 사이에 표면적인 상관관계가 있음은 분명하다. 하지만 비행 청소년들은 일반적으로 밖에서 많은 시간을 보내며 따라서 인스턴트 식품을 먹는 경우가 많다. 곧 인스턴트 식품이 비행의 원인이 아니라 오히려 비행 성향이 인스턴트 식품을 많이 찾게 하는 원인이라고 볼 수도 있다. 그러므로 위 사람의 의견이 완전히 잘못이라고 단정하기도 곤란하지만 아무래도 인과관계를 제대로 파악하지 못한 것일 가능성이 많다.

2 확률

1 : 경우수

시행, 사건, 경우수

아득한 원시시대를 상상해보자. 그때 우리 조상들은 자연계에 대하여 배워갈 때 수많은 시행착오(試行錯誤, trial and error)를 겪었을 것이다. 예를 들어 불을 피울 때 나무와 나무를 마찰시키는 게 좋은지 돌을 서로 부딪히는 게 좋은지 등을 여러 차례 시행해 본 후 돌이 더 유리하다는 점을 깨달았고, 돌 가운데서도 더 나은 것을 찾은 끝에 부싯돌(flint)이라는 편리한 도구를 갖게 되었다. 그런데 사실 말하자면 우리의 어린 시절도 이와 비슷하다. 어렸을 때는 어른들의 말이나 책에 나오는 설명보다 몸소 겪어봄으로써 여러 가지 사실이나 이치를 깨닫는 경우가 많다. 그러다 학교에 들어가면 그때부터는 '공부'라는 방법을 통해서 여러 지식들을 보다 효율적으로 습득하게 되는데, 알고 보면 이런 지식들은 인류가 오랜 세월 동안 수많은 시행착오, 곧 탐구와 연구를 거쳐서 축적해온 소중한 유산이다.

그런데 이와 같은 시행에는 인위적인 것도 있고 자연적인 것도 있다. 예를 들어 주사위를 던지는 것은 인위적 시행이고 번개가 내리치는 것은 자연적 시행이다. 하지만 인위적이든 자연적이든 상관없이 **어떤 시행의 과정이나 결과**를 수학에서는 **사건**(event), 그리고 이러한 **사건의 가짓수**를 **경우수**(number of cases) 또는 **경우의 수**라고 부른다. 이를 집합론적으로는 **"경우수는 사건이란 집합에 들어 있는 원소의 수"**라고 말할 수 있다.

배타사건과 동반사건, 경우수의 합법칙과 곱법칙

시행의 과정 또는 결과로 나오는 사건에는 '**배타사건**(exclusive event)◇'과 '**동반사건**◇'의 두 가지가 있다.

먼저 **배타사건**은 **'동시에' 또는 '잇달아' 일어날 수 없는 사건들**을 일컫는 말이다. 예를 들어 하나의 주사위를 한 번만 던질 경우 1부터 6까지의 눈 가운데 오직 하나만 나온다. 따라서 이 경우 '1이 나오는 사건'과 '2가 나오는 사건'은 서로 배타사건이다.

다음으로 **동반사건**은 배타사건이 아닌 사건을 말하며, 따라서 **'동시에' 또는 '잇달아' 일어날 수 있는 사건들**을 일컫는 말이다. 예를 들어 두 주사위를 '동시에' 한 번 던질 경우 한 주사위가 '1이 나오는 사건'과 다른 주사위가 '2가 나오는 사건'은 서로 동반사건이다. 또한 하나의 주사위를 '잇달아' 두 번 던질 경우 처음에 '1이 나오는 사건'과 다음에 '2가 나오는 사건'도 서로 동반사건이다.

이처럼 사건을 두 종류로 나누는 이유는 사건들의 수, 곧 경우수를 구할 때 차이가 나기 때문이다. 곧 배타사건의 경우에는 **'합법칙'** 그리고 동반사건의 경우에는 **'곱법칙'**이 적용되는데, 예를 들어 사건 $A, B, C, \cdots$의 경우수를 $n(A)$, $n(B), n(C), \cdots$로 나타내면 식으로는 다음과 같이 쓸 수 있다.

배타사건의 경우수 (합법칙) : $n = n(A)+n(B)+n(C)+\cdots$

동반사건의 경우수 (곱법칙) : $n = n(A)n(B)n(C)\cdots$

이상의 내용은 다음과 같은 예제를 풀어보면 모두 쉽게 이해할 수 있다.

예제

두 주사위를 동시에 던질 때 눈의 합이 7 또는 9가 될 경우의 수를 구하라.

풀이 눈의 합이 7이 되는 모든 경우를 순서쌍으로 쓰면 (1, 6), (2, 5), (3, 4), (4, 3), (5, 2), (6, 1)의 여섯 가지이고, 9가 되는 모든 경우를 순서쌍으로 쓰면 (3, 6), (4, 5), (5, 4), (6, 3)의 네 가지이다. 그런데 7이 되는 경우와 9가 되는 경우는 함께 일어날 수 없으므로 서로 배타사건의 관계에 있으며, 따라서 총 경우수는 이 둘을 더한 10이 된다. 곧 이때는 합법칙이 적용된다.

예제

세 주사위를 동시에 던질 때의 경우수를 구하라.

풀이 먼저 두 주사위 A, B에 대해서 볼 때, A의 눈 하나에 대하여 B의 눈 6개가 대응할 수 있으므로 이에 대한 경우수는 모두 $6 \times 6 = 36$이다. 그런데 이 각각의 경우에 다시 C의 눈 6개가 대응할 수 있으므로 총 경우수는 $6 \times 6 \times 6 = 216$가지이다. 곧 각 주사위의 눈이 나올 사건은 서로 동반사건의 관계에 있고 따라서 곱법칙이 적용된다.

예제

A에서 B까지 가는 데에는 기차, 버스, 승용차, 비행기의 네 가지 교통수단이 있고, B에서 C까지 가는 데에는 배와 비행기의 두 가지 교통수단이 있다. A에서 B를 거쳐 C로 가려 한다면 이에 대한 경우수는 얼마인가?

풀이 A에서 B까지 가는 네 가지 수단 각각은 B에서 C까지 가는 두 가지 수단의 하나와 결합할 수 있다. 곧 이 두 묶음의 교통수단은 서로 동반사건의 관계에 있고, 따라서 곱법칙이 적용되어 총 경우수는 모두 여덟 가지가 된다.

'배타사건◇'은 영어로 exclusive event이다. 그런데 처음에 누군가 **'배반사건'**으로 번역했고 현재 (고교 수준 이상의)모든 교재에서 그렇게 부르고 있지만 이는 **수학용어 중 아주 잘못된 번역어의 하나**로서 하루빨리 바로잡아야 할 것으로 여겨진다. 무엇보다 '배반'에 대한 정확한 영어는 betrayal이며, 나아가 이처럼 부정적 의미가 내포된 단어를 본질적으로 그런 의미와 아무 관련이 없는 개념에 대한 학술용어로 채택할 이유가 없기 때문이다.

다음으로 **'동반사건◇'**에 대한 정식의 영어 용어는 없다. 그러나 '배타사건이 아닌 사건'을 가리키는 데에 한 단어로 된 용어가 있으면 편리할 것이기 때문에 여기서 고안했다. 한편 현재 모든 교재에서는 동반사건을 **'동시에 일어나는 사건'**이라고 부르며, 553쪽 둘째 예제와 바로 위 예제의 경우를 여기에 포함시킨다. 그러나 553쪽 둘째 예제의 경우 세 주사위를 '동시에' 던지는 것은 가능하지만 위 예제의 경우 $A \rightarrow B$와 $B \rightarrow C$의 여행을 '동시에' 하는 것은 불가능하다. 이 때문에 여러 교재는 "'동시에 일어나는 사건'에서의 '동시'는 시간적으로 동시라는 뜻이 아니라, '함께', '같이', '모두'라는 뜻이다"라고 설명한다. 하지만 '동시'라는 단어의 본래 의미가 '시간적 동시성'이므로 이는 본질을 흐리는 어줍잖은 설명에 지나지 않는다. 따라서 이 경우 '배타'라는 말과 보다 정확한 대조를 이루는 '동반'이란 용어를 택하여 '동반사건'이라고 부르는 편이 좋다.

여러 가지 경우수

경우수를 구하는 문제는 '경우'라는 말이 암시하듯 상당히 다양하다. 따라서 문제의 상황을 잘 헤아려 나름대로의 해법을 찾아가야 한다. 다음 몇 가지 예제를 통하여 이를 살펴본다.

예제

0에서 9까지의 숫자가 적힌 카드가 있다. 이 가운데 2장을 뽑아서 만들 수 있는 두 자리의 정수와 짝수의 개수는 각각 얼마인가?

풀이

① 두 자리의 정수라고 했으므로 십의 자리에는 0이 올 수 없다. 따라서 십의 자리에는 1부터 9까지의 아홉 가지 수가 올 수 있고, 이 각각에 대하여 일의 자리에는 남은 9개의 수 가운데 어느 것이라도 올 수 있다. 그러므로 구하는 경우수는 $9 \times 9 = 81$이다.

② 짝수가 되려면 1의 자리에 0, 2, 4, 6, 8의 다섯 가지가 와야 한다. 이 각각에 대하여 십의 자리에는 남은 9개의 수 가운데 어느 것이라도 올 수 있다. 그러므로 구하는 경우수는 $5 \times 9 = 45$이다.

예제

위 문제의 각 경우에 대하여 배타사건과 동반사건의 개념이 어떻게 스며들어 있는지 분석하라.

풀이

위 문제의 ①에서 '십의 자리를 채울 아홉 가지 사건', 곧 '십의 자리에 1을 채울 사건', '십의 자리에 2를 채울 사건', …, '십의 자리에 9를 채울 사건'은 서로 배타사건의 관계이고, '일의 자리를 채울 아홉 가지 사건'도 서로 배타사건이다. 그러므로 각 자릿수를 채울 사건에는 합법칙이 적용되어 경우수는 각각 9가 나온다. 그러나 '십의 자리를 채울 아홉 가지 사건'과 '일의 자리를 채울 아홉 가지 사건'은 서로 동반사건이다. 따라서 두 자리 정수의 개수를 구하는 데는 곱법칙을 적용해야 하고, 결국 최종 답은 81이 된다. ②의 경우도 각 자릿수를 채울 사건들은 서로 배타사건이고, 십의 자리를 채울 사건들과 일의 자리를 채울 사건들은 서로 동반사건이어서, 최종 답은 45가 된다. 이처럼 경우수에 관한 문제를 한 꺼풀 들춰보면 언제나 배타사건과 동반사건의 개념이 자리잡고 있음을 발견할 수 있다. 대개의 경우 굳이 이를 낱낱이 분석할 필요는 없다. 하지만 가끔씩 중요한 단계에서 이를 정확히 분석하면 큰 도움을 받을 수 있다.

예제

어떤 학교에서 여러 임원을 뽑는데 다음과 같은 상황이 일어났다. 각각에 대한 경우수를 구하라.

① 회장, 부회장, 총무를 뽑는데 4명의 후보가 나왔다.

② 대의원 3명을 뽑는데 4명의 후보가 나왔다.

풀이

① 먼저 4명 가운데 한 회장을 뽑는 경우의 수는 네 가지이다. 그런데 이 각각에 대하여 부회장은 남은 3명 가운데 한 사람이 되어야 하므로 세 가지이다. 따라서 4명 가운데 회장과 부회장을 뽑는 경우의 수는 모두 12이다. 한편 총무는 이 각각의 경우에 대하여 남은 2명 가운데 한 사람을 뽑을 수 있다. 따라서 4명의 후보 가운데 회장, 부회장, 총무의 3명을 뽑는 경우의 총 수는 $4 \cdot 3 \cdot 2 = 24$이다. 여기서는 편의상 회장 → 부회장 → 총무의 순서로 생각했지만, 순서를 어떻게 하든 마찬가지이다.

② ①의 경우 회장, 부회장, 총무를 따로따로 뽑아야 하지만, 대의원 3명을 뽑을 때는 모두 똑같은 대의원이므로 그럴 필요가 없다. 곧 이때의 경우수는 4명의 후보 가운데 한 사람만 떨어지는 때의 경우수와 같고, 따라서 그 답은 4이다.

예제

어떤 학교에서 대의원 3명을 뽑는데 5명의 후보가 나왔다. 이에 대한 경우수를 구하라.

풀이 이 문제는 556쪽 예제의 ②를 약간 변형한 것이다. 그러나 약간 더 깊이 생각해볼 측면이 있으며, 다음과 같이 두 가지의 방법으로 풀어보기로 한다.

① 이때의 경우수는 5명의 후보 가운데 2명이 떨어지는 때의 경우수와 같다. 먼저 5명 중 1명이 떨어지는 경우의 수는 5이며, 이를 제외한 4명 중 또 1명이 떨어지는 경우의 수는 4이다. 따라서 2명을 순서대로 떨어뜨리는 경우의 수는 모두 20이다. 그런데 여기에서 떨어지는 '순서'는 중요하지 않다. 곧 떨어진 사람을 A와 B라고 할 때, (A, B)로 떨어지든 (B, A)로 떨어지든 마찬가지이다. 그러므로 이때의 경우수는 $20 \div 2 = 10$으로 구해진다.

② 위에서는 떨어진 사람에 주목해서 풀었다. 그러나 이보다는 좀 복잡하지만 당선자에 주목해서 풀 수도 있다. 먼저 5명 중 1명을 뽑는 경우의 수는 5이며, 이를 제외한 4명 중 또 1명을 뽑는 경우의 수는 4이고, 이를 제외한 3명 중 또 1명을 뽑는 경우의 수는 3이다. 따라서 3명을 순서대로 뽑는 경우의 수는 모두 60이다. 그런데 여기에서 뽑는 '순서'는 중요하지 않다. 곧 당선자를 A , B ,

C 라고 할 때, $(A, B, C), (A, C, B), (B, A, C), (B, C, A), (C, A, B), (C, B, A)$의 여섯 가지는 모두 한 경우로 취급된다. 그러므로 이때의 경우수는 $60 \div 6 = 10$으로 구해진다.

예제

여섯 사람이 차를 탔는데 네 자리가 비었다. 두 사람은 노인이라서 반드시 앉는다고 할 때 이 상황에 대한 경우수를 구하라.

풀이 이때는 노인 두 사람이 두 자리를 차지하므로 결국 네 사람이 두 자리를 차지하는 경우의 수를 구하는 문제와 같아진다. 먼저 첫째 자리를 차지할 사람을 뽑는 경우의 수는 4인데, 이 각각에 대하여 둘째 자리를 차지할 사람을 뽑는 경우의 수는 3이므로 총 경우수는 12이다. 그런데 여기에서 앉는 '순서'는 중요하지 않다. 곧 앉는 사람을 A와 B라고 할 때 (A, B)로 앉든 (B, A)로 앉든 마찬가지이다. 그러므로 이때의 경우수는 $12 \div 2 = 6$으로 구해진다.

예제

여학생 2명과 남학생 3명이 있다. 이 5명을 일렬 횡대로 세우는데 두 여학생은 반드시 이웃하도록 하고자 한다. 이에 대한 경우수를 구하라.

풀이 전체 학생 수는 5명이지만 여학생 2명은 붙어 다니므로 한 묶음으로 생각한다. 그러면 실제로는 4명을 일렬 횡대로 세우는 경우의 수와 같아진다. 이때 편의상 왼쪽부터 세운다고 하면 맨 왼쪽 자리를 채우는 경우의 수는 네 가지이고, 그다음 자리는 세 가지, 그다음 자리는 두 가지, 마지막 자리는 한 가지이므로 총 경우수는 24이다. 그런데 여학생 두 사람을 A 와 B라고 할 때 (A, B)로 묶는 경우와 (B, A)로 묶는 경우는 서로 구별해야 한다. 예를 들어 (A, B, 남학생 3명)으로 세우는 경우와 (B, A, 남학생 3명)으로 세우는 경우는 서로 다른 배열이 되기 때문이다. 따라서 이때의 경우수는 $24 \times 2 = 48$가지로 구해진다.

2 : 확률

확률의 정의

어떤 사건 A에 관련된 모든 경우의 수가 n이고 그 사건이 일어날 경우의 수가 a라고 할 때 그 사건이 일어날 **확률**(probability)는 **$p(A)$는 a/n로 정의**한다. 단 이때 **㉮각 경우의 가능성은 모두 같고 ㉯어느 두 경우도 서로 배타적이어야 한다**.

위 정의의 내용은 주사위를 떠올리면 쉽게 이해가 된다. 잘못 제작된 '불량품 주사위'나 사기꾼이 쓰는 '야바위 주사위'가 아닌 '이상적 주사위'의 경우, 1부터 6까지의 각 눈이 나올 가능성은 모두 같고, 한 번 던질 때 어떤 두 눈도 동시에 나올 수 없기 때문이다. 이상적 주사위는 이처럼 위의 두 조건을 충족하므로, 한 번 던질 때의 총 경우수는 6이고 각 눈이 나올 경우수는 각각 1이어서, 각 눈이 나올 확률은 1/6이라고 풀이된다. 다음에서는 이와 같은 단순한 기본 상황을 토대로 조금씩 복잡해지는 상황들의 확률을 풀어간다.

위에 쓴 확률의 정의는 단순하다. 하지만 일반적인 상황에 대한 확률의 정의는 사뭇 까다롭다. 예를 들어 교통 사고의 확률은 차량의 종류나 도로의 사정 등에 따라 다르고(㉮가 충족되지 않는다) 동일한 사고에서 사망자와 부상자가 동시에 나오기도 한다(㉯가 충족되지 않는다). 따라서 교통 사고의 확률은 오랜 세월 동안의 통계를 바탕으로 추출해내야 하며, 실제로 보험회사는 이런 방법을 사용한다. 위 본문에 쓴 정의는 굳이 실험이나 경험을 하지 않더라도 직관적으로 파악할 수 있으므로 흔히 **'선험적 정의'**, 반면 교통 사고처럼 실제 사례를 이용하는 정의는 **'경험적 정의'**라고 부른다. 나아가 이 두 정의를 모두 포괄하는 정의도 있고 **'공리적 정의'**라고 부르는데, 대략적으로 선험적 정의는 중학, 경험적 정의는 고교, 공리적 정의는 대학 수준에 해당한다.

예제

한 주사위를 두 번 던질 때 첫째 수에 대한 둘째 수의 비율이 1보다 클 확률은 얼마인가?

풀이 한 주사위를 두 번 던질 때 나올 수 있는 경우의 수는 $6 \times 6 = 36$이다. 그리고 첫째 수를 a, 둘째 수를 b라고 하면 $\frac{b}{a} > 1$이 되는 경우는 다음과 같이 헤아리면 된다.

첫째 수가 1일 때 : 둘째 수는 2, 3, 4, 5, 6의 다섯 가지
첫째 수가 2일 때 : 둘째 수는 3, 4, 5, 6의 네 가지
첫째 수가 3일 때 : 둘째 수는 4, 5, 6의 세 가지
첫째 수가 4일 때 : 둘째 수는 5, 6의 두 가지
첫째 수가 5일 때 : 둘째 수는 6의 한 가지

이상의 가짓수는 모두 15이므로 구하는 확률은 $15 \div 36 = 5/12$이다.

예제

2명의 대의원을 뽑는데 남학생 3명과 여학생 4명이 후보로 나왔다. 대의원으로 모두 여학생이 뽑힐 확률은 얼마인가?

풀이 남녀를 가리지 않고 7명 가운데 2명의 대의원을 뽑는 방법의 수부터

구해보자. 먼저 7명 가운데 첫째 대의원을 뽑는 가짓수는 7이고 이어서 남은 6명 가운데 둘째 대의원을 뽑는 가짓수는 6이므로 총 가짓수는 $7 \times 6 = 42$이다. 그런데 두 대의원을 A와 B라고 하면 (A, B, 나머지 5명)이나 (B, A, 나머지 5명)이나 마찬가지이므로 총 가짓수는 $42 \div 2 = 21$이다. 다음으로 여학생 4명 가운데 2명을 뽑는 방법의 수를 위와 같은 방법으로 구하면 $4 \times 3 \div 2 = 6$이다. 그러므로 구하는 확률은 $6 \div 21 = 2/7$이다.

확률의 성질

확률의 정의로부터 **어떤 사건이 일어날 확률은 0부터 1까지의 값을 가진다**는 점을 알 수 있으며, 이 가운데 **0은 절대로 일어날 수 없는 사건의 확률**이고, **1은 반드시 일어나는 사건의 확률**이다.

그런데 1이라는 확률은 **전체사건**(whole event)의 확률이라고 말할 수도 있다. 그리고 이런 관점에서 전체사건으로부터 어떤 사건을 뺀 나머지 사건을 **여사건**(餘事件 complementary event)이라고 부르며, 어떤 사건의 확률을 p, 여사건의 확률을 q라고 하면

$$q = 1-p, \quad p+q = 1$$

의 관계가 나온다. 확률론에서 어떤 사건과 여사건 및 전체사건의 관계는 집합론에서 어떤 집합과 여집합 및 전체집합의 관계와 같다. 여사건의 확률이란 개념은 이처럼 단순한데, 확률론의 문제를 풀 때 뜻밖에도 사뭇 유용하게 쓰인다. 특히 문제에 **"적어도…"라는 구절이 나오거나, 꼭 이런 구절이 아니라도 문맥상 이와 같은 의미로 풀이되는 구절이 나오면 거의 여사건의 개념을 활용할 문제**로 판단하면 된다.

예제

2개의 동전을 던질 때 적어도 하나는 뒷면이 나올 확률은 얼마인가?

풀이 동전의 앞면과 뒷면을 '앞'과 '뒤'로 쓰고 2개를 던질 때 나올 수 있는 경우를 조사해보면 여기에는 (앞앞), (앞뒤), (뒤앞), (뒤뒤)의 네 가지가 있다. 그런데 이 가운데 '적어도 하나가 뒷면'인 경우는 (앞뒤), (뒤앞), (뒤뒤)의 세 가지이다. 따라서 구하는 확률은 $3/4$이다.

한편 이 문제에는 "적어도…"라는 구절이 나오므로 여사건의 개념을 이용해서 풀 수도 있다. 먼저 동전 2개를 던질 때 '모두 앞면인 경우'는 '적어도 하나는 뒷면'인 경우의 여사건이다. 그런데 모두 앞면인 경우인 (앞앞)의 확률은 $1/4$이다. 따라서 적어도 하나는 뒷면인 경우의 확률은 $1-(1/4) = 3/4$으로 구해진다.

이 문제에서는 총 경우수가 4밖에 되지 않고 나오는 경우들도 바로 조사할 수 있으므로 직접 조사해서 구하든 여사건의 확률을 이용해서 구하든 별 차이가 없다. 그러나 문제가 복잡해지면 "적어도 …"라는 구절이 나올 경우 여사건의 확률을 이용해서 구하는 게 훨씬 편한 때가 많다.

예제

철수가 수학시험을 보는데 5지선다형의 문제 가운데 5개의 해답을 잘 알 수 없었다. 그래서 운에 맡기고 아무렇게나 골라 썼는데 이 가운데 2개 이상 맞을 확률은 얼마인가?

풀이 5지선다형의 문제 하나에 대한 답을 임의로 쓴다면 다섯 가지 경우가 나온다. 그리고 두 문제에 대한 답을 임의로 쓴다면 $5 \cdot 5$, 곧

$5^2=25$가지 경우가 나온다. 따라서 5지선다형의 문제 5개의 답을 임의로 쓸때 나올 수 있는 경우의 수는 $5^5=3125$인데, 이처럼 경우 수가 많을 때 모든 경우를 일일이 나열하면서 조사한다는 것은 어리석은 일이다. 그런데 "2개 이상 맞을 확률"이란 말은 "적어도 2개 이상 맞을 확률"이란 뜻이므로 이는 문맥상 여사건의 문제에 해당한다. 그러므로 이때는 '2개 이상 맞을 경우'의 여사건인 '2개 미만 맞을 경우', 곧 '①모두 틀릴 경우'와 '②1개 틀릴 경우'에 대한 확률을 구하고 이를 전체확률 1에서 빼주는 게 더 편할 것임을 쉽게 예상할 수 있다. 여기서 맞을 경우를 ○, 틀릴 경우를 ×로 나타내면, ①의 경우는 '×××××', ②의 경우는 '○××××', '×○×××', … 등의 다섯 가지로 쓸 수 있다. 그런데 5지선다형 문제이므로 각 문제에서 ○와 ×는 각각 한 가지와 네 가지가 가능하다. 따라서 ①의 경우수는 $4^5=1024$, ②의 경우수는 $1^1 \cdot 4^4 \times 5 = 1280$이며, 이상의 내용으로부터 구하는 확률은 다음과 같이 계산된다.

$$\text{2개 이상 맞을 확률} = 1-\left(\frac{1024}{3125}+\frac{1280}{3125}\right) = 1-\frac{2304}{3125} = \frac{821}{3125}$$

배타사건과 동반사건, 확률의 합법칙과 곱법칙

'확률의 성질'에 나오는 예제를 풀 때 편의상 미리 이야기하지 않고 사용한 확률의 성질이 있다. 그것은 확률의 합과 곱, 곧 확률을 구할 때 어떤 때는 관련 사건들의 확률을 서로 더해야 하는가 하면 어떤 때는 서로 곱해야 하는 경우가 있다는 사실에 관한 것이다. 그런데 이 이야기는 경우수에서 다루었던 내용과 밀접한 관련이 있다. 따라서 비록 미리 이야기하지 않았다 하더라도 앞 예제들을 직관적으로 푸는 데에 별 어려움은 없었을 것이다. 하지만 직관적으로 분명한 내용이라도 논리적으로 정확히 해둘 필요가 있으며, 실제로 복잡미묘한 문제의 경우 이를 따라 정확한 분석을 하면 큰 도움을 받을 수 있다.

경우수를 다룰 때 우리는 "사건 = 배타사건+동반사건"으로 분류하고, 배타사건의 경우수는 합법칙, 동반사건의 경우수는 곱법칙으로 구한다고 배웠다. 그런데 "어떤 사건의 확률 = 그 사건의 경우수÷총 경우수"이므로 확률에 있어서도 똑같은 내용의 법칙들이 성립한다. 예를 들어 사건 $A, B, C, \cdots$가 일어날 확률을 $p(A), p(B), p(C), \cdots$로 나타내면 식으로는 다음과 같이 쓸 수 있다.

배타사건의 확률 (합법칙) : $p = p(A)+p(B)+p(C)+\cdots$

동반사건의 확률 (곱법칙) : $p = p(A)p(B)p(C)\cdots$

경우수 및 확률에 대한 합법칙과 곱법칙을 종합적으로 이해하기 위하여 먼저 위 두 법칙을 아래의 첫 예제에서 유도하고, 앞서 경우수를 중심으로 풀었던 예제를 확률을 중심으로 다시 풀어본 다음, 몇 가지의 예제를 보충한다.

예제

확률의 합법칙과 곱법칙을 유도하라.

풀이 어떤 사건 A가 일어날 경우의 수를 $n(A)$, 이와 관련된 모든 경우의 수를 n이라고 하면 사건 A가 일어날 확률 $p(A)$는 $\frac{n(A)}{n}$으로 주어진다. 그리고 배타사건의 경우 관련된 각 사건과 전체사건의 경우수 사이에는 아래의 관계가 있다.

$$n = n(A)+n(B)+n(C)+\cdots$$

그런데 전체사건의 확률은 1이며, 이는 위의 식을 이용하면 다음과 같이 표현된다.

$$1 = \frac{n}{n} = \frac{1}{n}\{n(A)+n(B)+n(C)+\cdots\}$$
$$= \frac{n(A)}{n}+\frac{n(B)}{n}+\frac{n(C)}{n}+\cdots$$
$$= p(A)+p(B)+p(C)$$

곧 배타사건의 확률은 각 사건의 확률의 합으로 주어진다.

한편 동반사건의 경우에는 약간 다른 방식으로 생각해야 한다. 예를 들어 동반사건 A와 B가 있다고 할 때, A가 소속된 묶음 가운데 A 가 일어날 확률은 $1/n(A)$이며, B가 소속된 묶음 가운데 B가 일어날 확률은 $1/n(B)$이다. 그런데 A의 한 사건과 B의 한 사건을 결합하면 동반사건 1개가 만들어지고, 이에 대한 경우수는 모두 $n(A)n(B)$이므로, 이 특정의 동반사건이 일어날 확률은 다음과 같이 주어진다.

A와 B의 한 사건씩을 결합한 동반사건 1개가 일어날 확률

$$= \frac{\text{특정 사건의 경우수}}{\text{총 경우수}}$$
$$= \frac{1}{n(A)n(B)} = \frac{1}{n(A)}\frac{1}{n(B)} = p(A)p(B)$$

위 식은 동반관계에 있는 두 묶음의 사건에 관한 결과인데, 이를 동반관계에 있는 여러 묶음의 사건들에 대해 확장하면 "동반사건의 확률은 각 사건의 확률의 곱으로 주어진다"는 결론이 나온다.

앞서 경우수를 배울 때 경우수에 관한 문제를 한 꺼풀 들춰보면 언제나 배타사건과 동반사건의 개념이 자리잡고 있음을 발견할 수 있는데, 대개의 경우 굳이 이를 낱낱이 분석할 필요는 없지만 가끔씩 중요한 단계에서 이를 정확히 분석하면 큰 도움을 받을 수 있다고 했다. 확률은 본질적으로 경우수에 근거한 개념이므로 이 말은

확률에 관한 문제에 대해서도 그대로 적용된다.

예제

2개의 동전을 던질 때 적어도 하나는 뒷면이 나올 확률은 얼마인가?

풀이 이 문제는 앞서 경우수를 일일이 따지면서 풀어보았는데, 여기서는 동반사건과 여사건의 확률 개념을 이용하여 바로 풀어보기로 한다. 문제에 "적어도 …"라는 구절이 나오므로 여사건의 확률을 이용한다. 여기서 '적어도 하나는 뒷면이 나올 사건'의 여사건은 '모두 앞면이 나올 사건'이다. 그런데 첫째 동전의 각 면과 둘째 동전의 각 면이 나올 사건은 서로 동반관계에 있다. 따라서 '모두 앞면이 나올 사건'의 확률은 첫째 동전의 앞면이 나올 확률 $1/2$과 둘째 동전의 앞면이 나올 확률 $1/2$을 곱한 $1/4$이 된다. 이상으로부터 문제의 확률을 구하면 $1-1/4 = 3/4$이다.

예제

철수가 수학시험을 보는데 5지선다형의 문제 가운데 5개의 해답을 잘 알 수 없었다. 그래서 운에 맡기고 아무렇게나 골라서 썼는데 이 가운데 2개 이상 맞을 확률은 얼마인가?

풀이 "2개 이상 맞을 확률"이란 말은 "적어도 2개 이상 맞을 확률"이란 뜻이므로 여사건의 확률을 이용하여 전체 확률 1에서 '①모두 틀릴 경우'와 '②1개 틀릴 경우'에 대한 확률을 빼주면 된다. 한편 5지선다형에서 답을 임의로 고른다면 맞을 확률은 $1/5$이고 틀릴 확률은 $4/5$이며, 각 문제는 서로 동반관계에 있다. 따라서 여기서 맞을 경우를 ○, 틀릴 경우를 ×로 나타내면, ①의 경우는 '×××××'로 쓸 수 있고 그 확률은 다음과 같이 구해진다.

$$①\text{의 확률} = \frac{4}{5}\cdot\frac{4}{5}\cdot\frac{4}{5}\cdot\frac{4}{5}\cdot\frac{4}{5} = \frac{1024}{3125}$$

다음으로 ②의 경우는 '○××××', '×○×××', … 등의 다섯 가지로 쓸 수 있는데, 이 가운데 첫째의 확률은 다음과 같이 구해진다.

$$\text{'○××××'의 확률} = \frac{1}{5}\cdot\frac{4}{5}\cdot\frac{4}{5}\cdot\frac{4}{5}\cdot\frac{4}{5} = \frac{256}{3125}$$

그런데 ②에 포함된 다섯 가지는 모두 이와 같은 확률을 가지므로 ②의 전체 확률은 1280/3125이다. 이상으로부터 구하는 확률은

$$1-\frac{1024+1280}{3125} = \frac{821}{3125}\text{이다.}$$

끝으로 새로운 문제를 몇 개 풀어본다.

예제

1부터 10까지의 숫자가 하나씩 적힌 카드 10장이 있다. 이 가운데 2장을 뽑을 때 모두 홀수일 확률은 얼마인가?

풀이 2장을 동시에 뽑을 수도 있고 약간의 시차를 두고 잇달아 뽑을 수도 있지만 어쨌든 이 두 사건은 동반사건이며, 따라서 곱법칙이 적용된다. 그런데 첫 카드가 홀수일 확률은 5/10 = 1/2이지만 하나의 홀수 카드가 뽑히고 나면 둘째 카드가 홀수일 확률은 4/9가 된다. 그러므로 구하는 확률은 이 두 확률을 곱한 2/9이다.

예제

동전 4개와 주사위 3개를 함께 던질 때, 동전은 동전끼리 모두 같은 면이 나오고 주사위는 주사위끼리 모두 같은 눈이 나올 확률은 얼마인가?

풀이 동전 4개의 면이 모두 앞면일 확률은 $(1/2)^4 = 1/16$이며 모두 뒷면일 확률도 1/16이다. 따라서 동전 4개의 면이 모두 같을 확률은 이 두 확률의 합인 1/8이다. 다음으로 예를 들어 주사위 3개의 눈이 모두 1일 경우는 $(1/6)^3 = 1/216$인데 눈의 종류는 여섯 가지이므로 주사위 3개의 눈이 모두 같을 확률은 $(1/216)\times 6 = 1/36$이다. 따라서 구하는 확률은 $(1/8)\times(1/36) = 1/288$이다.

예제

어떤 양궁 선수의 과거 성적을 종합해보니 과녁의 10점 부분에 적중할 확률은 60%였다. 이 확률을 적용할 때 앞으로 4발을 쏠 경우 2발 이상이 만점 부분에 적중할 확률은 얼마인가?

풀이 이 문제도 문맥상 여사건의 확률 문제이다. 따라서 전체 확률 1에서 1발도 10점에 맞지 않을 확률과 1발만 10점에 맞을 확률을 빼주면 된다. 먼저 1발도 10점에 맞지 않을 확률은 $0.4^4 = \frac{16}{625}$이고 1발만 10점에 맞을 확률은 $0.6^1 \times 0.4^3 \times 4 = \frac{96}{625}$이다. 그러므로 구하는 답은 $1 - \frac{16+96}{625} = \frac{513}{625}$이다.

참고 앞서 본 주사위, 카드, 동전 등과 관련된 문제들은 각 사건의 확률을 직관적으로 파악할 수 있으므로 '선험적 확률'에 관한 문제임에 비해 양궁 선수의 적중률에 관한 여기의 문제는 과거 자료를 활용해야 하는 '경험적 확률'에 관한 문제이다. 선험적 확률의 경우 (주사위는 1/6 카드와 동전은 1/2이라고 보는) 각 사건의 확률은 '묵시적'으로 전제되어 있지만 경험적 확률의 경우에는 ("이 확률을 적용할 때"라는 문구로 표시된 것처럼) '명시적'으로 가정해야 한다. 고교 과정에서는 경험적 확률을 체계적으로 다루는 방법에 대해 배운다.

수학 이야기

확률론의 선구자

확률론의 약사

확률론의 기원도 수학의 다른 분야와 마찬가지로 매우 오래되었을 것이다. 예를 들어 동전던지기, 가위바위보, 주사위, 윷놀이 등의 확률론적 도구나 수단을 봐도 이를 능히 짐작할 수 있다. 그런데 한 가지 신기한 사실은 수학의 다른 분야에서는 매우 높은 수준에 도달했던 고대 그리스에서 확률에 대해서는 거의 아무런 주의도 기울이지 않았다는 점이다.

그 이유는 '확률'이란 개념 자체의 본질적 속성에서 찾을 수 있다. 곧 예로부터 사람들은 '…법칙'이라고 하면 "당연히 또는 반드시 그래야 하는 것"으로 여겼다. 다시 말해서 '법칙'이란 개념은 '필연성'이 본질인데 확률은 그 의미상 '우연성'이 본질이다. 따라서 "우연은 말 그대로 법칙이란 게 개입할 여지가 없다는 것인즉, 거기에 무슨 법칙이 있겠는가?"라는 선입관과 편견이 형성되었고, 이것이 확률론의 수립에 장애로 작용하게 되었다. 특히 수학적 지식을 매우 중시한 고대 그리스인들이 확률론을 개발하지 않은 것은 그들이 "우연적 사건들에는 어떤 질서도 없다"고 믿었기 때문임이 거의 확실하다. 하지만 세월이 흐르면서 수많은 경우에 대한 고찰이 쌓인 끝에 인류는 결국 **"우연 속에도 '우연을 지배하는 법칙'이 있다"**는 점을 깨닫게 되었고 이것들이 모여서 확률론을 이루었다.

근대에 들어 이탈리아의 수학자 파치올리(Luca Pacioli, 1445?~1517?)는 1494년에 펴낸 『산술집성(算術集成, Summa de arithmetica)』이란 책 속에서 "두 사람이 도박을 하다가 도중에 그만 두었을 경우 판돈은 어떻게 나눠야 하는가?"라는 문제, 곧 '중간 판돈 배분 문제◇'를 처음 제기했다. 그리고 3차방정식의 해법을 처음 공표한 카르다노는 1525년에 『운수놀이에 대하여(Book on Games of Chance)』라는 책을 펴냈으며, 거기에는 확률의 합법칙과 곱법칙이 나와 있다. 나중에 갈릴레오도 17세기 초반에 재정적 후원자인 토스카나 대공(Toscana 大公)이 도박을 좀 더 잘하기 위하여 의뢰한 연구를 통해 카르다노가 얻은 결론의 대부분을 재발견했다. 그러나 이들의 논의는 개별적인 경우에 한정된 것이어서 본격적인 확률론으로 인정되지 않는다.

그러던 중 수학과 도박에 모두 취미를 가진 프랑스의 귀족 공보(Antoine Gombaud, 1607~1684, 본명보다 Chevalier de Méré(메레의 기사)라는 칭호로 더 널리 알려져 있다)가 천재 수학자 파스칼에게 자신이 고민하던 두 가지의 확률 문제를 제기했다. 파스칼은 이 문제를 최고의 아마추어 수학자로 불리는 페르마와 함께 논의했으며, 이 두 사람 사이에 오간 **1654년**의 여러 편지가 바로 **현대적 확률론의 출발점**으로 널리 인정되고 있다. 다만 두 사람은 이렇게 편지만 주고받았을 뿐 평생 만난 적은 없었다. 한 가지 특기할 점은 **확률론의 출발이 '도박'과 결부된 점을 많은 사람들이 사뭇 부정적으로 여기는 것은 약간 잘못된 인식**이란 사실이다. 당시에는 도박이 귀족들 사이의 점잖은 오락으로서 일종의 필수적 교양이자 사교활동으로 여겨졌다. 그리고 공보 자신도 도박에 대해 비판적 견해를 밝힌 적이 있다는 점에서 볼 때 그를 구제불능의 도박꾼으로 몰아붙일 수도 없다.

이로부터 얼마 지나지 않은 1657년에 네덜란드의 과학자 호이겐스(Christian Huygens, 1629~1695)는 확률론에 관한 최초의 책을 펴냈다. 그리고 뒤를 이어 자크 베르누이(Jacques Bernoulli, 1654~1705), 드 무아브르(Abraham De Moivre, 1667~1754), 라플라스(Pierre-Simon de Laplace, 1749~1827) 등이 확률론의 발전에 이바지했다. 특히 라플라스는 그때까지 주로 '운수놀이'의 확률 계산에 머물렀던 확률론을 수학과 과학의 다른 분야에까지 확장시키는 데 큰 기여를 했다.

이후 확률론은 통계학과 결합하면서 획기적인 발전을 거듭한다. 그런데 이처럼 화려한 겉모습과 달리 내면적으로는 '확률'의 진정한 의미가 무엇인지에 대한 논의가 줄기차게 이어졌으며, 마침내 1933년 소련의 수학자 콜모고로프(Andrey Nikolaevich Kolmogorov, 1903~1987)는 확률론을 공리계의 틀 위에 세워 그 면모를 일신했다(560

쪽의 '공리적 정의' 참조). 이에 따라 오늘날의 확률론은 대개 콜모고로프의 공리계로부터 정식 논의를 시작하지만 이는 대학 수준에 해당한다. 다음에서는 이 가운데 **확률론의 선구자**라고 할 **페르마와 파스칼**의 생애에 대하여 간략히 살펴본다.

최고의 아마추어, 페르마

페르마(Pierre de Fermat, 1601~1665)는 수학 역사상 가장 유명한 문제라고 할 수 있는 '페르마의 마지막 정리(Fermat's last theorem)'와 관련하여 61쪽에서 이미 소개한 적이 있다. 그는 17세기가 시작하던 해에 태어났는데, 확률론의 선구자에게 어울리는 우연이라고나 할까, 이 때문에 전 생애를 17세기에 살다간 그는 오늘날 **17세기 최고의 수학자**(The greatest mathematician of 17th century)로 꼽힌다. 물론 비슷한 시기에 살았던 데카르트(René Descartes, 1596~1650)나 뉴턴(Isaac Newton, 1642~1727)이 전반적으로 페르마보다 높이 평가받는다. 하지만 이 두 사람은 생애의 일부가 17세기를 벗어나 있으며, 그들의 영향력 또한 세기적 제한을 초월한다는 점을 고려할 때, 17세기를 오롯이 대표할 수학자로는 역시 페르마가 가장 적합한 인물이라고 하겠다.

한편 페르마는 **최고의 아마추어**(The greatest amateur) 또는 **아마추어의 왕자**(The Prince of Amateur)라는 칭호로 더 유명하며, 적어도 이 점에 있어서는 어느 한 세기가 아니라 수학의 전 역사를 통해서도 그럴 것이다. 그가 이처럼 아마추어 수학자가 된 것은 젊은 시절에 부모의 뜻을 좇아 공무원의 길을 택했기 때문이었다. 그의 집안은 상당히 부유했으므로 어렸을 때 좋은 환경에서 공부할 수 있었지만 자세한 내용은 전해지지 않는다. 그러나 나중에 수학 이외에 문학 분야에도 약간의 중요한 기여를 했다는 점에서 볼 때 학업에도 뛰어난 능력을 보였을 것으로 짐작된다. 페르마는 30세가 되던 해에 시의회의 의원이 된 후 결혼했고 이후 평생 동안 의원과 판사의 일을 맡아 조용한 생애를 보냈다. 이 시기에는 사회가 불안하여 각종 음모와 공작이 난무했던 때라 공직자들은 매우 조심스럽게 처신했다. 나아가 페

페르마

르마가 맡은 일은 성격상 뇌물이나 음해에 연루될 가능성이 많아서 일반인과의 접촉이 그다지 자유롭지 못했다. 이에 따라 페르마는 경제적으로나 시간적으로 여유를 가지면서 순수한 열정의 아마추어 정신으로 수학을 대할 수 있게 되었다.

이처럼 외관상 평온한 삶을 살았기에 페르마에게는 특기할 만한 일화는 거의 없다. 따라서 굳이 말하자면 직업이 아닌 취미로 했던 수학에서 일반적인 전문 수학자보다 월등한 업적을 남겼다는 사실이 그의 가장 유명한 일화라고 말할 수 있다. 그리고 이러한 **그의 수학적 업적은 크게 해석기하학과 미분법과 확률론의 창시 그리고 수론에 대한 중요한 기여라는 네 가지**로 나눌 수 있다.

먼저 해석기하학(解析幾何學, analytic geometry)은 데카르트와 서로 독립적으로 창시했다고 인정받는다. 그런데 데카르트는 이를 광범위한 영역에 적용함으로써 실질적으로 기하학의 새로운 지평을 열었다고 평가되며, 따라서 해석기하학의 창시에 있어서 페르마보다 더욱 큰 몫을 했다고 보는 게 일반적 견해이다. 하지만 데카르트는 해석기하학을 평면좌표에서 운용하는 것으로 만족했음에 비하여, 페르마는 공간좌표, 곧 입체를 다루는 데에 최초로 활용했다는 점을 통하여 독자적인 공헌을 한 것으로 평가된다.

한편 페르마는 해석기하학의 연구를 발전시켜 다음 세대의 뉴턴보다 앞서 미분법(微分法, differential calculus)의 중요한 기초를 닦아놓았다. 물론 오늘날 일반적으로는 뉴턴이 미분법을 최초로 창시했다고 인정한다. 하지만 1934년에야 비로소 발견된 증거에는 뉴턴 스스로 페르마의 방법을 보고서 미분법에 대한 암시를 얻었다고 말하는 구절이 나온다. 페르마는 자신이 고안한 미분법을 이용하여 빛의 반사와 굴절을 수학적으로 완벽하게 설명했다. 이와 관련하여 페르마는 유명한 **최단시간의 원리**(the principle of least time), 곧 "빛은 공간상의 두 점을 최단시간의 경로로 지난다"는 원리를 내세웠는데, 이는 이후 광학(光學, optics)의 근본 법칙 가운데 하나로 자리잡았다.

다음으로 확률론(probability theory)의 실마리는 파스칼이 페르마에게 보낸 편지에서 시작되었다. 이에 대한 이야기는 581쪽의 '공보의 문제'에서 상세히 다루므로 그곳을 참조하기 바란다.

끝으로 페르마의 수학적 업적 가운데 백미(白眉)는 역시 수론(number theory)에 대한 것들이다. 152쪽에서 가우스의 생애를 살펴볼 때 이미 지적했듯, 수론은 수학의 여러 분야 가운데 가장 오래되고도 기본적이고도 심오하다고 말할 수 있다. 그런데 당시는 가우스 이전의 시대여서 수학자들도 수론의 심오한 면모를 제대로 깨닫지 못했다. 하지만 페르마는 다른 수학자들이 소홀히 하는 이 분야를 특히 사랑해서 많은 업적을 남겼고, 이것이 훗날 가우스에 이어져 이른바 '수학의 여왕'이란 자리에 올라서도록 하는 데에 있어 가장 중요한 연결 고리로서의 역할을 더할 나위 없이 훌륭하게 해냈다.

페르마는 매우 정직하고 차분하고 겸손한 사람이었다고 한다. 게다가 순수한 열정이라는 아마추어 정신에도 투철했기에 생전에 자신의 연구 성과를 널리 알리는 데에는 별 관심을 보이지 않았다. 그러나 중요한 두 사람, 곧 생전에는 메르센(Marin Mersenne, 1588~1648), 사후에는 장남인 사뮤엘(Clément-Samuel de Fermat, 1630~1690)의 도움 덕분에 페르마의 업적은 자신이 바랐든 바라지 않았든 결국 세상에 널리 알려지게 되었다.

메르센은 수학사에서 아주 특이한 행적을 보인 인물이다. 그는 신부였지만 수학과 과학에 많은 관심을 가졌고, 여기에 학문적으로 중요한 기여를 한 것은 없지만, 당시의 저명한 수많은 과학자들과 수학자들 사이에서 활발한 교류를 이끌어낸 중재자로서 큰 역할을 했다. 우리는 고대 그리스의 피타고라스가 자신의 학파를 비밀스럽게 운영했음을 보았는데, 이런 경향은 학자들이 전문적인 저널(journal)을 통해 각자의 논문을 자유롭게 발표할 환경이 조성되기 전까지, 곧 19세기에 이르도록 계속되었다. 메르센은 이와 같은 폐쇄적 환경을 타파하는 데에 앞장선 선구자로서, 파리에 있는 자신의 집에서는 정기적 토론회를 열었고〔이 모임이 나중에 프랑스학술원(French Academy)의 모체가 되었다〕, 널리 여행을 하면서 많은 학자들을 만났으며, 평소에는 편지를 통해서 서로의 의견이 원활하게 교환되도록 온 힘을 기울였다. 메르센이 죽었을 때 그의 방에서는 모두 78명의 학자들과 주고받은 산더미와 같은 편지들이 발견되어 사람들을 놀라게 했다. 타고난 성격과 환경적 영향 때문에 조용하게 지내던 페르마도 이처럼 열린 마음을 가진 메르센은 별 거리낌없이 대하면서 많은 연구 결과를 전해주었다. 메르센이 이를 다른 학자들에게 알림에 따라 페르마는 최상급의 수학자로 명성을 날리게 되었으며, 파스칼이 얼굴 한 번 본 적 없는 페르마와 편지를 교환하면서 확률론을 공동으로 창시하게 된 것도 이 과정을 통해 이어진 인연 덕분이었다.

페르마가 수론에 이끌린 것은 166쪽에서 '대수학의 아버지'로 소개한 고대 그리스의 수학자 디오판토스의 저작을 통해서였다. 디오판토스는 13권으로 구성된 『산술론(Arithmetica)』을 남겼는데 오늘날까지 6권이 전해진다. 당시 프랑스에는 바셰(Claude Gaspar Bachet de Méziriac, 1581~1638)가 훌륭하게 옮겨서 1621년에 내놓은 번역본이 유명했다. 페르마는 이를 구입하고 독학하면서 그 여백에 스스로 발견한 것들을 기록했다. 하지만 자신의 업적을 알리는 데는 무심했던 그였기에 이 발견들에 대한 증명은 아예 빠져 있거나 있더라도 부실하기 짝이 없었다. 대표적 발견으로 1637년에 얻은 '페르마의 마지막 정리'도 이런 것들 가운데 하나인데, 63쪽에서 이야기했듯 "나는 이에 대한 경이로운 증명법을 알아냈지만 여백이 부족해서 기록하지 못한다"는 글을 남겨 1994년에 이르도록 무려 357년 동안 수많은 수학자들로 하여금 번민과 좌절과 회의에 휩싸이게 만들었다.

페르마는 65세가 되던 해의 어느 날 생애의 마지막 재판을 마치고 3일 후에 사망했지만 그 원인은 불명이다. 그의 장남인 사뮤엘은 아버지의 업적이 비범하다는 것을 깨닫고 남겨진 모든 자료들을 정성껏 수집하고 가다듬기를 5년, 마침내 1670년 『페르마의 주석이 담긴 디오판토스의 산술론(Diophantos' Arithmetica Containing Observations by P. de Fermat)』이란 제목의 책을 출판했다. 여기에는 페르마의 주석 42개가 수록되어 있는데 이후 오랫동안 많은 수학자들에 의하여 연구됨으로써 페르마는 죽은 뒤에도 수학의 발전에 크게 이바지한 인물이 되었다.

미완성교향곡, 파스칼

파스칼(Blaise Pascal, 1623~1662)은 프랑스의 클레르몽(Clermont)에서 태어났는데 어머니는 파스칼이 4세 때 죽었지만 높은 수준의 지성인으로 알려진 아버지 덕분에 지적으로 비교적 풍요로운 환경에서 자라게 되었다. 그는 『팡세(Pensées)』라는 명상록으로 널리 알려져 있기에 언뜻 수학과는 거리가 먼 철학자나 문인으로 여기는 경우가 많다. 그러나 그의 이런 면모는 병약한 체질을 타고난 희대의 천재가 극심한 육체적

파스칼

고통 때문에 정신적으로도 피폐해진 상황에서 종교적 신비주의에 빠져들어 불가피하게 택한 행로일 뿐 그 자신이 진심으로 원했던 길은 아니었을 것으로 추측된다. 그도 그럴 것이, 파스칼은 기하에 대한 아무런 사전 지식이 없는데도 불구하고 12세 무렵에 삼각형의 내각의 합이 180°란 사실을 완전히 혼자의 힘으로 도출해냈을 정도로 뛰어난 수학적 재능부터 드러냈기 때문이다. 따라서 처음에는 누구나 그가 장차 위대한 수학자가 될 것을 믿어 의심치 않았다.

사실 파스칼의 아버지는 파스칼이 예닐곱 때부터 어학 분야에서 비범한 능력을 보이기 시작하자 머리를 너무 써서 건강을 해칠까 염려하여 15세가 될 때까지는 수학을 공부하지 못하도록 할 심산으로 서재에서 수학책을 모두 치워버렸다. 하지만 이와 같은 놀라운 수학적 재능을 목격하고는 마음을 바꾸어 유클리드의 『원론』을 주면서 수학 공부를 허락했다. 그러자 파스칼은 마치 오래전부터 이를 기다렸다는 듯 너무나 자연스럽게 빠져들었고 또 너무나 쉽게 정복해버렸다. 그리하여 이로부터 불과 3, 4년 뒤에는 오늘날에도 기하의 전 분야를 통틀어 가장 아름다운 정리의 하나로 인정되는 것을 찾아내고 증명해냈다. 이 정리는 아래 왼쪽 그림에 나타냈는데, 두 직선 l과 l' 위에 임의로 3개씩의 점을 잡고 그중 2개씩을 지그재그로 이으면 가운데 부분의 교점 3개가 한 직선 m 위에 놓인다는 것을 가리킨다. 한편 영국의 수학자 실베스터(James Joseph Sylvester, 1814~1897)는 끈그림(string figures)놀이에 나오는 한 모양의 이름을 따서 이

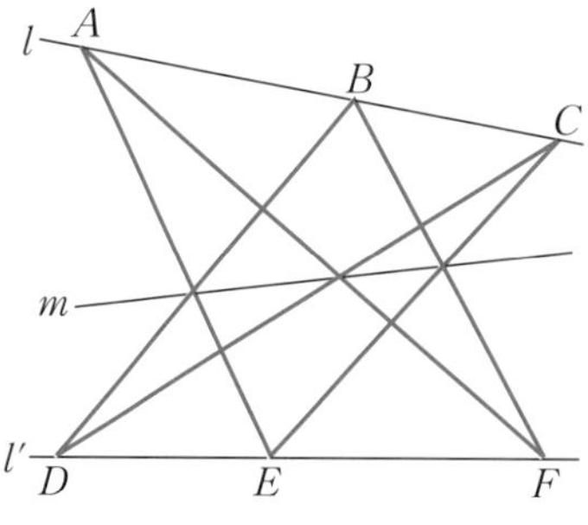

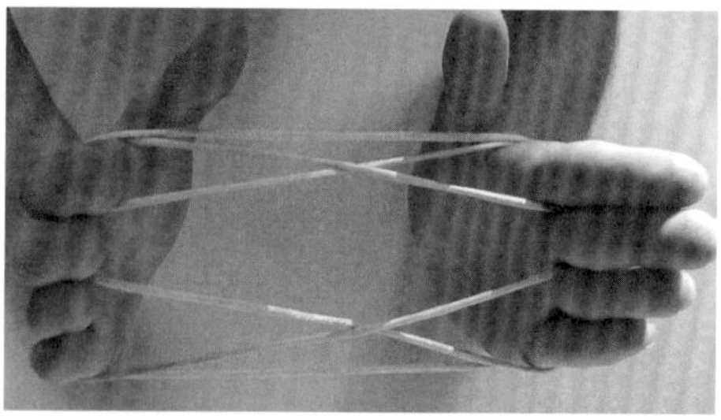

정리를 **고양이요람**(搖籃, cat's cradle)이라고 불렀다.

파스칼은 이 정리와 관련된 탐구를 계속했더니 원뿔을 여러 가지로 잘랐을 때 나타나는 곡선들의 성질에도 연관됨을 알았고, 그 결과를 종합하여 「원뿔곡선론(Essay on Conics)」이라는 논문을 16세의 어린 나이에 완성해서 발표했다. 이로써 파스칼의 천재성은 세상에 널리 알려졌는데, 이 놀라운 사실을 접한 데카르트는 그 자신 또한 보기 드문 천재였음에도 불구하고 16세의 소년이 썼다는 점을 도무지 믿으려들지 않을 정도였다. 파스칼의 고양이요람 정리는 **사영기하학**(射影幾何學, projective geometry)이라는 분야의 효시가 되었는데, 나중에 이는 2000년을 이어온 유클리드기하를 포괄하는 보다 넓은 의미의 새로운 기하학이 되었다.

어린 파스칼이 이런 성과를 거둔 데에는 자신의 천재성 못지 않게 당시 그를 둘러싼 주변의 도움도 컸다. 파스칼의 아버지는 페르마의 생애를 이야기할 때 등장했던 메르센 신부의 토론회에 정기적으로 참여한 사람의 하나였다. 그런데 파스칼의 뛰어난 재능을 전해들은 사람들이 그도 14세 때부터 이 모임에 들어오도록 했다. 파스칼은 여기서 데자르그(Girard Desargues, 1591~1661)라는 기하학자를 만나 위 논문에 대한 영감을 받았으며, 그를 스승으로 여겨 감사의 뜻을 표하기도 했다.

파스칼은 또한 18세 때 역사상 최초의 계산기를 발명해낸 사실로도 유명하다. 파스칼이 15세 때 아버지는 왕의 고문관으로 막강한 권력을 휘두른 리슐리외(Cardinal Richelieu, 1585~1642)의 미움을 사서 숙청당할 위기에 빠졌다. 그런데 연극 팬이었던 리슐리외는 우연히도 파스칼의 누이로서 자기가 본 연극에 출연했던 자클린느(Jacqueline Pascal, 1625~1661)의 연기에 매료되었다. 이에 리슐리외는 자클린느에게 자기가 뭘 해줄 수 있는지 물었으며 그녀는 아버지를 용서해달라고 부탁했다. 리슐리외의 입장에서 볼 때 파스칼의 아버지는 사소한 인물에 지나지 않았으므로 그는 대범하게 용서했을 뿐 아니라 오히려 영전이라고 할 지방의 세무관으로 임명했다. 하지만 그것은 힘든 자리였으며 아버지는 산적한 계산 자료 때문에 많은 고생을 했다. 이에 파스칼은 아버지의 수고를 돕기 위하여 독창적인 기계를 만들었는데 비록 덧셈과 뺄셈만 가능했지만 주판과 같은 '계산 도구'와는 본질적으로 다른 최초의 '계산기'라는 점에서 높이 평가된다. 전하는 바에 따르면 자클린느 또한 보기 드문 천재로서 나중에 수녀가 되었는데 일생을 통해 파스칼을 종교적 신비주의로 빠지게 하는 데에 많은 영향을 끼쳤다.

파스칼은 수학뿐 아니라 물리학에서도 중요한 기여를 했다. 먼저 파스칼은 갈릴레오의 제자로서 역사상 최초로 진공의 존재를 실증한 토리첼리(Evangelista Torricelli, 1608~1647)가 내세운 가설, 곧 "높이 올라갈수록 공기가 엷어지고 따라서 기압은 떨어진다"는 주장을 1648년의 실험을 통하여 처음으로 직접 확인했다. 그리하여 공기의 무게로 인한 대기의 압력이 토리첼리의 실험에 쓰인 수은 기둥을 떠받치는 유일한 원인임을 밝혔다. 다음으로 1653년에는 유체(流體, fluid, '액체'와 '기체'를 아우르는 말)와 관련하여 "밀폐된 유체의 한곳에 압력을 가하면 유체 안의 모든 곳에 같은 크기로 전달된다"는 원리를 발견했다. 나중에 이는 **파스칼의 원리**(Pascal's Principle)로 불리게 되었고, 수압기, 유압기, 공기브레이크(air brake), 공기해머(air hammer) 등에 널리 응용되고 있다. 이러한 그의 선구적 업적에 따라 오늘날 '압력(pressure)'의 국제적 표준 단위도 그의 이름을 따서 '파스칼'로 부르며 약자로는 'Pa'로 쓴다(이 단위에 대한 자세한 설명은 과학 시간에 맡기고 여기서는 생략한다).

그런데 이와 같은 여러 가지 왕성한 연구 활동은 17세를 전후로 점점 심각해지는 건강상의 문제 때문에 많은 타격을 받게 되었다. 그는 본래 약한 체질을 타고났지만 청년기에 접어들어 나아지기는커녕 낮에는 심한 소화불량으로 고통받고 밤에는 밤대로 만성불면증에 시달렸으며 나중에는 치통까지 더해지는 등 죽는 날까지 편하게 보낸 날이 거의 없을 지경이었다. 이런 상황이 되다 보니 지푸라기라도 잡는 심정으로 구원의 손길을 찾는 것은 인지상정이라고 할 것이다. 그리하여 파스칼은 서서히 종교의 세계에 젖어들었고 마침내 23세 때에는 처음으로 세속적 욕구를 단절하고 기독교에 완전히 귀의할 결심을 하게 된다.

물론 아무리 그렇더라도 오늘날의 관점에서 보자면 파스칼의 이런 결심은 선뜻 이해가 되지 않는다. 그러나 근대의 유럽 사회는 현대보다 훨씬 강한 종교적 분위기가 지배하고 있었음을 충분히 고려해야 한다. 나아가 그는 심한 육체적 고통으로 정신마저 황폐해져 가고 있었으며, 수녀를 지망할 정도로 신앙심이 강한 누이동생의 지속적인 설득도 큰 영향을 미쳤다. 하지만 아버지가 강력히 반대했기에 딸의 희망은 이뤄지지 않았고 파스칼의 결심도 뜻대로 이행되지 못했다. 그리하여 이후 몇 년 동안 파스칼은 수학과 과학의 연구를 계속 진척시키게 되었다.

그러나 31세 때인 1654년에 일어난 운명적 사건 하나가 그의 마음을 영원히 세속으로부터 멀어지게 만들고 말았다. 이 해도 저물 무렵 파스칼은 네 마리의 말이 끄는 마차를 몰면서 어떤 강의 다리 위를 지나고 있었다. 그런데 무슨 일이었든지 말들이 날뛰더니 앞의 두 마리가 다리의 난간을 넘어 강으로 뛰어들었다. 그러나 천만다행하게도 말과 마차를 묶은 끈이 풀어졌고 파스칼은 다리에 남아 목숨을 건졌다. 파스칼은 이 사건을 아직도 세속적 욕구를 끊지 못하는 자신에게 하늘이 내린 경고로 풀이했다. 나아가 이런 생각이 빌미가 되었던지 이로부터 보름 후 그는 기이한 종교적 환상을 겪었으며, 이 경험을 계기로 두 번째이자 마지막으로 세상과의 단절을 결심하고 이후 평생 이를 지켰다.

파스칼은 확률론의 기초가 된 공보의 문제를 이 사건이 일어나기 전이지만 같은 해에 해결했으므로 어쩌면 **확률론의 연구는 세상에 대한 작별의 선물**이라고 말할 수도 있다. 그런데 1656년부터 시작해서 미완성으로 끝난 대표작 『팡세』에서 그는 그가 그토록 소중히 했던 신앙을 확률론적으로 다룬 흔적을 남겼다는 점이 묘한 흥취를 자아낸다. 이른바 **파스칼의 내기**(Pascal's Wager)로 알려진 이 논의에서 그는 "신이 없더라도 신을 믿어서 손해볼 것은 없지만 반대로 신이 있는데도 믿지 않는다면 모든 것을 잃는다"고 써서 신을 믿는 게 낫다고 주장했다.

기독교에 완전히 귀의한 뒤 파스칼은 파리 교외의 한 수도원에 주로 거주하면서 명상과 저술과 종교적 행사에 참석하며 여생을 보냈다. 그런데 다시 세속적 생활로 돌아온 것은 아니지만 파스칼 자신의 기술에 따르면 이런 생활 가운데 신의 은총을 저버린 적이 딱 한 번 있었으며, 그것은 그가 남긴 최후의 수학적 업적인 사이클로이드(cycloid, 원을 직선 위에서 굴렸을 때 원주의 한 점이 그리는 자취)에 관한 연구였다. 파스칼은 이즈음 치통 때문에 잠을 이루지 못하곤 했는데, 묘하게도 이 문제를 생각하는 동안에는 치통이 사라졌다. 그는 이것을 신의 은총에서는 잠시 멀어지지만 죄는 아니라는 계시로 받아들였으며, 이후 8일간 집중적으로 몰두하여 이에 관한 여러 가지의 중요한 문제를 해결하고 그 결과들을 모아 나중에 익명으로 출판했다.

파스칼은 정상적인 사람이라면 한창 전성기에 있을 39세의 이른 나이에 죽었다. 그런데 사체의 부검 결과에 따르면 주요 내장 기관은 물론 뇌에서까지 심각한 손상이 발견되어 병약한 육신을 잘못 찾은 위대한 영혼의 고난이 결코 환상만은 아니었음이 밝혀졌다. 그러나 그 힘든 생애로부터 얻은 성과만 하더라도 불후의 이름을 남기기에 아무 부족함이 없다. 이런 점에서 그의 인생은 완성된 형태는 아니지만 흔히 세계 3대 교향곡의 하나로 불리는 슈베르트(Franz Schubert, 1797~1828)의 **미완성교향곡**(Unfinished Symphony)에 비유할 수 있다고 하겠으며, 실제로 어떤 이는 그를 가리켜 수학사상 **가장 위대한 가능성**(the greatest might-have-been)이라고 일컬었다.

공보의 문제

공보의 첫째 문제

이는 이른바 '중간 판돈 배분 문제◇'의 하나로, 어떤 내기를 도중에 그만두었을 때 걸었던 돈을 어떻게 배분해야 타당한지에 관한 것이다. 구체적으로 공보는 파스칼에게 다음과 같은 문제를 물어보았다.

> "객관적으로 실력의 우열을 쉽게 가릴 수 없는 갑과 을 두 사람이 각각 32피스톨(pistole, 스페인의 옛 금화)을 걸고 5판3승제의 내기를 해서 이긴 사람이 64피스톨을 모두 갖기로 했다. 그런데 갑이 2대1로 앞선 상황에서 피치 못할 이유로 그만두었다면 걸었던 돈은 어떻게 배분해야 하는가?"

파스칼은 이 문제를 페르마와 함께 의논하면서 풀었는데 그 방법은 ㉮내기를 계속 진행했을 때 나올 수 있는 모든 경우들을 조사하고 ㉯이 경우들 가운데 갑과 을이 이길 경우를 가려낸 다음 그 비율에 따라 배분한다는 것이었다. 다음에서는 이를 오늘날의 관점에서 새로 구성해보기로 한다.

먼저 ㉮에 따라 남은 두 번의 내기를 계속했을 경우를 조사해보면 모두 네 가지가 나오며, 이를 이긴 사람의 이름을 이용하여 순서쌍으로 나타내면 (갑, 갑), (갑, 을), (을, 갑), (을, 을)이 된다. 물론 이 가운데 (갑, 갑)과 (갑, 을)은 갑이 넷째 판을 이기자마자 내기가 끝나버리므로 현실적으로는 다섯째 판을 할 필요가 없다. 하지만 모든 경우를 수학적으로 일관되게 나타내기 위하여 위와 같은 순서쌍으로 열거했으며, 실제로 이것이 파스칼과 페르마의 해법에 담긴 핵심적 지혜이다.

다시 말해서 이들은 이때 이미 "확률 = 특정 사건의 경우수÷총 경우수"라는 일반적 정의를 확립했던 것이며, 이렇게 생각하고 보면 ㉯의 과정은 아주 간단히 해결된다. 곧 남은 네 가지 가능성 가운데 을이 판돈 모두를 차지할 경우는 (을, 을) 하나뿐이다. 그러므로 판돈은 갑이 3/4인 48피스톨, 을이 1/4인 16피스톨을 가지도록 배분하는 것이 가장 합리적이다.

이 문제에 대해 파스칼이 보낸 답변의 내용은 다음과 같다.

"이처럼 셋째 판을 마친 상황에서 넷째 판을 예상해보자. 넷째 판을 갑이 이긴다면 갑은 모두 세 번 이긴 것이므로 64피스톨을 가지게 된다. 그러나 을이 이긴다면 2대2가 되어 32피스톨씩 나눠 가져야 한다. 곧 갑은 어느 경우든 적어도 32피스톨을 확보한 셈이다. 따라서 셋째 판에서 중단되었을 때 넷째 판을 고려할 경우 갑에게 우선 32피스톨을 주어야 한다. 그러면 나머지 32피스톨을 또 나누어야 하는데, 이를 위하여 다시 다섯째 판을 예상해보면 거기서 갑과 을이 이기거나 질 확률은 모두 반반이다. 이상의 내용을 종합해보면 갑이 2대1로 이긴 상황에서 중단된 경우, 갑에게 먼저 32피스톨을 주고, 다시 나머지의 반인 16피스톨을 더 주면 된다는 뜻이다. 결론적으로 갑은 48피스톨, 을은 16피스톨로 나누면 된다."

이 답변을 본문의 풀이와 비교해보면 본질은 같지만 세부적 설명은 조금 더 복잡하다. 따라서 이는 어떤 이론이 정립되기 전후의 모습을 비교해봄으로써 나름대로 가치 있는 공부가 되게 하는 좋은 예 가운데 하나라고 하겠다.

공보의 둘째 문제

다음으로 공보는 다음과 같은 문제를 파스칼에게 물었다.

"㉮주사위 1개를 4회 던질 때 6이 적어도 1회 나올 확률과 ㉯주사위 2개를 24회 던질 때 적어도 1회 모두 6이 나올 확률 가운데 어느 것이 더 클까?"

이에 대해 공보 자신은 확률이 같을 것이라고 생각했는데 그 논리는 다음과 같았다.

> 먼저 ㉮의 경우 6이 1회 나올 확률은 1/6이다. 그런데 4회 던지므로 그 평균은 4×(1/6) = 2/3일 것이다. 다음으로 ㉯의 경우 모두 6이 나올 확률은 1/36이다. 그런데 24회 던지므로 그 평균은 24×(1/36) = 2/3일 것이다. 곧 두 경우의 확률은 같을 것이다.

기록에 따르면 그는 이 논리에 따라 ㉮와 ㉯에 똑같은 돈을 걸고 내기를 했지만 실제로는 ㉯의 경우 더 많이 잃게 되어 당황했다고 한다. 파스칼은 그의 유명한 명상록 『팡세』에 "클레오파트라의 코가 조금만 낮았더라면 세계의 역사는 달라졌을 것이다"라는 말을 남겼는데, 이 관점에서 보면 공보가 이때 돈을 잃지 않았더라면 확률론의 역사가 달라졌을지도 모른다. 어쨌든 공보가 얻은 결과는 그의 논리가 잘못임을 뜻하며, 이러한 오류 자체는 아주 간단히 밝혀진다. 이런 식으로라면 12회 던질 경우 12×(1/6) = 2란 값이 나와서 확률은 0과 1 사이의 값이라는 근본 관념이 허물어지고, 횟수가 증가할수록 이 불합리성은 더욱 커진다. 이에 대해 파스칼과 페르마는 오늘날 우리가 말하는 곱법칙과 여사건의 확률을 이용한 것과 같은 방식으로 풀었으며, 구체적으로 보면 다음과 같다.

먼저 ㉮의 경우 1회 시행에서 6이 나오지 않을 확률은 5/6인데, 4회의 연속 시행은 동반사건 관계이므로 4회 모두 6이 나오지 않을 확률을 곱법칙으로 구하면 $(5/6)^4 =$ 0.482이다. 따라서 6이 적어도 1회 나올 확률을 여사건의 확률로 구하면 1−0.482 = 0.518이다.

또한 ㉯의 경우 1회 시행에서 6의 쌍이 나오지 않을 확률은 35/36인데, 24회의 연속 시행은 동반사건 관계이므로 24회 모두 6의 쌍이 나오지 않을 확률을 곱법칙으로 구하면 $(35/36)^{24} =$ 0.509이다. 따라서 6의 쌍이 적어도 1회 나올 확률을 여사건의 확률로 구하면 1−0.509 = 0.491이다. 그러므로 ㉮와 ㉯에 똑같은 돈을 걸고 내기를 할 때 ㉯의 경우 더 많이 잃을 것은 확률적으로 당연한 일이다.

부록

인간은 의미를 찾는 존재이다.

— 플라톤(Platon)

인간은 본래 알고자 한다.

— 아리스토텔레스(Aristoteles)

· 다음에는 '과학과 수학'에 관해 어느 월간지에 실었던 두 칼럼을 옮겼다. 이 주제에 대해서는 더 생각해볼 점이 많으므로 이 글은 그 실마리로 여기고, 이로부터 꼬리를 물고 이어지는 여러 의문들은 각자 더욱 탐색하며 숙고해보기로 한다.

과학과 수학 1

현대 과학은 분명 데모크리토스보다 플라톤의 손을 들어주는 것 같다. 물질의 기본 단위는 일반적 의미의 실체가 아니라 이데아와 같은 관념과 형상으로 오직 수학적 언어로만 명확히 표현할 수 있다. —베르너 하이젠베르크(Werner Heisenberg, 1901~1976)

뻔한 의문?

인류 역사를 조망해볼 때 "과학은 고대에 수태되었지만 근대에 정식으로 태어난 이후 차츰 건강하게 자라나 오늘날에는 삶의 전반을 아우르고 떠받들고 이끄는 웅대한 원동력이 되었다"라고 평가할 수 있다. 그런데 이처럼 중요한 과학과 가장 밀접한 학문이 바로 수학이다. 따라서 과학과 수학의 관계를 잘 이해하는 것은 현대인의 삶을 이해하는 데에 필수적이라 할 수 있으므로 이에 대해 살펴보자.

어떤 사람은 "수학은 자연과학의 대표적 분야의 하나다. 따라서 과학을 수학의 영역으로 넓히는 것은 굳이 말할 필요도 없지 않은가?"라고 생각할 것이다. 이는 우리 교육이 수학을 이과 공부와 크게 관련지으므로 많은 사람들이 자연스레 갖는 생각이다. 그러나 대부분의 학자들은 수학과 과학 사이에 중요한 차이가 있다고 본다. 대표적으로 "수학은 현실에 존재하지 않는 추상적인 '수'를 다루지만 과학은 현실에 존재하는 실체적인 '물질'을 다루므로 본질적으로 다르다"라고 말하는 게 있다. 과연 수학과 과학은 정말로 다를까?

▶ 어원의 비교

'science'의 어원은 라틴어 'scientia'로 '지식, 알다'라는 뜻이다. 그런데 'mathematics'의 어원은 그리스어라는 점만 다를 뿐 science와 비슷하게 '지식, 알다, 배우다'라는 뜻의 'mathema'이다. 'mathematics'가 오늘날처럼 '수학'을 가리키게 된 것은 뜻밖에도 아주 늦은 16세기 무렵이었다. 물론 그래도 수학이 과학보다 먼저 확립된 학문인 것은 분명하다. 하지만 여기의 맥락에서 중요한 것은 애초에는 수학이든 과학이든 인간의 "앎을 향한 욕구와 의지와 행위와 귀결의 총체"를 가리켰다는 점에서는 본질적으로 다를 게 없다는 점이다.

▶ 앎의 원형

그런데 아득한 고대로부터 왜 수학이 '앎의 원형'으로 먼저 떠올랐을까? 이는 무엇보다 '수'가 일상생활에 매우 중요하다는 점에서 찾을 수 있다. 들에 나가 먹을거리를 구해온다고 하자. 그러면 먼저 식구의 수를 헤아려야 하고, 먹을거리를 이에 맞춰 마련해야 하고, 집에 와서 분배해야 한다. 따라서 '수에 대한 앎'은 가장 원초적인 지식의 모습이라고 말할 수 있다.

수학의 실질적 면모는 가장 기본적인 '자연수'에 '0'이 빠진다는 점에서도 극명하게 드러난다. 자연수는 {1, 2, 3, ……}이란 집합인데, 이는 무엇보다 '헤아리기'에서 나왔다는 점을 위의 예로부터 쉽게 알 수 있다. 따라서 헤아릴 대상이 없으면 아예 헤아릴 필요가 없고, 이 단순한 사실 때문에 자연수에는 '0'이 '자연스럽게' 빠졌으며, 7세기가 되어서야 비로소 도입되었다.

▶ 과학의 경우

과학에서는 대상을 명확히 하는 것부터 어려웠다. 오늘날에는 과학이 기본적으로 '물질'을 다루며, 물질은 원자라는 기본 단위가 모여서 이루어진 것임을 잘 알고 있다. 하지만 물질의 본질이 이렇게 확실히 규명된 것은 놀랍게도 20세기에 들어선 뒤의 일이다.

이 과정에서 19세기 말 오스트리아의 두 과학자 마흐(Ernst Mach, 1838~1916)와 볼

마흐(좌)는 실증을 지나치게 요구하면서 원자설을 부정한 반면 볼츠만(우)은 강력한 간접적 증거를 들며 옹호했다. 최종적으로는 결국 인정되었지만 볼츠만은 그전에 자살하여 '마지막 고비를 넘지 못한 사람'이 되고 말았다.

츠만(Ludwig Boltzmann, 1844~1906)의 대립은 유명하다. 볼츠만은 직접 관찰하지 못하지만 부정하기 어려운 간접적 증거를 들어 원자의 실재를 주장했다. 하지만 직접 관찰할 수 없는 요소는 인정할 수 없다는 실증주의 철학의 대가인 마흐의 반대에 부딪쳐 어려움을 겪었다. 이 대립은 1905년 아인슈타인이 브라운운동에 대한 논문을 발표하여 볼츠만의 승리로 마무리된다. 하지만 정작 볼츠만은 승리를 맛보지 못하고 좌절 속에 자살로 생을 마쳤으며, 따라서 안타깝게도 "마지막 고비를 넘지 못한 사람"이라고 일컬을 수 있다.

실체의 재구성

그렇다면 원자의 존재가 인정됨으로써 과학의 궁극적 대상은 실체로 확정되었을까? 그 대답은 20세기 초의 20여 년 동안은 "예"라고 하겠지만 1920년대에 양자역학이 확립되면서 약간 모호한 국면으로 접어든다. 양자역학에 따르면 모든 물질은 입자와 파동의 이중성을 띠는데, 파동으로 묘사할 경우 수학에서 '허수'라고 부르는 매개체가 필연적으로 끼여들기 때문이다.

앞에서 수학은 추상적인 '수'를 다룬다고 했다. 그런데 과학의 경우 우리는 그토록 '실체'라고 믿었던 '물질'이 알고 보면 '수', 더 나아가 그 가운데서도 허깨비와 같다는 '허수'를 동원해야 비로소 올바로 묘사된다고 한다. 따라서 우리는 이쯤에서 중대한 사고의 전환이 필요함을 절감한다. 글머리에 인용한 하이젠베르크의 말은 바로 이런

이 두 입체 삼각형은 존재할 수 없는 환상이다. 우리의 할 일은 현실이든 추상이든 존재할 수 없는 허깨비를 물리치면서 현실과 추상을 아우르는 진정한 실체의 관념을 재정립하는 데에 있다.

상황을 가리킨다.

단 아무리 그래도 "수도 물질도 모두 허깨비 같은 환상"이라고 여겨서는 안 된다. 한 예로 '사랑'이란 감정을 보자. 이는 볼 수도 만질 수도 없다. 하지만 이 추상적인 것도 감정적으로 절실히 느낄 때면 그 실체성을 도저히 부정할 수 없다. 곧 앞으로 우리가 할 일은 실체라는 관념의 재정립이지 그 근본적 부정은 결코 아니다.

증명은 영원한가?

수학과 과학에 중요한 차이가 있다고 보는 사람들이 또 많이 드는 예로는 '수학적 증명 대 과학적 증명'의 대조가 있다. 한 예로 필즈상(Fields Medal)의 영예에 빛나는 중국 출신의 수학자 싱퉁 야우(Shing-Tung Yau 丘成桐, 1949~)는 "과학적 증명인 실험에서는 백만 번의 증거가 쌓여도 백만 한 번째에 반례가 나와 뒤집힐 수 있다. 하지만 수학적 증명은 한 번 정립되면 뒤집힐 가능성이 없어 영원하다"라고 말했다. 그리고 대표적 사례로 뉴턴의 만유인력이론이 아인슈타인의 일반상대성이론으로 대체되었고, 일반상대성이론도 언젠가는 더 완전한 이론으로 대체되어야 한다는 점을 꼽는다.

하지만 수학에도 이런 예는 매우 많다. 대표적으로 2000년이 넘도록 절대적 진리의 표상으로 여겨져왔던 유클리드기하는 더 포괄적인 비유클리드기하에 비추어보면 부분적 진리에 불과하다. 만유인력이론이 불완전하다지만, 예컨대 그 체계 안에서는 행성의 궤도가 타원이라는 게 필연적 귀결이고, 이 결론 자체는 영원토록 옳다. 한마디로 수학적 증명은 영원불변이고 과학적 증명은 임시방편이란 말은 오류이며, 수학과 과학의 차이를 올바로 지적한 게 아니다.

수학은 과학의 정화

여기서는 지면의 제약 때문에 수학과 과학의 차이를 대상과 방법론의 두 가지 측면에서만 살펴보았다. 하지만 이 밖의 다른 측면들에 대해서도 곰곰이 살펴보면 본질적인 차이가 있다고 보기는 어렵다. 이런 뜻에서 수학은 보다 넓은 앎의 총체를 뜻하는 과학의 일부로 보는 게 타당하다.

역사상 최고의 수학자 가운데 한 사람으로 '수학의 왕자'라고 불리는 독일의 수학자 가우스(Carl Gauss, 1777~1855)는 "수학은 과학의 여왕"이라고 말했다. 그 의미는 여러모로 풀이할 수 있겠지만, 이 글의 맥락에서는 "수학은 과학의 정화(精華)" 정도로 새기는 게 무난하리라고 여겨진다. 요컨대 수학은 과학을 이끌면서도 이에 봉사하며, 그 가장 정교한 체계로서, 과학의 소중한 한 요소라고 하겠다.

과학과 수학 2

앞서 과학과 수학에 관한 기본적인 관계를 간략히 살펴보았다. 하지만 그 정도로는 미진한 느낌이 들 뿐 아니라 그 밖의 내용들도 다른 분야에 많은 영향을 미치리라고 예상된다. 따라서 적절히 보완하고 추가할 사항에 대해 좀 더 생각해본다.

수와 자연

과학과 수학에는 강한 논리성, 합리성, 객관성, 체계성 등등 공통점들이 많다. 그런데 이미 보았듯 이러한 측면들과는 달리 그 중요한 차이점의 하나로 '수'가 자연계의 '현실적 존재'들과 다르다는 것을 지적하면서 이 두 분야의 구별을 강조하기도 한다. 곧 수는 사람이 머릿속에서 만든 추상적 대상이므로 자연계의 현실적 대상과는 본질적으로 다르다고 한다. 그래서 이와 관련하여 아주 오래전부터 "수는 발명인가 발견인가?"라는 의문이 제기되었으며, 더욱 확장되어 "수에 근거한 수학이라는 체계는 발명인가 발견인가?"라는 문제로 발전하기도 했다.

실제로 이 문제에 대하여 인터넷을 둘러보면 국내외에 걸쳐 수많은 논의가 있음을 쉽게 파악할 수 있으며, 각자 발명이나 발견으로 보는 나름의 논거들을 제시하고 있다. 그런데 이 문제를 올바로 해결하려면 논의의 방향을 보다 근원적인 쪽으로 되돌려 조금 거슬러 올라갈 필요가 있다. 과연 사람이 만든 추상적 대상과 자연에 있는 실체적 대상은 정말 본질적으로 다를까?

추방과 반성

"정신분석학"의 창시자로 유명한 오스트리아의 정신의학자 지그문트 프로이트(Sigmund Freud, 1856~1939)는 역사적으로 인류가 겪었던 세 번의 추방에 대해 이야기한 적이 있었다. 첫째는 지동설이 일으킨 코페르니쿠스혁명에 의한 것으로, 이에 의해 인류는 우주의 중심에서 정처도 모를 변방으로 밀려났다. 둘째는 찰스 다윈(Charles Darwin, 1809~1882)이 촉발한 진화론혁명에 의한 것으로, 이에 의해 인류는 만물의 영장에서 여러 생물들 중 하나라는 평범한 지위로 물러났다. 셋째는 프로이트 자신이 창시한 정신분석에서 유래한 무의식혁명에 의한 것으로, 이에 의해 인류는 만물의 영장은커녕 자기 의식의 주인도 아니며 무의식의 하인이라는 초라한 신분으로 몰락했다.

프로이트가 정확히 어떤 뜻에서 이 이야기를 했는지는 잘 모르겠다. 하지만 어쨌든 이런 추방들에 의해 인류는 14세기 후반의 르네상스부터 19세기에 이르도록 줄기차게 드높여왔던 인간 존재의 위대함이 서서히 허물어지는 광경을 속절없이 지켜보며 받아들일 수밖에 없었다. 이와 관련하여 성경에 나오는 에덴동산에서의 추방은 자못 시사적이다. 사람들은 프로이트가 말한 추방을 의식적 또는 무의식적으로 낙원에서의 추방에 빗대어 생각하게 되었고, 이로 인해 막연하지만 지울 길 없는 불안감을 떠안고 살아가야 했다.

그런데 이런 불안감은 사실 아득한 고대부터 인류가 자신이 처해 있는 삶의 현장을 둘러보며 자연스레 품어온 것이라고 봐야 할 것이다. 그러면 에덴동산의 전설은 이를 나름대로 합리적으로 설명하려는 과정에서 나온 이야기라고 이해할 수도 있다. 마찬가지로 천동설이나 만물의 영장이나 자기 의식의 주인이라는 관념들도 우리의 마음 속에 원초적으로 내재해왔던 우리 존재의 가장 근원적 토대에 대한 불안감을 조금이나마 달래보려는 뜻에서 나왔는지도 모른다. 하지만 과학이 발달함에 따라 이런 눈가림들을 더 이상 고집할 수 없게 되어 스스로 만든 낙원들에서 차례차례 스스로 떠나야 했다.

에덴동산에서의 추방은 다양한 소재와 상징으로 쓰인다.

그렇다면 이런 실상을 알게 된 우리의 자세는 어째야 할까? 아득한 고대로부터 물려받은 막연하면서도 씻을 길 없는 불안감을 하염없이 떠안고 살아가야 할까? 이에 대한 답은 물론 "아니오"라고 해야 한다. 에덴동산을 비롯한 여러 추방을 통해 우리는 거짓된 토대를 만들어봐야 불안감을 없애주지는 못하고 단지 덮어두기만 할 뿐이라는 사실을 깨닫는다. 따라서 마냥 덮어둘 게 아니라 직시하고 솔직히 받아들이는 자세가 필요하다. 물론 이렇게 한다고 존재의 근원적 불안감이 완전히 해소되지는 않는다. 그러나 적어도 거짓되이 회피하지는 않고 솔직히 대처해간다는 자부심은 확보할 수 있다.

발명과 발견의 상대성

프로이트가 말한 추방은 인간이 우주에서 특별한 존재가 아니라는 점을 잘 일깨워준다. 곧 인간도 자연의 일부에 불과하다. 그렇다면 인간이 이른바 '지금껏 없었던 것'을 만들어낸다고 하는 발명도 다시 생각해볼 필요가 있다. 인간이 자연의 일부라면 인간이 만든 것은 결국 자연 속에서 자연스럽게 발현된 것이라고 말할 수 있기 때문이다.

토머스 에디슨(Thomas Edison, 1847~1931)이 만든 전구는 흔히 발명으로 보지만 발견이기도 하다.

그래서 나는 모든 발명은 본래적으로 발견적 속성을 띤다고 본다. 단도직입적으로 구체적인 예를 보자. 인류가 이룬 수많은 발명 가운데 '전구'는 아마 가장 '빛나는' 발명의 하나로 꼽힌다는 데에 이의를 제기할 사람은 별로 없을 것이다. 전구는 특별히 만든 도체에 전류를 흘리면 전기에너지의 일부가 빛에너지로 바뀌어 밝게 빛나는 현상을 이용한 발명이다. 그런데 이 현상을 약간 다른 관점에서 바라볼 수 있다. 어느 날 우연히 특이한 도체가 나타났는데, 거기에 전류가 흘렀더니 밝게 빛나는 현상이 관찰되었다고 볼 수도 있다는 뜻이다. 그런데 유리로 감싼 진공에서는 도체의 산화가 방지되어 더욱 오래 빛난다는 현상도 이어서 밝혀졌다. 그래서 유리로 된 구 안에 이 도체를 넣고 진공으로 만든 상태에서 전류를 통했더니 밝게 빛나는 현상이 오래 지속된다는 사실이 관찰되었다. 그렇다면 '전구'는 일종의 '발견'인 셈이다.

같은 맥락에서 방향을 돌려보면 모든 발견은 본래적으로 발명적 속성을 띤다는 점이 드러난다. 구체적인 예로 '피타고라스의 정리'를 보자. 많은 사람들은 이게 수학적 세계에 이미 존재하는 진리를 찾아낸 것이므로 발견이라고 생각한다. 그런데 직각삼각형이라는 것을 만들어놓고 그 모양이나 변의 길이들에 대해 적절한 논리를 적용하면 최종적으로 "직각을 낀 두 변의 길이를 각각 제곱하여 합하면 빗변의 길이를 제곱한 것과 같다"라는 피타고라스의 정리가 '새롭게' 도출된다. 이는 마치 진공의 유리 구에 넣은 특이한 도체에 전류를 통했더니 밝게 빛나는 결과가 새롭게 도출되는 것과 본질적으로 다를 게 없다. 곧 우리가 흔히 발견이라고 부르는 현상도 관점에 따라서는 발명적 속성을 띠게 된다.

발명과 발견 사이의 이런 관계는 "발명은 발견되고 발견은 발명된다"라고 간추릴 수 있다. 이 두 가지는 본질적으로는 차이가 없는 현상을 인간적 관점에서 상대적으로 분류한 것에 지나지 않는다는 뜻이다. 따라서 "인간은 발견을 발명하고 발명을 발견한다"라고 말할 수도 있다. 본질적으로는 같은 관념이지만 인간의 역할이 상대적으로 많이 개입되면 발명에 가까워지고 적게 개입되면 발견에 가까워지며, 이 양단 사이에 넓은 점이지대가 무지개와 같은 스펙트럼을 이루며 펼쳐져 있다.

겸허한 발견의 마음

고대로부터 인류는 스스로 만물의 영장이라 일컫기를 좋아했다. 또한 근대에 이르도록 자연을 정복하고 다스리는 행위를 높이 평가했다. 돌이켜보면 이는 충분히 이해할 만하다. 아득한 고대에는 다른 생물들과의 투쟁을 통해 기본적인 생존부터 확보해야 했기에 만물의 영장이라는 지위를 내세워 이런 활동을 합리화했다. 한편 근대에 이르도록 지구에는 인류의 발길이 닿지 않는 곳들이 남아 있었다. 그래서 모험심이나 탐험 정신을 북돋워 지구 전체를 샅샅이 뒤지면서 인류의 지배를 확립하고자 했다.

이러한 정복과 지배의 역사는 제국주의로 절정을 이루었고 그 끝자락은 두 차례의 세계대전을 치른 20세기 중반까지 이어졌다. 그런데 이런 귀결을 거친 뒤 인류는 과연 그토록 바라던 정복과 지배를 완전히 이루었을까? 이에 대해서는 겉보기로는 그렇다고 하겠지만 내막을 보면 상황이 미묘하게 변하여 쉽사리 그렇다고 대답하기 곤란하다. 놀랍게도 세상의 수많은 요소들은 서로 매우 긴밀히 얽혀 있어서 인류의 생존은 다른 생물이나 자연의 정복과 지배에 있는 게 아니라 이들과의 조화와 상생에 있다는 점을 보여주는 사실들이 속속 밝혀졌기 때문이다. 따라서 이쯤에서 생각해보면 발명은 정복과 지배를

생태계는 정복과 지배가 아니라 조화와 상생의 대상이다.

부르짖었던 자만의 시대에 상대적으로 더 어울리는 관념인 반면 발견은 조화와 상생을 설득하는 겸손의 시대에 더 어울린다고 말할 수 있다.

이런 분석은 수와 수학의 본질에 대해 어떤 답을 제시해줄까? 그동안 많은 사람들은 수가 인간의 머릿속에서 추상적으로 만들어진 것이라는 점을 들어 발명이라고 주장하곤 했다. 하지만 근래의 연구에 따르면 유인원이나 돌고래나 비둘기 등의 동물들도 몇 가지의 수는 이해하고 이용한다는 사실이 밝혀졌다. 과연 그렇다면 이처럼 '자연계의 동물들이 생각해낸 수'를 '자연에 이미 존재하는 것'으로 봐야 하지 않을까? 나아가 이렇게 본다면 수라는 관념은 단순한 추상적 대상이 아니라 자연에 존재하는 현실적 대상이라고 볼 수도 있다.

이 상황에 앞에서 이야기한 발명과 발견의 상대성을 투영해보면 수학은 인간의 발명이라기보다 자연의 다양한 면모 가운데 하나에 대한 발견으로 보는 시각에 더욱 많은 비중을 실어주는 게 바람직하다는 사실을 깨닫게 된다. 다른 동물들이 수를 생각할 때 오직 수학을 하기 위해서는 아니었을 것이다. 그들도 나름대로 그들이 처한 삶의 현장을 올바로 헤쳐나가려고 노력하는 과정에서 발견한 관념이었을 것이다. 다시 말해서 그들이 수라는 관념을 착안했을 때는 "아, 이런 것도 있구나"라는 발견으로 여겼지 이를 그들의 발명이라고 여기지는 않았을 것이며, 이는 인류에게도 타당한 관점이다. 곧 우리는 수와 수학을 통해 우리에게 주어진 삶을 올바로 헤쳐나가고자 한다는 겸허한 관점을 갖는 게 오늘날의 시대적 상황에도 올바로 부합한다.

사이비의 분별

『논어』에서 유래한 '사이비(似而非)'라는 말은 "비슷하되 다르다"는 뜻인데, 거의 '가짜'나 '이단'과 같이 나쁜 것들을 가리키는 부정적 의미로 사용한다. 그러나 본래의 의미를 보면 굳이 부정적으로만 쓸 필요 없이 '비슷하여 혼동하기 쉬운 것'들을 가리키면서 그 의미를 올바로 구별하는 긍정적 취지로 쓸 필요도 있다고 하겠다. 여기서는 이런 취지에 따라 수학의 본질에 대한 비슷한 견해를 분별하기로 한다.

수학이 발명인지 발견인지에 대한 그동안의 답들은 크게 '발명설'과 '발견설'과 '혼화설'의 셋으로 나뉜다. 그중 발명설과 발견설은 앞에 보인 나의 견해와는 이름만으로도 쉽게 구별됨을 알 수 있으므로 자세한 내용은 각자의 노력에 맡긴다. 문제는 혼화설인데, 그동안 나왔던 혼화설들은 발명과 발견의 본질적 상대성에 주목한 게 아니라, 그 본질은 구별하면서 수학에 이 성격을 띤 요소들이 조화롭게 섞여 있다고 보는 주장을 가리킨다. 예를 들어 어떤 사람은 "수학의 기본 개념들은 발명되지만 이것들 사이의 관계는 발견된다"고 한다. 그에 따르면 기하의 경우 인간은 주변의 물체들에서 착안하여 점, 선, 면 등의 기본 개념들을 발명한 뒤, 이것들 사이에 피타고라스의 정리와 같은 관계들이 성립한다는 사실을 발견한다. 따라서 수학은 발명과 발견의 혼합체이다. 그러나 나의 견해에 따르면 수학의 기본 개념들도 '발견'되고 이들 사이의 관계들도 '발명'될 수 있다. 다른 동물들이 '수'라는 개념을 발견한다고 볼 수 있다는 앞서의 설명을 통해 이를 쉽게 이해할 수 있다. 다시 말해서 나의 견해는 수학에서 발명과 발견이 단순히 섞인 게 아니라 조화롭게 함께 녹아 있다고 보는 것이며, 따라서 '융화설'이라 부름으로써 '혼화설'과 구별하면 된다.

이와 관련하여 발명과 발견의 일상적 의미도 적절히 구별해두도록 하자. 발명과 발견의 상대성을 밝혔다고 해서 일상적 용법에 혼란을 일으키는 것은 파장이 너무 크므로 바람직하지 않기 때문이다. 이런 취지에 따라 일상적으로 써왔던 발명과 발견이라는 용어의 의미를 크게 다치지 않으면서 조금 더 분명히 말한다면 "인간의 '형성적 노력'으로 존재가 드러나는 것은 발명, 인간의 '감각적 노력'으로 존재가 드러나는 것은 발견" 정도가 될 것이다.

순수수학의 끈

수학이 과학과 다르다는 주장을 펴는 사람들이 즐겨 드는 것 중에는 '순수수학의 기이한 효용성'도 있다. 이에 따르면 수학자들은 애초에 현실적 응용성을 전혀 염두에 두지 않은 체계를 세우곤 하는데, 세월이 흐르면 신비롭게도 과학에서 매우 중요하게 응용되는 경우가 종종 있다고 한다. 그리고 그 대표적인 예로는 19세기 중반에 독일 수학자 베른하르트 리만(Bernhard Riemann, 1826~1866)이 발전시켰던 비유클리드기하가 20세기에 들어 아인슈타인이 일반상대성이론을 세우는 데에 핵심적 역할을 했다는 사실을 든다. 아인슈타인도 이에 깊은 감명을 받아 "경험과 무관한 인간 정

비유클리드기하가 보여주듯 수학의 진리성도 자연에 비춰봐야 한다.

신의 산물인 수학이 실체적 대상을 놀랍도록 정확히 설명하는 것은 어찌된 일일까?" 라고 말했고, 헝가리 출생의 미국 수학자 유진 위그너(Eugene Wigner, 1902~1995)는 이를 가리켜 "자연과학에서 수학의 비현실적 효용성"이라고 불렀다.

하지만 엄밀히 생각해보자. 어떤 이론이든 눈에 잘 띄는 물질적 자연계를 잘 설명하지 못하면 현실적 효용성은 크게 떨어진다. 나아가 어떤 이론이든 추상적인 세계의 아무것도 설명하지 못한다면 아무런 의의가 없는 허깨비일 뿐이다. 리만이 발전시킨 비유클리드기하도 처음에 순수수학이었다고는 하지만 말 그대로 현실적 응용성을 완전히 배제한 것은 결코 아니었다. 실제로 이 분야의 선구자 중 하나였던 독일의 수학자 카를 가우스(Karl Friedrich Gauss, 1777~1855)는 현실의 공간이 비유클리드 공간인지를 밝히기 위한 측정을 실시하기도 했다. 요컨대 엄밀한 의미의 순수수학은 부질없는 허깨비에 불과하므로 말 그대로 아무것도 아니다. 따라서 수학도 과학과 마찬가지로 추상적이든 실체적이든 어디선가는 반드시 현실과 이어져야 한다. 그러므로 이런 뜻에서도 수학은 앎의 학문인 과학과 운명적으로 궤를 같이 한다고 볼 수밖에 없다.

··· 그리스 문자 ···

수학과 과학의 각종 기호를 나타내기에 영어 알파벳만으로는 부족하다. 그래서 다른 문자도 이용하는데 그중 가장 많이 쓰이는 것이 그리스 문자이다. 다만 영어 알파벳과 형태가 너무 닮은 것들은 차별성이 별로 없어 잘 쓰이지 않으며, 아래 표에는 이것들에 '*'를 덧붙였다. 중학 과정에서는 일부만 알아도 되겠지만 추후의 참고를 위하여 모두 수록했다.

- '크시(Ξ, ξ: xi)'는 '크사이' 또는 '자이'라고도 발음한다.
- '피(Φ, ϕ: phi)'는 '파이'라고도 발음하는데, 이때는 '파이(Π, π: pi)'와 혼동되지 않도록 주의해야 한다. 각각 영어 'f'와 'p'의 발음에 대응한다고 보면 된다.
- '프시(Ψ, ψ: psi)'는 '프사이' 또는 '사이'라고도 발음한다.

대문자	소문자	영어	우리말	대문자	소문자	영어	우리말
A*	α	alpha	알파	N*	ν	nu	뉴
B*	β	beta	베타	Ξ	ξ	xi	크시
Γ	γ	gamma	감마	O*	o*	omicron	오미크론
Δ	δ	delta	델타	Π	π	pi	파이
E*	ε	epsilon	엡실론	P*	ρ	rho	로
Z*	ζ	zeta	제타	Σ	σ	sigma	시그마
H*	η	eta	에타	T*	τ	tau	타우
Θ	θ	theta	세타	Υ	υ*	upsilon	웁실론
I*	ι*	iota	이오타	Φ	φ	phi	피
K*	κ	kappa	카파	X*	χ	chi	카이
Λ	λ	lambda	람다	Ψ	ψ	psi	프사이
M*	μ	mu	뮤	Ω	ω	omega	오메가

··· 제곱근표 ···

수	0	1	2	3	4	5	6	7	8	9
1.0	1.000	1.005	1.010	1.015	1.020	1.025	1.030	1.034	1.039	1.044
1.1	1.049	1.054	1.058	1.063	1.068	1.072	1.077	1.082	1.086	1.091
1.2	1.095	1.100	1.105	1.109	1.114	1.118	1.122	1.127	1.131	1.136
1.3	1.140	1.145	1.149	1.153	1.158	1.162	1.166	1.170	1.175	1.179
1.4	1.183	1.187	1.192	1.196	1.200	1.204	1.208	1.212	1.217	1.221
1.5	1.225	1.229	1.233	1.237	1.241	1.245	1.249	1.253	1.257	1.261
1.6	1.265	1.269	1.273	1.277	1.281	1.285	1.288	1.292	1.296	1.300
1.7	1.304	1.308	1.311	1.315	1.319	1.323	1.327	1.330	1.334	1.338
1.8	1.342	1.345	1.349	1.353	1.356	1.360	1.364	1.367	1.371	1.375
1.9	1.378	1.382	1.386	1.389	1.393	1.396	1.400	1.404	1.407	1.411
2.0	1.414	1.418	1.421	1.425	1.428	1.432	1.435	1.439	1.442	1.446
2.1	1.449	1.453	1.456	1.459	1.463	1.466	1.470	1.473	1.476	1.480
2.2	1.483	1.487	1.490	1.493	1.497	1.500	1.503	1.507	1.510	1.513
2.3	1.517	1.520	1.523	1.526	1.530	1.533	1.536	1.539	1.543	1.546
2.4	1.549	1.552	1.556	1.559	1.562	1.565	1.568	1.572	1.575	1.578
2.5	1.581	1.584	1.587	1.591	1.594	1.597	1.600	1.603	1.606	1.609
2.6	1.612	1.616	1.619	1.622	1.625	1.628	1.631	1.634	1.637	1.640
2.7	1.643	1.646	1.649	1.652	1.655	1.658	1.661	1.664	1.667	1.670
2.8	1.673	1.676	1.679	1.682	1.685	1.688	1.691	1.694	1.697	1.700
2.9	1.703	1.706	1.709	1.712	1.715	1.718	1.720	1.723	1.726	1.729
3.0	1.732	1.735	1.738	1.741	1.744	1.746	1.749	1.752	1.755	1.758
3.1	1.761	1.764	1.766	1.769	1.772	1.775	1.778	1.780	1.783	1.786
3.2	1.789	1.792	1.794	1.797	1.800	1.803	1.806	1.808	1.811	1.814
3.3	1.817	1.819	1.822	1.825	1.828	1.830	1.833	1.836	1.838	1.841
3.4	1.844	1.847	1.849	1.852	1.855	1.857	1.860	1.863	1.865	1.868
3.5	1.871	1.873	1.876	1.879	1.881	1.884	1.887	1.889	1.892	1.895
3.6	1.897	1.900	1.903	1.905	1.908	1.910	1.913	1.916	1.918	1.921
3.7	1.924	1.926	1.929	1.931	1.934	1.936	1.939	1.942	1.944	1.947
3.8	1.949	1.952	1.954	1.957	1.960	1.962	1.965	1.967	1.970	1.972
3.9	1.975	1.977	1.980	1.982	1.985	1.987	1.990	1.992	1.995	1.997
4.0	2.000	2.002	2.005	2.007	2.010	2.012	2.015	2.017	2.020	2.022
4.1	2.025	2.027	2.030	2.032	2.035	2.037	2.040	2.042	2.045	2.047
4.2	2.049	2.052	2.054	2.057	2.059	2.062	2.064	2.066	2.069	2.071
4.3	2.074	2.076	2.078	2.081	2.083	2.086	2.088	2.090	2.093	2.095
4.4	2.098	2.100	2.102	2.105	2.107	2.110	2.112	2.114	2.117	2.119
4.5	2.121	2.124	2.126	2.128	2.131	2.133	2.135	2.138	2.140	2.142
4.6	2.145	2.147	2.149	2.152	2.154	2.156	2.159	2.161	2.163	2.166
4.7	2.168	2.170	2.173	2.175	2.177	2.179	2.182	2.184	2.186	2.189
4.8	2.191	2.193	2.195	2.198	2.200	2.202	2.205	2.207	2.209	2.211
4.9	2.214	2.216	2.218	2.220	2.223	2.225	2.227	2.229	2.232	2.234
5.0	2.236	2.238	2.241	2.243	2.245	2.247	2.249	2.252	2.254	2.256
5.1	2.258	2.261	2.263	2.265	2.267	2.269	2.272	2.274	2.276	2.278
5.2	2.280	2.283	2.285	2.287	2.289	2.291	2.293	2.296	2.298	2.300
5.3	2.302	2.304	2.307	2.309	2.311	2.313	2.315	2.317	2.319	2.322
5.4	2.324	2.326	2.328	2.330	2.332	2.335	2.337	2.339	2.341	2.343

… 제곱근표 …

수	0	1	2	3	4	5	6	7	8	9
5.5	2.345	2.347	2.349	2.352	2.354	2.356	2.358	2.360	2.362	2.364
5.6	2.366	2.369	2.371	2.373	2.375	2.377	2.379	2.381	2.383	2.385
5.7	2.387	2.390	2.392	2.394	2.396	2.398	2.400	2.402	2.404	2.406
5.8	2.408	2.410	2.412	2.415	2.417	2.419	2.421	2.423	2.425	2.427
5.9	2.429	2.431	2.433	2.435	2.437	2.439	2.441	2.443	2.445	2.447
6.0	2.449	2.452	2.454	2.456	2.458	2.460	2.462	2.464	2.466	2.468
6.1	2.470	2.472	2.474	2.476	2.478	2.480	2.482	2.484	2.486	2.488
6.2	2.490	2.492	2.494	2.496	2.498	2.500	2.502	2.504	2.506	2.508
6.3	2.510	2.512	2.514	2.516	2.518	2.520	2.522	2.524	2.526	2.528
6.4	2.530	2.532	2.534	2.536	2.538	2.540	2.542	2.544	2.546	2.548
6.5	2.550	2.551	2.553	2.555	2.557	2.559	2.561	2.563	2.565	2.567
6.6	2.569	2.571	2.573	2.575	2.577	2.579	2.581	2.583	2.585	2.587
6.7	2.588	2.590	2.592	2.594	2.596	2.598	2.600	2.602	2.604	2.606
6.8	2.608	2.610	2.612	2.613	2.615	2.617	2.619	2.621	2.623	2.625
6.9	2.627	2.629	2.631	2.632	2.634	2.636	2.638	2.640	2.642	2.644
7.0	2.646	2.648	2.650	2.651	2.653	2.655	2.657	2.659	2.661	2.663
7.1	2.665	2.666	2.668	2.670	2.672	2.674	2.676	2.678	2.680	2.681
7.2	2.683	2.685	2.687	2.689	2.691	2.693	2.694	2.696	2.698	2.700
7.3	2.702	2.704	2.706	2.707	2.709	2.711	2.713	2.715	2.717	2.718
7.4	2.720	2.722	2.724	2.726	2.728	2.729	2.731	2.733	2.735	2.737
7.5	2.739	2.740	2.742	2.744	2.746	2.748	2.750	2.751	2.753	2.755
7.6	2.757	2.759	2.760	2.762	2.764	2.766	2.768	2.769	2.771	2.773
7.7	2.775	2.777	2.778	2.780	2.782	2.784	2.786	2.787	2.789	2.791
7.8	2.793	2.795	2.796	2.798	2.800	2.802	2.804	2.805	2.807	2.809
7.9	2.811	2.812	2.814	2.816	2.818	2.820	2.821	2.823	2.825	2.827
8.0	2.828	2.830	2.832	2.834	2.835	2.837	2.839	2.841	2.843	2.844
8.1	2.846	2.848	2.850	2.851	2.853	2.855	2.857	2.858	2.860	2.862
8.2	2.864	2.865	2.867	2.869	2.871	2.872	2.874	2.876	2.877	2.879
8.3	2.881	2.883	2.884	2.886	2.888	2.890	2.891	2.893	2.895	2.897
8.4	2.898	2.900	2.902	2.903	2.905	2.907	2.909	2.910	2.912	2.914
8.5	2.915	2.917	2.919	2.921	2.922	2.924	2.926	2.927	2.929	2.931
8.6	2.933	2.934	2.936	2.938	2.939	2.941	2.943	2.944	2.946	2.948
8.7	2.950	2.951	2.953	2.955	2.956	2.958	2.960	2.961	2.963	2.965
8.8	2.966	2.968	2.970	2.972	2.973	2.975	2.977	2.978	2.980	2.982
8.9	2.983	2.985	2.987	2.988	2.990	2.992	2.993	2.995	2.997	2.998
9.0	3.000	3.002	3.003	3.005	3.007	3.008	3.010	3.012	3.013	3.015
9.1	3.017	3.018	3.020	3.022	3.023	3.025	3.027	3.028	3.030	3.032
9.2	3.033	3.035	3.036	3.038	3.040	3.041	3.043	3.045	3.046	3.048
9.3	3.050	3.051	3.053	3.055	3.056	3.058	3.059	3.061	3.063	3.064
9.4	3.066	3.068	3.069	3.071	3.072	3.074	3.076	3.077	3.079	3.081
9.5	3.082	3.084	3.085	3.087	3.089	3.090	3.092	3.094	3.095	3.097
9.6	3.098	3.100	3.102	3.103	3.105	3.106	3.108	3.110	3.111	3.113
9.7	3.114	3.116	3.118	3.119	3.121	3.122	3.124	3.126	3.127	3.129
9.8	3.130	3.132	3.134	3.135	3.137	3.138	3.140	3.142	3.143	3.145
9.9	3.146	3.148	3.150	3.151	3.153	3.154	3.156	3.158	3.159	3.161

… 제곱근표 …

수	0	1	2	3	4	5	6	7	8	9
10	3.162	3.178	3.194	3.209	3.225	3.240	3.256	3.271	3.286	3.302
11	3.317	3.332	3.347	3.362	3.376	3.391	3.406	3.421	3.435	3.450
12	3.464	3.479	3.493	3.507	3.521	3.536	3.550	3.564	3.578	3.592
13	3.606	3.619	3.633	3.647	3.661	3.674	3.688	3.701	3.715	3.728
14	3.742	3.755	3.768	3.782	3.795	3.808	3.821	3.834	3.847	3.860
15	3.873	3.886	3.899	3.912	3.924	3.937	3.950	3.962	3.975	3.987
16	4.000	4.012	4.025	4.037	4.050	4.062	4.074	4.087	4.099	4.111
17	4.123	4.135	4.147	4.159	4.171	4.183	4.195	4.207	4.219	4.231
18	4.243	4.254	4.266	4.278	4.290	4.301	4.313	4.324	4.336	4.347
19	4.359	4.370	4.382	4.393	4.405	4.416	4.427	4.438	4.450	4.461
20	4.472	4.483	4.494	4.506	4.517	4.528	4.539	4.550	4.561	4.572
21	4.583	4.593	4.604	4.615	4.626	4.637	4.648	4.658	4.669	4.680
22	4.690	4.701	4.712	4.722	4.733	4.743	4.754	4.764	4.775	4.785
23	4.796	4.806	4.817	4.827	4.837	4.848	4.858	4.868	4.879	4.889
24	4.899	4.909	4.919	4.930	4.940	4.950	4.960	4.970	4.980	4.990
25	5.000	5.010	5.020	5.030	5.040	5.050	5.060	5.070	5.079	5.089
26	5.099	5.109	5.119	5.128	5.138	5.148	5.158	5.167	5.177	5.187
27	5.196	5.206	5.215	5.225	5.235	5.244	5.254	5.263	5.273	5.282
28	5.292	5.301	5.310	5.320	5.329	5.339	5.348	5.357	5.367	5.376
29	5.385	5.394	5.404	5.413	5.422	5.431	5.441	5.450	5.459	5.468
30	5.477	5.486	5.495	5.505	5.514	5.523	5.532	5.541	5.550	5.559
31	5.568	5.577	5.586	5.595	5.604	5.612	5.621	5.630	5.639	5.648
32	5.657	5.666	5.675	5.683	5.692	5.701	5.710	5.718	5.727	5.736
33	5.745	5.753	5.762	5.771	5.779	5.788	5.797	5.805	5.814	5.822
34	5.831	5.840	5.848	5.857	5.865	5.874	5.882	5.891	5.899	5.908
35	5.916	5.925	5.933	5.941	5.950	5.958	5.967	5.975	5.983	5.992
36	6.000	6.008	6.017	6.025	6.033	6.042	6.050	6.058	6.066	6.075
37	6.083	6.091	6.099	6.107	6.116	6.124	6.132	6.140	6.148	6.156
38	6.164	6.173	6.181	6.189	6.197	6.205	6.213	6.221	6.229	6.237
39	6.245	6.253	6.261	6.269	6.277	6.285	6.293	6.301	6.309	6.317
40	6.325	6.332	6.340	6.348	6.356	6.364	6.372	6.380	6.387	6.395
41	6.403	6.411	6.419	6.427	6.434	6.442	6.450	6.458	6.465	6.473
42	6.481	6.488	6.496	6.504	6.512	6.519	6.527	6.535	6.542	6.550
43	6.557	6.565	6.573	6.580	6.588	6.595	6.603	6.611	6.618	6.626
44	6.633	6.641	6.648	6.656	6.663	6.671	6.678	6.686	6.693	6.701
45	6.708	6.716	6.723	6.731	6.738	6.745	6.753	6.760	6.768	6.775
46	6.782	6.790	6.797	6.804	6.812	6.819	6.826	6.834	6.841	6.848
47	6.856	6.863	6.870	6.877	6.885	6.892	6.899	6.907	6.914	6.921
48	6.928	6.935	6.943	6.950	6.957	6.964	6.971	6.979	6.986	6.993
49	7.000	7.007	7.014	7.021	7.029	7.036	7.043	7.050	7.057	7.064
50	7.071	7.078	7.085	7.092	7.099	7.106	7.113	7.120	7.127	7.134
51	7.141	7.148	7.155	7.162	7.169	7.176	7.183	7.190	7.197	7.204
52	7.211	7.218	7.225	7.232	7.239	7.246	7.253	7.259	7.266	7.273
53	7.280	7.287	7.294	7.301	7.308	7.314	7.321	7.328	7.335	7.342
54	7.348	7.355	7.362	7.369	7.376	7.382	7.389	7.396	7.403	7.409

… 제곱근표 …

수	0	1	2	3	4	5	6	7	8	9
55	7.416	7.423	7.430	7.436	7.443	7.450	7.457	7.463	7.470	7.477
56	7.483	7.490	7.497	7.503	7.510	7.517	7.523	7.530	7.537	7.543
57	7.550	7.556	7.563	7.570	7.576	7.583	7.589	7.596	7.603	7.609
58	7.616	7.622	7.629	7.635	7.642	7.649	7.655	7.662	7.668	7.675
59	7.681	7.688	7.694	7.701	7.707	7.714	7.720	7.727	7.733	7.740
60	7.746	7.752	7.759	7.765	7.772	7.778	7.785	7.791	7.797	7.804
61	7.810	7.817	7.823	7.829	7.836	7.842	7.849	7.855	7.861	7.868
62	7.874	7.880	7.887	7.893	7.899	7.906	7.912	7.918	7.925	7.931
63	7.937	7.944	7.950	7.956	7.962	7.969	7.975	7.981	7.987	7.994
64	8.000	8.006	8.012	8.019	8.025	8.031	8.037	8.044	8.050	8.056
65	8.062	8.068	8.075	8.081	8.087	8.093	8.099	8.106	8.112	8.118
66	8.124	8.130	8.136	8.142	8.149	8.155	8.161	8.167	8.173	8.179
67	8.185	8.191	8.198	8.204	8.210	8.216	8.222	8.228	8.234	8.240
68	8.246	8.252	8.258	8.264	8.270	8.276	8.283	8.289	8.295	8.301
69	8.307	8.313	8.319	8.325	8.331	8.337	8.343	8.349	8.355	8.361
70	8.367	8.373	8.379	8.385	8.390	8.396	8.402	8.408	8.414	8.420
71	8.426	8.432	8.438	8.444	8.450	8.456	8.462	8.468	8.473	8.479
72	8.485	8.491	8.497	8.503	8.509	8.515	8.521	8.526	8.532	8.538
73	8.544	8.550	8.556	8.562	8.567	8.573	8.579	8.585	8.591	8.597
74	8.602	8.608	8.614	8.620	8.626	8.631	8.637	8.643	8.649	8.654
75	8.660	8.666	8.672	8.678	8.683	8.689	8.695	8.701	8.706	8.712
76	8.718	8.724	8.729	8.735	8.741	8.746	8.752	8.758	8.764	8.769
77	8.775	8.781	8.786	8.792	8.798	8.803	8.809	8.815	8.820	8.826
78	8.832	8.837	8.843	8.849	8.854	8.860	8.866	8.871	8.877	8.883
79	8.888	8.894	8.899	8.905	8.911	8.916	8.922	8.927	8.933	8.939
80	8.944	8.950	8.955	8.961	8.967	8.972	8.978	8.983	8.989	8.994
81	9.000	9.006	9.011	9.017	9.022	9.028	9.033	9.039	9.044	9.050
82	9.055	9.061	9.066	9.072	9.077	9.083	9.088	9.094	9.099	9.105
83	9.110	9.116	9.121	9.127	9.132	9.138	9.143	9.149	9.154	9.160
84	9.165	9.171	9.176	9.182	9.187	9.192	9.198	9.203	9.209	9.214
85	9.220	9.225	9.230	9.236	9.241	9.247	9.252	9.257	9.263	9.268
86	9.274	9.279	9.284	9.290	9.295	9.301	9.306	9.311	9.317	9.322
87	9.327	9.333	9.338	9.343	9.349	9.354	9.359	9.365	9.370	9.375
88	9.381	9.386	9.391	9.397	9.402	9.407	9.413	9.418	9.423	9.429
89	9.434	9.439	9.445	9.450	9.455	9.460	9.466	9.471	9.476	9.482
90	9.487	9.492	9.497	9.503	9.508	9.513	9.518	9.524	9.529	9.534
91	9.539	9.545	9.550	9.555	9.560	9.566	9.571	9.576	9.581	9.586
92	9.592	9.597	9.602	9.607	9.612	9.618	9.623	9.628	9.633	9.638
93	9.644	9.649	9.654	9.659	9.664	9.670	9.675	9.680	9.685	9.690
94	9.695	9.701	9.706	9.711	9.716	9.721	9.726	9.731	9.737	9.742
95	9.747	9.752	9.757	9.762	9.767	9.772	9.778	9.783	9.788	9.793
96	9.798	9.803	9.808	9.813	9.818	9.823	9.829	9.834	9.839	9.844
97	9.849	9.854	9.859	9.864	9.869	9.874	9.879	9.884	9.889	9.894
98	9.899	9.905	9.910	9.915	9.920	9.925	9.930	9.935	9.940	9.945
99	9.950	9.955	9.960	9.965	9.970	9.975	9.980	9.985	9.990	9.995

… 삼각비표 …

각(°)	sin	cos	tan	각(°)	sin	cos	tan
0	0.00000000	1.00000000	0.00000000	45	0.70710678	0.70710678	0.99999999
1	0.01745240	0.99984769	0.01745506	46	0.71933980	0.69465837	1.03553031
2	0.03489949	0.99939082	0.03492076	47	0.73135370	0.68199836	1.07236870
3	0.05233595	0.99862953	0.05240777	48	0.74314482	0.66913060	1.11061251
4	0.06975647	0.99756405	0.06992681	49	0.75470958	0.65605902	1.15036840
5	0.08715574	0.99619469	0.08748866	50	0.76604444	0.64278760	1.19175359
6	0.10452846	0.99452189	0.10510423	51	0.77714596	0.62932039	1.23489715
7	0.12186934	0.99254615	0.12278456	52	0.78801075	0.61566147	1.27994163
8	0.13917310	0.99026806	0.14054083	53	0.79863551	0.60181502	1.32704482
9	0.15643446	0.98768834	0.15838444	54	0.80901699	0.58778525	1.37638192
10	0.17364817	0.98480775	0.17632698	55	0.81915204	0.57357643	1.42814800
11	0.19080899	0.98162718	0.19438030	56	0.82903757	0.55919290	1.48256096
12	0.20791169	0.97814760	0.21255656	57	0.83867056	0.54463903	1.53986496
13	0.22495105	0.97437006	0.23086819	58	0.84804809	0.52991926	1.60033452
14	0.24192189	0.97029572	0.24932800	59	0.85716730	0.51503807	1.66427948
15	0.25881904	0.96592582	0.26794919	60	0.86602540	0.50000000	1.73205080
16	0.27563735	0.96126169	0.28674538	61	0.87461970	0.48480962	1.80404775
17	0.29237170	0.95630475	0.30573068	62	0.88294759	0.46947156	1.88072646
18	0.30901699	0.95105651	0.32491969	63	0.89100652	0.45399049	1.96261050
19	0.32556815	0.94551857	0.34432761	64	0.89879404	0.43837114	2.05030384
20	0.34202014	0.93969262	0.36397023	65	0.90630778	0.42261826	2.14450692
21	0.35836794	0.93358042	0.38386403	66	0.91354545	0.40673664	2.24603677
22	0.37460659	0.92718385	0.40402622	67	0.92050485	0.39073112	2.35585236
23	0.39073112	0.92050485	0.42447481	68	0.92718385	0.37460659	2.47508685
24	0.40673664	0.91354545	0.44522868	69	0.93358042	0.35836794	2.60508906
25	0.42261826	0.90630778	0.46630765	70	0.93969262	0.34202014	2.74747741
26	0.43837114	0.89879404	0.48773258	71	0.94551857	0.32556815	2.90421087
27	0.45399049	0.89100652	0.50952544	72	0.95105651	0.30901699	3.07768353
28	0.46947156	0.88294759	0.53170943	73	0.95630475	0.29237170	3.27085261
29	0.48480962	0.87461970	0.55430905	74	0.96126169	0.27563735	3.48741444
30	0.49999999	0.86602540	0.57735026	75	0.96592582	0.25881904	3.73205080
31	0.51503807	0.85716730	0.60086061	76	0.97029572	0.24192189	4.01078093
32	0.52991926	0.84804809	0.62486935	77	0.97437006	0.22495105	4.33147587
33	0.54463903	0.83867056	0.64940759	78	0.97814760	0.20791169	4.70463010
34	0.55919290	0.82903757	0.67450851	79	0.98162718	0.19080899	5.14455401
35	0.57357643	0.81915204	0.70020753	80	0.98480775	0.17364817	5.67128181
36	0.58778525	0.80901699	0.72654252	81	0.98768834	0.15643446	6.31375151
37	0.60181502	0.79863551	0.75355405	82	0.99026806	0.13917310	7.11536972
38	0.61566147	0.78801075	0.78128562	83	0.99254615	0.12186934	8.14434642
39	0.62932039	0.77714596	0.80978403	84	0.99452189	0.10452846	9.51436445
40	0.64278760	0.76604444	0.83909963	85	0.99619469	0.08715574	11.43005229
41	0.65605902	0.75470958	0.86928673	86	0.99756405	0.06975647	14.30066624
42	0.66913060	0.74314482	0.90040404	87	0.99862953	0.05233595	19.08113667
43	0.68199836	0.73135370	0.93251508	88	0.99939082	0.03489949	28.63625324
44	0.69465837	0.71933980	0.96568877	89	0.99984769	0.01745240	57.28996148
45	0.70710678	0.70710678	0.99999999	90	1.00000000	0.00000000	∞

찾아보기

※ 지은이가 고안한 용어의 경우 뒷부분에 ◇를 붙여두었다.

ㄴ

ㄷ

ㅇ

ㅈ

ㅊ

ㅋ

ㅌ

ㅍ

ㅎ

기타

중학수학 바로 보기

1판 1쇄 펴냄 2016년 12월 26일
1판 5쇄 펴냄 2024년 9월 25일

지은이 고중숙

주간 김현숙 | **편집** 김주희, 이나연
디자인 이현정, 전미혜
마케팅 백국현(제작), 문윤기 | **관리** 오유나

펴낸곳 궁리출판 | **펴낸이** 이갑수

등록 1999년 3월 29일 제300-2004-162호
주소 10881 경기도 파주시 회동길 325-12
전화 031-955-9818 | **팩스** 031-955-9848
홈페이지 www.kungree.com
전자우편 kungree@kungree.com
페이스북 /kungreepress | **트위터** @kungreepress
인스타그램 /kungree_press

ISBN 978-89-5820-431-2 03410
ISBN 978-89-5820-433-6 (세트)

책값은 뒤표지에 있습니다.
파본은 구입하신 서점에서 바꾸어 드립니다.
